国家科学技术学术著作出版基金资助出版

岩石动力学基础与应用
Rock Dynamics
Fundamentals and Applications

李夕兵 著

科学出版社

北京

内 容 简 介

为促进岩石动力学研究的进一步发展和深入,作者在原《岩石冲击动力学》的基础上,把近二十年来在岩石动力学基础研究方面的工作进行了总结,形成该书第二版——《岩石动力学基础与应用》。

全书共分 15 章,其中第 1～4 章系统介绍岩石动态试验装置与试验技术、岩石冲击试验合理加载波形与试验方法、合理加载波形反演设计与试验系统数值模拟、动静组合加载与温压耦合试验技术;第 5～8 章主要论述冲击载荷作用下的岩石力学特性、动静组合加载下的岩石破坏特征、岩石在应力波作用下的能量耗散及动静载荷耦合作用下岩石破碎规律;第 9～11 章着重论述应力波在不同边界结构面、含空区岩体及含石英类压电岩体中的传播;第 12～15 章主要论述高应力岩体的破裂特征与有效利用、深部硬岩岩爆的动力学解释与工程防护、岩体工程微震监测及应力波在岩土工程中的应用。

本书可供矿业、土木、石油、水电、建筑、地球物理及安全等领域的生产、科研与教学人员参考。

图书在版编目(CIP)数据

岩石动力学基础与应用＝Rock Dynamics：Fundamentals and Applications/李夕兵著. —北京：科学出版社,2014.4
ISBN 978-7-03-040425-1

Ⅰ.①岩… Ⅱ.①李… Ⅲ.①岩石力学 Ⅳ.①TU45

中国版本图书馆 CIP 数据核字(2014)第 075075 号

责任编辑:吴凡洁 / 责任校对:宣 慧
责任印制:赵 博 / 封面设计:耕者设计工作室

科学出版社 出版
北京东黄城根北街 16 号
邮政编码:100717
http://www.sciencep.com

北京凌奇印刷有限责任公司印刷
科学出版社发行 各地新华书店经销
*
2014 年 6 月第 一 版 开本:787×1092 1/16
2014 年 6 月第一次印刷 印张:42 插页:10
2025 年 3 月第八次印刷 字数:957 000
定价:268.00 元
(如有印装质量问题,我社负责调换)

序

1993年,博士刚毕业时,结合博士学位论文所做工作和国内外相关领域的研究成果,出版了第一本《岩石冲击动力学》著作。该书系统地总结了自己和当时国内外在岩体动态力学特性、试验技术及其应力波在岩体中的传播特征方面的研究工作。该书虽然获得了第九届中国图书奖(1995年),但由于当时条件和经费等的限制,该书发行量很有限,致使后来很多同行和学生索要此书时,都未能如愿。因此,很多年前就有扩版该书的意愿。

事实上,从1983年攻读硕士研究生师从赖海辉教授开始,我就从事与岩石动力学有关的理论与应用研究。硕士论文题目为"冲击载荷下的岩石能耗及破碎力学性质的研究"。当时,在国内很少有人采用霍普金森压杆(SHPB)装置进行岩石类材料的试验。为了建立和改进SHPB装置,我几次上北京,求教中国科学院力学研究所的寇绍全教授和北京科技大学的于亚伦教授,于先生曾于20世纪80年代初在日本北海道大学进修时从事过SHPB岩石性质的试验。寇绍全教授当时在中国科学院力学研究所主要用SHPB从事金属等材料的研究。为了获得精确的瞬态应力信号,我们自行研制了"瞬态信号放大器"和测速装置。几上北京、贵州等地购置激光器和维修记忆示波器,建成了30mm杆径的气动水平冲击试验机及其测试系统,并顺利完成了以岩石动力学特征和能耗特征为主的硕士论文。同时,以硕士论文的研究工作为基础,在《矿冶工程》发表了自己的第一篇学术论文。

为了能继续利用SHPB装置从事岩石动力学方面的研究,我和导师赖海辉教授一起尝试申请国家自然科学基金。1988年,我手写的国家自然科学基金"矿岩破碎中的耗能规律和节能的研究"获得批准,继而为我继续从事这方面研究创造了条件。1989年,我师从古德生院士,攻读脱产的全日制博士研究生。博士论文题目为"矿岩中应力波的传输特征与能量耗散规律的研究",结合国家自然科学基金项目,试图就不同应力波加载条件下的岩石能耗规律及其应力波在岩体中的传输特性展开深入研究。为此自行设计了能获得钟形波、矩形波和指数衰减波的冲击加载装置,利用改进的SHPB装置完成了不同岩石、不同波形加载条件下的岩石动力学特征和耗能效果的试验研究。为了改进试验条件和提高试验精度,先后耗时近两年的时间,通过自身的多方努力,建立了数字化的SHPB试验系统。众所周知:传统的SHPB装置的加载波都是等径冲击产生的矩形波,我在硕士时期的研究也不例外。但在1989年,当我研究不同加载波下的岩石吸能效果时,需要利用SHPB通过不同加载波对岩石加载,以获取不同的能量效果,在这一过程中,我们发现岩石在不同加载波形加载下获得的应力-应变-应变率关系是不同的。在人们习惯于对试验曲线光滑化处理时,我们发现矩形波加载岩石获得的未经光滑化处理的试验曲线存在很大的振荡,而钟形波曲线光滑平整,同时应变率随时间变化也很稳定。这样就有了我们对岩石动态力学测试领域的第一个贡献:我们提出了岩石动态应力-应变全图测试中的合理加载波形,于1994年发表在《爆炸与冲击》杂志,后续的相关成果发表在 *International*

Journal of Rock Mechanics and Mining Sciences 等期刊,并且写入了国际岩石力学学会的建议规范中。另外,在我攻读博士论文期间,正值地震等岩石破裂过程中的电磁现象引起国内外的广泛关注,*Nature* 等杂志还刊登了地震等电磁现象和岩石特性有关的论文。为此我几上武汉,与我弟李义兵博士商讨岩体在应力波传输中是否存在电磁现象。在他的协助下,我完成了应力波在压电岩体中传输效应方面的论文,提出了"应力波在含石英类压电岩体中同时存在相互耦合的理论"。后来我的一位学生就节理岩体展开了深入讨论,论文发表在《地震学报》和《地球物理学报》等期刊上。应力波在岩体中的传播特征的深入研究也为后来我们在微震监测中的无需测速定位方法的提出打下了基础。

博士毕业后,我留校任教。一方面,在陈寿如教授带领下,我深入矿山,在桃冲铁矿等矿山开展无底柱分段崩落法控制大块、悬顶,改善爆破效果及提高分段高度可行性等方面的现场研究;另一方面,我继续深入完善博士学位论文中的一些研究。在此期间,除了继续发表一些相关论文,还系统地整理了自己和国内外在岩石动力学方面的研究成果,完成了《岩石冲击动力学》一书的出版,具体负责完成的国家自然科学基金项目也顺利结题。1995 年,"矿岩破碎耗能规律与岩石冲击动力学问题研究"获得了当时国家教育委员会(甲类)科技进步二等奖。正当我迫切希望继续深入开展我博士研究生阶段的一些基础性试验研究工作时,我所申请的国家自然科学青年基金"岩石动态应力应变关系测定中合理加载形式的研究"获得了国家自然科学基金委员会数理学部力学学科的资助。1996 年我又获得了国家杰出青年科学基金的资助,为我继续从事试验方面的基础研究提供了条件。为此,我要特别感谢当时国家自然科学基金委员会数理学部力学学科的靳征谟主任和工程与材料学部冶金学科的何鸣鸿主任。没有靳老师的帮助,没有很强力学背景的我,在那个时候很难在力学学科中获得基金。没有何老师的鼓励与支持,我不可能也没有勇气申请国家杰出青年科学基金,更不可能成为当时中南工业大学的第一个国家杰出青年科学基金获得者。正是由于各方面的支持和关心,特别是多年来,国家自然科学基金委员会力学学科、矿业与冶金学科和工程地质学科等的自然科学基金项目以及国家重点基础研究发展计划(973 计划)课题的支持,使我一直继续着自己的研究从未间断。即使在 1998～2001 年,我在美国密苏里(罗拉)大学和新加坡南洋理工大学进修和工作期间,也在从事着岩石动力学方面的研究。我在这方面的专业技能和勤奋也获得了导师和合作者包括 Summers、Rupert、Lok 等教授的充分肯定。

在岩石动力学领域的另一个贡献是,我们在 2000 年针对金属矿山深部开采的高应力特征和开挖过程中的强动力扰动特点提出的"动静组合加载"。由于岩石的非线性,岩体在高静应力和动力扰动下的力学特征和能量耗散规律应该与静载或动载下的特征有所不同,更不能采用简单的线性组合叠加。因此,一方面我们组织开展相关组合加载试验系统的开发。基于动静组合加载的试验方法与试验系统不但获得了国家发明专利,同时也已在 *International Journal of Rock Mechanics and Mining Sciences* 等杂志发表。通过对花岗岩的组合加载试验,高应力硬岩动力扰动下的岩爆得以在实验室重现。另一方面,我们的工作也带动了这一领域的研究,除我自己的课题组外,国内外有很多研究者已经开始动静组合加载的相关试验研究。我们实验室就接受了来自澳大利亚西澳大学、阿德莱德大学、瑞士联邦理工大学、中国矿业大学、昆明理工大学、四川大学、东北大学、湖南大学、安徽理工大学、河南理工大学、煤炭科学研究院、核工业北京地质研究院、湖南科技大学、江西理工大学等的学者来开展相关试验研究。通过动静组合载荷下的岩石力学与能耗特征研究,使我们对很多深部岩石力学特征有了新的了解和认识。例如关于硬岩深部采矿过程中的岩爆问题,我的小组通过实验室与工程现场研究认为,岩爆是深部高应力岩体在动力扰动下的瞬态失稳和内部能量释放,深部高应力岩体开挖卸载产生的分区破裂等特征与高应力岩体的动力卸荷扰动速率有关。

我们获得的另一个很有现实意义的学术思想就是深部开采中高应力岩体能量的有序调控与利用。深部硬岩的高应力岩体实际上是一个储能体,高应力岩体开挖过程中的岩爆等灾害,是高能量岩体在动力扰动下岩石高速突出的岩体内部能量瞬态释放,这一现象与事实使我们坚信:高应力岩体的储能,应该可以通过一些诱导方式得以利用并使之从岩石的无序灾害性破坏变化为岩体的有序破裂。为此我们提出了"诱导致裂"的思想,结合深部硬岩卸荷后的破裂特征,我们在诱导致裂思想的主导下,正在试验矿山开展"深部高应力硬岩非爆连续开采"的工业试验。贵州开磷集团,特别是杜绍伦总工和矿业总公司姚金蕊总经理为这一思想的工业试验提供了很多支持,希望在不久的将来,能在有条件的矿山实现真正意义上的非爆连续开采和无人采矿的梦想,这也正是基础性研究结果的最终目标:解决工程问题,引领行业前沿。

这些年来,我们始终坚持基础与应用相结合,实验与理论相结合,试验与现场相结合。希望我们的研究成果能够解决一些工程实际问题,特别是金属矿开采、复杂系统下的复杂工程存在太多有待解决的问题。我们一直遵循这种思想并指导学生和引导我们自己的研究。岩石动力学的相关研究成果已很好地应用于工程实际。这些年,我们课题组先后获得了三个排名第一、一个排名第二的国家科学技术进步奖,无一不是理论与实际相结合的结果。有关矿山工程实际应用方面的工作我们将另书进行介绍。本书只是在原《岩石冲击动力学》基础上的扩充,特别是把近二十年来我们在基础研究方面的工作进行了一些总结。这里特别要感谢的是我的两位师兄刘德顺教授和丁德馨教授,他们在我最困难的时候,给予我很多支持。刘德顺教授也是冲击反演设计的主要提出者。同时,从 1998 年开始招收博士生以来,先后有近 100 位硕士生和 50 多位博士生毕业,很多博士生为本书的撰写作出了突出贡献,特别是周子龙、宫凤强、赵伏军、董陇军、李地元、王卫华、万国香、尹土兵、马春德、陶明、左宇军、洪亮、叶洲元、殷志强、邹洋、王斌、刘科伟、杜坤等。回顾自己教学与科研历程,很多老师、同行和领导给予了多方面的支持和关心,家人给予了理解和关照,在此,致以深深的谢意。

本书中的某些内容、观点至今仍在探索和发展之中,书中不妥之处,敬请读者不吝赐教。

李夕兵

2013 年 10 月于中南大学

目　　录

CONTENTS

第1章 岩石动态试验装置与试验技术

在岩石动力学试验中,应变率(或加载率)是最重要的一个力学参数,直接涉及对岩石动静加载范围的定义。虽然目前对于动静态加载的含义尚无统一和严格的规定[1-7],但根据一般的倾向性看法,可以按加载时的应变率大小分为如表1-1所示的几种荷载状态[1]。大量试验表明,在不同应变率下,岩石类材料的力学行为往往是不同的。从变形机理来看,除了理想弹性变形可看成瞬态响应外,其他各类型的非弹性变形和断裂,如位错的运动过程、应力引起的扩散过程、损伤的演化过程、裂纹的扩展和传播过程等,都是以有限速率发展进行的非瞬态响应,因而材料的力学性能本质上是与应变率相关的。图1-1给出了国际上一些学者给出的适用于不同应变率段的试验装置及方法[2]。本章将结合我们自

表1-1 按应变率分级的荷载状态

项目	应变率 $\dot{\varepsilon}/s^{-1}$				
	$<10^{-5}$	$10^{-5}\sim10^{-1}$	$10^{-1}\sim10$	$10\sim10^3$	$>10^4$
荷载状态	蠕变	静态	准动态	动态	超动态
试验方式	蠕变试验机	普通液压和刚性伺服试验机	气动快加载机	霍普金森压杆及其变形装置	轻气炮平面波发生器
动静明显区别	惯性力可忽略		惯性力不可忽略		

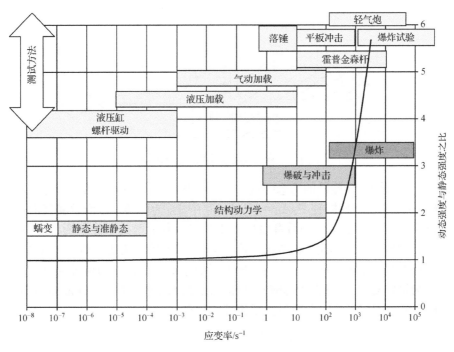

图1-1 动力问题分类及对应的试验方法[2]

已所做的一些研究工作,对国内外目前进行岩石动态试验所研制和使用的动态试验技术及试验设备进行详细介绍。

1.1　岩石准动态试验装置

由于一般液压机不能快速加载到足以使岩石的变形速率在 $10^{-1} \sim 10\mathrm{s}^{-1}$ 范围内,而常规的动试验法又不能慢速加载到足以产生此范围的应变速率,所以这方面的研究资料相对较少。然而,研究应力波在岩石中的传播规律及影响却十分需要此范围的资料。20世纪 60 年代中期,国外就开始通过气动快速加载试验机来进行岩石的这类准动态试验,其应变率可达 $10 \sim 20\mathrm{s}^{-1}$[8-11];在国内,中国科学院武汉岩土力学研究所曾于 80 年代初研制了这种用于岩石快速加载的试验机,并进行过中等加载率下的岩石准动态试验和动态试验[12-15]。

1.1.1　快速加载试验机原理

快速加载机的原理是采用液、气压或气压联动系统,即利用储能器,使初始时液压(气压)和气压平衡,然后快速打开速启阀,使储能器一边的压力释放,另一边的压力通过固体传递,对试件快速加载。由于采用的结构不同,可把快速加载机分为速泄和速进两大类。

1. 速泄方案

速泄方案的特点是排出压力液体,而达到快速加载的目的。其原理如图 1-2 所示。

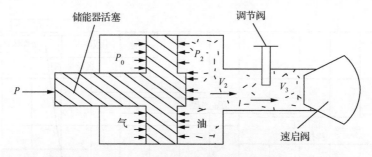

图 1-2　速泄方案快速加载机原理图

在未开始试验时,储能器的活塞(在该方案中,此活塞就是工作活塞)两边,一边充满压力气体,另一边充满液体,使 $P_2 A_2 = P_0 A_0$,其中 P_0 为气压,A_0 为承受气压的活塞面积,P_2 为液压,A_2 为承受液压的活塞面积。此时储能器活塞处于静平衡状态,试件不受力。打开速启阀,压力液体通过调节阀迅速排出,储能器活塞快速运动而对试件加载。在整个加载过程中,活塞的运动速率受到多种因素的影响。假定压力流体通过调节阀排出口时,流体为恒定流动,这可视为薄壁淹没孔口的出流问题。考虑到视液体为不可压缩,根据流体动力学的贝努利方程,可以推得机器的加载特性为[14]

$$P = \frac{A_0 P_0}{A} \frac{t}{t + \dfrac{L}{2MP_2^{1/2}}} \tag{1-1}$$

式中，P、A 分别为储能器输出活塞的单位作用力和面积；L 为气缸承压部分的初始长度；t 为加载时间；M 为与多个因素有关的系数。

当 $t=\infty$ 时，式(1-1)有上限值

$$PA = P_0A_0 = P_2A_2 \tag{1-2}$$

即达到预计的总吨位。实际上，当 $t = t_0$ 时，压力液体就已排完。为了阻止活塞的惯性冲程，在设计上采用制动措施，限制活塞的行程。此时，必须使活塞走完全部行程所需的时间大于 t_0。从式(1-1)可以看出：机器的加载特性是由预计总吨位、调节阀大小和液体的性质等因素来决定的，调节它们就可获得不同的加载速率。

实测和按式(1-1)计算的 $P\text{-}t$ 曲线如图 1-3 所示。由于储能器的输出活塞具有加速度，所以实测曲线第一个峰值大于理论值。随后，由于反射作用而出现了拉伸波，总力开始下降，这类似一个振荡波的作用。经过几次振荡和衰减而趋于静态平衡值，这个平衡值就是理论计算的渐近直线 P_2A_2/A_0。

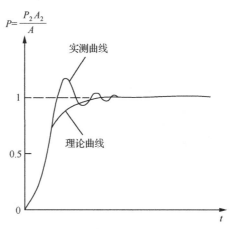

图 1-3 速泄加载机的 $P\text{-}t$ 关系曲线

2. 速进方案

速进方案的特点是迅速排出压缩气体，其原理如图 1-4 所示。在未开始试验时，储能器的后缸和中缸充满压力气体，使储能器的活塞处于平衡状态，主体部分加载活塞刚好接触试件，试件处于不受力的状态。开始试验时，打开速启阀，储能器的活塞向前运动，压缩储能器的前缸液体，驱动前缸的受压液体通过节流阀，所以节流阀两边液体在一段时间内液压不同，随之逐渐趋于相等，而达到加载的预计总吨位。在整个过程中，受压液体推动主体加载活塞向上运动，使试件获得快速加载。由于气体的可压缩性和受压液体的阻尼作用，无疑使得加载速率不如速泄方案快。同时，由于速进方案较为复杂，且用液体作传压介质，液体的阻尼特性对加载特性有较大的影响，使得 $P\text{-}t$ 曲线的上升斜率比速泄方案小，且出现的振荡波比速泄方案大，衰减也

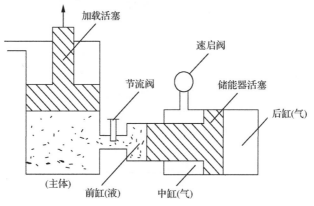

图 1-4 速进方案快速加载机的原理图

较慢。但它的优点是利用液体的"可压缩性",使得主体部分的加载活塞获得放大作用,即能提高机器的总吨位。所以,大吨位的快速加载机都采用速进方案,而小吨位的快速加载机却采用结构简单的速泄方案。

1.1.2　国内外研制的几种快速加载试验机

1. 单轴动力试验机

图 1-5 为 Green 等在 20 世纪 60 年代研制的单轴中等应变速率加载试验机[9,10]。

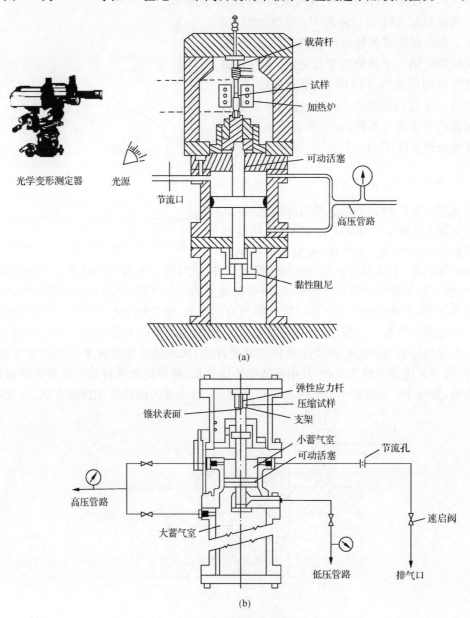

(a)

(b)

图 1-5　中等应变率试验机结构线路图

　　该试验机通过压气驱动一重量较轻的可动活塞,实现对试件的快速加载。气体可以是空气、氩气或氮气,它们以等压进入活塞上、下方的两蓄气室,发射时,通过速启阀使上蓄气室里的气体经节流阀以超声速排出。这样,活塞就向上运动,快速压缩试件。加载速率由活塞运动速率所决定,而活塞运动速率则与节流口尺寸大小、气压及试验所用的试件类型有关。对任意试件,通过合适地选取气压和排气口大小,可以获得所需的恒加载率。据称,这种装置的上限加载率(应变率)可达 $10 \sim 20 \mathrm{s}^{-1}$。

　　使用这种试验机进行试验时,施加在试件上的载荷可通过粘贴在直接与试件接触的弹性载荷杆上的应变片进行量测,活塞的位移可通过粘贴在活塞杆端部锥体上的三个悬壁上的应变片获得。由于在无围压条件下岩石的脆性很大,试验机刚度小,因此进行岩石单轴快速加载试验时,不宜用活塞的位移来表征岩石的应变。岩石试件的应变可通过直接在试件上粘贴应变片或通过使用光学变形测定器观察位于试件上的标记等办法来量测。由于该试验机使用了等径的双杆活塞,可以允许相同压力的气体进入上、下两个蓄气室,因而可以很方便地在发射前正确地确定活塞的位置,也可以消除超前加载的可能性。活塞到试件的定位可通过与活塞底部气室相连的低压管路来实现。在设计这种快速加载试验机时,可动活塞的重量宜轻,主要是为了避免加速活塞到所需速率时的较大延迟时间和较为复杂的加载方式。

2. 三轴动力试验机

Logan 和 Handin[11]在单轴动力试验机的基础上研制的加围压的三轴动力试验机,如图 1-6 所示。

　　这种 100t 的气体驱动的三轴快速加载试验机,实质上与 Green 等的单轴快速试验机相类似,它由机架、加载活塞、阻尼器及速启阀等组成。速启阀控制着活塞的快速加载,如图 1-7 所示,这个阀通过 5cm 的孔与试验机加载柱的下室相连,并在管路上安有一通用节流板,以控制气体的排泄速率。这种阀内有一双向作用活塞,并与一锥形杆相连,低压空气作用在上室时,可双向运动的活塞紧紧压在锥形阀座上,阀门关闭。当电磁阀打开时,高压气体突然进入下室,推动活塞上行,阀座处的阀门打开,高压气体通过节流板迅速排出,从而实现对试件的快速加载。Logan 等[11]声称,对直径 2cm、长 4cm 的试件,轴向应变速率可达 $10^2 \mathrm{s}^{-1}$,围压可达 800MPa,温度可达 400℃,并首次对 Westerly 花岗岩和 Solenhofen 石灰岩进行了三轴快速加载试验。Westerly 花岗岩实际应变速率为 $1 \mathrm{s}^{-1}$,而 Solenhofen石灰岩的轴向应变速率为 $10 \mathrm{s}^{-1}$。

　　Blanton[8]使用这种试验机对三种岩石进行了应变速率从 $10^{-2} \sim 10 \mathrm{s}^{-1}$ 的三轴动载试验。在 $1 \sim 10 \mathrm{s}^{-1}$ 应变速率范围内,他们选用氩作为工作气体,主要是考虑到这种气体具有较低的密度和黏性,因而可实现气体的超速流动。当进行 $10^{-3} \sim 1 \mathrm{s}^{-1}$ 应变率试验时,则可用油取代气体,并用变冲程油泵驱动其试验机活塞。这种试验机的三轴压力容器如图 1-8 所示。

　　与此同时,美国陆军工程航道试验站的 Ehrgott 等在原子能防护机构的支持下研制了围压可达 105MPa 的动高压三轴试验机,这种试验机的轴向压力和径向围压均随时间而迅速变化,对应的最快载荷上升时间分别为 3ms 和 20ms。图 1-9 为他们所研制的动高

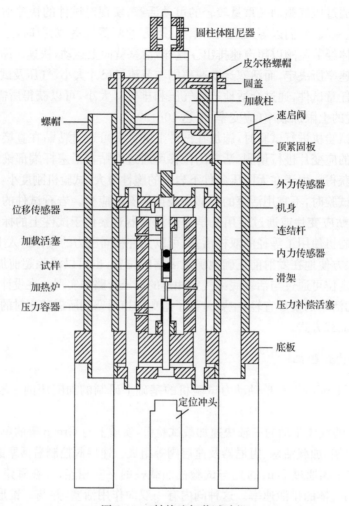

图 1-6　三轴快速加载试验机

压三轴试验机的三轴缸[16]。

3. RDT-1000 型岩石高压动力三轴仪

中国科学院武汉岩土力学研究所在 20 世纪 80 年代初即从事岩石快速加载机的研制,于 80 年代末研制出了围压可达 1000MPa,轴压达 4000MPa 的 RDT-1000 型岩石高压动力三轴仪[12,14]。这种动载仪由动载机、三轴室、控制台和测量系统等四部分组成,其核心部分动载机如图 1-10 所示,包括机架和上下动力源,上下动力源分别提供动轴压和动围压。图 1-11 为上动力源示意图,包括储能器、速启阀等。储能器内储存高压气体,其压力值事先调节到一定值(根据轴向载荷所需的大小),它隔着活塞与液体相邻。

当平衡活塞 a 下面的高压气体快速泄出时,活塞受上面储能器内高压气体作用而向下移动,通过油液推动上加载杆,并由上加载杆推动三轴室内的上柱塞,向试件施加轴向

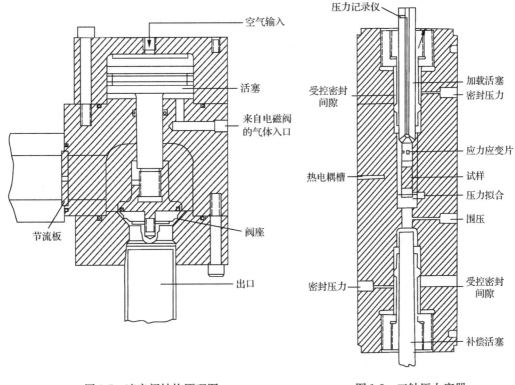

图 1-7 速启阀结构原理图

图 1-8 三轴压力容器

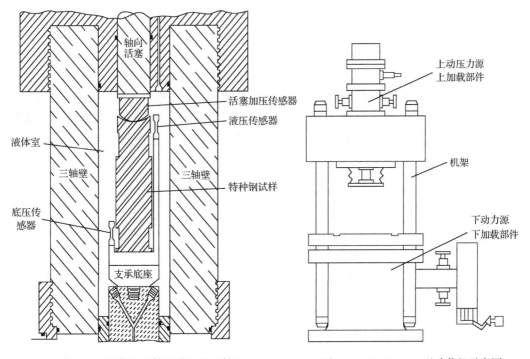

图 1-9 动高压三轴试验机的三轴缸

图 1-10 RDT-1000 型动载机示意图

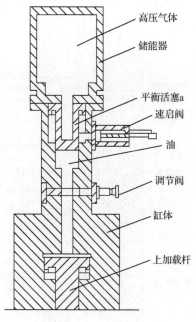

图 1-11　上动压力源示意图

动荷载。事先调整调节阀,控制高压液体的流动速率,可以达到控制轴压上升时间的目的。根据实际试验结果可知,最快的快速加载上升时间为 4～9ms,储能器内储气的最高压力为 5.2MPa,根据换算,在静态情况下,扣除两级活塞的摩擦力和三轴室内上柱塞密封的摩擦力之和(约 20%),可以获得对试件施加总荷载为 220t 的轴向力。实际上,在作动载试验时获得的是一个带冲击振荡过程的轴向动荷载(在加载率极高的情况下),其峰值 $P_{max}=310t$,最终荷载为 216t,实测荷载曲线如图 1-12所示。随着加载速率的降低,荷载的振荡过程消失,获得的是平滑的、但线性段范围逐渐缩小的荷载曲线(图 1-13)。

下动力源主要是为增大三轴室内油液(试件周围)压力而设,如图 1-14 所示。与上动压力源的原理相同,活塞 b 的上面和下面都充满高压气体时,活塞维持平衡不动,一旦速启阀打开,活塞 b 上面的气体快速排泄,活塞 b 失去平衡,受活塞下面高压气体的压力作用而向上推进,推动连接杆及销,并通过它们推动高压三轴室内的下柱塞向三轴室内运动,快速增加三轴室内油液(试件周围)的压力。调节调节阀开启的大小,可以控制油压上升时间的快慢,而事先调整活塞 b 两边高压气体的压力值就可以达到调节三轴室内油液压峰值大小的目的。活塞 b 下面储气室内的储气压力最高达 12MPa,按活塞面积计算,相当于向三轴室内提供 150t 推力,扣除 20%摩擦力,可以获得 120t 的围压增量。图 1-15 为高压三轴室示意图。这种动力高压三轴试验机,轴向载荷为 0～200t,轴向荷载的上升时间 $t \geqslant 9ms$,三轴围压室静围压为 0～1000MPa,动围压每次在原有围压基础上可增加的动围压 $\Delta\sigma_d < 160MPa$,动围压的上升时间大于 40ms,可进行单轴快速加载、定围压动轴压、定轴压幅度小的动围压等试验及一些静力试验。RDT-10000 型岩石高压动三轴试验系统试验项目如表 1-2所示。

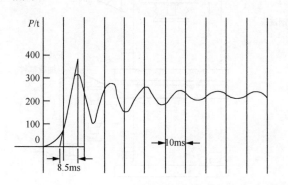

图 1-12　快速加载时实测载荷曲线

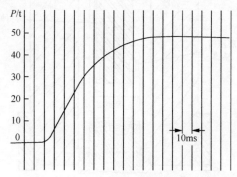

图 1-13　在较低加载率下的载荷曲线

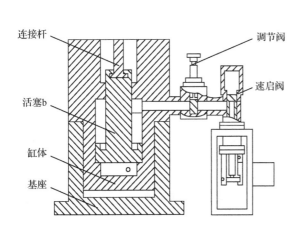

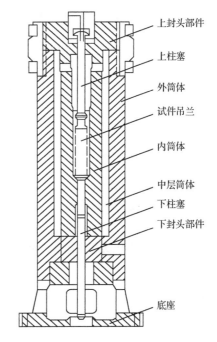

上封头部件
上柱塞
外筒体
试件吊兰
内筒体
中层筒体
下柱塞
下封头部件
底座

连接杆
调节阀
速启阀
活塞b
缸体
基座

图 1-14　下动力源示意图　　　　　　　图 1-15　高压三轴室示意图

表 1-2　RDT-10000 型岩石高压动三轴试验系统试验项目

试验项目	内容	加载/应变速率	试件尺寸
动态拉伸(巴西劈裂法、直接拉伸、三点弯曲法)	材料动态抗拉强度、变形模量、应力-应变关系	$1\sim10^4$MPa/s(应变速率范围:$10^{-4}\sim1\mathrm{s}^{-1}$)	ϕ50mm $\times$ 20mm、ϕ30mm $\times$ 90mm 或 180mm$\times$40mm$\times$20mm
动态压缩(单轴、三轴)	材料动态抗压强度、变形模量、应力-应变关系	$1\sim10^5$MPa/s(应变速率范围:$10^{-4}\sim10\mathrm{s}^{-1}$)	ϕ30mm $\times$ 60mm、ϕ20mm $\times$ 40mm 或 ϕ50mm$\times$100mm
动态剪切(双面冲剪)	材料动态抗剪强度	$1\sim10^4$MPa/s	180mm$\times$40mm$\times$20mm
动态断裂(三点弯曲法)	材料动态断裂韧度	$10^{-2}\sim10^3$MPa $\cdot$ m$^{1/2}$/s	180mm$\times$40mm$\times$20mm

1.1.3　中应变率段($10\mathrm{s}^{-1}$)的岩石试验方法

虽然前面所述的岩石气动快速加载试验机声称其上限加载应变率可达到 $10\sim20\mathrm{s}^{-1}$,但事实上,从对岩石进行的大量试验结果来看,其应变率范围大都在 $1\mathrm{s}^{-1}$ 以内。而常规的 SHPB 试验系统主要测定岩石在 $10^2\sim10^3\mathrm{s}^{-1}$ 应变率段的动态特性,更高应变率段($>10^4\mathrm{s}^{-1}$)的动力特性则可通过轻气炮或平面波发生器加载等方式获得。为了弥补 $10\mathrm{s}^{-1}$ 应变率段的岩石动力测试方法的缺失,我们提出了通过增大霍普金森压杆(SHPB)杆径实现中应变率岩石试验的可行性思路[17]。分离式 SHPB 采用粘贴于弹性压杆中部的应变片测得的加载波形,利用间接的方法推算出夹在两压杆之间的试件的动态应力-应变关系。有关 SHPB 的试验原理和具体细节,将在 1.2 节予以详细介绍。由 SHPB 试验原理可知,SHPB 冲击试验中,试件的长度与试件应变速率呈反比,增大试件长度可以降低试件的应变速率;而在 SHPB 试验中,为使惯性效应和端部效应达到最小,试件长径比为 0.5 左右(惯性效应为 0 时,试件的长径比约为 $\sqrt{3}\nu/2$,ν 为试件泊松比[18]),因此增大试件长度意味着增加试件直径。而为保证冲击试验过程中试件的应力分布均匀化,特别是径向应力的均匀化,试件的直径一般只略小于杆件直径,因此增大杆径意味着试件的直径和长度随之增加。因此,将常规用于岩石的 SHPB 试验系统杆径增大到合适尺寸,从理论上讲,应该可以获得岩石在 $10\mathrm{s}^{-1}$ 应变率段的动力学参数。

1. 脆性材料动态断裂条件

对于脆性材料在应力波作用下的动态断裂问题,Steverding 和 Lehnigk[19-21] 以内部圆形片状裂纹为例(图 1-16),推导了矩形应力波加载条件下的动态断裂条件,即

$$\sigma^2\tau/E \geqslant \pi\gamma/C_\mathrm{p} \tag{1-3}$$

式中,σ 为矩形应力波幅值;τ 为应力波延时;E 为弹性模量;γ 为材料的比表面能;C_p 为材料的纵波波速。

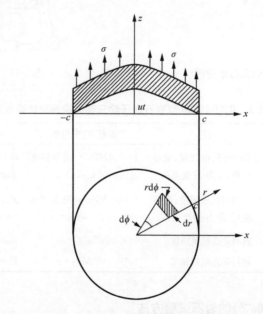

图 1-16　Steverding-Lehnigk 模型的坐标系统与挠曲曲线图

对于任意形状的应力脉冲 $\sigma(t)$,可以表述为一般形式,即导致材料脆性断裂的条件为

$$\int_0^\tau \sigma^2(t)\mathrm{d}t \geqslant \pi\gamma E/C_\mathrm{p} \tag{1-4}$$

式(1-4)表明:当外荷载的能量作用密度大于某一值时,材料中的裂纹将会扩展。考虑到如果加载应力波幅值很小,即使作用时间很长,在满足式(1-3)(或式(1-4))条件下材料裂纹也可能不会扩展这一事实,必须对式(1-3)(或式(1-4))的应用条件做必要的限制。根据 Steverding 和 Lehnigk 的推导过程可知,式(1-3)实际是

$$\tau = (a/C_\mathrm{p})(1-\nu^2)^{1/4}\left(\frac{21}{5}\right)^{1/4} \tag{1-5}$$

和

$$\sigma^2 = 2E\gamma/\left[a(1-\nu^2)^{1/4}\right] \tag{1-6}$$

两个方程消去 a 得到的。式中，a 为材料内部圆形片状裂纹半径；ν 为材料的泊松比。式(1-5)和式(1-6)综合反映了对于材料中某特定尺度裂纹 a 扩展所需加载应力波的应力幅值与延时条件，即导致裂纹扩展需要有一个与裂纹尺度成反比的临界应力门槛值和一个与裂纹尺度成正比的应力波延续时间，二者需同时满足。对于不同幅值和不同延时的加载应力波，只要其满足 $\sigma^2\tau/E = \pi\gamma/C_p$，则总会有一特定尺度的裂纹 a^* 同时满足式(1-5)和式(1-6)条件而扩展。显然，这只是脆性断裂的充分条件，其成立的前提必须是在材料内部存在大小不同的裂纹，呈统计分布规律。如果该特定裂纹 a^* 不存在，则断裂将不会发生。

对于岩石试件，就理论上而言，其内部总存在一个有限尺度的最大裂纹。在加载应力波延时大到足以保证所有尺度裂纹扩展的情况下(实际情况亦如此，在 SHPB 试验中，为保证试件达到应力均衡状态，一般加载应力波会在试件中传播十几个来回以上)，决定试件脆性断裂的仅是加载应力波的幅值条件。由于最大尺度裂纹的扩展所需应力幅值最小，所以导致最大尺度裂纹扩展的应力幅值为试件脆性断裂的临界应力门槛值。SHPB试验也表明，当加载应力波幅值小于某值时，岩石试件在单次冲击作用下不会破裂[22]。

设作用于岩石试件上的荷载为一幅值为 σ_A 的理想半周期正弦应力脉冲，则

$$\sigma(t) = \sigma_A \sin\frac{2\pi t}{T}, \qquad 0 \leqslant t \leqslant \frac{T}{2} \tag{1-7}$$

式中，T 为加载应力脉冲的周期。根据 Steverding-Lehnigk 脆性断裂准则，要使试件破坏，需满足

$$\int_0^t \left(\sigma_A \sin\frac{2\pi t}{T}\right)^2 \mathrm{d}t = \frac{\pi\gamma E}{C_p} \tag{1-8}$$

对式(1-8)左边进行积分，可得

$$\int_0^t \left(\sigma_A \sin\frac{2\pi t}{T}\right)^2 \mathrm{d}t = \sigma_A^2 \left(\frac{t}{2} - \frac{T}{8\pi}\sin\frac{4\pi t}{T}\right) \tag{1-9}$$

将式(1-9)代入式(1-8)，则有

$$\sigma_A^2 \left(\frac{t}{2} - \frac{T}{8\pi}\sin\frac{4\pi t}{T}\right) = \frac{\pi\gamma E}{C_p} \tag{1-10}$$

在 SHPB 试验中，冲头速率越高，则加载应力波幅值越大。由式(1-10)可知，岩石破坏的时间 t 越小，所获得的试件应变率亦越高。对于一定杆径的 SHPB 试验装置系统，在对某岩石材料进行冲击试验时，其加载应变率可以根据试验要求，通过冲头速率的调整而进行改变。但是，能导致岩石试件单次冲击破坏的应变率，受限于系统对冲头的发射能力和试件材料特性，其变化范围却是有限的，特别是存在一个最低的应变率，当低于该应变率时，试件在冲击荷载的单次作用下不会破坏。

2. SHPB 试验中导致岩石破坏的最低应变率

根据上述分析可知，在加载应力波延时较大且足以保证所有尺度裂纹扩展的情况下，能导致最大尺度裂纹扩展的应力幅值为试件脆性断裂的临界应力门槛值。对于半周期正

弦应力波加载情形，其应力峰值出现在 $T/4$ 处。当应力峰值小于临界应力门槛值时，试件将处于弹性状态，冲击加载后试件完整；当应力峰值大于临界应力门槛值时，则会有某一区段裂纹长度的许多裂纹扩展，冲击加载后试件呈多个碎块；当应力峰值等于临界应力门槛值时，则试件内最大尺度的裂纹扩展，冲击加载后试件裂为两块或产生贯通裂纹。此时的应变率即是能导致试件单次冲击破坏的最低应变率。将 $t = T/4$ 代入式 (1-10)，即可得到半正弦加载波的幅值条件：

$$\sigma_A^2 \left[\frac{1}{2} \cdot \frac{T}{4} - \frac{T}{8\pi} \sin\left(\frac{4\pi}{T} \cdot \frac{T}{4} \right) \right] = \frac{\pi \gamma E}{C_p} \tag{1-11}$$

即

$$\sigma_A = \sqrt{\frac{8\pi \gamma E}{C_p T}} \tag{1-12}$$

由于在 SHPB 试验中，加载应力波的延时是由冲头的长度和波速决定的，对等径撞击，可取入射应力波延时 τ 为

$$\tau = \frac{T}{2} = \frac{2L}{C_0} \tag{1-13}$$

式中，L 为冲头长度；C_0 为应力波在冲头中的传播速率。将式 (1-13) 代入式 (1-12) 可得

$$\sigma_A = \sqrt{\frac{2\pi \gamma E C_0}{C_p L}} \tag{1-14}$$

由于在 SHPB 试验中，试件具有一定的长径比 $l_s = kD_s$（D_s 为试件的直径；l_s 为试件长度；k 为试件长径比，对于岩石试件一般取 $0.5 \sim 1$），因此，为保证冲击试验过程中试件的应力均匀化条件，应力波延时一般应在试件两端间透反射多个来回，可以假定为

$$\frac{2L}{C_0} = n \frac{l_s}{C_p} \tag{1-15}$$

式中，n 为应力波在试件中透反射次数，一般可取 20。据此，冲头长度可以用试件的直径表示为

$$L = \frac{nkD_s C_0}{2C_p} \tag{1-16}$$

将式 (1-16) 代入式 (1-14) 可得

$$\sigma_A = \sqrt{\frac{4\pi \gamma E}{nkD_s}} \tag{1-17}$$

假定岩石为理想的弹脆性材料，结合岩石动态弹性模量恒定的特性[23,24]，定义岩石试件在冲击试验中的应变率为

$$\dot{\varepsilon} = \frac{\varepsilon}{t} = \frac{\sigma_A}{E \frac{T}{4}} = \frac{\sigma_A C_0}{EL} \tag{1-18}$$

将式 (1-16) 和式 (1-17) 代入式 (1-18) 可得

$$\dot{\varepsilon} = \frac{4C_p}{nkD_s} \sqrt{\frac{\pi \gamma}{nkD_s E}} \tag{1-19}$$

将 $E = \rho C_p^2$ 代入式 (1-19) 可得

$$\dot{\varepsilon} = 4(\pi\gamma)^{\frac{1}{2}}\rho^{-\frac{1}{2}}(nkD_s)^{-\frac{3}{2}} \tag{1-20}$$

由式(1-20)可以看出,对于外形相似(k 为定值)的某材料试件(γ 和 ρ 为常量),采用相对延时恒定(n 一定)的应力脉冲加载时,其产生破坏的最小应变率随试件直径 D_s 或长度 l_s($l_s = kD_s$)的增加而降低,二者呈现乘幂关系,即

$$\dot{\varepsilon} = mD_s^{-\frac{3}{2}} \tag{1-21}$$

式中, $m = 4(\pi\gamma)^{0.5}\rho^{-0.5}(nk)^{-1.5}$。由于在 SHPB 试验中,为保证试件受力均匀,特别是径向受力均匀,通常试件直径 D_s 等于弹性压杆直径 D_0,所以式(1-21)也可以表述为

$$\dot{\varepsilon} = mD_0^{-\frac{3}{2}} \tag{1-22}$$

即岩石等脆性材料产生破坏的最小应变率,随着 SHPB 杆径的增大而减小,二者呈乘幂关系。

需要说明的是,在实际 SHPB 冲击加载试验中,即使试验条件完全符合一维应力波传播理论,由于应力波在试件中的透反射特性及试件-压杆波阻抗比的变化,理想的半正弦入射应力波作用在试件上的应力波形、幅值和波长均会发生变化,而对上述推导结论产生影响的主要因素为作用在试件上的应力波形和波长。研究表明[17],试件在加载应力峰值出现以前的加载应力波形仍为一似正弦应力波,但应力波作用在试件上的波长随试件与压杆波阻抗比的减小而增大,并随入射应力波波长的增大而呈减小趋势。

图 1-17 和图 1-18 为我们运用 LS-DYNA 软件,通过 HJC 模型[25]和表 1-3 的岩石本构参数,数值计算得到的试件应变率与杆径的关系[26]。数值模拟结果表明:SHPB 冲击试验中,试件破坏的最低应变率随杆径的增大而减小,二者呈现良好的乘幂关系。

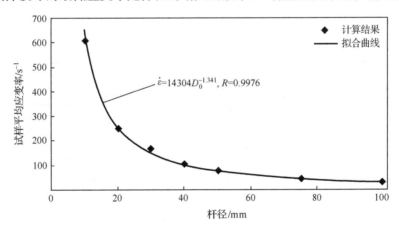

图 1-17　试件平均应变率与杆径关系图(试件长径比为 1)

为了通过试验验证杆径与最低应变率的关系,从而证明杆径增大实现中应变率的可行性,我们在自行研制的 SHPB 试验系统上,分别利用 ϕ22mm、ϕ36mm、ϕ50mm 和 ϕ75mm 四种 SHPB 杆径以及能消除 P-C 振荡的半正弦波加载方式,对长径比相近而直径不同的花岗岩、石灰岩和砂岩试件进行了加载速率由高到低的冲击试验,据此建立导致岩石破裂的最低加载应变率与 SHPB 杆径之间的相关关系,确定能实现岩石中等应变率段加载的合理杆径[26]。不同杆径系列的 SHPB 试验装置参数如表 1-4 所示。

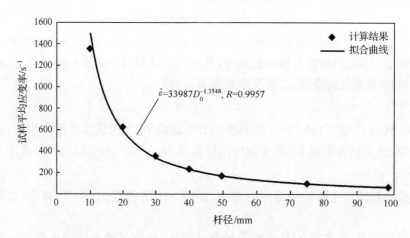

图 1-18　试件平均应变率与杆径关系图(试件长径比为 0.5)

表 1-3　岩石试件 H-J-C 本构模型参数

属性	数值	属性	数值	属性	数值
岩性	砂岩	$\dot{\varepsilon}/\text{s}^{-1}$	2.9×10^{-5}	D_1	0.045
$\rho/(\text{kg/m}^3)$	2630	$\varepsilon_{f\min}$	0.01	D_2	1.00
G/GPa	6.00	$S_{\max}$	5.0	抗拉强度/MPa	13.8
A	0.71	P_{cr}/GPa	0.035	静抗压强度 f_c/MPa	91.36
B	1.84	ν_{cr}	8.0×10^{-4}	K_1/GPa	85
C	0.007	$P_{\text{lock}}/\text{GPa}$	1.035	K_2/GPa	−171
N	1.00	ν_{lock}	0.100	K_3/GPa	208

表 1-4　不同杆径系列的 SHPB 试验装置参数

弹性压杆直径/mm	输入杆长度/mm	输出杆长度/mm	弹性模量/GPa	纵波波速/(m/s)	泊松比	发射腔气压/MPa	密度/(kg/m³)
22	1200	1200	250	5400	0.285	0~1.0	7810
36	1500	1500	250	5400	0.285	0~1.0	7810
50	2000	1500	250	5400	0.285	0~10.0	7810
75	2000	2000	250	5400	0.285	0~10.0	7810

　　不同杆径 SHPB 试验装置配置的纺锤形冲头系列见图 1-19,其对应的典型加载应力波形如图 1-20 所示。

　　图 1-21～图 1-24 给出了试件直径分别为 22mm、36mm、50mm 和 75mm(与不同杆径条件对应),长径比为 0.5~0.6 的花岗岩冲击试验结果。砂岩和石灰岩冲击试验结果与之类似。试验结果显示,在同种杆径的 SHPB 冲击试验条件下,随着加载速率由高到低变化,不同岩石试件的破损状态从以碎屑成分为主过渡为以块状为主,直至仅产生贯通裂纹,其破损程度由强变弱。对于不同杆径系列的 SHPB 试验条件,均存在一个能导致所

选取的岩石试件破裂的加载应变率下限,若加载应变率低于此下限,将不能使岩石试件在单次冲击下破裂。

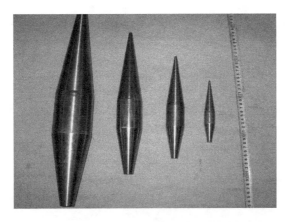

图 1-19　不同杆径 SHPB 试验装置对应的冲头系列

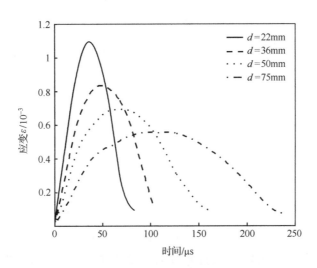

图 1-20　不同冲头产生的典型加载应力波形

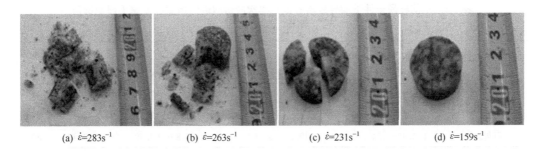

(a) $\dot{\varepsilon}=283\mathrm{s}^{-1}$　　(b) $\dot{\varepsilon}=263\mathrm{s}^{-1}$　　(c) $\dot{\varepsilon}=231\mathrm{s}^{-1}$　　(d) $\dot{\varepsilon}=159\mathrm{s}^{-1}$

图 1-21　22mm 杆径 SHPB 试验中不同应变率对应的花岗岩试件典型破裂状态

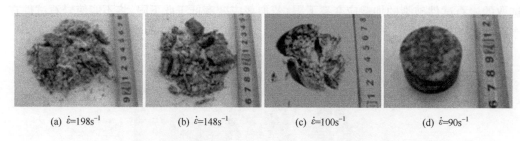

(a) $\dot{\varepsilon}=198s^{-1}$　　(b) $\dot{\varepsilon}=148s^{-1}$　　(c) $\dot{\varepsilon}=100s^{-1}$　　(d) $\dot{\varepsilon}=90s^{-1}$

图 1-22　36mm 杆径 SHPB 试验中不同应变率对应的花岗岩试件典型破裂状态

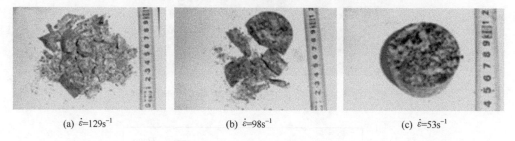

(a) $\dot{\varepsilon}=129s^{-1}$　　　　(b) $\dot{\varepsilon}=98s^{-1}$　　　　(c) $\dot{\varepsilon}=53s^{-1}$

图 1-23　50mm 杆径 SHPB 试验中不同应变率对应的花岗岩试件典型破裂状态

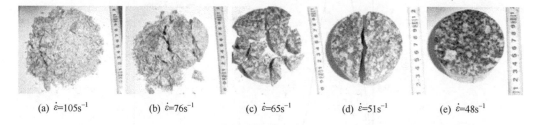

(a) $\dot{\varepsilon}=105s^{-1}$　　(b) $\dot{\varepsilon}=76s^{-1}$　　(c) $\dot{\varepsilon}=65s^{-1}$　　(d) $\dot{\varepsilon}=51s^{-1}$　　(e) $\dot{\varepsilon}=48s^{-1}$

图 1-24　75mm 杆径 SHPB 试验中不同应变率对应的花岗岩试件典型破裂状态

　　冲击试验研究中,花岗岩、砂岩和石灰岩试件分别在 22mm、36mm、50mm 和 75mm 杆径条件下对应的能导致岩石试件单次冲击破裂的加载速率下限范围值如表 1-5 所示[17]。

表 1-5　不同杆径条件下能导致岩石试件单次冲击破裂的加载应变率下限范围值

（单位：s^{-1}）

岩石类别	SHPB 杆径			
	22mm	36mm	50mm	75mm
花岗岩	120.93～178.52	75.51～106.65	44.75～62.94	41.09～48.33
砂岩	125.38～169.12	69.90～85.09	50.23～77.35	44.76～71.23
石灰岩	143.33～184.20	49.54～92.62	38.89～80.59	40.43～64.80

　　由表 1-5 可知,增大霍普金森杆径能显著降低导致岩石破裂的最低加载平均应变率。以试验中最低加载应变率批次中的所有试件样本的应变率平均值为代表值,将不同的杆径与所对应的能导致岩石破裂的最低加载应变率按式(1-22)进行拟合,拟合结果如

图 1-25 所示。

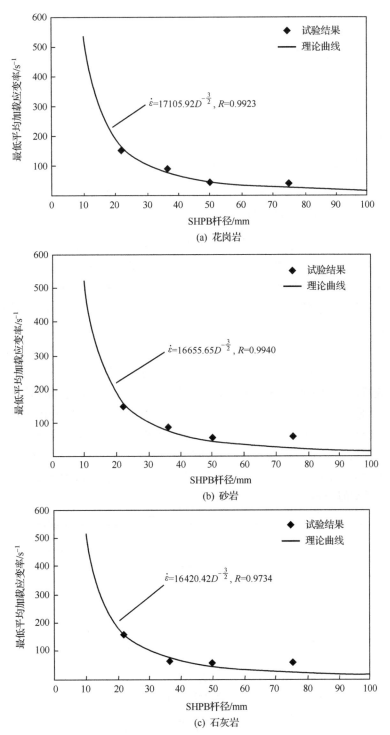

(a) 花岗岩

(b) 砂岩

(c) 石灰岩

图 1-25　SHPB 杆径与导致岩石破裂的最低加载平均应变率关系

从图 1-25 可以看出,试验结果得到的最低平均应变率与按式(1-22)拟合的理论曲线吻合程度良好。由此可见,增大霍普金森杆径是实现对岩石中等应变率加载的有效途径之一。但也必须注意到,当应变率低到 $10^0\,\mathrm{s}^{-1}$ 量级时,霍普金森杆径已超过 100mm,且增大霍普金森杆径以降低加载应变率的效果将不再明显。

1.2　岩石动态压缩试验装置与试验技术

在机械冲击和爆破等工程实践中,应变率常为 $10^2 \sim 10^3\,\mathrm{s}^{-1}$[27]。目前,对于这一应变率段的岩石动态性能试验,主要是采用各种 SHPB(split Hopkinson pressure bar)装置及其他一些变形装置来完成的。

1.2.1　霍普金森实验的沿革与发展

霍普金森压杆装置(SHPB)源于 1914 年霍普金森设计的一种压杆[28]。当时,霍普金森用了两根直径为 25mm、长度差很大,并自由悬吊的同心钢杆及冲击摆,通过子弹或爆炸波冲击长杆,研究了炸药爆炸时或子弹撞击到坚硬物体表面时,压力依赖于时间的性质。然而,在当时的技术条件下,霍普金森是不可能直接观察到应力波的,因而这类试验装置的应用和发展也相当有限。1948 年,Davies 在被冲击的霍普金森长杆中装了一个波导开关,通过扫描装置和阴极射线示波器观测了应力波形,并通过端部电容装置和放大器等测量了杆的质点位移,如图 1-26 所示。次年,Kolsky 又用修正的 Davies 装置研究了多种材料的动载特性。他用两根细长钢杆夹持一片试件,在第一根钢杆的另一端置一保护性钢砧,依靠雷管产生的爆炸波冲击钢砧,使入射压缩波沿第一根钢杆传播至杆与试件界面后,一部分输出试件进入第二根钢杆,另一部分自界面反射回第一根钢杆,进入试件的应力波由试件前后方的圆筒形电容式微音器测量,质点位移由第二根钢杆末端的平行板电容式微音器测量,示波器用波导开关触发,如图 1-27 所示。这种经 Kolsky 改进后的 Davies 装置已很类似于现代的 SHPB 装置了。

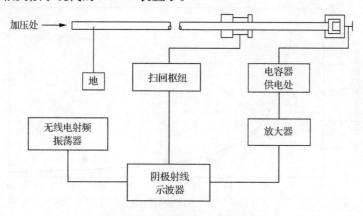

图 1-26　达维斯(Davies)装置

1963 年,Lindholm 用粘贴于两根杆上的应变片取代了以往的电容式传感器[29],从而

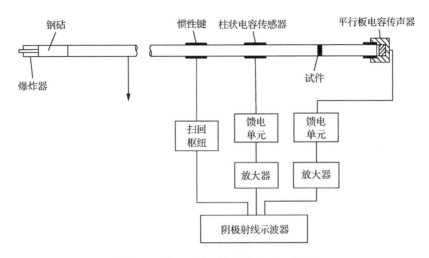

图 1-27　经 Kolsky 修正的 Davies 装置

给霍普金森杆带来了测试方法的根本变革。20 世纪 60 年代，Baker 和 Harding 等在 SHPB 装置的基础上又提出了扭杆和拉杆，经不断完善后，许多研究者利用这类装置成功地对一些金属类材料进行了动态抗剪和拉伸试验[30-33]。80 年代初，国外又将计算机成功地引入了霍普金森装置中，实现了数据采集和处理的电脑化，并发展了一些以提高应变率为目的的霍普金森改型装置，如双缺口剪切霍普金森装置、冲孔加载式霍普金森装置、直接撞击式霍普金森装置[34,35]。

　　将 SHPB 法引入岩石的动态试验相对较晚。1968 年，Kumar 首次使用短试件在 SHPB 装置上进行了岩石动态强度试验[36]；稍后不久，Hakailehto 用这种装置进行了岩石在冲击载荷下的动态性能试验，完成了题为 “*The behaviour of rock under impulse loads——A study using the Hopkingson split bar method*” 的博士论文[37]；1972 年，Christensen 等又研制成功了一种对岩石加围压的三轴 SHPB 装置，可在不同围压下对岩样进行动态冲击试验[38]。

　　在国内，到 20 世纪 80 年代才有这类装置投入使用[22,39,40]，以后在一些单位又相继研制了多种类似装置和进行金属材料试验的扭杆和拉伸杆[40-42]，并实现了试验过程和数据处理的电脑化[43,44]。

1.2.2　霍普金森压杆装置试验原理

1. 试验原理

　　如图 1-28 所示，在一定的压气压力或爆轰作用下，冲头将以一定的速率与输入杆对心碰撞，在输入杆端即产生一应力脉冲，在一维应力传播的条件下，应力脉冲即弹性入射波在输入杆中以波速 $C_e = \sqrt{E_e/\rho_e}$ 向前传播，经过 L_e/C_e 的时间（L_e 为输入杆的长度）传至杆件与岩样的界面 A_1 处，由于两者波阻不同，因而波在界面产生反射和透射，透射部分随即进入岩样与杆的界面 A_2，同时也产生透反射。由于岩样较薄，其脉冲在岩样中来回一次的时间只需 $2L_s/C_s$（这里，L_s、C_s 分别为岩样长度和岩样中的杆波速度），一般只有几微秒,经过几次透反射后,岩样及两端面的应力应变达到基本上一致,通过瞬态波形存储器把入射波、反射波和透射波 $\sigma_I(t)$、$\sigma_R(t)$、$\sigma_T(t)$ 记录下来,即可获得岩样中的 σ-ε-$\dot{\varepsilon}$ 关系和试件的能耗值。

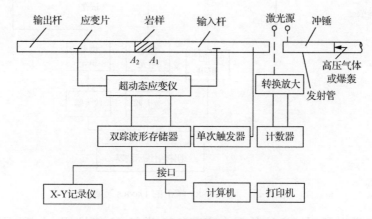

图 1-28　SHPB 装置及测试系统框图

如图 1-29 所示,根据界面 A_1 上的速度和应力连续条件,并考虑到岩样的波阻抗小于钢弹性杆的波阻抗,反射波为拉伸波,有

$$v_{sI} = v_I + v_R$$
$$\sigma_{sI}A_s = (\sigma_I + \sigma_R)A_e$$

又

$$\sigma = \rho C v \tag{1-23}$$

故有

$$v_{sI} = (\sigma_I + \sigma_R)/(\rho_e C_e)$$
$$\sigma_{sI} = (\sigma_I + \sigma_R)A_e/A_s$$

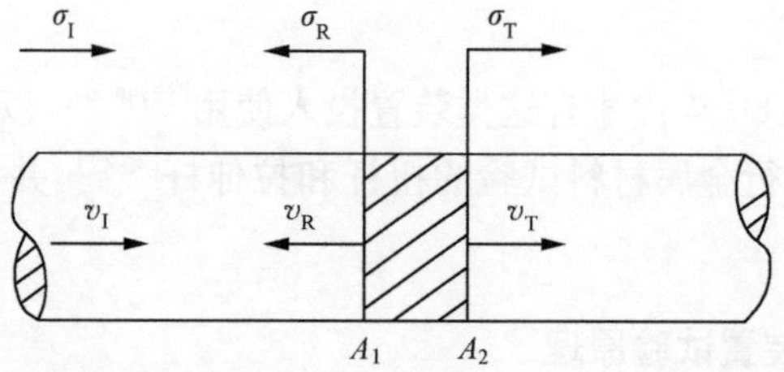

图 1-29　应力波在试件与弹性杆交界面上的作用

根据 SHPB 装置的均匀化条件,即经多次反射后,两界面的应力应变趋于平衡,可以求得试件的平均应力、应变和应变率随时间的变化,即

$$\left.\begin{array}{l}
\sigma(t) = [\sigma_I(t) - \sigma_R(t) + \sigma_T(t)]A_e/(2A_s) \\[2mm]
\varepsilon(t) = \dfrac{1}{\rho_e C_e L_s}\displaystyle\int_0^t [\sigma_I(t) + \sigma_R(t) - \sigma_T(t)]\mathrm{d}t \\[4mm]
\dot{\varepsilon}(t) = \dfrac{1}{\rho_e C_e L_s}[\sigma_I(t) + \sigma_R(t) - \sigma_T(t)]
\end{array}\right\} \tag{1-24}$$

试件的耗能值 E_s 为

$$E_s = E_I - E_R - E_T \tag{1-25}$$

式中，入射能、反射能、透射能 E_I、E_R、E_T 分别为

$$\left. \begin{array}{l} E_I = \dfrac{A_e}{\rho_e C_e} \displaystyle\int_0^\tau \sigma_I^2(t)\,\mathrm{d}t \\[3mm] E_R = \dfrac{A_e}{\rho_e C_e} \displaystyle\int_0^\tau \sigma_R^2(t)\,\mathrm{d}t \\[3mm] E_T = \dfrac{A_e}{\rho_e C_e} \displaystyle\int_0^\tau \sigma_T^2(t)\,\mathrm{d}t \end{array} \right\} \tag{1-26}$$

其中，$\sigma_I(t)$、$\sigma_R(t)$ 和 $\sigma_T(t)$ 分别为某一时刻 t 的入射应力、反射应力和透射应力，入射应力和透射应力取压应力为正，反射应力取拉应力为正；$\rho_e C_e$、$\rho_s C_s$ 分别为弹性杆和试件的波阻抗；L_s 为试件的长度；τ 为应力波延续时间；A_e、A_s 分别为弹性杆和试件的截面积。

2. 试验时必须遵循的原则

在用这类装置进行试验时，岩样的 σ-ε-$\dot{\varepsilon}$ 关系的测得是以一定的假定条件为前提的，即该系统应严格处于一维应力状态；应力波在岩样内经几次反射后，在岩样和弹性杆两个界面的应力应达到均匀；岩样和杆交界面的摩擦效应应小得可以忽略。因此，进行试验时，必须注意如下几点。

1）必须合理地选取岩样的长径比

弹性波在细长杆中传播时，由于横向惯性效应，波会产生弥散。Pochhammer 很早就在理论上探讨了这一问题，他从一无限正弦波列沿圆柱体传播出发，通过波动方程和严格的数学推导，得到波的相速 C_p 为[28]

$$C_p = \left[1 - \nu^2 \pi^2 \left(\frac{r}{\lambda} \right)^2 \right] C_0 \tag{1-27}$$

式中，C_0 为一维纵波的波速；λ 为波长；ν 为材料泊松比；r 为圆柱体半径。

由式（1-27）可知，当 $r/\lambda \ll 1$ 时，C_p 几乎与各谐波分量无关，故对于延续时间为 τ 的矩形波，当 $r/(\tau C_0) < 0.1$ 时，杆的横向振动效应除波头外，可作高阶小量忽略不计。Richard 在 1957 年也对此作了严格的数学证明[45]。他指出：侧向振动效应是叠加在一维应力解上的一个高频衰减振荡，除波头以外，只要满足 $r/\lambda \ll 1$，一维应力假定是可靠的。根据 Davies 和 Hunter 的计算，作用在试件上的平均应力为[18]

$$\sigma = -\frac{1}{2}(\sigma_1 + \sigma_2) + \rho_s \left(\frac{L_s^2}{6} - \frac{1}{2} r_s^2 \mu_s^2 \right) \ddot{\varepsilon}_s \tag{1-28}$$

式中，σ_1、σ_2 分别为界面 A_1 和 A_2 上的应力；r_s 为试件的半径；$\ddot{\varepsilon}_s$ 为试件的应变加速度。显然，若试验能实现定常应变率，则惯性修正项为零，而在霍普金森杆中，这是难以控制的，但我们可通过对岩样长径比的适当选择，尽可能减小这种效应。例如，当 $L_s = \sqrt{3} r_s \mu_s$ 时，惯性修正项趋于零。

因此，在保证 $r/(\tau C_0) < 0.1$ 的同时，岩样长度 L_s 应尽可能不偏离 $\sqrt{3} r_s \mu_s$ 太多，并尽量使其相对稳定，则系统可视为一维应力状态。这时，应力波将以同一波速 C_0 传播，并被

均匀地作用在弹性杆的横截面上,此时电阻应变片所测得的杆表面的应变可以代表杆的内部应变。

关于常规等径冲击的 SHPB 装置中试件两端面的应力是否能达到均匀,Bertholf 等对此进行过详细地分析和评述[46-48]。分析表明:应力波在试件内经若干次反射后,试件中的应力应变可达到均匀。对于等径冲击,其入射波延续时间为 $\tau = 2L/C_0$(L 为冲头长度),故岩样的长度还必须远小于冲头的长度。

我们曾利用中南大学的 SHPB 试验系统,分别对五组长径比分别为 0.4、0.5、0.6、0.8 和 1 的砂岩试件进行了冲击动力学试验,研究得到了岩石长径比 L_s/D 与应变率和分维数关系式系数 k 之间的关系图[49],从中分析得到两者之间呈很强的线性相关性,可以表示为

$$k = 0.0311 L_s/D - 0.0092 \qquad (1-29)$$

根据式(1-29)可知,当系数 k 取值为 0 时,即岩石破碎块度与相应的应变率之间不具有线性相关时,可以得到此时长径比的值为 0.296,即长径比大约为 0.3。从中可以推断,对试验中所用砂岩而言,在 SHPB 试验中所采用的试件长径比具有最小值,即为 0.3 左右;对于其他岩石,也应该存在类似的长径比最小值。

2) 必须采取一些办法来减小岩样与杆交界面的摩擦效应

由于岩样和弹性杆加工时表面的不光滑程度以及弹性杆的横向变形的不均性,在界面上会产生摩擦,使岩样处于复杂应力状态。因此,在试验过程中,必须注意如下几点:

(1) 应保证岩样的一定加工精度和两端面的平行度;

(2) 试验时,在界面上加一层黄油,以减小摩擦;

(3) 选择岩样的适当长径比,太小将会产生端部效应,太大又会引起惯性效应。

3. SHPB 装置设计时必须考虑的几个因素

1) 冲击头

主要应考虑以下两个因素:

(1) 保证一维应力波传播的条件,即 $r/(\tau C_0) < 0.1$,对于等径冲击,由于 $\tau = 2L/C_0$,故冲头长度 L 应大于 5 倍杆的半径 r;

(2) 入射波的延续时间要保证波在岩样中能来回反射 9~10 次,以实现岩样中应力应变的均匀化和保证在波形上有足够的时间摄取数据。对于等径冲击,$\tau = 2L/C_0 \geqslant 9L_s/C_s$,根据试验时的最大岩样尺寸,即可得到 L 的极限值。

2) 弹性杆

(1) 弹性输入杆的长度要保证波在岩样中来回反射 9~10 次时间内,不使由打击端产生的弯曲波进入岩样,由 Timoshenko 修正解可知[28,50],$C_弯/C_0 = f(r/\lambda)$。当 $\mu = 0.29$ 时,$\lim\limits_{\tau/\lambda \to \infty}(C_弯/C_0) = 0.5906$,可以取 $C_弯 = 0.5C_0$ 进行考虑,则 $(L_杆/C_弯 - C_杆/C_0) \geqslant 18L_s/C_s$,故 $L_杆 \geqslant 18L_sC_0/C_s$。

(2) 弹性杆长度的选择,还应保持波在岩样中来回反射 9~10 次的时间内,最初的反射(或透射)波经过弹性入射,输出杆自由端面反射后,来不及干扰其岩样中的应力平衡,即 $2L_杆/C_0 \geqslant 18L_s/C_s$。

4. 测试系统

在动态应变测量中,常根据测量信号的频率不同采用如下两种测试系统:即应变片-动态应变仪-光线示波器系统,这种系统是动态应变测量中广泛应用的一种测量系统,但必须注意,这套系统的上限频率只有 1.5k~2kHz,只适应于像滚压破岩和准静态等信号的测量;对于类似于冲击破岩等瞬态信号的测量,必须采用应变片-宽频带放大器(超动态应变仪)-瞬态波形存储器(记忆示波器)系统。瞬态应变的特点是作用时间极短,如单次快速冲击过程,其作用时间只有几百或几十微秒,相当于频率达数十千赫的谐波振动,普通的动态电阻应变仪、光线示波器和磁带记录器均不能适应这种要求,而超动态电阻应变仪的频率可达 200kHz,电子示波器的频带更宽,可达兆赫,因而可满足测试要求。若使用半导体应变片,甚至可以不使用放大器或超动态应变仪,因为半导体应变片的灵敏系数比一般应变片大几十倍。

1) 应变片的选取

在用应变片进行瞬态应变脉冲信号的测量时,必须选取标距较小的箔式应变片。这主要是由于在测量高频应变波时,应变片的基长相对于应变波的波长较大。应变片反映的应变是基长范围内应变的平均值,它与应变片基长中点的应变值之间存在一定的误差,而通常要求应变仪读数反映基长中点的应变。可以看出,频率越高,此项误差也越大。经过分析可以得出:当应变波为正弦波时,因基长关系引起的相对误差为[51]

$$\delta = \frac{\pi^2 f^2 l^2}{6C^2} \tag{1-30}$$

式中,f 为应变波的频率;l 为应变片的基长;C 为应变波在被测构件中的传播速率。当限定误差 δ 为一定值时,选择基长 l 的计算公式为

$$l = \frac{C}{\pi f} \sqrt{6\delta} \tag{1-31a}$$

例如,若被测件为钢材,取 $C=5000$m/s,被测应变的频率 $f=20$kHz,当要求相对误差$\delta \leqslant 0.5\%$时,由式(1-31)可以求得应变片基长为

$$l \leqslant \frac{5 \times 10^5}{20 \times 10^3 \pi} \sqrt{6 \times 0.5 \times 10^{-2}} = 1.39(\text{cm}) \tag{1-31b}$$

试验表明:对于常见的冲击破岩系统应变信号的测量,以 1×1 和 2×2 的特级箔式应变片较为理想[51]。

2) 超动态应变仪

图 1-30 为中国科学院力学研究所在 20 世纪 70 年代末研制定型的超动态应变仪框图。该应变仪采用的变换电路为电位计电路。在没有超动态应变仪的条件下,可以通过集成块辅以适当的外部电路自制宽频带高灵敏度放大器,只要设计合理,这种电路完全可以满足高速冲击试验中信号检测放大的要求[52]。

3) 冲击末速的测定

对 SHPB 装置,准确地测定冲头撞击弹性杆时的末速率,有时非常必要。事实上,只要冲击末速率测定准确,就可用冲击速率去标定其应力幅值。图 1-31 为常见的一种冲击末速率测定系统。当冲头碰撞弹性杆时,将会依次遮掉第一个和第二个激光管光束,通过

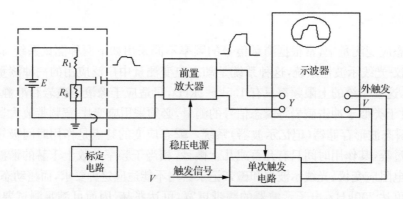

图 1-30 超动态应变仪结构框图

光电转换放大电路将分别产生使数频计计数和停止的脉冲信号,这样即可记下两束激光距间的时间。

$$V = \lim_{\Delta L \to 0} \frac{\Delta L}{\Delta t} \qquad (1\text{-}32)$$

由式(1-32)可知:ΔL 越小,其精度越高。这种测速系统,无需机械接触,也不增加被测部件的负荷,自动控制。实测表明:这一装置测定冲击末速率的精度较高,使用方便可靠。其光电转换放大装置可采用图 1-32 所示的电路制成[53]。

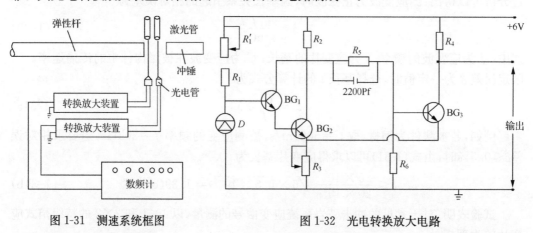

图 1-31 测速系统框图　　　　　图 1-32 光电转换放大电路

试验室内激光测速仪,如图 1-33 所示,两激光源之间的距离为 40mm,激光测速采集仪的最小精度为 0.1μs。

1.2.3 岩样应力均匀化的简化分析

前面已经指出,要使 SHPB 测试系统记录下来的应力波形真实可靠,所获得的试验数据与其试件实际行为相吻合,霍普金森撞杆技术必须以如下几个条件为前提:一是该杆系应严格处于一维应力状态;二是试件与杆交界面的摩擦效应很小;另外,应力波在试件内经几次透反射后,试件两界面间即试件内部的应力可很快达到平衡。对于前面两点,我们可以通过试验装置设计和细心的试验操作予以达到;而对于最后一点,尽管有不少文献

图 1-33　激光测速仪

已作过分析[46-48]，但由于以往的研究重在考察材料的动载特性，常规的 SHPB 装置大都为矩形波加载，这种分析仅限制在矩形应力脉冲加载上。在冲击和爆炸破岩等领域，为了提高破岩效率、减少能量的无用耗损以及提高钻具的寿命等，要求我们探究各种不同形态的冲头冲击岩样后的反应，即了解岩石在不同应力波加载时的行为特征，进而优化活塞和爆破等参数，了解加载波形和岩石特性间的内在关系。因此，能否将霍普金森法引入冲击破碎领域的有关研究之中的关键在于：不同加载波作用下，霍普金森撞杆中岩样两端面应力是否实现平衡[54]。

为便于分析，设两弹性杆的横截面积与岩样的横截面积相等（图 1-34），根据应力波在界面的透反射原理，有

$$
\left.
\begin{aligned}
\sigma_R &= \lambda_{1>2}\sigma_I \\
\sigma_T &= (1+\lambda_{1>2})\sigma_I \\
\lambda_{1>2} &= \frac{\rho_s C_s - \rho_e C_e}{\rho_s C_s + \rho_e C_e}
\end{aligned}
\right\}
\tag{1-33}
$$

式中，$\lambda_{1>2}$ 为波从第一介质进入第二介质的反射系数。

同理可知，波从介质 2 到介质 1 的反射系数为 $-\lambda_{1>2}$，透射系数为 $1-\lambda_{1>2}$，据此所画出的霍普金森杆系的一维应力波传播图如图 1-34 所示。为简化起见，图中用 λ 表示 $\lambda_{1>2}$（设定弹性杆较试件长得多，其弹性杆自由端的反射将不发生影响）。

不同形状的冲头冲击弹性杆所产生的应力波形状是各不相同的。为此，我们设定某一冲头冲击弹性杆产生的压缩应力脉冲为 $\sigma_1 = f(t)$，显然 $f(t)$ 是一延续时间为 τ 且有极值的连续函数。取定波前到达界面 A_1 的时刻为 $t = 0$，则有

$$
\sigma_1 =
\begin{cases}
0, & t < 0, t \geqslant \tau \\
f(t), & 0 \leqslant t \leqslant \tau
\end{cases}
\tag{1-34}
$$

由图 1-34 可知，在时刻 t，界面 A_1 处的反射应力值 $\sigma_R(t)$ 为

$$
\sigma_R(t) = \lambda f(t) + (1+\lambda)(1-\lambda)(-\lambda)f\left(t - \frac{2L_s}{C_s}\right)
$$

$$
+ (1+\lambda)(1-\lambda)(-\lambda)^3 f\left(t - \frac{4L_s}{C_s}\right) + \cdots
\tag{1-35a}
$$

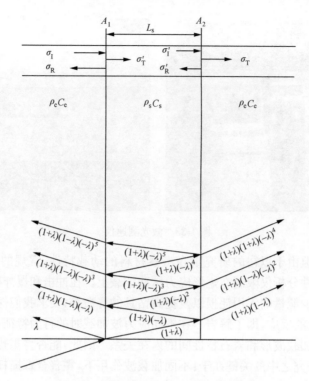

图 1-34　霍普金森杆系波的透反射传播图

整理后得

$$\sigma_R(t) = \lambda f(t) + (1 - \lambda^2) \sum_{n=1}^{k} (-\lambda)^{2n-1} f\left(t - \frac{2nL_s}{C_s}\right) \tag{1-35b}$$

式中，k 取 $t/(2L_s/C_s)$ 值的整数。

整个 A_1 面上的应力为

$$\sigma_1(t) = f(t) + \sigma_R(t)$$

由式(1-35b)得

$$\sigma_1(t) = (1 + \lambda) f(t) + (1 - \lambda^2) \sum_{n=1}^{k} (-\lambda)^{2n-1} f\left(t - \frac{2nL_s}{C_s}\right) \tag{1-36}$$

同理，在时刻 t，A_2 面上的应力为

$$\sigma_2(t) = \sigma_T(t) = (1 - \lambda^2) \sum_{n=1}^{k} (-\lambda)^{2n-2} f\left(t - \frac{(2n-1)L_s}{C_s}\right) \tag{1-37}$$

两界面应力差值为

$$\sigma_1(t) - \sigma_2(t) = (1 + \lambda) f(t) + (1 - \lambda^2) \sum_{n=1}^{k} (-\lambda)^{2n-1} f\left(t - \frac{2nL_s}{C_s}\right)$$

$$- (1 - \lambda^2) \sum_{n=1}^{k} (-\lambda)^{2n-2} f\left(t - \frac{(2n-1)L_s}{C_s}\right)$$

$$= (1 + \lambda) f(t) - (1 - \lambda^2) \lambda \sum_{n=1}^{k} (-\lambda)^{2n-2} f\left(t - \frac{2nL_s}{C_s}\right)$$

$$-(1-\lambda^2)\sum_{n=1}^{k}(-\lambda)^{2n-2}f\left(t-\frac{(2n-1)L_s}{C_s}\right) \tag{1-38}$$

注意到，L_s/C_s 很小，一般只有 3μs 左右，且 $f(t)$ 为有极值的连续函数，同时对于常规的冲击式破岩和爆炸破岩等，产生的应力波延续时间一般为 100μs 量级，远大于 3μs，因此有[55]

$$f\left(t-\frac{2nL_s}{C_s}\right)\approx f\left(t-\frac{(2n-1)L_s}{C_s}\right) \tag{1-39}$$

由此可得

$$\sigma_1(t)-\sigma_2(t)=(1+\lambda)\left\{\left[f(t)-f\left(t-\frac{2L_s}{C_s}\right)\right]-\sum_{n=2}^{k}\lambda^{2n-2}f\left(t-\frac{(2n-1)L_s}{C_s}\right)\right.$$
$$\left.+\sum_{n=1}^{k}\lambda^{2n}f\left(t-\frac{(2n-1)L_s}{C_s}\right)\right\}$$

即

$$\sigma_1(t)-\sigma_2(t)=(1+\lambda)\lambda^{2k}f\left(t-\frac{(2k-1)L_s}{C_s}\right) \tag{1-40a}$$

$$\Delta\sigma=\frac{\sigma_1(t)-\sigma_2(t)}{\sigma_{\mathrm{I}}\mid_{\max}}=\frac{(1+\lambda)\lambda^{2k}f\left(t-\frac{(2k-1)L_s}{C_s}\right)}{f(t)\mid_{\max}}\leqslant(1+\lambda)\lambda^{2k} \tag{1-40b}$$

对一般岩石，λ 为 $-0.8\sim-0.4$，据此，可作出应力差相对值 $\Delta\sigma$ 与波在试件间来回传播次数之间的关系，如图 1-35 所示。

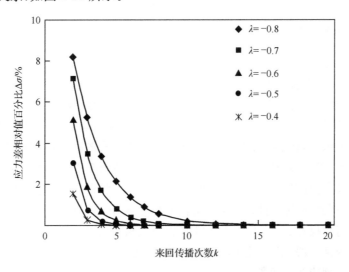

图 1-35　应力差相对值 $\Delta\sigma$ 与波在试件间来回传播次数之间的关系

若取 $\lambda=-0.5$，由式(1-40)可得：$k=1$ 时，$\Delta\sigma\leqslant12.5\%$；$k=2$ 时，$\Delta\sigma\leqslant3.1\%$；$k=3$ 时，$\Delta\sigma\leqslant0.78\%$。当 $\lambda=-0.4$ 时，传播两次后应力差值为 1.54%，传播 4 次后则为 0.04%。如果要求应力差值在 1% 以内就认为已达到应力平衡状态，则对于不同的 λ 值，最小传播次数如表 1-6 所示。由表 1-6 可知，随着反射系数的不断增大（绝对值），在岩石试件中来回传播的次数会急剧增大。

表 1-6　不同反射系数所对应的最低来回传播次数表

λ 值	−0.4	−0.5	−0.6	−0.7	−0.8
最低来回次数 k	3	3	4	5	7

上述研究表明,对于一般岩石,应力波在岩样中来回反射 2~3 次后,两界面的应力差值就变得很小,岩样内部的应力应变即开始达到均匀,故只要岩样较薄,入射应力脉冲有一定的延续时间,即使在任意形状的冲头冲击加载下,岩样内部应力应变的均匀化也是可以实现的,因而将霍普金森撞杆法引申到破岩领域进行不同形状加载波的冲击试验是可行的。

1.2.4　电脑化数据采集处理系统原理与方法

与凿岩爆破相当加载率下的岩石动态性能试验,常采用能实现不同应力波形加载的 SHPB 试验法。20 世纪 80 年代以前,常采用记忆示波器和摄影仪的办法记录下入射、反射、透射应力波形 σ_1、σ_R 和 σ_T,然后根据波形人工触点求算。对于这种微秒量级的瞬态信号,不仅精度低、人为误差大,而且数据处理计算工作量极为繁重。随着计算机的普及,在 20 世纪 90 年代以后,这类试验的数据采集与处理大都实现了电脑化。这里将结合我们早年利用 APPLE-Ⅱ苹果机和 BC6 瞬态波形存储器进行不同加载波下矿岩动力特性、应力-应变全图测试与能耗特征值测量,设计和编制的一套数据采集和处理的电脑化系统及软件[56],阐述其电脑化数据采集与处理的原理与方法。

1. 数据的采集与转换

一般冲击与爆破的应力脉冲时间历程仅为 $10 \sim 10^2 \mu s$ 量级范围,难以用微机直接采集,必须通过瞬态波形存储器进行时间转换。瞬态波形存储器设有 A/D 转换器和大容量半导体存储器,经超动态应变仪放大后的瞬态模拟电信号经波存中的 A/D 转换器模-数转换后,变为数字信号,存入半导体存储器中,波存的最高写入速度可达 $0.1 \mu s$。但要实现数据处理的电脑化,还必须实现瞬态波形存储器与微机的联机,对 BC-Ⅵ型瞬态波形存储器,内存容量为 $2048 \times 8 \text{bit}^*$,APPLE-Ⅱ型微机的内存容量为 $48 \text{k} \times 8 \text{bit}$,实现联机的接口片主要由读/写控制、操作译码与数据通道等电路组成,可直接插入 APPLE-Ⅱ微机的 $2^\# \sim 5^\#$ I/O 插座的任一插座上,在其软件的控制下,具有下列功能:①接口片清零;②启动波存进行写操作;③从波存数字口取数至微机处理机 6502 系统的数据总线;④选读波形存储器内某一段地址的数据至微机数据总线。这样就使得使用微机进行瞬态信号的数据分析和处理成为了可能。

2. 软件系统

软件系统均用 BASIC 语言编写,考虑到 APPLE-Ⅱ机的内存容量和实际使用的灵活方便,软件系统包括如下两个主程序。

---

* bit 表示计算机容量。

（1）APPLE-Ⅱ-BC6 程序：用于波形和数据的采集、显示和存盘。该程序采用菜单方式引导使用者调用各子程序，以完成各种不同的功能，其框图如图 1-36 所示。这一程序可实现从波存取数，原始数据存盘，任一所需数据段和应力波形的显示和打印。由于波形数据可根据需要直接存盘，因此试验数据既可当时处理，也可过后处理，同时还有利于试验数据的归档。

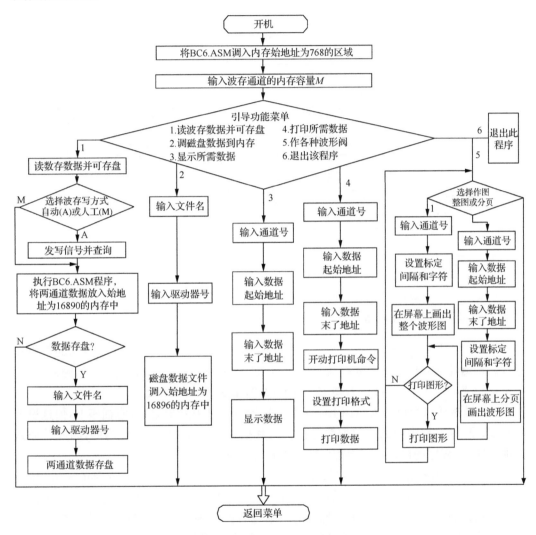

图 1-36　APPLE-Ⅱ-BC6-程序框图

（2）IESD 主程序：用于波形的标定、整形处理，以及按不同模式计算岩石的动态应力应变和应变率关系，岩石破裂瞬时的断裂时间，破碎强度，求算各种能量值等，其框图如图 1-37所示。

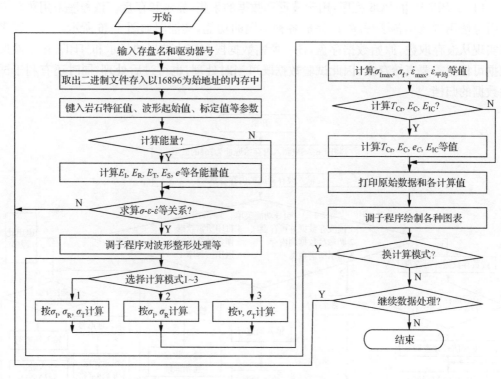

图 1-37　IESD 主程序流程图

3. 数据采集和处理时需要注意的几个问题

（1）在使用 APPLE-Ⅱ-BC6 程序取样时，必须先执行菜单 1，以便实现数据的采集和存盘。若意外或误操作导致未存盘时，应采取如下补救措施，即退出该程序后，键入：

　　　BSAVE　存盘名　A＄4200，L＄1000，D1 或 D2

（2）虽然接口片可插入 APPLE-Ⅱ 微机的 2#～5#I/O 插座的任意插座上，但这里的 APPLE-Ⅱ-BC6 程序中的接口取数是按接口片插在 4#I/O 插座上编写的，因此若插入其他插座，则程序的接口清零等程序段应作相应变化。

（3）计算加载后某一时刻岩样的应力应变和应变率，主要取决于记录到的 σ_I、σ_R 和 σ_T 波形在同一时刻上的对应点上的值。但实际记录到的波形的基准线由于受外界的干扰而有所波动，同时实际记录到的波头部分的斜率也会由于多种因素的影响而有不同程度的偏小和不稳定，如图 1-38 所示，因此必须对各波形作整形处理，以准确地寻找到各波形的数据起始点。在进行整形处理时，常预先设定一高度 H，此高度需大于由于试验误差或电噪声带来的波形基线的振荡幅值，再顺前找到最大点 B，然后再反向找到前沿上 $1/n$ 高度点 C，再沿 C 点上下找四个点，求出其平均斜率后找到与基线相交点 D。D 点即为该波的数据起始点，或 $t＝0$ 的点。在研究冲击和爆破破岩效果时，常需要进行不同加载波形下的矿岩破碎试验，因此"n"的取值必须根据实际记录下来的波形情况而定。对于矩形波，n 可取定为 3[46]；但对其他类型的波，n 值应根据实际波形情况取为大于或小于 3 的合适值。

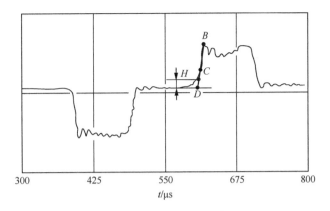

图 1-38　实际记录到的应力波形

1.3　自行研制的岩石冲击加载试验系统

从 20 世纪 80 年代初开始,我们就着于研发用于岩石的 SHPB 试验装置与相应的测试系统。这里,我们将介绍至今为止,我们在研制和开发 SHPB 试验系统方面的工作。

1.3.1　压气驱动的水平冲击试验机

图 1-39 为我们在 20 世纪 80 年代自行研制的压气驱动的水平冲击试验机示意图,其主要组成部分包括应力脉冲发生系统、弹性杆及支承架、缓冲与转轷机构和测试系统等。利用该试验机,完成了大量的研究工作[1,54,57-59]。

图 1-39　气动水平冲击试验机

1. 应力脉冲发生系统

考虑到冲击破岩中的主要动力源为压气,因此该系统设计中,选用了压缩空气作为驱动冲头的动力。该系统包括冲头、发射管、空压机及发射装置。冲头和发射管的直径可变,对应的直径分别为 22mm、30mm 和 38mm,可根据研究项目的要求设计成各种不同形状和规格的冲头。冲击发射装置如图 1-40 所示。利用该装置不但可以调节压力和速率,而且具有安全可靠的优点。由于未考虑连续往复冲击,因此冲头的返回行程不受压气控制。实践证明:这种发射装置是成功的。开动空压机,待风力达到所需压力后,同时按下二位三通电磁气控阀的电钮,压气便进入汽缸,推动冲头前进撞击弹性杆,也可在停机后利用二位三通电磁阀减压后再启动冲头。

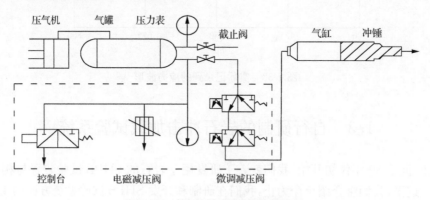

图 1-40　使用压气的冲击发射装置

由于冲头可根据研究内容要求设计成各种不用形状和规格,同时冲击行程和压气压力易调,因此也就实现了不同的应力波形对岩样的加载,便于我们寻求最优岩石破裂特性所对应的合理波形等方面的试验。

利用该装置,一般冲头所能达到的冲击速率最大约每秒 30 多米,远大于一般落锤的速率,不仅足以能满足常规冲击爆破研究方面的要求,而且还可用来对其他材料进行高加载率下的动载特性试验及金属粉末的冲击成形。

2. 弹性杆及支承架

它包括两个便于移动、容易升降的支承架,两根将两支承架固结在一起的长度可变的槽钢,调节杆件直线度的轴承座和三种不同系列可更换的弹性杆。弹性杆采用 40Cr 合金钢材料制成,其弹性极限达 800MPa,与之相应的极限冲速可达 40m/s,其性能见表 1-7。

表 1-7　弹性入射透射杆力学性质

密度 ρ_e/ (10^3kg/m^3)	弹性极限 σ_e/MPa	弹性模量 E_e /(GN/m²)	泊松比 ν_e	杆波速率 C_e/(m/s)	动弹性模量 E_d/(GN/m²)
7.784	725	236	0.285	5667.2	250

3. 缓冲与转钎机构

在进行 SHPB 试验时,必须用吸能装置吸收一部分输出杆中的能量,为此设置了一个缓冲杆和一个吸能器。另外,为研究冲击凿岩机械与岩石的匹配关系等,在输出杆尾端安置了一个移动式转钎机构,每冲击一次,即可手动回转一确定角度,当用钎钢代替弹性杆进行冲击凿岩试验时,只需用大型岩样取代吸能器即可。图1-41为改进后的压气驱动水平试验机。

图1-41 改进后的压气驱动水平试验机(杆径22mm、30mm和38mm)

1.3.2 氮气驱动的大直径冲击试验机

图1-42为我们研制的杆径分别为50mm和75mm的大杆径SHPB试验装置,50mm杆径的试验装置还可实现岩石试件的动静组合加载。

图1-42 氮气驱动的大直径冲击试验机(杆径50mm、75mm)

1. 应力波发生装置

应力波发生装置由高压气罐、冲头发射机构、气压控制阀和气流开关组成。高压气罐盛装高压氮气充当冲头发射机构的动力源,考虑到弹性杆屈服极限,冲击动载一般在0～500MPa。冲头发射机构如图1-43所示,主要由冲头运行导腔、冲头、调压活塞和三个分离气室组成,气室 2 与气室 3 间的圆形平台将二者分开。

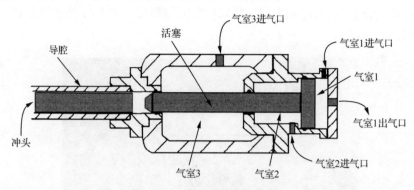

图 1-43　　冲头发射机构示意图

工作时,应力波发生装置工作原理与步骤如下:

(1) 设定试验所需气压,打开气罐气流控制开关,高压气体由气室 1 的入气口进入气室 1,气体推动活塞到最左端,关闭气室 1 入气口开关。

(2) 打开气室 2 入气口开关,气体进入气室 2,气室 1 与气室 2 内气压相同,但气室 2 的截面小于气室 1,所以此时气体会推动活塞右行。当气流不再进入气室 2 时,关闭气室 2 入气口开关。

(3) 打开气室 3 入气口开关,气体进入气室 3,当气流停止时,关闭气室 3 入气口开关。

(4) 快速打开与气室 1 相连的排气阀,由于气室 1 内气压突降,活塞右行,气室 3 的左端口打开,高压气体推动冲头前进,撞击输入杆。

试验系统根据设定的气压的大小,可以产生不同的冲头冲击速度,进而得到不同的试件应变率历程。

2. 弹性杆及基础承载台

输入杆和输出杆是应力波传输的载体,也是 SHPB 试验原理中核心部件。在金属等材料 SHPB 测试中,弹性杆的直径通常为 20mm 以下,但在岩石等脆性地质材料测试中,由于材料颗粒较大及局部各向异性等特点,小尺寸试件往往不能代表岩石的真实力学特性,需要用较大直径的试件来进行测试,弹性杆的直径自然也要增大[60,61]。为此,作者设计了弹性杆直径分别为 50mm 和 75mm 的两套杆系,长度 2m,材料为 40Cr 合金钢,弹性极限达 800MPa 以上。75mm 杆径的试验装置可用于组成颗粒较大的岩石和混凝土的冲击试验研究[62-66]。

为了达到减振要求和提高设备的安装精度,试验装置需要一个稳定的基础承载台。基础承载台采用铸铁平板制成,全长 10m,由 4 块长 2.5m、宽 0.35m、高 0.15m 的平板组成。铸铁平板上预制 T 形槽,安装试验设备的零部件。每块平板有 6 个调平装置,用于调整平板的平行度。平板上设置弹性杆调平支座,保证输入杆与输出杆同心接触,并可自由滑动。

1.3.3　动态试验测试系统

应变的测试使用的是北戴河电子仪器厂生产的 CS-1D 型超动态应变仪(图 1-44),其频带范围为 0～1MHz,桥路电阻适用范围为 60～1000Ω,具有自动平衡和校准功能。应变片采用 1/4 桥接法。

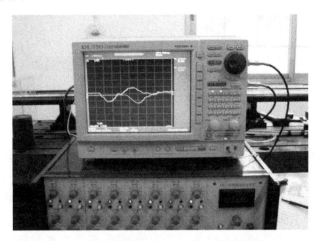

图 1-44　CS-1D 型超动态应变仪(其上为 DL750 型示波记录仪)

动态信号通常频域较广,在采集、传输、放大、记录过程中极易受到外界干扰。干扰源多种多样,有机械的(振动、冲击、声响)、热的、电的、磁的等,也有测试仪器内部引起的干扰。除了数据处理中可以对测试信号进行去噪处理以外[67],为了控制应变测量中的信号干扰,针对试验系统的试验环境,主要采取了如下抗(防)干扰措施。

(1) 缩短测量导线的长度,减少导线间的连接头,从而减小微干扰累积。

(2) 信号电路一点接地。

(3) 应变仪外壳接地,屏蔽线也在该处接地,同时保证应变片角线等与被测杆完全绝缘。

(4) 测量线绞扭。测量导线绞扭以后,每一绞线的感应电流与另一绞的感应电流相反,互相抵消,进而达到抗干扰目的。

(5) 测量线外部屏蔽。在选用连接线时,尽量选用屏蔽线。如果没有合适的屏蔽线,可在接线外面包以屏蔽层。这样,干扰电流在屏蔽层形成自回路,而不会影响内部信号电流,最好对屏蔽层接地,漏电容 C 的电流从屏蔽层旁路传入地下。

应变仪采集的信号的显示与储存由 DL750 型示波记录仪完成,并通过连接示波记录仪上的计算机,实现信号在计算机上的存储、读取和处理。

为了能够准确地反映岩石试件在冲击加载过程中的破坏过程,测试系统中还包括了对岩石破裂过程的高速摄影和声发射测量。

摄像设备采用 Photron 公司 FASTCAM SA1.1 高速数字式摄像机系统,对动态冲击过程进行摄像。高速摄像设备芯片为 12bits CMOS 传感器,快门为 1μs 球形电子快门,相机在全画幅 1024×1024 的分辨率下能够达到 5400fps(1fps=1ft/s=3.048×10^{-1}m/s)

的拍摄速度,在降低分辨率的情况下拍摄速度最高可以达到 675000fps。使用高速摄像仪时,必须要解决加载和摄影的时间同步问题。为此,我们提出了基于高速摄像仪的岩石受力全过程时间定位光测技术(图 1-45),下面举例说明[68]。

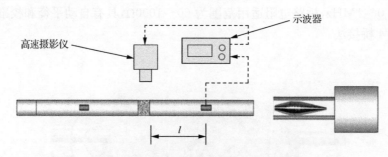

图 1-45 高速摄影同步定位技术示意图

试验中,控制摄像机光轴与试件表面法线平行,减小试验误差。试验时采用 192×192 分辨率,影像帧频率设置为 100000fps,每 10μs 拍摄一张。试验中使用的示波器,在开始记录输入杆应力波信号时会同步输出 5V 的 TTL(transistor transistor logic)电平信号,信号延时不大于 1μs;高速摄像仪的外触发信号也为 5V 的 TTL 电平信号,触发延时为 100ns。由此可以解决系统中各设备同步运行问题,最终实现对所获得各照片拍摄时间的确定。

进行同步定位时,首先计算输入杆中应力波从应变片传至输入杆端部的时间 T_1,以及示波器所记录信号开始发生变化至产生 TTL 电平信号的时间 T_2,将高速摄像所得到的图像中去除该时间段($T=T_1-T_2$)内的图片,即得到试件受应力波加载后的图像。T_1 可由输入杆应变片至输入杆端部的距离 l 和应力波在输入杆中传播速率 C_0,按式(1-41)计算得出,即

$$T_1 = \frac{l}{C_0} \tag{1-41}$$

式中,l 为输入杆应变片至输入杆端部的距离;C_0 为应力波在输入杆中的传播速率。

经测量,距离 l 为 1000mm,应力波传播速率为 5400m/s,由式(1-41)可得 T_1 为 185.2μs。

试验中示波器设置为,当应变片受应力波作用引起电压信号变化至小于 −34mV 时,开始记录数据,同时输出 TTL 电平信号。从试验所记录的电压变化信号(图 1-46),测量电压开始变化至 0μs 时刻时间值即可得 T_2,得出 T_2 为 38μs。

高速摄像仪从开始工作至试件开始受到冲击荷载作用,其时间 $T=T_1-T_2=185.2-38=147.2μs$。由于高速摄像仪每 10μs 拍一张图像,可认为高速摄像仪所拍第 15 张时,为试件已承受冲击荷载作用 2μs 左右。由此,实现了高速图像与应力加载的时间在微秒级精度下的匹配,方便试验研究。在 *Advances in Rock Dynamics and Applications* 一书的封面,给出了利用这一原理摄得的在 400μs 范围内岩石试件加载过程照片[69]。

声发射监测系统采用美国 PAC 公司的 PCI-2 型声发射仪,实物如图 1-47 所示。该系统采用并行 DSP 处理技术,可通过计算机对声发射事件自动计数、存储,不仅能实现对

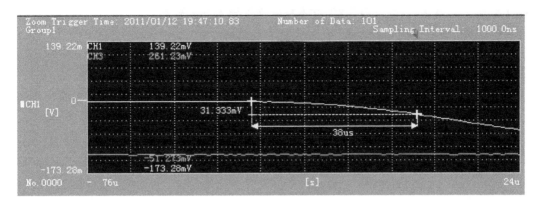

图 1-46　时间 T_2 测量图

声发射信号波形及特征参数的实时监测,而且可以实时对声发射信号特征参数及波形进行相关处理分析。系统包括:两个中心响应频率为 250(500)kHz 的 PICO 型谐振式窄频带传感器、2/4/6 型前置放大器及 AEwin 声发射采集软件。其中,配备的 40MHz、18 位 A/D 转换器可对采样进行实时分析,且具有更高的信号处理精度。利用声发射系统,我们已就岩石在冲击载荷下的声发射特征进行了初步探讨[70,71]。

图 1-47　PCI-2 声发射仪实物图

1.3.4　信号与数据处理软件

依据 SHPB 试验原理,基于 Visual C++[72]平台,开发了系统数据处理软件 CLRM。软件由工具栏、菜单条与图形显示窗口等组成,拥有友好的图形用户界面。主体界面如图 1-48所示,主菜单包括"文件"、"编辑"、"计算"、"结果"等。"文件"包括"打开"、"保存"、"打印"等功能;"编辑"包括"复制"、"粘贴"等;"计算"包括"参数设置"、"读入数据"、"选择波段"、"计算"、"导出结果"等功能;"结果"包括"应力应变曲线图"、"应变率图"等结果绘制功能。

程序所需计算参数,通常有弹性杆、试件、应变仪等参数,可以直接用键盘输入,如

图 1-49 所示。当然，也可以用 TXT 文本格式文件导入方式输入。

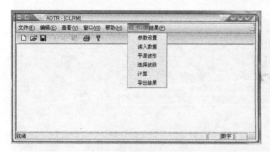

图 1-48 CLRM 后处理软件主体界面

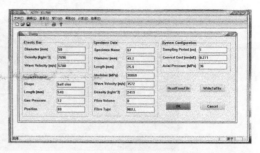

图 1-49 程序所需输入参数

信号的前处理问题：对于噪声比较严重的信号，采用小波去噪法进行消噪处理后，导入程序进行计算。

入射波、反射波及透射波的分离：首先采用屏幕区间选取（图 1-50）的方法进行一级分离，然后找出每一个波形的极值，根据应力波在弹性杆中传播特性的理论研究，以应力波幅值 1/3 处点为始点，用该点的平均斜率作为外插直线斜率，与基准线的交点即认为是该波形的计算始点；末点则用过零点变符号点作为终止点。

图 1-51 为利用软件对冲击试验数据进行处理所得到的应力-应变曲线图。图 1-52 为应变率-加载时间图，从图中可以看出，存在一段较长的近似恒应变率加载段。两者的数据以 TXT 文件的格式导出。其他参数的计算（如能量的计算）也可以通过该程序完成并导出（图 1-53）。

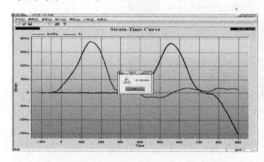

图 1-50 测试信号的区间分离

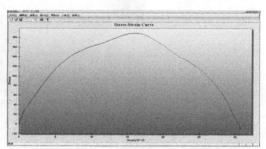

图 1-51 软件处理得到的应力-应变曲线

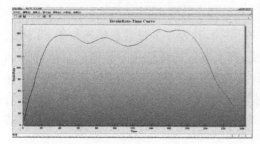

图 1-52 软件处理得到的应变率-加载时间曲线

图 1-53 软件处理得到的数据结果

1.4　霍普金森压杆的变形装置

自霍普金森压杆问世以来,国内外研究者为了实现不同的研究目的,运用霍普金森压杆的相关试验与测试原理,先后研发了不同的材料动态力学特性测试的试验装置。

1.4.1　三轴霍普金森压杆

为研究金属在有围压条件下的动力特性,早在 1966 年就研制出了加围压的 SHPB 装置,如图 1-54 所示[72],其围压可达 700MPa。1972 年,Christenson 等首次对岩石进行了有围压条件下的动力试验[38],图 1-55 为所用 SHPB 装置的三轴压力容器结构图,整个容器长约 43cm,施加的围压为 210MPa。日本北海道大学在 20 世纪 70 年代为进行岩石动力试验研制了 SHPB 装置。后来,在此基础上开发了岩石三轴高速冲击试验机,如图 1-56 所示[73,74]。试验机中冲头和弹性杆直径均为 25.4mm,发射系统采用了与 Maiden 和 Green 等[75]相类似的氮气发射装置,如图 1-57 所示,延续时间约为 100μs 的冲头($L=$ 266mm),最高冲击速度可达 25m/s。油压容器和油压气缸可分别给岩石试件施加一定的径向围压和轴向静载荷,最大围压可达 100MPa,其对应的油压容器与油压缸如图 1-58 所示。Lindholm 等在进行岩石动力试验时,也采用了与之相类似的三轴 SHPB 装置[76]。

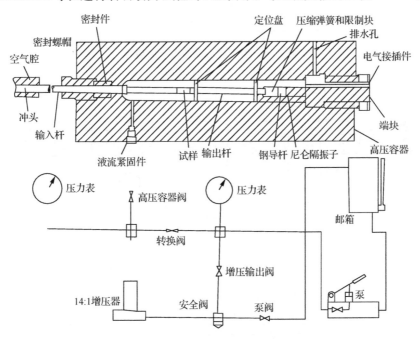

图 1-54　最早用于金属围压动力试验的 SHPB

为研究岩石在有围压条件下的动力特性,国内外很多单位,如犹他州立大学、加州大学圣地亚哥分校、中南大学、北京科技大学等,也研制了加围压的 SHPB 装置。该类试验机由于输入杆、输出杆及试件均为圆柱形,所以施加的围压在径向二维方向上相同。不过,

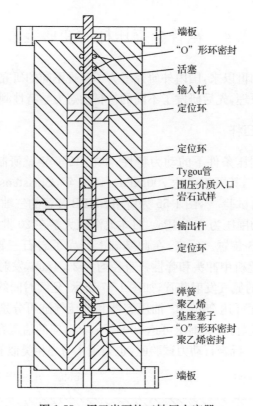

图 1-55　用于岩石的三轴压力容器

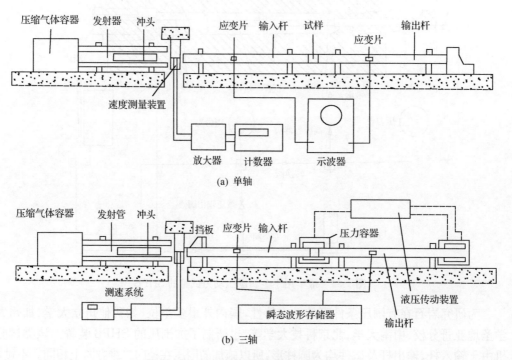

图 1-56　用于岩石的单轴和三轴 SHPB

对该类试验机,按照施加围压装置的不同,还可细分为油压驱动和固体套筒加压的两类系统,前一类以犹他州立大学、北海道大学的试验机为代表,后一类以加州大学圣地亚哥分校的试验机为代表[77,78]。下面分别选取两类典型试验机进行详细介绍。

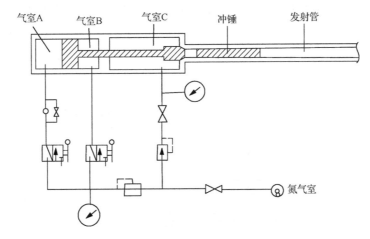

图 1-57　使用氮气的冲击发射装置

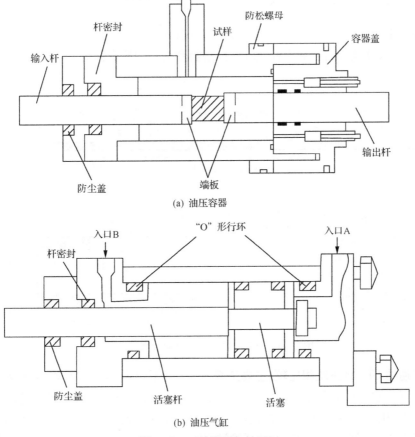

(a) 油压容器

(b) 油压气缸

图 1-58　三轴容器与轴压缸

通过油压加围压的试验系统如图 1-59 所示[74]。该试验系统在普通 SHPB 试验机上增加了使试件处于静水压力的油压缸。输入杆和输出杆的直径为 30mm，长度分别为 700mm 和 500mm。油压缸耐压为 100MPa，将套有橡胶套的岩石试件装入油压缸进行密封，利用轴向油压系统将试件两端夹紧，再用侧向压力系统使试件周围施加一定围压，冲击系统沿着输入杆—试件—输出杆轴向发射一定质量和速度的加载杆，撞击输入杆，加载杆速率可达 40m/s。为使应力波持续时间为 100μs，加载杆长度选择为 266mm。

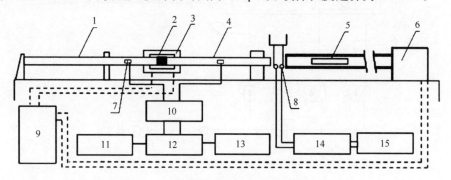

图 1-59　油压加载的围压试验装置示意图

1-输出杆；2-试件；3-油压缸；4-输入杆；5-加载杆；6-气炮；7-电阻片；8-激光测速器；9-操纵台；
10-超动态应变仪；11-示波器；12-波形存储器；13-计算机；14-转换放大器；15-频率计

通过固定套筒加围压的冲击试验机试验系统如图 1-60 所示[77,78]。该系统包括气炮、冲头、两个输入杆、输入管、输出杆、输出管、塑料套筒和铝质套筒等。

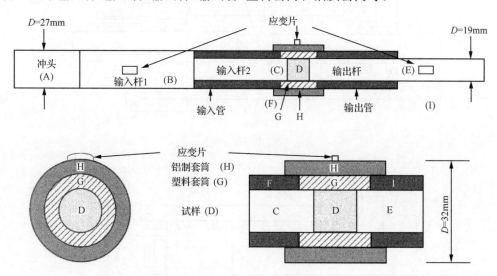

图 1-60　固定套筒加载的试验装置示意图

与普通的 SHPB 系统相比较，主要是增加了一个输入杆、输入管、输出管及施加围压的套筒装置。输入杆 1 直径为 27mm，输入杆 2 直径为 19mm。试件直径和输入杆 2 及输出杆的直径相同，安装在塑料套筒内。铝质套筒材料参数为：弹性模量 70GPa，泊松比 0.3，可以承受 500MPa 的压力，保证试验过程中施加足够的围压。进行试验时，首先由冲头冲击输入杆1,杆1上的应变片记录下入射应力波;应力波由输入杆1冲击输入杆2和输入管,并由输入杆2传递到试件上,再由试件传递给输出杆,输出杆上的应变片记录下透射波,并按照一维应力波理论对试验数据进行处理。该系统的内部围压按照下式进行计算,即

$$\sigma_r = -\frac{(D_0^2 - D_1^2)\varepsilon_\theta E_c}{2D_1^2} \tag{1-42}$$

式中,σ_r 为内部围压;D_0 是铝制套筒的外直径;D_1 是铝制套筒的内直径;ε_θ 和 E_c 分别是铝制套筒外围所测到的环向应变和材料弹性模量。

1.4.2　霍普金森拉杆

经过许多研究者的改进和完善,SHPB 技术不但被用于复合加载,即岩石的动态轴向压缩与静态径向围压联合作用的情形,而且在金属等领域早已应用于拉伸、直接剪切和扭转等,如图 1-61 所示[30]。据称,用作金属拉伸试验的张性分离式霍普金森杆(SHB)是由 Harding、Wood 和 Campbell 最先实现,他们使用了如图 1-61(c)所示的圆筒式霍普金森拉伸装置[32]。

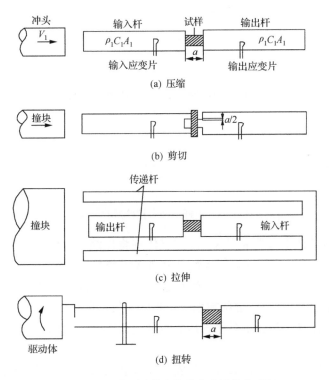

图 1-61　几种不同形式的分离式霍普金森杆

在霍普金森拉杆中,较为简单和较为成功的是 Nicholas 为金属动力拉伸试验所设计的装置,该装置的排列如图 1-62 所示[32]。它由两个霍普金森长杆(输出杆、输入杆)及肩套组成,输出杆长度为输入杆长度的两倍,螺纹试件连接两长杆,中间放入肩套,以保证来自输出杆的压缩脉冲几乎无弥散地进入输入杆。肩套的横截面积与试件的横截面积之比

为12∶1,试验前将螺纹旋紧使肩套紧靠两长杆端部。当冲头撞击输出杆端部时,在输出杆中产生一压缩波。压缩波通过肩套与试件的复合截面而几乎无损失地传入另一长杆,即输入杆,并在该杆自由端部反射成拉伸波。向后传播的拉伸脉冲通过试件又透射到输出杆中,此时肩套失去支撑作用。这样就实现了用类似于压缩试验的方法处理拉伸结果,从而获得材料的动态拉伸性能。最近,有人为了克服这种装置由于试件横截面积远小于实心的输出杆横截面积(Nicholas 装置设计为1∶18)带来的透射波强度较弱和由于输入杆在连接螺纹试件的端部存在有一个盲孔,因而拉伸波的反射不能完全代表试件的变形等缺点,采用了用空心的霍普金森杆取代 Nicholas 装置中的实心霍普金森杆的方法。据称,这一改进不仅使透射波得到了明显改善,而且由于空心杆与螺纹试件连接处不存在盲孔,因而不存在拉伸波在盲孔底面 B 的自由反射,从而提高了计算试件变形的精度[79]。另一种简单冲击拉伸试验装置为摆锤式单杆型拉伸装置,如图 1-63 所示[42]。

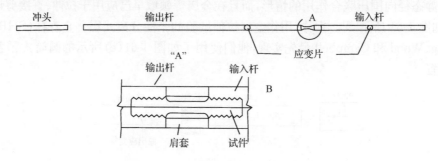

图 1-62　Nicholas 改进的霍普金森拉杆

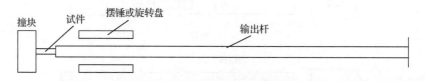

图 1-63　单杆型冲击拉伸试验装置

　　最近,国防科学技术大学采用双向发射气体炮将压缩和拉伸加载集成为一个试验系统[80],如图 1-64 所示。双向发射气体炮是分离式霍普金森拉-压一体试验系统的重要组成部分,整个气路系统仅一个气缸、一个进气口和一个出气口。两种加载气路共用一个气缸,气缸位于发射管正上方;气缸两端盖分别接两个气动阀,气动阀门控制两种加载方式的撞击杆发射;采用高灵敏度的数字气压表测量气缸气压;采用手动阀门控制高压气体的进气和出气。

　　进行拉伸试验时,如图 1-65(a)所示,安装圆筒形顶塞及顶针,左侧控制阀门控制高压气体经过连接管及气体转换接头进入炮管,发射圆筒形子弹。圆筒子弹撞击拉伸杆端头法兰,形成拉伸加载。进行压缩加载时,如图 1-65(b)所示,安装圆柱形顶塞顶针,右侧控制阀门控制高压气体经过连接管及气体转换接头进入炮管,发射圆柱形子弹。子弹撞击压缩试验杆形成压缩加载。

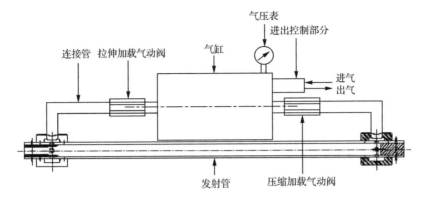

图 1-64　压拉通用霍普金森杆气路系统结构图

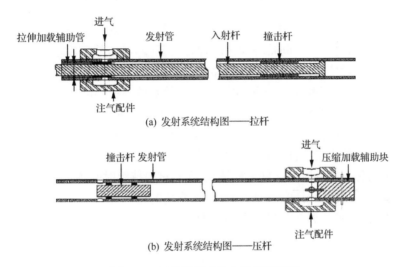

(a) 发射系统结构图——拉杆

(b) 发射系统结构图——压杆

图 1-65　压拉通用霍普金森杆原理图

1.4.3　霍普金森扭杆

为克服压缩和拉伸杆中纵波传播时的横向惯性效应及试件与杆接触处的摩擦效应，Duffy 和 Campbell 等发展了扭转的 SHB 装置[81,82]。由于扭转的 SHB 装置具有不存在横向惯性效应和端部摩擦效应的突出优点，因而这种装置获得了较为迅速的发展。图 1-66 为 Lewis 和 Campbell 所设计的装置[33]。加载杆作为一个整体部分，在它的中间位置带有一截头锥形凸缘，并用环氧树脂与固定的夹盘相黏合。为产生陡峭波前的扭转波，加载杆的一端通过电动机和减速齿轮慢慢地旋转，施加的扭矩被储存在加载杆的左边部分，直到环氧树脂接合处达到其断裂时的载荷。这时，储存的扭矩迅速释放，加载的扭矩传到杆的右边，这个加载扭矩的大小是释放扭矩的一半，并等于传输到右边的卸载扭矩，有关计算原理可参见文献[33]和[83]。

Stevenson 等在 Lewis 和 Campbell 工作的基础上，改进和发展了扭转的 SHB 技术[35]，其试验装置的工作原理如图 1-67 所示。薄壁圆环试件用环氧树脂胶粘在输入杆

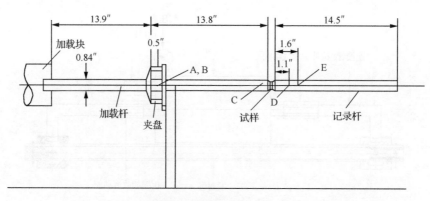

图 1-66　扭转的 SHB 装置

图中 A,B,C,D,E 为应变片,分别记录扭转、弯曲、扭转、弯曲、扭转

和输出杆之间,杆是 25.4mm 的 230 钛合金(含铜 2.5%)实心均质杆。在接近试件处有一个止动夹具,它通过一个中间带环形槽的螺杆夹紧输入杆,然后在输入杆一端,由电动机经减速器借助卡盘使其做弹性扭转,储存预先确定的扭矩,扭矩大小由应变片 1 测量。试验开始,继续拧紧带槽螺杆,直至断裂。夹具突然释放,一个均匀的大小等于 1/2 储存扭矩的扭转脉冲作为加载波沿输入杆传播,波的大小由应变片 3 测量。如果这个加载波足够大,就会导致试件的有效截面扭矩成塑性流动区,相当于试件塑性剪应力的部分扭矩波从试件的另一端传入输出杆,由应变片 7 测量。试件朝相同方向继续扭转,直到这部分扭矩波从系统的另一端反射回试件。杆越长,扭转试验持续时间越长。对于给定应变率,试验的势应变与试验持续时间成正比。对于该系统的杆长,试验持续时间可达 $10^{-3}\,\mathrm{s}$,如果剪应变率大于 $10^3\,\mathrm{s}^{-1}$,那么就可以得到大于 1 的剪应变。试件中的剪应变率为

$$\dot{\gamma} = \frac{2(T_1 - T_2)}{J\rho C}\frac{r_\mathrm{m}}{l} \tag{1-43}$$

式中,T_1 为入射扭矩;T_2 为透射扭矩;J、ρ、C 分别为杆的惯性矩、密度和扭转波速;r_m 为试件平均半径;l 为试件的有效测量长度。

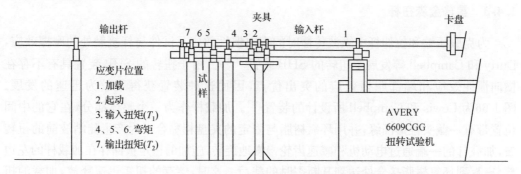

图 1-67　Stevebson 等改进的扭转 SHB 装置

这样,如果试件几何尺寸给定,就可以通过扭矩 T_1 控制应变率。绝热引起的加工硬化和热软化可能导致 T_2 在试验中发生变化,但是由于 $T_1 \geqslant T_2$,所以应变率仍保持基本恒定。

扭转 SHB 系统的优点是避免径向惯性效应和应变的不均匀性,杆中一次弹性波的传播不存在弥散,而且势应变与应变率耦合,因此得以在高应变率条件下进行大应变试验。

扭转 SHB 系统存在的主要技术问题是弯曲波的介入。与 Lewis 和 Campell 的装置相比,Stevenson 等在装置设计中研制了一种新的夹具。他们改进了夹具与支承的排列,在夹具两侧增加了支承,改用箱式支承座,并且用钢支承代替聚四氟乙烯支承,以增加刚性,最后用激光定向仪校正支承位置,其目的都是为了给予试件一个稳定的输入扭矩,减少不希望有的弯曲波。弯曲波的危险是导致试件塑性弯曲,而应变片 4、5、6 则是用于监测系统中存在的弯矩值。

1.4.4　其他变形装置

SHPB 的一些变形装置还可以用来开展其他方面的研究工作。

1. 岩石断裂试验装置

1980 年,Klepaczko 采用人字形切槽短圆棒试件,研究了材料在冲击载荷下裂纹的开裂特性[34,84],试验方案如图 1-68 所示。中国科学院力学研究所和北京科技大学采用该试验方案做过岩石在这方面的类似工作[84,85]。图 1-69 给出的装置可用于摆锤式冲击试验或动态三点弯曲试验[84]。

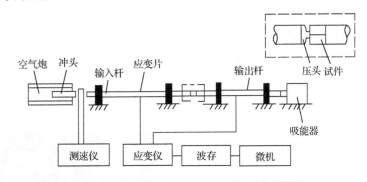

图 1-68　研究冲击载荷下裂纹开裂特性的装置

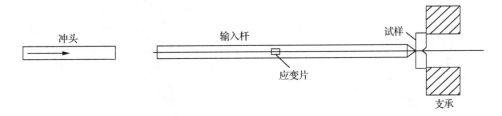

图 1-69　动态三点弯曲试验装置

2. 摆锤

东北大学在 20 世纪 80 年代研制了一种摆锤冲击式单压杆[86],采用自制的光电位移传感器测量试件的变形(图 1-70)。这种装置直接对施加于试件上的载荷及其变形进行

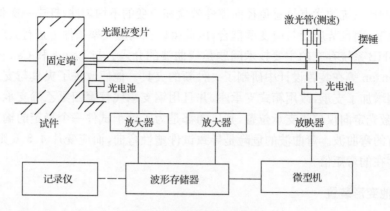

图 1-70　摆锤冲击式单压杆

测量。据称,无需烦琐的计算便可直接获得载荷-位移全过程曲线图,提高了测试精度,简化了试验过程。

3. 落锤

在大多数冲击破岩试验室,还可以见到一种模拟冲击凿岩撞击凿入系统的落锤冲击试验台,如图 1-71 所示[1]。冲击台架能提升和释放落锤,并能使其自由下落。落锤可根据研究需要更换各种不同形态大小的活塞。数据的采集记录采用应变测量系统,该系统由应变片、超动态应变仪、瞬态记录仪和计算机等组成。冲击速率的大小可以由落锤的提升高度控制,并通过测速仪测定。钎头的转角可通过转钎器控制,破岩效果可通过测量破碎坑的大小以及破碎单位体积岩石所消耗的能量(比功)来衡量。利用该装置可以模拟冲击凿入系统,进行不同活塞、钎杆、钎头和岩石匹配条件下破岩效果及有关理论分析的验

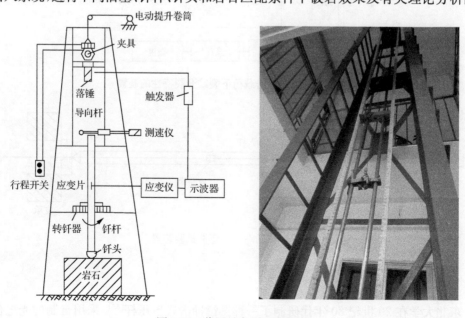

图 1-71　落锤示意图和实物图

证等方面的工作。其他物体或材料（如工业安全帽、复合材料）的冲击试验等也可以利用该装置进行[87,88]。

1.5　岩石类材料动态拉伸试验方法

从理论上讲,岩石的动态拉伸试验可以通过霍普金森杆等实现直接拉伸,但由于试验及试件加工的难度,常采用间接拉伸方式实现。

1.5.1　动态直接拉伸试验

基于 SHPB 的直接拉伸试验一般采用霍普金森拉杆。如 1.4.2 节所述,采用空心的霍普金森拉杆装置虽然改进了试验的精度,但是该装置的最大困难在于如何加工符合试验要求的螺纹试件。由于岩石为脆性材料,加工螺纹时非常容易发生断裂,因此限制了该方法的实用性。为了改进该方法,有人提出了一种称为新霍普金森拉杆的试验方法[89]。新霍普金森拉杆系统的特点在于去除了岩石试件两端的螺纹部分,并在测试系统两空心杆处设计了一对空心螺栓,每只空心螺栓分成对称的两部分,如图 1-72～图 1-74 所示。

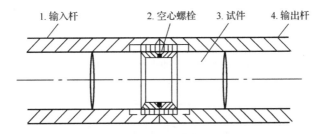

图 1-72　新霍普金森拉杆测试系统示意图

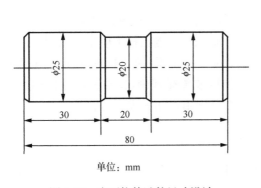

单位：mm

图 1-73　岩石拉伸试件尺寸设计

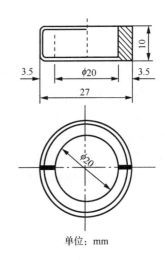

单位：mm

图 1-74　空心螺柱简图

安装新霍普金森拉杆系统时,首先把空心螺柱对称地卡在岩石试件的拉伸段上,然后旋入两空心拉杆连接端即可。该设计免去了岩石试件螺纹加工的困难,并使得岩石试件在安装和拆卸时快捷便利,同时可以保证岩石拉伸断口不损坏,保存了岩石断口的真实形貌。

1.5.2　动态间接拉伸试验

基于 SHPB 的冲击劈裂试验,根据试件的不同,主要存在两种方式:巴西圆盘劈裂试验和半圆盘劈裂试验。

1. 巴西圆盘冲击劈裂试验

圆盘冲击劈裂试验的方法借鉴了静载圆盘劈裂试验[90],利用 SHPB 装置进行圆盘冲击劈裂试验时,加载方式如图 1-75 所示[91]。图 1-76 是直径为 D(此处试件厚度为 L,$L/D=1$)的岩石试件进行冲击劈裂时的受力形变示意图。

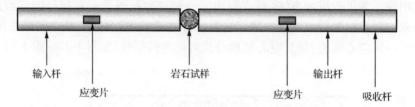

图 1-75　SHPB 上冲击劈裂加载示意图

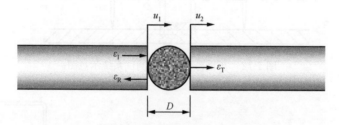

图 1-76　冲击劈裂试件受力形变示意图

输入杆和岩石试件的接触端面标示为端面 1,输出杆和岩石试件的接触端面标示为端面 2。与冲击压缩试验类似,ε_I、ε_R 和 ε_T 分别表示输入杆和输出杆上应变片测到的入射波、反射波和透射波信号。A_e 为输入杆和输出杆的横截面积(输入杆和输出杆直径为 D),E 为输入杆和输出杆的弹性模量。根据一维弹性波传播理论,试件和弹性杆接触两个端面的位移分别用 u_1 和 u_2 表示,两个端面的应变分别用 ε_1 和 ε_2 表示,则有

$$u_1 = \int_0^t C_0 \varepsilon_1 \, dt \tag{1-44}$$

$$u_2 = \int_0^t C_0 \varepsilon_2 \, dt \tag{1-45}$$

式中,C_0 为弹性杆中的波速。

在冲击过程中,入射波到达输入杆与试件接触端面 1 时,会有反射波产生,因此端面 1 处的应变 ε_1 包括了两个部分:入射应变 ε_I 和反射应变 ε_R,即 $\varepsilon_1 = \varepsilon_I - \varepsilon_R$。端面 1 处的位

移 u_1 可表示为

$$u_1 = \int_0^t C_0 \varepsilon_1 dt = \int_0^t C_0 (\varepsilon_I - \varepsilon_R) dt \tag{1-46}$$

端面 2 处的位移只与透射应变有关,因此有

$$u_2 = \int_0^t C_0 \varepsilon_2 dt = \int_0^t C_0 \varepsilon_T dt \tag{1-47}$$

端面 1、2 之间的位移差即为试件加载方向的整体位移,则有

$$u_s = u_1 - u_2 = \int_0^t C_0 (\varepsilon_I - \varepsilon_R) dt - \int_0^t C_0 \varepsilon_T dt = \int_0^t C_0 (\varepsilon_I - \varepsilon_R - \varepsilon_T) dt \tag{1-48}$$

式中,u_s 表示试件加载方向整体位移。

根据一维弹性波理论,并且考虑加载时间,可知端面 1、2 处的载荷分别为

$$P_1(t) = EA_e [\varepsilon_I(t) + \varepsilon_R(t)] \tag{1-49}$$

$$P_2(t) = EA_e \varepsilon_T(t) \tag{1-50}$$

试件两端的平均加载力 $P(t)$ 为

$$P(t) = \frac{P_1(t) + P_2(t)}{2} = EA_e \frac{\varepsilon_I(t) + \varepsilon_R(t) + \varepsilon_T(t)}{2} \tag{1-51}$$

利用半正弦波加载时,试件两端可以达到受力平衡状态。因此,可以引入平衡性假设,即

$$\varepsilon_I + \varepsilon_R = \varepsilon_T \tag{1-52}$$

把式(1-52)代入式(1-48)和式(1-51),得到

$$u_s = \int_0^t C_0 (\varepsilon_I - \varepsilon_T) dt = -2 \int_0^t C_0 \varepsilon_R dt \tag{1-53}$$

$$P(t) = EA_e \varepsilon_T(t) \tag{1-54}$$

式(1-53)和式(1-54)即为 SHPB 上进行冲击劈裂的通用公式。在处理试验数据时,为了减小试验误差,建议采用"三波法"进行计算。选取 $P(t)_{max}$ 进行计算,即可得到冲击劈裂下的间接抗拉强度

$$\sigma_t = \frac{2P(t)_{max}}{\pi DL} = \frac{2EA_e \varepsilon_T(t)_{max}}{\pi DL} \tag{1-55}$$

式中,L 为试件长度(厚度);D 为直径;A_e 为输入杆和输出杆的横截面积(输入杆和输出杆直径为 D);E 为输入杆和输出杆的弹性模量。

2. 半圆盘冲击劈裂试验

半圆盘三点弯(semi-circular bending,SCB)动态拉伸加载试验与巴西圆盘动态拉伸试验采用相同的加载平台和测试方法。在 SHPB 试验装置上实现半圆盘试件动态拉伸强度的测试,主要是在 SHPB 装置的输出杆与试件接触端面放置两根小圆柱棒(距离为 S),将试件的圆盘直径面与小圆柱接触,试件另一端与输入杆接触,试验过程中从输入杆端对试件施加载荷 P,这时小圆柱棒受力大小为 $P/2$,形成一个以圆心为最大应力集中点的三点弯加载,试件半径为 R,厚度为 L。

为了确定半圆盘三点弯拉伸强度,Dai 和 Xia 等采用 ANSYS 数值计算软件对半圆盘

试件的受力情况进行了模拟分析[92]。考虑到半圆盘试件结构对称,这里只要建立 1/4 圆模型。采用 8 节点单元划分网格,有限元模型由 2357 网格和 7252 个节点组成,模型下侧为对称边界,左右两侧分别施加力 F_1 和 F_2,如图 1-77 所示。

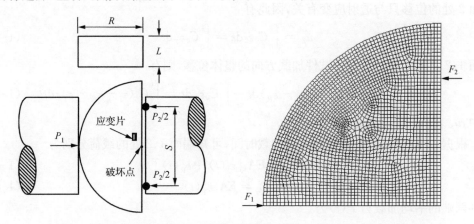

图 1-77　SCB 试验原理图和有限元网格图(F_1 和 F_2 分别指接触点的强度)

根据平面应变假设,分析准静态条件下试件受力状态,两边应力相等,即 $F_1=F_2=P(t)/2$,通过试验过程中记录的试件破坏临界压力值,求出最大应力集中点的应力值为

$$\sigma_t = \frac{P_{max}}{\pi LR} Y\left(\frac{S}{2R}\right) \tag{1-56}$$

式中,P_{max} 为试件输入端加载力;Y 是 $S/2R$ 的无量纲函数。图 1-78 为不同 SCB 试件有限元分析计算得到的 Y 值,根据数值可以拟合得到如下公式[92]:

$$Y = 2.22 + 2.87\left(\frac{S}{2R}\right) + 4.54\left(\frac{S}{2R}\right)^2 \tag{1-57}$$

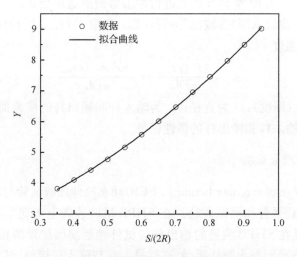

图 1-78　Y 随无量纲几何参数 $S/(2R)$ 的变化

研究结果表明,适用于静态范围内的应力波峰值强度因子的计算公式可以推广到动态加载范围内,可以用来研究岩石的动态拉伸性能[92,93]。

1.5.3　动态层裂试验

利用动态层裂试验也可以获得岩石的动态拉伸强度。动态层裂试验原理可简述如下:压力脉冲经试件自由面变成拉伸脉冲时,会在临近自由面产生拉应力区,当拉应力大于试件的动态拉伸断裂强度时,就会产生断裂,这种断裂通常称为层裂。如果出现了层裂,就意味着形成了新的自由面,继续入射的压力脉冲又会在新的自由面发生反射,从而可能产生多层层裂。基于霍普金森装置,可以在试验条件下实现岩石等脆性材料的层裂破坏过程,并测得层裂强度。如图 1-79 所示,把试件的一端紧贴霍普金森输入杆,另一端处于自由状态。入射压力脉冲经由输入杆和试件并抵达试件自由端时,会反射成拉伸脉冲。根据最大拉应力瞬时断裂准则,当产生的拉应力大于试件的动态拉伸断裂强度时,就会立即产生层裂。

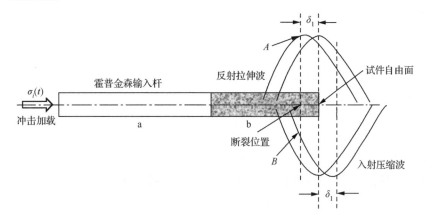

图 1-79　压力脉冲在自由端的反射示意图

层裂破坏反映了试件的动态断裂拉伸强度。当前,测定层裂强度的方法主要有两种。第一种方法如图 1-79 所示,当子弹以某一速率 V_0 冲击输入杆时,根据动量守恒原理,可得到输入杆上质点的速率 V_{Ia} 为

$$V_{Ia} = \frac{A_0 \rho_0 C_0}{A_0 \rho_0 C_0 + A_a \rho_a C_a} V_0 \tag{1-58}$$

式中,A_0 为子弹碰撞端的横截面积;ρ_0 为子弹材质的密度;C_0 为子弹中传播的应力波波速;A_a、ρ_a 和 C_a 分别为输入杆横截面面积、输入杆密度和输入杆中应力波波速。

当冲击入射的应力波由输入杆部分 a 进入试件部分 b 时,根据交界面上力和速度的连续条件以及动量守恒条件有

$$\begin{cases} V_{Ra} = \dfrac{A_b \rho_b C_b - A_a \rho_a C_a}{A_a \rho_a C_a + A_b \rho_b C_b} V_{Ia} \\[3mm] V_{Tb} = \dfrac{2 A_a \rho_a C_a}{A_a \rho_a C_a + A_b \rho_b C_b} V_{Ia} \end{cases} \tag{1-59}$$

式中,A_b 为试件横截面面积;ρ_b 为试件密度;C_b 为试件波速;V_{Ia}、V_{Ra} 分别为输入杆上的入射质点速率和反射质点速率;V_{Tb} 为试件上的质点速率。

根据动量定理,试件上的拉伸应力强度为

$$\sigma_t = \rho_b C_b V_{Tb} \tag{1-60}$$

因此,根据式(1-60)可知,如果 V_{Tb} 为层裂脱落处的质点速率,则 σ_t 为试件的层裂强度,而 V_{Tb} 近似等于层裂块的脱落速率。因此,在试件的物理特性 ρ_b 和 C_b 已知的情况下,利用高速摄像机或相关设备测得层裂块的脱落速率,即可求得试件的层裂强度 σ_t。这种方法的缺点在于,试件破裂的瞬间,层裂块的脱落速率并不完全等于层裂脱落处的质点速率,从而会产生一定的误差。

第二种方法是通过测量入射加载波形,再根据最大拉应力断裂准则计算得出试件的层裂位置和层裂强度。因为一维应力波的波动方程可以表示为

$$\frac{\partial^2 u}{\partial t^2} = C_0^2 \frac{\partial^2 u}{\partial x^2} \tag{1-61}$$

根据行波法,波动方程的解的形式为

$$u(x,t) = f_1(x - C_0 t) + f_2(x + C_0 t) \tag{1-62}$$

那么,波传播过程中的应力为

$$\sigma(x,t) = f_1'(x - C_0 t) + f_2'(x + C_0 t) \tag{1-63}$$

当入射压缩波传到试件的自由端时,根据自由端的应力必须为零,可得到

$$f_1'(x_{端} - C_0 t) = f_2'(x_{端} + C_0 t) \tag{1-64}$$

这表明压缩波经自由端后会以拉伸波的形式出现,并且波的形式不变。根据这一特性,在输入杆上粘贴应变片,由应变片的实测波形可推算出传到试件自由端的入射压缩波波形。由一维弹性波理论可得到不同时刻试件自由端附近的拉伸应力分布图,然后通过直线近似的方法,连接不同时刻的拉应力峰值点,最终由试验后测得的层裂位置可得到层裂处的最大拉应力,即层裂强度。这种方法的缺点在于,应力波在传播的过程中由于损伤和弥散等因素会伴随着应力波峰值和波的形状改变,从而导致由应变片上记录推导出的拉伸应力值并不是试件发生层裂时的真实值。

图 1-80 是专门为岩石动态拉伸试验设计的装置。口径 50mm 的低速气炮可发射重量为 450~500g 的弹丸,达到 2~100m/s 的速率,通过改变弹丸(冲头)形状及速率来改变输入杆中的应力脉冲形状大小,输入杆直径为 40mm,长度为 1m;应变片 1 用于记录系统的触发,应变片 2 用来获取试件的入射应力波和输入杆与试件界面的反射应力波,应变片 3 用来测试试件的应变历程。当弹丸撞击输入杆后,杆中有一压缩应力波沿杆传播,当应力波传播到输入杆与试件界面时,由于试件与输入杆阻抗不匹配,应力波在透射的同时还在杆中产生反射波,透射到试件中的应力波在试件端(远离输入杆一端)形成反射。只要反射应力强度大于试件的抗拉强度,试件必将出现层裂剥离现象。由应变片 2 和 3 所测得的应变信号,经超动态应变仪转换后输入 DL-2800 多通道波形存储器,然后被特定程序读入微机处理,绘图并打印出应变、应力、应变率等曲线及数据。该设备还配备有高速摄影,这为研究试件的层裂过程提供了直观依据。

实际上,用前面所述的两种测量层裂强度的方法都具有一定的局限性,并且操作都较为复杂。第一种方法需要测定层裂块的脱落速率,这需要添加测速设备,从而加大了试验的难度和成本;第二种方法需要通过较为复杂的计算得出多组经试件自由面反射后的拉

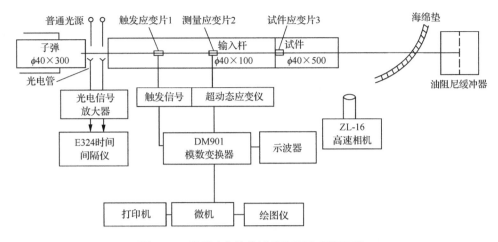

图 1-80　岩石动态拉伸试验装置及系统配置

伸应力波形,才能得到试件的层裂强度。

为了简化试验操作步骤,降低试验成本,我们提出了一种新的测量岩石类材料层裂特性的方法[94]。根据应力波经由自由面反射后波形不变的性质,入射应力波和反射应力波的波形函数相同。设由霍普金森杆冲击入射的半正弦波的周期为 τ,峰值为 σ_m,那么半正弦波的时程曲线函数 $\sigma(t)$ 可表示为

$$\sigma(t) = \sigma_m \sin\left(\frac{\pi}{\tau} t\right), \qquad 0 \leqslant t \leqslant \tau \tag{1-65}$$

根据波在自由面的反射过程可知,当波阵面到达试件的自由面($t=0$)开始反射起至 $t=\tau/2$ 时刻,入射压缩应力始终大于反射拉伸应力,没有净拉应力区的出现,即不可能有层裂产生;但是经过 $t=\tau/2$ 时间后,反射拉伸强度逐渐大于入射压缩强度,伴随着净拉应力区的出现。如果在距自由面 δ_1 处首次满足最大拉应力瞬间断裂而发生层裂,则有

$$\sigma_t = \sigma_m \sin\left(\frac{\pi}{\tau} \frac{\tau}{2}\right) - \sigma_m \sin\left(\frac{\pi}{\tau}\left(\frac{\tau}{2} + \frac{2\delta_1}{C}\right)\right) = \sigma_m - \sigma_m \cos\frac{2\pi\delta_1}{\tau C} \tag{1-66}$$

因此,在已知入射加载波形函数和试件中传播的应力波波速的情况下,只需测得首次层裂块的厚度,即可求出试件的层裂强度。由此可知,这种方法无需添加多余的设备,在理论上和试验上都具有可行性。为此,我们依据改进的 SHPB 试验装置,设计了硬岩的层裂试验,取得了较好的效果[94]。

试验装置示意图如图 1-81 所示。采用改进的纺锤形冲头产生半正弦波加载,冲头长度为 360mm,冲头和入射杆为同种材料做成。根据弹性波基本理论可知,入射波半波长约为 360mm×2＝720mm,输入杆尺寸为 $\phi50$mm×2000mm。考虑到本试验试件的受力主要是一维方向的拉伸和压缩,而且试件和输入杆之间为面接触,岩石试件采用横截面为 35mm×35mm 的花岗岩岩杆,这样既能使试件横截面最大限度地和输入杆接触,大大地减少了加工难度,而又不失科学性。

根据计算,试件的长度大于 1/2 波长(720mm)即可,考虑到入射波形的误差等情况,试件的长度均大于 1000mm,并且从自由面起 500mm 长度为完全悬空状态,即保证试件

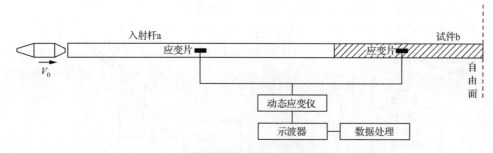

图 1-81 层裂试验装置简图

有可能发生层裂的区域完全自由。试验前对试件端头充分打磨平整,保证和输入杆最大限度的接触。采用来自同一个产地经过同样加工的 T1、T2、T3、T4 四个花岗岩试件进行试验。在试验平台旁架设高速摄影仪可以记录试件的层裂过程。表 1-8 给出了层裂试验的结果。

表 1-8 基于层裂试验的动态抗拉强度值

序号	首次层裂厚度 δ_1/m	入射波周期 τ/μs	入射峰值 σ_m/MPa	静态抗拉强度 σ_{st}/MPa	层裂强度 σ_{dt}/MPa
T1	0.219	245	42.6	9.65	25.5
T2	0.251	245	32.9	10.84	24.9
T3	0.261	245	31.5	8.79	25.2
T4	0.277	245	29.6	10.12	25.9

结果表明,岩石的动态拉伸断裂强度是静态拉伸强度的几倍,即岩石试件的抗拉强度具有明显的率相关性,这与实际是相符合的。因此,利用入射波形函数计算试件层裂强度的方法是可行的。但是,入射波的波形函数并一定完全和半正弦函数相符合,因此实际层裂产生处和理论推导有差别,从而会导致试验误差。

1.6 岩石超动态试验装置简述

岩石的超动态试验一般采用爆轰加载的莱茵哈特弹技术(the Rinehart pellet)和一维应变试验技术,如平板撞击试验,其应变率可达 $10^4\,\mathrm{s}^{-1}$ 以上[95-98]。我国也有类似的试验设备可供使用,并已在金属领域进行了一些超动态试验[99-101]。国外还有人使用电水锤成型法(underwater electrical discharge-hydrospark)和电磁加载技术(the magnetic loading technology)进行加载时间为亚微秒至 $4\sim5\mathrm{\mu s}$、应变率达 $10^4\,\mathrm{s}^{-1}$ 的岩石动态试验[102,103]。

1.6.1 几种不同类型的试验装置

1. 莱茵哈特弹

莱茵哈特弹技术如图 1-82 所示。岩石试件通常为大约 2.54cm 厚,数厘米长,通过雷管产生瞬态应力脉冲,并通过测量小弹丸的抛出速率来确定其产生层裂的门槛应力值,即岩石的动态断裂强度。小弹丸的材料应与试件的声阻抗近乎一致或接近。小弹丸直径为 1/2in(1in=2.54cm)，厚度在 1/64～1/4in 变化，速率通过 Polaroid 摄影机来量测。由于雷管引爆后产生的是一个前沿陡峭的波，因此，很薄的板不可能产生张性破坏，而很厚的板则在合适的地方产生剥落。对每一种岩石都存在一个使层裂刚好发生的临界厚度，根据弹丸速率进行求算的方法在早期的文献中已有过详细介绍[104]。显然，这种方法所测数据是不够精确的，现在关于使用这种测量技术进行岩石强度试验的报道也很少。

2. 炸药平面波发生器

$10^4 s^{-1}$ 应变率以上的材料超动态试验，国内外都广泛使用一维平面应变波的方法，最典型的平板冲击试验发射装置是炸药平面波发生器和轻气炮。炸药平面波发生器又称为爆炸透镜，其结构如图 1-83 所示。

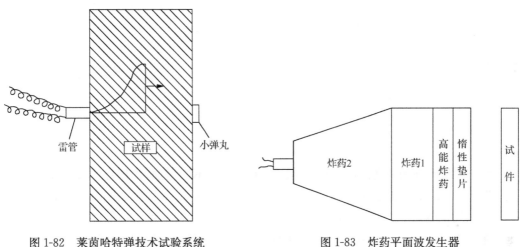

图 1-82　莱茵哈特弹技术试验系统　　　　　　图 1-83　炸药平面波发生器

由于该装置涉及雷管、炸药，因此在储存制作以及试验场地等方面均有特殊要求。另外，飞片的速度不易控制、重复性差、爆炸气体及火花对测量的影响等都妨碍着本装置在平板撞击试验中的广泛使用。

3. 轻气炮

轻气炮是目前国内外使用最广的平板撞击试验发射装置，具有速率范围广、调节容易、精度高、噪声低、无毒害、安全可靠等优点，已成为研究材料超动态力学性能的重要手段。这种以轻质气体作为发射气体的轻气炮最早由美国人于 1946 年研制，以后各种类型的轻气炮装置相继问世。自 20 世纪 60 年代以来，美国、英国和加拿大等国相继建造了各种口径的气体炮。1966 年，美国人利用二级轻气炮进行了材料状态方程的研究。目前，一级气炮的弹速可达 0.3～1.5km/s，多级炮最大可达 10km/s。

1.6.2　气体炮的工作原理

气体炮的工作原理和结构介绍如下所述[105]。

1. 工作原理

典型的一级气体炮结构如图 1-84 所示。它由炮主体、支架、靶室和高压气体加注系统、抽真空系统组成。炮主体是整个设备的核心部分，它由储气室、压力释放机构和发射管组成。整个系统装弹后，由抽真空系统对储气室、发射管和靶室抽真空，然后将高压气体注入储气室。在发射弹丸时，将释放机构打开，高压气体立即推动弹丸沿发射管完成加速过程，并在靶室内完成碰撞试验。实测信号由靶室壁上的电缆过渡盘通过靶室外的电缆传输到记录仪器上。各种炮的主体部分、发射管和储气室在结构上均大同小异，只有压力释放机构具有各种不同的结构形式。

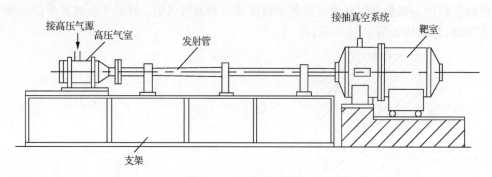

图 1-84　一级炮结构简图

由于一级炮弹的弹丸加速过程中高压气室的容积不断增加，作用在弹底的驱动气压也不断下降，所以弹丸难以达到更高的速率。为了解决提高弹丸速率的问题，人们又发展了二级轻气炮装置。二级轻气炮有两个气室（图 1-85）。第一级里的储能气体推动活塞压缩第二级里的轻气，第二级里的轻气再加速弹丸。通常用火炮的火药气体作为第一级的推进气体，也就是说固体火药一点火，二级气炮即开始工作，当火药气体产生的压力超过某一压力值时，膜片Ⅰ破裂，大质量的活塞以较低的平稳速率压缩泵管内预先充入的轻质气体，使其压力和温度不断上升。当泵管内膜片Ⅱ左端压力达到某预定值时，该膜片破裂，驱动弹丸运动。在弹丸高速运动的过程中，活塞仍然不断地向轻质气体传递能量，使得作用到弹底的压力保持平稳不变，这样弹丸在发射管内将以近似匀加速被加速到很高的速率。最后，活塞被高强度高压段耗尽最后能量，停止在高压段内。由于二级气炮各部件承受的压力远大于一级轻气炮，所以各部件的强度和材料比一级炮的要求高得多，其造价比一级炮也贵很多。

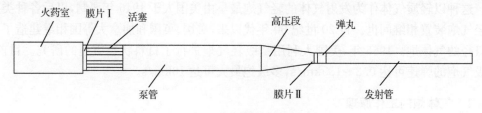

图 1-85　二级轻气炮结构简图

2. 一级炮的压力释放机构

一级炮本身结构很简单,其中最使设计者感兴趣的部位是压力释放机构,或称为阀门,常见的有活塞式、双破模式和包绕式。

活塞式释放机构的工作原理如图 1-86 所示,弹丸及试件安装完毕并抽完真空以后,高压气体自 A 阀进入排气腔,排气腔内的压力不断上升,使得阀体向右移动压紧在发射管入口上。同时,由于压力上升使单向阀打开,高压气体经单向阀注入高压气室。加压完毕后关闭 A 阀。释放动作是由 B 阀的快速打开而开始的。B 阀打开后,排气腔内的高压气体迅速排出(高压气室内的气体因单向阀关闭而不能从排气腔排出),阀体的活塞左端压力迅速下降,右端的压力由于得到补偿孔进入的高压气体补充,两端在短时间内形成巨大的压差,此压差推动阀体迅速向左运动。阀体离开发射管入口时,高压气室内的高压气体立即进入发射管,并推动弹丸沿发射管运动。在阀体的左端进入缓冲腔时,由于缓冲腔内的气体受到压缩,阻止了阀对释放机构的直接冲撞。这种释放机构使用极为方便,且阀体部件是非消耗性的永久部件,每次发射没有额外的材料消耗,发射频率很高,可以说炮本身不需要多少现场安装工作就可以充气发射,是一种很好用的释放机构。

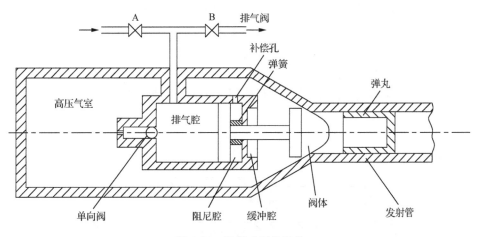

图 1-86　活塞式释放结构

双破膜式释放机构的工作原理如图 1-87 所示。设定高压气室充压为 P_0,则首先将排气室充以 $P_0/2$ 的压力,然后再将高压气室充到 P_0 的压力。两个膜片的强度应分别可承受大约 $3P_0/4$ 的压力,因此,此时的膜片不会破裂。释放是由迅速打开 A 阀排掉排气室内的压力而完成的。由于排气室突然排气,其压力迅速下降,左端的膜片强度因不能承受 P_0 压力而立即破裂,高压气室的气体进入排气室后又使右端膜片破裂。此时,高压气体进入发射管推动弹丸作高速运动。这种释放机构释放的瞬时性较好,常在大口径炮上使用,但是其结构和安装工作比较复杂。为了与高压气室的充气压力 P_0 匹配,必须用试验方法确定多种强度规格的膜片,每次试验必须消耗两个加工精致的膜片。从直观上讲,弹丸速率的连续可调性不如活塞式,发射前炮本身的复杂安装密封工作也限制了它的发射频率。

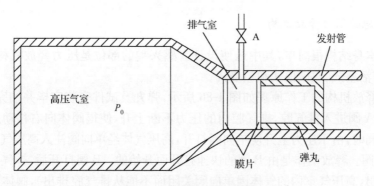

图 1-87　双破膜式释放机构

包绕式释放机构的工作原理如图 1-88 所示。首先将弹丸定位在泄压孔的合适位置上,利用它的两个密封圈封住泄压孔,然后将弹丸两端同时抽真空,在此期间,弹丸位置不能移动。高压气体自 A 进入高压气室,从各个径向方向上加压在弹丸上。此时,由于两个密封圈的作用力能使高压气体作用到弹丸的径向上,发射时打开控制阀,一部分高压气体进入动作室,使弹丸轴向受压并向右移动。当弹丸左端密封圈向右越过泄压孔时,高压气室内的高压气体直接从泄压孔作用到弹丸轴向上,使其沿发射管作高速运动。这种释放机构,由于把弹丸作为一个密封件,所以弹丸的材料必须能完成密封作用,并能承受气体的径向压力。阀门的开启速率取决于弹丸最初的起动速率。用这种机构每次发射时,没有额外的消耗件,安装工作也很简单。但是,由于结构上的原因,既限制了弹丸材料的选择,又限制了弹丸的最小长度,从而又最终限定了弹丸的最小质量。

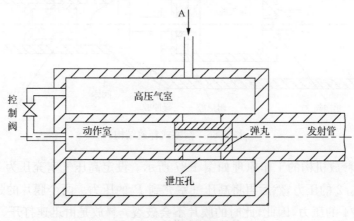

图 1-88　包绕式释放结构

1.6.3　平板撞击试验试件布置

这种试验工艺技术要求高,难度大,试件要保持单轴应变状态,瞬态传感器及弹和靶的制作调试都要求有很高的精度,任何一个环节的过量误差都会导致试验的失败。

在 101mm 口径的轻气炮上进行的平板对称碰撞试验装置及试件布置如图 1-89 所示[101]。撞击产生的应力波沿垂直于纤维铺层方向传播。飞板和靶板用环氧树脂分别粘接于弹托和靶环上。靶板和靶环的组合体为靶试件,安装在炮口处的靶架上。靶板和飞板的撞击倾斜角控制在不大于 10^{-3} rad,飞板厚约为 4mm,靶板由五层 GFRP 材料组成,每两层之间预埋一个碳膜压阻传感器。靶板直径为 70mm,靶板中预埋的碳膜压阻传感器为 2mm×2mm×0.02mm,其初始阻值为 50~100Ω。靶试件的层间黏结层厚度 $\delta \leqslant 0.2$mm。

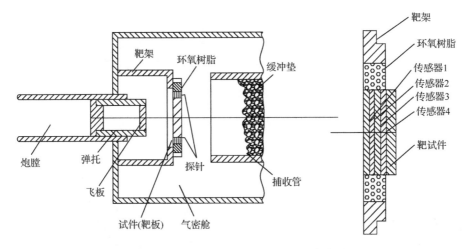

图 1-89　平板对称碰撞试验装置及试件布置

图 1-90 为 Grady 和 Kipp 进行岩石超动态试验试件布置图[97]。安置在静止的靶室中的岩石试件由弹体头部中的有机玻璃板进行冲击。图 1-91 为 Shockey 等所使用的试验装置排列图[98],对于大、小气炮,冲弹分别采用 30.5cm 长、6.35cm 直径规格和 76.2cm 长、10.2cm 直径的规格。岩石试件通过有机玻璃飞片进行冲击。

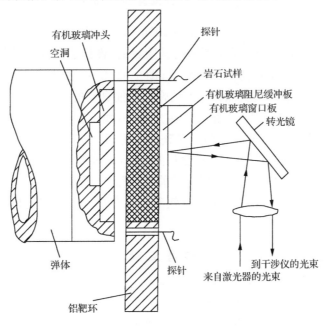

图 1-90　岩石超动态试验试件排列

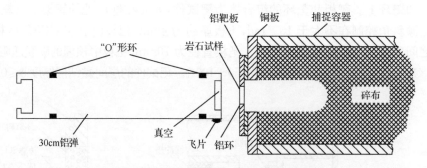

图 1-91　岩石超动态试验装置及试件布置

图 1-92 为北京理工大学爆炸科学与技术国家重点实验室的一级轻气炮对一维应变条件下的岩石超动态试验的布置[106]。

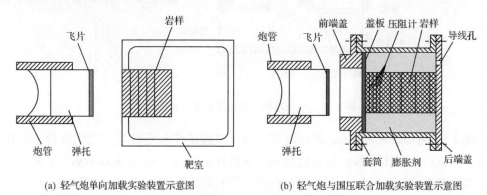

(a) 轻气炮单向加载实验装置示意图　　　　(b) 轻气炮与围压联合加载实验装置示意图

图 1-92　岩石超动态试验装置及试件布置

　　轻气炮口径为 57mm,弹速范围为 20~600m/s,气室最高压力达 15MPa,真空度小于 10Pa,碰撞斜角小于 10^{-3} rad。基于不同的试验目的,设计了两种靶板装置,即单向加载靶板装置(图 1-92(a))和双向加载靶板装置(图 1-92(b))。试验前首先将飞片粘贴于弹丸上,高压气体(惰性气体)的突然释放推动弹丸沿抽真空的炮管运动。当高速运行的弹丸与靶板碰撞时,靶板中产生一个很高的压力脉冲,埋于岩样中的压阻计将记录一组电压-时间信号,并转化为压力-时间信号。调整冲击速率,可得到不同峰值的压力脉冲。根据这一系列的压力-时间信号,通过拉氏分析的方法,即可得到不同位置点处的应变、应变率、比内能及粒子速率等力学参量与时间的关系,进而分析岩石的冲击响应特性。本试验中弹丸与靶板均为正撞击,即靶板中的有效部位只存在一维压缩波和卸载波,不出现剪切波。

参 考 文 献

[1] 李夕兵,古德生. 岩石冲击动力学. 长沙:中南工业大学出版社,1994

[2] Cai M,Kaiser P K,Suorineni F,et al. A study on the dynamic behavior of the Meuse/Hhaute-Marne argillite. Physics and Chemistry of the Earth,2007,32(8/14):907-916

[3] Tarasov B G. Simplified method for determining the extent to which strain rate affects the strength and energy ca-

pacity of rock fracture. Soviet Mining Science,1991,26(4):315-320

[4] 陶振宇. 岩石力学的理论与实践. 北京:水利出版社,1981:257-276

[5] 王礼立. 高应变率下材料动态力学性能. 力学与实践,1982,4(1):9-19

[6] Lindholm U S. High strain-rate tests. Techniques in Metals Research, 1971

[7] 梁昌玉,李晓,李守定,等. 岩石静态和准动态加载应变率的界限值研究. 岩石力学与工程学报,2012,31(6):1156-1161

[8] Blanton T L. Effect of strain rates from 10^{-2} to 10^{1} sec^{-1} in triaxial compression tests on three rocks. International Journal of Rock Mechanics and Mining Sciences & Geomechanics Abstracts,1981,18:47-62

[9] Perkin R D,Green S J,Friedman M. Uniaxial stress behavior of porphyritic tonalite at strain rate to 10^{3}/sec. International Journal of Rock Mechanics and Mining Sciences, 1970,7:527-535

[10] Green J S,Perkins R D. Uniaxial compression tests at varying strain rate on three geologic materials. Basic and Applied Rock Mechanics,1970,3:35-52

[11] Logan J M, Handin J. Triaxial compression testing at intermediate strain rates. Dynamic Rock Mechanics,1970:167-194

[12] 王武林,刘远惠,陆以璐,等. RDT-1000 型岩石高压动力三轴仪的研制. 岩土力学,1989,10(2):69-82

[13] 朱瑞赓,吴绵拔. 不同加载率下花岗岩的破坏判据. 爆炸与冲击,1984,4(1):1-9

[14] 吴绵拔,陆以璐,等. 材料动载设备原理及其应用//湖北省爆破学会. 爆破与安全. 武汉:湖北科学技术出版社,1984:328-340

[15] Zhao J,Li H B,Wu M B,et al. Dynamic uniaxial compression tests on granite. International Journal of Rock Mechanics and Mining Sciences,1999,36(2):273-277

[16] Ehrgott J Q. Development of a dynamic high pressure triaxial test device. Dynamic Rock Mechanics,1970:195-219

[17] Li X B,Hong L,Yin T B,et al. Relationship between diameter of split Hopkinson pressure bar and minimum loading rate under rock failure. Journal of Central South University of Technology,2008,15(2):218-223

[18] Davies E D H,Hunter S C. The dynamic compression testing of solids by the method of the split Hopkinson pressure bar system. Journal of the Mechanics and Physics of Solid,1963,11:155-179

[19] Steverding B,Lehnigk S H. Response of cracks to impact. Journal of Applied Physics,1970,41(5):2096-2099

[20] Steverding B,Lehnigk S H. Collision of stress pulses with obstacles and dynamic of fracture. Journal of Applied Physics,1971,42(8):3231-3238

[21] Steverding B,Lehnigk S H. The fracture penetration depth of stress pulses. International Journal of Rock Mechanics and Mining Sciences,1976,13(3):75-80

[22] 李夕兵,赖海辉,朱成忠. 冲击载荷下岩石破碎能耗及其力学性能的探讨. 矿冶工程,1988,8(1):15-19

[23] Li X B,Lok T S, Zhao J. Dynamic characteristics of granite subjected to intermediate loading rate. Rock Mechanics and Rock Engineering,2005,38(1):21-39

[24] Hong L,Li X B,Liu X L, et al. Stress uniformity process of specimens in SHPB test under different loading conditions of rectangular and half-sine input waves. Transactions of Tianjin University,2008,14(6):450-456

[25] 白金泽. LS-DYNA3D 理论基础与实例分析. 北京:科学出版社,2005

[26] 洪亮,李夕兵,马春德,等. 岩石动态强度及其应变率灵敏度性的尺寸效应研究. 岩石力学与工程学报,2008,27(3):526-533

[27] Grady D E,Kipp M E. The micromechanics of impact fracture of rock. International Journal of Rock Mechanics and Mining Sciences & Geomechanics Abstracts,1979, 16:293-302

[28] Kolsky H. Stress Waves in Solids. New York:Dover Publications Inc. ,1963

[29] Lindholm U A. Some experiments with the split Hopkinson pressure bar. Journal of the Mechanics and Physics of Solid,1964,12:317-385

[30] Hauser F E. Techniques for measuring stress-strain relation at high strain rates. Experimental Mechanics,1966,

6(8):395-402

[31] Baker W E, Yew C E. Strain-rate effect in the propagation of torsional plastic waves. Journal of Applied Physics, 1966,33:117-127

[32] Nicholas T. Tensile testing of materials at high rate of strain. Experimental Mechanics,1981,2l(5):177-185

[33] Lewis J L, Campbell J D. The development and use of a torsional Hopkinson-bar apparatus. Experimental Mechanics,1972,12(11): 520-524

[34] 周光泉. 高应变率下霍普金森杆试验技术述评. 力学进展,1983,13(2):219-225

[35] 王敏杰. 动态塑性试验技术. 力学进展,1988,18(1):70-78

[36] Kumar A. The effect of stress rate and temperature on the strength of basalt and granite. Geophysics, 1968, 33(3):501-510

[37] Hakailehto K O. The behaviour of rock under impulse loads-A study using the Hopkinson split bar method[Ph. D. Thesis]. Otomiemi Helsinki: Technical University,1969:1-61

[38] Christenson R J, Swanson S R, Brown W S. Split Hopkinson bar tests on rock under confining pressure. Experimental Mechanics,1972,12(11):508-513

[39] 段祝平,孙琦清,王厘尔. 高应变率下金属动力学性能的试验与理论研究. 力学进展,1981,11(1):1-15

[40] 胡时胜,王礼立. 一种用于材料高应变率试验装置. 振动与冲击,1986,(1):40-46

[41] 赵西寰,李庆明. 分离式霍普金森扭杆技术及L₄纯铝的动态剪切应力-应变曲线. 力学学报,1986,18(4):324-327

[42] 夏源明,杨报昌,贾德新,等. 摆锤式杆型冲击拉伸试验装置和低温动态测试技术. 实验力学,1989,4(1):57-66

[43] 唐志平,王礼立. SHPB试验的电脑化数据处理系统. 爆炸与冲击,1986,6(4):320-327

[44] 田兰桥,白以龙. 材料动态力学性能试验的一个数据处理系统. 爆炸与冲击,1988,6(1):79-83

[45] Richard S. Longitudinal impact of a semi-infinite circular elastic bar. Journal of Applied Physics, 1957,24: 59-64

[46] Bertholf L D. Feasibility of two-dimensional numerical analysis of the split-Hopkinson pressure bar system. Journal of Applied Physics,1974,41:137-144

[47] Bertholf L D,Karnes C H. Two-dimensional analysis of the split- Hopkinson pressure bar system. Journal of the Mechanics and Physics of Solids, 1975,23:1-19

[48] 陆岳屏,杨业敏,寇绍全,等. 霍布金生压力杆测定砂岩、石灰岩动态破碎应力和弹性模量. 岩土工程学报,1983, 5(3):28-37

[49] 杜晶,李夕兵,宫凤强,等. 岩石冲击试验碎屑分类及其分形特征. 矿业研究与开发,2010,30(5):20-22,84

[50] 杨桂通,张善元. 弹性动力学. 北京:中国铁道出版社,1988

[51] 李夕兵,赖海辉,朱成忠,等. SHPB法中岩样应力均匀化理论分析及应力波测试方法//第三届全国岩石破碎会议论文集,上册,鞍山,1986

[52] 李夕兵,朱星火. 一种新型应力脉冲放大电路的研制. 爆破器材,1988,(2):27-29

[53] 李夕兵. 矿岩中应力波的传输效应和能量耗散规律的研究. 长沙:中南工业大学博士学位论文,1992

[54] 李夕兵,赖海辉,朱成忠. 研究矿岩冲击破碎及动态特性的水平冲击试验法. 中南矿冶学院学报,1988,19(5): 492-499

[55] 李夕兵,赖海辉. 高应变率下的岩石脆断试验技术. 凿岩机械气动工具,1990,(4):39-43

[56] 李夕兵. 矿岩应力波加载试验的电脑化数据采集处理系统. 中南矿冶学院学报,1993,24(1):14-18

[57] 李夕兵. 冲击荷载下岩石能耗及破碎力学性质的研究. 长沙:中南工业大学硕士学位论文,1986

[58] 李夕兵,古德生,赖海辉. 冲击载荷下岩石动态应力-应变全图测试的合理加载波形. 爆炸与冲击,1993,13(2): 125-130

[59] 李夕兵,古德生. 岩石在不同加载波下的动载强度. 中南矿冶学院学报,1994,25(3):301-304

[60] Lok T S, Li X B, Liu D, et al. Testing and response of large diameter brittle materials subjected to high strain rate. Journal of Materials in Civil Engineering ASCE,2002,14(3):262-269

[61] Zhou Y X,Xia K ,Li X B,et al. Suggested methods for determining the dynamic strength parameters and mode- I fracture toughness of rock materials. International Journal of Rock Mechanics and Mining Sciences,2012,49:

105-112

[62] Li X B,Lok T S,Zhao P J. Methodology for the study of olynamic property of steel fiber reinforced concrete subjected to high strain rate. Concrete under Severe Conditions,2001:683-690

[63] 王斌,李夕兵,尹土兵. 饱水砂岩动态强度的 SHPB 试验. 岩石力学与工程学报,2010,29(5):881-891

[64] 王斌,李夕兵. 单轴荷载下饱水岩石静态和动态抗压强度的细观力学分析. 爆炸与冲击,2012,32(4):423-431

[65] 李夕兵,王世鸣,宫凤强,等. 不同龄期混凝土多次冲击损伤特性试验研究. 岩石力学与工程学报,2012,31(12):2465-2472

[66] 王世鸣,李夕兵,宫凤强,等. 静载和动载下不同龄期混凝土力学特性的试验研究. 工程力学,2013,30(2):143-149

[67] 刘希灵,李夕兵,洪亮,等. 基于离散小波变换的岩石 SHPB 测试信号去噪. 爆炸与冲击,2009,29(1):67-72

[68] 邹洋. 岩石动静组合加载巴西盘劈裂试验研究. 长沙:中南大学硕士学位论文,2011

[69] Zhou Y X,Zhao J. Advances in Rock Dynamics and Applications. Balkema:CRC Press,2011

[70] 万国香,王其胜,李夕兵. 应力波作用下岩石声发射试验研究. 振动与冲击,2011,30(1):116-120

[71] 王其胜,万国香,李夕兵. 动静组合加载下岩石破坏声发射. 爆炸与冲击,2010,30(3):247-253

[72] Chalupnik J D,Ripperger E A. Dynamic deformation of metals under high hydrostatic pressure. Experimental Mechanics,1966,6(11):547-554

[73] 木下重教,佐藤一彦,川北稔. On the mechanical behaviour of rocks under impulsive loading. Bulletin of the Faculty of Engineering Hokkaido University,1977,83:51-62

[74] 川北稔,木下重教,于亚伦,等. 用三轴霍甫金松高速冲击试验机对岩石进行冲击试验的研究. 有色金属(矿山部分),1983,(6):32-36

[75] Maiden C J,Green S J. Compressive strain-rate tests on six selected materiala at strain rate from 10^{-3} to 10^{-4} in/in/sec. Journal of Applied Mechanics,1966,33(3):496-504

[76] Lindholm U S,Yeakley L M,Nacy A. Study of the dynamic strength and fracture properties of rock,AD 751057

[77] Nemat-Nasser S,Isaacs J,Rome J. Triaxial Hopkinson techniques//Kuhn H,Medlin D. ASM Handbook Volume 08:Mechanical Testing and Evaluation. ASM International,2000,8:516-518

[78] Rome J,Isaacs J,Nemat-Nasser S. Hopkinson techniques for dynamic triaxial compression tests//Gdoutos E E. Recent Advances in Experimental Mechnics. Netherlands:Kluwer Academic Publishers,2002:3-12

[79] 宋顺成,田时雨. 霍普金森冲击拉杆的改进及应用. 爆炸与冲击,1992,12(1):62-67

[80] 陈荣. 一种 PBX 炸药试件在复杂应力动态加载下的力学响应. 长沙:国防科学技术大学博士学位论文,2010

[81] Duffy J,Campbell J D,Hawley R H. On the use of a torsional split-Hopkinson bar to study rate effects in 1100-0 Aluminum. Journal of Applied Mechanics,1971,38:83-91

[82] Campbell J D,Dowling A R. The behaviour of materials subjected to dynamic incremental shear loading. Journal of the Mechanics and Physics of Solids,1970,18:43-49

[83] 田兰桥,Sturt C,Dodd B. 铝-锂合金动态扭转试验研究. 爆炸与冲击,1992,12(1):68-73

[84] 胡时胜. 动态加裁装置和动态测试技术. 实验力学,1987,12(1):27-42

[85] 张宗贤,赵清,冠绍全,等. 用短棒试件测定岩石的动静态断裂韧度. 北京科技大学学报,1992,14(2):123-127

[86] 唐春安,徐小荷. 摆锤冲击荷载作用下岩石动态荷载-位移全过程曲线的试验技术. 爆炸与冲击,1987,7(2):111-116

[87] 李夕兵,杜晶,洪亮. 工业安全帽抗冲击性能的试验研究. 中南大学学报,2011,42(6):1692-1697

[88] 江大志,郭洋,李长亮,等. 双层夹心复合材料结构横向冲击响应试. 爆炸与冲击,2009,29(6):590-595

[89] 蔡小虎,李玉民,高文乐. 岩石的霍普金森冲击拉杆的设计及应用. 岩石力学与工程学报,1998,17(增):793-796

[90] 宫凤强,李夕兵,Zhao J. 巴西劈裂试验中拉伸弹模的解析算法. 岩石力学与工程学报,2010,29(5):881-891

[91] Zhou Z,Ma G,Li X. Dynamic Brazilian splitting and spalling tests for granite//Sousa, Olalla, Grossmann. Proceedings of 11th Congress ISRM, Ribeiroe. London: Taylor & Francis Group,2007:1127-1130

[92] Dai F,Xia K,Luo S N. Semicircular bend testing with split Hopkinson pressure bar for measuring dynamic tensile

strength of brittle solids. Review of Scientific Instruments,2008,79(12):123903

[93] Dai F, Xia K. Loading rate dependence of tensile strength anisotropy of Barre Granite. Pure and Applied Geophysics,2010,167(11): 1419-1432

[94] 李夕兵,陶明,宫凤强,等. 冲击载荷作用下硬岩层裂破坏的理论和试验研究. 岩石力学与工程学报,2005,24(23):4215-4219

[95] Rinehart J S. Dynamic fracture strengths of rocks//Proceedings of 7th Symsium on Rock Mechanics. ALME,1965: 205-208

[96] McQueen R G, Marsh S P, Fritz J N. Hugoniot equation of state of twelve rocks. Journal of Geophysics Research,1967,72(20):4999-5036

[97] Grady D E,Kipp M E. The micromechanics of impact fracture of rock. International Journal of Rock Mechanics and Mining Sciences & Geomechanics Abstracts,1979,16:293-302

[98] Shockey D A,Curran D R,Seaman L,et al. Fragmentation of rock under dynamic loads. International Journal of Rock Mechanics and Mining Sciences & Geomechanics Abstracts,1974,11:303-317

[99] 赵士达,沈乐天,赵双录. 用于材料动态性能试验的单级轻气炮. 兵工学报,1985,(4):49-55

[100] 沈乐天,吴松毓. 单辅应变亚微秒应力脉冲试验技术. 爆炸与冲击,1985,5(1):77-79

[101] 尚嘉兰,白以龙,沈乐天,等. 酚醛玻璃钢动态本构关系的试验研究. 爆炸与冲击,1990,10(1):1-13

[102] Miller M H. The effect of stress wave duration on brittle fracture. International Journal of Rock Mechanics and Mining Sciences,1966,3:191-203

[103] Forrestal M J,Grady D E,Schuler K W. An experimental method to estimate the dynamic fracture strength of oil shale in the 10^3 to 10^4 s^{-1} strain rate regime. International Journal of Rock Mechanics and Mining Sciences & Geomechanics Abstracts,1978,15:263-265

[104] Rinehart J S,McClain W C. Experimental determination of stresses generated by an electric detonator. Journal of Applied Mechanics,1960,31:1809

[105] 王金贵. 气体炮及其常规测试技术. 爆炸与冲击,1988,8(1):89-98

[106] 张华. 冲击荷载作用下岩石动态损伤特性研究. 昆明:昆明理工大学博士学位论文,2009

第 2 章　岩石冲击试验合理加载波形与试验方法

SHPB 技术以其简便、准确等优点,被广泛应用于各类材料的动态特性测试中。最初,SHPB 技术只用于金属材料测试,直到 20 世纪 80 年代,该技术才被广泛应用于岩石等脆性材料的测试中。但对于传统 SHPB 试验,冲头为与入射杆材料相同、直径相等的圆柱形结构,冲击入射杆产生的加载波为矩形波。但由于弥散效应的影响,波头部分存在着明显的 P-C(Pochhammer-Chree)振荡,所测得的 σ-ϵ-$\dot\epsilon$ 关系也必然伴随有一定的振荡,试样实际上处于重复加卸载状态。同时,由于岩石类脆性材料破坏应变极小,矩形波加载时,它在波头上升沿或前端振荡段就达到了破坏极限,而此时试样尚未达到应力平衡,使试验结果无法使用。为此,国内外众多学者开展了相应的改进工作。Duffy 和 Christensen 等[1,2]首先提出并在 SHPB 上利用脉冲整形技术来改善和提高材料应力-应变曲线初始部分精度和分辨率的设想。2002 年,Frew 等将脉冲整形技术首次用于解决脆性材料的动态测试中[3-5],并在一定程度上解决了关于脆性材料弥散的问题;Follansbee 和 Frantz[6]以及 Gorham[7]、Gong 等[8]应用傅里叶变换技术进行弥散修正,减少了应力-应变曲线上的振荡;Parry[9]将杆的撞击端做成圆头以产生一个非平面撞击;Frantz 等[10]提出将一片很薄的圆片状材料贴放在入射杆的撞击端,增加脉冲的上升时间,从而减小了波形振荡的幅值;Ellwood 等提出三杆技术[11]增加脉冲上升时间的方法,有效地消除波传播过程中的弥散效应,同时还可以实现试件材料的近似恒应变率加载,但是这种技术却要求每次试验都要耗费一个模拟试件,试验可重复性也难以保证,并且难以被应用于非常高的应变率试验;Parry 等[9]又对上述三杆技术进行了修正,从而不需要使用模拟试件就可以几乎消除 P-C 振荡,但这种修正却不能保证试件的恒应变率加载。为了消除岩石类脆性材料 SHPB 试验中的波形振荡、弥散及其实现近定常应变率加载,作者在 1993 年就最早提出了半正弦波加载的方法,并就这一方法涉及的相关问题进行了深入研究[12-17]。本章将主要介绍我们在改进传统 SHPB 技术中所做的工作。

2.1　冲头撞击杆件产生的应力波形

在进行不同加载波下的岩石 SHPB 冲击试验时,常需要首先了解各种不同结构形式的冲头撞击一维弹性杆所产生的入射应力波形状[18]。这里将介绍常规的几种简单冲头撞击杆件的应力波求算方法和求算任意冲头撞击杆件产生的应力波形的电算程序。

2.1.1　简单结构冲头产生的应力波形

1. 圆柱形冲头与杆件的碰撞[18]

如图 2-1 所示,设断面积为 A_a 的冲头以 V_i 的速率撞击一无限长杆,在撞击后,将在冲头和杆件中产生压应力波,并分别沿 x 轴负方向和正方向以一维杆波速率 C_0 传播。在撞击瞬间,根据力和速率的连续性条件,在撞击面有

$$\left.\begin{array}{c} P_{b1} = P'_{a1} \\ V_i = v'_{a1} = v_{b1} \end{array}\right\} \tag{2-1}$$

式中,P'_{a1} 和 P_{b1} 分别为撞击瞬间冲头与杆的力;v'_{a1} 和 v_{b1} 分别为撞击瞬间冲头与杆的质点速率。

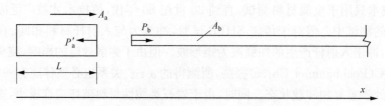

图 2-1　圆柱形冲头与杆件的撞击示意图

又根据顺波(传播方向与坐标正方向一致)的受力与质点速率的关系式 $P = \rho C_0 A v = mv$,及逆波(传播方向与坐标正方向相反)的关系式 $P' = -\rho C_0 A v' = -mv'$,则可以把式(2-1)变为

$$P'_{a1} = P_{b1} = \frac{m_a m_b}{m_a + m_b} V_i \tag{2-2}$$

$$v'_{a1} = -\frac{m_b}{m_a + m_b} V_i \tag{2-3}$$

撞击后,冲头中产生的压力波 P'_a 经 L/C_0 的时间后到达自由端,然后反射成大小相等的拉力波,累积经过 $2L/C_0$ 的时间后此拉力波到达冲头和杆的接触面,这又将导致冲头和杆中所受力的变化。因此,在接触面,质点速率已从原来的 V_i 变为了此时的 $V_i + 2v'_{a1}$,类似于式(2-1)的推导可以得到

$$v'_{a2} = -\frac{m_b}{m_a + m_b}(V_i + 2v'_{a1}) = -\frac{m_b}{m_a + m_b}\left(\frac{m_a - m_b}{m_a + m_b}\right)V_i \tag{2-4}$$

$$P_{b2} = P'_{a2} = -m_a v'_{a2} = \frac{m_a m_b}{m_a + m_b}\left(\frac{m_a - m_b}{m_a + m_b}\right)V_i \tag{2-5}$$

即

$$P_{b2} = P'_{a2} = \lambda_{b>a}\frac{m_a m_b}{m_a + m_b}V_i = \lambda_{b>a}P_{b1} \tag{2-6}$$

式中,$\lambda_{b>a}$ 为力波从 b 介质进入 a 介质的反射系数。

同理,P'_{b2} 的力波经 $2L/C_0$ 的时间又会到达撞击面,再次引起撞击面力的变化,此时累计的时间为 $4L/C_0$,撞击面的力为

$$P_{b3} = \lambda_{b>a}P_{b2} = \lambda_{b>a}^2 P_{b1} \tag{2-7}$$

故圆柱形冲头撞击无限长杆后在杆中产生的力波为每隔 $2L/C_0$ 时间下降一定幅度的阶梯形波,如图 2-2 所示。

若用传播图表示则更为清楚,如图 2-3 所示,在 $0 \to 2L/C_0$ 的时间内,杆中的力波大小为 $P_{b1} = P_b = \frac{m_a m_b}{m_a + m_b}V_i$;当时间从 $2L/C_0 \to 4L/C_0$ 时,杆中的力波变为 $P_{b2} = P_b +$

$P_{b1} = P'_a - \mu_{a \to b} P'_a = \lambda_{b > a} P_b$（$\mu_{a \to b}$ 为力波从 a 介质进入 b 介质的透射系数）；在 $4L/C_0 \to 6L/C_0$ 的时间内，杆中的力波又变为 $P_{b3} = P_b + P'_b + P''_b = \lambda_{b > a}^2 P_b$；依此类推，直至 $P_{bn} \to 0$。

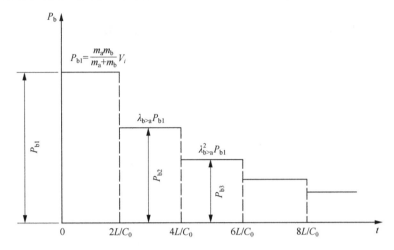

图 2-2　冲头与杆的断面积不相等时的力波图

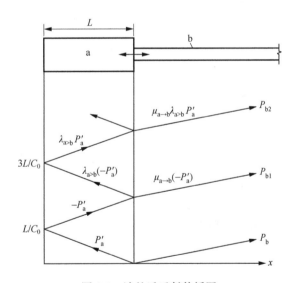

图 2-3　波的透反射传播图

当冲头与杆件的截面相等，形状和材质均相同时，由上面的分析可知：其入射应力波形为矩形，波幅为 $\sigma = \dfrac{1}{2} \rho C_0 V_i$，延续时间 $\tau = 2L/C_0$，如图 2-4 所示。

对于阶梯状冲头，根据传播图（图 2-5），同样可以获得撞击后在杆件中的力波图，如图 2-6 所示[19]。

由于在撞击瞬间的力 $P_{b1} = \dfrac{m_a m_b}{m_a + m_b} V_i = u_{a \to b} \dfrac{m_a}{2} V_i = u_{a \to b} \dfrac{P_i}{2}$，将该式与一维纵波的透反射关系进行比较即可发现：冲头以 V_i 撞击杆件就好像一个状态为 $\left(\dfrac{P_i}{2}, \dfrac{V_i}{2} \right)$ 的入射波

从冲头透射到杆件里去一样,冲头在撞击前具有的整体速度 V_i 可以看成是由一个状态为 $\left(\dfrac{P_i}{2}, \dfrac{V_i}{2}\right)$ 的顺波和一个状态为 $\left(-\dfrac{P_i}{2}, \dfrac{V_i}{2}\right)$ 的逆波共同作用的合成。因此,根据上述原则,我们可以把撞击问题直接变换成顺逆两波在交界面的透反射问题来处理[20]。另外,对于这类简单结构冲头的撞击问题也可以根据边界条件和初始条件,利用波动方程直接求解[21]。

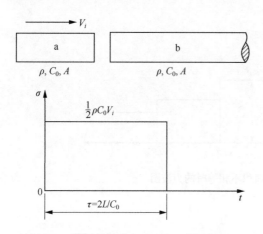

图 2-4　等径等质冲头产生的入射应力波

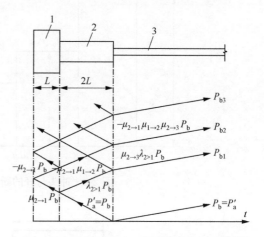

图 2-5　阶梯形活塞撞击时波的透反射传播图

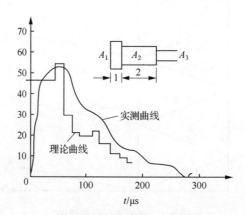

图 2-6　阶梯形活塞撞击后的入射应力波

A_1-15.88cm²；A_2-8.94cm²；A_3-3.87cm²；1-10.58cm；2-41.29cm

2. 刚性体对杆件的撞击

图 2-7(a)为一质量为 M 的刚体以 V_i 的速度撞击一无限长杆示意图。在撞击瞬间,根据牛顿定律,撞击面的受力 P 可以由下式给出

$$P = -M\frac{\mathrm{d}v}{\mathrm{d}t} \tag{2-8}$$

式中，v 为撞击面的速率。

注意到，P 同时又是杆中的入射波，还必须服从 $P=mv$，因此有

$$\frac{\mathrm{d}v}{\mathrm{d}t} = -\frac{m}{M}v \tag{2-9}$$

根据初始条件：$t=0$ 时，$v=V_i$，由式（2-9）可求得

$$P = mV_i \mathrm{e}^{-\frac{m}{M}t} = P_i \mathrm{e}^{-\frac{m}{M}t} \tag{2-10}$$

或

$$\sigma = \rho C_0 V_i \mathrm{e}^{-\frac{m}{M}t} \tag{2-11}$$

式（2-11）表明：撞击后的入射应力波为一个初值为 $\rho C_0 V_i$ 并呈指数规律下降的指数衰减波，如图 2-7(b)所示，m/M 值越大，下降越快。

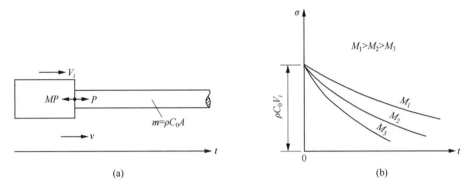

图 2-7　刚体对杆的撞击及其应力波形

当冲头的截面积比杆的截面积大得多，或 $m_b/m_a \to 0$ 时，可以把冲头视为刚体来看待。

当质量为 M 的刚体冲击一个长为 l 且一端固定的杆件时，类似如上的分析可知：当 $0 \leqslant t < 2l/C_0$ 时，$\sigma = \sigma_1 = \rho C_0 V_i \mathrm{e}^{-\frac{m}{M}t}$；当 $2l/C_0 \leqslant t < 4l/C_0$ 时，由于 $\sigma = \sigma_1 + \sigma_2' + \sigma_3 = -\frac{M}{A}\frac{\mathrm{d}v_3}{\mathrm{d}t}$，即 $\frac{M}{A} \cdot \frac{\mathrm{d}v_3}{\mathrm{d}t} + \rho C_0 v_3 = -2\rho C_0 V_i \mathrm{e}^{-\frac{m}{M}\left(t-\frac{2l}{C_0}\right)}$，且当 $t=2l/C_0$ 时，$v_3 = V_i \mathrm{e}^{-\frac{m}{M}\frac{2l}{C_0}}$，故可求得

$$v_3 = V_i \left[\mathrm{e}^{-2\frac{ml}{MC_0}} - 2\frac{m}{M}\left(t-\frac{2l}{C_0}\right)\mathrm{e}^{-\frac{m}{M}\left(t-\frac{2l}{C_0}\right)} \right] \tag{2-12}$$

$$\sigma = \sigma_1 + \sigma_2' + \sigma_3 = \rho C_0 V_i \left[2\frac{ml}{MC_0}\left(\frac{C_0}{l}t-2\right) - (2+\mathrm{e}^{-2\frac{ml}{MC_0}}) \right]\mathrm{e}^{-\frac{m}{M}\left(t-\frac{2l}{C_0}\right)} \tag{2-13}$$

注意到，当 $2\frac{ml}{MC_0}\left(\frac{C_0}{l}t-2\right) - (2+\mathrm{e}^{-2\frac{ml}{MC_0}}) < 0$ 时，即 $t > 3.068l/C_0$ 时，$\sigma(t) < 0$，故当 $t = 3.068l/C_0$ 时，撞击过程终止，相应的杆中应力波形如图 2-8 所示。

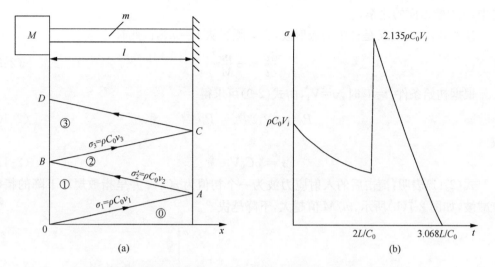

图 2-8　刚体冲击固定端杆件的传播图(a)和所产生的应力波形(b)

2.1.2　复杂冲头撞击杆件的电算方法

1. 电算模拟中的几个关键问题

1) 冲头的近似变换

任意结构复杂的冲头都可以通过适当的近似变换,成多台阶的台阶形冲头。

2) 撞击的等效关系

设定在撞击瞬间冲头与杆件交界面产生的力为 F_1,此力将朝冲头自由端传播,当遇到断面产生变化时,即产生透反射,到达冲头与杆件的交界面时,也可作为透反射问题处理。

3) 透反射关系

当波遇到断面而变化时,即产生透射和反射,透射力 F_t 和反射力 F_r 分别为

$$\left.\begin{array}{l} F_t = T_c F_i \\ F_r = R_c F_i \end{array}\right\} \tag{2-14}$$

式中,T_c 和 R_c 分别为透射和反射系数

$$\left.\begin{array}{l} T_c = \dfrac{2A_{I+1}}{A_I + A_{I+1}} = \dfrac{2D_{I+1}^2}{D_{I+1}^2 + D_I^2} \\ R_c = \dfrac{A_{I+1} - A_I}{A_{I+1} + A_I} = \dfrac{D_{I+1}^2 - D_I^2}{D_{I+1}^2 + D_I^2} \end{array}\right\} \tag{2-15}$$

式中,A 为截面积;D 为直径。

在电算程序中,透射系数用 B 表示,反射系数用 A 表示,并辅以相应的下标以示区别,如图 2-9 所示。

4) 计算要点

设冲头共有 N 节,每节长分别为 $l_1, l_2, l_3, \cdots, l_N$,将每节再划分成等距离的若干小段,若 U 为 $l_1, l_2, l_3, \cdots,$ 的公倍数,则整个冲头共有的小段总数为 L/U,波通过每一个小

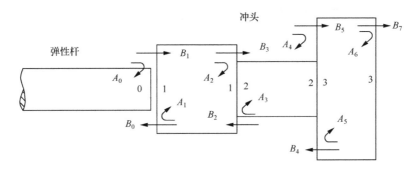

图 2-9　波在断面变化处的透反射系数

段的时间为 DL。如图 2-10 所示,对每一小段,准备有两个系列的存储单元,即存储左行波的 E 系列和存储右行波的 F 系列,还有两个系列的备用存储单元 Y 和 X,以保证当 E 和 F 需存储下一时刻的值时,保护此时刻 E 和 F 中的值。

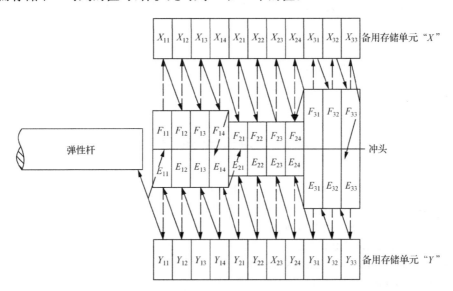

图 2-10　冲头中左行波和右行波的运动

在撞击瞬间的那一时刻,除 F_{11} 为撞击力 G 外,其余各存储单元的存储值 $E_{ij}=F_{ij}=0$;到下一时刻,左行波均向左前移一小段,右行波均向右前移一小段,在此过程中,左行波在每一节中最左端的小段将在界面产生透反射,透射部分进入左端的邻近单元,反射部分则返回本节该段的右行波中。

对于右行波,则在每一节最右端的小段产生类似的透反射,对照图 2-9 和图 2-10,其透反射关系可表述为

$$\left.\begin{aligned}
F_{21} &= X_{14}B_3 + Y_{21}A_3 \\
F_{31} &= X_{24}B_5 + T_{31}A_5 \\
E_{24} &= Y_{31}B_4 + X_{24}A_4 \\
E_{14} &= Y_{21}B_2 + X_{14}A_2
\end{aligned}\right\} \tag{2-16}$$

对于杆中的应力波,若 G_S 为在第 S 个时间间隔内杆中的力,则在 $S+1$ 个时间间隔内弹性杆中的力为

$$G_{S+1} = G_S + Y_{11}B_0 \qquad (2\text{-}17)$$

计算步数(循环次数)应使得最后一个循环时杆件中的受力 G 趋近于零。在大多数情况下,计算步数为 200 就足以达到要求,在程序中为了减少计算机的运算时间,当杆件中的力下降到初始冲击力的 1% 时,即令停止进一步的运算。

2. 电算程序

参照 Dutta 所做的工作[22],我们编制了如下求算任意冲头冲击弹性杆产生的应力波形的电算程序。程序中,N 为冲头中的总节数;G 为设定的初始冲击力(kg);$D(0)$ 为弹性杆的直径(m),$D(1)$,$D(2)$,$D(3)$,…,$D(N)$ 为从冲头撞击端开始的各节直径(m),$D(N+1)=0$;$C(1)$,$C(2)$,$C(3)$,…,$C(N)$ 为从撞击端开始每一节所对应的段数,如图 2-11 所示;O 为计划循环的次数;DL 为波通过每一段所需的时间(s)。

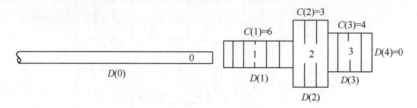

图 2-11　电算程序中的符号系统

```
PROGRAM SSW
C   STRESS WAVEFORMS FOR VARIOUS PISION GEOMETRES
DIMENSION A(60),B(60),C(60),D(60),E(60),F(60),X(60),Y(60)
PEAL D,G,C,U,V,B,A,E,F,X,Y,AL,BL,DL,Z
INTEGER N,K,L,S,M,J,P,Q,O
OPER (7,FILE = 'ssw. dat',status = 'new')
READ ( * , * )N,G
READ ( * , * )(D(I),I = 0,N+1)
READ ( * , * )(C(I),I = 0,N)
DO 33 I = 1,N
K = 2 * I-1
L = 2 * I
M = 2 * I-2
U = D(I-1) * D(I-1)-D(I) * * 2
V = D(I-1) * * 2 + D(I) * * 2
A(K) = U/V
U = D(I+1) * * 2 - D(I) * * 2
V = D(I+1) * * 2 - D(I) * * 2
A(L) = U/V
U = 2 * D(I) * D(I)
```

```
V = D(I-1) * D(I-1) + D(I) * D(I)
B(K) = U/V
U = 2 * D(I-1) * * 2
B(M) = U/V
    33 CONTINUE
H = G
READ ( * , * ) O,DL
P = 0
DO 44 I = 1,N
U = P + C(I)
P = INT(U + 0.5)
    44  CONTINUE
DO 55 S = 1, O
IF (S · GT · 1) GOTO 43
Z = 0
DO 40 J = P,2,-1
E(J) = 0
F(J) = 0
    40  CONTINUE
E(1) = O
F(1) = H
GOTO 89
    43 P = 0
DO 66 I = 1,N
U = P + C(I)
P = INT(U + 0.5)
V = P - C (I) + 1
Q = INT(V + 0.5)
DO 77 K = P,Q,-1
X(K) = F(K)
Y(K) = E(K)
    77 CONTINUE
IF (I · EQ · N) THEN
Y(P + 1) = 0
END IF
    66 CONTINUE
P = 0
DO 88 I = 1,N
U = P + C(I)
P = INT(U + 0.5)
V = P-C(I) + 1
Q = INT(V + 0.5)
```

```
L = 2 * I
E(P) = X(P) * A(L) + Y(P+1) * B(L)
F(P) = X(P+1)
DO 83 J = P-1,Q,-1
IF (J·EQ·Q) THEN
IF (Q·EQ·1) THEN
F(J) = Y(1) * A(1)
E(J) = Y(J+1)
Z = Y(1) * B(0)
G = G + Z
Z = Z * * 2
ELSE
F(J) = X(Q-1) * B(L-1) + Y(Q) * A(L-1)
E(J) = Y(J+1)
END IF
ELSE
F(J) = X(J-1)
E(J) = Y(J+1)
END IF
    83 CONTINUE
    88 CONTINUE
    89 BL = S * DL-DL
BL = 1000000 * BL
WRITE( * , * ) BL,G
WRITE(7 , * ) BL,G
AL = 0.01 * H
IF(AL·GT·G) THEN
STOP
END IF
    55   CONTINUE
STOP
END
```

图 2-12~图 2-14 给出了使用该程序求算出的几种冲头冲击弹性长杆所产生的入射波形状。

3. 电算程序的可视化

根据复杂冲头冲击杆件的电算算法,利用 Mathematica 对其实现可视化。可视化程序原代码由函数包 SSW_Fun. m 和主程序 Hop. nb 组成,其中 SSW_Fun. m 中包含了主函数 SSW,为复杂冲头冲击弹性杆算法的主体部分。可视化程序 Hop. nb 采用动态演示的方法可实时改变冲头和弹性杆的参数,如冲头的节数、各节的直径和长度、弹性杆的直径、初始冲击力的大小、波速等,如此可方便快捷地给出最佳的参数设计,极大地缩短设计

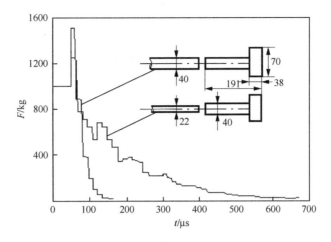

图 2-12　阶梯形冲头的力波图

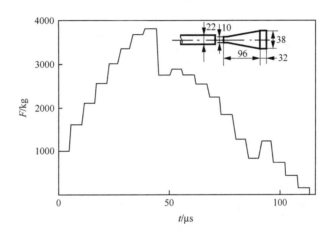

图 2-13　平台锥形冲头的力波图

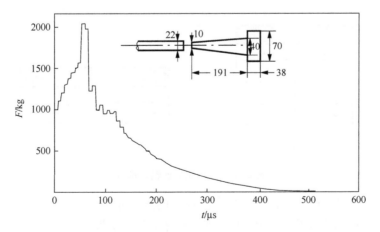

图 2-14　阶梯形锥形冲头的力波图

周期。

　　程序在 Mathematica 中运行后，其可视化界面分两部分，左边为输入部分，右边为输出部分。程序操作过程可用图 2-15 表示，定义冲头节数可修改电算主程序第三行 NUM 后的数字，图 2-16(b)、(c)、(d)所示界面可分别定义弹性杆和冲头的基本参数、冲头各段直径和各段长度。输出曲线调节部分如图 2-16(a)所示，可以调节输出曲线的颜色、粗细、网格、坐标以及输出模型的颜色、相对位置等其他特性。

图 2-15　可视化界面输入部分

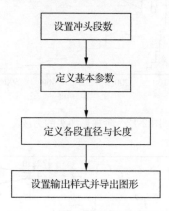

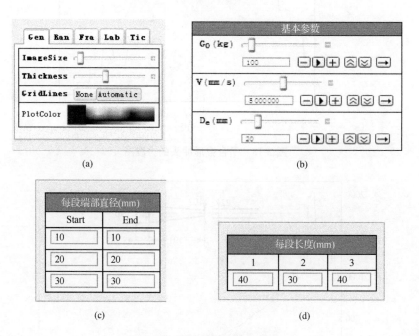

图 2-16　可视化界面输入部分

　　图 2-17～图 2-19 给出了使用该程序求算出的几种冲头冲击弹性长杆所产生的入射波形状。对比图 2-17 与图 2-12 可知，可视化程序的计算结果与电算程序结果相同。

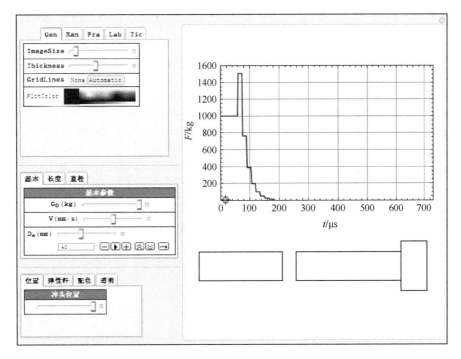

图 2-17　冲头分为 2 节, 直径从左至右依次为 40mm、70mm,
长度依次为 191mm、38mm, 弹性杆直径为 40mm

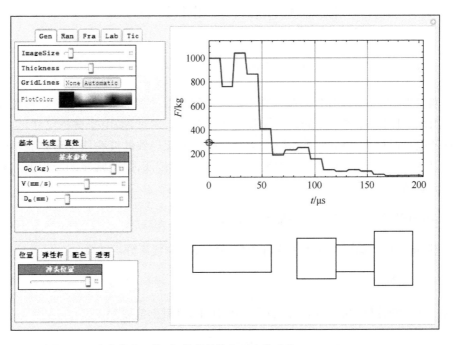

图 2-18　冲头分为 3 节, 各节直径从左至右依次为 30mm、20mm、40mm,
各节长度均为 30mm, 弹性杆直径为 20mm

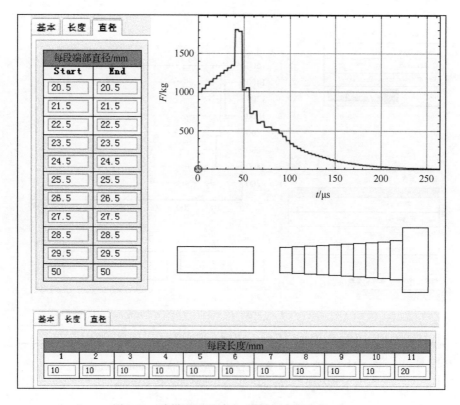

图 2-19　阶梯形锥形冲头，弹性杆直径为 20mm

2.2　矩形波波形弥散与岩石动态应力-应变曲线

长期以来，岩石的 SHPB 试验一直沿用与金属类似的矩形波加载法。矩形波加载冲头结构简单，且可以获得很高的试样加载速率。对于金属试样，由于试样尺寸可以很小，因而杆径也可以很小，矩形波传播时产生的弥散和由此导致的波头振荡对试验精度影响较小。但对于岩石类试件，杆径必须增大，而且强度又较低，因此常规的矩形波加载将严重影响试验精度。

2.2.1　不同形状应力波在杆中传播的弥散效应

这里，将给出不同形状应力波在杆中传播的理论与数值分析结果。

1. 理论分析[23]

对一均质圆柱杆，在轴向应力 $\sigma_X(X,t)$ 作用下，其轴向应变为

$$\varepsilon_X = \frac{\partial u_x}{\partial X} = \frac{\sigma_X(X,t)}{E} \tag{2-18}$$

由于材料的泊松效应，圆柱杆同时横向变形，若 ν 为泊松比，则

$$\varepsilon_Y = \frac{\partial u_Y}{\partial Y} - \nu\varepsilon_X(X,t) \tag{2-19}$$

$$\varepsilon_Z = \frac{\partial u_Z}{\partial Z} = -\nu\varepsilon_Z(X,t) \tag{2-20}$$

式中, u_X、u_Y、u_Z 分别为位移在 X 轴、Y 轴、Z 轴方向的分量。

对式(2-19)、式(2-20)积分可得横向位移:

$$u_Y = -\nu Y\varepsilon_x = -\nu Y\frac{\partial u_X(X,t)}{\partial X} \tag{2-21}$$

$$u_Z = -\nu Z\varepsilon_x = -\nu Z\frac{\partial u_X(X,t)}{\partial X} \tag{2-22}$$

这里,取横截面中心为 Y 轴和 Z 轴坐标原点,由此可得横向运动的质点速率 v_Y、v_Z 和质点加速度 a_Y、a_Z 分别为

$$\left. \begin{aligned} v_Y &= \frac{\partial u_Y}{\partial t} = -\nu Y\frac{\partial\varepsilon_x}{\partial t} = -\nu Y\frac{\partial v_X}{\partial X} \\ v_Z &= \frac{\partial u_Z}{\partial t} = -\nu Z\frac{\partial\varepsilon_x}{\partial t} = -\nu Z\frac{\partial v_X}{\partial X} \\ a_Y &= \frac{\partial v_Y}{\partial t} = -\nu Y\frac{\partial^2\varepsilon_x}{\partial t^2} = -\nu Y\frac{\partial^2 v_X}{\partial t\partial X} = -\nu Y\frac{\partial a_X}{\partial X} \\ a_Z &= \frac{\partial v_Z}{\partial t} = -\nu Z\frac{\partial^2\varepsilon_x}{\partial t^2} = -\nu Z\frac{\partial^2 v_X}{\partial t\partial X} = -\nu Z\frac{\partial a_X}{\partial X} \end{aligned} \right\} \tag{2-23}$$

由此可见,在原平截面上有非均匀分布的横向质点位移、速度和加速度。这意味着相应地存在着非均匀分布的横向应力,从而将导致平截面的歪曲。所以,由于杆中质点的横向运动,应力状态实际上不再是简单的一维应力状态,原来的平截面也不再保持为平截面。严格来说,这是一个三维问题。

忽略横向惯性作用,每单位体积的平均横向动能为

$$\frac{1}{A_0\,\mathrm{d}X}\int_{A_0}\frac{1}{2}\rho_0(v_Y^2 + v_Z^2)\,\mathrm{d}X\mathrm{d}Y\mathrm{d}Z = \frac{1}{2}\rho_0\nu^2 r_g^2\left(\frac{\partial\varepsilon_x}{\partial t}\right)^2 \tag{2-24}$$

式中, r_g 是截面对 X 轴的回转半径:

$$r_g = \frac{1}{A_0}\int_{A_0}(Y^2 + Z^2)\,\mathrm{d}Y\mathrm{d}Z \tag{2-25}$$

能量方面,在计及横向运动时,外力此时所做的功,一部分使微元体应变能增加,另一部分则转变为横向动能。就单位时间、单位体积而言,有

$$\sigma\frac{\partial\varepsilon}{\partial t} = \frac{\partial}{\partial t}\left(\frac{1}{2}E\varepsilon^2\right) + \frac{\partial}{\partial t}\left[\frac{1}{2}\rho_0\nu^2 r_g^2\left(\frac{\partial\varepsilon}{\partial t}\right)^2\right] \tag{2-26}$$

则

$$\sigma = E\varepsilon + \rho_0\nu^2 r_g^2\frac{\partial^2\varepsilon}{\partial t^2} \tag{2-27}$$

当不计质点横向变形时,式(2-27)中与横向动能相关的第二项为 0,即得一维应力下的胡克定律。因为考虑了横向质点的横向运动,原一维波动方程将被修正为

$$\frac{\partial^2 u}{\partial t^2} - \nu^2 r_g^2\frac{\partial^4 u}{\partial X^2\partial t^2} = \frac{E}{\rho_0}\frac{\partial^2 u}{\partial X^2} = C_0^2\frac{\partial^2 v}{\partial X^2} \tag{2-28}$$

对于杆中弹性纵波,不同频率 f 或波长 λ 的谐波,将以不同的波速(相速)C 传播。用谐波解之,假设

$$u(X,t) = u_0 \exp(\mathrm{i}(\omega t - kX)) \tag{2-29}$$

代入式(2-28)则有

$$\omega^2 + \nu^2 r_{\mathrm{g}}^2 \omega^2 k^2 = C_0^2 k^2 \tag{2-30}$$

式中,$\omega(= 2\pi f)$ 为圆频率;$k\left(= \dfrac{2\pi}{\lambda}\right)$ 为波数,则圆频率为 ω 的谐波其传播相速为

$$C^2 = \left(\frac{\omega}{k}\right)^2 = C_0^2 - \nu^2 r_{\mathrm{g}}^2 \omega^2 = \frac{C_0^2}{1 + \nu^2 r_{\mathrm{g}}^2 (2\pi/\lambda)^2} \tag{2-31a}$$

对于半径为 a 的圆柱杆,$r_{\mathrm{g}} = a/\sqrt{2}$,当 $\nu^2 r_{\mathrm{g}}^2 k^2 < 1$ 时,近似有

$$\frac{C}{C_0} \approx 1 - \nu^2 \pi^2 \left(\frac{a}{\lambda}\right)^2 \tag{2-31b}$$

式(2-31b)表明,高频波的传播速度较低,低频波的传播速度较高。这种应力波传播的相速随波长不同而改变的现象称为波的弥散。图 2-20 给出了不同频谱的谐波在杆中传播时弥散的计算结果。显然,对于频谱成分比较丰富的应力波,如矩形波,在圆柱杆中传播时,不同频率的谐波分量将按各自的相速传播,随着传播距离的增加,原始波形将不断散开,如图 2-21 所示。图 2-22 给出了实测到的矩形波在 75mm 杆中传播的结果。

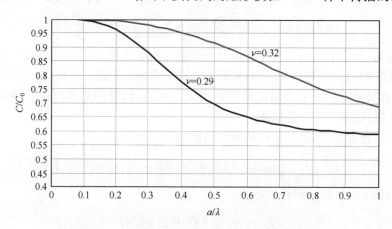

图 2-20　不同半径杆中传播的应力波产生的弥散

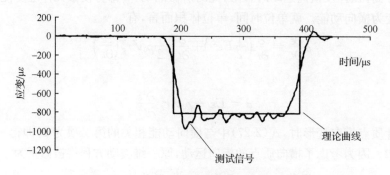

图 2-21　由于弥散效应引起的应力波波形畸变

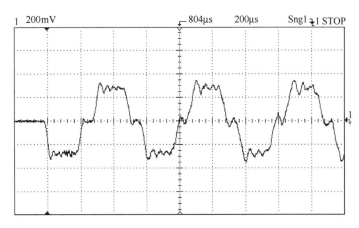

图 2-22　入射矩形应力波在长 1.5m、直径 75mm SHPB 入射杆中的来回反射
应变片粘贴于杆的中间

式(2-31)只是三维圆柱杆中波的弥散的一个简化表述,对复杂的解析可参阅 Pochhammer 和 Chree 的弥散方程。由于方程的解析十分困难,直到 1941 年才得到了方程的一个特解[24]。Zemanek 研究了圆柱杆的一阶模态振动,发现一阶模态振动会导致圆柱杆同一截面应力与位移分布的不均匀,特别是圆柱杆径向尺寸与杆中应力波波长可比时,这种不均匀更加严重[25,26],如图 2-23 所示。可以看出:当圆柱杆半径与波长比值较小时,圆柱杆横截面上的轴向应力与轴向位移近似均匀分布,剪切应力、径向应力与径向位移接近

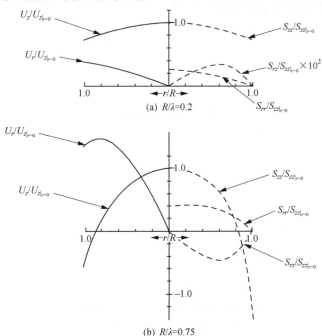

图 2-23　不同 R/λ 下圆柱杆截面应力位移分布

S 为应力,U 为位移,R 为圆柱杆半径,λ 为应力波波长,下标 r 和 z 分别代表径向和轴向

于0;而当圆柱杆半径与波长比值较大时,圆柱杆横截面上的轴向应力分布不再均匀,横截面外围的位移与轴心位移更是相差较大。

2. 数值计算

围绕三维杆中的波形弥散问题,首先想到的方法就是用谐波分解的办法进行弥散校正[27-30]。然而,由于真实的杆件材料过于复杂,除弥散作用外,还有惯性效应、衰减效应等的耦合作用,从而使得各类校正方法十分复杂。

在大量研究集中于传统矩形波传播过程中弥散分析与校正时,一些新的研究表明[31-34]:通过改变冲头形状或使用整形器方法,产生一种频率成分比较单一的加载波,则弹性杆中应力波的弥散效应将大大减小。事实上,考虑波的弥散方程式(2-31)可以发现,引起传统矩形波在弹性杆的弥散效应的根本原因就在于矩形波由无数的谐波分量组成,如果应力波成分单一,它将以唯一的相速向前传播,而不致引起波形弥散。

下面采用国际通用商业动态分析软件 ANSYS 或 LS-DYNA 对矩形脉冲波、三角增强脉冲波和半正弦波在弹性长杆中传播的弥散情况进行分析。

弹性长杆材料性质与试验系统所用弹性杆一致,长 2m,有限元模拟采用 3D Solid164 单元,几何模型如图 2-24 所示,各项材料参数如表 2-1 所示。应力波采用直接加载方式,脉冲长度为 200μs,应力幅值为 200MPa。观测点分别布置于弹性杆左端起 0.5m、1.0m、1.5m 处的弹性杆表面。

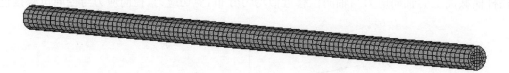

图 2-24　弹性长杆的 LS-DYNA 模型

表 2-1　弹性长杆参数

属性	长度/mm	直径/mm	密度/(kg/m³)	弹性模量/GPa	泊松比
参数	2000	50	7697	250	0.285

对于 2m 长的上述材料弹性杆,应力波在 350μs 后波头即可到达杆的另一端,因此程序运行时间设置为 550μs。由于研究重点在波形弥散上,所以不计材料的阻尼对应力波的衰减作用。不同应力加载波传播过程中各测点的应力波记录如图 2-25 所示。

从上面结果可以看出:对于频率成分丰富的矩形波脉冲,其波形弥散十分严重,而且随着传播距离的增加,弥散程度越大;而频率成分较为单一的半正弦波则在传播过程中弥散较少。图 2-26 分别给出了相同的半正弦波在 $\phi50$mm 弹性杆中不同位置的应力时间历程和半正弦波在不同直径弹性杆中传播时距加载端 100cm 处的应力时间历程。从图中可以看出,半正弦波在杆中的传播几乎不存在弥散和振荡。

事实上,除了波形弥散外,应力波在长杆中传播过程中发生的微观过程十分复杂。不同频率成分还会引起弹性杆轴截面上应力分布的不均匀,对于矩形波、三角形波和半正弦

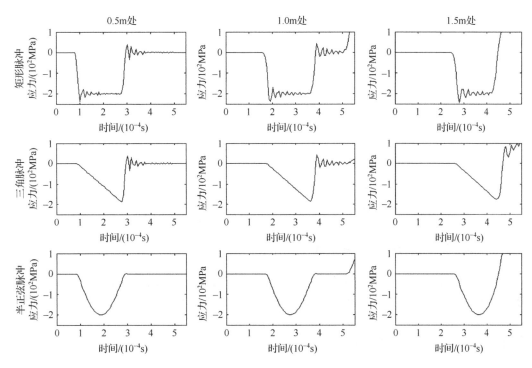

图 2-25　矩形脉冲、三角脉冲和半正弦波在弹性杆中传播时的弥散效应对比

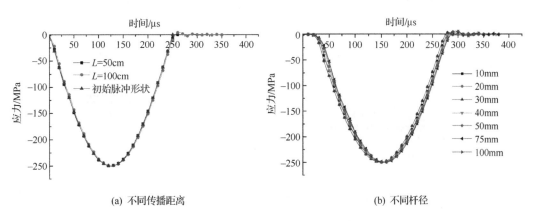

(a) 不同传播距离　　　　　　　　　　(b) 不同杆径

图 2-26　半正弦波在杆中的传播

波,弹性杆中央轴截面在应力波波头经过时的应力分布如图 2-27 所示。由图可见:矩形波经过时,轴截面周边与中心的轴向应力明显不均匀;三角形波通过时,杆的表面与中心的轴向应力一致,而中部不同;半正弦波通过时,杆截面轴向应力分布则处处均匀,由此可说明半正弦波在杆中传播时,二维效应也很小。

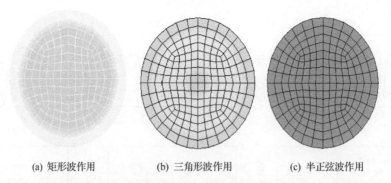

(a) 矩形波作用　　　　　(b) 三角形波作用　　　　　(c) 半正弦波作用

图 2-27　不同形状应力波通过弹性杆轴截面时的轴向应力分布(文后附彩图)

图中的应力颜色为软件自动选择,每个图内对比有意义,三个图间颜色无对比意义

2.2.2　矩形波加载的应力-应变曲线

材料动态性能测试以往比较流行和理想的方法之一为矩形波加载的霍普金森压杆法,但以上理论分析及数值计算结果表明:矩形波在杆中的传播存在着明显的 P-C 振荡。这种振荡伴随在各种幅值的矩形波中,随着矩形波的传播距离、加载强度和杆的直径的增大而增大[35],如图 2-28 和图 2-29 所示。

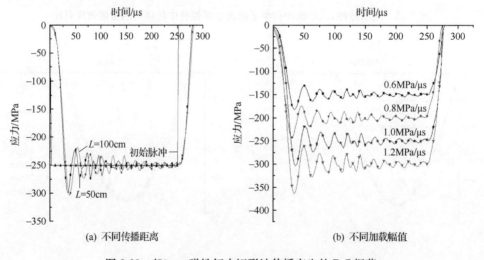

(a) 不同传播距离　　　　　　　　　　　　　(b) 不同加载幅值

图 2-28　φ50mm 弹性杆中矩形波传播产生的 P-C 振荡

20 世纪 80 年代以前,由于人工处理这类试验数据时的取点较稀和对波形及曲线的有意光滑化,所得应力-应变曲线在表象上消除了这种振荡。但事实上,由这种带有振荡的试验波形计算所得到的动态应力-应变曲线是必然伴随有一定振荡的,如图 2-30 所示[36,37]。对于金属类弹塑性试件,由于屈服试件的有效衰减,透射波中的这种振荡成分较小。虽然这种振荡在最后获得的动态应力-应变关系图中的反映仍然较为明显,但对于强度很高的金属类试件,在应力-应变图中反映出来的这种振荡与其试件的实际受力水平相比是较小的,因而是可以接受的。对于弹脆性岩石试件,不仅透射和反射应力波中均存

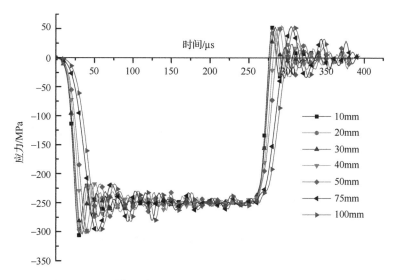

图 2-29　不同直径弹性杆距加载端 100cm 处产生的 P-C 振荡

在着这种 P-C 振荡,而且由于试样的受力水平较低,弹性模量较小,因此所测得的应力-应变曲线必然伴随有很大的振荡,特别是低强度类岩石(如砂岩),振荡的相对值有时甚至可以与岩石本身的强度相比拟。

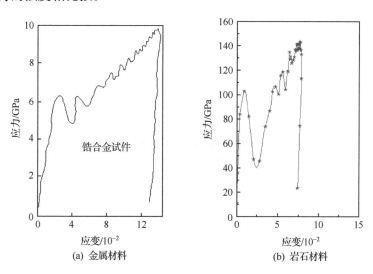

图 2-30　P-C 振荡引起的应力-应变振荡

图 2-31～图 2-33 分别给出了采用等径的 SHPB 装置在不同的加载应力水平下对花岗岩冲击加载所获得的应力波形、应变速率和对应的应力-应变关系[12]。从图中可以很清楚地看出:由于测量到的波形中存在 P-C 振荡,使得应力-应变曲线存在有较大的波动。这种带有很大波动的应力-应变曲线,虽然经过曲线拟合可以得到光滑的应力-应变曲线,但由于振荡值与岩石强度间的差值远没有金属类试件中那么大,特别是砂岩类低强度岩

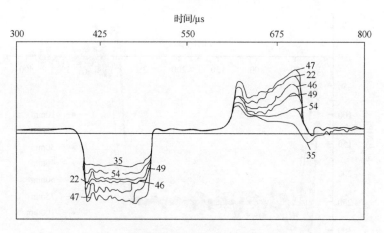

图 2-31　对花岗岩时间冲击加载的入射和反射应力波形
图中数字为试样编号

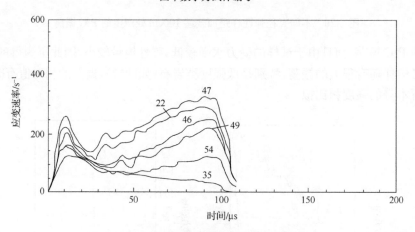

图 2-32　应变速率随时间变化的关系曲线
图中数字为试样编号

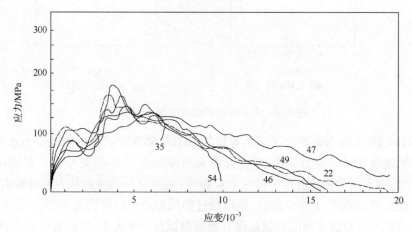

图 2-33　花岗岩的动态应力-应变关系曲线
图中数字为试样编号

石,而且由于弹模小导致波峰之间的间距较大,所以用光滑化处理后得到的应力-应变关系来表征和抽象出岩石在瞬态加载条件下的本构特征是很勉强的,而未经处理的应力-应变关系又难于找到其共性,甚至无法确定一些动态参量。因此,用 SHPB 法来测定岩石,特别是测定低强度类岩石在高应变率下的动态应力-应变关系全图时,采用等径冲击的矩形波加载是不理想的,必须寻找合理的加载形式,以便减小甚至消除这种振荡。

2.2.3　不同加载波形下应力-应变-应变率关系

为考察不同加载波形下 P-C 振荡对试验结果的影响,我们曾采用几种不同类型几何结构的冲头,如等径冲头、锥形冲头、阶梯形冲头和大断面冲头,进行 SHPB 试验[13,14]。各种冲头结构形式及其所对应的入射应力波如图 2-34 所示。从试验结果可以看出:等径冲头和阶梯形冲头产生的入射应力波存在有明显的 P-C 振荡。阶梯形冲头试验结果(图 2-35)显示:当入射应力较低时,P-C 振荡较小,但随着入射应力的增大,P-C 振荡相应地增大。因此,对这样的冲头,加载速率越高 P-C 振荡越为明显。而锥形冲头所对应的入射应力波加载段几乎不存在振荡,而且从试验曲线可以看出:即使加载率提高,这种冲头对应的入射应力波也均未见到明显的 P-C 振荡。

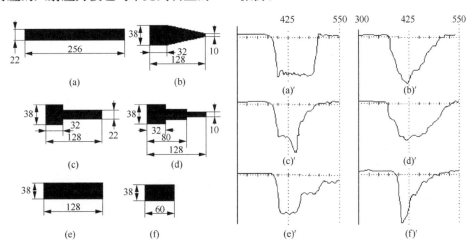

图 2-34　不同结构形式的冲头及所对应的入射应力波

图 2-36 和图 2-37 分别给出了各种冲头冲击花岗岩未经光滑化处理的典型 σ-ϵ-$\dot{\epsilon}$ 关系。从图中可以看出:入射波形中的 P-C 振荡导致了最终的 σ-ϵ 关系振荡,不仅纵向振荡值大,而且横向振荡值也较大。产生这一结果的原因在于:这种入射波形的振荡,即加载时入射力随时间的上升和下降导致了岩石实际受力的明显振荡,这实际上相当于岩石破裂前的小幅值加卸载,但这种瞬时的加卸载表现出来的 σ-ϵ 关系却明显与静态不同。当静态加压到一定程度再人为卸载时,由于加载率很小,正应变率很低,因此卸载时应变也随之恢复。而在冲击载荷下,岩样有很高的正应变率,即使此时由于振荡而瞬时卸载,其正应变率仍然很大,应变将继续向正方向发展,这样就导致了如图 2-37 所示的带有较大纵横向振荡的 σ-ϵ 关系。因此,在用 SHPB 法进行岩石的动态本构关系测试时,必须采用P-C 振荡很小的入射应力波。

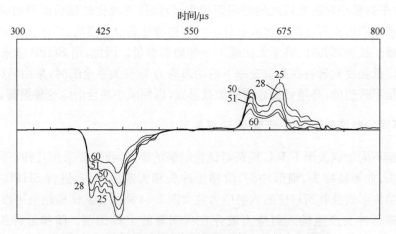

图 2-35　阶梯形活塞冲击加载的入射和反射应力波形
图中数字为试样编号

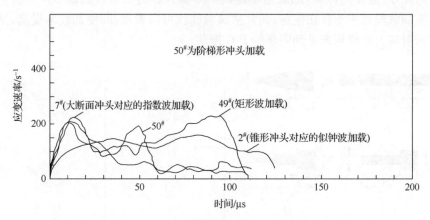

图 2-36　不同波形加载条件下应变率随时间的变化
图中数字为试样编号

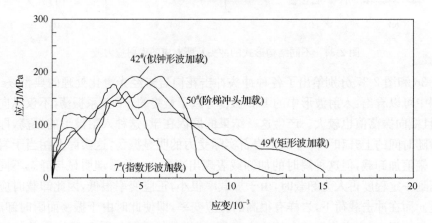

图 2-37　不同波形加载条件下花岗岩的动态应力-应变关系曲线
图中数字为试样编号

从试验结果同时还可看出:锥形冲头对应的似钟形波加载,由于无论入射力多大,加载段都不存在振荡,因而这种波形加载所测得的 σ-ε 关系较为理想光滑。同时,从大量试验所获得的 $\dot{\varepsilon}$-t 图还可得出:在用 SHPB 法测定岩石的动态参量时,使用常规的矩形波加载或阶梯形冲头加载及大断面冲头所对应的指数形波加载,岩样应变率随时间的变化很大,而锥形冲头所对应的似钟形波加载,应变率随时间的变化较为平坦。比较不同加载波下的 $\dot{\varepsilon}$-t 关系可以看出:尽管用 SHPB 法很难实现恒应变率加载,但这种加载波形的改变却明显地改善了加载条件,应变率的稳定程度明显优于其他形式的冲头加载。

2.3　岩石类材料动态试验的合理加载形式

在霍普金森压杆试验中,为了得到更精确的数据,必须设法减少或修正波的弥散效应[6-9]。图 2-38 是 Follansbee 和 Frantz 应用傅里叶变换技术作的修正结果。可以发现,这样对波弥散的修正可以提高应力-应变曲线的精度。但该方法处理过程烦琐,不利于应用,且过分依赖于数据处理,不可避免地会产生新的误差源。1975 年,Bertholf[37] 通过分析得出了波的 Pochhammer-Chree(P-C)振荡显著依赖于子弹撞击入射杆时所产生脉冲的上升时间,且较长上升时间的脉冲有助于减小波传播过程中的弥散效应的结论。此后,出现了用纺锤冲头法、整形器法、三杆法等技术改变入射脉冲形状来提高试验精度的方法。

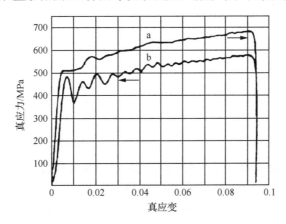

图 2-38　常规霍普金森压杆试验中的弥散修正
a-经弥散修正;b-未经弥散修正

需要注意的是,不管是采用对波弥散的修正,还是采用脉冲整形技术,并不能消除试件中的二维效应。为此,我们提出了通过改变子弹形状产生的近似半正弦入射波加载的方法。这种方法既减少了波沿杆传播时的弥散和振荡,同时又保持了试件中的应力均匀,有效地实现了对脆性材料进行大尺寸霍普金森压杆试验的精度要求。

2.3.1　锥形冲头加载

要消除 P-C 振荡带来的后果,必须寻求一种不带或很少存在振荡的加载波形。因为加载波形的改变并不会改变 SHPB 法中几个假定,特别是试样内部应力-应变均匀化假定成立的可能性。根据试验结果和锥形冲头撞击细长杆件的二维有限元分析结果[20,38,39]，即只要锥角不是很大，一维分析结果和二维有限元计算值极为吻合，波形不存在振荡，并考虑到冲击发射装置的实际情况，我们设计了一种带有锥形结构的冲头，图 2-39 即为所设计的锥形冲头和实测到的应力波形。使用这种冲头进行的大量试验观测结果表明：这种冲头产生的加载波形，加载段逐渐上升，平整光滑，整个波形无明显振荡。图 2-40～图 2-42分别为使用这种锥形冲头对花岗岩进行不同应力水平的冲击加载所获得的应力波形、应变速率和对应的动态应力-应变关系曲线[12]。

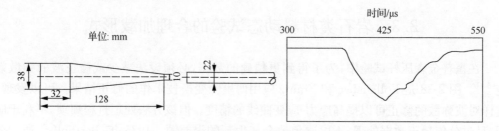

图 2-39　锥形冲头的结构形式和所对应的应力波

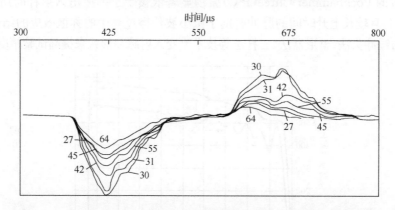

图 2-40　使用锥形冲头对花岗岩冲击加载所获得的入射波形和反射波形
图中数字为试样编号

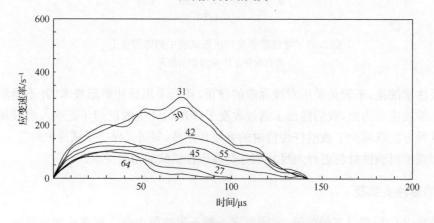

图 2-41　应变速率随时间变化的关系曲线
图中数字为试样编号

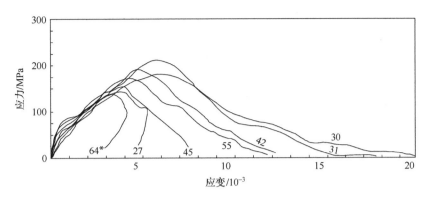

图 2-42　锥形冲头加载时花岗岩的动态应力-应变关系曲线

＊冲后没有破坏。图中数字为试样编号

　　作为对比,图 2-43～图 2-45 还给出了在等径冲头和锥形冲头条件下砂岩、石灰岩和大理岩的动态应力-应变曲线。从图中可以很明显地看出:采用这种锥形冲头加载时,由于加载波形不存在振荡,所得应力-应变曲线规整光滑,无需进行光滑化处理,即能准确方便地得到岩石的一些动态参量和不同加载率下岩石的本构特征。据此,我们可以得到如下两点认识:

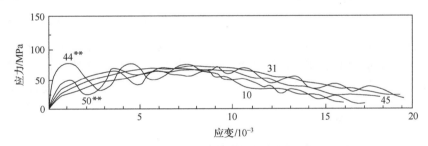

图 2-43　砂岩的动态应力-应变关系曲线

＊＊矩形波加载。图中数字为试样编号

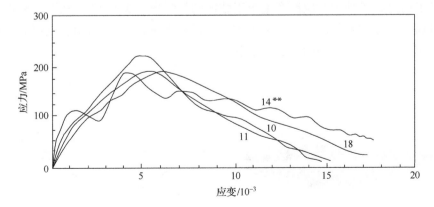

图 2-44　石灰岩的动态应力-应变关系曲线

＊＊矩形波加载。图中数字为试样编号

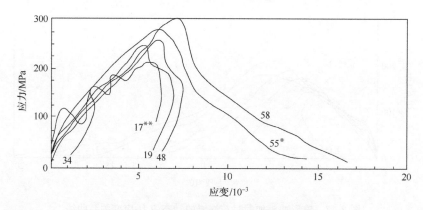

图 2-45　大理岩的动态应力-应变关系曲线
* 冲后没有破坏；** 矩形波加载。图中数字为试样编号

（1）过去人们常用矩形波加载来探讨岩石的动态本构特征，这种波形存在着明显的 P-C 振荡。由于岩石表现为弹脆性且强度不高，特别是低强度类岩石，所测得的动态应力-应变关系将存在较大程度的振荡，因此很难据此规整和表征出岩石在其实际加载水平下的动态响应。

（2）采用我们所提出的带有锥形结构的冲头冲击加载时，加载波形不存在振荡。对不同岩石的冲击加载试验结果表明：这种加载波所得到的应力-应变关系全图，曲线规整光滑，无需进行光滑化处理；同时，这种冲头加载明显地改变了应变率的相对稳定程度，在试样的整个受载时间内，应变率相对平稳，起伏变化不大。因此，这种带有锥形结构的冲头所对应的似正弦波是一种适用于岩石动态应力-应变全图测试的较理想加载波形。

2.3.2　纺锤形冲头加载

前面介绍的锥形冲头加载试验结果得到了很大改善，但仍可以看到加载波的后半部分振荡较大，而且试验中较难实现试样的恒应变率加载。为此，我们对冲头做了进一步改进，研制出如图 2-46 所示对应能产生半正弦波的纺锤形冲头[31,32,40]，从测试获得的试验信号可以看出，信号整体十分平滑，入射波具有近似半正弦波外形，而且反射波具有较长平台，表明可以很好地实现试样的恒应变率加载。

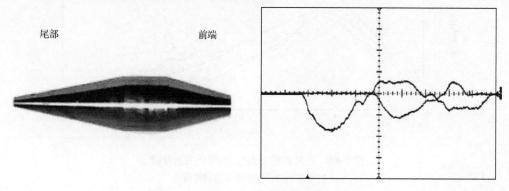

图 2-46　纺锤形冲头及其对应的测试波形

因为加载波形和延续时间由冲头形状与长度直接决定，所以采用纺锤形冲头试验时，可以较好地保证试验的可重复性，克服了整形器法无法保证加载波一致的缺点。如图 2-47 所示，当用较小冲击力多次冲击同一试样时，获得几乎相同的入射波信号[40]。

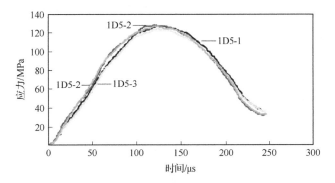

图 2-47　纺锤形冲头多次冲击时的良好重复性

图 2-48 给出了一组用纺锤形冲头开展的不同加载速率下花岗岩动态试验的应力-应变结果。可以看出：用纺锤形冲头获得的试验曲线十分光滑。图 2-49 给出对应的应变率结果，这些曲线都具有较长的平台段，即试样应变率基本恒定，这表明纺锤形冲头在获得试样恒应变率变形上有独特的优势[40]。

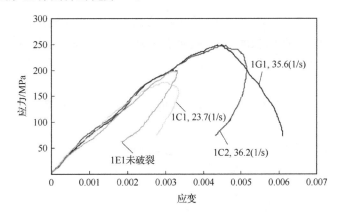

图 2-48　纺锤形冲头测试获得的试验结果

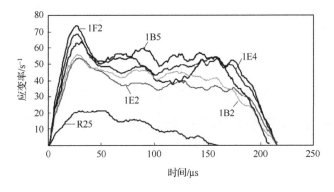

图 2-49　应变率随时间的变化结果

2.3.3　试样的恒应变率变形条件与试验验证

前面的试验及数值模拟结果显示,在锥形结构的冲头所对应的似正弦波加载下,试样的应变率相对稳定。对于基于 SHPB 原理的试验系统,实现试样的恒应变率加载的根本在哪里? 下面进行论述。

1. 试样的恒应变率加载的实现条件[41]

设 SHPB 试验装置中弹性杆与试样的参数如图 2-50 所示。根据应力波理论和试验系统原理,当弹性杆和试样一定时,透射应力波与反射应力波完全依赖于入射应力。因此,如果能找出试样变形应变率与入射应力波间的定量关系,则实现试样的恒应变率加载将有规律可循。

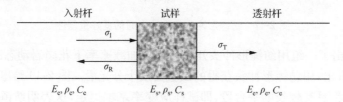

图 2-50　基于 SHPB 原理试验系统中弹性杆与试样关系

现假设弹性杆的各项参数不受试验中小变形的影响。试样最初长度为 l^*,最初截面积为 A^*,达到应力平衡时的长度为 l_0,截面积为 A_0,应力为 σ_0,应变为 ε_0。同时,试样应力-应变关系如图 2-51 所示,将其进行 n 段折线逼近,则任一段变形满足

$$\sigma_s = \sigma_{n-1} + E_n(\varepsilon_s - \varepsilon_{n-1}) \tag{2-32}$$

E_i 为试样的弹性模量,是密度、应变率等变量的函数,在 ε_{i-1} 与 ε_i 段为常数。

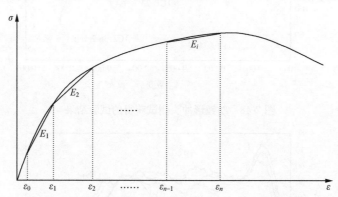

图 2-51　用于研究恒应变率变形的通用试样应力-应变曲线

下面对试样应力平衡后的第一段进行分析,这时试样的应力-应变关系为

$$\sigma_s = \sigma_0 + E_1(\varepsilon_s - \varepsilon_0) \tag{2-33}$$

根据试样应变率计算公式可知

$$\dot{\varepsilon}_s = \frac{1}{\rho_e C_e l_0}(\sigma_I - \sigma_R - \sigma_T) = \frac{2}{\rho_e C_e l_0}(\sigma_I - \sigma_T) = -\frac{2}{\rho_e C_e l_0}\sigma_R \tag{2-34}$$

$$\sigma_{\mathrm{T}} A_{\mathrm{e}} = \sigma_{\mathrm{s}} A_{\mathrm{s}} = A_{\mathrm{s}} [\sigma_0 + E_1 (\varepsilon_{\mathrm{s}} - \varepsilon_0)] \tag{2-35}$$

设试样体积不可压缩,则

$$A^* l^* = A_0 (1 - \varepsilon_0) l^* = A_0 l_0 = A_{\mathrm{s}} l^* (1 - \varepsilon_{\mathrm{s}}) \tag{2-36}$$

由式(2-34)可得

$$\frac{\rho_{\mathrm{e}} C_{\mathrm{e}} l_0}{2} \dot{\varepsilon}_{\mathrm{s}} = \sigma_{\mathrm{I}} - \frac{A_{\mathrm{s}}}{A_{\mathrm{e}}} [\sigma_0 + E_1 (\varepsilon_{\mathrm{s}} - \varepsilon_0)] \tag{2-37}$$

$$\sigma_{\mathrm{I}} = \frac{\rho_{\mathrm{e}} C_{\mathrm{e}} l_0}{2} \dot{\varepsilon}_{\mathrm{s}} + \frac{A^* (\sigma_0 - E_1 \varepsilon_0 + E_1)}{A_{\mathrm{e}}} \frac{1}{1 - \varepsilon_{\mathrm{s}}} - \frac{A^* E_1}{A_{\mathrm{e}}} \tag{2-38}$$

对其进行级数展开得

$$\sigma_{\mathrm{I}} = \frac{\rho_{\mathrm{e}} C_{\mathrm{e}} l_0}{2} \dot{\varepsilon}_{\mathrm{s}} - \frac{A^* E_1}{A_{\mathrm{e}}} + \frac{A^* (\sigma_0 - E_1 \varepsilon_0 + E_1)}{A_{\mathrm{e}}} (1 + \varepsilon_{\mathrm{s}} + \varepsilon_{\mathrm{s}}^2 + \varepsilon_{\mathrm{s}}^3 + \cdots) \tag{2-39}$$

式中,ε_{s} 通常很小,特别是对于岩石类脆性材料,其动态破坏时的应变值一般为 0.01,略去高次项及小项,整理得

$$\sigma_{\mathrm{I}} = \frac{\rho_{\mathrm{e}} C_{\mathrm{e}} l_0}{2} \dot{\varepsilon}_{\mathrm{s}} + \frac{A^*}{A_{\mathrm{e}}} [\sigma_0 + E_1 (\varepsilon_{\mathrm{s}} - \varepsilon_0)] \tag{2-40}$$

同理,可得第二段入射应力波与试样变形关系为

$$\sigma_{\mathrm{I}} = \frac{\rho_{\mathrm{e}} C_{\mathrm{e}} l_1}{2} \dot{\varepsilon}_{\mathrm{s}} + \frac{A^*}{A_{\mathrm{e}}} [\sigma_1 + E_2 (\varepsilon_{\mathrm{s}} - \varepsilon_1)] \tag{2-41}$$

第 n 段

$$\sigma_{\mathrm{I}} = \frac{\rho_{\mathrm{e}} C_{\mathrm{e}} l_{n-1}}{2} \dot{\varepsilon}_{\mathrm{s}} + \frac{A^*}{A_{\mathrm{e}}} [\sigma_{n-1} + E_n (\varepsilon_{\mathrm{s}} - \varepsilon_{n-1})] \tag{2-42}$$

从以上推导可以发现,对任意段均有如下关系:

$$\sigma_{\mathrm{I}} = \frac{\rho_{\mathrm{e}} C_{\mathrm{e}} l_{n-1}}{2} \dot{\varepsilon}_{\mathrm{s}} + \frac{A^*}{A_{\mathrm{e}}} \sigma_{\mathrm{s}} \tag{2-43}$$

式(2-43)即为实现试样的恒应变率加载时入射应力波所需满足的条件。可以看出,每一时刻的入射应力与此时刻试样的长度、加载应变率及试样的应力状态有关。

早在 1982 年,Ellwood 等为了克服传统矩形波加载出现的波形振荡问题,曾提出了双试样试验方法(图 2-52),在对不锈钢进行测试时意外发现,这种方法比传统 SHPB 方法得到的试样应变率恒定得多[11]。国内也曾有人采用这种方法对特种钢及 WMo 合金进行了试验与数值模拟分析,发现了同样的趋势[42]。

图 2-52　Ellwood 的双试样试验方法

事实上,根据应力波理论和 SHPB 技术原理,在双试样方法中,应力波经过第一个试样后的透射波直接反映了试样材料的应力状态,以这样一种应力波加载第二个试样上,根据式(2-43)易知试样的应变率应趋于恒定。当然,我们在对岩石等脆性材料使用双试样法时却发现:对于岩石等应变率敏感材料,由于不能实现第一个试样与第二个试样的相同应变率加载,双试样法得到的结果并不理想;同时,由于岩石材料的个体差异较大,很难保

证两个试样性质一致；而且，在第一个试样破坏以后，试样不再像金属材料一样发生塑性变形继续承载，而是快速飞出，这就使得应力波无法继续传播。因此，双试样法在岩石类脆性材料测试中一直没有得到应用。

　　2. 恒应变率加载条件的试验验证

　　对于式(2-43)，由于在每次测试之前试样的材料本构未知，因此在测试前就找到满足该式的条件是不可能的；而且式(2-43)与试样的长度、加载应变率及试样的应力状态三者同时相关，这就使得正向验证无法进行，但我们可以进行反向试验验证。

　　现假设试样恒应变率变形，则 $\ddot{\varepsilon}=0$ 成立，对式(2-43)微分，可得

$$\dot{\sigma}_I = \frac{A^*}{A_e}\dot{\sigma}_s \tag{2-44}$$

式(2-44)意味着：当试样恒应变率受载变形时，入射应力波与试样变形应力有着同样的变化趋势。

　　根据 SHPB 原理，测试中的反射信号等效于试样的应变率，透射波等效于试样的应力变化，这里就取试验信号的入射应力波、透射应力波和反射应力波，进行加载应力、试样变形应力和试样变形应变率的等价分析。

　　整形器方法在获得简单线性斜坡加载波上有独特的优势。首先取整形器方法试验中得到的一次信号进行分析，此次测试中试样近似恒应变率变形（反射应力较为平坦），如图 2-53 所示[41]。图 2-53 中，T_1 时间段前是试样中应力平衡过程。T_1 时间段，入射应力与试样变形应力都保持近似线性，并拥有比较一致的变化率，此时观察到的试样应变率基本恒定（反射应力平台段），说明了条件式(2-44)的正确性。图 2-54 为纺锤形冲头方法试验中得到的一次测试信号，反射应力波具有较长的平坦段，表明试样处于近似恒应变率变形状态。图 2-54 中，时间 t_1 为应力波穿过试样所需时间，t_1+t_2 为试样应力平衡所需时间，在 t_3 与 t_4 的两段近似线性段，入射应力与试样变形所需应力变化率一致，试样应变率

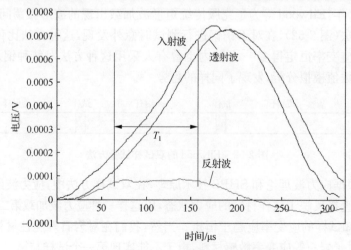

图 2-53　整形器方法试验结果的分析验证

基本恒定。同时,t_5 段给出了一个十分重要的信息,即不管试样应力本构多么复杂,入射应力如果满足一定条件,则试样应变率将保持恒定,这也就是为什么纺锤形冲头对应的半正弦加载方法和整形器方法都可以通过多次试验实现试样的恒应变率加载的本质所在。

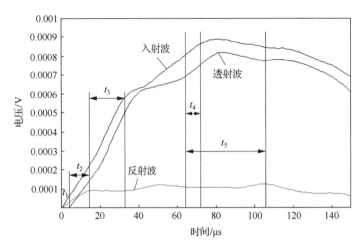

图 2-54　纺锤形冲头方法试验结果的分析验证

2.4　岩石恒应变率动态本构关系获得的新方法

前面分析得到了试样恒应变率变形的加载条件,但结合式(2-44)可以看出,一方面理想加载波形取决于岩石动态本构关系,而另一方面岩石动态本构关系事先未知,需通过理想加载波形获得,两者具有相互耦合的关系。因此,要直接通过试验获得完全恒应变率下的岩石动态本构关系极其困难。对于性质各异的岩石,现有方案只是实现了试样在加载中一定程度上的恒应变率变形;对于某些特殊性质的岩石,试样在变形过程中应变率仍可能发生较大变化。

事实上,岩石的力学性质可由函数 $f(\sigma,\varepsilon,\dot{\varepsilon})$ 描述,从这一角度来看,无论加载过程中试样应变率是否恒定,试验所得到的应力-应变曲线在本质上是岩石在各种应变率下的动态响应,包含了岩石应变率相关性信息。而传统试验结果通常以试样在整个变形中的平均应变率作为所获得本构关系的应变率水平,这种处理方式掩盖了某次试验结果所包含的应变率相关性信息。为此,我们考虑是否可以避开获得理想试验条件的难点,而直接从原有试验数据入手,对其提出新的处理手段,并从中分离出岩石在各种应变率下的不同动态响应,最终得到岩石在一个应变率区间的本构关系。这样,一方面可以实现对原有数据的有效应用,另一方面可以实现试验结果有效性及准确性的进一步提高。

2.4.1　SHPB 试验数据的三维散点处理方法

通过具体分析及探索性试验,我们提出了三维散点图的处理方法[41]。在此,以取自同一块花岗岩石的 60 组岩样为例,对所提出的处理方法进行简要阐述。

首先,对随机抽出的某一岩样($6^{\#}$)试验数据进行分析。入射杆及透射杆上的应变片采集到的信号如图 2-55 所示,6$^\#$岩样的材料参数分别为:长度 25.2m,直径 50mm,密度 2610kg/m^3,弹性模量 42GPa。由图可以看出,反射波没有出现平台。这表明岩样的变形并不是发生在恒应变率下。

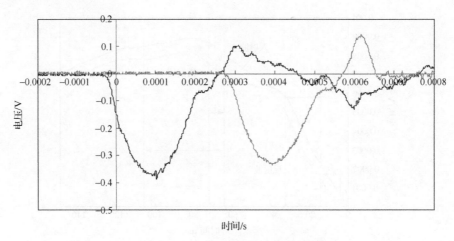

图 2-55　6$^\#$岩样 SHPB 试验信号

随后,对以上信号进行常规的电压/应力转换和滤波去噪处理,得到的 $\sigma_I(t)$、$\sigma_R(t)$ 及 $\sigma_T(t+t_0)$ 如图 2-56 所示。其中,$\sigma_T(t+t_0)$ 由 $\sigma_T(t)$ 平移得到,t_0 为应力波通过试样的时间,此处为 6μs。

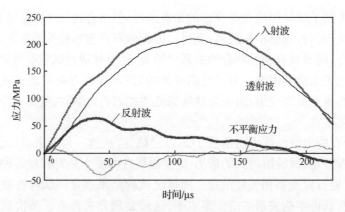

图 2-56　6$^\#$岩样的入射波、反射波、透射波及不平衡应力值

试样的不平衡应力可通过 $\sigma_I(t)-\sigma_R(t)-\sigma_T(t+t_0)$ 计算得到。可以看出,在 54μs 后不平衡应力要小于入射应力值的 1/10,在此过程中应力波在试样中来回反射 9 次。因此,认为 54μs 之后试样基本实现应力平衡,并以此之后的 $\sigma_I(t)$、$\sigma_R(t)$ 及 $\sigma_T(t)$ 计算得到岩样的 $\sigma(t)$、$\varepsilon(t)$ 及 $\dot{\varepsilon}(t)$。

接下来,改变常规处理中将试验结果简单表述为岩样在平均应变率下的应力-应变曲线的做法,而保留应变率坐标轴,将得到的 $(\sigma,\varepsilon,\dot{\varepsilon})$ 关系置于三维笛卡儿坐标中,得到如图 2-57 所示的三维散点图。

按照这种方式对更多的试验数据进行处理,从而构建得到岩样的三维散点本构关系。

图 2-58 给出了 4 组试验数据结果。可以看出,其应力-应变曲线通常跨越了多个不同应变率水平。将 60 组数据均置于同一坐标系下后得到如图 2-59 所示的三维视图。

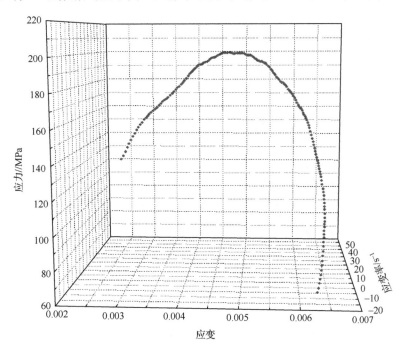

图 2-57　6# 岩样($\sigma, \varepsilon, \dot{\varepsilon}$)三维散点图

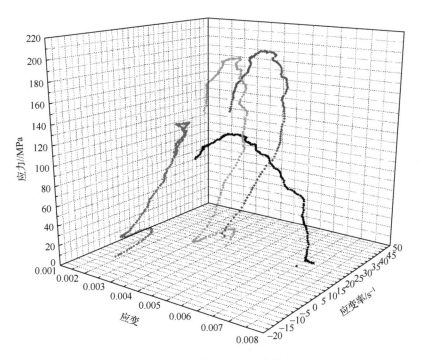

图 2-58　4 组岩样($\sigma, \varepsilon, \dot{\varepsilon}$)三维散点图

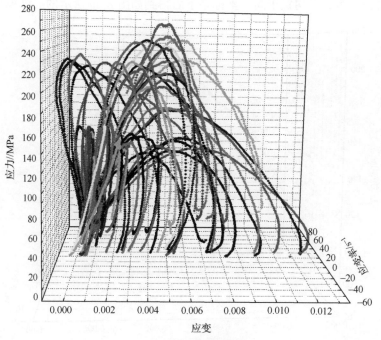

(a) 沿应力轴整体视图

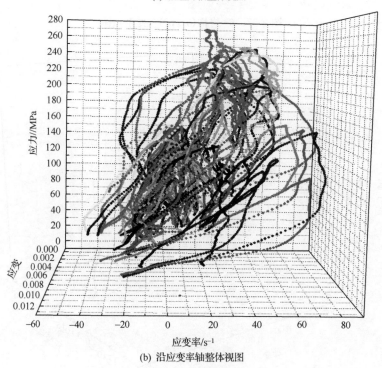

(b) 沿应变率轴整体视图

图 2-59 花岗岩本构关系三维散点图

2.4.2　试验数据的三维散点结果的解释

通过以上工作成功地将原有试验数据置于三维坐标中,涵盖了被测岩石的所有本构信息。但要将其方便地运用于动态模拟及设计中,还需得到传统的以应力-应变曲线表达的本构关系。为此,提出了以特定应变率的平面切割应力-应变-应变率三维散点图,以获得本应变率下的应力-应变关系的试验数据有效提取方法。

以图 2-59 中的三维散点图为例进行阐述,因为试验是在中等应变率下进行的,其应变率水平集中于 $(0,40)$ 区间,因此讨论切割面沿 $10s^{-1}$,$20s^{-1}$ 及 $30s^{-1}$ 的情况,其中负应变率代表花岗岩的回弹卸载响应。

由于三维散点图中应力、应变及应变率值均为实数,在试验数据有限的情况下,应力-应变值精确落于特定应变率的概率相对很低,因此切割面需具有一定厚度,以捕捉得到更多的试验数据。在此采用两个单位厚度的切割面处理散点图。

图 2-60 给出了落于 $9\sim11s^{-1}$ 的 (σ,ε) 数据。可以看出,虽然各数据来自不同次试验,但却明显地集中分布于拟合线附近。虽然拟合线部分段缺少数据点,但这主要是因为现阶段试验数据的匮乏,可以预见在更多试验数据的保障下空缺区域可被填补,因此这一点并不影响对结果的分析讨论。图 2-61 和图 2-62 分别给出了应变率为 $20s^{-1}$ 及 $30s^{-1}$ 的

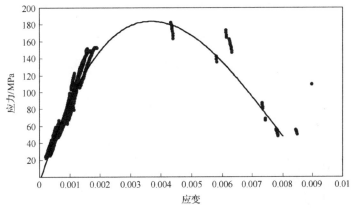

图 2-60　花岗岩在应变率水平为 $10s^{-1}$ 时的应力-应变数据

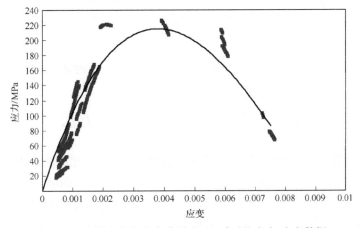

图 2-61　花岗岩在应变率水平为 $20s^{-1}$ 时的应力-应变数据

(σ,ε)数据,若将各应变率水平下得到的本构曲线置于同一坐标系下(图 2-63),可以看出:
①应力-应变曲线随不同应变率水平存在差异;②随应变率水平提高,应力-应变曲线演化
路径也相应升高。

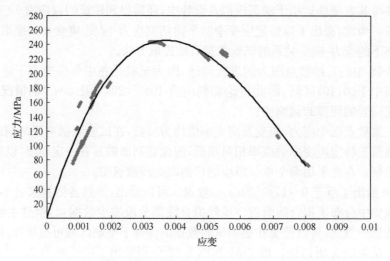

图 2-62　花岗岩在应变率水平为 $30s^{-1}$ 时的应力-应变数据

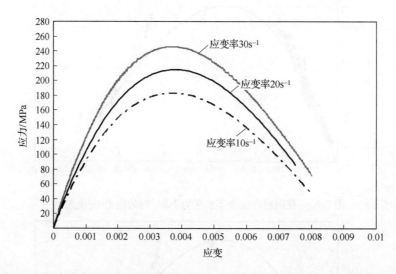

图 2-63　花岗岩在应变率水平分别为 $10s^{-1}$、$20s^{-1}$、$30s^{-1}$ 时的应力-应变拟合曲线

2.5　岩石动态测试的建议方法

随着各类爆破、工程防护、岩爆、地震研究的深入,人们迫切需要准确确定各类岩石的
动态力学参数,然而国际岩石力学界在这方面十分薄弱。为此,国际岩石力学学会专门成
立岩石动力学专业委员会开展这方面工作。从 2008 年起,该专业委员会先后在中国、瑞
士、澳大利亚等召开多次研讨会,对岩石动力特性测试的加载形式、动态压缩试验、拉伸试

验和 I 型断裂试验进行研讨,并最终形成了国际岩石力学学会建议的测试规范[43]。

2.5.1　试验系统与参数

规范建议用于岩石动态测试的 SHPB 试验系统如图 2-64 所示。该试验系统由冲头、输入杆、输出杆、能量吸收挡块、气枪和数据采集单元组成。弹性杆由高强度钢做成,直径等于或略大于试样直径,长度大于其直径的 30 倍。

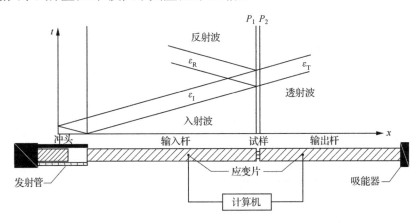

图 2-64　国际岩石力学学会建议的岩石动态测试试验系统基本组成

试验信号由对径粘贴在输入杆和输出杆中间的应变片测量,应变片栅长小于 2mm 比较合适。采集信号的应变仪响应频率应在 2MHz,采样频率应该大于 100kHz。

为了消除 P-C 振荡和避免试样在加载段过早破裂,建议采用如下两种方法之一进行加载。①整形器法:在入射杆前端放置薄垫片,传统圆柱形冲头撞击后可产生有上升沿的入射波;②纺锤形冲头法:通过制造特别外形的冲头产生具有缓慢上升沿和无 P-C 振荡的半正弦入射波。图 2-65 为适用于直径 50mm 的 SHPB 的一个冲头几何尺寸及对应的入射波。

2.5.2　岩石动态抗压强度测试

用于试验的试样应具有相同质地,无可见微裂隙,直径为 50mm 或岩块平均粒径的 10 倍以上,长径比为 1:1 或 0.5:1,试样平整度应小于 0.02mm。试验前应对试样进行弹性波速测量,波速相近的试样选为同一组试样。试验中要保持试样和弹性杆间的良好润滑。

在每次 SHPB 试验完成后,即可从入射杆和透射杆上获得测试信号,如图 2-66 所示。测试信号通常由入射波、反射波和透射波组成。

在进行 SHPB 试验结果处理前,首先要检验这些试验结果是否满足下面三个 SHPB 试验原理:

(1) SHPB 杆系中的应力波符合一维应力波传播特性;

(2) 试样变形过程中处于应力平衡状态;

(3) 试样的端部摩擦和惯性效应可忽略。

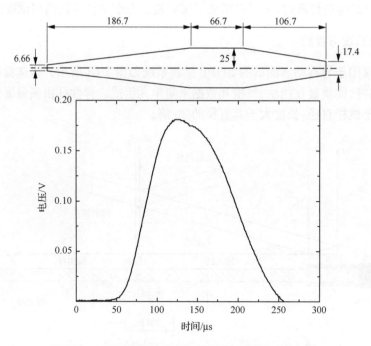

图 2-65　规范建议的纺锤形冲头及对应的加载波形

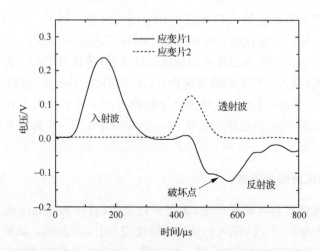

图 2-66　一次标准动态压缩试验获得的测试信号

对于建议的 SHPB 杆系的试样制备与放置条件,可满足系统的一维应力波假设,同时试样端部摩擦和惯性效应也基本可以忽略。试样的应力平衡可通过试样两端应力对比进行检验。如图 2-67 所示,透射波反映试样透射端应力情况,入射波与反射波的叠加结果反映了试样入射端的应力,对于一次成功试验,试样入射端与透射端应力应在试样破坏前基本保持相等,即试样变形过程处于应力平衡状态。由此可获得试样的应力-应变关系结果,如图 2-67(b)所示[43]。

试样的应变率结果可由反射应力波信号获得,如图 2-68 所示,取反射应力波平台段较好的部分,其值大小即为本次试验中试样变形的应变率。同时,根据获得的应力结果可以得到试验加载率结果。加载率与应变率的比值为试样的动态弹性模量。

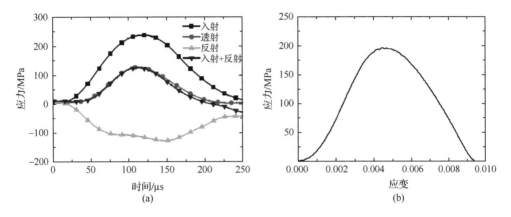

图 2-67　试样的应力平衡检验和应力-应变关系

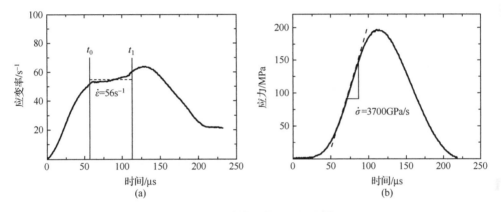

图 2-68　试样的应变率与加载率

2.5.3　动态巴西试验测试岩石抗拉强度

　　岩石静态抗拉强度可以用直接拉伸或巴西圆盘间接拉伸试验确定,但岩石动态抗拉强度一直没有较好的测试方法和标准。对于直接拉伸方法,由于试样加工十分困难,加上没有合适的动态测试设备可以开展中高应变率下试验,因此较少使用。巴西盘试验因为其试样制作简便而得到推广,国际岩石力学学会在大量论证的基础上采纳这种间接拉伸方法来测试岩石的抗拉强度。

　　用巴西盘试验测试岩石抗拉强度时,试样直径选为 50mm 或大于内部颗粒平均粒径的 10 倍,厚度等于其半径,试验时直接将试样放置在 SHPB 弹性杆中间,如图 2-69 所示。

　　每次试验完成后,首先要检验试样两端的力平衡情况,根据 SHPB 测试原理,由弹性杆上的测试信号可得到试样端力的大小,入射波和反射波叠加结果和透射波相当时,即表明试样变形处于力平衡状态。图 2-70 是一次典型试验的处理结果。可以看出,试样在从变形到破坏的整个过程中两端受力基本处于动态平衡状态。

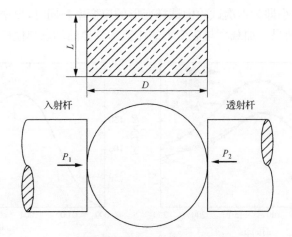

图 2-69　动态巴西试验示意图

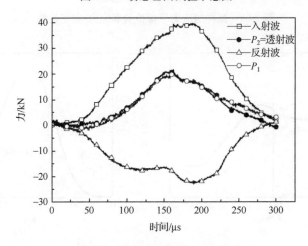

图 2-70　试样两端的力平衡检验

根据巴西盘试验原理，试样中心的动态应力大小可确定为

$$\sigma(t) = 0.636P(t)/(DL) \tag{2-45}$$

式中，t 为时间；$\sigma(t)$ 为试样中心拉伸应力；$P(t)$ 是加载历程；D 为试样半径；L 为试样厚度。

在试样满足力平衡的条件下，式(2-45)中 $\sigma(t)$ 的峰值即为试样动态强度，其加载率为拉应力的斜率。图 2-71 为一次试验结果，对应的动态拉伸强度为 40.9MPa，加载率为 1689GPa/s。

2.5.4　Ⅰ型动态断裂韧度测试

岩石断裂韧度表征岩石抵抗裂纹扩展能力，对于分析各种动载环境下岩石的破碎特性有着重要意义，NSCB(notched semi-circular bend)试样在动态断裂韧度测定上有着简便易操作的特点。

图 2-72 为试验采用的 NSCB 试样，轮廓为一半圆盘，直径 50mm 或平均粒径 10 倍以

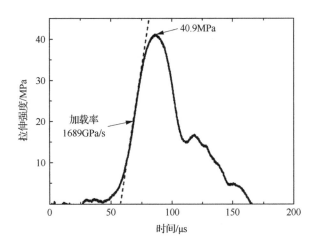

图 2-71　试样加载率的获取

上。在半圆盘中央,制备一个刻槽来代表岩石中的初始裂纹。

　　试验过程中,将试样放置在 SHPB 入射杆和透射杆之间,透射杆与 NSCB 试样间通过金属垫条接触,如图 2-72 所示。

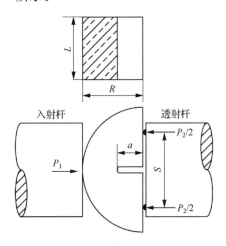

图 2-72　I 型动态断裂韧度测试示意图

　　测试结束后,同样要对试样两边的应力平衡状态进行检验,图 2-73 为一次试验获得的测试结果,由入射波和反射波叠加而得的入射端应力(P_1)和试样透射端应力(P_2)保持较好的平衡。

　　岩石 I 型断裂韧度可由如下公式确定:

$$K_I(t) = \frac{P(t)S}{LR^{3/2}}Y(\alpha_a) \tag{2-46}$$

式中,$Y(\alpha_a)$ 为依赖于裂纹几何尺寸的无量纲数,可参见第 1 章或文献[43]。

　　加载率可由 $K_I(t)$ 时间历程函数的斜率求得,图 2-74 为一次典型测试曲线,其加载率为 74GPa · $m^{1/2}/s$。

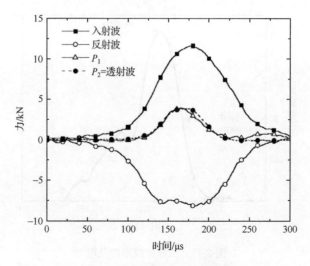

图 2-73　试样两侧力平衡检验

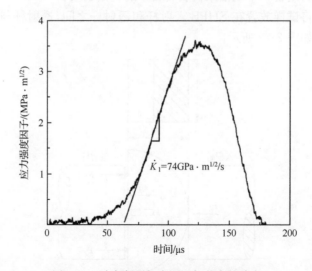

图 2-74　动态断裂韧度测试加载率的确定

参 考 文 献

[1] Duffy J, Campbell J D, Hawley R H. On the use of a torsional split hopkinson bar to study rate effects in 1100-0 aluminum. Transactions of the ASME, Journal of Applied Mechanics, 1971, 37: 83-91

[2] Christensen R J, Swanson S R, Brown W S. Split-Hopkinson-bar tests on rocks under confining pressure. Experimental Mechanics, 1972, 12(11), 508-513

[3] Frew D J, Forrestal M J, Chen W. Pulse shaping techniques for testing brittle materials with a split Hopkinson pressure bar. Experimental Mechanics, 2002, 42(1):93-106

[4] 卢芳云,Chen W,Frew D J. 软材料的 SHPB 试验设计. 爆炸与冲击,2002, 22(1):15-20

[5] 王鲁明,赵坚,华安增,等. 脆性材料 SHPB 试验技术的研究. 岩石力学与工程学报, 2003,22(11): 1798-1802

[6] Follansbee P S,Frantz C. Wave propagation in the split Hopkinson pressure bar. Journal of Engineering Materials and Technology,1983, 105(1):61-66

[7] Gorham D A. A numerical method for the correction of dispersion in pressure bar signals. Journal of Physics E, 1983, 16(6):477-479

[8] Gong J C, Malvern L E, Jenkins D A. Dispersion investigation in the split Hopkinson pressure bar. Journal of Engineering Materials and Technology(Trans. ASME),1990, 112(3):309-314

[9] Parry D J, Walker A G, Dixon P R. Hopkinson bar pulse smoothing. Measurment Science and Technology, 1995, 6: 443-446.

[10] Frantz C E, Follansbee P S, Wright W T. Experimental techniques with the split Hopkinson pressure bar//Proceedings of the 8th International Conference on High Energy Rate Fabrication, Texas,1984:229-236

[11] Ellwood S, Griffiths L J, Parry D J. Materials testing at high constant strain rates. Journal of Physics E: Scientific Instrumentation, 1982, 15: 280-282

[12] 李夕兵,古德生. 冲击载荷下岩石动态应力应变全图测试中的合理加载波形. 爆炸与冲击,1993, 13(2):125-131

[13] 李夕兵. 岩石在不同加载波下的 $\sigma\varepsilon\text{-}\dot{\varepsilon}$ 关系. 中国有色金属学报,1994,4(3): 16-22

[14] 李夕兵,刘德顺,古德生. 消除岩石动态试验曲线振荡的有效途径. 中南工业大学学报,1995,26(4):457-460

[15] Liu D S, Li X B. An approach to the control of oscillation in the dynamic stress-strain curves. Transactions Nonferrous Metals Society China, 1996, 6(2):144-145

[16] Li X B, Lok T S, Zhao J, et al. Oscillation elimination in the Hopkinson bar apparatus and resultant complete dynamic stress-strain curves for rocks. International Journal of Rock Mechanics and Mining Sciences, 2000, 37(7), 1055-1060

[17] Lok T S, Li X B, Liu D S, et al. Testing and response of large diameter brittle materials subjected to high strain rate. ASCE, Journal of Materials in Civil Engineering, 2002, 14(3):262-269

[18] 李夕兵. 冲击破岩的应力波基础与应用,机械岩石破碎学. 长沙:中南工业大学出版社,1991:122-125

[19] Clark G B. Principles of rock drilling and bit wear, part 1. Quarterly of Colorado School of Mines, 1982, 77(1): 12

[20] 徐小荷. 撞击凿入系统的数值计算方法. 岩石力学与工程学报,1984, 3(1):75-83

[21] 李夕兵. 撞击问题的一维解析方法. 中南矿冶学院学报,1991, 22(5):510-516

[22] Dutta P K. The determination of stress waveforms produced by percussive drill pistons of various geometrical designs. International Journal of Rock Mechanics and Mining Sciences, 1968, 5:501-508

[23] 王礼立. 应力波基础. 北京:国防工业出版社,1985

[24] Bancroft D. The velocity of longitudinal waves in cylindrical bars. Physical Review, 1941, 59(1):588-593

[25] Zemanek J, Rudnick I. Attenuation and dispersion of elastic waves in a cylindrical bar. Journal of Acoustical Society of America, 1961, 33(10):1283-1288

[26] Zemanek J. An experimental and theoretical investigation of elastic wave propagation in a cylinder. Journal of the Acoustical Society of America, 1972, 51(1):265-283

[27] Lifshitz J M, Leber H. Data processing in the split Hopkinson pressure bar tests. International Journal of Impact Engineering, 1994, 15(6):723-733

[28] Cheng Z Q, Crandall J R, Pilkey W D. Wave dispersion and attenuation in viscoelastic split Hopkinson pressure bar. Shock and Vibration, 1998, 5(5-6):307-315

[29] Zhao H, Gary G. A three dimensional analytical solution of the longitudinal wave propagation in an infinite linear viscoelastic cylindrical bar: Application to experimental techniques. Journal of the Mechanics and Physics of Solids, 1995, 43(8):1335-1348

[30] Bacon C. An experimental method for considering dispersion and attenuation in a viscoelastic Hopkinson bar. Experimental Mechanics, 1998,38(4):242-249

[31] Li X B, Zhou Z L, Liu D S, et al. Wave shaping by special shaped striker in SHPB tests. Advances in Rock Dynamics and Applications. New York:CRC Taylor & Francis Press, 2011: 105-124

[32] Li X B, Zhou Z L, Hong L, et al. Large diameter SHPB tests with a special shape striker. ISRM News Journal,

2009，12：76-79

[33] 卢芳云，Chen W，Frew D J. 软材料的 SHPB 试验设计. 爆炸与冲击，2002，22(1)：15-20

[34] 周子龙，李夕兵，赵国彦，等. 岩石类 SHPB 试验理想加载波形的三维数值分析. 矿冶工程，2005，25(3)：18-21

[35] 高科. 岩石 SHPB 试验技术数值模拟分析. 长沙：中南大学硕士学位论文，2009

[36] 唐志平，王礼立. SHPB 实验的电脑化数据处理系统. 爆炸与冲击，1986，6(4)：320-327.

[37] Bertholf L D，Karnes C H. Two-dimensional analysis of the split- Hopkinson pressure bar system. Journal of the Mechanics and Physics of Solid，1975，23：1-19

[38] Gupta R. Impact and optimum transmission of waves[Ph. D. Thesis]. Porsön：Lulea University of Technology，1979

[39] Gupta R B，Nilsson L. Elastic impact between a finite conical rod and a long cylindrical Rod. Journal of Sound and Vibration，1978，60(4)：553-563

[40] Li X B，Lok T S，Zhao J. Dynamic characteristics of granite subjected to intermediate loading rate. Rock Mechanics and Rock Engineering，2005，38(1)：21-39

[41] Zhou Z L，Li X B，Ye Z Y，et al. Obtaining constitutive relationship for rate-dependent rock in SHPB tests. Rock Mechanics and Rock Engineering，2010，43(6)：697-706

[42] 陶俊林，田常津，陈裕泽，等. SHPB 系统试件恒应变率加载试验方法研究. 爆炸与冲击，2004，24(5)：413-418

[43] Zhou Y X，Xia K，Li X B，et al. Suggested methods for determining the dynamic strength parameters and mode I fracture toughness of rock materials. International Journal of Rock Mechanics and Mining Sciences，2012，49：105-112

第3章　合理加载波形反演设计与试验系统数值模拟

在矿山、交通、水利、市政等工程领域,大量涉及冲锤及短杆冲击问题,如潜孔钻进、冲压锻造、冲击碎石、铆钉打桩与地基夯实等,不同形状冲锤的冲击会产生不同的加载应力波,既而产生不同的工况效果。为此,我们设计了能产生不同形状应力波的各种冲锤,对岩石进行了以岩石破碎能耗为目标的冲击试验。正是在这一研究过程中,通过对不同加载波形下的岩石动态本构关系特征的信息整理,使我们有了岩石动态本构关系的获取必须采用半周期正弦波加载的新认识。然而,在寻求冲击加载工业领域及 SHPB 岩石试验系统的合理加载波形对应的冲锤结构中,需要解决和建立任意截面冲头撞击长杆时的应力波反演理论[1-5],既而研制出理想加载波对应的冲头结构。另外,SHPB 试验中,半周期正弦波对应的这种特殊形状的冲锤在解决传统加载方式固有缺陷的同时,也带来了新的问题:在此加载体系下,应力波在杆中的传播特性如何? 如何正确进行试验校正? 试样的应变率变化有何特性? 如何在此基础上进一步揭示岩石应变率效应机理等。这些方面都需要结合合理加载波形下的岩石 SHPB 系统数值模拟作出具体的分析,从而最终建立此特殊形状冲锤下完整的 SHPB 试验体系。本章将介绍我们在这些方面的工作。

3.1　已知波形的冲头形状反演理论

依据撞击应力波波形设计冲头结构是一项非常有意义的工作。基于撞击应力波波形设计冲头结构的传统思路是:根据初拟的冲锤结构形状,应用波动力学数值计算方法,分析该冲锤撞击所产生的应力波,将其与设计要求的应力波波形相比较后,人工修改原结构方案,如此重复几次,到基本满足要求为止。该方法不但计算工作量大,而且一般很难达到设计要求,这种方法一般称为结构修改设计方法。这里将介绍冲锤应力波反演设计方法,该方法是应用波动力学数值计算方法直接由应力波反演计算冲锤结构尺寸。

3.1.1　等截面圆柱冲头撞击弹性长杆产生的应力波

在进行较复杂截面冲头撞击弹性长杆产生应力波波形分析前,首先对等截面圆柱冲头时的情况进行分析,因为它是后面分析的基础。

对如图 3-1 所示冲头撞击无限长弹性杆,由应力波理论可对其界面应力波的折反射进行描述,设冲头的波阻为 $Z_1 = \rho_1 C_1 A_1$,ρ_1、C_1 和 A_1 分别为冲头的密度、波速及接触面积;弹性杆的波阻 $Z_2 = \rho_2 C_2 A_2$,ρ_2、C_2 和 A_2 分别为弹性杆的密度、波速与接触面积,则撞击产生的各组应力波可用公式表达为

$$\left.\begin{array}{l} f_n = f_n(C_1 t - x - 2nL) \\ g_n = g_n(C_1 t + x - 2nL) \\ F_n = F_n\left(C_2 t - x - 2nL\dfrac{C_2}{C_1}\right) \\ f_0 = 0 \\ g_{-1} = 0 \\ F_{-1} = 0 \end{array}\right\} \tag{3-1}$$

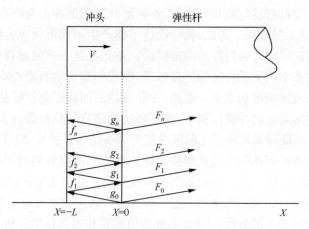

图 3-1　冲头撞击无限长弹性杆时的应力波作用机理

在 $X = -L$ 处，总满足应力为 0 的边界条件，则

$$g_{n-1} = f_n \tag{3-2}$$

即

$$g_{n-1}[C_1 t + (-L) - (n-1)2L] - f_n[C_1 t - (-L) - 2nL] = 0 \tag{3-3}$$

在 $X = 0$ 处，质点速度连续，接触力相等，则

$$\left.\begin{array}{l} V + C_1 f_n + C_1 g_n = C_2 F_n \\ C_1 Z_1 f_n - C_1 Z_1 g_n = -C_2 Z_2 F_n \end{array}\right\} \tag{3-4}$$

由式(3-2)、式(3-3)与式(3-4)可得

$$\left.\begin{array}{l} g_n = \dfrac{2V/C_1 - (1 - Z_1/Z_2)g_{n-1}}{1 + Z_1/Z_2} \\[3mm] F_n = \dfrac{C_1 Z_1}{C_2 Z_2}\dfrac{V/C_1 + 2g_{n-1}}{1 + Z_1/Z_2} \end{array}\right\} \tag{3-5}$$

方程组(3-5)给出了等截面圆柱冲头撞击无限长弹性杆时产生的应变波函数表达式。

当 $Z_1 > Z_2$ 时，可迭代得到弹性杆中应力波为一指数衰减波，函数表达式为

$$\rho_2 C_2^2 A_2 F_n = \frac{Z_1 Z_2 V}{Z_1 + Z_2}\left(\frac{Z_1 - Z_2}{Z_1 + Z_2}\right)^n \tag{3-6}$$

当 $Z_1 \leqslant Z_2$ 时，由方程组(3-5)可得，$n = 0$ 时有

$$\left.\begin{array}{l} g_0 = \dfrac{-V/C_1}{1 + Z_1/Z_2} \\[4mm] F_0 = \dfrac{C_1 Z_1}{C_2 Z_2}\dfrac{V/C_1}{1 + Z_1/Z_2} \end{array}\right\} \tag{3-7}$$

$n=1$ 时,有

$$F_1 = \frac{V}{C_2}\frac{Z_1/Z_2}{1 + Z_1/Z_2}\frac{Z_1/Z_2 - 1}{Z_1/Z_2 + 1} \leqslant 0 \tag{3-8}$$

此时, F 为 0 或负值,意味着界面应力为 0 或为拉应力,而拉应力不可能存在于冲头与弹性杆的交界面,因此撞击结束。

特别地,当 $Z_1 = Z_2$ 时,易知冲头与弹性杆撞击时间为 $2L/C_1$,撞击结束时接触面质点速率为

$$v = V + C_2 g_0 = C_2 F_0 = \frac{Z_1 V}{Z_2(1 + Z_1/Z_2)} = \frac{V}{2} \tag{3-9}$$

图 3-2 给出了此撞击过程及应力波前在冲头与弹性杆中传播时各点质点速率变化情况。

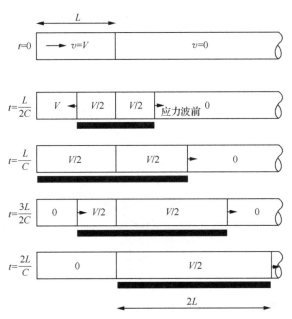

图 3-2　冲头撞击无限长弹性杆时各点质点速率变化情况

3.1.2　阶梯状变截面冲头撞击弹性长杆时所产生的应力波

对于只有两到三个截面梯度的阶梯状变截面冲头,容易发现,在冲头截面发生变化的长度段内,应力波在其中传播的各种参数都不发生变化,因此可以考虑对冲头按截面不连续界面进行分块离散,只需要考虑应力波在不同块段界面处的折反射关系即可,对其分析可采用界面行波法[6]。

如图 3-3 所示,对阶梯状变截面杆,记每个界面上的右行波为 $P = f(x - Ct)$,左行波

为 $Q=g(x+Ct)$。应力波从阻抗为 Z_k 的单元块传入阻抗为 Z_{k+1} 的单元块中时,透射、反射系数分别为

反射系数:

$$\lambda_{k,k+1} = \frac{Z_{k+1} - Z_k}{Z_k + Z_{k+1}} \tag{3-10}$$

透射系数:

$$\mu_{k,k+1} = \frac{2Z_{k+1}}{Z_k + Z_{k+1}} \tag{3-11}$$

则根据应力波透反射关系,可知

$$\left.\begin{aligned}
P_{ij} &= \mu_{i,i+1} P_{i-1,j-1} + \lambda_{i+1,i} Q_{i+1,j-1} \\
Q_{ij} &= \lambda_{i,i+1} P_{i-1,j-1} + \mu_{i+1,i} Q_{i+1,j-1}
\end{aligned}\right\} \tag{3-12}$$

界面上的质点速率和作用力与左行波、右行波的关系为

$$\left.\begin{aligned}
v_{ij} &= \frac{\mu_{i,i+1}}{Z_{i+1}} P_{i-1,j-1} - \frac{\mu_{i+1,i}}{Z_i} Q_{i+1,j-1} \\
F_{ij} &= \mu_{i,i+1} P_{i-1,j-1} + \mu_{i+1,i} Q_{i+1,i}
\end{aligned}\right\} \tag{3-13}$$

由方程组(3-12)和方程组(3-13)及初始条件,即可得到阶梯状冲头各处的状态参量,冲头最右端界面上的各状态量即为传入被冲击介质中的状态。

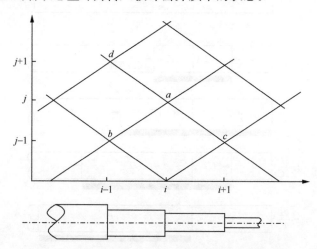

图 3-3　多段变截面杆中应力波传播分析的特征线法

3.1.3　连续变截面冲头撞击时所产生的应力波

对一连续变截面冲头,理论上可以沿冲头轴向划分足够多的近似梯形,然后得到入射应力波的近似形状。事实上,对于连续变截面杆来说,用这种近似方法得到的波形通常曲折不平。同时,分多少段来近似才能达到预期效果更是难以预先确定。因此,要得到满意的近似结果,就需要无数次的试算,其计算量之大往往无法承受。而基于特征线的差分数值法则可以大大简化计算过程,并改善波形预测效果。

对于连续变截面冲头,取任意一微小段为研究对象,这一微小段可用梯形近似,其受

力情况如图 3-4 所示。根据微单元动量守恒方程、连续方程和本构方程知

$$\left.\begin{aligned}
&A\frac{\partial\sigma}{\partial x}+\sigma\frac{\mathrm{d}A}{\mathrm{d}x}+A\rho\frac{\partial v}{\partial t}=0\\
&\frac{\partial\varepsilon}{\partial t}+\frac{\partial v}{\partial x}=0\\
&\sigma=E\varepsilon\\
&E=\rho C^2
\end{aligned}\right\} \tag{3-14}$$

可得

$$\left.\begin{aligned}
&\frac{\partial v}{\partial t}+\rho\frac{\mathrm{d}\sigma}{\mathrm{d}x}+\rho\frac{\sigma\mathrm{d}\ln A}{\mathrm{d}x}=0\\
&\frac{\partial v}{\partial x}+\frac{1}{\rho C^2}\frac{\partial\sigma}{\partial t}=0
\end{aligned}\right\} \tag{3-15}$$

式(3-15)即为任意连续变截面冲头的波动方程。

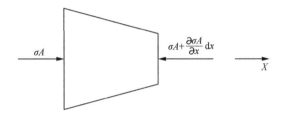

图 3-4　弹性杆微小段在应力波作用下的受力

其定解条件为

$$\left.\begin{aligned}
&\sigma(x=0,t)=0\\
&\sigma(t=0,x)=0\\
&v(t=0,x\leqslant L)=V_0\\
&v(t=0,x>L)=0\\
&A=A(x),\quad 0\leqslant x\leqslant L\\
&A=A_0,\quad x>L
\end{aligned}\right\} \tag{3-16}$$

则根据特征线理论,可得方程组(3-15)的特征线方程及相容条件为

$$\left.\begin{aligned}
&\mathrm{d}x\mp C\mathrm{d}t=0\\
&\mathrm{d}\sigma+\sigma\mathrm{d}\ln A\pm\rho C\mathrm{d}v=0
\end{aligned}\right\} \tag{3-17}$$

　　对方程组(3-17),可用差分法进行计算,将冲头沿轴向分成 n_0 个区间,空间步长为 $\Delta x=L/n_0$,时间步长为 $\Delta t=\Delta x/C$,其特征线网络如图 3-5 所示。

　　对图中的任意三点 a、b、c,问题在于已知 a、b 两点求 c 点参数。

　　对式(3-17)进行离散得

$$\left.\begin{aligned}
&\Delta x\mp C\Delta t=0\\
&\Delta\sigma+\sigma\Delta\ln A\pm\rho C\Delta v=0
\end{aligned}\right\} \tag{3-18}$$

则 $b(i-1,j-1)$、$c(i+1,j-1)$ 与 $a(i,j)$ 间的关系可表达为

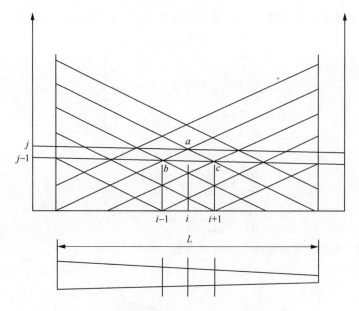

图 3-5　连续变截面杆应力波分析的特征线法

$$
\left.\begin{array}{l}
\sigma_{ij} - \sigma_{i-1,j-1} + \dfrac{\sigma_{ij} + \sigma_{i-1,j-1}}{2}\big[\ln A_i - \ln A_{i-1} + \rho C(v_{ij} - v_{i-1,j-1})\big] = 0 \\[3mm]
\sigma_{ij} - \sigma_{i+1,j-1} + \dfrac{\sigma_{ij} + \sigma_{i+1,j-1}}{2}\big[\ln A_i - \ln A_{i+1} - \rho C(v_{ij} - v_{i+1,j-1})\big] = 0
\end{array}\right\}
\tag{3-19}
$$

初始条件由特解条件离散得到

$$
\left.\begin{array}{ll}
v_{i0} = v_0, & i \leqslant n_0 \\[2mm]
v_{i0} = 0, & i > n_0 \\[2mm]
\sigma_{i0} = 0, & i \geqslant 0 \\[2mm]
\sigma_{0j} = 0 \\[2mm]
v_{0j} = \sigma_{1,j-1}\Big[1 + \dfrac{1}{2}\ln(A_0/A_1)\Big]\Big/(\rho C) + v_{1,j-1}
\end{array}\right\}
\tag{3-20}
$$

　　由离散化差分方程组(3-19)与(3-20)即可得到冲头任一截面上的应力，也就得到了连续变截面冲头与长杆撞击产生的应力波。

3.1.4　基于一维应力波理论的冲头形状反演设计

　　基于方程组(3-12)与(3-13)或方程组(3-19)与(3-20)，可以对任意形状变截面冲头产生的应力波进行分析，这就是已知具体结构求应力波的波动力学正问题。当我们想要获得某种形状应力波，但不知其对应的结构形状时，就涉及所谓的反演设计问题。

　　设已知应力波形为 $P(t)$，将波动方程组(3-15)及定解条件(3-16)表述为力函数形式，即

$$
\left.\begin{array}{l}
\rho A(x)\dfrac{\partial v}{\partial t} + \dfrac{\partial F}{\partial x} = 0 \\[3mm]
\rho C^2 A(x)\dfrac{\partial v}{\partial x} + \dfrac{\partial F}{\partial t} = 0
\end{array}\right\}
\tag{3-21}
$$

$$
\left.
\begin{aligned}
&F(x = 0, t) = 0 \\
&\frac{\mathrm{d}F(x = L, t)}{\mathrm{d}t} = k\big[v(x = L, t) - P(t)/(\rho C A_0)\big] \\
&P(t) = F(x = L, t) \\
&v(0 \leqslant x \leqslant L, t = 0) = v_0 \\
&F(0 \leqslant x, t = 0) = 0, \quad A(x) = \pi r^2(x)
\end{aligned}
\right\}
\tag{3-22}
$$

式中, k 为考虑冲头与介质撞击能量损失的虚拟弹簧, 理想情况下取 1; A_0、r_0 分别为被撞击杆的截面积和半径; v_0 为冲头冲击速率。

方程组 (3-21) 和方程组 (3-22) 可用无量纲变换方法进行简化, 若取, $x^* = x/L$, $t^* = Ct/L$, $v^* = v/v_0$, $F^* = F/(\rho C A_0 v_0)$, $k^* = kL/(\rho C^2 A_0)$; $P^* = P/(\rho C A_0 v_0)$, $r^* = r/r_0$, 则方程组 (3-21) 和 (3-22) 可变换为

$$
\left.
\begin{aligned}
&r^{*2}\frac{\partial v^*}{\partial t^*} + \frac{\partial F^*}{\partial x^*} = 0 \\
&r^{*2}\frac{\partial v^*}{\partial x^*} + \frac{\partial F^*}{\partial t^*} = 0 \\
&F^*(x^* = 0, t^*) = 0, \quad \frac{\mathrm{d}F^*(x^* = 1, t^*)}{\mathrm{d}t^*} = k^*(v^* - P^*) \\
&P^* = F^*(x^* = 1, t^*) \\
&v^*(0 \leqslant x^* \leqslant 1, t^* = 0) = v_0, \quad F^*(0 \leqslant x^*, t^* = 0) = 0 \\
&r^* = r^*(x), \quad 0 \leqslant x^* \leqslant 1
\end{aligned}
\right\}
\tag{3-23}
$$

其特征线方程与相容方程为

$$
\left.
\begin{aligned}
&\mathrm{d}t^* \mp \mathrm{d}x^* = 0 \\
&r^{*2}\mathrm{d}v^* \pm \mathrm{d}F^* = 0
\end{aligned}
\right\}
\tag{3-24}
$$

物理边界与初始条件为

$$
\left.
\begin{aligned}
&F_{0j}^* = 0 \\
&F_{nj}^* - F_{n, j-1}^* = k^*(v_{nj}^* - F_{nj}^*)/n \\
&P^*(j/n) = P_j^* = F_{nj}^* \\
&v_{i0}^* = 1, \quad F_{i0}^* = 0, \quad i = 0, \cdots, n \\
&r_i^* = r^*(i/n), \quad i = 0, \cdots, n
\end{aligned}
\right\}
\tag{3-25}
$$

将方程组 (3-24) 按与式 (3-18)、式 (3-19) 类似的差分方法进行离散, 再由边界初始条件 (3-25), 则可逐次迭代得到 r_i^*, 即可实现应力波到冲头形状的波动反演设计。

3.2　半正弦波对应的冲头结构反演

理论和试验均已表明: 半周期正弦波加载的岩石动态试验系统能够获得近恒应变率下的岩石本构特征, 而对于不同类型的岩石, 由于构成岩石的晶粒结构大小不同, 国际上通常有不同尺寸的 SHPB 装置, 如 ϕ20mm、ϕ30mm、ϕ38mm、ϕ50mm、ϕ75mm、ϕ100mm 等。为了获得不同杆径下的半正弦波加载波对应的冲头结构, 需要对不同尺寸杆件在确定加

载应力波形条件下的冲头结构进行反演。

3.2.1　不同杆件尺寸的半正弦波冲头反演设计

由反演解的存在性可知,并不是任意一个形状的加载波都能在现实中找到一个严格意义上的反演解。而且就一个设定的加载波而言,即使取其前一部分($t^* \leqslant 2$)而获得了严格意义上的反演解,由于后部分($t^* > 2$)取决于前部分,由此推演出的后部分并不一定与设定波形完全重合。所以,根据加载波波形反演设计冲锤,实质上是寻找一个现实中能存在的冲锤,使它与弹性杆相撞击所产生的加载波形与设定波形非常近似。这样,冲锤设计变成了以加载波为目的、基于波动方程离散反演的优化设计。在具体的优化设计计算中有如下两种方法:①预先为撞击弹簧确定一个 k 值,根据设定的加载波反演求得冲锤形状;然后根据冲锤形状正演求得它所产生的加载波波形的全部,并与设定波形相比较;再调整 k 值,重复此过程,直到找到一个所产生的加载波与设定波形相近的冲锤为止。②将 k 值固定,在设定的加载波波形函数的基础上增加一个变量,而构成一个新的波形函数,根据新的波形函数反演冲锤形状;然后由该冲锤形状正演其加载波形,并与设定加载波波形相比较;再调整所增加的变量,直到找到一个满意的冲锤的形状。由于前者仍不能保证找到现实解,而且在加工制造中调整端头形状和尺寸(以便改变 k 值)比调整冲锤的径向尺寸困难一些,所以一般采用第②种方法。必须指出,就总体而言,这种设计方案只是一种满意方案。

应用冲锤反演设计方法和计算机软件,为小直径 SHPB 试验机(试件直径<50mm)设计加工了两种能产生近似正弦波的冲锤。它们的外形及相应的理论应力波与实测应力波如图 3-6 所示[7]。其中,图 3-6(a)冲锤质量为 0.7kg,图 3-6(b)冲锤质量为 1.2kg,后者的长度是前者的 2 倍。

对于本身均匀性较好的材料,一般采用小直径的试件在小直径 SHPB 试验机上进行材料动态性能测试,就可以获得满意结果。对于像混凝土类的非均匀材料,则要求使用大直径 SHPB 试验机进行大试件(直径>50mm)试验。常规的 SHPB 试验机,由于大直径冲锤与弹性杆撞击将引起更为严重的 P-C 振荡,因而不能得到满意的材料动态性能参数,更需要用半正弦加载波取代常规的矩形加载波,以获得满意的测试效果。

应用冲锤反演设计原理及软件为直径 75mm SHPB 试验机设计的能产生半正弦波的冲锤如图 3-7(a)所示。为了便于加工并保证冲锤在发射管中有一定的导向段,对其进行了线性化处理后的尺寸如图 3-7(b)所示。这种形状似纺锤形冲锤产生的设计波形和试验波形如图 3-8 所示。从图可见,试验波形与设计要求相当吻合。

图 3-9 还给出了另外几种通过改变被冲击杆截面产生近似半正弦形状应力波的冲头形状[8]。

将这种纺锤形冲头用于 SHPB 装置中实现半正弦波加载,不仅能防止脆性材料测试时的提前破坏问题,还能有效避免信号振荡,并保持试样的近似恒应变率变形。这些优点使得纺锤形冲头 SHPB 测试技术被人们所接受[9-11],并成为国际岩石力学学会岩石动力学测试的建议方法。

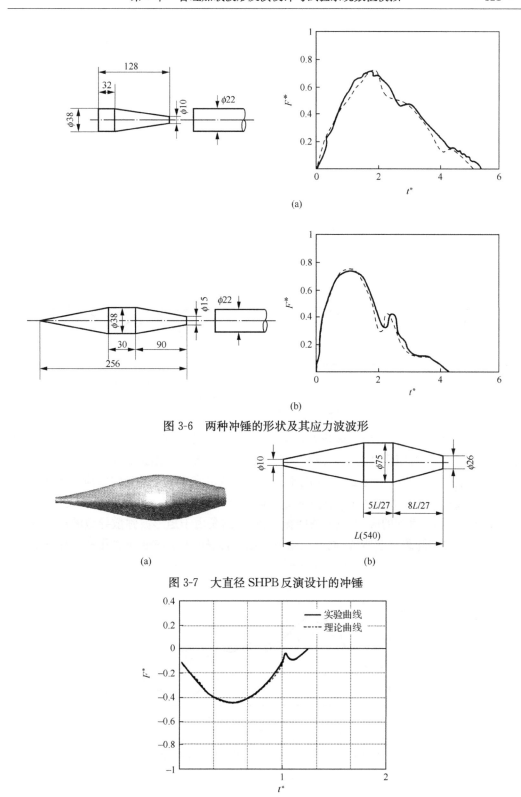

图 3-6　两种冲锤的形状及其应力波波形

图 3-7　大直径 SHPB 反演设计的冲锤

图 3-8　实测应力波与设计应力波波形图

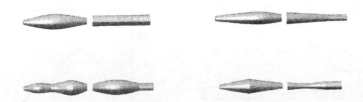

图 3-9　产生相近波形的冲头与变截面杆

3.2.2　半正弦波加载下的岩石动态试验

试验中采用传统等截面圆柱形冲头和图 3-7 中的能产生半正弦波的纺锤形冲头对试样进行动态测试的信号,分别如图 3-10(a)与图 3-10(b)所示。

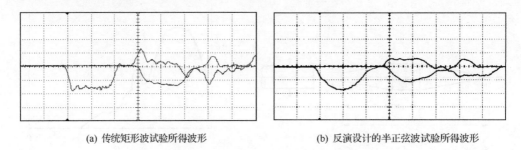

(a) 传统矩形波试验所得波形　　　　　　　(b) 反演设计的半正弦波试验所得波形

图 3-10　不同冲头试验所得信号

比较这两个图的反射应力波形态可以看出:半正弦波加载时测得的信号反射波有较长的平坦段,而传统矩形波加载时测得的反射波跳跃较大。根据试验原理,信号的反射波直接反映了试样的应变率历史,这说明半正弦波加载可实现试样的近定常应变率加载。

不同波形试验所得的岩石应力-应变关系如图 3-11 所示。由图可以看出:岩石在传统矩形波加载下,得到的应力-应变曲线振荡较大,这是由于矩形波弥散导致波形畸变,使试样处于反复加卸载状态所致;而半正弦波加载时,试样应力-应变曲线几乎没有振荡。

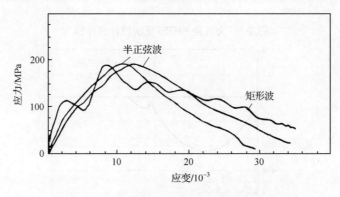

图 3-11　传统矩形波与半正弦波试验结果比较

3.3　纺锤形冲头 SHPB 系统的应力波特性

SHPB 试验中的纺锤形冲头加载方法在改变加载波形的同时，也改变了入射杆端部的加载条件。冲头与入射杆之间的撞击，由共轴均匀撞击变为共轴局部撞击，甚至为偏轴撞击。在此情况下，入射杆接近加载端处横截面的应力不均匀性变得更为严重，而距离加载端越远，应力不均匀程度越小。此时，若入射杆太短，则不能保证试样受均匀加载；若入射杆太长，则会造成材料的浪费。因此，有必要对局部冲击加载下弹性杆应力波的传播特点及沿杆的横截面的应力均匀性进行具体研究，以指导纺锤形冲头 SHPB 试验。

为此，我们通过数值模拟对不同波形及不同空间分布的加载波下，弹性杆中的应力波的传播及应力分布特性展开研究[12]，以得到关于弹性杆中应力波演化及横截面应力均匀性的一般规律，从而指导冲头外形及弹性杆长度的设计选择与 SHPB 试验。

3.3.1　不同接触情况下杆中应力不均匀性分析

对于弹性杆受冲击问题，可找到一些相关研究，这些研究是构成动态圣维南原理体系的主要部分[13-19]。Jones 和 Norwood 通过比较产生于圆柱杆的不同应力波阵面发现，无论加载条件如何，在距离加载端部超过 20 倍杆径处横截面应力分布均匀[16]。Bell 通过监测不同接触面分布的瞬时冲击下圆柱弹性杆中应力的变化得出，在距离加载端部大于 0.5 倍杆径时，应力分布一致[17]。Tyas 和 Watson 对不同频率、任意分布的加载波下弹性杆的动态响应进行全面分析，结果表明，在各种中低频率的加载波下，在距离加载端部大于 5 倍杆半径处，应力的空间分布趋于一致[18]。Meng 和 Li 利用有限元对试样与弹性杆横截面的不匹配性展开研究，指出在距交界面超过 1.5 倍杆径处，杆中应力分布受这种不匹配性影响较小[19]。这些研究虽对 SHPB 试验及设计有一定的指导意义，但尚未得出一般性结论。

对于一个完备的 SHPB 试验系统来说，在纺锤形冲头与入射杆发生撞击时，两者存在两种典型的接触情况，即完全接触和局部接触。只有当 $D_1 = D$ 时，两者才出现完全接触；当 $D_1 \neq D$，两者发生共轴冲击或偏轴冲击时，出现局部接触情况。在多数情况下，冲头与入射杆撞击时出现如图 3-12(b)所示的接触情况。但实际中，冲头端部与入射杆轴向的完全对中较难实现，两者往往由于轴向未对齐而发生如图 3-12(c)所示的偏向相撞。因此，可将两者的接触情况简化分为三类考虑。①第一类：完全接触，且 $D_1 = D$，如图 3-12(b)所示；②第二类：共轴局部接触，且 $D_1 < D$，如图 3-12(b)所示；③第三类：偏心接触，且 $L \neq 0$，如图 3-12(c)所示。

1. 分析模型与应力不均匀评价

对于动态问题，通过室内试验手段很难实现对有用信号在时间及空间上的全面监测；而对三维动态问题进行理论计算分析又异常困难，对于某些简单的特殊问题至今也未找到解答。相对而言，若以数值模拟建立与所分析问题相对应的适当模型，则可较为方便地为进一步研究提供全面有效的数据。为此，我们利用广泛应用于动态分析的有限元

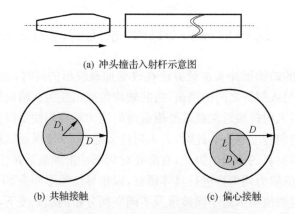

(a) 冲头撞击入射杆示意图

(b) 共轴接触　　　　　　　　　　　　　(c) 偏心接触

图 3-12　冲头与入射杆的接触情况

LS-DYNA软件,对冲头与入射杆之间的不同接触情况进行了模拟计算分析。

　　试验中,通常利用纺锤形冲头撞击入射杆来产生半正弦波,但目前利用这种方式只能获得近似的半正弦波。为使研究具有广泛意义,在模拟中将半正弦波直接加载于粗杆端面,以此获得弹性杆各处横截面的应力不均匀性规律。

　　对于多数岩石试样,在半正弦加载波峰值为 200MPa、波长为 200μs 时,通常会得到较好的试验效果[20,21]。因此,采用以下 5 种加载波进行相关分析:$1^\#$ 应力波,波幅 200MPa,波长 200μs;$2^\#$ 应力波,波幅 100MPa,波长 200μs;$3^\#$ 应力波,波幅 300MPa,波长 200μs;$4^\#$ 应力波,波幅 200MPa,波长 100μs;$5^\#$ 应力波,波幅 200MPa,波长 300μs。

　　实际中岩石微观粒径通常为 2～5mm,根据试样配置原则,试样直径应该在 20～50mm 的范围,因此 50mm 的入透射杆径对大多数岩石适用。相应的,在模拟中,杆的直径取为 50mm,长度取为 2000mm。杆的其他材料参数分别为:弹性模量 240GPa,密度 7800kg/m^{-3},泊松比为 0.285。

　　对于弹性杆,取一对称面 r-z 进行分析,如图 3-13 所示。其中,每个相邻点之间轴向间隔等于杆的直径长,径向间隔等于杆的 1/4 直径长。

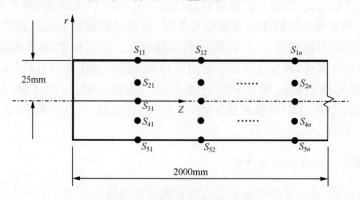

图 3-13　杆中对称面上的测量点

　　在模拟计算中,记录测量点处节点的运动速率,并通过公式 $S = -\rho c v$ 计算得到各点处的应力值。其中,S 表示节点处的轴向应力;ρ 表示杆的密度;c 表示杆的纵波传播速

率；v 表示节点的运动速率。因此，沿对称面杆的轴向应力可由应力矩阵 $[S]$ 表示，即

$$[S] = \begin{bmatrix} S_{11}(t) & \cdots & S_{1j}(t) & \cdots & S_{1n}(t) \\ S_{21}(t) & \cdots & S_{2j}(t) & \cdots & S_{2n}(t) \\ S_{31}(t) & \cdots & S_{3j}(t) & \cdots & S_{3n}(t) \\ S_{41}(t) & \cdots & S_{4j}(t) & \cdots & S_{4n}(t) \\ S_{51}(t) & \cdots & S_{5j}(t) & \cdots & S_{5n}(t) \end{bmatrix} \qquad (3\text{-}26)$$

因横截面的应力不均大多发生在加载端附近，因此模拟中只记录距离加载端 20 倍杆径内的节点速率，即 $n = 20$。

轴向任意位置的横截面平均轴向应力可表示为

$$\sigma_j(t) = \frac{1}{5} \sum_{i=1}^{5} S_{ij}(t), \qquad \frac{jD}{1000C} \leqslant t \leqslant \frac{2000 - jD}{1000C} \qquad (3\text{-}27)$$

相应的，为表征任意横截面的应力不均匀性，定义应力不均匀系数如下：

$$\eta = \max \left| \frac{S_{ij}(t) - \sigma_j(t)}{\sigma_j(t)} \right|, \qquad \frac{jD}{1000C} \leqslant t \leqslant \frac{2000 - jD}{1000C} \qquad (3\text{-}28)$$

2. 不同接触情况下的杆中应力不均匀性

1) 等径全接触情况下的杆中应力不均匀性

在第一类接触情况下，模拟分析时，半正弦波被均匀地加载于杆的端面，且为研究加载波幅值及波长对杆中应力波传播的影响，前面提到的五种加载波均被考虑。

以半正弦波加载模拟得到在 $r = 0\text{mm}$ 且 $z = 0\text{mm}$、250mm、750mm 处的应力随时间变化曲线，如图 3-14(a) 所示；与之相对应的，以矩形波加载得到的模拟结果如图 3-14(b) 所示。由图可见，在杆中传播的半正弦波基本无振荡现象，而矩形波出现较为明显的震荡。第 2 章的分析已经表明，这主要是由于其高频成分在杆中传播的弥散效应而造成的，而半正弦波拥有相对单一的频率，表现出对振荡的免疫性。

两种波形加载下的应力不均匀系数如图 3-14(c) 所示。由图可见，在半正弦波加载下，弹性粗杆横截面的应力均匀性要远好于采用矩形波加载的情况。半正弦波加载下，杆中横截面最大应力不均匀系数为 2.5%；而矩形波加载下，杆中横截面最大应力不均匀系数为 60%，在距离加载端 5 倍杆径处的应力不均匀系数为 20%，20 倍杆径处为 10%。相同幅值、不同波长下杆中的应力不均匀系数如图 3-15 所示。由图可见，加载波波长越长，杆中应力均匀性越好。而对 $1^{\#}$、$2^{\#}$、$3^{\#}$ 加载波下的应力不均匀性分析可以得到：相同波长，不同幅值的加载正弦波对杆中应力不均匀性的影响不大，表明杆中应力均匀性对加载波幅值不敏感。

2) 共轴局部接触情况下的杆中应力不均匀性

在此，选用 $1^{\#}$ 加载波对局部接触情况进行模拟，且加载面随 D_1/D（由 1/4, 1/2, 3/4 到 1）变化。不同情况下，杆中的应力不均匀系数如图 3-16 所示。由图可见，在局部接触加载情况下，杆中应力不均匀性将出现恶化，即使在 5 倍杆径处，应力不均匀性仍十分明显；当加载接触面变小，即 $D_1 \leqslant (1/4)D$ 时，杆中应力不均匀系数将达到 2.5% 以上；而随着距离加载端距离的增大，杆中将再次呈现较好的应力均匀性。

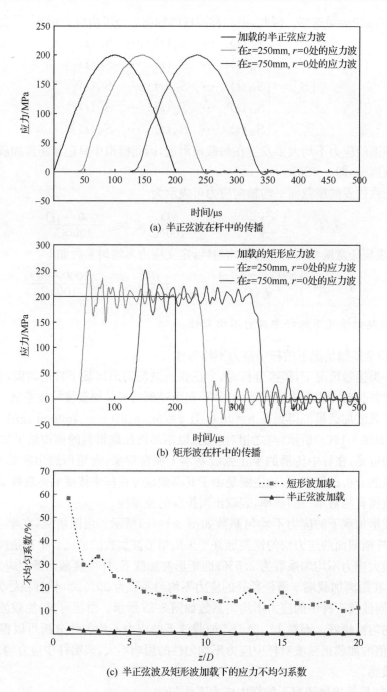

(a) 半正弦波在杆中的传播

(b) 矩形波在杆中的传播

(c) 半正弦波及矩形波加载下的应力不均匀系数

图 3-14　半正弦波及矩形波加载下杆中应力波的传播

3) 偏心接触情况下的杆中应力不均匀性

传统 SHPB 试验系统一般采用圆柱形冲头加载，通过调节入透射杆的支架很容易实现冲头及杆件的对中；而采用纺锤形冲头加载时，较难实现冲头撞击端与入射杆中心完全对中，如果不准确校正，加载中冲头与入射杆之间将发生偏心碰撞。

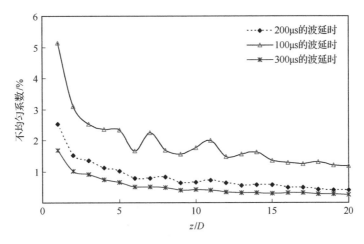

图 3-15　相同幅值、不同波长的加载波下杆中的应力不均匀系数

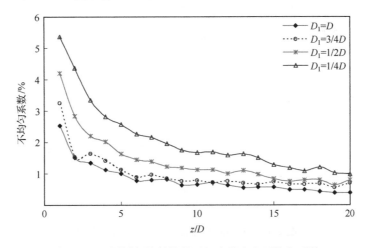

图 3-16　不同局部接触情况下杆中的应力不均匀系数

偏心碰撞中,冲头的偏离程度可由冲头中心与入射杆中心偏离的距离表示,如图 3-12(c)所示。下面对 1# 波加载下,$L＝(1/2)D$、$(1/4)D$ 及 $(1/8)D$ 的情况进行模拟,相应的应力不均系数如图 3-17(a)所示。由图可见,在偏心碰撞下,杆中出现严重的应力不均,在冲头偏离中心距离分别为 $(1/4)D$ 及 $(1/8)D$ 时,即使在离加载端 $20D$ 处,应力不均匀系数仍分别有 20％ 及 10％。在离加载端 $10D$ 处,杆中的应力变化曲线如图 3-17(b)所示,这进一步在时间与空间上展现了杆中应力的传播特性。

总体而言,在纺锤形冲头偏心碰撞加载下,杆中横截面的应力分布有如下特征:①杆中横截面应力不均匀程度随碰撞偏离中心距离增加而增加;②偏心碰撞下,杆中应力波尤其在波的后半部分发生畸变。

3.3.2　纺锤形冲头偏心撞击下 SHPB 杆的动态响应

由以上分析可见,在纺锤形冲头偏心碰撞加载下,杆中横截面的应力不仅分布不均,而且波形发生畸变。传统圆柱形冲头 SHPB 试验中,冲头和入射杆都为等截面的标准圆

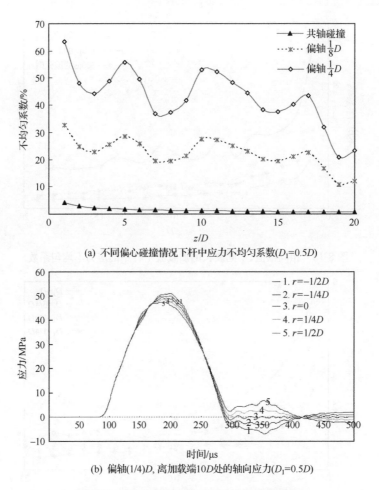

(a) 不同偏心碰撞情况下杆中应力不均匀系数($D_1=0.5D$)

(b) 偏轴(1/4)D,离加载端10D处的轴向应力($D_1=0.5D$)

图 3-17　偏心碰撞加载下杆中应力波的特性

柱体,它们对心完好接触,即可保证轴向对齐。但对于纺锤形冲头,端部比入射杆小得多的头部使得两者对齐出现困难,试验中时常发生偏心碰撞。因此,有必要对纺锤形冲头偏心撞击下入射杆的动态响应进行进一步分析,以有效识别偏心碰撞造成的系统不正常情况,指导系统校正。下面对国际岩石力学学会测试规范中建议的 SHPB 冲头进行分析,冲头形状如图 2-65 所示。

图 3-18 示意性地显示了正常同心碰撞(图 3-18(a))和偏心碰撞(图 3-18(b)、(c))的情形,偏心碰撞分平行轴线偏心碰撞(偏离距离 l)和倾斜碰撞(倾斜角度 α)。

1. 平行轴线的偏心碰撞

分析记录冲头撞击速率 10m/s、偏离距离 $l=6$mm 情况下入射杆表面的轴向应力。因为偏心碰撞时加载对入射杆来讲为非轴对称,因此对入射杆上下表面的应力情况都进行记录,如图 3-19 所示。图中实线为正常撞击时杆表面的应力情况。

图 3-19 显示,平行轴线偏心碰撞时,应力波的后半部分发生了较大畸变,甚至在杆的中部(图 3-19(b)),应力波后半部分仍偏离正常撞击应力波。当应力波传播到 3/4 杆的

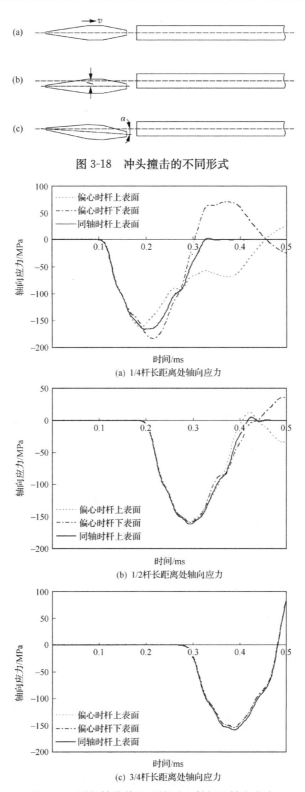

图 3-18　冲头撞击的不同形式

(a) 1/4杆长距离处轴向应力

(b) 1/2杆长距离处轴向应力

(c) 3/4杆长距离处轴向应力

图 3-19　平行轴线偏心碰撞时入射杆上轴向应力

距离处,入射杆上表面和下表面应力波达到一致,但与正常撞击应力波相比,幅值稍微减小(图 3-19(c))。因此,平行轴线偏心碰撞时,应力波不仅发生波形上的畸变,而且出现幅值上的更多衰减。

2. 倾斜碰撞

对纺锤形冲头 SHPB,冲头与发射装置内壁的接触面积较小。发射腔内不稳定气流或腔道内的局部摩擦都可能导致冲头撞击入射杆时发生倾斜碰撞。图 3-20 给出了冲头

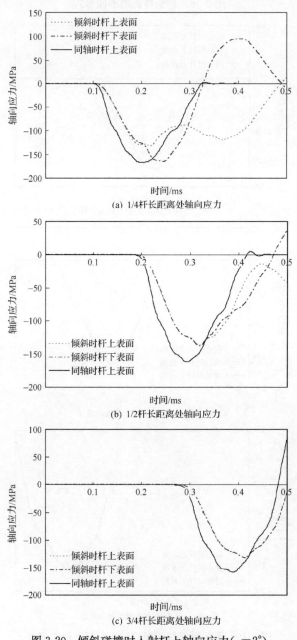

(a) 1/4杆长距离处轴向应力

(b) 1/2杆长距离处轴向应力

(c) 3/4杆长距离处轴向应力

图 3-20　倾斜碰撞时入射杆上轴向应力($\alpha = 2°$)

以 10m/s 速率、α 为 2°的倾角碰撞入射杆时产生的应力波。

可以看到,倾斜碰撞同样导致了应力波波形的畸变,且这时的畸变更加严重,使整个应力波的路径偏离了正常碰撞时的应力曲线。图 3-20(c)中,虽然杆中上表面和下表面应力波达到了一致,但其幅值更加显著地低于正常碰撞时的应力。

图 3-19 和图 3-20 同时也表明:当试验时观察到畸形应力波,特别是应力波后半部分不正常时,问题可能就是由于冲头和入射杆非同心碰撞引起的。

3.4　纺锤形冲头岩石 SHPB 试验的校验

随着纺锤形冲头 SHPB 被写入国际岩石力学学会的岩石动力学测试规范,世界范围内将有越来越多的这种装置被建造。关于这种装置的基本问题,如冲头设计、系统建造和系统校准等,都需要进行详细的阐述,以便为使用这种装置的同行学者提供指导。关于冲头设计和系统建造问题,在我们早年的研究中进行了较为详细的研究[1],并在近年来进行了发展和改进[22-26]。

在传统的用于金属材料动态测试的 SHPB 装置中,冲头形状为圆柱形。这时,系统的校正包括测量校正和透射校正[27,28],通常都以校正系数来表达。测量校正系数是理论入射应力与测到入射应力的比值;透射校正系数是测到的入射应力与透射应力的比值。但对于纺锤形冲头 SHPB 来说,冲头的不规则外形使得理论预测其冲击产生的应力波十分困难[29,30]。因此,传统用于圆柱形冲头 SHPB 的测量校正不再适用。同时,纺锤形冲头较小的端部截面使得冲头与入射杆轴向对齐变得困难。而通过前面的介绍可知,两者如果不轴向对齐,将导致应力波形畸变,这在试验中必须被识别并消除,因此纺锤形冲头 SHPB 系统的校正比传统圆柱形冲头 SHPB 系统校正更为复杂。

3.4.1　纺锤形冲头冲击速率和入射应力的关系

不同外形的纺锤形冲头,冲击后将产生不同的入射应力波。下面只对国际岩石力学学会测试规范中建议的 SHPB 冲头进行分析。冲头撞击后,应力波将在入射杆中产生并沿其传播。图 3-21(a)给出了冲头以 10m/s 撞击入射杆后在其 1/4、1/2、3/4 长度位置的表面所产生的轴向应力曲线。为了方便比较,图 3-21(b)给出了相当延续时间的等径圆柱形冲头撞击后产生的应力波形。

从图 3-21(a)可以看出,纺锤形冲头撞击后产生的是近似半正弦波的应力波形,在其传播过程中几乎没有波形弥散现象。而图 3-21(b)中,圆柱形冲头撞击后产生的矩形波则存在较大波形振荡,且由于波形弥散作用在传播过程中不断改变波形[31]。同时,在纺锤形冲头产生的半正弦波中,可以观察到防止脆性材料提前破坏的至关重要的缓慢上升波头[21-23]。

通过识别图 3-21(a)中应力波的峰值,三个应力峰值分别为 −166MPa、−162MPa 和 −158MPa,其依次降低是由于应力波衰减造成的。对于钢制的 SHPB 杆,这种由于材料阻尼造成的应力波衰减在数米距离内通常极小,可以在数据处理时忽略。最近,一些学者尝试了用多聚物等制作的 SHPB 杆来研究节理、多聚物的动态特性[30,31]。这时,波的衰

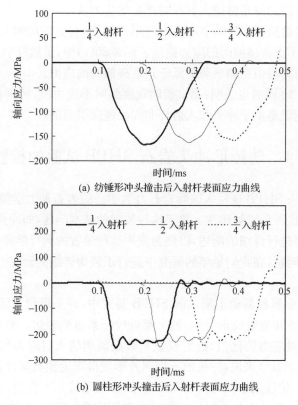

(a) 纺锤形冲头撞击后入射杆表面应力曲线

(b) 圆柱形冲头撞击后入射杆表面应力曲线

图 3-21　入射杆表面应力曲线

减十分明显,必须在数据处理时进行校正。

在圆柱形冲头 SHPB 测试中,冲头撞击在入射杆中产生的应力可以根据一维应力波理论预测如下:

$$\sigma = \rho_e C_e \dot{u} = \rho_e C_e V/2 \qquad (3\text{-}29)$$

式中,ρ_e 和 C_e 是 SHPB 杆的密度和波速;$\dot{u}$ 是应力波引起的质点速率;V 是冲头冲击速率。

式(3-29)可以把微观量和宏观量很好地联系起来,因此被广泛应用于传统 SHPB 装置的入射应力估计。但这一公式是在杆与杆碰撞中基于一维应力波理论所得,当 SHPB 中使用大杆径杆或纺锤形冲头时,该公式将不能使用。

为了弄清冲头撞击速率与其产生入射应力的关系,可进行不同速率冲头撞击试验,并监测入射杆中间表面点的轴向应力。这些应力峰值按 $|\sigma/\rho_e C_e|$ 归一化后得到与冲击速率的关系,如图 3-22 所示。由图可以看出,对于圆柱形冲头的大杆径 SHPB 装置,式(3-29)能准确预测冲头速率与产生的应力关系。当用纺锤形冲头撞击时,撞击速度和产生的应力峰值仍存在线性关系,但具有如下关系:

$$\sigma = -0.3698 \rho_e C_e V \qquad (3\text{-}30)$$

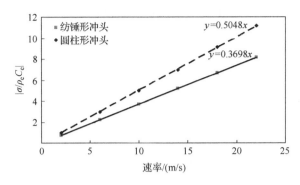

图 3-22　冲头撞击速率与其产生峰值应力的关系

3.4.2　纺锤形冲头 SHPB 系统校正步骤

从上面分析可知,纺锤形冲头 SHPB 系统与传统圆柱形冲头系统相比,有其独特的动态响应特点。尽管透射校正是两种系统校正所必需的,但由公式(3-29)理论预测所进行的测量校正则显得不适用于纺锤形冲头 SHPB 系统。纺锤形冲头 SHPB 系统试验中,由于冲头和入射杆同心碰撞在试验前较难保证,因此检查入射应力波的畸变情况显得更加重要。另外,当杆系材料阻尼较大时,应力波衰减有必要进行校正。

通常情况下,SHPB 系统由冲头、入射杆、透射杆组成,如图 3-23 所示。试验中,冲头由发射装置射出并与入射杆碰撞,通过粘贴在入射杆和透射杆中部的应变片记录应力历史,即入射波、反射波和透射波(σ_I、σ_R 与 σ_T),入射波、反射波同是由粘贴在入射杆上的应变片记录。

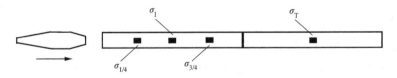

图 3-23　系统校正示意图

为了识别应力波衰减和偏心碰撞带来的波形畸变,在入射杆 1/4 和 3/4 长度位置增加两处应变片,测得的应力记录为 $\sigma_{1/4}$、$\sigma_{3/4}$。

纺锤形冲头 SHPB 系统校正可归结为以下 4 步。

(1)系统调节。调节杆系下方的支座,使冲头、入射杆、透射杆尽可能保持在同一轴线上;确保应变片等正确粘贴,应变仪可以准确采集数据。

(2)波形畸变识别。系统调节完成后,发射冲头进行空冲试验(入射杆与透射杆直接接触),采集入射杆与透射杆上的各点应力,即 $\sigma_{1/4}$、$\sigma_{3/4}$、σ_I 与 σ_T。为了区分空冲应力数据和有试样应力数据,将空冲试验得到的数据分别记为 $\sigma_{1/4}^0$、$\sigma_{3/4}^0$、σ_I^0 与 σ_T^0。

应用纺锤形冲头进行试验,测得波形应该具有半正弦波外形,其幅值可由公式(3-30)根据冲头撞击速度进行粗略估计,并且 $\sigma_{1/4}^0$、$\sigma_{3/4}^0$ 和 σ_I^0 应该非常相似。也就是说,σ_I^0 和 $\sigma_{3/4}^0$ 进行衰减校正和时间平移将得到与 $\sigma_{1/4}^0$ 一致的波形。

任何与图 3-21(a)不同的波形畸变都需要重新检查系统,原因可能出自偏心碰撞,需要重新调节系统,直到波形正常为至。

(3)测量校正。在进行纺锤形冲头 SHPB 试验时,考虑到纺锤形冲头复杂的冲击动力行为,应尽量避免理论预测结果的使用。实际上,对纺锤形冲头加载方法考虑波形衰减的测量校正已经足够。测量校正系数可以定义为

$$K_1 = \max(|\sigma_{1/4}^0|)/\max(|\sigma_{3/4}^0|) \tag{3-31}$$

那么,在正常含试样试验中,试样端部的入射应力、反射应力可以校正如下:

$$\sigma_{\text{Incident}} = \sigma_{\text{I}}/K_1 \tag{3-32}$$

$$\sigma_{\text{Reflected}} = K_1 \sigma_{\text{Reflected}} \tag{3-33}$$

(4)透射校正。透射衰减主要来自入射杆和透射杆间的微空隙所造成的应力损失。同时,应力波从试样到透射杆上应变片距离上所产生的应力衰减也会造成试验误差。综合考虑这两种影响因素,透射校正系数可以定义为

$$K_2 = \max(|\sigma_{\text{I}}^0|)/[K_1^2 \max(|\sigma_{\text{T}}^0|)] \tag{3-34}$$

测量到的透射应力应该校正为

$$\sigma_{\text{Transmitted}} = K_2 \sigma_{\text{T}} \tag{3-35}$$

3.5 半正弦波加载 SHPB 系统数值模拟

SHPB 装置是应用最为广泛的材料动态测试设备,但传统试验体系下的岩石类动态测试遇到了诸多问题,纺锤形冲头 SHPB 装置很好地解决了这些问题[32,33]。虽然这一方法在试验中被证明是可靠和有效的,且已得到国际岩石力学学会的推荐,但是由于当前试验技术的局限性,对于此系统下的关键问题,如应力波传播、试样的破坏过程以及应变率效应等的微观机理分析还比较有限。

相对而言,数值模拟能够较方便地在微观层面下揭示被测试样应力-应变特性。当前,关于 SHPB 试验的数值模拟比较有限,且主要针对采用等径冲击的传统试验体系,所采用的模拟手段也大多限于有限元[34-38]。这些模拟工作不可避免地存在一些局限性:①一般需事先人为选择或构建相应的动态本构模型,所获应力-应变关系实为所置动态本构的再现,难以对应变率效应进行机理性分析;②一般不是以对冲头冲击过程的模拟实现加载,而是以理想矩形波直接加载于杆件端头,加载波形与现实有别;③难以对试样的裂纹扩展及粉碎性破坏进行有效模拟。

与基于连续介质力学的有限元相比,离散元能够在一定程度上克服上述困难。首先,无需对材料本构做出预先假定,且由于其建立在微观力学原理的基础上,也能够方便地对岩石动态力学特性进行微观层面上的揭示[39];其次,由于其可实现接触的实时同步搜索,更易于实现对冲击加载过程的现实模拟;另外,在离散元中,裂隙的形成、贯通和发展,可通过颗粒间的联结破坏实现,这保证了对岩石动态碎裂破坏的有效模拟[40]。

本节将以纺锤形冲头 SHPB 试验系统为原型,构建基于颗粒流的数值动态测试系统,在此基础上开展动态数值模拟,对试样受载中的应力平衡、应变率变化特性、破坏的发展等方面进行考察,以检验试验的有效性,并获得对上述问题更为深入的认识[41]。最后,

结合室内动态试验对岩石应变率效应进行微观机理分析。

3.5.1　纺锤形冲头 SHPB 数值模拟系统

PFC2D 模型一般为离散圆形颗粒的集合体(或包含墙),其中颗粒为刚性体,且在很小的区域里(如点)允许存在接触。程序依据离散单元法采用显式时步循环运算规则,对模型颗粒进行循环计算。颗粒介质的运动遵循牛顿第二定律,颗粒间的相互作用则遵循力-位移定律。根据两个实体(颗粒/颗粒或颗粒/墙体)的相对位移及其力-位移固有关系计算彼此的接触力,即为力-位移定律。力-位移固有关系取决于所采用的 PFC2D 接触本构模型,主要包含接触刚度模型、库仑滑移模型和黏结模型。其中,接触刚度模型分为线弹性模型和非线形 Hertz-Mindlin 模型;黏结模型分为接触黏结模型和平行黏结模型,接触黏结模型仅能传递作用力,而平行黏结模型可以承受作用力和力矩,对于脆性岩石材料的模拟连接模型一般采用接触黏结模型[42-45]。这里,我们也采用接触黏结模型,主要微观参数为:①微观变形参数,即接触的法向刚度与切向刚度,控制着模型的宏观变形参数(弹性模量和泊松比);②微观强度参数,即接触黏结的法向强度与切向强度,与微观变形参数一起控制着模型的宏观强度特性及破坏模式。SHPB 试验利用冲头撞击杆件,在杆件中产生预期的应力波,并由其传播至试件实现加载。为此,尝试以颗粒生成杆件及冲头,并通过赋予冲头一定初始速度,实现对实际撞击过程的模拟。

从模型精度及数值计算量两方面综合考虑,模型颗粒半径选择为 $0.9 \sim 3.0$ mm,并以现实 SHPB 杆件物理参数(表 3-1)为基准,依次校验各排列下杆件模型的颗粒密度、颗粒刚度等微观参数。

表 3-1　弹性杆物理参数

参数	直径/mm	弹性模量/GPa	弹性波速/(m/s)	泊松比	密度/(kg/m³)
弹性杆	50	240	5547	0.28	7800

首先,由质量守恒定律出发,推导颗粒密度与杆件模型等效密度之间的关系如下:

$$m_{bar} = m_{particle}$$
$$\rho_b r_b L_b \delta = n_p \rho_p \pi r_p^2 \delta \tag{3-36}$$
$$\rho_p = \frac{r_b L_b}{n_p \pi r_p^2} \rho_b$$

式中,m、ρ、r 及 L 分别表示质量、密度、半径及长度;下标 b、p 分别表示弹性杆及颗粒参数;n_p 表示杆件颗粒总数;δ 表示单位厚度。

其次,通过静态数值压缩模拟确定颗粒微观变形参数。由于杆件强度相对较大,在整个冲击试验中不会发生破坏,因此模型接触黏结强度取足够大的值。最终,确定颗粒流杆件及冲头模型的微观参数如表 3-2 所示。

表 3-2　杆件颗粒的微观参数

颗粒半径/mm	孔隙率	法向刚度/(N/m)	切向刚度/(N/m)	颗粒密度/(kg/m³)	切/法向连接强度/N
$0.9 \sim 3.0$	0.012	6.86×10^{11}	2.45×10^{11}	7894.7	1×10^{100}

在以上微观参数下，以国际岩石力学学会测试规范中建议的 SHPB 纺锤形冲头（图 3-24(a)）为原型[46]，生成如图 3-24(b)所示的纺锤形冲头模型。

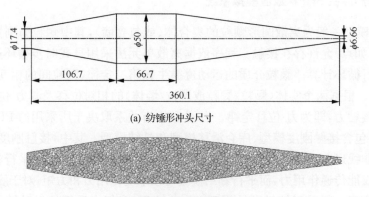

(a) 纺锤形冲头尺寸

(b) 颗粒流纺锤形冲头模型

图 3-24　纺锤形冲头尺寸及模型

为保证试验有效，SHPB 装置杆件长度需满足一定条件。依据这些条件，并以尽可能减少计算量为原则进行经验概算，最终确定入射杆长 $L_i = 1.5\mathrm{m}$，透射杆长 $L_t = 0.75\mathrm{m}$。所建模型如图 3-25(a)所示，且为监测杆中应力波的传播，在入射杆距冲击端面 $\dfrac{6L_i}{8}$，$\dfrac{5L_i}{8}$，

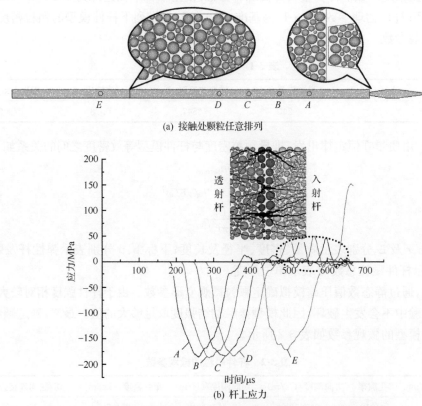

(a) 接触处颗粒任意排列

(b) 杆上应力

图 3-25　未采用改进方案的颗粒流 SHPB 数值模拟系统(文后附彩图)

$\dfrac{4L_i}{8}$，$\dfrac{3L_i}{8}$ 处(图中 A、B、C、D 处)及透射杆距其自由端面$\dfrac{3L_i}{4}$处(图中 E 处)，设置测量环。

冲击速率为 10m/s 时，所获波形如图 3-25(b)所示。冲头撞击后产生的应力波与现实波形相当，且在波的传播中也基本没有弥散现象。但由入射杆应力信号后段的突起可以判断，在入射杆中存在一个反向传播的拉伸波，而透射波幅值较入射波也明显减小，说明入射波并未完全透射进入透射杆。进一步由图中接触处的局部放大图(黑线表示颗粒间的接触压力，红线表示接触拉力)可看出，在接触界面处两杆颗粒间的传力并不均匀，部分颗粒间接触力压力很大，部分颗粒间接触压力很小甚至为零，这些入射杆端未与透射杆端接触的局部恰等效于自由反射面。因此，当入射波传播至此时，一部分透射至透射杆，而另一部分则自由反射形成图中所示的反射拉伸波。

为改善上述接触条件，作为改进方案，尝试将接触处颗粒以等径对齐排列方式生成，如图 3-26(a)所示。其中，入射杆与透射杆接触处及冲头与入射杆碰撞处，指定颗粒粒径分别为相应界面半径的 1/25 和 1/10。在此模型下冲击得到各处的应力波如图 3-26(b)所示。

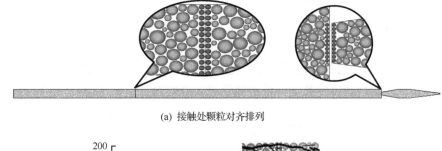

(a) 接触处颗粒对齐排列

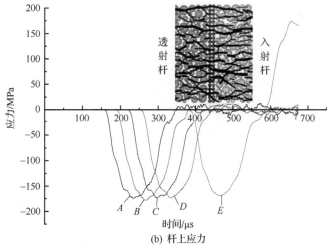

(b) 杆上应力

图 3-26　采用改进方案的颗粒流 SHPB 数值模拟系统(文后附彩图)

由图可见，入射杆应力信号未出现类似图 3-26(b)中的反射拉伸波，透射波与入射波幅值相当。从杆间接触处的局部放大图也可看出，接触处两杆颗粒间的接触力分布均匀，说明此时杆间应力波的传递完好，接触问题得到解决。

　　而将入射杆距自由端 1m 处测量得到的应力波与现实相同冲击速率下杆件相应处测得的应力波形相对比(图 3-27),可看出模拟得到的波形与现实波形基本吻合。

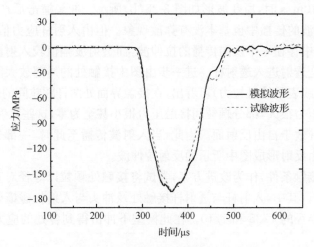

图 3-27　模拟波形与试验波形对比

　　为进一步检验该数值模型在重现岩石在 SHPB 试验中的动态响应方面的适用性,将某组微观参数(该微观参数通过仔细校验得到,具体校验过程将在后面予以介绍)下的颗粒模型所对应的数值波形与室内试验波形相比较。其中,为保证加载波在杆件与试件间的完好传播,试件两端边界颗粒同样采用等径对齐排列方式生成,如图 3-28 所示。

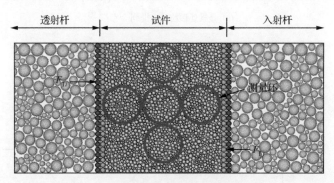

图 3-28　颗粒试样模型(文后附彩图)

　　波形的对比如图 3-29 所示。由图可见,模拟波形与试验波形大体一致,尤其在试样达到应力峰值前,两者基本重合。但同时,在峰后阶段,模拟反射波相对于试验波形上升得更快,与之相应的现象是其透射波也相对下降得更迅速。这表明,颗粒模型相较于被测花岗岩而言,在峰后具有更为脆性的力学特性。从另一角度来看,这也证明了采用纺锤形冲头实现对岩石峰后行为测试的可行性。

　　由此,数值 SHPB 系统建立完备,一方面,其加载系统可产生稳定的与现实相当的半正弦加载波形;另一方面,颗粒试样模型可具有与岩石基本一致的动态特性。

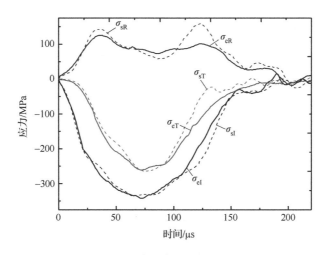

图 3-29　数值模拟与试验波形对比

下标 I、R 和 T 分别代表入射、反射和透射波；下标 e 和 s 分别代表试验和模拟波形

3.5.2　颗粒流 SHPB 动态数值模拟

在现实中，岩石的性质各异，试验中也存在一些难以避免的因素，导致结果误差，如摩擦效应、信号噪声干扰等，这些方面阻碍了对 SHPB 系统更一般性的认识。在此，为排除试验的局限性而对系统本身特性获得准确认识，以上述数值 SHPB 系统对一组具有代表性微观参数的颗粒试样进行动态分析。其中，颗粒半径为 0.3～0.9mm，孔隙率为 0.02，法向刚度和切向刚度分别为 $80 \times 10^9 \mathrm{N/m}$ 和 $40 \times 10^9 \mathrm{N/m}$，颗粒密度为 $2500 \mathrm{kg/m^3}$，法向和切向强度分别为 $100 \mathrm{MPa} \pm 50 \mathrm{MPa}$。试样半径为 50mm，长径比为 1.0。另外，这里暂不考虑摩擦效应，为将此效应分离，杆件与试样接触面处颗粒间接触的摩擦系数设置为 0，摩擦效应将单独再作分析。

1. 应力波在杆中的传播

为监测入射波信号及透射波信号，经检验分别在入射杆距与试样接触面 0.8m 处、透射杆距与试样接触面 0.1875m 处设置应力测量环，在不同冲击速率下得到的应力波信号如图 3-30 所示。

由图 3-30 可见，随冲击速率增大，入射波幅值增大，一方面，反射波幅值明显增高，即表明试样在受载中的应变率水平增高；另一方面，透射波幅值也逐渐增高，且峰值时刻提前，持续时间变短，即大致可表明试样的峰值强度增大，而受载时间越来越短。

另外，反射波存在两种不同的典型形态，即 1# 反射波尾部出现负值，而其他反射波整段均为拉伸波。进一步考察应力波的传播过程如图 3-31 所示（图中黑色表示颗粒间的接触压力，红色表示颗粒间的接触拉力）。从图中可以看出，冲击速率为 5m/s 时（图 3-31(a)），紧随反射拉伸波之后存在一压缩波的传播；冲击速率为 8m/s 时（图 3-31(b)），则无此压缩波出现。分析可得，当冲击速率较小时，试样在入射波加载段（入射波上升段）并未完全破坏，其内部储存了一定的应变能，在入射波卸载段（入射波下降段），试样应变储能

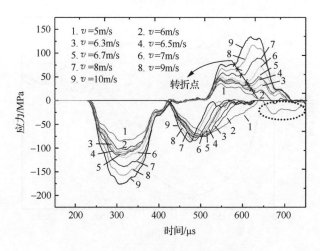

图 3-30　不同冲击速率下的应力波信号

逐步释放并传递至杆中,即发生回弹,从而形成了这种压缩波;而当冲击强度较大时,试样在入射波加载段发生破坏,其储能以动能、表面能或其他形式的能量释放,从而这种回弹压缩波将不会出现。

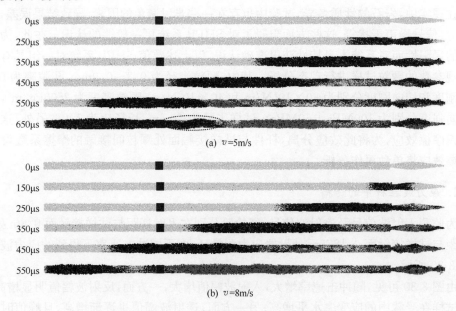

图 3-31　杆中应力波的传播过程(文后附彩图)

同时也可看出,随着冲击速率增大,反射波趋于平台状,表明试样应变率接近恒定。但是,随着冲击速率继续增大,反射波后半段出现高于前半平台段的突起,且越来越明显。这大致表明,此时应变率难以在试样这个加载段保持恒定。

2. 试样两端应力平衡

在 SHPB 试验中,很难对试样在受载中不同时刻下的轴向应力及应变直接测量,而一般以入射波、反射波及透射波信号计算得到。数值模拟中,则可利用软件内置或自定义测量函数对任一指定位置的应力及应变实现实时监测。

为此,在每一时步记录试样加载两端的颗粒与杆件颗粒的接触力,并按下式计算得到两端应力,即

$$\sigma_{SI} = \dfrac{\sum\limits_{j=1}^{N_I} F_{Ij}}{2r\delta}, \quad \sigma_{ST} = \dfrac{\sum\limits_{i=1}^{N_T} F_{Ti}}{2r\delta} \tag{3-37}$$

式中,F_{Ij}、F_{Ti} 分别为试样入射端及透射端第 j、i 个颗粒与杆件颗粒间的轴向接触力;N_I、N_T 分别为试样与入射杆及透射杆相接触的颗粒总数;σ_{SI}、σ_{ST} 分别为试样入射端及透射端的应力;r 表示试样颗粒的半径;δ 为颗粒厚度。

根据 SHPB 试验原理,试样透射端应力一般以透射波 σ_T 表达;试样入射端应力一般以入射波与反射波之和 $\sigma_I + \sigma_R$ 表达。将该理论结果分别与由直接测量得到的试样透射端应力 σ_{ST} 及入射端应力 σ_{SI} 相比较,如图 3-32 所示。

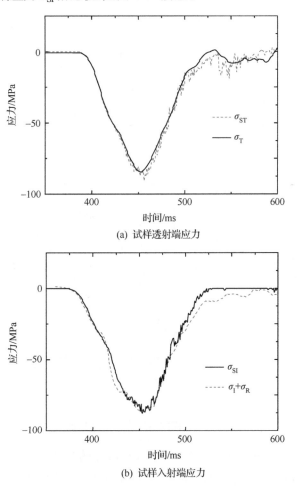

(a) 试样透射端应力

(b) 试样入射端应力

图 3-32　试样两端应力直接测量与理论计算比较

由图 3-32 可见,通过直接测量与按 SHPB 原理计算得到的试样两端应力值基本一致,从而 SHPB 原理及直接监测手段的可靠性得到相互印证。而两种两端应力确定方式相比较,直接监测方式在时间上无需平移、在应力值上无需叠加计算,在保证可靠性的前提下更为简捷、直观,因此后续试样两端应力均以直接测量方式确定。

SHPB 试验中,试样两端应力平衡的实现是保证试验结果有效的前提。为此,对直接测量得到的两端应力进行比较,并以式(3-38)计算应力平衡因子 η,用以评价试样两端的应力平衡程度。冲击速率为 8m/s 和 5m/s 时的计算结果分别如图 3-33(a)和图 3-33(b)所示。

$$\eta = \frac{2(\sigma_{SI} - \sigma_{ST})}{\sigma_{SI} + \sigma_{ST}} \tag{3-38}$$

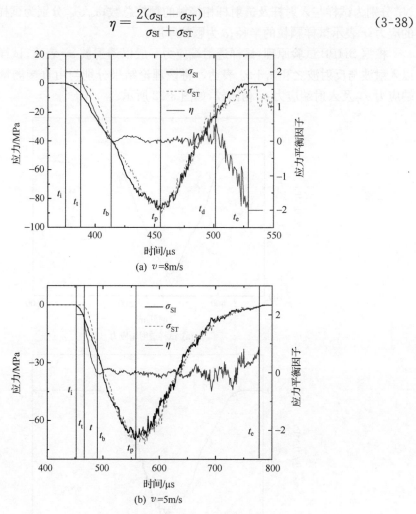

图 3-33 试样两端应力的平衡情况

当冲击速率为 8m/s 时,由图 3-33(a)可见,在试样的整个受载中应力平衡因子经历了不同阶段的变化,以各阶段起止特征时刻为参照,可对试样应力状态的演变作出如下描述:①t_i 时刻,入射波经入射杆传至试样入射端,并在接触界面发生透反射,其后透射应力波经试样继续向透射端传播,而在应力波到达端部即试样透射端受载前,σ_{ST} 为零,因此应力平衡因子维持为 2；②t_t 时刻，应力波到达试样透射端，并同样发生透反射，其后反射应力波经试样向入射端传播，由此在应力波的往复传播及接触面处的透反射作用下，试样两端应力逐渐趋于平衡，应力平衡因子也由 2 逐渐减小，并趋于零；③t_b 时刻，应力平衡因子首次最为接近零值，此即表明试样两端应力已基本实现平衡，其后在一定时间内 η 值在零值附近轻微波动，即试样两端的应力平衡状态会在一定程度上、一定阶段内得到维持；④t_p 时刻，试样两端应力达到峰值，其后应力平衡因子的波动虽较之前要更为明显，但仍能在一定时间内维持于零值附近，这表明试样在峰值时刻承载能力虽已达到极限，但在其后一定阶段内仍然能作为一个整体承受荷载；⑤t_d 时刻，应力平衡因子急剧下降，此即表明试样的整体性已遭到严重破坏，应力波难以由试样入射端传递至透射端，而由于此时入射波下降沿已到达试样入射端，即试样入射端受卸载波作用，试样入射端应力较透射端应力越来越小，应力平衡因子呈下降趋势并向负值发展，由此可见，试样的应力-应变曲线直至 t_d 时刻有效；⑥t_e 时刻，应力平衡因子降为 -2，即表明试样入射端与入射杆间已无接触力，而由于应力波传播的时间效应，试样透射端仍有部分颗粒与透射杆相互接触。

由图 3-33(b)可见，与图 3-33(a)相比，试样受载后期，应力平衡因子并无急剧下降段，这表明试样在整个受载中均能保持作为一个整体承受荷载，即试样并未完全破坏。

由此可看出，经过应力波在试样内部来回透反射至一定阶段后，试样两端应力可实现基本平衡，并在试样完全破坏(t_d 时刻)前在一定程度上维持这种平衡，也表明试样峰值过后一定阶段的应力-应变关系体现了试样的峰后行为。

3. 试样应变率

SHPB 试验中，试样应变率 $\dot{\varepsilon}$ 一般以反射波计算得到，反射波可直观反映试样在受载中应变率的变化特性；另外，PFC 中可利用测量环直接监测得到一定范围内的平均应变率，由图 3-28 中五个测量环得到的应变率平均值记为 $\dot{\varepsilon}_S$。冲击速率为 8m/s 时，两种方式确定的应变率对比如图 3-34 所示。

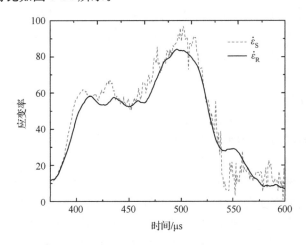

图 3-34　试样应变率时程曲线

由图 3-34 可见，$\dot{\varepsilon}_S$ 与 $\dot{\varepsilon}_R$ 形态及大小基本一致，而其中 $\dot{\varepsilon}_S$ 的振荡与离散元算法的固有

特性相关。这表明，根据 SHPB 试验原理计算及利用测量环直接测量确定试样应变率，这两种方式都是可靠的。

为进一步探讨试样在受载不同阶段应变率的变化特性，以由应力平衡因子确定的各特征时刻为时间参照，对入射波、反射波及试样两端应力时程曲线的形态进行对比分析，如图 3-35 所示。其中，为便于比较，取反射波负值作图。

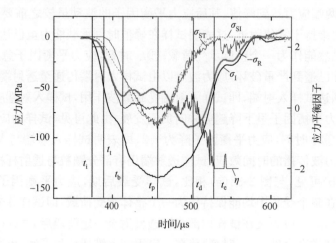

图 3-35　试样应变率变化特性

由图 3-35 可见，试样在受载中应变率的不同变化阶段与各特征时刻具有很好的对照性，结合试样受载情况可对其作出如下分析。

(1) $t_i \sim t_b$ 时间段内，试样两端应力未实现平衡，轴向惯性效应未解除，此时反射波不能直观反映试样应变率的变化情况。事实上，应力波在试样中传播的第一个来回内，反射波并无叠加，若以 λ 为界面反射系数，则 $\sigma_R(t) = \lambda \sigma_I(t)$，因此，其与入射波具有基本一致的上升沿。

(2) $t_b \sim t_p$ 时间段内，试样两端应力实现平衡，轴向惯性效应解除，反射波可直观反映试样应变率的变化情况。图中该段反射波基本平直，说明此阶段试样应变率基本恒定。需要指出的是，该平台的出现是需要条件的，本书第 2 章曾就实现试样恒应变率变形的加载条件作出讨论，并指出加载波与试样应力在时间上需具有相同的变化率才能保证试样的恒应变率变形。因此，具有一定斜率上升沿的近半正弦波，能在一定条件下实现试样的恒应变率变形。这一结论由该数值试验结果也可得到证明。

(3) $t_p \sim t_d$ 时间段内，应力平衡因子仍在零值附近波动，但波动幅度明显变大，说明应力峰值过后，此阶段内，一方面试样仍能作为一个整体继续承载；另一方面其裂隙正急剧发育扩展，并影响到试样两端应力的平衡。由于损伤的不断累积，试样等效弹性模量逐渐变小，入射端界面反射率变大。因此，虽入射波峰值过后入射能量正逐渐减小，该阶段反射波却持续攀升，试样应变率逐渐变大。但正是由于入射能量的逐渐减小，这种攀升不会无限延续，到一定阶段，影响反射量大小的这对矛盾因素发展至平衡，反射量增长将趋于缓和，攀升停止。在冲击速度较大时，反射波经历攀升后甚至出现如图 3-30 中所示 8#、9# 波形的明显平台。

另外,由图可见,试样应力峰值时刻 t_p 与反射波拐点基本对应,这表明试样内部损伤的量化累积,最终造成其宏观弹性参数的质变与试样承载能力达到极限在时间尺度上是一致的。Xia 等[47]曾对 Barre 花岗岩进行高应变率单轴压缩试验,并获得了与图 3-35 相类似的反射波形,并将反射波迅速上升的起点作为破坏点,以反射信号中初始平台的高度计算试样的应变率,与这里的数值分析结果基本一致。

(4) $t_d \sim t_e$ 时间段内,应力平衡因子急剧下降,试样两端应力平衡情况不断恶化,试样已不能作为一个整体承受荷载,但由于破坏的发展具有时间性,该阶段试样与入射杆仍有部分接触,因此应力平衡因子下降至 -2 需经历此段时间。

(5) t_e 时刻后,应力平衡因子已下降至 -2,试样入射端受力为零,入射杆与试样失去接触,从而入射波由杆端自由反射,反射波呈现出与入射波相一致的下降沿。

对照图 3-30 可以看出,受载破坏试样的反射波($2^\#\sim9^\#$ 波)均可由拐点分为两段,即平台段和上升沿段,其拐点与试样应力峰值时刻对应,且随着冲击速度的提高,反射波平台段高度逐渐增加,上升段高度增加更为明显,最终会出现三种形态:①上升段高度低于平台段高度($2^\#$、$3^\#$ 波);②上升段高度高于平台段高度($6^\#\sim9^\#$ 波);③两者高度相当。第三种情形的出现也表明,在冲击速率大小适当的情况下,试样应变率在整个受载中可保持基本恒定。

4. 试样破坏过程

由以上分析可以看出,根据应力平衡因子的变化所确定的各特征时刻,可有效地将试样受载划分为若干典型阶段。仍以冲击速率为 8m/s 的情况为例,对各特征时刻下试样的速度场、应力场(颗粒间接触力)及裂纹扩展进行分析。如图 3-36 所示,图(a)中箭头指向与颗粒速度方向一致,箭头长度表征速度大小;图(b)中红色线条代表接触拉力,黑色线条代表接触压力,线条粗细表征接触力大小;图(c)中红色线条代表张拉微裂隙,黑色线条代表剪切微裂隙。

由图 3-36 可见,t_i 时刻,试样入射端颗粒初具速度,入射端接触界面处颗粒间开始出现接触力;t_t 时刻,试样透射端颗粒初具速度,该端接触界面处颗粒间开始出现接触力,且试样入射端颗粒的速度及接触力明显大于透射端;t_b 时刻,试样颗粒的速度及接触力均匀,已出现少量微裂隙;t_p 时刻,试样内部颗粒的速度场紊乱,但两端颗粒间接触力基本一致,内部颗粒间接触力基本均匀,微裂隙数明显增多;t_d 时刻,试样颗粒速度方向发生上下分离,两端及内部颗粒间接触力不均匀,微裂隙继续增多;t_e 时刻,速度分离趋势更为明显,可看到明显的宏观裂缝,入射端颗粒间基本无接触力。另外,由颗粒速度的分离形态可判断试样的最终破坏形式为劈裂破坏,不但与试验结果相一致[33],同时也与运用 Ls-Dyna 程序和采用岩石 HJC 模型得到的试样破坏过程相一致,如图 3-37 所示[12]。

为对不同情况下试样的受载过程在时间上进行对比分析,按以上方式对不同冲击速率下的特征时刻进行提取,而由于各冲击速率下冲头击中杆件的时间起点不同,为便于比较,以各 t_i 为时刻原点,对相对时刻值进行对比分析,如表 3-3 所示。

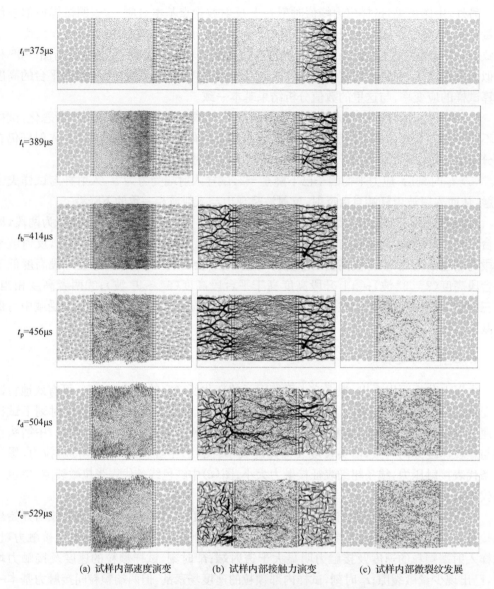

(a) 试样内部速度演变　　　　(b) 试样内部接触力演变　　　　(c) 试样内部微裂纹发展

图 3-36　冲击速率为 8m/s 时的试样受载过程(文后附彩图)

其中右端为入射端,左端为透射端

由表 3-3 可见:①不同冲击速率下,应力波由试样入射端传至透射端的时间基本一致,可推测试样波速在 3500m/s 左右;②不同冲击速率下,试样两端应力达到平衡的时间基本一致,大约为 40μs,即应力波在试样中往复 3 次;③随冲击速率增大,若试样最终发生破坏,则其应力达到峰值、失去完整性及受载结束的时间均提前。

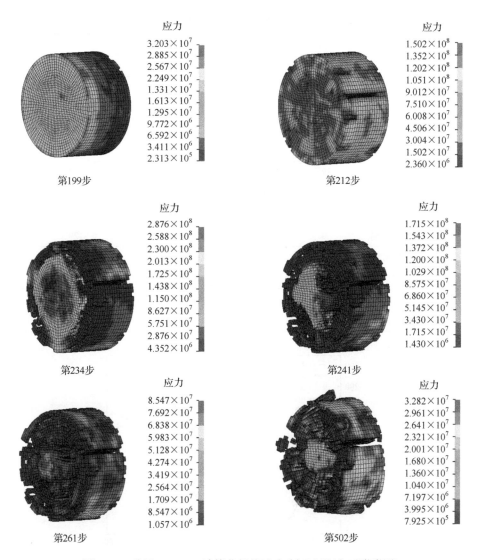

图 3-37 采用 Ls-Dyna 计算获得的试验破坏过程(文后附彩图)

长径比为 0.5,平均应变率为 152s^{-1},时间步长为 1μs

3.5.3 应变率效应的影响

1. 花岗岩的 SHPB 试验

基于以上认识,为进一步考察反射波的变化形态并对应变率效应机理作出分析,对花岗岩进行 SHPB 试验。得到的六个典型波形如图 3-38 所示,且为方便后续的模拟,以激光计时仪记录得到冲击速率。

表 3-3　不同冲击速率下的特征时刻

冲击速率/ (m/s)	时刻/μs						
	类型	t_i	t_t	t_b	t_p	t_d	t_e
5	绝对时刻	452	467	490	551	—	772
	相对时刻	0	15	38	99	—	320
6	绝对时刻	418	432	455	517	—	668
	相对时刻	0	14	37	99	—	250
7	绝对时刻	392	405	432	475	523	552
	相对时刻	0	13	40	83	131	160
8	绝对时刻	375	389	414	456	504	529
	相对时刻	0	14	39	81	129	154
9	绝对时刻	360	374	400	433	480	508
	相对时刻	0	14	40	73	120	148
10	绝对时刻	348	361	389	417	464	486
	相对时刻	0	13	41	69	116	138

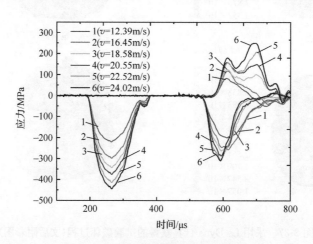

图 3-38　不同冲击速率下的试验波形

由图可见,试验波形在形态上与上述模拟结果类似,即反射波可被分为两段,呈现三种形态;且在适当的冲击速率下,反射波(3#波)在整个有效受载段呈平台状。

2. 参数校验

根据上述试验结果校验颗粒微观参数,其过程可分为两个步骤。首先,由于颗粒模型的动态与静态弹性模量区别很小,因此,以单轴抗压数值模拟校验得到微观变形参数(包括法向、切向刚度),使得颗粒模型具有与花岗岩试样一致的弹性模量与泊松比[39,44]。其次,考虑到岩石的不均质性,假定微观强度参数(包括法向、切向黏结强度)服从正态分布。由于决定模型不均匀性的切向、法向强度比及微观强度分布形态的可变化性,保证模型在某一冲击速率下具有相同的动态强度的微观强度参数会存在无限组,但模型在不同组微观强度参数下可能展现出相异的应变率效应。因此,基于图 3-38 中的 3# 波校验得到 4 组强度参数,以分析微观强度切法向之比及分布形态对应变率效应的影响,并寻求得到最佳微观强度参数。其中,校验得到的数值模型微观参数与被测花岗岩宏观静态参数如表 3-4 所示。

表 3-4　数值模型的微观参数及花岗岩试样的宏观静态参数

微观参数（基于 3# 试验波校验）					宏观参数		
颗粒半径/mm		0.3～0.9			名称	花岗岩	模型
孔隙率		0.02			弹性模量/GPa	68	68
法向刚度/(N/m)		176×10^9			泊松比	0.2	0.2
切向刚度/(N/m)		88×10^9			密度/(kg/m³)	2610	2610
颗粒密度/(kg/m³)		2664			静态抗压强度/MPa	152	231（模型 A）
参数	模型 A	模型 B	模型 C	模型 D			206（模型 B）
σ_c/MPa	220±0	150±0	265±100	200±100			201（模型 C）
τ_c/MPa	220±0	1200±0	265±100	1600±800			168（模型 D）

根据前面的讨论,在确定试样应力-应变曲线时,曲线终点以各 t_d 时刻为准;试样应力以直接测量得到的两端应力平均值表达;试样应变率以反射波从 t_b 时刻至 t_p 时刻平均应变率表示;而试样应变则利用 $\dot{\varepsilon}_S$ 对时间进行积分计算得到,如下式所示:

$$\varepsilon_S(N) = \sum_{n=0}^{N} \dot{\varepsilon}_S(n) \Delta T(n) \tag{3-39}$$

式中,n 表示计算时步数;$\Delta T(n)$ 表示时步 n 下的时间间隔。

冲击速率 18.58m/s 下试验与模拟得到的应力-应变曲线如图 3-39 所示。由图可见,在应力峰值达到前,曲线相当一致,但模拟曲线在峰后展现出了更脆的性质。而数值模型与试验结果的应力峰值的一致,保证了模型应变率效应的可比性。另外,模拟曲线的相对光滑,也进一步证明了利用纺锤形冲头对岩石进行 SHPB 试验,可减小甚至消除试验结果的振荡。

为进一步分析试验中花岗岩试样的加载破坏过程,由前述方法确定其特征时刻 t_b、t_p、t_d 分别为 37μs、74μs 和 128μs,各时刻在图 3-39 中所对应的点也已标示。试样的破坏过程则由高速摄像仪拍摄捕捉,采用的拍摄频率为 100000 帧。为便于加载时间与图片的对应,摄像仪由示波器产生的 TTL 电平信号同步触发,且以入射波到达试样的时间 t_i 为时间原点。拍摄图片如图 3-40 所示,并附有时间标示(右端为入射杆)。

由图 3-40 可见,试样表面在 48μs 前基本无变化。68～88μs 段试样经历其应力峰值,加载中心轴线上出现微细裂纹。此后,微观裂纹继续沿加载轴线传播发展,至 128μs 最终贯穿联络成一条清晰可见的线形裂纹。此时,试样的破坏已发展至宏观尺度。但由于破坏仅局限于试样表面,试样仍可作为一个整体承受荷载,其应力平衡状态所受影响较小。因此,应力-应变曲线至此刻仍有效,应力峰后曲线可反映试样动态峰后行为。

148～208μs,随着破坏进一步向试样内部发展,试样表面的裂纹发展为具有一定深度的裂隙,并最终将试样分裂为两半。由于试样完整性在此阶段被打破,试样应力平衡状态受到一定程度的影响,试样的有效性难以得到保证,尤其是对于高冲击速率下发生更为猛

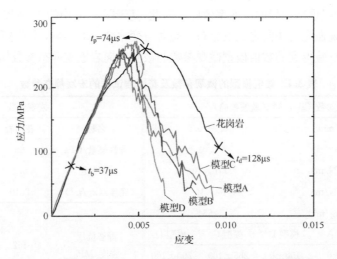

图 3-39 冲击速率 18.58m/s 下试验与模拟应力-应变曲线对比

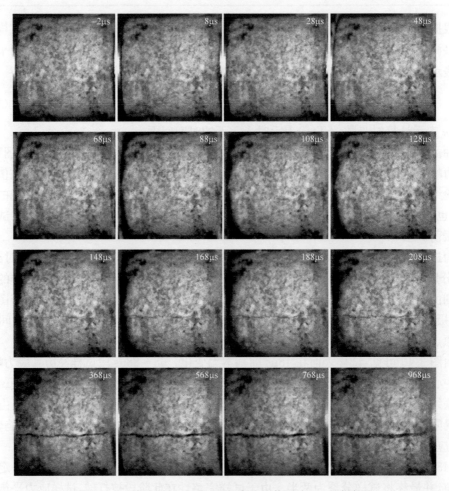

图 3-40 花岗岩试样破坏过程的高速摄像图片(文后附彩图)

烈破坏的情况。

在最后阶段(208μs 以后),试样两半分别向上下分离,其间的裂缝宽度持续增加。由此现象可见,劈裂破坏是花岗岩在单轴动态压缩下的主要破坏模式,与模拟结论一致。

3. 应变率效应的影响因素

由图 3-39 与表 3-4 可见,虽然各模型在 18.58m/s 冲击速率下岩石的动态强度一致,但其静态强度差异明显,这大致表明切法向微观强度比及其分布形态影响着高应变率对强度的增强效应。为进一步考察颗粒试样的动态响应,在上述试验中的其他冲击速率下,对各颗粒模型进行动态数值模拟,并以动态强度增强因子(DIF,动态与静态单轴抗压强度之比)来衡量试样应变率效应的强弱。除去最终未破坏的 12.39m/s 冲击速率情况,模拟与试验结果如图 3-41 所示。

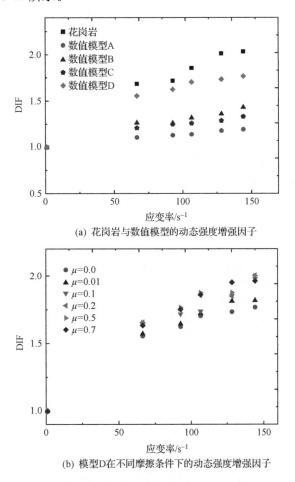

(a) 花岗岩与数值模型的动态强度增强因子

(b) 模型D在不同摩擦条件下的动态强度增强因子

图 3-41 SHPB 试验中花岗岩试样与数值模型的应变率效应

图 3-41(a)表明,动态压缩强度在试验与模拟中均随应变率增大而增大,但数值模拟中的增大趋势相对要弱,且颗粒模型间的动态强度增强因子也差异明显。为探寻各因素对应变率效应的影响机制,下面对模拟结果进行对比分析。

1) 切法向微观强度比的影响

对比模型 A 与模型 B 可知,具有更大切法向微观强度比的模型,其强度对应变率更为敏感。事实上,这一规律可归结于结构效应,即侧向约束作用。此效应在许多文献中被作为导致强度在高应变率下明显增高的主要因素[36,38,48]。基于这一效应的存在,并根据 Mohr-Coulomb 准则可推断,应变率对试样强度的影响很大程度上取决于材料强度包络线的斜率。具有更高切法向微观强度比模型的动态增强因子高,但现实中此比率存在极限,模型强度包络线的斜率也很难达到现实花岗岩的水平。因此,在仅考虑微观强度比的情况下,模型动态强度增强因子低于试验结果。

2) 不均质性的影响

与模型 A 相比,模型 C 强度分布的标准差更大,具有明显的不均质性,其应变率效应也相对大一些。这表明不均质性也是影响应变率效应的一个因素。

为保证模型具有与现实最为一致的应变率效应,模型 D 综合考虑不均质性及微观强度比的影响。结果表明,其动态增强因子与试验结果更为接近。虽由于其忽略了其他可能的影响因素而放大了二者的影响,但此结论仍可为试样动态微观参数的校验提供建设性参考。

3) 摩擦效应的影响

由于试验中摩擦效应的影响很难完全消除,考察摩擦力对试验结果的影响对认识材料真实动态特性至关重要[36]。为分析这一效应对颗粒试样动态强度变化规律的影响,图 3-41(b)给出了模型 D 在不同摩擦系数($\mu=0.0\sim0.7$)下的动态强度增强因子。从图可见,在摩擦系数大于 0.2 后,动态强度明显增强,这也可归结于接触面摩擦力提供了试样另一侧向约束所致。为减小摩擦效应,在试验中,试样端部需实现很高的润滑条件。

参 考 文 献

[1] 刘德顺,李夕兵,朱萍玉. 冲击机械系统动力学与反演设计. 北京:科学出版社,2007

[2] 刘德顺,李夕兵,杨襄璧. 冲击机械系统的波动力学研究. 机械工程学报,1997,33(4):104-110

[3] 刘德顺,彭佑多,李夕兵,等. 冲击活塞动态反演设计与试验研究. 机械工程学报,1998,34(3):82-89

[4] 刘德顺,杨襄璧,李夕兵. 冲锤—杆撞击反问题研究(Ⅰ). 中国有色金属学报,1995,5(1):14-17

[5] 刘德顺,杨襄璧,李夕兵. 冲锤—杆撞击反问题研究(Ⅱ). 中国有色金属学报,1995,5(4):157-162

[6] 刘德顺,李夕兵,杨襄璧. 截面连续变化与杆撞击的特征线数值计算法. 中南工业大学学报,1996,27(5):591-596

[7] Liu D S, Li X B. An approach to the control of oscillations in dynamic stress-strain curves. Transactions Nonferrous Metals Society China, 1996, 6(2):142-144

[8] Zhu P Y, Liu D S, Peng Y O, et al. Inverse approach to determine piston profile from impact stress waveform on given non-uniform rod. Transactions Nonferrous Metals Society China, 2001, 11(2):297-300

[9] 宋博,姜锡权,陈为农. 霍普金森压杆试验中的脉冲整形技术//白以龙. 材料和结构的动态响应. 北京:中国科学技术大学出版社,2005:109-181

[10] 张磊,胡时胜,陈德兴,等. 混凝土材料的层裂特性. 爆炸与冲击,2008,28(3):193-199

[11] Seah C C. Characterisation of the iddefjord granite for penetration studies. ISRM Workshop on Rock Dynamics, Switzerland, 2009

[12] 高科. 岩石 SHPB 试验技术数值模拟分析. 长沙:中南大学硕士学位论文,2009

[13] Kennedy L W, Jones O E. Longitudinal wave propagation in a circular bar loaded suddenly by a radially distributed end stress. Journal of Applied Mechanics, 1969, 36:470-478

［14］ Vales F, Moravka S, Brepta R, et al. Wave propagation in a thick cylindrical bar due to longitudinal impact. JSME International Journal Series A,1996,39(1):60-70

［15］ Karp B. Dynamic version of Saint-Venant's principle-historical account and recent results. Nonlinear Analysis: Theory,Method & Applications, 2005,63(5-7):931-942

［16］ Jones O E, Norwood F R. Axially symmetric cross-sectional strain and stress distributions in suddenly loaded cylindrical elastic bars. Journal of Applied Mechanics,1967,34:718-24

［17］ Bell J F. The Experimental Foundations of Solid Mechanics. New York: Spring-Verlag, 1973

［18］ Tyas A, Watson A J. A study of the effect of spatial variation of load in the pressure bar. Measurement Science & Technology,2000,11(11):1539-1551

［19］ Meng H, Li Q M. An SHPB set-up with reduced time-shift and pressure bar length. International Journal of Impact Engineering, 2003,28: 677-696

［20］ Zhou Z L, Li X B, Liu A H,et al. Stress uniformity of split Hopkinson pressure bar under half-sine wave loads. International Journal of Rock Mechanics and Mining Sciences, 2011, 48(4): 697-701

［21］ Li X B, Zhou Z L, Hong L, et al. Large diameter SHPB tests with a special shaped striker. ISRM News Journal, 2009,12: 76-79

［22］ Zhou Z L, Hong L, Li Q Y, et al. Calibration of split Hopkinson pressure bar system with special shape striker. Journal of Central South University of Technology, 2011, 18: 1139-1143

［23］ Zhou Z L, Li X B, Ye Z Y,et al. Obtaining constitutive relationship for rate-dependent rock in SHPB tests. Rock Mechanics and Rock Engineering, 2010, 43(6): 697-706

［24］ Lok T S, Li X B, Liu D S. Testing and response of large diameter brittle materials subjected to high strain rate. Journal of Materials in Civil Engineering, 2002, 14(3): 262-269

［25］ 李夕兵,周子龙,王卫华. 运用有限元和神经网络为 SHPB 装置构造理想冲头. 岩石力学与工程学报,2005, 24(23): 4215-4219

［26］ Li X B, Zhou Z L, Lok T S. Innovative testing technique of rock subjected to coupled static and dynamic loads. International Journal of Rock Mechanics and Mining Sciences, 2008, 45(5): 739-748

［27］ Bazle A G, Sergey L L, John W G J. Hopkinson bar experimental technique: A critical review. Applied Mechanics Reviews, 2004, 57(4): 223-250

［28］ ASM Institute. High strain rate testing . ASM Handbook, Mechanical Testing and Evaluation. Materials Park, 2000: 939-1269

［29］ Lundberg B, Carlsson J, Sundin K G. Analysis of elastic waves in non-uniform rods from two-point strain measurement. Journal of Sound and Vibration, 1990, 137(3): 483-493

［30］ Bacon C, Brum A. Methodology for a Hopkinson test with a non-uniform viscoelastic bar. International Journal of Impact Engineering, 2000, 24(3): 219-230

［31］ Lifshitz J M, Leber H. Data processing in the split Hopkinson pressure bar tests. International Journal of Impact Engineering, 1994, 15(6): 723-733

［32］ Li X B, Lok T S, Zhao J,et al. Oscillation elimination in the Hopkinson bar apparatus and resultant complete dynamic stress-strain curves for rocks. International Journal of Rock Mechanics and Mining Sciences, 2000, 37(7):1055-1060

［33］ Li X B, Lok T S, Zhao J. Dynamic characteristics of granite subjected to intermediate loading rate. Rock Mechanics and Rock Engineering, 2005,38(1):21-39

［34］ Bertholf L D, Karnes C H. Two-dimensional analysis of the split Hopkinson pressure bar system. Journal of the Mechanics and Physics of Solids, 1975,23:1-19

［35］ Park S W, Xia Q, Zhou M. Dynamic behavior of concrete at high strain rates and pressures: II. Numerical simulation. International Journal of Impact Engineering, 2001,25:887-910

［36］ Li Q M, Meng H. About the dynamic strength enhancement of concrete-like materials in a split Hopkinson pressure bar test. International Journal of Solids and Structures,2003,40(2):343-360

[37] Cotsovos D M, Pavlović M N. Numerical investigation of concrete subjected to compressive impact loading. Part 2: Parametric investigation of factors affecting behaviour at high loading rates. Computers & Structures, 2008, 86(1-2):164-180

[38] Lu Y B, Li Q M, Ma G W. Numerical investigation of the dynamic compressive strength of rocks based on split Hopkinson pressure bar tests. International Journal of Rock Mechanics and Mining Sciences, 2010, 47(5): 829-838

[39] Potyondy D O, Cundall P A. A bonded-particle model for rock. International Journal of Rock Mechanics and Mining Sciences, 2004,41(8):1329-1364

[40] Hazzard J F, Young R P, Maxwell S C. Micromechanical modeling of cracking and failure in brittle rocks. Journal of Geophysical Research, 2000,105(B7):16683-16697

[41] Li X B, Zou Y, Zhou Z L. Numerical simulation of the rock SHPB test with a special shape striker based on discrete element method. Rock Mechanics and Rock Engineering,2014,47(5):1693-1709

[42] Read R S. 20 years of excavation response studies at AECL's Underground Research Laboratory. International Journal of Rock Mechanics and Mining Sciences,2004,41(8):1251-1275

[43] Deluzarche R, Cambou B. Discrete modelling of rock-ageing in rockfill dams. International Journal for Numberical and Analytical Methods in Geomechanics, 2006,30:1075-1096

[44] Wang Y N, Tonon F. Modeling Lac du Bonnet granite using a discrete element model. International Journal of Rock Mechanics and Mining Sciences, 2009,46(7):1124-1135

[45] Diederichs M S, Kaiser P K, Eberhardt E. Damage initiation and propagation in hard rock during tunnelling and the influence of near-face stress rotation. International Journal of Rock Mechanics and Mining Sciences, 2004, 41(5):785-812

[46] Zhou Y X, Xia K, Li X B,et al. Suggested methods for determining the dynamic strength parameters and mode I fracture toughness of rock materials. International Journal of Rock Mechanics and Mining Sciences, 2012, 49: 105-112

[47] Xia K, Nasseri M H B, Mohanty B, et al. Effects of microstructures on dynamic compression of Barre granite. International Journal of Rock Mechanics and Mining Sciences, 2008,45(6):879-887

[48] Janach W. The role of bulking in brittle failure of rocks under rapid compression. International Journal of Rock Mechanics and Mining Sciences & Geomechanics Abstracts,1976,13(6):177-186

第 4 章　动静组合加载与温压耦合试验技术

动静组合加载模式是我们针对深部岩体工程的受力特征在 2001 年的香山科学会议上提出并发展起来的[1-3]。在诸如深部开采等工程领域，岩体不但承受着自身岩体的地应力作用，同时开挖过程中的应力调整、爆破加载和开挖卸载使得岩石同时受到动力扰动的作用，是一种典型的动静组合加载受力模式。深部开采岩石所处的应力状态可用图 4-1 来描述，对其进行简化可得到如图 4-2 所示的两种力学模式，即同轴动静组合加载模式和围压下动静组合加载模式。矿柱的受力状态显然可用图 4-2(a)所示的同一方向上的动静组合加载来模拟。虽然国内外就岩石在静载或动载下的力学特征进行了大量研究，也研制出了各种不同加载率下的试验设备，然而由于岩石的非线性，人们有必要研究岩石在动静组合加载下的力学特征。因此，开发和研制岩石动静组合加载试验设备显得尤为重要。另外，深部岩体，特别是像南非金矿开采所达到的地表以下 5000 多米深度的岩体，由于地温随着深度的增大而升高，所以温度对动静组合载荷下的岩体特性影响将是不可忽视的。本章将主要总结和介绍近年来我们开发的适用不同加载条件下的动静组合加载与温压耦合试验技术[2,3]。

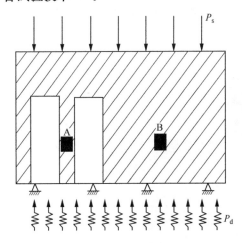

图 4-1　深部开采岩石受力示意图

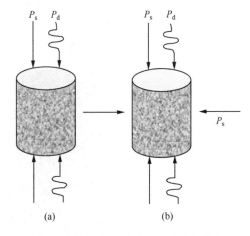

图 4-2　深部岩石的两种典型受力模式

4.1　岩石动静组合加载试验技术

动静组合加载模式为探索深部岩体特征提供了一种新的试验方法和思维方式，然而现有的设备只能进行单一动载或单一静载下的试验，因此很有必要研发岩石在承受高静压条件下再施加微扰或强动载荷的试验设备。

4.1.1 静载与微扰组合加载试验技术

静载与微扰组合加载是指在试件上先加一个静载 P_s,然后在此基础上加上一个诸如正弦波形的动载小扰动 $P_d(t)$,在组合加载的总载荷 P 的共同作用下使其破坏。加载模型如图 4-3 所示[4]。

$$P(t) = P_s + P_d(t) \tag{4-1}$$

式中,$P_d(t) = P_m \sin \omega t$,$P_m$ 为正弦波的幅值。

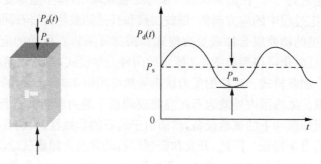

(a) 动静组合加载试样示意图　　　　　(b) 一维动静组合加载波形示意图

图 4-3　一维动静组合加载模型

静压与微扰组合加载的主体加载设备是 Instron 电液伺服材料试验机,如图 4-4 所示。试验中应用低频疲劳试验控制软件 SAX 来模拟岩石材料的动态应力波加载,动态数据采集与记录采用江苏东华测试技术开发有限公司生产的 DH-5932 数据采集记录分析仪以及 DH-3840 可编程应变放大器。

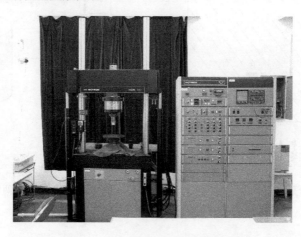

图 4-4　一维动静组合加载测试系统

1. 试验方法和步骤

所有试件的测试均采用连续加载方式由计算机自动控制,计算机软件的操作在 Windows 中文视窗下进行。对量测数据实行实时同步连续采样、存储,由计算机自动完整地记录试件受力与变形的全过程。

试验采用载荷控制方式。试验步骤如下所述。

(1) 将试件放在试验机工作平台上的加载压头之间,使试件轴线与试验机轴线重合。

(2) 竖向试验参数设置:设置的参数包括动载波的波形(正弦波)、周期数、频率、数据采样频率(动态试验,采样频率设置为 5kHz)和动力幅值(一次性压坏试验,按超过试件的估计强度值设置;循环加载试验,要设置动载荷的上下限值,上限值按试件的估计强度值的 80% 左右设置)。此处包括两种试验,即一次性压坏试验和疲劳循环加载试验。一次性压坏试验的设置与疲劳试验有很大的区别,要求加载周期数小、幅值大。

(3) 设置极限保护,以保障设备安全。

(4) 利用微调按钮,在试件上加所要求的竖向静载荷 P_s,并保持稳定,然后输入动态加载指令,对试件施加动载 $P_d(t)$,使试件在动静载荷的共同作用下发生破坏,同时记录和采集试验数据。

2. 试验结果与数据分析

试验中将测得的每一个试件的数据分别处理成载荷-位移,载荷-时间,轴向应变、侧向应变-时间的关系,制成图和表;然后,按预静载的不同类,将每一类的试验数据取平均值,再绘制出平均值的应力-应变曲线;计算出各种基本力学参数的平均值,汇总成表。

考虑到工程实践中常遇到的情形是处于双向静应力下的岩石因动载作用而破坏,因此,在一维动静组合加载测试系统基础上,我们又开发了二维动静组合加载测试系统,即在原有一维动静组合加载测试系统上增加了一个水平侧向加载装置,以实现二维动静组合加载,如图 4-5 所示[5]。

图 4-5　水平静压加载装置

1-试样;2-Instron1342 的作动器;3-油泵;4-加载盒;5-Instron1342 的压头

4.1.2 基于 SHPB 的动静组合加载试验系统

为实现试样的动静组合加载,对普通 SHPB 装置,可考虑在入射杆、试样与透射杆这一局部施加满足工程实际的轴向静压力,同时保留端部冲头冲击作用面。这样,试样的组合加载在理论上讲是能实现的。如图 4-6 所示,如果采用机械中常见的液压机构在入射杆和透射杆两端施加轴压,或在试样上施加周向静压(围压),同时又不影响冲击发射机构施加冲击载荷,即可实现 SHPB 装置的组合加载,这在机械加工上完全可行[6]。

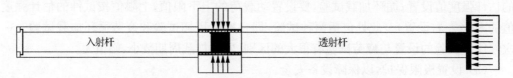

图 4-6 用 SHPB 原理实现试样组合加载示意图

1. 组合加载试验系统的理论可行性

由 SHPB 改造的动静组合加载装置,虽然在机械制造上是可行的,但此时,较高轴压下杆件与试样是否满足装置赖以存在的应力波传输理论,仍需要加以探讨。

图 4-7 给出了弹性杆中微元体在轴向静压和冲击动载组合作用下的受力与变形情况。

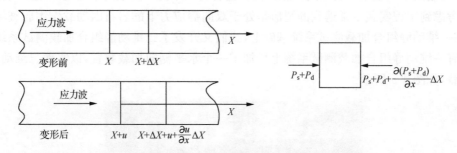

图 4-7 动静组合受载杆中微元体在应力波作用下的形变

在系统轴向静压小于弹性杆的屈服极限的情况下,对于圆柱杆,其密度和弹性模量可认为不发生改变。假定弹性杆的长径比足够大,则杆在加载过程中横截面保持为平面,从而可以得到微元体在静压 P_s 和动载 P_d 组合作用下的受力和变形关系,即

$$-\frac{\partial(P_s+P_d)}{\partial x}\Delta x = \rho A \Delta x \frac{\partial^2 u}{\partial t^2} \tag{4-2}$$

式中,A 为杆的横截面积;ρ 为杆的密度;u 是微元受力后在 x 处的位移;P_s、P_d 分别为静载荷与动载荷。

根据应力、应变定义及胡克定律,可得

$$\sigma = \frac{P_s+P_d}{A} \tag{4-3}$$

$$\varepsilon = -\frac{\partial u}{\partial x} \tag{4-4}$$

$$\sigma = E\varepsilon \tag{4-5}$$

轴向静压在整个长度方向不随时间改变,即

$$\frac{\partial P_s}{\partial x} = \frac{\partial P_s}{\partial t} = 0 \tag{4-6}$$

综合以上各式,得

$$\rho \frac{\partial^2 u}{\partial t^2} = E \frac{\partial^2 u}{\partial x^2} \tag{4-7}$$

式(4-7)与经典一维波动方程一致,这说明弹性杆及试样在承受动静组合加载时,应力波理论同样适用。

2. 动静组合加载试验系统

利用液压机构施加静压力的基于 SHPB 原理的岩石动静组合加载试验系统如图 4-8 所示。

(a) 围压装置

(b) 轴向静压装置

图 4-8　动静组合加载试验系统

试验系统的结构布置如图 4-9 所示,整个系统有应力波发生装置、应力传递机构、轴向静压加载装置、围压装置和数据采集处理单元组成。试验时,试样首先在轴压加载装置和围压装置的作用下产生工程需要的静态载荷,然后启动应力波发生装置,冲头撞击弹性杆,产生一定形状的加载应力波,应力波沿输入杆传播,在试样与弹性杆界面发生反射和透射,反射应力波折回输入杆,透射应力波继续前进,进入输出杆,应变仪通过粘贴在输入杆和输出杆上的应变片采集瞬态信号,并将信号传入微机系统进行处理,进而得到试样的各类参数。

轴向静压加载装置如图 4-10 所示,主要由油缸、活塞与液压油进出口组成,油缸通过进油口与手动泵相连。加压和卸压由手动泵控制,当需要加压时,与油缸左室相连的手动泵工作,活塞右行,对试样施加轴向静压;当一次试验完毕,与左室相连的手动泵卸压,与

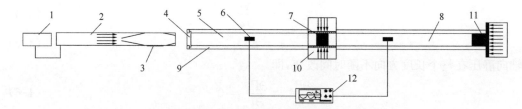

图 4-9　动静组合加载试验系统结构示意图

1-高压气罐；2-高压气室；3-冲头；4-轴压装置前端；5-输入杆；6-应变片；7-试样；8-输出杆；
9-轴压加载框架；10-围压装置；11-轴压加载部件；12-数据采集处理单元

右室连接的手动泵工作，活塞左行达到原始位置，等待新一轮试验的开始。轴向静压加载装置通过外联框架将轴压施加到输入杆和输出杆的两端。利用该装置所达到的轴向静压在理论上可以达到活塞及弹性杆的屈服强度，试验中研究地下深部数千米范围内应力，因此加压范围一般在 0～200MPa。

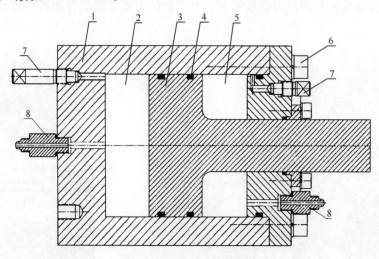

图 4-10　轴向静压加载装置

1-油缸；2-油室 1；3-活塞；4-密封圈；5-油室 2；6-固定螺栓；7-排气口；8-进油口

围压装置如图 4-11 所示，主要由油缸、隔油橡胶套、液压油进出口、支座等组成。在进行高轴压、高围压和高动载组合加载试验时，为保护弹性杆端部不致受损，需要在弹性杆与试样间放置保护头。围压的加卸通过与油缸相连的手动泵控制，当需要围压时，启动手动泵，液压油从进油口进入油腔，腔内气体由排气孔排出，当余气排完时，关闭排气孔，油腔内压力开始增加；当油压达到所需要的压力时，关闭进油口；试验完毕，打开进油口，油压腔内液压油流回油泵。满足工程应用的压力范围也为 0～200MPa。

试样轴向静压与围压的获取通过常用的液压表实现，根据试验所需静压大小，可以选择不同量程的液压表。本试验系统旨在研究地下数千米深度范围内岩石的力学特性，因此 0～200MPa 量程的液压表足够进行所有试验。通常液压表在计数处于量程中位时具有较高的精度，实际操作中，可根据研究目的的不同选择不同量程的液压表，使所关心的压力值处于液压表量程的中部。比如，在研究地下 1000m 深处岩石的力学特性时，由于

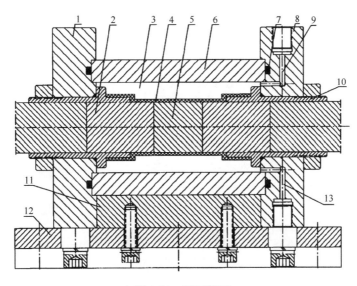

图 4-11　围压装置

1-框架；2-保护头；3-油室；4-隔油橡胶套；5-试样；6-油缸；7-密封圈；8-压力表接口；
9-排气孔；10-钢圈；11-垫块；12-底座；13-进油口

此处岩石的自重应力在 30MPa 左右,则选用最大量程 60～80MPa 的液压表比较合适。

同时,如果轴向静压加载装置的加载活塞端部与输入杆截面有差异时,还须进行一定的压力校正。

3. 动静组合加载试验步骤

进行加轴压的动静组合冲击试验时,先把试样放入入射杆和透射杆中间并对紧,把吸收杆放入透射杆和轴向活塞中间。需要加压时,首先排净右边油室内的气体,然后开始控制手动泵进行加压,活塞会向左方移动,移动到一定位置开始与吸收杆接触。此时,需要仔细检查入射杆、岩石试样、透射杆以及活塞是否在同心轴线上。如果有偏差,则会在后续的加压过程中发生偏心现象,导致轴向受力不均,甚至会把吸收杆挤崩,则发生试验事故。之后,按照试验要求利用手动泵加压到指定标准,具体的轴压数据可以通过手动泵上的压力表读出。当试验完毕后,手动泵卸压,活塞右行达到原始位置。该装置的轴向静压在理论上可以达到活塞及弹性杆的屈服强度,而在具体试验中主要是为了模拟地下深部数千米范围内应力,因此加压范围一般在 0～200MPa。发射腔内放置"纺锤形"子弹冲击,利用产生的半正弦应力波可以实现恒应变率加载。

图 4-12(a)、(b)分别是动静组合加载试验前冲空和放置岩石试样冲击所记录下来的应力波形。图 4-12(a)显示利用"纺锤形"冲头进行冲击,可以得到比较好的半正弦形状应力波,透射杆中采集到的透射波形状以及应力波持续时间和峰值都没发生很大变化。图 4-12(b)是动静组合冲击加载过程中记录的波形,从图中看出,反射波存在一段较好的平台,可以认为试样在加载过程中达到了恒应变率变形。

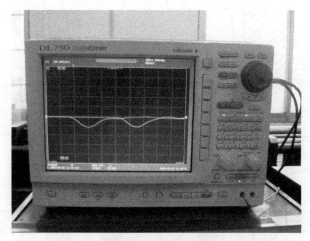

(a) 试验前冲空的应力波形

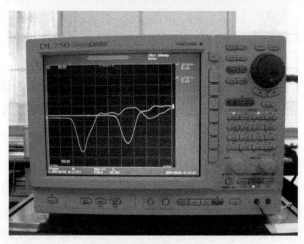

(b) 试验中记录下来的应力波形

图 4-12 一维动静组合加载试验的应力波形

4.2 温压耦合岩石动载试验装置与技术

针对我国目前还没有高温岩石试样冲击试验的加热装置这一现状,自行研制的温压耦合岩石动力扰动试验系统是由原有 SHPB 装置外加一套加热装置组合而成。目前,高温 SHPB 试验的加热方式有多种,包括电阻炉加热法、微波加热法和红外加热法(热辐射法)等。这一温压耦合岩石动力扰动试验系统所用加温方法是传统的电阻炉加热法,试验最高温度能达到 850℃,具有实现岩石试样不离开热源,保证试样与入射杆、透射杆精确对齐,并能有效防止破碎岩块击坏加热炉内罩的功能[7]。

4.2.1　温压耦合作用下岩石动态试验装置

1. 温压耦合岩石动力扰动试验原理

岩石的温压耦合与动力扰动组合试验原理如图 4-13 所示,试件在不同的温度场中受到静载 P_s 作用,在此基础上加一个正弦波形的动载 $P_d(t)$,在三者共同作用下使岩石试样破坏。

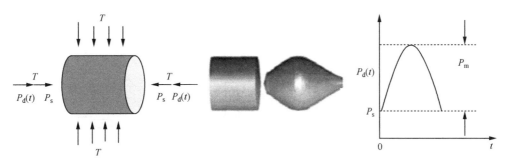

图 4-13　加载原理

2. 温压耦合岩石动力扰动试验系统组成

温压耦合岩石动力扰动试验系统是在动静组合加载 SHPB 装置上安装一个加热装置,主要由应力波发生装置、轴向静压加载装置、加温炉及温控装置、弹性杆及数据采集等几部分组成,如图 4-14 所示。其中,加热炉炉壳用不锈钢板制成,加热炉膛采用耐火材料碳化硅制成 $\phi100\text{mm}\times150\text{mm}$ 的圆柱形,四周绕有加热元件 OCr27Al7Mo2 高电阻电炉丝,炉膛与炉壳之间用高铝泡沫砖、保温棉砌筑成保温层。为减少炉口热损失,提高炉膛内温度均匀性,在炉口两端各安放一块可上下移动的耐火材料制成的挡热板,其额定功率为 1.5kW,最高加热温度可达 850℃。

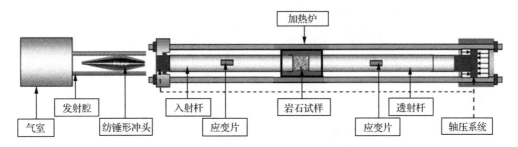

图 4-14　温压耦合作用下岩石冲击试验系统

加热装置主要由调节滑道、定位螺柱、电阻丝、找平螺栓、支架、电源开关、可调保温仓门、热电耦出入孔、加热腔、碳纤维增强合金筒和保温仓组成,如图 4-15 所示。温度控制采用 KSY-4D-T 智能温度控制器(PID 调节),如图 4-16 所示。通过松开定位螺柱,可调保温仓门可沿调节滑道上下移动,方便冲击设备中入射杆、透射杆和试样自由进出加热腔;安装在支架上的四个找平螺栓可上下旋动,保障入射杆、透射杆与试样中心对齐,并在端面间保持完好接触;在打开电源开关开启加热装置后,电阻丝发热,加热腔温度升高,通过调节温度指示与控制盘、电压控制旋钮和电流控制旋钮,使加热温度达到预定值;热电偶根据加热腔长度特制而成,一端通过热电耦出入孔进入加热腔进行腔内温度感应,另一端与温度指示与控制盘连接,显示加热腔内的实时温度;加热腔外的碳纤维增强合金筒具有耐冲击、耐高温特性,可有效防止高温岩石试样在冲击作用下破碎块体的高速冲撞;最外部的保温仓可有效防止加热腔内热量散失,并与外界起到热隔离作用。

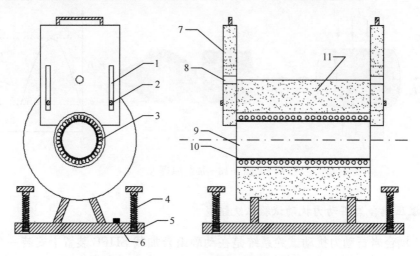

图 4-15　岩石冲击试验的试样加热装置剖视图
1-调节滑道;2-定位螺柱;3-电阻丝;4-找平螺栓;5-支座;6-电源开关;7-可调保温仓门;
8-热电偶插入孔;9-加热腔;10-碳纤维增强合金筒;11-保温仓

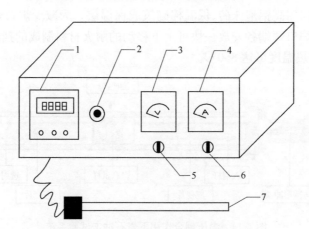

图 4-16　加热腔温度监测与控制仪
1-温度指示与控制盘;2-电源接通显示灯;3-电压指示盘;4-电流指示盘;5-电压控制旋钮;6-电流控制旋钮;7-热电耦

4.2.2　试验方法与操作过程

该试验系统的工作过程为:岩石高温冲击试验开始之前,将本系统试样加热装置放于

SHPB 试验台上,将可调保温仓门沿调节滑道向上提起,用定位螺柱暂时固定;将试样放入加热腔中部,调节入射杆和透射杆的位置,使其与试样端部初步对齐;通过调节加热装置下部支架上的四个找平螺栓,达到试样与入射杆、透射杆的精确对齐和完好接触;松开定位螺柱,放下可调保温仓门,使其口部尽可能接近入射杆、透射杆顶部,但又不影响两个杆的来回自由移动,标记出此时可调保温仓门的高度;退出入射杆和透射杆,关闭可调保温仓门,通过热电偶出入孔插入热电偶,同时打开 SHPB 装置数据采集处理系统,设置好采集参数;接通电源,启动加热腔温度监测与控制仪(图 4-16),通过调节温度指示与控制盘、电压控制旋钮和电流控制旋钮,使加热温度达到预定值,恒温保持 30min,使试样均匀受热;取出热电偶,迅速提起可调保温仓门到已有标记高度,快速滑动入射杆和透射杆,使其与试样紧密接触,移动吸收杆,使其与透射杆紧密对心接触;发射冲头,冲头撞击入射杆产生应力波,应力波传入试样,并通过透射杆传入吸收杆;数据采集处理系统通过应变片捕获入射杆和透射杆上的应力波信号,完成数据采集。

该试验系统的主要优点在于:针对岩石冲击破裂过程中高速碎块的剧烈崩射特点,采用碳纤维增强合金筒作为加热腔的内壁,有效地防止了加热腔的击坏与击穿;通过在试样加热装置的支架上安装找平螺栓,实现了试样与入射杆、透射杆的精确对齐和完好接触;通过在加热腔两端安装可调保温仓门,避免了入射杆、透射杆在出入加热腔时热量的大量散失,保证了试样的恒温状态。

4.3　动静载荷耦合破碎岩石试验系统

目前广泛应用于矿山开采的钻、采机械有凿岩机、电煤钻、潜孔钻机、牙轮钻机、全断面天井钻机、竖井钻机和截煤机、联合掘进机等。这些破岩机械分别采用不同的外加载荷形式。其中,凿岩机为冲击载荷型;电煤钻、截煤机和软岩(煤)联合掘进机属于静态轴向力＋切向力型;潜孔钻和具有外回转转钎机构的凿岩机属于静压＋冲击型,其静压作用比较小,主要靠冲击载荷的作用;牙轮钻和部分硬岩全断面钻(掘)机则可列入静压、冲击＋切削力型,其冲击力相对较小,且是由刀具被动产生的。进一步分析国内外所研制的模拟试验装置,不难看出,这些装置只能进行单一的静态或动态加载,不能实现动静组合加载。围绕上述机械所做的各种破岩试验,不外乎是单一静态试验或动态试验,并且主要是围绕在单一压入或冲击载荷下的岩石破裂特征及其相应的最优加载参数上展开的。为了进行变参数条件下的静压＋冲击-切削组合的破岩试验,我们研制和开发了多功能的岩石破碎试验台[8,9]。

4.3.1　动、静载荷耦合破碎岩石试验原理

试验时将刀具置于岩石表面,通过三个不同的加载装置分别对刀具施加垂直静载荷、冲击载荷和水平切削力,岩石因受竖向压力 F_s、冲击力 F_t 和水平切削力 F_c 的共同作用而破碎(图 4-17)。若垂直静压很小,只能使刀尖贴近试样表面,则试样只受垂直方向的冲击载荷和水平切削力的作用,此时破岩模式属于冲击-切削破碎;若垂直静压可变且不能忽略,则其破岩模式属于冲击＋静压-切削破碎。相反,若水平切削力小到只能使刀具断

断续续地前进,而不参与实质性破岩,则其破岩模式为冲击-静压破碎。类似地,若冲击力或静压力为零,则属于静力压入或冲击压碎试验。

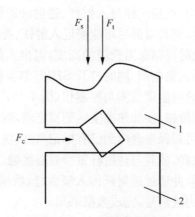

图 4-17 试验加载原理图

F_s-静压;F_t-冲击动压;F_c-切削力;1-刀具;2-岩样

4.3.2 动、静载荷耦合破碎岩石试验装置

动、静载荷耦合破碎岩石试验装置如图 4-18 所示。该装置主要由液压加载装置、切削装置、落锤冲击装置、刀具及夹具装置和测试系统等部分组成。

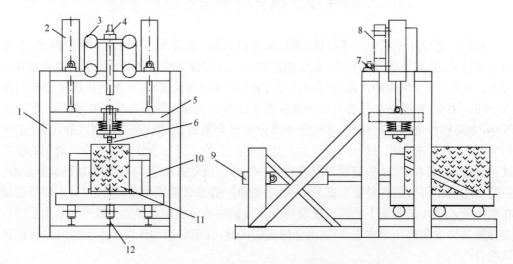

图 4-18 动、静组合载荷破碎岩石多功能试验台结构图

1-机架;2-轴向加压油缸;3-冲击杆传动装置;4-冲击杆;5-升降横梁;6-刀具夹;7-冲击调速电机;
8-皮带传动装置;9-平移(切削)油缸;10-轨轮车;11-岩样;12-导轨

1. 竖向静压加载装置

静压加载装置主要由机架、升降横梁和施加轴向载荷的油缸等组成。两个垂直油缸一端铰接于机架的上横梁,另一端对称铰接于升降横梁上。通过油泵加(卸)压,由活塞杆

推动横梁下降(上升),将静压加载于刀头上(或将刀头提起)。升降横梁上可布置一个或多个切削刀具,实现单刀凿入或多刀同时凿入。轴向压力可调,最大达440kN。作用在刀头上的实际载荷(含升降横梁自重)由应变片(电桥)及相应的测试系统实测确定。由于刀具横向位置相对固定,试样移动由水平推进油缸实现。

2. 水平切削装置

水平切削装置由机架、水平推进油缸、轨轮车和导轨等组成。岩石装载于轨轮车上,由铰接于小车上的水平油缸通过油泵加(卸)压,推动(回拉)轨轮车在导轨上作水平移动,产生相对于刀具的切削运动。当刀具压入岩石时,该装置给刀具施加水平切削力。调节油压大小可调节切削力的大小,调节供油量大小可调节切削速度。在单刀切削情况下,借助千斤顶或人工横移岩石获得所需切削间距。最大水平推力达220kN。

3. 液压加载装置

液压加载装置的液压系统如图4-19所示。竖向液压加载系统是由油箱、滤油器、电动机、齿轮泵、单向阀、溢流阀、压力表、电液换向阀、分流集流阀、液控单向阀、垂直油缸、手动换向阀等组成。垂直油缸的油压由溢流阀调节以提供不同的轴压,使加载载荷达到设定值。而定侵深的试验情况,刀具的入侵深度由液压锁保证。水平液压加载装置则由油箱、滤油器、电动机、齿轮泵、单向阀、溢流阀、油压表、手动换向阀、单向调速阀、水平油缸等组成。切削力的大小是通过溢流阀进行调节。在调节切削力的同时,可通过调节单向调速阀调节轨轮车行走的快慢。岩石的冲击间距由调速电机调节冲击频率以及调节轨

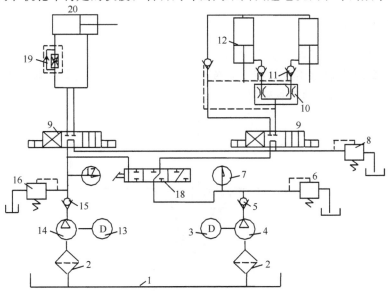

图 4-19　液压系统

1-油箱;2-滤油器;3-电动机;4-齿轮泵;5-单向阀;6-溢流阀;7-压力表;8-背压阀;9-电液换向阀;10-分流集流阀;
11-液控单向阀;12-垂直油缸;13-电动机;14-齿轮泵;15-单向阀;16-溢流阀;17-油压表;18-手动换向阀;
19-单向调速阀;20-水平油缸

轮车的速度共同控制。在一定的冲击频率下,当轨轮车运行速度慢时,冲击间距小;反之,则冲击间距大。

4. 冲击加载机构

冲击加载机构或冲击杆传动装置如图 4-20 所示。该装置主要组成部件为机体、调速电机、皮带传动机构、齿轮传动机构、链轮传动机构、托销、冲击杆(锤)、配重等。它由调速电机通过皮带传动和齿轮传动驱动链轮回转,由链轮带动链条回转。在链条上配有托销,当托销跟随链条上升时由它托起十字形冲击杆上升,当它运动至最高位置时,托销与十字形冲击杆的横杆脱离,让冲击杆自由下落,冲击刀具杆以及与其下端连接的切削刀头,将冲击力传递给刀头,实现对岩石的冲击破碎。十字形杆上端可加不同质量的配重,用于增加冲击杆的质量,来调节冲击能的大小;此外,还可通过调节升降横梁的位置、十字形冲击杆或刀具杆的长度等途径来改变冲击高度,并调节冲击能的大小;冲击能的大小既可按自由落体或波动理论计算,也可由应变片和电测系统测定。冲击频率由调速电机调节,这使本装置可提供不同能级和不同频率的冲击。

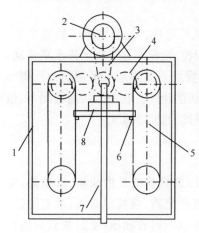

图 4-20　冲击加载机构原理

1-机体;2-调速电机;3-皮带传动机构;
4-齿轮传动机构;5-链轮传动机构;6-托销;
7-十字形冲击杆(冲锤);8-配重

5. 刀具安装机构

刀具安装机构如图 4-21 所示。该装置通过法兰盘及螺栓固定在升降横梁上,主要由刀头、碟形弹簧、刀具杆等组成。在升降横梁板上可安装多把刀具同时切削岩石,也可变换刀具夹,安装滚刀或其他刀具破岩。

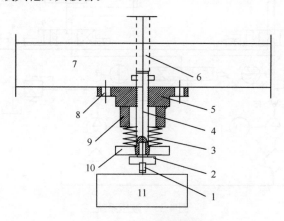

图 4-21　刀具安装机构

1-PDC 或硬质合金;2-刀头;3-碟形弹簧;4-刀具杆;5-法兰盘;6-冲击杆;7-升降横梁;
8-连接螺栓;9-传感器(分别测量静载及冲击应力波);10-碟形弹簧垫板;11-岩石

6. 测试系统

多功能试验台的测试系统如图 4-22 所示,它包括静态测试和动态测试两套系统。静态测试内容包括轴向静压力和水平推力,动态测试内容包括冲击产生的入射应力波和反射波。通过两个自制测力传感器,分别测试刀具水平切削力和轴向压力;在刀具连接杆和冲击杆上分别粘贴有应变片,测量冲击入射应力波和反射波。

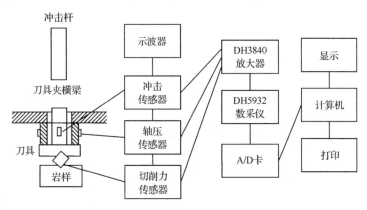

图 4-22　数据采集系统框图

4.3.3　试验装置可行性验证

为了验证该试验装置的可行性,我们通过改变轴压、冲击能、水平切削力、刀具角度和切削速度,在试验装置上对花岗岩、砼块试件进行了不同加载条件下的破岩模式试验。图 4-23反映了不同强度的岩石在静压-切削破岩模式下的结果,三种试样的切削深度均随静压的增加而增加,但强度大的岩石增长慢,强度低的岩石增长快。图 4-24 是花岗岩和砼块在静压＋冲击-切削破岩模式下其冲击能对切深的影响曲线。由图可见,花岗岩的切深随冲击能的增加比低强度的砼块的增加速率要慢。

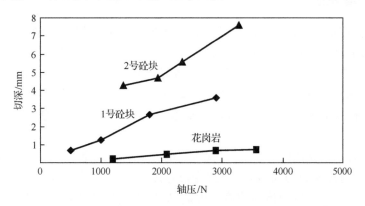

图 4-23　花岗岩、砼块的切削深度与轴压的关系

PDC 刀具以 60°侵入岩样,切削速率 $V=10$mm/s

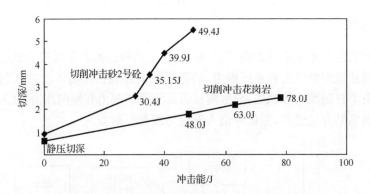

图 4-24　花岗岩、砼块的切削深度与冲击能的关系

硬质合金刀具以 60°侵入岩样，切削速率 $V=10\mathrm{mm/s}$

通过对装置的分析计算，试验台的破岩力学参数可在一定范围内进行调节，调节范围为：冲击能 $0\sim100\mathrm{J}$，静压 $0\sim440\mathrm{kN}$，水平推力 $0\sim220\mathrm{kN}$，冲击频率与电机转速的关系为 $f=0.324n_1\ \mathrm{min}^{-1}$，冲击频率 $0\sim243$ 次/min，水平切削速率 $0\sim60\mathrm{mm/s}$。初步试验结果表明：试验台工作参数可控、数据可靠，能较好地进行单一静载荷或动载荷以及动静态组合载荷作用下的破岩，不仅可进行单一刀具的试验，而且还可进行多刀具或滚压切削试验，为开展动静组合载荷破岩试验研究和新型钻进工具的研制提供了较好的试验平台。

4.4　岩石真三轴电液伺服诱变扰动试验系统

岩石真三轴诱变扰动试验系统是根据动静组合加载的思想设计的一台可以实现立方体试件真三轴加载，同时还能对岩石试件施加动力扰动与快速卸载的国际首台真三轴高频动静组合加载设备，可用于高应力环境下的诱导致裂，静载荷与扰动载荷优化匹配，三轴高应力岩石静态测试，高应力岩石动态性能测试与岩爆试验室再现等方面的试验[10]。

4.4.1　试验系统概述

由计算机、控制器、执行元件、传感元件等组成的全数字闭环控制系统，可实现对载荷、变形、位移的自动控制，可进行真三轴压缩试验、单轴压缩试验、单轴拉伸试验、三点/四点弯曲试验、单向剪切试验、施加扰动载荷及单向动态试验等多种试验。

该测试系统采用电液伺服原理，如图 4-25 所示。在测试试件的峰后曲线时，伺服系统在应变控制模式下可以根据岩石破坏和变形情况控制变形速度，使变形速度保持为恒定值。

伺服系统有一个反馈信号系统，可检查当前施加的荷载是否保持事先确定的变形速度，并会自动地调整施加的荷载，以保持变形速度的恒定。反馈信号响应的时间为 $2\sim3\mu\mathrm{s}$，这个速度远大于裂隙的传播速度。因此，即使出现过量荷载，在裂隙还来不及传播时，载荷就被减小，岩石破坏得到有效控制。

试验系统主要由加载单元、计算机测控单元、液压伺服单元、拖动单元、功能附件等组成。

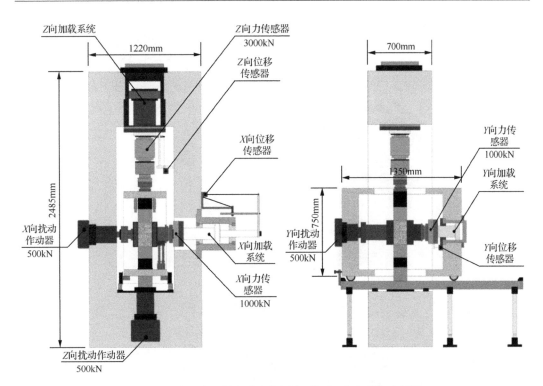

图 4-25　岩石真三轴电液伺服诱变(扰动)试验系统示意图

1. 加载单元

本单元主要由两个相互垂直的具有独立加载能力的垂直加载框架和水平加载框架组成。本单元可以在 X、Y、Z 三个方向上对不同规格的试样施加载荷。

1) 垂直加载框架

垂直加载框架为方形的整体铸造框架,具有很高的刚度,可以在 Z 方向、Y 方向独立对试样施加载荷和扰动载荷。

Z 方向上的加载油缸安装在框架的上横梁上,最大静载荷为 3000kN;Y 方向上的加载油缸安装在框架的一个立柱上,最大载荷为 2000kN;在另一个立柱上安装一个与加载油缸并联的同步环形油缸,其主要作用为 Y 方向载荷的反力支撑作用及填补因试样规格的改变而出现的空间。加载方式如图 4-26 所示。

在垂直加载框架内除了进行 Z 方向、Y 方向载荷的施加外,安装功能附件后还可以进行拉伸试验、弯曲试验、剪切试验。

2) 水平加载框架

水平加载框架为四柱式卧式浮动框架,可以在 X 方向上对试样施加载荷和扰动载荷。X 方向上的加载油缸最大载荷为 2000kN。在 X 方向上可以通过垂直加载框架中的卸载/接杆复位装置实现试样表面的临空,如图 4-27 所示。

卸载(接杆)复位装置的用途是使试样产生临空面。卸载(接杆)复位装置中的接杆串联在 X 方向上的加载油缸与试样之间,需要使试样产生临空面时,加载油缸快速卸荷使

(a) Z 向　　　　　　　　　　(b) Y 向

图 4-26　Y、Z 轴加载图示

图 4-27　X 向加载图示

接杆瞬间下落,压板也随即脱离试样,而使试样产生临空面。

3）试验装置吊具

试验装置吊具可用于压缩/扰动试验、剪切试验、弯曲试验、拉伸试验等试验装置的吊装,更换不同规格的吊杆即可满足多种试验装置的吊装。吊杆位于设备的右上方,如图 4-28 所示。

4）扰动载荷施加

本单元可以在试验过程中对试样施加面扰动或点扰动。

Z 方向的扰动油缸安装在框架的下横梁上,最大扰动载荷为 500kN,频率为 0～70Hz;Y 方向的扰动油缸安装在环形油缸内,最大扰动载荷为 500kN,频率为 0～70Hz;X 方向的最大扰动载荷为 500kN,频率为 0～70Hz。

2. 计算机测控单元

试验系统的计算机测控单元由六台德国 DOLI 公司原装进口的 EDC 全数字伺服测

图 4-28　试验装置吊具

控器组成,分别控制三个电液伺服加载油缸和三个扰动油缸,组成六个各自独立的加载系统。每个系统都可以按照设定的控制参数和控制目标独立进行工作,系统之间保持相对独立、互不干扰。因此,可以使一个或两个系统改变试验状态,而其他系统仍保持原试验状态不变。

EDC 全数字伺服测控器具有多个测量通道,可以对其中任意一个通道进行闭环控制,并且可以在试验过程中对控制通道进行无冲击转换。测控器可以单独进行工作,也可以由计算机控制进行工作。

3. 液压伺服单元

液压伺服单元主要由油箱、油泵电机组、电液伺服阀、滤清器、蓄能器、压力表、换向阀、溢流阀、管路、冷却装置等组成,可根据试验需要向加载油缸、扰动油缸和工程油缸等提供一定压力或流量的工作油。

本单元具有多重保护功能。

当油泵电机工作时,高压油经过自封式磁性吸油过滤器—精密滤油器—电液伺服阀/换向阀等进入工作油缸。通过计算机控制电液伺服阀,可对活塞的前进(后退)、加载(卸载)、载荷、频率、振幅等进行控制。

滤油器可对工作油进行粗、精密过滤,以避免因机械杂质对液压系统造成损坏。网式滤油器过滤精度为 60 目,精密滤油器过滤精度为 10μm。

在油箱盖上装有空气滤清器,可避免空气中的机械杂质进入油箱,同时可通过其向油箱内注入工作油。放油开关安装在油箱的下部,用于清洗油箱及更换工作油。

液位计为上下双联液位计,安装在油箱侧面,用来观察液面高度及工作油的温度。

冷却装置能够控制工作油的工作温度。试验过程中,工作油的温度会升高,当油温达到调定温度的上限时,冷却装置启动,对工作油进行冷却;当油温降到调定温度的下限时,冷却装置停止工作。

一般工作油正常工作温度为 25～55℃。

4.4.2　试验技术参数

　　试验系统可以进行高应力状态下坚硬矿岩真三轴试验($\sigma_1 \neq \sigma_2 \neq \sigma_3$),获得高应力状态下矿岩的力学强度和变形特征;还可进行单向或双向突然卸载,从而进行深部开采的模拟;并能进行高应力岩石动力扰动诱变试验,研究开采扰动的持续时间、强度(幅值)、频率、相位、作用方向和作用位置等因素对矿岩诱导致裂的影响规律。该系统静、动载加载条件下的技术参数和规格如表 4-1~表 4-3 所示。

表 4-1　试验系统静载加载技术参数

加载方式	项目		参数			备注
			X 向	Y 向	Z 向	
静态载荷	载荷	最大载荷	2000kN	2000kN	3000kN	静态标定
		载荷范围	1‰~100% FS	1‰~100% FS	1‰~100% FS	连续
		精度示值	±1%	±1%	±1%	—
		分辨力	15N	15N	20N	—
		加载速率	10N/s~10kN/s	10N/s~10kN/s	10N/s~10kN/s	—
	位移	测量范围	0~200mm	0~100mm	0~100mm	连续
		测量精度	<0.5% FS	<0.5% FS	<0.5% FS	—
		分辨力	0.001mm	0.001mm	0.001mm	—
	变形	测量范围	0~10mm	0~10mm	0~10mm	连续
		测量精度	<0.5% FS	<0.5% FS	<0.5% FS	—
		分辨力	0.0005mm	0.0005mm	0.0005mm	—

表 4-2　试验系统规格参数

序号		参数	
1		保载时间设置范围	0~60h
2	临空	(卸载)时间	0.05s
		(暴露)距离	400mm
3	试样规格	三轴试样(长×宽×高)	300mm×300mm×300mm
			150mm×150mm×150mm
			100mm×100mm×100mm
		拉伸试样(长×宽×高)	100mm×100mm×100mm
			200mm×200mm×200mm
		剪切试样(长×宽×高)	150mm×150mm×150mm
			300mm×300mm×300mm
		弯曲试样(长×宽×高)	500mm×100mm×100mm
			500mm×150mm×150mm
4	刚度	垂直加载框架	1000kN/mm
		水平加载框架	400kN/mm
5	总功率		80kW

表 4-3 试验系统动载加载技术参数

加载方式	项目		参数			备注
			X 向	Y 向	Z 向	
扰动载荷	载荷	扰动载荷	0～500kN	0～500kN	0～500kN	—
		精度示值	±0.5% FS	±0.5% FS	±0.5% FS	静态标定
		频率	0～70Hz	0～70Hz	0～70Hz	幅频可调

该自行研制的岩石真三轴电液伺服诱变(扰动)试验系统首先是一台真三轴岩石测试设备,每个方向有一台独立的加载油缸,可以实现 X、Y、Z 三个方向独立自由加、卸载,加载最大载荷分别为 3000kN、2000kN 和 2000kN,具有其他常规单轴或三轴万能材料试验机的特点——伺服控制;此外,该设备三个方向各添加了一台扰动油缸,可以一个或多个方向施加扰动载荷,均可施加最大载荷为 500kN、频率最大为 70Hz 的正弦或方形应力波。单从功能角度看,可实现模拟深部岩石的受力状态——动静组合受力状态,对开展深部高地应力岩石的力学特性及开挖卸荷后岩石性质的研究意义重大,尤其可实现高地应力、开挖卸荷及动力扰动三种载荷的组合。

参 考 文 献

[1] 李夕兵,古德生. 深井坚硬矿岩开采中高应力的灾害控制与碎裂诱变//香山第 175 次科学会议. 北京:中国环境科学出版社,2002:101-108

[2] 李夕兵,周子龙,邓义芳,等. 动静组合加载岩石力学试验方法与装置:中国,ZL200510032031

[3] 李夕兵,周子龙,叶洲元,等. 岩石动静组合加载力学特性研究. 岩石力学与工程学报,2008,27(7):1387-1395

[4] Li X, Ma C. Experimental study of dynamic response and failure behavior of rock under coupled static-dynamic loading//Proceedings of ISRM International Symposium 3rd ARMS. Rotterdam: Mill Press,2004:891-894

[5] Li X B, Ma C D,et al. Effect of stress amplitudes of dynamic disturbance on the failure behavior of rock subjected to a biaxial static compressive yield load//Proceedings of 11th Congress of ISRM. London: Taylor & Francis Group,2007:1139-1142

[6] Li X B, Zhou Z L, Lok T S,et al. Innovative testing technique of rock subjected to coupled static and dynamic loads. International Journal of Rock Mechanics and Mining Sciences,2008,45(5):739-748

[7] 李夕兵,周子龙,尹土兵,等. 用于岩石冲击试验的试样加热装置:中国,ZL200810143629.6

[8] 李夕兵,赵伏军,夏毅敏,等. 一种可调式多滚刀切削破岩试验装置:中国,ZL200810143552.2

[9] Li X B, Zhao F J,Feng T,et al. A multifunctional testing device for rock fragmentation by combining cutting with impact. Tunnelling and Underground Space Technology,2004,19(4-5):526

[10] 杜坤. 真三轴卸载下深部岩体破裂特性及诱发型岩爆机理研究. 长沙:中南大学博士学位论文,2013

第5章 冲击载荷作用下的岩石力学特性

岩石的力学特性受多种因素的影响。岩石本身的物理特征、裂隙发育程度、含水量的多少、外界温度、湿度等的变化都会在很大程度上影响岩石的强度与变形特征。岩石在冲击载荷下的力学特性显然主要与外加冲击载荷的强度和快慢有关。岩石的动态特性是岩石材料受到冲击载荷作用时其力学性能的基本表征,在矿岩破碎等工程中,如常规的凿岩爆破过程,不同区域矿岩承受的外力为强度与延时不同的冲击载荷,它与静载荷作用不同,一是岩体中的动应力场受外载和岩体本身特性的影响,更重要的是岩体的动态强度和变形特征将在很大程度上取决于所处位置的动应力场。本章将介绍冲击载荷作用下岩石动态特性,包括岩石的动态强度、动态断裂破坏准则、岩石的动态累积损伤以及温度对岩石动态强度的影响等。

5.1 岩石的动态强度

自 Attewell 用冲击试验研究岩石破裂[1,2]以来的几十年中,为了获得与常规的冲击爆破甚至核爆等相当加载率下的岩石动态特性,很多研究者就高应变率下的岩石动态本构特征进行了大量研究,如 Kumar[3]、Hakailehto[4]、Green 等[5,6]、Lindholm 等[7]、Frew 等[8]、Goldsmith 等[9]、Janach[10]、木下重教[11]、Grady[12,13]、Lankford[14],Mohanty[15]、Olsson[16]、Cai 等[17]做了一系列的研究工作。在我国,自从 20 世纪 80 年代初引入 SHPB 技术后,很多学者也对岩石 SHPB 试验技术进行了大量研究,取得了很多成果[18-28]。图 5-1 是部分文献中从低到中高应变率范围内岩石抗压强度的试验结果,其中在中高应变率范围内的试验均用 SHPB 装置进行。由图 5-1 可以看出,试验结果存在明显的应变率效应。

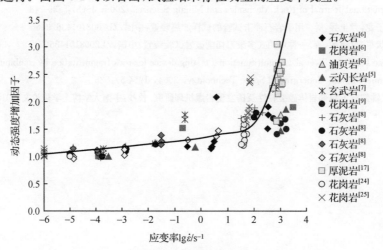

图 5-1 岩石动态强度因子随应变率(取对数)的变化图

5.1.1　岩石的应力-应变关系

图 5-2 为典型的静载条件下岩石试样在宏观破坏前的应力-应变曲线[3]，其曲线可以分为以下四个阶段。

第 Ⅰ 阶段：模量较低，反映岩石在压缩时由微裂隙闭合所引起的非弹性变形。

第 Ⅱ 阶段：应力-应变关系呈线性，这时岩石的压缩模量反映真实的弹性模量。

第 Ⅲ 阶段：应力-应变关系脱离线性。这个阶段是微裂纹成核阶段。这时普遍地出现晶粒边界的松弛，但微裂纹还不能用光学显微镜观察到。

第 Ⅳ 阶段：破裂不断发展，用光学显微镜可观察到裂纹。

也有人将破裂前的岩石应力-应变关系分为三个阶段[4]。图 5-3 为用刚性试验机所得到的岩石应力-应变关系全图[4]。图 5-2 中的 Ⅲ、Ⅳ 阶段对应于图 5-3 中的 BC 段。B 以前为近似线弹性阶段，B 以后，试样内的裂纹开始扩展。

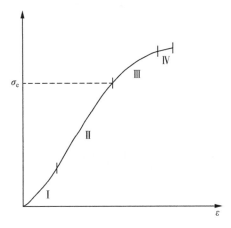

图 5-2　典型的岩石应力-应变关系

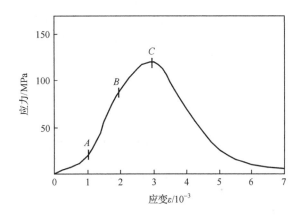

图 5-3　大理岩的应力-应变全图

一般认为，增加加载的应力率或应变率，或改变试样的形状，并不改变岩石破裂的基本模型[3,4,29]，且初始断裂的起始点是相同的，即图 5-2 中的 σ_e 值不会因动静载而产生较大变动。但动载条件下的应力-应变关系曲线的弹性模量较大，BC 段对应的应变较小。当应变率较高时，起始部分裂纹未被闭合，因而直接进入弹性段，如图 5-4 所示[24]（图中数字字母组合表示试样编号）。

5.1.2　岩石动态强度与应变率的关系

1. 动态压缩强度

Attewell 和 Rinehart 等早期的研究就已表明：岩石动态强度随加载速率的增加而增加[2,30]。Olsson 进行了常温下应变率从 $10^{-6} \sim 10^4 \mathrm{s}^{-1}$ 的凝灰岩单轴压缩试验[16]，$10^{-6} \sim 4\mathrm{s}^{-1}$ 应变率段的试验是在刚性伺服压力机上完成的，而 $130 \sim 1000\mathrm{s}^{-1}$ 应变率段试验是在 SHPB 上进行的。试验结果表明：应变率小于某一临界值时，强度随应变速率的增长较小，当应变速率大于该值时，强度迅速增加。许多研究者在很早以前也得出了类似的结

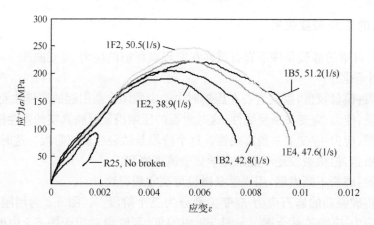

图 5-4　花岗岩的动态应力-应变关系图(长径比=0.5)

果[3,5,6]。如图 5-5 所示,由于在 $10^{-6} \sim 10^{-1} \mathrm{s}^{-1}$ 应变率段试样强度的离散性很大,因此试样强度可能与试样的孔隙率 ϕ 有关,也和试样的水饱和度有很大关系[31],因而也就与试样的密度相关。设凝灰岩试样强度 σ_f 为

$$\sigma_f = \sigma[\rho(\phi), \dot{\varepsilon}, \cdots] \tag{5-1a}$$

在均一试验条件下,有

$$\mathrm{d}\sigma_f = \frac{\partial \sigma}{\partial \rho} \mathrm{d}\rho + \frac{\partial \sigma}{\partial \dot{\varepsilon}} \mathrm{d}\dot{\varepsilon} \tag{5-1b}$$

在 $10^{-6} \sim 10^{-1} \mathrm{s}^{-1}$ 应变速率段,$\mathrm{d}\dot{\varepsilon} \neq 0$,但 $\dot{\varepsilon}$ 对强度的影响与 $\dot{\varepsilon} > 1 \mathrm{s}^{-1}$ 时相比很小,因此设定在此应变率段 $\frac{\partial \sigma}{\partial \dot{\varepsilon}} = 0$,此时有

$$\mathrm{d}\sigma_f = \frac{\partial \sigma}{\partial \rho} \mathrm{d}\rho \tag{5-1c}$$

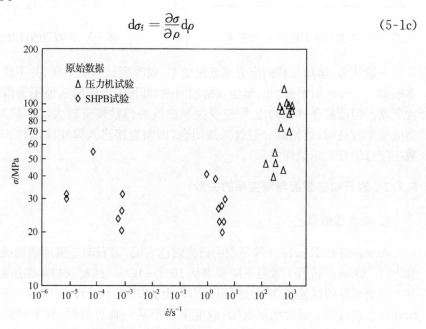

图 5-5　试样强度与应变速率关系散点图

根据在此应变率段体积密度与强度的关系,可得 $\dfrac{\partial\sigma}{\partial\rho}=104.9$,即 $\sigma=-142.9+104.9\rho$。在剔除了密度对强度的影响后,其 $\dot\varepsilon$ 与 σ_f 的关系如图 5-6 所示,可表示为

$$\sigma_{\mathrm{f}}\propto\begin{cases}\dot\varepsilon^{0.007}, & \dot\varepsilon<\dot\varepsilon^{*}\\ \dot\varepsilon^{0.35}, & \dot\varepsilon>\dot\varepsilon^{*}\end{cases} \tag{5-1d}$$

由两曲线交点可得到 $\dot\varepsilon^{*}=76\mathrm{s}^{-1}$。

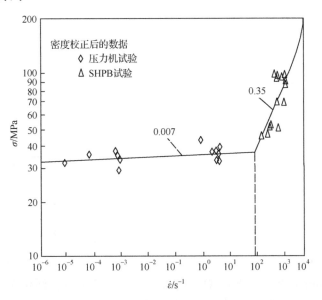

图 5-6　用平均密度校正的强度与应变率关系(虚线对应的 $\dot\varepsilon^{*}=76\mathrm{s}^{-1}$)

Olsson 在 SHPB 装置上所作的岩样破裂试验同时发现:当 $\dot\varepsilon$ 在 $100\mathrm{s}^{-1}$ 量级时,岩石的破坏时间为 $20\sim25\mu\mathrm{s}$,岩样被破裂成许多碎块;但当 $\dot\varepsilon$ 达到 $1000\mathrm{s}^{-1}$ 量级时,试样破裂后很难找到大于 $1\sim2\mathrm{mm}$ 的岩屑,大都变成了岩灰。

Kumar 在早期就用 SHPB 装置对玄武岩和花岗岩进行了温度为 $77\sim300\mathrm{K}$,应力速率为 $1.4\times10^7\sim2.1\times10^8\mathrm{MPa/s}$ 的试验[3]。试验结果表明:静压强度很接近的玄武岩和花岗岩,如当应力速率为 $0.14\mathrm{MPa/s}$ 时,它们的强度分别为 $192.5\mathrm{MPa}$ 和 $203\mathrm{MPa}$;但它们的动载强度却存在有较大的差异,如当应力速率为 $2.1\times10^8\mathrm{MPa/s}$ 时,对应的动载强度分别为 $413\mathrm{MPa}$ 和 $490\mathrm{MPa}$。同时,通过考察温度对试样强度的影响得出:应变速率的增加对强度的影响类似于降低温度所产生的效应,如图 5-7 所示,即可以用热活化观点来表征岩石的动态断裂机制[3]。由阿伦尼乌斯方程

$$\dot\varepsilon=f\exp\left(-\dfrac{U(\sigma)}{RT}\right) \tag{5-2}$$

式中,$\dot\varepsilon$ 为应变速率;f 为频率常数;$U(\sigma)$ 为活化能,是等效应力的函数;R 为气体常量(玻耳兹曼常量);T 为热力学温度。

忽略 f 随 T 的变化,有

$$U(\sigma)=\dfrac{\partial\ln\dot\varepsilon}{\partial(-1/RT)}=\dfrac{\Delta\ln\dot\varepsilon}{\Delta(-1/RT)} \tag{5-3a}$$

由于 $\dot{\varepsilon} = \dot{\sigma}/E_d$，$\Delta\ln\dot{\varepsilon} = \Delta\ln\dot{\sigma}$，故有

$$U(\sigma) = \frac{\Delta\ln\dot{\sigma}}{\Delta(-1/RT)} \qquad (5\text{-}3b)$$

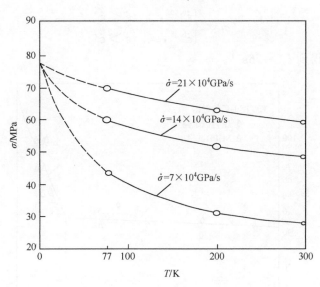

图 5-7　温度和应力速率对玄武岩断裂强度的影响

　　根据在各应力强度值下 $\dot{\sigma}$ 与 $1/T$ 的关系点曲线，由式(5-3b)即可获得在各应力下的活化能。根据 Kumar 的试验结果，对花岗岩，当 $\sigma=350\text{MPa}$ 时，活化能为每克分子 $340\times 4.186\text{J/mol}$；当 $\sigma=420\text{MPa}$ 时，活化能为每克分子 $210\times 4.186\text{J/mol}$。由式(5-3)可以明显地看出：要维持某一等应力强度水平，应力速率的增加等效于温度的降低。

　　Lindholm 对玄武岩进行了温度为 $80\sim1400\text{K}$，应变速率为 $10^{-4}\sim10^3\text{s}^{-1}$，围压从 $0\sim 700\text{MPa}$ 的试验研究[7]。试验结果也表明：岩石的破裂是受热活化过程所控制的，并得到了如下破裂准则：

$$\frac{\sigma_1}{S_C(0)} + \frac{S_C(0) - S_{BC}(0)}{S_C(0)S_{BC}(0)}\sigma_2 - \frac{\sigma_3}{S_T(0)} = 1 - \beta T(A - \lg\dot{\varepsilon}) \qquad (5\text{-}4)$$

式中，σ_1、σ_2、σ_3 为主应力；T 为热力学温度；$S_C(0)$、$S_T(0)$ 和 $S_{BC}(0)$ 分别为热力学温度为 0 时所对应的单轴抗压、抗拉和双向抗压强度值；β 和 A 为与活化能、体积及频率等有关的常数。

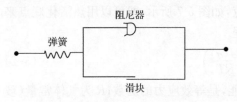

图 5-8　岩石本构关系的力学模型

　　木下重教、佐藤一彦和川北稔等在 20 世纪 70 年代末和 80 年代初对石灰岩、凝灰岩和砂岩的动态本构特征也用 SHPB 装置进行过探讨[11]。他们认为：这些岩石的本构特征可以用宾厄姆模型来表示，如图 5-8 所示，用式子表示则为

$$\dot{\varepsilon} = \frac{\dot{\sigma}}{E} + \frac{1}{\tau}\left(\frac{\sigma - S}{S}\right)^n \qquad (5\text{-}5)$$

式中，$\dot{\varepsilon}$和$\dot{\sigma}$分别为应变与应力速率；σ为动应力；S为静态屈服应力；n和τ为与岩石有关的固有常数。

于亚伦等也采用同样的模型，通过曲线拟合得到了几种磁铁矿的本构特征[32]，即

$$\dot{\varepsilon} = \begin{cases} \dfrac{\dot{\sigma}}{E} + 328\left(\dfrac{\sigma}{S} - 1\right)^{1.55}, & R = 0.95（条带状石英磁铁矿） \\[2mm] \dfrac{\dot{\sigma}}{E} + 97\left(\dfrac{\sigma}{S} - 1\right)^{1.9}, & R = 0.98（辉石石英磁铁矿） \\[2mm] \dfrac{\dot{\sigma}}{E} + 280\left(\dfrac{\sigma}{S} - 1\right)^{1.45}, & R = 0.94（厚层块状石英磁铁矿） \\[2mm] \dfrac{\dot{\sigma}}{E} + 170\left(\dfrac{\sigma}{S} - 1\right)^{2.07}, & R = 0.96（混合花岗岩） \end{cases} \tag{5-6}$$

苏联的早期研究也表明，岩石的动载抗压强度与应变率的关系遵循如下关系[33]：

$$\sigma_{\text{f}} = \sigma_{\text{c}} e^{g\dot{\varepsilon}} \tag{5-7}$$

图 5-9 为他们所得到的大理岩极限抗压强度与应变速率间的关系。从图上可以清楚地看出：当$\dot{\varepsilon} > \dot{\varepsilon}^*$后，$\dot{\varepsilon}$对$\sigma_{\text{f}}$的影响急剧增大。Green 和 Perkins 等对石灰岩所作的应变率影响试验也得到了同样的结果，如图 5-10 所示[6,34]。

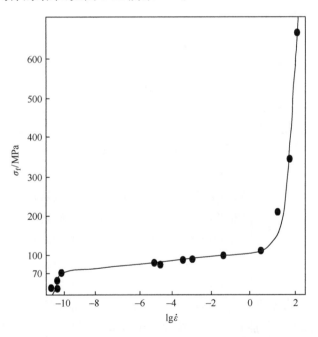

图 5-9　大理岩的极限抗压强度与变形速率的关系

陆岳屏等[19]在 20 世纪 80 年代初用 SHPB 装置对砂岩、石灰岩等进行了动态破碎应力和弹性模量的测试。测试结果表明：在应变率为$1 \times 10^2 \sim 2 \times 10^2 \, \text{s}^{-1}$时，动态与静态相比，砂岩的弹性模量约提高了 30%，强度提高了 40%；石灰岩的弹性模量约提高了 20%，强度提高了 30%。

Lankford 在综述了许多研究者的大量试验结果后，对动态破裂强度随应变率的影响

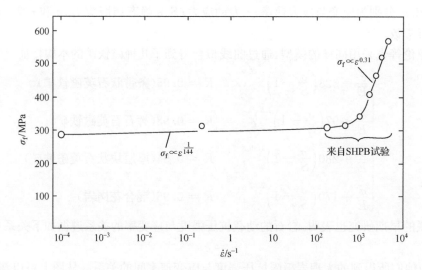

图 5-10　Solenhofen 石灰岩的破坏应力与应变率关系

归纳为[14]

$$\sigma_f \propto \begin{cases} \dot{\varepsilon}^{\frac{1}{1+n}}, & \dot{\varepsilon} < \dot{\varepsilon}^* \\ \dot{\varepsilon}^{\frac{1}{3}}, & \dot{\varepsilon} \geqslant \dot{\varepsilon}^* \end{cases} \tag{5-8}$$

式中, n 是下列断裂力学关系式的指数

$$v \propto AK^n \tag{5-9}$$

其中, v 是裂纹生长速率; K 是应力强度因子。

　　我们也曾先后对几种不同类型的岩石用 SHPB 装置进行了动态破碎强度试验。在其应变率为 $10^1 \sim 10^2\,\mathrm{s}^{-1}$ 试验范围内,也得到了 σ_f 近似与 $\dot{\varepsilon}^{1/3}$ 成正比的试验结果[22,35],即

$$\sigma_f = \begin{cases} 42.62\dot{\varepsilon}^{0.31}, & R = 0.78 \quad (矽卡岩) \\ 52.35\dot{\varepsilon}^{0.26}, & R = 0.95 \quad (石灰岩) \\ 12.28\dot{\varepsilon}^{0.35}, & R = 0.66 \quad (红砂岩) \\ 54.90\dot{\varepsilon}^{0.32}, & R = 0.99 \quad (大理岩) \\ 46.21\dot{\varepsilon}^{0.27}, & R = 0.74 \quad (花岗岩) \\ 28.95\dot{\varepsilon}^{0.38}, & R = 0.95 \quad (砂岩) \end{cases} \tag{5-10}$$

　　根据大量试验结果不难得出:单轴抗压强度相似的不同岩石,由于各自对应变率的敏感度不同,其动载强度有可能存在较大差异。Kumar 的试验结果为:在 $2.1 \times 10^8\,\mathrm{MPa/s}$ 的应力速度下,玄武岩和花岗岩的动、静强度比值分别为 2.15 和 2.41。根据我们的试验结果,当应变速率为 $10^2\,\mathrm{s}^{-1}$ 时,矽卡岩和石灰岩的动、静强度比分别为 1.35 和 1.69,考虑到在冲击破岩时,只有当施入应力大于岩石破碎强度时,岩石才会有效破碎,因此不宜用静压强度去估计和衡量岩石动力破碎过程中的抗力大小。单轴抗压强度相似而岩性不同的岩石,产生的可钻性方面的差异,是由于不同岩性导致它们对应变率的敏感度不同,从而表现出来的动载强度的较大差异所致。因此,我们认为[36]:岩石动载破碎强度才是衡量动力破碎过程中岩石破碎难易程度的综合抗力指标。由于机械冲击破岩时的加载应变

率约为 10^2，在此应变率范围内，不同岩石的动、静强度比是不同的。因此，若用动载强度代替普氏分级中的静压强度，将有可能消除岩石强度与岩石可钻性方面的差异，故在用普氏系数进行岩石可钻性分级时，可考虑用动载强度与静压强度的比值对其进行修正。

2. 动态拉伸强度

图 5-11 为我们利用 RMT-150C 试验机和 SHPB 试验装置获得的低-高应变率范围内的抗拉强度变化图。图中显示，在应变率 $1.0×10^{-3}\,\mathrm{s}^{-1}$ 以下，抗拉强度随应变率的增加而缓慢增加，在高于 $1.0×10^2\,\mathrm{s}^{-1}$ 应变率范围内，抗拉强度随应变率的增加呈现快速增加趋势，与应变率的 1/3 次方成正比[37]。

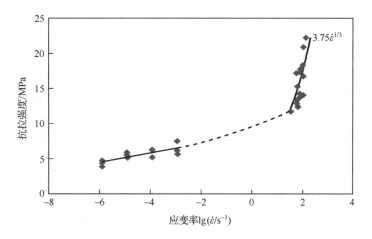

图 5-11　不同应变率下的拉伸强度结果对比

利用动态强度增加因子 σ_{td}/σ_{ts} 将本研究的试验结果与已有成果进行比较，其中 σ_{td} 表示动态拉伸强度，σ_{ts} 表示静态拉伸强度。图 5-12 是本研究的试验结果与文献[38]的研究结果在不同应变率下的对比图。文献[38]中的低、高应变率试验均采用直接拉伸试验方

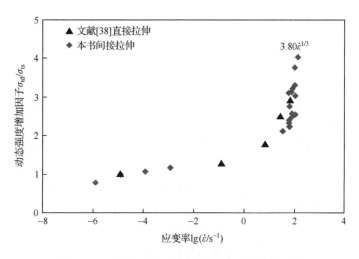

图 5-12　不同应变率下的拉伸强度试验结果对比

法进行,低应变率段抗拉试验装置为液压伺服试验机,高应变率试验则是在 SHPB 装置上进行,试验岩石为 Mediterranean 岩。图 5-12 中本书研究的试验结果在低应变率下取均值,并且以文献[38]最低应变率 $10^{-5}\,\mathrm{s}^{-1}$ 作为静态试验结果归一化的标准。可以看出,两者变化趋势基本一致。在低于应变率 $10\sim10^2\,\mathrm{s}^{-1}$ 的范围内,抗拉强度增加比较缓慢,强度增加与应变率的对数值呈线性关系;在应变率大于 $10\sim10^2\,\mathrm{s}^{-1}$ 时,动态强度增加因子迅速增加,其值与应变率的 1/3 次方呈线性关系。这一结果也表明了利用 SHPB 进行冲击劈裂试验的适用性和合理性。

图 5-13 是不同应变率下砂岩与有关混凝土动态强度变化情况的对比图[39]。图中显示,当应变率增加时,砂岩与混凝土的动态强度增加因子变化趋势基本相同。与砂岩的试验结果比较,在低应变率下,混凝土的动态强度增加因子要比砂岩的动态强度增加因子稍低;在高应变率下,混凝土动态强度增加因子的增加幅度要高于砂岩。之所以有上述差异,可能与材料的物理构成和介质属性有关。

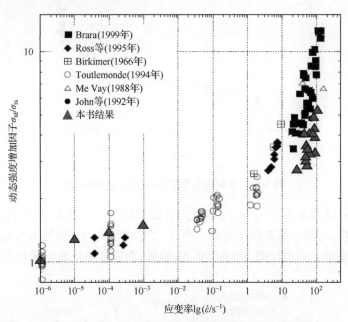

图 5-13　不同应变率下混凝土拉伸强度试验结果对比[39]

为了探讨加载率对岩石类材料动态抗拉强度的影响,图 5-14 给出了本书试验结果与文献[39]在 SHPB 上对混凝土长条圆柱形试样进行层裂试验得到的动态抗拉强度对比结果。在不同加载率情况下,砂岩与混凝土动态强度增加因子变化趋势一致。在低于 $10^5\,\mathrm{MPa/s}$ 的加载率范围内,动态强度增加因子增加缓慢,与加载率对数取值呈线性关系;在大于 $10^5\,\mathrm{MPa/s}$ 的加载率范围内,动态强度增加因子由 $10^5\,\mathrm{MPa/s}$ 左右的 2 倍开始急剧增加,与加载率关系呈指数函数形式。

从上述结果可以看出,岩石的拉伸强度也存在很明显的应变率效应。造成上述显著差异的原因,可以结合岩石内部固有缺陷与抗拉能力受应变率变化的影响一起来分析。岩石材料内部固有的缺陷(包括孔隙、晶界裂纹等)在不同量级应变率的加载下会表现出

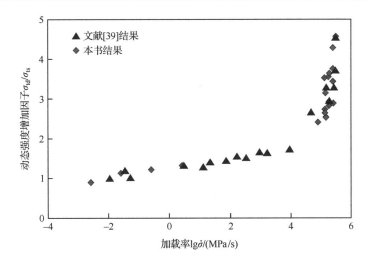

图 5-14　不同加载率下的拉伸强度试验结果对比

不同的特性,如图 5-15 所示。

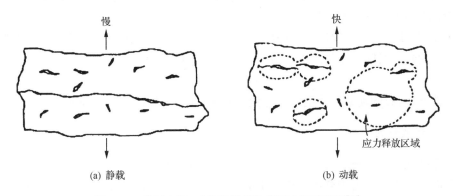

(a) 静载　　　　　　　　　　　(b) 动载

图 5-15　岩石在静、动拉伸载荷作用下破坏示意图[40]

当拉应变(应力)缓慢增加时,材料内部最大的缺陷会承担附加到其他缺陷的应力变形。但是当拉应变(应力)快速增加时,单一缺陷以及它周围应力降低的区域由于传播速度过慢,来不及阻止其他小的缺陷或者亚-缺陷被激活[40],因此导致弹性模量较高,并且抗拉强度大幅度增加。从这一点也可以看出,应变率为 10^2s^{-1} 的量级应该是裂纹扩展速度模式发生转折的一个临界点。在应变率小于 10^2s^{-1} 时,裂纹扩展速度要小于材料整体受力变形速度,因此内部固有的相对大的缺陷会承担大部分的受力,并通过变形削弱外力对其他缺陷的影响;而在 10^2s^{-1} 以上,由于裂纹扩展速度要小于材料整体受力变形速度,因此施加在材料整体上的力会由材料内部所有的缺陷及其周边区域共同承担。

5.1.3　加载波形和延续时间的影响

1. 应力波延续时间的影响

Lunderg 曾在 SHPB 上对 Bohus 花岗岩和 Solenhofen 石灰岩进行了入射应力脉冲延时为 $50\mu s$、$100\mu s$、$200\mu s$,幅值为 $50 \sim 400\text{MPa}$ 的冲击试验[41]。试验表明:Bohus 花岗

岩的动载破碎强度约为静态强度的 1.8 倍,而 Solenhofen 石灰岩的动载强度约为静态的 1.3 倍,与入射波延续时间无明显关系。为考察入射波延续时间的影响,我们也用 SHPB 对矽卡岩进行了延续时间分别为 $50\mu s$、$100\mu s$、$150\mu s$ 和 $200\mu s$ 的矩形波加载试验[20],并设定岩石的动破碎强度 σ_f 是应变率 $\dot{\varepsilon}$ 和应力波延续时间 τ 的函数,即

$$\sigma_f = f(\dot{\varepsilon}, \tau) \tag{5-11}$$

将冲击试验结果进行多元回归分析后得出:在其试验范围内,入射应力波延续时间对强度的影响甚小,偏相关系数只有 0.1374。

为进一步了解岩石动态破碎过程中的时间因素,我们还考虑了不同入射波强度 σ_I 下岩石破坏所需时间,即从入射应力脉冲的波前进入岩样时刻开始至岩石破裂所经历的时间 t_M。根据试验散点图,回归后可得

$$t_M = 96.69\sigma_I^{-2.6854} \times 10^6, \qquad R = 0.8581 \tag{5-12}$$

式中,σ_I 的单位为 MPa;t_M 的单位为 μs。

显然,不同的入射应力水平,导致岩石失稳破坏所需时间 t_M 各不相同,入射应力越大,岩石破坏所需时间越短。按试验得到的回归方程,当 σ_I 分别为 200MPa、250MPa 和 300MPa 时,对应的 t_M 分别为 $64\mu s$、$35\mu s$ 和 $21\mu s$。

因此,要使岩石在单次冲击下破坏,除了应施以一定的入射应力值外,还必须保证入射应力波的延续时间大于相应的入射应力水平下所对应的岩石破坏时间,即

$$\tau \geqslant t_M(\sigma_I) \tag{5-13}$$

在此条件下,岩石的动破碎强度只与应变率有关,而与入射波延续时间无关。

2. 入射波形的影响

为考虑入射应力波形对岩石动态破碎强度等方面的影响,我们对红砂岩、大理岩和花岗岩等进行了不同入射加载波形条件下的冲击试验[42]。该试验在 SHPB 上进行,所用冲头结构及对应的波形如图 2-34 所示。

设计的应力波延续时间为 $100\mu s$,从图中可以看出:矩形波、似钟形波(b')和指数衰减波(f')的延时为 $100\mu s$。由于波的延时主要取决于冲头的几何形状,因此试验中波的延时是确定的。试验结果表明:岩石动态破碎强度与加载波形(或冲头类型)无明显相关关系,各加载波形所对应的散点大都在回归曲线两边跳动,岩石的总体相关性较好。同时,按 $\sigma_f \propto \dot{\varepsilon}^{1/3}$ 拟合所得到的曲线与按最小二乘法拟合的曲线相差很小。综合我们对岩石所进行的不同入射波延续时间条件下矩形波加载的研究结果,可以得出:在应力波加载条件下,不论何种入射加载波形和加载条件,只要入射波有足够的时间使岩石产生破裂,岩石动态破碎强度将与加载波形和延续时间无关。

5.1.4　岩石动态强度的尺寸效应

在 20 世纪 80 年代,我们曾利用自制的气动水平冲击试验机初步研究了应变率约为 $1 \times 10^2 s^{-1}$ 情形下,直径相同而长径比分别为 0.5、1.0、1.5、2.0 和 3.0 的石灰岩的破碎强度(由于长径比为 3.0 的大部分试验结果不够理想,未进行对比分析)。试验结果为 $\sigma_{f(l/d=0.5)} > \sigma_{f(l/d=1.0)} > \sigma_{f(l/d=1.5)} > \sigma_{f(l/d=2.0)}$(图 5-16),由此得出:岩石的破碎强度不但受应

变率的影响,也受试样长径比的影响,并通过多元回归得到表达式为

$$\sigma_{\rm f} = A + B\dot{\varepsilon} + \frac{C}{l/d} \tag{5-14}$$

对于本次试验,A、B、C 值分别为 1190.54,4.34 和 86.10,相关系数 R 为 0.93。显然,这次的 SHPB 试验结果是值得商榷的,因为当长径比增大后,应力均匀化条件将得不到满足。同时,对于确定的加载条件,其试件的应变率也会由于 l/d 的变化而产生变化。

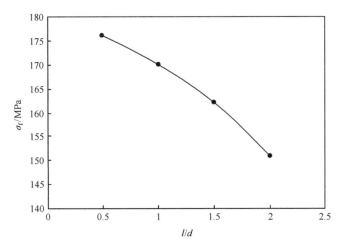

图 5-16　长径比与破碎强度的关系折线图

事实上,在目前关于材料动态强度的尺寸效应研究中,一般在试件尺寸改变后加载条件均没有做相应调整,这一方面导致应力波在试件内透、反射次数不同,致使试件在加载过程中的应力状态因尺寸不同而变化;另一方面,在冲击加载速率一定的情况下,增大试件长度会降低应变率,而材料强度存在显著的率依赖性,忽略应变率条件来考虑材料动态强度的尺寸效应,就如 Bindiganavile、Banthia[43] 所质疑的一样:"……要确认不同尺寸试件在冲击试验中所测得的外观强度的差异是否纯粹归咎于尺寸效应,是困难的"。文献[44]虽然控制了加载速率,但由于采用变形速率控制模式,同样的变形速率对于不同长度的试件而言,其应变率也不相同,故上述问题依然存在。况且,上述关于材料动态特性的尺寸效应结论并不统一,甚至完全相反。

基于以上原因,我们又以花岗岩、砂岩和石灰岩 3 种典型岩石为研究对象,试件直径采取 22mm、36mm 和 75mm 三种规格,长径比为 0.5(图 5-17),利用入射应力波波长与岩石试件长度成比例的半正弦波加载方式,在 SHPB 冲击试验系统上对岩石材料在冲击加载条件下的尺寸效应开展了进一步研究[45]。

不同尺寸规格的花岗岩、砂岩和石灰岩试件静态强度测试结果如图 5-18 所示。结果显示,岩石的静态强度随着试件直径的增大而降低,这与目前的研究结论是一致的。

考虑到材料的动态强度具有显著的应变率依赖性,而在 SHPB 试验中,材料的应变率效应和尺寸效应是耦合在一起的。要揭示岩石材料动态强度的尺寸效应,只有在相同的应变率条件下才具可比性,故必须对试验结果进行应变率和尺寸效应的解耦分析。试验时,首先针对不同尺寸规格的试样分别进行不同应变率(由低到高或由高到低)条件下

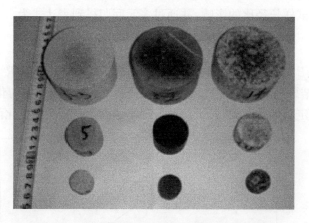

图 5-17　SHPB 试验中不同尺寸规格的岩石试件

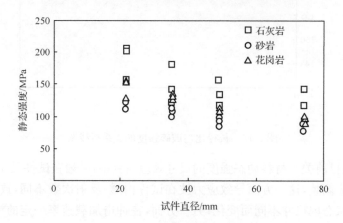

图 5-18　岩石静态强度的尺寸效应

的冲击破坏试验;分析时,分别对同一尺寸试样进行不同应变率条件下的强度特性统计,得到相应的动态强度-应变率的回归关系(消除了尺寸的影响);由于每种尺寸规格试样均有对应的动态强度-应变率的回归关系,在冲击试验加载应变率范围内分别选择不同的应变率参考值,可由上述动态强度-应变率的回归关系求得不同尺寸试样在相同应变率条件下的动态强度值,进而得到动态强度-尺寸的回归关系(消除应变率影响),实现应变率与尺寸效应的解耦。

　　各类岩石试件的动态强度-应变率试验结果如图 5-19 所示。

　　为便于分析比较,结合已有岩石类材料的率依赖特性研究成果,分别对每批尺寸规格的岩石试件的动态强度-应变率试验结果按乘幂关系进行拟合,即

$$\sigma_f = c_1 \dot{\varepsilon}^{c_2} \qquad\qquad (5\text{-}15)$$

式中,σ_f 为岩石动态强度(MPa);$\dot{\varepsilon}$ 为应变率(s^{-1});c_1 和 c_2 均为特定尺寸下与岩石特性相关的动态强度参数。

　　根据试验结果,不同尺寸花岗岩、砂岩和石灰岩的 c_1、c_2 取值情况如表 5-1 所示,拟合曲线如图 5-20 所示。

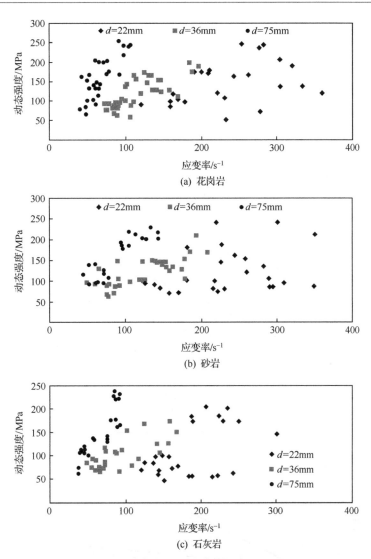

(a) 花岗岩

(b) 砂岩

(c) 石灰岩

图 5-19　不同尺寸岩石试件的动态强度-应变率关系

表 5-1　不同尺寸岩石试件的动态强度参数取值

岩石类别	试件直径/mm	c_1	c_2	拟合结果相关系数 R
花岗岩	22	7.0721	0.5466	0.3788
	36	1.6604	0.8954	0.7446
	75	1.7965	1.0552	0.7703
砂岩	22	10.4950	0.4417	0.3259
	36	8.8629	0.5445	0.7089
	75	4.3057	0.7993	0.8516
石灰岩	22	0.9102	0.8956	0.4425
	36	7.7009	0.5670	0.7050
	75	2.4559	0.9706	0.8931

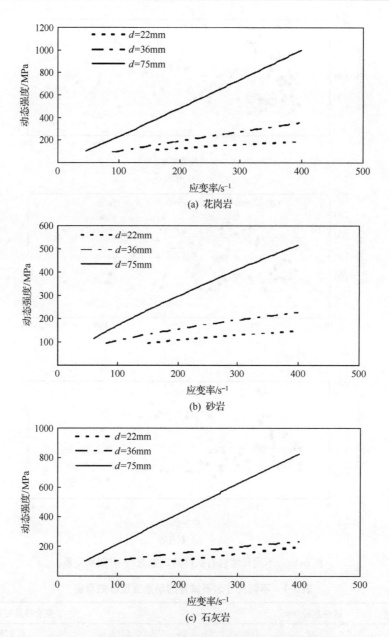

图 5-20　不同尺寸岩石试件的动态强度-应变率拟合关系

　　图 5-20 中试验结果的拟合曲线显示,对于花岗岩、砂岩和石灰岩中每种尺寸规格的试件,岩石强度均随应变率的增加而近似以乘幂关系增长,存在明显的应变率依赖性。同种岩石中不同尺寸规格的试件,其动态强度-应变率拟合曲线呈现一种似放射状特性,反映出不同尺寸试件,岩石强度对于应变率依赖的灵敏性不一样,即同样的应变率变化幅度所对应的强度变化幅度:大尺寸比小尺寸试件更大。该特性在表 5-1 中具体表现为:在同种岩石中,c_2 值随着岩石试件尺寸的增加而增大。例如,岩石试件尺寸从直径 22mm 增长到 75mm 时;花岗岩的 c_2 值相应从 0.5466 增大到 1.0552;砂岩从 0.4417 增大到

0.7993;石灰岩从 0.5670 增大到 0.9706,但是,直径为 22mm 和 36mm 的石灰岩试件对应的 c_2 值不符合这个规律,可能为岩石中穿插的方解石脉导致试件材料成分差异所引起的。同理,对于相同尺寸的试件,不同强度岩石对于应变率依赖的灵敏性也不相同。

为对比分析在相同应变率条件下岩石强度的尺寸效应,结合试验的加载应变率范围,选取应变率为 $100s^{-1}$、$150s^{-1}$、$200s^{-1}$、$250s^{-1}$、$300s^{-1}$、$350s^{-1}$、$400s^{-1}$ 和 $450s^{-1}$,共 8 个级别,分别利用花岗岩、砂岩和石灰岩 SHPB 试验结果的动态强度-应变率拟合关系式,计算试件直径分别为 22mm、36mm 和 75mm 时对应的动态强度。计算结果(图 5-21)显示:

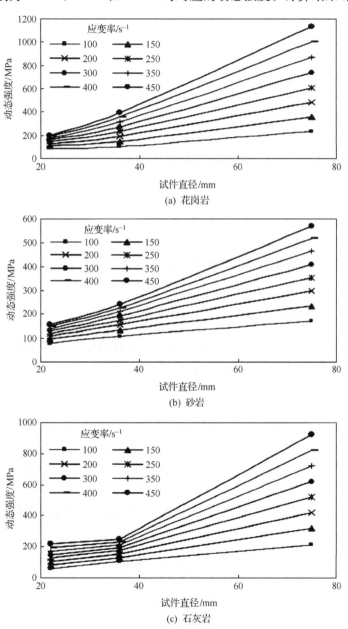

图 5-21 不同应变率条件下岩石强度的尺寸效应

在应变率相同的条件下,岩石动态强度随试件尺寸的增大而增加,与静载条件下岩石强度的尺寸效应相反;不同应变率条件下,试件尺寸对岩石强度的影响程度,虽然 3 种岩石的计算结果在细节上存在差异,但总体趋势是:应变率越高,试件尺寸的变化对强度的影响越显著。也就是说,随着应变率的降低,试件尺寸对岩石动态强度的影响减弱,由此可以推断,可能存在一个临界的应变率对应着岩石尺寸效应的消失。低于临界应变率时,静载的尺寸效应占主导地位;而高于临界应变率时,动态的尺寸效应占主导地位。由于临界应变率条件下材料特性的复杂性,上述动态强度-应变率拟合关系式可能已不再适用,故关于临界应变率的具体数值有待进一步研究。

此外,试件尺寸越小,岩石强度的离散性越大。由表 5-1 可知,动态强度-应变率拟合关系式中的相关系数随尺寸的增大而增大。例如,岩石试件尺寸从直径 22mm 增长到 75mm 时,花岗岩的相关系数数值从 0.3788 增大到 0.7703,砂岩从 0.3259 增大到 0.8516,石灰岩从 0.4425 增大到 0.8931。特别是对于直径为 22mm 的试件,不论是何种岩石,其相关系数均很小(0.3259~0.4425)。因此,在确定由岩石类材料所构成结构的动态强度时,若冲击试验中选用的试件尺寸过小,则测试结果不仅偏于保守而且离散程度较大,很难准确地描述所对应实际结构单元的动态特性。

5.2　岩石动态断裂破坏准则

岩石动态破裂与静载不同,显然是和外加载荷应力强度和持续时间密切相关的。近年来,不同的岩体动态断裂准则相继涌现。这里,主要介绍目前较被人们所接受的两个准则,即 Grady-Kipp 动态断裂模型[13] 和 Stenerding-Lehnigk 动态断裂准则[46,47]。

5.2.1　Grady-Kipp 模型

该模型的思路是岩石内部的各种裂纹、缺陷在张性力作用下不断被活化和生长,最终导致岩石破碎,而裂纹的活化、生长又与加载的速率有关。

1. 损伤因子

引入损伤标量 D 来表征岩石中的动态断裂水平和特征,显然损伤因子

$$0 \leqslant D \leqslant 1 \tag{5-16}$$

$D=0$ 对应于原始的未损伤的岩石;$D=1$ 则对应不能传递张性应力,岩石完全破碎。

$$\sigma = E\varepsilon(1-D) = E_f\varepsilon \tag{5-17}$$

式中,E 为未损伤岩石的固有弹性模量;$E_f=E(1-D)$ 表示由于损伤导致的弹模减少。

弹性能 W 为

$$W = \frac{1}{2}E(1-D)\varepsilon^2 \tag{5-18}$$

有关岩石断裂微观理论已经表明

$$D = NV \tag{5-19}$$

式中,N 为单位体积岩石中理想的片状圆形缺陷;$V = \frac{4}{3}\pi r^3$ 是围绕半径为 r 的缺陷的表

面积。因此，$D = NV$ 实质上表示单位体积岩石里面所包含的裂纹缺陷的体积，真正没含空洞的体积为 $1 - D$。

2. 损伤的活化与生长

库克等对岩石和其他固体的脆性断裂研究表明：内部缺陷在张性力作用下导致的扩展较好地服从韦布尔分布

$$n = k\varepsilon^m \tag{5-20}$$

式中，n 是在张性应变水平 ε 下所活化的缺陷数；常数 k 和 m 为表征断裂活化的材料特性。因此，由应变增量引起的 δn 为

$$\delta n = n'(\varepsilon)\delta\varepsilon, \quad n'(\varepsilon) = km\varepsilon^{m-1} \tag{5-21}$$

由于以前的损伤，岩石中实际将被活化的缺陷数为

$$\delta N = \delta n(1 - D) \tag{5-22}$$

缺陷的活化速率为

$$\frac{\partial N}{\partial t} = \dot{N} = n'(\varepsilon)\dot{\varepsilon}(1 - D) \tag{5-23}$$

在时间 t 内总的损伤应为，在时间 $0 \sim t$ 区段，活化开始的某一时刻 τ 起所活化的总的缺陷数，故

$$D = \int_0^t \dot{N}(\tau)V(t - \tau)\mathrm{d}\tau \tag{5-24}$$

设定裂纹在活化以后就很快趋近于一恒定的断裂生长速率 C_g，则

$$V(t - \tau) = \frac{4}{3}\pi r^3 = \frac{4}{3}\pi(t - \tau)^3 C_g^2 \tag{5-25}$$

$$D(t) = \frac{4}{3}\pi C_g^3 \int_0^t n'(\varepsilon)\dot{\varepsilon}(1 - D)(t - \tau)^3 \mathrm{d}\tau \tag{5-26}$$

3. 破碎

考虑到 $r = C_g(t - \tau)$，$\tau = (t - r/C_g)$，则有

$$D(t) = \int_0^{C_g t} N(r, t)\frac{4}{3}\pi r^3 \mathrm{d}r \tag{5-27}$$

$$N(r, t) = \frac{1}{C_g}\dot{N}(t - r/C_g) \tag{5-28}$$

因此，损伤体积分布函数 $d(r, t)$ 为

$$d(r, t) = N(r, t)\frac{4}{3}\pi r^3 \tag{5-29}$$

$$D(t) = \int_0^{C_g t} d(r, t)\mathrm{d}r \tag{5-30}$$

破碎定义为损伤因子为 1 的情形，即

$$D(t_f) \equiv 1 \tag{5-31}$$

式中，t_f 为岩石完全破碎所对应的时间。采用 Shockey 等[48] 的研究结果，即认为碎片尺寸的分布与损伤分布函数间的关系为

$$f(L) = \frac{1}{2} d(L/2, t_f) \tag{5-32}$$

式中，L 对应为裂纹半径为 $L/2$ 的碎片尺寸。

累计的碎片分布函数为

$$F(L) = \int_0^L f(l) \, \mathrm{d}l \tag{5-33}$$

这实际上对应于爆破破碎中所得到的筛分分析的筛下累计。

4. 加载率对强度的影响

设定岩石断裂时的应变取决于应变速率，即 $\varepsilon(t) = \dot{\varepsilon} t$，$\dot{\varepsilon}$ 为恒应变率，由式(5-26)可得

$$D(t) = \frac{4}{3} \pi k m C_g^3 \dot{\varepsilon}^m \int_0^t \tau^{m-1} (t-\tau)^3 [1 - D(\tau)] \mathrm{d}\tau \tag{5-34}$$

式(5-34)可得到一系列解，在这些解中，第一个解为 $D(\tau) = 0$ 的整数解。这个解具有如下形式：

$$D(t) = d_1 \Big(1 - d_2 \{ 1 - d_3 [1 - d_4 (1 - \cdots)] \} \Big) \tag{5-35}$$

式中

$$d_j = \frac{8 \pi k m C_g^3 \dot{\varepsilon}^m t^{m+3}}{[j(m+3)-3][j(m+3)-2][j(m+3)-1][j(m+3)]} \tag{5-36}$$

考虑到即使损伤 $D=1$ 时，d_j 的高阶量 $d_2, d_3, \cdots, d_j$ 的累计影响也很小，约为 5%，因此可只考虑第一项

$$D(t) = \alpha \dot{\varepsilon}^m t^{m+3} \tag{5-37}$$

式中

$$\alpha = \frac{8 \pi C_g^3 k}{(m+1)(m+2)(m+3)} \tag{5-38}$$

$$\begin{aligned} \sigma(t) &= E(1-D) \varepsilon(t) \\ &= E(1 - \alpha \dot{\varepsilon}^m t^{m+3}) \dot{\varepsilon} t \end{aligned} \tag{5-39}$$

岩石动态断裂应力 σ_f 定义为在破坏前岩石所能承受的最大应力 σ_M，由式(5-39)对时间求导，可得 σ_f 所对应的时间，即岩石破裂所需要时间 t_M。

$$t_M = (m+4)^{-1(m+3)} \alpha^{-1(m+3)} \dot{\varepsilon}^{-m/(m+3)} \tag{5-40}$$

$$\sigma_f = \sigma_M = E(m+3)(m+4)^{-(m+4)/(m+3)} \alpha^{-1/(m+3)} \dot{\varepsilon}^{3/(m+3)} \tag{5-41}$$

由此可见，岩石动态破碎强度与应变率成正比。

5. 应变速率对破碎块度的影响

根据破碎的定义，当 $D(t_f) \equiv 1$ 时，岩石破碎。由式(5-32)可得

$$t_f = \alpha^{-1(m+3)} \dot{\varepsilon}^{-m/(m+3)} \tag{5-42}$$

主导的破碎块度 L（对应于最大体积破碎量所对应的碎片尺寸）为碎片分布函数最大时的值。根据式(5-29)有

$$d\left(\frac{L}{2}, t_f\right) = N\left(\frac{L}{2}, t_f\right) \frac{4}{3} \pi \left(\frac{L}{2}\right)^3 \tag{5-43}$$

同理,由式(5-28)可得

$$N\left(\frac{L}{2},t_f\right)=\frac{1}{C_g}\dot{N}\left(t_f-\frac{L}{2C_g}\right) \tag{5-44}$$

又根据式(5-23)可得

$$\dot{N}\left(t_f-\frac{L}{2C_g}\right)=km\varepsilon^{m-1}\dot{\varepsilon}(1-D)=km\dot{\varepsilon}^m\left(t_f-\frac{L}{2C_g}\right)^{m-1}[1-D(\tau)] \tag{5-45}$$

所以

$$f(L)=\frac{1}{2}d\left(\frac{L}{2},t_f\right)=\frac{1}{2}\times\frac{4}{3}\frac{\pi L^3}{8}\frac{km\dot{\varepsilon}^m}{C_g}\left(t_f-\frac{L}{2C_g}\right)^{m-1}[1-D(\tau)] \tag{5-46a}$$

令开始活化时的 $D(\tau)=0$,则

$$f(L)=\frac{\pi}{12}mkL^3\left(t_f-\frac{L}{2C_g}\right)^{m-1}\dot{\varepsilon}^m \tag{5-46b}$$

显然,当 $\dfrac{\partial f(L)}{\partial L}=0$ 时, $f(L_M)$ 最大,此时对应的碎片尺寸 L 为

$$L_M=\frac{6C_g}{m+2}t_f \tag{5-47a}$$

即

$$L_M=\frac{6C_g}{m+2}\alpha^{-1/(m+3)}\dot{\varepsilon}^{-m/(m+3)} \tag{5-47b}$$

式(5-47b)即为主导破碎块度随应变速率变化的关系。

6. 与试验结果的拟合

图 5-22 和图 5-23 分别为 80mg/kg 油页岩断裂强度、碎片尺寸随加载速率变化的试验结果。将这一试验结果曲线拟合后,与式(5-41)和式(5-47b)比较,可以得到: $k=1.7\times10^{27}$ m^{-3}, $m=8$, $C_g=1.3$km/s。这里所得到的裂纹扩展速率 C_g 约为油页岩中实际纵波速度的 0.4 倍,可见这一结果是比较合乎实际情况的。

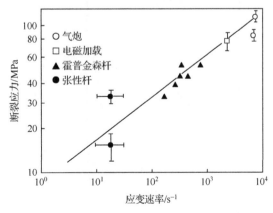

图 5-22　油页岩断裂强度与应变率的关系

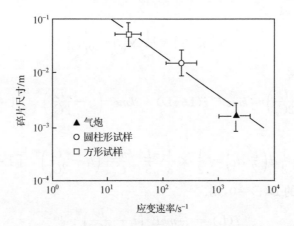

图 5-23　油页岩的碎片尺寸与应变率的关系

当 $m=8$ 时,对应的 σ_f 和 L_M 分别为

$$\sigma_f \propto \dot{\varepsilon}^{0.27} \tag{5-48a}$$

$$L_M \propto \dot{\varepsilon}^{0.73} \tag{5-48b}$$

根据与试验结果拟合所得到的数据,在设定 $\dot{\varepsilon}$ 为某一恒定值的条件下,利用损伤 D、应力 σ 和碎片尺寸分布 $f(L)$ 的关系式,可以得到 σ、D 随时间变化的关系及不同加载速率下的块度分布,如图 5-24～图 5-26 所示。从图 5-24 可以看出:在某一临界时间之前,初始的损伤很小,可以忽略,而后损伤急剧增大,直到破碎($D=1$);而应力在破坏前几乎是线弹性的,破坏时应力灾变性地下降。从图 5-25 可以看出:不同加载率下的岩石,破坏时间和所能承受的最大应力均有很大的变化,当 $\dot{\varepsilon}=10^4\,\mathrm{s}^{-1}$ 时,σ_f 超过了 100MPa,到破坏所需时间为 1μs 量级;而当 $\dot{\varepsilon}=10\,\mathrm{s}^{-1}$ 时,σ_f 大约只有 20MPa,到破坏所需时间超过了 100μs。由图 5-26 可以看出:当 $\dot{\varepsilon}=10^4\,\mathrm{s}^{-1}$ 时,主导的碎片尺寸大约只有 0.7mm,而当 $\dot{\varepsilon}=10\,\mathrm{s}^{-1}$ 时,主导的碎片尺寸有近 100mm。

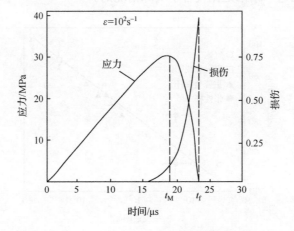

图 5-24　应变速率为 $10^2\,\mathrm{s}^{-1}$ 下应力历程与积累损伤随时间 t 的变化

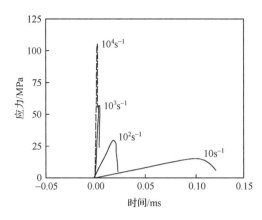

图 5-25 油页岩不同应变速率下的应力历程

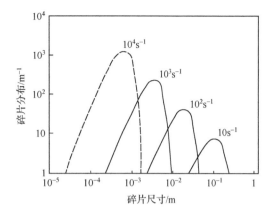

图 5-26 不同应变速率下油页岩的碎片分布

根据式(5-37),可求得岩石断裂所消耗的能量 W_f 为

$$W_f = \int_0^{t_f} \sigma \mathrm{d}\varepsilon = E \frac{m+3}{2(m+5)} \alpha^{-2/(m+3)} \dot{\varepsilon}^{6/(m+3)} \tag{5-49}$$

而断裂产生的新表面积 $A(t)$ 为

$$A(t) = \int_0^{C_g t} N(r,t) 2\pi r \mathrm{d}r \tag{5-50a}$$

在恒定应变速率下 $\varepsilon = \dot{\varepsilon} t, t = t_f$ 时对应的总的碎片表面积为

$$A_f = \frac{m+3}{2C_g} \alpha^{-1/(m+3)} \dot{\varepsilon}^{m/(m+3)} \tag{5-50b}$$

根据 Rittinger 理论,产生的新表面积与断裂所消耗的能量成正比,即 $W_f \propto A_f$,比较式(5-49)和式(5-50a),可以得出:要使 $W_f \propto A_f$,只有在 $m=6$ 的条件下才能成立,当 $m=6$ 时,有

$$\sigma_f \propto \dot{\varepsilon}^{1/3} \tag{5-51}$$

大量的岩石冲击加载试验结果和一些简化分析都得到了 σ_f 与 $\dot{\varepsilon}$ 的约 1/3 次幂成正比的结果。例如,Birkimer 在设定某一动态加载条件下,以岩石存在一些临界的断裂应变能为前提,推导出了 $\sigma_f \propto \dot{\varepsilon}^{1/3}$ 的关系,并用岩石和一些混凝土的试验进行了验证[49];Grady 和 Kipp 也从线弹性断裂力学的观点分析得出了 $\sigma_f \propto \dot{\varepsilon}^{1/3}$ 的结果[14]。有关应变率对强度影响的大量试验工作,我们已在 5.1 节给予了介绍。

5.2.2 Steverding-Lehnigk 动态断裂准则

对于脆性材料静态断裂,格里菲思理论已经表明,对给定的裂纹长度 a,临界应力为

$$\sigma_c^2 = \frac{2E\gamma}{\pi a} \tag{5-52}$$

式中,γ 为材料的比表面能;E 为材料的弹性模量。

但对于应力波作用下产生的动态断裂,外力的时间因素对断裂过程的影响至为重要。例如,对表面裂纹[46],如图 5-27 所示,当拉应力波传播到裂纹表面时即被反射成压应力波,裂纹表面附近的阴影部分应力释放为 0,质点速率加倍,随着裂纹自由端的运动,裂纹

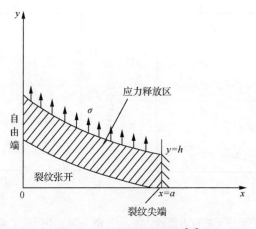

图 5-27　表面裂纹的偏斜[46]

张开并产生偏斜,直至裂纹尖端应力集中,导致裂纹扩展。显然,如果外界的应力脉冲时间短得不足以使裂纹自由端产生足够偏移时,裂纹的偏移恢复,裂纹尖端不可能产生运动。这里,可将裂纹自由端至裂纹尖端的应力释放区(阴影部分)视为受力 σ,长度为 a 的悬臂梁,由简单的弹性理论可以得到"梁"的挠度 y 为

$$y = \frac{\sigma w}{IE}\left(\frac{1}{24}x^4 - \frac{1}{6}a^3 x + \frac{1}{8}a^4\right) \tag{5-53}$$

式中,I 为惯性矩;w 为"梁"的宽度。

又"梁"的总能量 H 为

$$H = U + T + S - A \tag{5-54}$$

式中,U 为弹性应变能

$$U = \frac{1}{2EI}\int_0^a M^2(x)\,\mathrm{d}x \tag{5-55a}$$

其中,$M(x)$ 为弯矩,且 $M(x) = \sigma w x^2/2$,故有

$$U = \frac{\sigma^2 w^2 a^5}{40EI} \tag{5-55b}$$

T 为图 5-27 阴影部分的动能,对微元体 $hw\mathrm{d}x$,其动能为

$$\mathrm{d}T = \frac{1}{2}\rho h w \left(\frac{\mathrm{d}y}{\mathrm{d}t}\right)^2 \mathrm{d}x$$

利用式(5-53),并注意到 $\dfrac{\mathrm{d}y}{\mathrm{d}t} = \dfrac{\mathrm{d}y}{\mathrm{d}a}\dfrac{\mathrm{d}a}{\mathrm{d}t}$,积分后可以得到

$$T = \frac{\rho h w^3 \sigma^2 \dot{a}^2 a^7}{24 I^2 E^2} \tag{5-56}$$

S 为表面能

$$S = (a - a_0)w\gamma \tag{5-57}$$

式中,a_0 为初始裂纹长度。

A 为外力 σ 对"梁"所做的功

$$A = \sigma w \int_0^a y(x)\,\mathrm{d}x$$

利用式(5-53)可以得到

$$A = \frac{2\sigma^2 w^2 a^2}{40EI} = 2U \tag{5-58}$$

令

$$L = T - (U + S - A) \tag{5-59}$$

根据拉格朗日运动方程

$$(\mathrm{d}/\mathrm{d}t)(\partial L/\partial \dot{a}) - (\partial L/\partial a) = 0 \tag{5-60}$$

并注意到 $I = wh^3/12, h = Ct(C$ 为波速$)$,可以得到如下方程:

$$2a^7\ddot{a}t + 7a^6\dot{a}^2t - 10a^7\dot{a} = Ba^4t^3 - At^6 \tag{5-61}$$

式中,$A = \dfrac{\gamma EC^7}{6\sigma^2}$;$B = \dfrac{C^4}{4}$。

方程(5-61)即为一恒定幅值为 σ 的应力突然加载时裂纹传播(扩展)的微分方程。这是一个非线性二阶方程,很难得到其闭合解,但可以得到它的一个渐近解和一个特解。根据渐近解可以推出,裂纹临界扩展速率约为其声速的一半,即 $\mathrm{d}a/\mathrm{d}t = 0.52C$[46];根据特解可以得到动态破坏准则。

注意到,裂纹面产生的偏离量随应力波作用时间的增长而增大,当达到足以使裂纹尖端扩展时的偏离量时,裂纹产生失稳扩展,此时的应力波作用时间即可称为应力波临界延续时间。因为对幅值为 σ 的应力波,只有当它具有这一与之相应的临界时间时,裂纹才会开始扩展。设定裂纹长度为 a,应力波幅值为 σ,临界延续时间为 τ,显然,当裂纹不产生扩展时,$\dot{a}$ 和 $\ddot{a}$ 均为 0,因此方程(5-61)的左边为 0,由此可得

$$a^4 = \frac{2\gamma Eh^3}{3\sigma^2} \tag{5-62}$$

又在裂纹的自由端,y 方向的质点速率 $v = \sigma/(\rho C)$,因此,对恒定的幅值 σ(矩形脉冲),其偏离量 $\delta = v\tau$,而由式(5-53),$\delta = y(0) = \sigma w a^4/(8EI)$,这样就可以得到

$$\tau \approx 1.1a/C \tag{5-63}$$

此时

$$a \approx \frac{2.66E\gamma}{3\sigma^2} \quad \text{或} \quad \sigma^2 = 1.13\frac{\gamma E}{a} \tag{5-64}$$

比较式(5-52)和式(5-64),可以发现:两者只是比例因子有所差异。由此可见,对确定的裂纹长度,无论是动态还是静态加载,导致裂纹扩展都需要有一与裂纹长度成反比的临界应力门槛值,而且动态比静态的值要大。另外,由式(5-63)可以得出:对动态加载,当加载应力波延续时间 $\tau = 1.1a^*/C$ 时,延续时间又只能保证小于 a^* 长度的裂纹扩展。综合时间和幅值的关系,可以得到表面裂纹扩展的条件为

$$\frac{\sigma^2\tau}{2E} = \frac{1.46\gamma}{3C} = \frac{k\gamma}{3C} \tag{5-65}$$

对任意形状的应力脉冲,上述关系式(5-65)可写为

$$\frac{1}{2E}\int_0^\tau \sigma^2 \mathrm{d}t \geqslant \frac{k\gamma}{3C} \tag{5-66}$$

式(5-66)表明:当外载荷的能量作用密度小于某一值时,材料中的任何裂纹都不可能扩展;而当能量作用密度较大时,则会有某一区段裂纹长度的许多裂纹扩展。

对于内部圆形片状裂纹[47],用与处理表面裂纹相类似的原理,即一个幅值为 σ、延时

为 τ 的矩形应力波与一半径为 a 的裂纹碰撞时,如果会产生裂纹扩展,则裂纹并不会在脉冲一到达时就立即开始扩展,因为它需要一定的时间使裂纹表面的中心产生足够大的偏离,以便裂纹尖端的应力集中到能足以破坏分子间的黏力。据此原理计算,可以得到在矩形波加载条件下的动态裂纹条件为

$$\frac{\sigma^2 \tau}{E} \geqslant \frac{\pi \gamma}{C} \tag{5-67}$$

对任意形状的应力脉冲,可写成一般形式,即导致脆性材料断裂的条件为

$$\int_0^\tau \sigma^2(t)\,\mathrm{d}t \geqslant \frac{\pi \gamma E}{C} \tag{5-68}$$

以上这一断裂准则的分析都是在设定张应力波垂直裂纹的圆形平面的基础上得到的。事实上,大量冲击破裂理论与试验已经表明:岩石是在裂纹尖端的拉应力作用下破坏的。况且,在多晶介质中,由于组合物和其他一些不均质材料在颗粒边界声阻抗的差异,引起了部分应力波的反射,因此压缩波也能引起裂纹的张性断裂。

这一脆性物体动态断裂准则与目前在金属材料领域比较流行的损伤积累准则较为类似,按此准则,任意一点上当作为时间 t 的函数的应力 $\sigma(t)$ 只有满足下式时,才会发生断裂,则

$$\int_0^t (\sigma - \sigma_0)^a \,\mathrm{d}t = K \tag{5-69}$$

式中,a、K 和 σ_0 均为材料常数;σ_0 为材料发生断裂时所需的下界应力。如果 $\sigma(t) < \sigma_0$,则即使作用延续时间最长,也不会产生断裂。

对应力波作用下产生的动态断裂,外力大小以及作用的时间因素对断裂过程的影响至为重要。根据式(5-68)可知,对于含有一全裂纹谱[50]的岩石,考虑到应力波在岩石中的衰减以及岩石在各种加载条件所产生的应力波作用下的能量耗散,当加载波能量作用密度减小到一定值时,加载应力波中任意频率的谐波均不会与岩石中任何裂纹发生作用,岩石中的所有裂纹均不会产生扩展。因此,这种强度的应力波通过岩石时,不会导致岩石的损伤。又由上述宏观脆性断裂条件可知,当应力波能量作用密度达到其门槛值即 $\pi \gamma E / C_p$ 时,裂纹高速扩展,应力波通过岩石时产生宏观破坏;当应力波能量介于两者之间时,应力波每次通过时,都会导致岩石损伤,裂纹低速扩展,即断裂力学中的亚临界裂纹扩展,在此条件下,反复加载时可导致岩石破裂[51-55]。有关这方面的详细分析可参见第 7 章及文献[56]。

5.3　岩石的动态损伤累积

考虑到应力波通过岩石时的能量作用密度的上、下限值,即当能量作用密度小于下限时,应力波通过岩石时不起作用,以弹性波的形式耗散在岩石中;而当能量作用密度大于上限时,岩石在应力波的作用下发生宏观断裂;当应力波的能量作用密度处于其间时,应力波的通过使岩石发生损伤,如此反复加载,产生的累积损伤将使岩石发生破坏。可以设想:加载波能量作用密度应有一个最小的阈值,只有当加载波能量作用密度大于其阈值时,损伤累积过程才能开始进行;施加的能量作用密度越大,损伤速率也越大;当其达到岩

石动态断裂准则的极限时,岩石完全断裂,其损伤度 D 应该是 D_f。在低损伤的初始阶段,过程在微观的量级上进行,裂纹的数量少,尺寸小,因而损伤速率也较小;随着时间的延长或脉冲通过的次数的增长,裂纹核增多、长大、合并,形成宏观裂缝;当损伤累积增长到宏观级时,岩石内所含大量的明显的裂缝,降低了它的平均强度,进一步的增长导致破坏越来越快。

5.3.1　应力波作用下的岩石疲劳损伤

由于能量作用密度表达式里已包含了时间因素,这里只考虑能量作用密度处在两个门槛值之间的疲劳损伤[51,52]。

根据岩石的动态断裂准则,设加载能量作用密度为

$$W = \int_0^\tau \sigma^2(t)\,\mathrm{d}t = A\,\frac{\gamma\tilde{E}}{\tilde{C}} \tag{5-70}$$

式中,A 为与能量作用密度大小有关的系数;$\tilde{E}$、$\tilde{C}$ 分别为岩石的有效弹性模量和有效纵波波速。

由损伤的定义有

$$\tilde{E} = (1-D)E \tag{5-71}$$

由于损伤裂纹的存在和发展会引起应力波波速的衰减,根据 Rubin 和 Ahrens 的研究,应力波波速与岩石损伤的关系为[57]

$$D = 1-(\tilde{C}/C_p)^2 \tag{5-72}$$

由式(5-71)和式(5-72),能量作用密度可表示为

$$W = A\,\sqrt{1-D}\,\frac{\gamma E}{C_p} \tag{5-73}$$

式中,E、C_p 分别为未损伤岩石的固有弹性模量和应力波纵波速率,其他符号的意义与式(5-70)的相同。

当反复加载时,加载能量作用密度不变,在第 n 次加载时,设加载能量作用密度仍处在两个门槛值之间,即

$$A_{n0} < \tilde{A} < A_{n1} \tag{5-74}$$

式中,$\tilde{A} = A\,\sqrt{1-D_{n-1}}$,为反复加载时固定的能量作用密度系数;$A_{n0} = \alpha\,\sqrt{1-D_{n-1}}$,为第 n 次加载时最小的能量作用密度门槛值,当加载波分别为矩形波、指数衰减波和钟形波时,α 分别等于 0.69、1、0.66[56];$A_{n1} = \pi\,\sqrt{1-D_{n-1}}$,为第 n 次加载时最大的能量作用密度门槛值。

由岩石中应力波作用的能量耗损及有效能量可知,其有效能量就是用来产生损伤的能量值,即

$$E_e = a_1 + a_2 W \tag{5-75}$$

式中,a_1、a_2 为不同加载波作用下的有效能量值的拟合系数。

从有效能量与能量作用密度的线性关系以及当能量作用密度系数 $\tilde{A} = A_{n0}$ 时,$D_n = D_{n-1}$;$\tilde{A} = A_{n1}$ 时,$D_n = D_f$,可知,当 $A_{n0} < \tilde{A} < A_{n1}$ 时,有

$$\frac{D_n - D_{n-1}}{D_f - D_{n-1}} = \left(\frac{\widetilde{A} - A_{n0}}{A_{n1} - A_{n0}}\right)^{\beta} \tag{5-76}$$

这样我们就得到了在应力波作用下的疲劳损伤的迭代表达式,其中 β 为材料常数。

根据式(5-76)可以得到在不同的能量作用密度、不同的加载波形下的损伤变化和破坏时所需反复加载次数 n 的关系,所得结果如图 5-28 所示。图中 D_f 设为 1,D_0 为 0,$\widetilde{A}$ 分别为 1.5、1.6、1.7、1.8,$\beta = 2.5$。

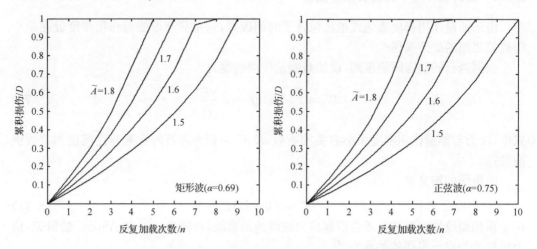

图 5-28 不同的能量作用密度、不同的加载波形下反复加载次数与损伤的关系

在破碎阶段,岩石类材料的破碎效果实质上体现在两个方面:材料由于碎块分离而导致的宏观尺寸缩减;材料内部由于微裂纹繁衍而引起的细观损伤的积累。长期以来,人们将破碎效果与粒度缩减等同起来,从而将研究的焦点多集中在材料宏观尺寸的缩减上,而忽视了对后者即损伤对破碎效果影响的研究。事实上,材料的粒度缩减正是其内部细观损伤在应力作用下演化的宏观体现,不同的损伤效果反映在宏观上的粒度缩减也不同,二者存在不可分割的内在联系。

加载能量处在两个门槛值之间,即损伤在 $0 \sim 1$ 的范围内时,可对应力波作用下疲劳损伤的迭代关系式(5-76)进行改写,即[51]

$$\frac{D_n - D_{n-1}}{D_f - D_{n-1}} = \left(\frac{E_1 - E_{n0}}{E_{n1} - E_{n0}}\right)^{\beta} \tag{5-77}$$

式中,D_n 为第 n 次加载时岩石的损伤;D_{n-1} 为第 $n-1$ 次加载时岩石的损伤;D_f 为岩石完全破坏时的损伤;E_1 为单次加载时的能量作用密度;E_{n0} 为第 n 次加载时加载能量作用密度的下限门槛值;E_{n1} 为第 n 次加载时加载能量作用密度的上限门槛值;β 为与加载延时有关的材料常数。

当加载能量作用密度大于动态断裂准则时,从损伤的实质物理意义来看,此时损伤值大于 1,所以式(5-77)可以推广到破坏后岩石的粉碎阶段。推广后的表达式为[52]

$$D = \left[\left(\frac{E_1 - E_0}{E_1 - E_0}\right)^{\beta}\right](D_f - D_0) + D_0 \tag{5-78}$$

5.3.2 循环冲击下岩石的损伤规律

为了解岩石的动态累积损伤规律,我们对岩石进行了大量的循环冲击试验[24]。试样取自于同一块花岗岩,试样直径 $d=70\text{mm}$,静载抗压强度 $\sigma_c=160\text{MPa}$。加载波形采用半正弦应力波,加载时间 τ 为 $200\mu\text{s}$,加载峰值可进行调节,如图 5-29 所示。图 5-30 为对同一试样采用等峰值应力波进行循环冲击的加载波形。图 5-31、图 5-32 分别为典型的循环冲击试验的应力-应变曲线。循环冲击部分试验结果见表 5-2。

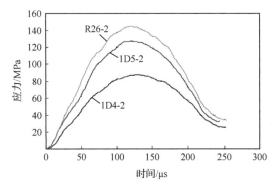

图 5-29　不同幅值的加载波形　　　　图 5-30　循环冲击试验中等幅值的加载波形

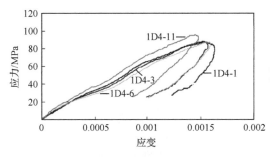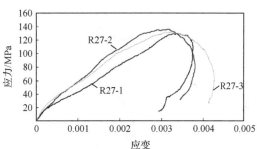

图 5-31　试样 1D4 的应力-应变曲线　　　　图 5-32　试样 R27 的应力-应变曲线

表 5-2　花岗岩试样动态反复加载试验结果

试样号	长径比	密度 /(g/cm³)	波速 /(m/s)	峰值应力 /MPa	应变率 /s⁻¹	吸能 /(J/cm³)	冲击次数	备注
1A4	0.5	2.643	6031	144.9	26.2	0.53	2	破坏成6块
1B3	0.5	2.55	5933	136	26.9	0.34	2	破坏成2块
1D5	0.5	2.647	6679	126.2	19.6	0.37	4	破坏成2块
3A3	0.51	2.672	6422	132.4	19.6	0.38	3	破坏成4块
R27	0.55	2.634	5950	131.2	17.3	0.78	3	破坏成7块
1F1	1	2.634	5884	133.3	18.6	0.2	2	破坏成2块
1D4	0.5	2.65	5885	91.8	14.6	0.75	15	没破坏

为了得到循环冲击下岩石的累积损伤规律,首先根据半正弦应力波波形计算出加载能量作用密度 W,有

$$W = \int_0^{200 \times 10^{-6}} \left[\lambda_{a>b} * \sigma_{\max} * \sin\left(\frac{\pi t}{200 \times 10^{-6}}\right) \right]^2 \mathrm{d}t \quad (5\text{-}79)$$

式中,$\lambda_{a>b}$ 为应力波从入射杆到试样的透射系数。

由应变率与静抗压强度可得出动态断裂强度。由于所有的应变率都小于 $76\mathrm{s}^{-1}$,可采用如下公式来计算动态断裂强度:

$$\sigma_f \propto \dot{\varepsilon}^{0.007} \quad (5\text{-}80)$$

然后,可利用式(5-79)算出动态断裂所需加载的能量作用密度 W_0。

设花岗岩的初始损伤 $D_0 = 0$,动态断裂时 $D_f = 1$,由 $A_{n1} = \pi\sqrt{1 - D_{n-1}}$ 知 $A_{11} = \pi$,根据试验加载应力波形状,α 取 0.75,则 $A_{10} = 0.75$,那么有

$$\widetilde{A} = A_{11}(W/W_0) \quad (5\text{-}81)$$

而材料常数 β 可由试验数据确定,在本试验中,$\beta = 2.02$。这样,我们就可以通过式(5-76)得到第一次冲击后岩石的损伤值 D_1,然后就可以进一步迭代出随后每次冲击后岩石的损伤值。图 5-33 给出了动态反复加载试验中加载次数与总体损伤的关系。

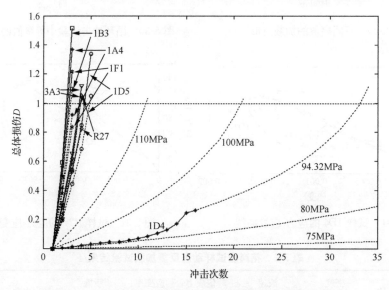

图 5-33　动态反复加载试验中冲击次数与总体损伤关系图

由图 5-33 可知:试样 1D4 在冲击 15 次后还没破坏,且损伤值比较小,如再加载,从理论上可得出破坏时需再冲击的次数。当冲击荷载更小时,反复加载次数大增,当加载能量作用密度小于一定值,即入射应力小于一定值时,岩石不会再损伤;而当加载能量作用密度较大时,则一次冲击便会使岩石破坏。

岩石在破碎阶段时,所有的损伤值都超过了 1,加载能量作用密度越大,损伤值越大,同时岩石破碎后的块数也越多。图 5-34 中给出了由实际所观察的碎块数与由冲击能量所得的损伤关系图。图 5-35 还给出了单次冲击破坏试验中岩石碎块数与总体损伤关系,其中的散点是根据岩石的单位吸能所表示的能量耗散规律而得出其总体损伤与其所对应

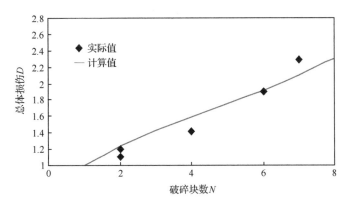

图 5-34　动态反复加载试验中岩石破碎块数与总体损伤关系图

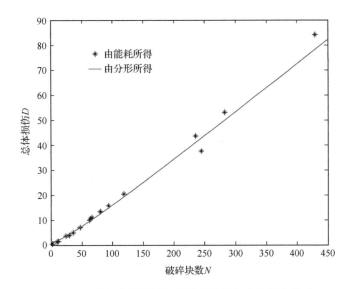

图 5-35　单次冲击破坏试验中碎块数与总体损伤关系

的实际破碎块数。

5.3.3　应力波在岩体中的衰减

炸药包在岩土介质中爆炸时,部分能量转化为应力波,应力波在破坏岩体和向周围传播过程中不断衰减,通常以下式描述应力波的公用参量 ϕ(ϕ 可以代表加速度、速度、位移、应力和应变)与炸药量 Q 及距爆源距离 R 的关系,即

$$\phi = K_c \left(\frac{\sqrt[3]{Q}}{R} \right)^{\alpha} \tag{5-82}$$

式中,K_c 为试验确定的系数,对不同的应力波参量,其 K_c 值各不相同;α 为应力波参量的衰减指数,影响该指数的因素很多,如介质性质、药包形状、应力波频率等,但其主要影响因素是介质的性质,不同的岩石类型,其衰减指数也各不相同。

这里所讨论的应力波衰减是指幅值随传播距离的衰减。事实上,应力波在岩石中传播时,在产生幅值随距离衰减(attenuation)的同时,脉冲的形状也会随距离而变,这种变化常称为弥散(dispersion)[58]。也有人把前者称为"物质弥散"(material dispersion),而将后者称为"几何弥散"(geometrical dispersion)[2]。因为前者的产生与材料的本身性质有关,反映了材料本身性质对瞬态扰动波长的依赖性。例如,脉冲在粒状结构的固体中传播时,当波长可与组成材料主导颗粒的尺寸相比拟时,通常就会产生幅值的衰减;同时,在颗粒边界空隙中的散射,也会导致能量的损失。而后者,即"几何弥散",只与波形和材料的几何结构有关,不管材料是否是完全弹性,它都可能出现。例如,当脉冲短得可以与传播杆的直径相比拟时,杆的侧向惯性将会使一部分波能转变为径向振动的形式,从而导致波形随传播距离的变化。

　　研究应力波在岩石中的衰减大都采用一维撞杆法[3,18,58-63],如图 5-36 所示,通过冲头产生一应力脉波沿岩杆传播,通过岩杆不同位置粘贴的应变片,测量应力波传播到不同距离时的应力波形,从而获得波通过岩石所产生的衰减特征。但在这类应力波传播的衰减和弥散试验中,各研究者所使用的加载方式却并不一致:有的用钢球撞击产生的钟形脉冲[3,58-61],有的用药球爆炸产生随时间呈指数衰减的指数波[62],还有的用等径冲击产生的矩形脉波[18]。目前,对这些不同加载波条件下所表现出来的衰减、弥散特性的异同点却缺乏深入的分析和比较。显然,对于随传播距离而产生的衰减,由于主要与材料性质有关,因而加载波形的影响并不显著;但对于波的弥散,无疑是与加载波形有关的。即使对同一岩杆,不同的加载波形产生的弥散也可能不同。

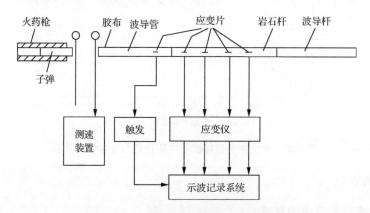

图 5-36　一维应力波衰减试验装置简图

　　Goldsmith 等对大理岩、玄武岩等火成岩及一些沉积岩、变质岩和混凝土杆,用圆球冲击的研究结果表明:当冲击速率大于某一值时即产生衰减,衰减到一定幅值后,衰减随传播距离而显著减小,但自始至终,弥散很小,如图 5-37 所示。而对于砂岩,当冲击速率很小时就产生了衰减和弥散,由于 Goldsmith 等在这种砂岩冲击试验中不是采用的圆球形冲头,而是使用的短柱形冲头,因而这种弥散中可能很大程度地存在有加载波形的影响。因此,加载波形的差异对弥散的影响是不能忽视的。同时,试验还发现[59]:岩石中存在的孔隙度越高,对其应力脉冲的衰减效应越大,对应的动载强度与静载强度的比值越小。

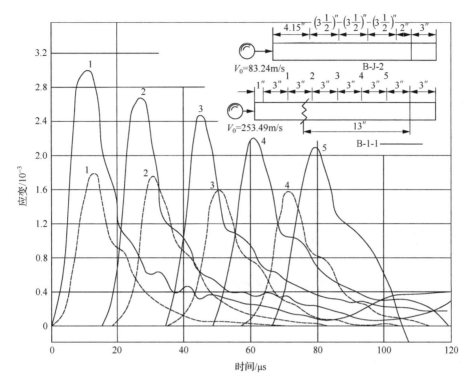

图 5-37　玄武岩杆中的应变-时间曲线

Hakailehto 在他早期的博士论文中给出了应力波在岩石中衰减的模型[4]。他认为：当加载应力大于岩石初始破坏应力(σ-ε 关系中的 σ_e)时，由于岩石内部裂纹的扩展，将导致应力波沿岩杆传播时幅值的衰减。设定岩石试样初始界面上的应力为 σ_1，在传播 l 距离后的应力为 σ_2，则

$$\sigma_2 = \begin{cases} \sigma_1, & \sigma_1 \leqslant \sigma_e \\ f(\sigma_1), & \sigma_1 > \sigma_e \end{cases} \tag{5-83}$$

考虑到衰减主要是由大于 σ_e 部分所引起的，因此，当 $\sigma_1 > \sigma_e$ 时，其衰减主要是由于 $\sigma_1 - \sigma_e$ 所致。令 $\sigma_a = \sigma_1 - \sigma_e$，$\sigma_b = \sigma_2 - \sigma_e$，设定衰减沿试件长度呈指数规律变化，并与岩石试件的破碎程度成正比，显然 σ_b/σ_e 越大，对应的岩石破坏程度也越大，由此可得

$$\mathrm{d}\sigma_b = \mathrm{d}\sigma_a - \mathrm{e}^{-\alpha l} \frac{\sigma_b}{\sigma_e} \mathrm{d}\sigma_a \tag{5-84}$$

即

$$\frac{\mathrm{d}\sigma_b}{\mathrm{d}\sigma_a} + \frac{\mathrm{e}^{\alpha l}}{\sigma_e}\sigma_b = 1 \tag{5-85}$$

式中，α 为材料常数；σ_e 为初始破裂应力，可由静压试验确定。

注意到初始条件，$\sigma_a = 0$ 时，$\sigma_b = 0$，有

$$\sigma_b = \mathrm{e}^{\alpha l}\sigma_e\left(1 - \mathrm{e}^{-\mathrm{e}^{\alpha l}\frac{\sigma_a}{\sigma_e}}\right) \tag{5-86}$$

由此可得

$$\sigma_2 = \begin{cases} \sigma_1, & \sigma_1 \leqslant \sigma_e \\ \sigma_e + \sigma_e e^{-al}(1 - e^{-e^{al}\frac{\sigma_1 - \sigma_e}{\sigma_e}}), & \sigma_1 > \sigma_e \end{cases} \tag{5-87}$$

显然,当 $\sigma_1 \gg \sigma_e$ 时,σ_2 很快就达到其极限值

$$\sigma_{2max} = \sigma_e(1 + e^{-al}) \tag{5-88}$$

通过对不同试样长度下测量到 σ_2 随 σ_1 变化的试验,可以发现:由不同长度试件求得的 α 几乎相同,而不同的岩石类型所对应的 α 值却明显各异。这既表明了上述衰减模型的正确性,即当压缩应力波入射到岩石中时,只有应力幅值超过岩石初始破裂应力的部分随指数规律衰减;同时也表明了可以用参量 α 来表征材料的脆度和岩石破裂时所能吸收能量的比率,α 越大,破裂时吸收的能量也就越大,衰减也就越快。$\alpha = 0$ 可视为脆性和韧性间的分界值。表 5-3 给出了 Hakailehto 和章根德等所测得不同岩石的 α 值[4,64]。Hakailehto 还将该衰减模型应用到了球状药包爆破产生的应力波在岩石中衰减的实际计算中[4]。

表 5-3　不同岩石的脆度系数 α 及初始破裂应力 σ_e

岩石类型	Tennessee 大理石	Charcoal 花岗岩	砂岩	灰色砂岩	石灰岩
α/cm^{-1}	0.04	0.295	0.213	0.39	0.55
σ_e/MPa	77	141	95	120	153

5.4　高温下的岩石动力学特性

在深部岩体的开挖、地热的开发和利用、高放射性核废料的地层深埋处置、岩石地下工程灾后重建,以及大都市圈的大深度地下空间开发利用等工程所处的地质环境,都涉及高温下岩石的力学特性,通过室内不同温度岩石冲击试验,能客观地反映岩石在不同地温环境下岩石动态力学特性的变化规律,其相关力学参数可为金属矿床深部开采、岩石地下工程开挖、支护设计、围岩稳定性分析提供基本参数和依据。这里将总结高温作用下的岩石的动态压缩、拉伸及断裂力学特征,探讨温度作用对岩石动态力学性质的影响[65-67]。

5.4.1　高温前后岩石密度及波速特性

砂岩试样加温前后平均密度与温度的变化规律,如图 5-38 所示。由图可以看出:砂岩的平均密度在经历不同高温后与常温相比呈下降的趋势。试验结果表明:高温作用对砂岩的密度有一定的影响,在经历 800℃ 高温作用后,砂岩的平均密度比常温状态下减小了 1.5%。高温作用后砂岩密度下降的原因,一方面是由于热膨胀使得试样的体积增大;另一方面是由于在加热过程中岩石试样表层碎屑脱落和内部水分的蒸发导致整个试样质量减小。

经历不同高温后砂岩的纵波波速随温度的变化规律,经归一化处理后,如图 5-39 所示。由图 5-39 可以看出,随着作用温度的升高,加热后冷却砂岩的纵波波速有不同程度的降低,且降低的幅度随着作用温度的升高而增大。当经历 200℃ 时,纵波波速与常温相

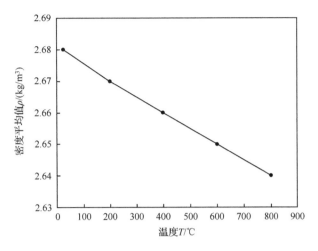

图 5-38　高温前后砂岩平均密度与温度关系

比降低幅度较小;当温度超过 200℃时,纵波波速呈线性急速下降;当经历 800℃高温作用后,砂岩平均波速由常温时的 3227m/s 降到了 1189m/s,降低幅度达到了 63%。

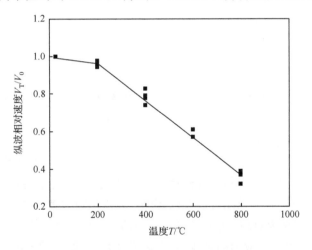

图 5-39　高温后砂岩相对纵波波速与温度的关系

高温作用冷却后岩石纵波波速下降的原因,一方面是由于岩石内部各矿物质膨胀系数不同导致裂隙的扩张和新裂隙的产生;另一方面是由于高温作用下岩石孔隙中的水分蒸发成水蒸气,同时孔隙体积增大,孔隙对波速的传播具有阻隔作用,致使波的能量衰减增大,波速降低。

5.4.2　高温后岩石动态拉压力学特性

为考察岩石在高温后的岩石动态力学特性,分别用砂岩和花岗岩进行高温后的动态压缩和拉伸试验。动态压缩试验采用 50mm 的金属压杆装置进行,砂岩试样长径比为0.5。动态拉伸试验主要采用霍普金森压杆上的巴西劈裂和半圆盘试样完成,直径为40mm,试样厚度为 18mm,试样加温采用高温箱,试验温度范围为常温至近 1000℃。每次把 5 块制备好的试样放入加热炉内以每 3min/10℃的速率升温,分别加热到预定的温度并保持恒温 4h,然后在炉内自然冷却,制成高温后砂岩试样。

1. 高温后岩石动态压缩力学特性

为了对比高温作用冷却后砂岩动态压缩强度特性,图 5-40 给出了砂岩单轴受压时的典型应力-应变曲线,平均单轴抗压强度为 126.9MPa,弹性模量为 19.6GPa。

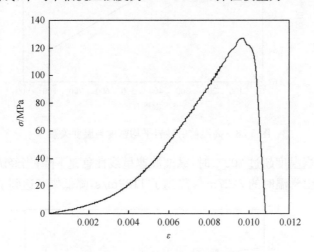

图 5-40　典型应力-应变曲线

图 5-41 给出了砂岩试样在经历常温(25℃)以及 200℃、400℃、600℃、800℃高温作用后的动态压缩典型应力-应变曲线。从图 5-41(a)、(b)可以看出,在常温下和经历 200℃的温度作用后,砂岩动态压缩应力-应变曲线变化规律大致分为弹性、屈服、破坏三个阶段。首先,动态应力应变曲线与静态相比没有压密阶段,直接进入弹性阶段,曲线呈直线状态,应力和应变呈正比例关系,弹性模量与静态相比较大,这主要是由于岩石内部微裂隙在高速冲击载荷下还来不及闭合以及内部晶体表现出较大惯性力所致;其次,进入屈服阶段,应力-应变曲线偏离直线,这是因为岩石内部强度较低的材料首先破坏产生新的裂隙,同时周围材料因承受高应力而逐步破坏,裂隙不断演化、发展;最后,由于岩石内部裂纹贯通形成宏观破坏,试样整体失去承载能力,进入破坏阶段。

图 5-41(c)～(e)给出了砂岩经历 400～800℃高温作用冷却后应力-应变曲线变化规律。从图中可以看出,高温作用后砂岩动态应力-应变曲线直线段斜率下降即弹性模量减小,且随着温度的升高,发生较大应变。原因主要有以下几方面:①岩石在经历高温冷却后,由于组成岩石矿物质的热膨胀率不同,使结晶颗粒间蓄存了应变,冷却后产生缺陷、剥离、裂隙;②在经历 400～800℃高温作用后,岩石内部结晶颗粒的裂隙发生热裂现象,且温度越高热裂程度越大,冷却后无法恢复原状,形成裂隙;③岩石内部本身含有的孔隙、水分和某些易熔、易分解蒸发的矿物质在高温冷却后形成裂隙。由这些因素引起的岩石内部孔隙增大,在冲击载荷下弹性模量下降,随着温度的升高表现出应变增大。

图 5-42 给出了砂岩试样在等入射能条件下常温状态和经历 200℃、400℃、600℃、800℃高温后动态应力-应变关系的对比曲线。从图中可以看出,试样在常温和经历不同

高温后,动态压缩应力-应变曲线变形规律类似,只是当温度大于 400℃时,随着作用温度的升高应力-应变曲线后半部分回弹,这表明此时岩石的脆性特征增强。

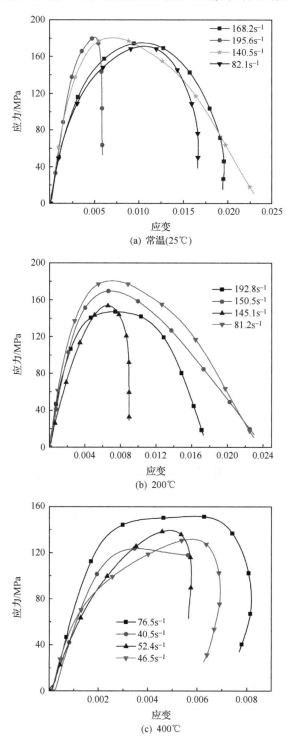

(a) 常温(25℃)

(b) 200℃

(c) 400℃

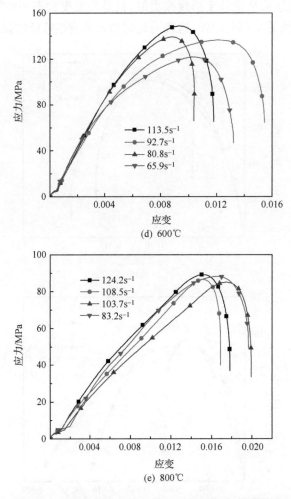

(d) 600℃

(e) 800℃

图 5-41　高温作用后砂岩动态压缩典型应力-应变曲线

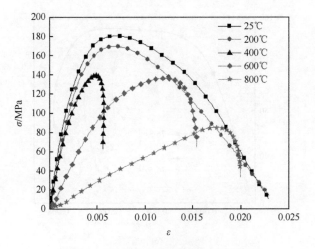

图 5-42　不同温度后砂岩应力-应变曲线

图 5-43 为高温作用后砂岩动态压缩强度与温度的关系。显然,温度对于高温后砂岩的动态强度影响相当明显,峰值强度随着温度的升高有明显的降低趋势。25～400℃时,平均峰值强度从 176.3MPa 降到了 138.7MPa,降低幅度为 21.3%;而在 400～600℃动态压缩平均峰值强度由 138.7MPa 降至 135.8MPa,降低幅度较小;与常温相比,800℃高温作用后,平均峰值强度为 83.1MPa,降低幅度达到了 53.8%。

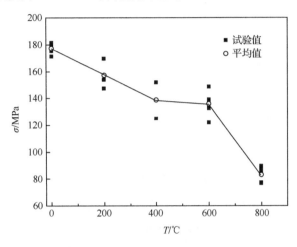

图 5-43　高温作用后砂岩动态压缩强度与温度的关系

从图 5-43 中可以看出,尽管试验结果离散性较大,但仍具有明显的总体规律,即经历不同高温作用自然冷却后动态压缩强度降低。这可以解释为:400℃以内,岩石内部水分蒸发形成孔隙,同时在高温作用下矿物颗粒之间发生变形,冷却后一些小裂隙逐渐发展形成较大裂隙或者大裂隙,使得动态压缩强度有所下降;400～600℃,高温作用对砂岩的动态强度影响不大,但也有降低的趋势;当加热到 800℃后,砂岩中的矿物成分及其内部结构发生了显著变化,某些易熔、易分解、易蒸发矿物质和岩石内部所含有的预裂纹产生更大裂纹,引起强度下降。一些学者关于测得的密度在 100℃以内随温度的升高而增加,其静态强度也在 100℃内随温度升高而增加的结论,其出现异常的原因可能是由于试样内部的初始裂纹在温度作用下闭合所致。图 5-44 给出了砂岩试样在不同温度后等能量冲击作用破坏的一组照片。从图中可以看出:随着温度的升高,碎块的数量增多,碎块趋于均匀,高温作用后可加快岩石破碎进程,减小碎块尺寸得以试验证实。

2. 高温后岩石动态拉伸力学特性

试验所用 Laurentian 花岗岩平均密度为 2.64g/cm³,测得的弹模为 92GPa,单轴抗拉和抗压强度分别为 12.8MPa 和 259MPa,其矿物组成成分为:长石 60%,石英 33%,黑云母 3%～5%。

图 5-45 为不同高温处理后花岗岩动态拉伸强度与加载率关系的试验结果。由图可以看出,每个温度段的动态拉伸强度随着加载率呈线性增长,动态拉伸强度存在率敏感性。图 5-46 为不同温度后加载率在 800～1100GPa/s 的动态拉伸强度平均值。从图中可以看出,温度对动态拉伸强度的影响分三个阶段:Ⅰ为增长阶段,Ⅱ为缓慢降低阶段,Ⅲ为

(a) 25℃　　　　　　(b) 200℃

(c) 400℃　　　　(d) 600℃　　　　(e) 800℃

图 5-44　不同温度后冲击载荷下砂岩的破坏形态

快速下降阶段。第一阶段为温度在 25～100℃时,在相同加载率下,试样的动态拉伸强度值从 33.3MPa 增加到 34.8MPa,这可能是由于热作用使岩石晶粒膨胀导致岩石压紧。这个现象和 Vishal 等得到的结果一致[68]。第二阶段为温度在 100～450℃时动态拉伸强度呈缓慢的下降,下降率为 10.1%,这可能是由于热应力引起岩石试样内部结构和矿物成分发生改变及微裂纹产生所致。Dwivedi 等学者测量了一些高温作用下的 Indian 花岗岩,也得到拉伸强度下降的结果[69]。第三阶段为温度在 450～850℃时岩石的动态拉伸强度呈现出急剧下降的趋势。例如,在加载率为 800～1100GPa/s 范围内温度为 850℃时,拉伸强度比常温时下降了 41%,出现这种现象的原因是 α-β 石英相变发生在大约 573℃[70]。这一相变的产生导致石英晶粒和其他矿物成分热膨胀系数不同,从而使试样微裂纹增长和扩张。

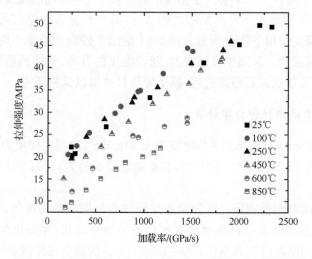

图 5-45　不同高温后动态拉伸强度与加载率的变化关系

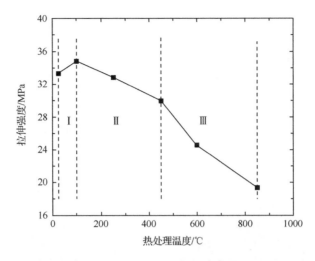

图 5-46　加载率为 800～1100GPa/s 时动态拉伸强度平均值随温度变化关系

5.4.3　高温后岩石动态断裂力学特性

高温后岩石动态断裂力学特性试验采用带预制裂纹的半圆盘 Laurentian 花岗岩试样进行,如图 5-47 所示,裂纹长 4mm,宽 1mm。

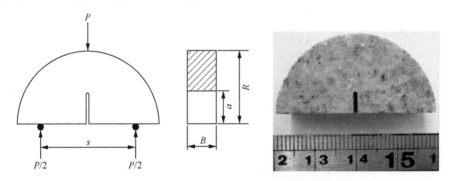

图 5-47　带预制裂纹半圆盘试样实物及示意图
P-载荷；R-半径；a-裂纹长度；B-试样厚度；s-支撑棒距离

图 5-48 为一组典型 Laurentian 花岗岩试样破坏后复原图。从图中可以看出,动态试验后试样沿着预制裂纹破坏成均等的两半,且随着处理温度的升高,破坏区域的宽度增加,这应该是由于试样中随着处理温度升高热损伤程度增加的结果。

图 5-49 为不同温度处理后岩样的断裂韧度和加载率的关系。图中显示,每个温度段试样的动态断裂韧度几乎都随加载率线性增长。此外,在低加载率范围(小于 60GPa · m$^{-1/2}$/s)内,所有试样的断裂韧度值都比较接近,而在较高加载率范围内,这些值相差较大,且断裂韧度随加载率的增大而减小。

为了更清楚地表征动态断裂韧度随温度的变化规律。我们提出了如下动态断裂韧度和加载率的关系式[70]

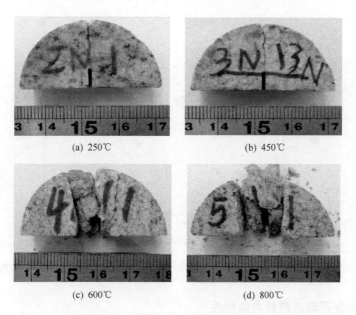

(a) 250℃　　　　　　　　　　　　　(b) 450℃

(c) 600℃　　　　　　　　　　　　　(d) 800℃

图 5-48　动态 NSCB 试验典型试样复原(图中标尺单位为 cm)

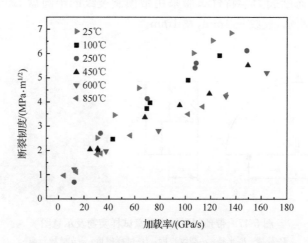

图 5-49　不同温度处理后试样动态断裂韧度与加载率关系

$$K_{\mathrm{IC}}^{D} = a_T + b_T \dot{K}_I \tag{5-89}$$

式中，a_T 和 b_T 为与处理温度相关的参数。

$$b_T = 0.0253 + \frac{0.0152}{1 + \left(\dfrac{T}{339}\right)^{7.16}} \tag{5-90}$$

　　图 5-50 为 b_T 和温度的拟合曲线。图中显示，b_T 值在 250~450℃急剧下降。在相同加载率下，试样在 250℃时的动态断裂韧度值比 100℃时略高，这个结果和 Funatsu 等[71]测量的 Kimachi 砂岩和 Tage 凝灰岩的静态断裂韧度结果一致。他们认为，断裂韧度的增长是由于矿物颗粒的热膨胀导致初始裂纹闭合引起的。而 Zhang 等[72]得到温度处理

后辉长岩和大理岩的断裂韧度在 $100 \sim 250℃$ 下降,之所以产生这种偏差应该是由于这些岩石矿物组成成分不同。

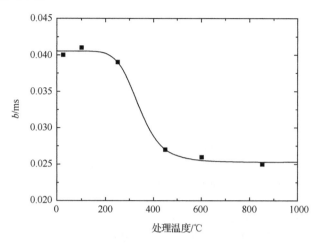

图 5-50　参数 b 值随处理温度的变化

对比 $250 \sim 450℃$ 的结果,温度范围为 $450 \sim 850℃$ 时,花岗岩的断裂韧度没有明显变化。从图 5-50 中观察,这个趋势更明显。断裂韧度降低的根本原因是由于热作用促使微裂纹扩张导致。当温度超过 $250℃$ 时,微裂纹的数量和张开距离开始增长,这种情况导致断裂韧度降低。然而,在 $500℃$ 左右时,所有的矿物颗粒晶界展开,并且伴随着石英发生 $α$-$β$ 相变。对于温度超过 $450℃$ 后,影响岩石性能劣化的因素较少,因此增加温度并不会对岩石试样造成更多的损坏。从图 5-50 也可以看出这一现象,超过 $450℃$ 后参数 b_{T} 的变化不大。并且,我们还使用了电镜扫描仪对不同温度处理后岩石试样内部的微观结构特征进行观察,更进一步验证了上述观点[66]。国外一些学者采用光学方法也观测到了类似结果[69]。

参 考 文 献

[1] Attewell P B. Response of rocks to high velocity impact. Transactions of the Institution of Mining and Metallurgy, 1962,71:705-724

[2] Attewell P B. Dynamic fracturing of rocks, Part Ⅰ,Ⅱ,Ⅲ. Colliery,Engineering,1963:203-210,248-252,289-294

[3] Kumar A. The effect of stress rate and temperature on the strength of basalt and granite. Geophysics,1968,33(3): 501-510

[4] Hakailehto K O. The behaviour of rock under impulse loads—A study using the Hopkinson split bar method. Acta Polytechnica Scandinanca,1969,81:1-61

[5] Perkin R D,Green S J,Friedman M. Uniaxial stress behavior of porphyritic tonalite at strain rates to 10^{3}/sec. International Journal of Rock Mechanics and Mining Sciences,1970,7(5):527-535

[6] Green J S,Perkins R D. Uniaxial compression tests at varying strain rates on three geologic materials//The 10th U. S. Symposium on Rock Mechanics,Austin,1968:35-52

[7] Lindholm U S,Ycakley L M,Nagy A. The dynamic strength and fracture properties of dresser basalt. International Journal of Rock Mechanics and Mining Science & Geomechanics Abstracts,1974,11(5):181-191

[8] Frew D J,Forrostal M J,Chen W. A split Hopkinson pressure bar technique to determine compressive stress-strain

data for rock materials. Experimental Mechanics,2001,41(1):40-46

[9] Goldsmith W,Sackman J L, Ewert C. Static and dynamic fracture strength of Barre granite. International Journal of Rock Mechanics and Mining Science & Geomechanics Abstracts,1976,13:303-309

[10] Janach W. The role of bulking in brittle failure of rocks under rapid compression. International Journal of Rock Mechanics and Mining Science & Geomechanics Abstracts,1976,13:177-186

[11] 木下重教,佐藤一彦,川北稔. On the mechanical behaviour of rocks under impulsive loading. Bulletin of the Faculty of Engineering Hokkaido University,1977,83:51-62

[12] Grady D E,Kipp M E. Continuum modelling of explosive fracture in oil shale. International Journal of Rock Mechanics and Mining Science & Geomechanics Abstracts, 1980,17:147-157

[13] Grady D E,Kipp M E. The micromechanics of impact fracture of rockInt. International Journal of Rock Mechanics and Mining Science & Geomechanics Abstracts,1979,16:293-302

[14] Lankford J. The role of tensile microfracture in the strain rate dependence of compressive strength of fine—grained limestone—analogy with strong ceramics. International Journal of Rock Mechanics and Mining Science & Geomechanics Abstracts,1981,18:173-175

[15] Mohanty B. Strength of rock under high strain rate loading conditions applicable to lasting//Proceedings of 2th International Symposium on Rock Fragmentation by Blasting,Keystone,1988:72-87

[16] Olsson W A. The compressive strength of tuff as a function of strain rate from 10^{-6} to $10^3/\mathrm{sec}$. International Journal of Rock mechanics and Mining Science & Geomechanics Abstracts,1991,28(1):115-118

[17] Gai M, Kaiser P K, et al. A study on the dynamic behavior of the Meuse/Hante-Marne argillite. Physics and Chemistry of the Earth, 2007, 32(8-14): 907-916.

[18] 寇绍全,虞吉林,杨根宏. 石灰岩中应力波衰减机制的试验研究. 力学学报,1982,14(6):583-588

[19] 陆岳屏,杨业敏,寇绍全,等. 霍布金生压力杆测定砂岩、石灰岩动态破碎应力和弹性模量. 岩石工程学报,1983,5(3):28-37

[20] 李夕兵,赖海辉,朱成忠. 冲击载荷下岩石破碎能耗及其力学性能的探讨. 矿冶工程,1988,8(1):15-19

[21] 李夕兵,古德生,赖海辉. 冲击载荷下岩石动态应力-应变全图测试的合理加载波形. 爆炸与冲击,1993,13(2):125-130

[22] 李夕兵,古德生. 岩石在不同加载波下的动载强度. 中南矿冶学院学报,1994,25(3):301-304

[23] Li X B,Lok T S,Zhao J,et al. Oscillation elimination in the Hopkinson bar apparatus and resultant complete dynamic stress-strain curves for rocks. International Journal of Rock Mechanics and Mining Sciences, 2000, 37(7):1055-1060

[24] Li X B,Lok T S,Zhao J. Dynamic characteristics of granite subjected to intermediate loading rate. Rock Mechanics and Rock Engineering,2005,38(1):21-39

[25] Li X B, Zhou Z L, et al. Innovative testing technique of rock subjected to coupled static and dynamic loads. International Journal of Rock Mechanics and Mining Science,2008,45(5):739-748.

[26] 于亚伦. 高应变率下的岩石动载特性对爆破效果的影响. 岩石力学与工程学报,1993,12(4):345-352

[27] 单仁亮,陈石林,李宝强. 花岗岩单轴冲击全程本构特性的试验研究. 爆炸与冲击,2000,20(1):32-37

[28] Shan R L,Jiang Y S,Li B Q. Obtaining dynamic complete stress-strain curves for rock using the Split Hopkinson Pressure Bar technique. International Journal of Rock Mechanics and Mining Sciences,2000,37(6):983-992

[29] Bieniawski Z T. Mechanism of brittle fracture of rock. International Journal of Rock Mechanics and Mining Science,1967,4:395-430

[30] Rinehart J S. Dynamic fracture strengths of rocks//Proceedings of 7th Symposium on Rock Mechanics, 1965:205-208

[31] 王斌,李夕兵. 单轴荷载下饱水岩石静态和动态抗压强度的细观力学分析. 爆炸与冲击,2012,32(4):423-431

[32] 于亚伦,金科学. 高应变率下矿岩特性研究. 爆炸与冲击,1990,10(3):266-271

[33] 哈努卡耶夫. 矿岩爆破物理过程. 刘殿中,译. 北京:冶金工业出版社,1989

［34］陶振宇. 岩石力学的理论与实践. 北京:水利出版社,1981:257-276

［35］朱晶晶,李夕兵,宫凤强,等. 冲击载荷作用下砂岩的动力学特性及损伤规律. 中南大学学报(自然科学版),2012,43(7):2701-2707

［36］李夕兵. 岩石动载强度与岩石可钻性. 湖南有色金属,1990,6(5):17-20

［37］Gong F Q,Li X B,Dong L J. Experimental determination of dynamic tensile strength of sandstone at different loading rate//Proceedings of the 2nd ISRM International Young Scholars' Symposium on Rock Mechanics,Beijing,2011:789-792

［38］Asprone D,Cadoni E,Prota A,et al. Dynamic behavior of a mediterranean natural stone under tensile loading. International Journal of Rock Mechanics and Mining Sciences,2009,46(3):514-520

［39］Weerheijm J, van Doormaal J. Tensile failure of concrete at high loading rates:New test data on strength and fracture energy from instrumented spalling tests. International Journal of Impact Engineering,2007,34(5):609-626

［40］Rubin A M, Ahrens T J. Dynamic tensile-failure-induced velocity deficits in rock. Geophysical Research Letters,1991,18(2):219-222

［41］Lundberg B. A split Hopkinson bar study of energy absorption in dynamic rock fragmentation. International Journal of Rock Mechanics and Mining Sciences & Geomechanics Abstracts, 1976,13:187-197

［42］李夕兵,陈寿如. 岩石在不同加载波下的动载强度. 中南矿冶学院学报,1994,25(3):301-304

［43］Bindiganavile V,Banthia N. A comment on the paper "Size effect for high-strength concrete cylinders subjected to axial impact". International Journal of Impact Engineering,2004,30(7):873-875

［44］OŽbolt J,Rah K K,MeŠtrovi C D. Influence of loading rate on concrete cone failure. International Journal of Fracture,2006,139(2):239-252

［45］洪亮,李夕兵,马春德,等. 岩石动态强度及其应变率灵敏性的尺寸效应研究. 岩石力学与工程学报,2008,27(13):526-533

［46］Steverding B,Lehnigk S H. Response of cracks to impact. Journal of Applied Physics,1970,41(5):2096-2099

［47］Steverding B,Lehnigk S H. Collision of stress pulses with obstacles and dynamic of fracture. Journal of Applied Physics,1971,42(8):3231-3238

［48］Shockey D A,Curran D R, Seaman L,et al. Fragmentation of rock under dynamic loads. International Journal of Rock Mechanics and Mining Sciences & Geomechanics Abstracts,1974,11:303-317

［49］Birkimer D L. A possible fracture criterion for the dynamic tensile strength of rock. Dynamic Rock Mechanics,1972, 30,573-589

［50］劳恩 B H,威尔肖 T R. 脆性固体断裂力学. 陈顺,尹祥础,译. 北京:地震出版社,1985

［51］Li X B, Hu L Q, Lok T S. Dynamic cumulative damage of rock induced by repeated impact loading//Proceedings of the 4th Asia-Pacific Conference on Shock & Impact Loads on Structures, Singapore,2001: 381-388

［52］胡柳青,李夕兵,赵伏军. 冲击荷载作用下岩石破裂损伤的耗能规律. 岩石力学与工程学报,2002,21(S2):2304-2308

［53］李夕兵,胡柳青,龚声武,冲击载荷作用下裂纹动态响应的数值模拟. 爆炸与冲击,2006,26(3):214-221

［54］金解放,李夕兵,王观石,等. 循环冲击载荷作用下砂岩破坏模式及其机理. 中南大学学报(自然科学版),2012,43(4):1453-1461

［55］金解放,李夕兵,常军然等. 循环冲击作用下岩石应力应变曲线及应力波特性. 爆炸与冲击,2013,33(6):613-619.

［56］李夕兵,古德生. 岩石在不同加载波条件下能量耗散的理论探讨. 爆炸与冲击,1994,14(2):129-139

［57］Rubin A M, Ahrens T J. Dynamic tensile failure induced velocity deficits in rock. Geophysical Research Letters,1991, 2: 219-223

［58］Ricketts T E,Goldsmith W. Dynamic properties of rocks and composite structural materials. International Journal of Rock Mechanics and Mining Sciences,1970,7:315-335

［59］Goldsmith W. Pulse propagation in rocks. Failure and Breakage of Rock,1967:528-537

[60] Goldsmith W, Polivka M, Yang T. Dynamic behaviour of concrete. Experimental Mechanics, 1966: 65-79

[61] Goldsmith W, Austin C F, Wang C C, et al. Stress wave in igneous rock. Journal of Geophysical Research, 1966, 71: 2055-2078

[62] Fourney W L, Dally J W, Holloway D C. Attenuation of strain waves in core samples of three types of rocks// Proceedings of the Society for Experimental Stress Analysis, 1976, 33(1): 121-128

[63] Davies E D H, Hunter S C. The dynamic compression testing of solids by the method of the split Hopkinson pressure bar system. Journal of the Mechanics and Physics of Solids, 1963, 11: 155-179

[64] 章根德. 岩石对冲击载荷的动态响应. 爆炸与冲击, 1982, 2(2): 1-9

[65] 尹土兵, 李夕兵, 王斌, 等. 高温后砂岩动态压缩条件下力学特性研究. 岩土工程学报, 2011, 33(5): 777-784

[66] 尹土兵, 李夕兵, 殷志强, 等. 高温后砂岩静动态力学特性研究与比较. 岩石力学与工程学报, 2012, 31(2): 273-279

[67] Vishal V, Pradhan S P, Singh T N. Tensile strength of rock under elevated temperatures. Geotechnical & Geological Engineering, 2011, 1127-1133

[68] Dwivedi R D, Goel R K, Prasad V V R, et al. Thermo-mechanical properties of Indian and other granites. International Journal of Rock Mechanics and Mining Science, 2008, 45: 303-315

[69] Nasseri M H B, Tatone B S A, Grasselli G, et al. Fracture toughness and fracture roughness interrelationship in thermally treated westerly granite. Pure and Applied Geophysics, 2009, 166: 801-822

[70] Yin T B, Li X B, Xia K W, et al. Thermal effect on dynamic facture toughness of Laurentian granite. Rock Mechanics and Rock Engineering, 2012, 45: 1087-1094

[71] Funatsu T, Seto M, Shimada H, et al. Combined effects of increasing temperature and confining pressure on the fracture toughness of clay bearing rocks. International Journal of Rock Mechanics and Mining Sciences, 2004, 41: 927-938

[72] Zhang Z X, Kou S Q, Yu J, et al. Effects of loading rate on rock fracture. International Journal of Rock Mechanics and Mining Sciences, 1999, 36: 597-611

第6章　动静组合加载下的岩石破坏特征

在岩石力学领域,国内外对岩石在静载作用下力学特征的研究已经比较深入,对动载作用下的岩石本构特征及应力波在岩体中传输方面的研究也取得了很大进展。理论和试验都表明,岩石在承受动、静载荷时,其本构关系和力学特性有很大差异。但是到目前为止,对于动静组合载荷共同作用下的岩石表现出的力学特性的理论和试验研究还不多。深部工程中的岩体承受的高地应力和开挖等产生的动载荷,使得深部工程岩体常处于动静组合加载的力学环境下。因此,很有必要研究岩石在这种组合加载下的力学特性与破坏规律。本章将重点介绍我们在这方面的研究结果。

6.1　静载与低频扰动作用下的岩石力学特征

在地下岩体工程中,地应力是不可忽略的,一般随着深度的增加而增加。在深部开采中,矿岩承受着高地应力,同时,不同阶段的爆破作业又会对本阶段和相邻阶段采场岩体或矿柱承载能力产生影响,采场爆破或大规模崩矿诱发的矿山地震可能会使巷道或采场发生岩爆。其他领域如考虑大型桥梁的承载能力时,不仅要考虑桥梁及过往车辆等大型设备的自重,还要考虑各种交通工具行驶时产生的低频振动对桥梁结构的影响;房屋的地基不仅要考虑承载房屋的自重,还要考虑人工地震和天然地震对其稳定性的影响等。因此,有必要研究高应力静载与低频扰动组合作用下的岩石力学特征。

6.1.1　一维动静组合加载

静载与低频动载组合作用下的岩石力学试验是通过 INSTRON 材料试验机的低频疲劳试验中的动态应力波加载来实现的[1]。试验岩石为红砂岩,其主要物理力学性能见表 6-1,动态试验控制参数见表 6-2,动载为 2Hz 的正弦波,最大加载幅值为 100kN。表 6-3和图 6-1给出了在不同的静压条件下施加该动载所获得的相关试验数据与应力-应变曲线。

表 6-1　红砂岩试件基本物理力学参数

孔隙度 /%	晶粒尺寸 /mm	质量密度 /(g/cm³)	抗压强度 /MPa	抗拉强度 /MPa	内聚力 /MPa	内摩擦角 Φ/(°)	弹性模量 E/GPa	泊松比 ν
5.5	0.12	1.94	11.88	2.2	15.6	37	3.43	0.21

表 6-2　动态试验控制参数设置

控制方式	动载波形	加载频率/Hz	动载幅值/kN	周期数	采样频率/kHz
载荷控制	正弦波	2	100	1	5

表 6-3 一维动静组合加载试验数据汇总表

不同加载类型	动加载(0 预静载)	5kN 预静载	10kN 预静载	15kN 预静载	静加载
试件数量/个	3	5	3	5	3
加荷频率/Hz	2	2	2	2	—
达到极限载荷时的平均应变/μs	4114.58	3708.4	2757.16	2024.41	5008.8
达到极限载荷时的平均时间/s	0.144	0.106	0.089	0.07	58.33
平均应变速率 $\dot{\varepsilon}$/s^{-1}	2.86×10^{-2}	3.5×10^{-2}	3.08×10^{-2}	2.77×10^{-2}	8.59×10^{-5}
极限动载荷 $P(t)$/kN	67.36	42.56	33.26	22.85	
弹性模量 E/GPa	7.25	5.26	5.23	4.7	3.4
泊松比 ν	0.36	0.37	0.40	0.41	0.2
非弹性变形量/mm	0.081	0.077	0.077	0.121	0.088
预静载应力/MPa	0	2	4	6	
动载强度/MPa	26.94	17.02	13.30	7.71	—
极限强度/MPa	26.94	19.02	17.3	15.14	11.88

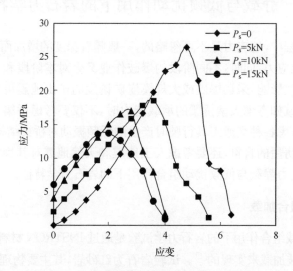

图 6-1 不同静载条件下试件应力-应变曲线

1. 一维组合加载条件下的岩石强度

从表 6-3 和图 6-1 可以看出:随着预静载的增加,砂岩试样的破坏强度明显降低。当预静载 P_s=0 时,试件的强度为 26.94MPa,这可以视为该试样的动载强度;当预静载 P_s 增加到 5kN 时,试件的强度为 19.02MPa,降低了 29.4%;当预静载 P_s 增加到 10kN 时,试件的强度为 17.3MPa,降低了 35.8%;当预静载 P_s 增至 15kN 时,试件的强度为 15.14MPa,降低了 43.8%。

组合加载条件下的破坏强度随预静载应力的变化规律如图 6-2 所示。由图可以看出,岩石在单轴动静组合加载条件下的破坏强度比其在单独动载作用下的破坏强度小,而比其在单独静载作用下的强度大。

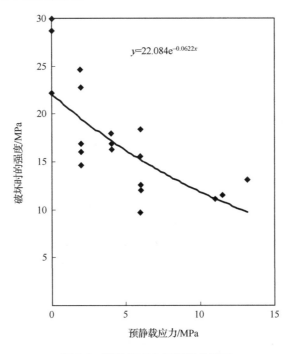

图 6-2　预静载应力与强度的关系

2. 组合加载对试样的弹性模量和泊松比的影响

用常规力学试验方法测得红砂岩试样在静载作用下的弹性模量 E 为 3.4GPa；用低周疲劳加载方法测得 $P_s=0$ 时（动载作用），E 为 7.25GPa；$P_s=5$kN 时，E 为 5.26GPa；$P_s=10$kN 时，E 为 5.23GPa；$P_s=15$kN 时，E 为 4.2GPa。由此可见，在组合加载条件下的弹性模量 E 小于动载弹性模量，大于静载弹性模量，并随着预静载的增加整体变小，岩石随着预静载的增加有软化趋势。

在组合加载条件下，红砂岩试样的泊松比(ν)也不是一个常量，它随着预静载的增加而增大。当 $P_s=0$ 时，ν 为 0.36；当 $P_s=5$kN 时，ν 为 0.37；当 $P_s=10$kN 时，ν 为 0.4；当 $P_s=15$kN 时，ν 为 0.41。

3. 组合加载下的应力-应变曲线特征

从红砂岩试件在不同预静载下的动静组合加载得到的应力-应变全过程曲线（图 6-1）可以看出，当 $P_s=0$ 时，与岩石在静载作用下的特征曲线基本同形；当 $P_s=5$kN 和 10kN 时，特征曲线直接表现为线性，进入弹性阶段，破坏后区也是完整光滑；当 $P_s=15$kN 时，特征曲线向上凸起，直接进入非线性阶段，直至破坏。当预静载 P_s 在岩石试样的静态弹性范围为 $P_s<15$kN 时，试件的非弹性变形量并不受预静载的影响，基本与动载作用下的数值相同（表 6-3），仅比静载作用下的非弹性变形量小一点；当 P_s 超过试样的静态起始破裂载荷时，非弹性变形量显著增大，试样的脆性度减小。

6.1.2　二维动静组合加载

静载与低频动静组合作用下的二维动静组合试验中的水平静载荷通过水平加压油缸实现[2-4]。试验岩样为红砂岩,单轴抗压强度为 26.2MPa,弹性模量为 3.34GPa。

1. 水平静载荷的影响

1) 动静组合加载强度

岩石类材料由于侧向应力的存在,在一定程度上限制其横向变形,从而制约了内部微观结构纵向"纤维"的微裂纹的扩张和斜向剪应力的位错,因此使其抵御外部荷载的能力相应提高。而对于二维动静组合加载情况,只有一个方向存在侧向应力,在一定程度上受侧向应力的方向限制了其横向变形,横向变形势必向无约束方向发展,岩石内部微观结构纵向"纤维"的微裂纹的扩张和斜向剪应力的位错方向势必发生改变,此时其抵御外部荷载的能力也相应发生变化。图 6-3 给出了在竖向静载应力为 12MPa(约 $0.46\sigma_c$)、水平静载应力为 0~8MPa(0~$0.31\sigma_c$)时的动静组合加载强度。从图中可以看出:红砂岩试样的动静组合加载强度随着水平静载荷的增加而有升高的趋势。

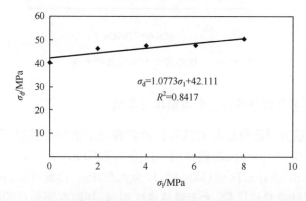

图 6-3　红砂岩动静组合加载强度 σ_d 随水平静应力 σ_l 的变化规律

竖向静应力为 12MPa,动载频率为 2Hz

2) 弹性模量与泊松比

岩石类材料的弹性模量及泊松比是其内部微观结构对外部荷载响应的宏观综合体现。用常规力学试验方法测得红砂岩试样在单轴静载作用下的弹性模量 E 为 3.34GPa;用低周疲劳加载方法测得单轴动载下的弹性模量 E 为 4.72GPa;当竖向静载应力为 12MPa(约 $0.46\sigma_c$)、水平静载应力为 0~8MPa(0~$0.31\sigma_c$)时,随着水平静载荷的增加,红砂岩试样的弹性模量 E 有先增大后降低的趋势,其变化规律如图 6-4 所示。由此可见,在二维动静组合加载条件下的弹性模量 E 大于单轴静载弹性模量。当水平静应力小于 4MPa 时,弹性模量随着水平静应力增大而增大,但当水平静应力大于 4MPa 时,随着水平静载的增加而整体变小,表明在二维受力状态下,受一定水平静载的岩石有劣化趋势。

岩石类材料在轴向压应力作用下产生侧向膨胀变形。单轴静载与单轴动载泊松比变化不明显,在二维动静组合加载条件下,红砂岩试样在无约束侧面测得的泊松比 ν 却不是

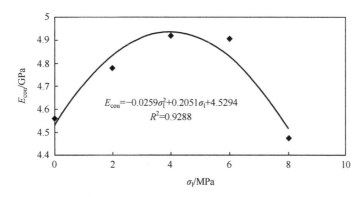

图 6-4 红砂岩弹性模量 E_{cou} 随水平静应力 σ_1 的变化规律

竖向静应力为 12MPa,动载频率为 2Hz

一个常量,它随着水平静压的增加有先减小后增大的趋势,与弹性模量的变化趋势刚好相反,其变化规律如图 6-5 所示。

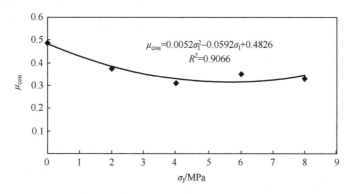

图 6-5 红砂岩泊松比 μ_{cou} 随水平静应力 σ_1 的变化规律

竖向静应力为 12MPa,动载频率为 2Hz

由此可见,在二维动静组合加载条件下的泊松比 ν 大于单轴静载与单轴动载泊松比,当水平静压大于 4~6MPa 时,随着水平静压的增加有变大趋势,说明在未约束方向,此时岩石随着水平静压的增加有劣化趋势。这与弹性模量所反映的岩石破坏规律是一致的。

3) 应力-应变特征曲线

图 6-6 是红砂岩试件在竖向静应力为 12MPa、水平静载应力为 0~8MPa 时,二维动静组合加载得到的竖向应力-应变全过程曲线。由图可知,不同水平静载荷作用得到的曲线起始段主要是由竖向载荷的性质决定的,起点一致,都直接进入应力-应变全过程曲线的直线阶段,直线斜率即弹性模量变化不大。应力-应变全过程曲线的峰值即岩石强度,随着水平静载荷的增大有增大的趋势。随着水平静载荷的增大,试样的全应变在总体上有增大的趋势,这主要是由于水平静载荷的增大,剪切滑移应变也增大造成的;此外,从总体上看,不同水平静载荷对应的应力-应变曲线,其峰值应力以后的曲线具有较好的相似性,主要区别是两者对应的峰值应力和峰值应变有所不同。

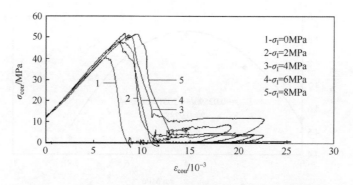

图 6-6   红砂岩应力-应变关系随水平静应力 σ_l 的变化规律

竖向静应力为 12MPa

4) 破坏形态

岩石类材料在动静组合加载下随着加载速率和水平静压的加载情况的不同呈现不同的破坏形态。在单轴(水平静压力=0)情况下,破裂为脆断劈裂与剪切断裂混合型,破裂方向沿四周较均匀分布。单轴动载时的破裂块数比单轴静载时多,破碎程度增大,这说明动载比静载增强了试件的脆性。在二维动静组合加载情况下,岩石试样的破裂形式将在很大程度上取决于水平静压的大小。

2. 竖向静载荷的影响

1) 动静组合加载强度

在竖向静载应力为 $0\sim24\text{MPa}(0\sim0.92\sigma_\text{c})$、水平静载应力为 $8\text{MPa}(0.31\sigma_\text{c})$ 时,随着竖向静载荷的增加,红砂岩试样的动静组合加载强度有先升高后降低的趋势,其变化规律如图 6-7 所示。当竖向静载荷为 0 时,动静组合强度为 37.89MPa,大于单轴抗压强度的 45%,比单轴动载强度小 9.5%,这说明单向静载荷作用的岩石不论动载荷垂直该方向还是平行该方向,其动静组合加载强度都大于单轴抗压强度,小于单轴动载抗压强度。

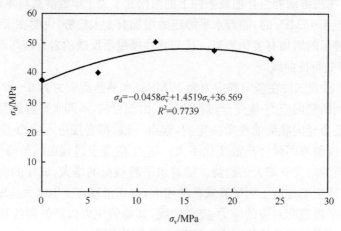

图 6-7   红砂岩动静组合强度 σ_d 随竖向静应力 σ_v 的变化规律

水平静应力为 8MPa,动载频率为 2Hz

值得注意的是,二维动静组合加载情况下,不同的竖向与水平静载荷组合后对岩石造成的约束,既可以增强其抵抗外载荷的能力,也可以削弱其抵抗外载荷的能力。这可能是,在岩石弹性范围内,该能力得到加强;超出岩石弹性范围,岩石内部损伤程度增大,该能力被削弱。这也可以进一步推断,如果增大水平静载荷,红砂岩在动静组合载荷作用下随水平静载荷变化的组合强度也可能表现出先升高后降低的趋势。试验结果表明,弹性模量随竖向静应力的变化也有类似结果。

2)应力-应变特征曲线

图 6-8 是红砂岩试件在竖向静应力为 0~24MPa、水平静载应力为 8MPa 时,由二维动静组合加载得到的竖向应力-应变全过程曲线。从图上可以看出,当竖向静应力为 6MPa 时,应力-应变曲线起始段向下微凹,然后变为直线,这说明动载作用之前,试样内还有微孔隙存在;当竖向静应力为 12MPa 和 18MPa 时,特征曲线直接表现为线性,进入弹性阶段;当竖向静应力为 24MPa 时,特征曲线稍微向上凸起,直接进入非线性阶段,直至破坏。这与前面单轴动静组合所得结论是一致的。同时还可以看出,应力-应变全过程曲线的峰值(岩石强度)有随着竖向静载荷的增大先增大后减小的趋势。

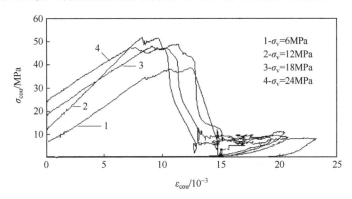

图 6-8　红砂岩应力-应变关系随竖向静应力 σ_v 的变化规律(水平应力 8MPa)

3)破坏形态

在二维动静组合加载情况下,不论竖向静应力如何变化,岩石试样一般都沿着受垂直于水平静压的方向面破裂,破裂形式依水平与竖向静应力大小的不同而不同。

6.1.3　动静组合加载中动载荷频率与强度的影响

1. 动载荷频率的影响

图 6-9 和图 6-10 给出了在竖向静载应力为 12MPa、水平静载应力为 8MPa 时,随着竖向动载频率的增加红砂岩试样的应力-应变全过程曲线和破坏强度的变化。从图中可以看出动载频率变化对组合加载强度和变形过程影响不明显。弹性模量和泊松比也有类似结果。主要原因可能是动载频率范围太小,因为受试验条件限制,动载频率最大只有 2Hz。

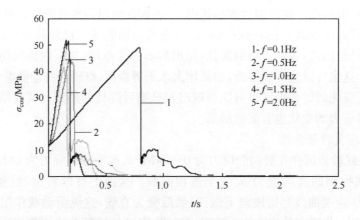

图 6-9　红砂岩应力-时间关系随动载频率 f 的变化规律

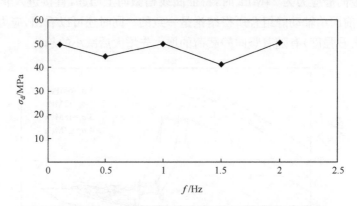

图 6-10　红砂岩动静组合强度 σ_d 随动载频率 f 的变化规律

水平静应力为 8MPa，竖向静应力为 12MPa

2. 动载荷幅值的影响

为了保证岩石在循环动载荷作用下破坏，一般设置循环载荷的上限为相应条件（相同的岩石试样、相同的水平与竖向静载荷和相同的动载频率）下动载强度值的 80% 左右，频率为 2Hz。红砂岩在单轴循环载荷作用下破坏时的应力-时间曲线和对应的应力-应变曲线如图 6-11 和图 6-12 所示。红砂岩在循环动载荷频率为 2Hz、载荷上限为 34MPa、下限为 20MPa（平均应力为 27MPa）的条件下，在第一周期（加载与卸载为一周期）内，加载与卸载曲线不重合，说明加载至峰值应力以前，岩石产生了非弹性应变；从第二周期开始，加载曲线与前周期内的卸载曲线基本重合，卸载曲线与同一周期的加载曲线也基本重合，非弹性应变较小，可忽略不计；从岩石开始破裂起的应力-应变曲线段与一次性破坏试验岩石开始破裂起的应力-应变曲线段相近。

图 6-13 给出了红砂岩在不同应力幅值的循环动载荷作用下破坏时的应力-应变曲线。从单条典型的应力-应变曲线看，在动应力循环加载第一周期内，加载与卸载曲线不重合，并且产生的非弹性应变较大；从第二周期开始，加载曲线与前周期内的卸载曲线形

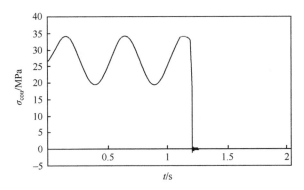

图 6-11　红砂岩试样在单轴循环动载荷作用下的应力-时间曲线

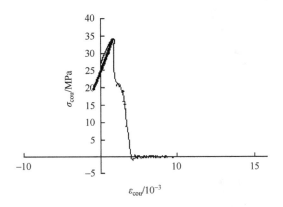

图 6-12　红砂岩试样在单轴循环动载荷作用下的全应力-应变曲线

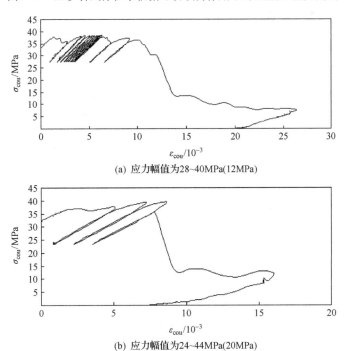

(a) 应力幅值为28~40MPa(12MPa)

(b) 应力幅值为24~44MPa(20MPa)

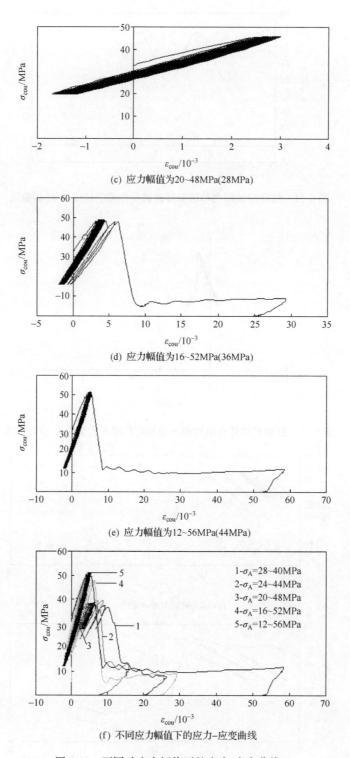

(c) 应力幅值为20~48MPa(28MPa)

(d) 应力幅值为16~52MPa(36MPa)

(e) 应力幅值为12~56MPa(44MPa)

(f) 不同应力幅值下的应力-应变曲线

图 6-13　不同动应力幅值下的应力-应变曲线

成滞回圈,并且随着循环数的增加,非弹性应变越来越小;岩石接近破坏时,非弹性应变又变大,直至破坏。这说明随着循环数的增加,岩石内部的裂纹和微孔隙首先被"夯实",然后又被重新扩展,产生劣化,直至破坏。从岩石开始破裂直至破碎的应力-应变曲线段,与一次性破坏试验中岩石开始破裂直至破碎的应力-应变曲线段相近。随着循环载荷的动应力幅值差值和载荷上限的增加,岩石破坏时的滞回圈数和全应变首先有减少的趋势,到一定程度后又有增大的趋势,然后又有减少的趋势,这可能是由于岩石性能与试验结果的离散性造成的,也可能有别的原因,有待进一步研究。但是不难发现,岩石破坏时加载循环数越少,岩石破坏时的滞回圈数和全应变就越少,说明此时破碎岩石所消耗的全应变能越少。

6.2　静压与强动载组合作用下的岩石力学特性

深部岩体工程开挖近区,特别是采掘工作面及矿柱等,爆破开挖产生的强动荷载将严重影响高应力岩体的稳定性,因此有必要研究静压与强动载组合作用下的岩石力学特性。

试验在自行研制的基于 SHPB 的动静组合加载试验系统上进行,试验分不同静压水平和冲击动载水平两类。试样材料选用完整性和均匀性均较好的砂岩。试样直径为50mm,长径比为 0.5。开展组合加载试验前,同时对试样进行了常规静压试验和弹性波速测量,平均密度为 2430kg/m³,平均静态强度为 90MPa,弹性波速为 3570m/s。

6.2.1　相同动载不同静载下岩石的力学特性

试验采用冲击动载为 200MPa,轴向静载分别为 18MPa、36MPa、45MPa、54MPa、63MPa、72MPa、81MPa(相当于试样静压强度峰值的 20%、40%、50%、60%、70%、80%、90%)进行试验[5-7]。每组测试重复 5 个试样,选取有代表性的进行所有组的对比。图 6-14 给出了不同组合载荷下的结果曲线。其中,轴向静载为 60%、70% 时,由于曲线十分接近,很难分出次序,只给出了 60% 轴向静载的结果。图 6-14 同时也绘出了试样常规静压试验和 SHPB 动态试验的结果,以方便比较[5-7]。

1. 相同动载不同静载下的强度变化规律

从图 6-14 可以看出:当冲击动载不变时,改变轴向静载,粉砂岩的强度迅速提高,比其单独承受静载和动载时都高,最高可比其纯静载强度提高 120%,比其同等应变率段的纯动载强度提高 30%。同时,组合加载对岩石强度的这种增强作用并不是无限的,特别是当轴向静载增大到一定值时,组合加载强度反而降低。当轴向静载达到岩石静压强度的 90% 时,静载系统已经处于不稳定状态,试样在冲击动载作用下一触即碎,得到的试验曲线振荡较大(曲线 6)。

图 6-15 将强度值与其单轴静压曲线特征段进行比较,揭示出了相同动载不同静载组合加载下砂岩强度的变化规律。

(1)当试样在轴向静载作用下仍处于弹性段时,试样承受组合载荷的能力有一个突跃增大,并一直维持到岩石的整个弹性段。这可以认为是组合加载作用效果,此时轴向静

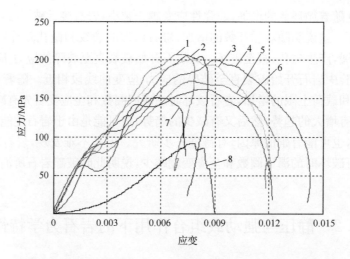

图 6-14　相同动载(200MPa)不同轴向静载下粉砂岩的变形曲线

轴向静载:1-18MPa；2-36MPa；3-45MPa；4-54MPa；5-72MPa；6-81MPa；

7-常规 SHPB 动态试验曲线(50s⁻¹)；8-常规静态压缩试验曲线

载起着抑制岩石内部微裂纹扩展的作用,特别是对于裂纹平面垂直于轴向静载的裂纹,在没有轴向静载作用时,动载应力波将在其表面反射为拉伸波,驱动裂纹扩张;但当有轴向静载存在时,裂纹间隙闭合,应力波可以无反射传递,进而大大抑制了材料的弱化。

(2)当轴向静载超过岩石的弹性极限时,其组合加载强度急剧下降。此时,岩石在静载下已经发生内部损伤,产生大量微裂纹,这为动载冲击应力波提供了良好的反射界面,反射的拉伸波进一步加剧微裂纹的扩展、成核与聚集。

(3)当轴向静载达到或超过岩石的屈服极限,系统突变失稳。此时,即使不施加动载,系统已经处于亚临界状态,其自身通过内部状态的调整,就有可能导致岩样如岩爆一样整体破坏,加上冲击动载的作用,系统自然失衡。

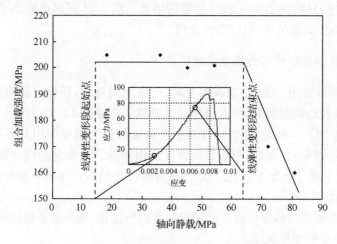

图 6-15　相同动载不同静载下岩石的强度变化机理

2. 相同动载不同静载下的变形模量变化规律

岩石类材料的变形模量是其内部微观结构对外部荷载响应的宏观综合体现。由于岩石组合加载下的变形特性与常规静态试验不同,其模量与传统模量的定义和意义可能有所出入,这里有必要对已有的关于岩石弹性模量的定义作一说明,并对岩石动静组合加载下的变形模量进行定义。

对于常规静态试验,我们通常按图 6-16(a)所示的方法描述岩石的变形模量:起始为试样的压密阶段,变形模量称为初始模量 E_i;通过曲线上任意一点的切线的变形模量称为切线模量,记作 E_1;通过曲线上任一点与坐标原点连线的变形模量称为割线模量 E_s。然而,对于动静组合加载试验,所得应力-应变曲线往往如图 6-16(b)所示,其初始的压密变形已经在轴向静载加载的过程中完成,因此没有静态试验中的压密阶段。而且,组合加载曲线在峰值前常表现出十分特别的两段现象,这两段分别表现出一相对稳定的斜率,记各自的斜率分别为 E_1、E_2,如图 6-16(b)所示。为了不与各类不同模量的定义和意义混淆,这里对动静组合加载试验中的变形模量进行定义如下:试样的变形模量以通过应力-应变曲线上任意一点的切线的斜率表示的模量为变形模量,同时,如果曲线与图 6-16(b)所示形态较为符合,则不同试样变形模量间的比较可以按各自的 E_1、E_2 简化进行。

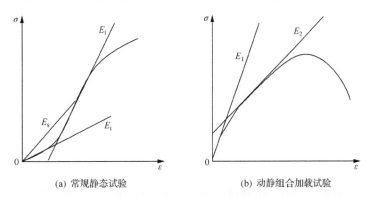

(a) 常规静态试验　　　　　　　　　　(b) 动静组合加载试验

图 6-16　岩石静态变形模量定义与组合加载变形模量的描述

这里就用各试样变形 E_1、E_2 两段化比较方法对相同动载不同静载下砂岩的变形模量进行分析。图 6-17 给出了各种情况下第一段模量 E_1 与第二段模量 E_2 的变化情况。

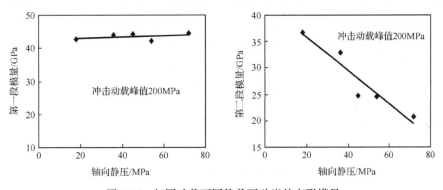

图 6-17　相同动载不同静载下砂岩的变形模量

　　从图 6-17 可以看出：相同动载不同静载下，砂岩的第一段变形模量基本相同，在 43GPa 左右；而第二段模量则随着轴向静载的增大而减小，其值由轴向静压为 18MPa 时的近 40GPa 一直降低到轴向静压为 72MPa 时的 20GPa，这与岩石在轴向静压下的不断弱化有关。同时，还可以看到破坏应变随着轴向静载的增大而不断增大，进一步表明组合载荷中的轴向静载有使材料柔化的作用。

6.2.2　相同静载不同动载下岩石的力学特性

　　分析可知，在轴向静载为试样静压强度 60%～70% 时，其动静组合加载下的力学性质比较稳定，这里就取这一水平的应力作为轴向静载，然后改变冲击动载，研究此时组合载荷的作用效果及岩石的力学行为规律。图 6-18 给出了轴向静载为 63MPa，冲击动载分别为 150MPa、200MPa、250MPa、300MPa、330MPa 时得到的岩石应力-应变曲线。其中，曲线 1 由于冲击动载不至于使岩石一次破坏，为重复冲击最后破坏时的应力-应变曲线。

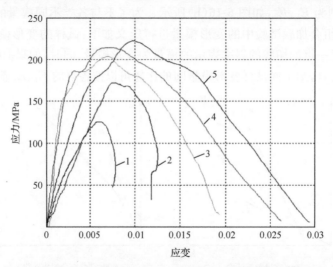

图 6-18　相同轴向静载（63MPa）不同动载下粉砂岩的变形曲线
冲击动载：1-150MPa；2-200MPa；3-250MPa；4-300MPa；5-330MPa

　　从图 6-18 可以看出：在相同静载不同动载下，砂岩的组合加载强度比其静载强度要高，除冲击动载为 150MPa 外，其他情况比其纯动载强度高。冲击动载为 150MPa 时的组合载荷强度之所以低，是因为它是重复冲击至破坏时的强度，此前的反复冲击已经使岩样内部裂纹不断发育、损伤不断累积，从而导致强度下降。同时还可以看出：岩石的组合加载强度随着冲击动载的增大而增大，最大可以达到静载强度的 2.5 倍（图 6-19(a)）。这实际反映的是岩石材料的率相关效应，对于 150MPa、200MPa、250MPa、300MPa、330MPa 这几种载荷水平，试样的应变率分别为 $50s^{-1}$、$80s^{-1}$、$120s^{-1}$、$150s^{-1}$、$180s^{-1}$，所得的组合加载强度分别比纯静载时提高了 30%、90%、120%、130%、145%（图 6-19(b)）。

　　不同动载下的变形模量和破坏应变变化规律则如图 6-20 所示。从图 6-20 中可以看出：相同静载不同动载下，砂岩的变形模量与相同动载不同静载时有所不同，没有明显的两段性，而是在开始段有一个较好的线性段，表明在此状态下岩石表现出较好的弹脆性。

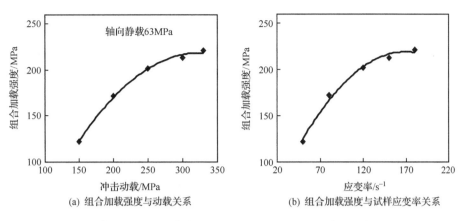

(a) 组合加载强度与动载关系　　　　　　(b) 组合加载强度与试样应变率关系

图 6-19　相同静载不同动载下砂岩的强度变化规律

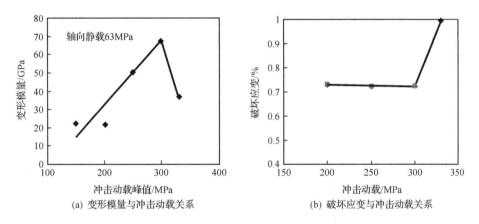

(a) 变形模量与冲击动载关系　　　　　　(b) 破坏应变与冲击动载关系

图 6-20　相同静载不同动载下砂岩的变形模量与破坏应变变化规律

岩石的变形模量首先随着冲击动载的增大而增大,而后又突然变小,其值首先从 20GPa 左右一直增大,当冲击动载峰值足够大之后,在此即接近于 300MPa 时,试样的整体强度出现大的转折,突然劣化,整体模量减至 35GPa 左右。岩石的整体变形模量在动载值小幅增大时出现的增大现象反映了材料在动载作用下的强化特性,与强度的应变率相关效应类似。而后出现的转折下降,表明每种材料都有一定的整体强度极限,超过此极限后,其性能将急剧劣化。

　　相同静载不同动载下,当动载不是十分大时,其破坏应变基本不变,在冲击动载超过某一临界值时,砂岩瞬间完全粉碎,破坏应变突然增大,对于砂岩,这一临界值为 300MPa 左右。

6.2.3　围压对组合加载岩石力学特性的影响

　　围压对组合加载岩石力学特性的影响通过将圆柱形砂岩置于动静组合加载试验机上获得。先对试样施加轴向静压和围压,然后施加冲击荷载[8]。

1. 围压对弹性模量的影响

由于岩石内或多或少存在空隙或微裂纹，经三向加压到一定范围内，微裂纹闭合，岩石更加致密，其弹性模量增大。但是当三向加载的压力超过一定范围时，情况就不一样。在轴向静压不发生改变的条件下，一般的，随着围压增加岩石中的裂纹逐渐闭合，其弹性模量增大。如果围压增大超过了轴向静压时，情形可能不一样。由于试验条件限制，这种情况这里不作讨论。在固定围压的情况下，轴向静压一直增加，岩石开始随着轴向静压的增大逐渐变得致密，这个范围一般在弹性阶段内；当轴向静压越过弹性段后，进入损伤阶段，岩石内微裂纹从闭合到重新激活发育，随着微裂纹的增多岩石损伤加剧，则其弹性模量降低。

如图 6-21 所示，轴向静压分别固定在 22.5MPa 和 36MPa 水平上（弹性阶段内），增加围压，岩石的弹性模量一直在增加，并且可以看出，轴向静压高的试件弹性模量一般高于轴向静压低的试件。图 6-22 是围压分别固定在 4MPa 和 8MPa 的条件下，增加轴向静压，刚开始在弹性阶段，随着轴向静压增大其弹性模量提高，但进入损伤阶段，随轴向静压增大反而降低。

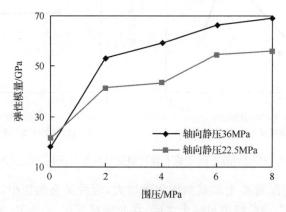

图 6-21　岩石弹性模量-围压关系

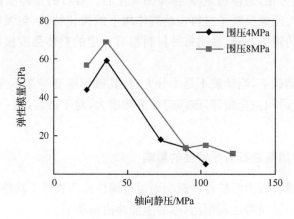

图 6-22　岩石弹性模量-轴向静压关系

2. 围压对试样应变率的影响

应变率反映岩石受力条件下变形的快慢,同时也能反映应力变化的快慢程度。平均应变率反映岩石破坏整体变形的快慢程度,最大应变率则是表现某一特殊时刻岩石变形最快的瞬间。此处涉及的应变率的变化是在冲击载荷幅值为一定值的条件下岩石试件的应变率的改变。图 6-23 显示在冲击载荷和轴向静压固定、围压改变的条件下,受冲击载荷的砂岩最大应变率和平均应变率的变化情形:冲击载荷幅值为 200MPa、轴向静压分别为 22.5MPa 和 36MPa 时所对应的最大应变率与围压的关系不很明显;而 22.5MPa 和 36MPa 时所对应的平均应变率随围压增大而减小。究其原因,是由于围压增大,岩石内部裂纹逐渐闭合,致密度提高,平均应变率随之降低。但由于围压对轴向变形是一种间接的影响,其影响程度很小,加上试件的差异等,在轴向压力固定的情况下,最大应变率受围压影响不是很明显。

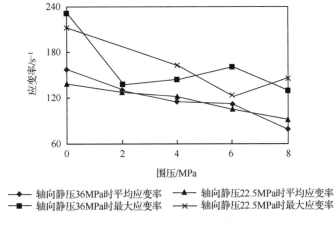

图 6-23　岩石平均应变率-围压关系

图 6-24 显示在冲击载荷和围压固定情况下,最大应变率和平均应变率随轴向静压的变化趋势。由于在围压固定的情况下轴向静压一直增大,岩石会经历弹性阶段、损伤阶段,直到最后完全破坏。在弹性阶段,岩石随轴向静压增大会逐渐压密,最大应变率随之

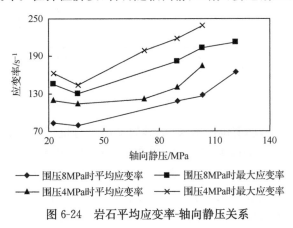

图 6-24　岩石平均应变率-轴向静压关系

降低;而进入损伤阶段后,岩石随轴向静压增大损伤更加严重,一个小的扰动就可能使岩石试件发生很大的位移,故最大应变率增大。因此,图 6-24 中最大应变率和平均应变率都是先降低而后升高,不过最大应变率相对变化较大,而平均应变率相对变化则较小。

3. 围压对强度的影响

岩石内部存在一定的空隙,在受到三围压力情况下,在一定范围内,其内部空隙缩小,且围压限制其侧向变形,故其强度被提高,随着围压增大,其强度逐渐增大。轴向静压对组合强度的影响在弹性范围内与围压类似。但若轴向静压超出弹性阶段,进入损伤阶段,岩石内部的间隙被重新激活,则其强度下降。图 6-25 和图 6-26 为细砂岩在不同静压水平下冲击强度变化情况。

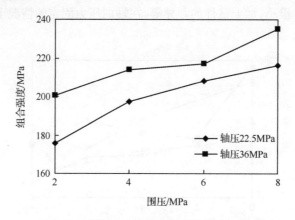

图 6-25　动静组合抗压强度与围压关系曲线

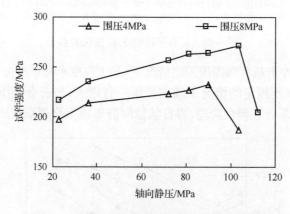

图 6-26　动静组合抗压强度与轴向静压关系曲线

从图 6-25 可以看出,随着围压增大,细砂岩动静组合抗压强度有增大的趋势。由于试验用的细砂岩单轴抗压强度为 91.36MPa,22.5MPa 和 36MPa 分别为单轴抗压强度的 24.6% 和 39.4%,因此这两个轴向静压都在其单轴和三轴抗压强度的弹性范围内,所以其动静组合抗压强度一直在增大。但是进入损伤段,情况就相反,随着轴向静压的增加,其动静组合抗压强度在急剧下降。图 6-26 是固定围压改变轴向静压条件下动静组合强度的变化情形。由图可以看出,围压不变时,动静组合强度随轴向静压增加先升高而后降低。从升高到降低的转折点,围压为 4MPa 时对应轴向静压 90MPa,围压为 8MPa 时对应轴向静压 103.5MPa,两者分别是其各自常规三轴抗压强度的 81.5%(对应常规三轴抗压强度为 110.45MPa)和 77.5%(对应常规三轴抗压强度为 133.53MPa),接近 80%,可见轴向静压在其常规三轴抗压强度 80% 左右的位置是动静组合强度变化的转折点。主要原因可能是,试件在这种情况下已被压密,但损伤程度不严重,如再进一步增加轴向静压,试件的损伤加剧,从而导致其组合强度降低。

岩石在动静组合加载作用下的抗拉强度,也可以通过组合加载试验系统通过巴西圆盘劈裂试验获得[9]。

6.3　动静组合加载下的岩石本构模型

岩石动态本构模型是分析岩体结构对动载荷作用影响的基本参数。岩石类材料强度与变形特征不仅与所受应力状态有关,而且与加载速率相关。考虑到应变率效应的本构方程大致分为四大类:经验和半经验方法、机械模型方法、损伤模型方法和组合模型方法,这里将采用组合模型方法对受静载荷作用下的岩石在动载下的本构模型进行讨论[10,11]。

6.3.1　基本假设

首先作如下假设:

(1) 在中等应变速率下,忽略惯性效应对岩石本构关系的影响;

(2) 岩石单元同时具有统计损伤特性和黏性液体的特性,因而可以把岩石单元看成损伤体 Da 和黏缸 η_b 的组合体,由损伤体 Da_1 与黏缸 η_b 并联,再与损伤体 Da_2 串联,如图 6-27所示;

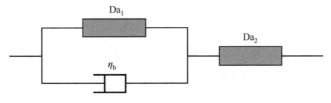

图 6-27　岩石单元组合体模型

(3) 损伤体 Da 具有各向同性损伤特性,在损伤之前是线弹性的,平均弹性模量为 E,强度服从参数为 (m, α) 的概率分布。损伤参数 D 按照岩石的受力状态可表示为两种形式,即

一维加载时

$$D = 1 - \left[\left(\frac{\varepsilon_a}{\alpha} \right)^m + 1 \right] \exp\left(-\left(\frac{\varepsilon_a}{\alpha} \right)^m \right), \qquad \varepsilon_a \geqslant 0 \tag{6-1}$$

二维和三维加载时

$$D = 1 - \exp\left(-\left(\frac{\varepsilon_a}{\alpha} \right)^m \right), \qquad \varepsilon_a \geqslant 0 \tag{6-2}$$

本构关系 σ-ε 可表示为

$$\sigma_a = E\varepsilon_a(1-D), \qquad \varepsilon_a \geqslant 0 \tag{6-3}$$

（4）黏缸没有损伤特性，遵循的本构关系为

$$\sigma_b = \eta\,\frac{\mathrm{d}\varepsilon_b}{\mathrm{d}t} \tag{6-4}$$

（5）单元体在损伤之前是黏弹性体；

（6）为了数学分析方便，假设单元体在损伤之前的应力 σ 和应变 ε 关系符合线性微分方程，此时近似认为应变叠加原理有效；

（7）为了简单起见，动静组合载荷损伤岩体对本构关系的影响可由黏弹性体本构关系根据应变等效原理得到。

6.3.2　一维动静组合加载下岩石的本构模型

组合体中损伤体和黏缸的应力及应变满足如下关系

$$\left.\begin{aligned} \sigma &= \sigma_{a1} + \sigma_b = \sigma_{a2} \\ \varepsilon &= \varepsilon_1 + \varepsilon_2 \\ \varepsilon_1 &= \varepsilon_b \end{aligned}\right\} \tag{6-5}$$

将损伤体和黏缸的本构关系代入，可以得到组合体的本构关系为

$$\eta\dot{\sigma}\left[E_1(1-D) + E_2(1-D)\right]\sigma = E_2(1-D)\left[\eta\dot{\varepsilon} + E_1(1-D)\varepsilon\right] \tag{6-6}$$

可以看出，组合体的损伤本构关系可由黏弹性本构关系用有效弹性模量 $E(1-D)$ 代换损伤体在损伤之前的弹性模量 E 得到。

先不考虑其损伤特性，得到组合体的黏弹性本构方程为

$$\eta\dot{\sigma} + (E_1 + E_2)\sigma = E_2(\eta\dot{\varepsilon} + E_1\varepsilon) \tag{6-7}$$

假设动载开始时 $t=0$，由于岩石受静载作用，其受力状态为非零，即 $t=0$ 时，$\varepsilon(0)=\varepsilon_0$，$\sigma(0)=S$。考虑该初始条件，由拉普拉斯变换可解得

$$\sigma(t+t_0) = E_2\varepsilon(t+t_0) - \frac{E_2^2}{\eta}\int_0^t \varepsilon(\tau+t_0)\mathrm{e}^{-\frac{E_1+E_2}{\eta}(t+t_0-\tau)}\mathrm{d}t \tag{6-8}$$

式中，t_0 为岩石受力状态为零的时刻，也是静载荷开始加载的时刻，此时 $\sigma(t_0^-)=0$，$\varepsilon(t_0^-)=0$（t_0^- 表示从小于 t_0 值的方向趋近 t_0 的时刻）。

当 $\varepsilon(t+t_0)=\varepsilon_0+\varepsilon_r(t)=\varepsilon_0+ct$ 时（c 为恒应变率，为常数），可得

$$\sigma(t+t_0) = (\varepsilon_0+ct)E_2\left(1 - \frac{E_2}{E_1+E_2}\mathrm{e}^{-\frac{E_1+E_2}{\eta}t_0}\right) + \frac{E_2^2}{E_1+E_2}\left(\varepsilon_0 - \frac{\eta c}{E_1+E_2}\right)\mathrm{e}^{-\frac{E_1+E_2}{\eta}(t+t_0)}$$
$$+ \frac{E_2^2\eta c}{(E_1+E_2)^2}\mathrm{e}^{-\frac{E_1+E_2}{\eta}t_0} \tag{6-9}$$

或

$$\sigma(t+t_0) = \left[\varepsilon_0+\varepsilon_r(t)\right]E_2\left(1 - \frac{E_2}{E_1+E_2}\mathrm{e}^{\frac{E_1+E_2}{\eta}t_0}\right) + \frac{E_2^2}{E_1+E_2}\left(\varepsilon_0 - \frac{\eta c}{E_1+E_2}\right)\mathrm{e}^{-\frac{E_1+E_2}{\eta}\left[\frac{\varepsilon_r(t)}{c}+t_0\right]}$$
$$+ \frac{E_2^2\eta c}{(E_1+E_2)^2}\mathrm{e}^{-\frac{E_1+E_2}{\eta}t_0} \tag{6-10}$$

将 E_1 和 E_2 分别用 $E_1[1-D(t+t_0)]$ 和 $E_2[1-D(t+t_0)]$ 代替，则 $D(t+t_0)$ 为

$$D(t+t_0) = D = 1 - \left\{ \left[\frac{\varepsilon_0 + \varepsilon_r(t)}{\alpha} \right]^m + 1 \right\} \exp\left(- \left[\frac{\varepsilon_0 + \varepsilon_r(t)}{\alpha} \right]^m \right) \quad (6\text{-}11)$$

从而可得到各向同性损伤组合体在动静组合载荷下的一维本构方程,即

$$\sigma(t+t_0) = (1-D)[\varepsilon_0 + \varepsilon_r(t)]E_2 \left(1 - \frac{E_2}{E_1 + E_2} e^{-\frac{(1-D)(E_1+E_2)}{\eta}t_0} \right)$$

$$+ (1-D)\frac{E_2^{\,2}}{E_1 + E_2} \left[\varepsilon_0 - \frac{\eta c}{(1-D)(E_1+E_2)} \right] e^{-\frac{(1-D)(E_1+E_2)}{\eta}\left[\frac{\varepsilon_r(t)}{c} + t_0 \right]}$$

$$+ \frac{E_2^{\,2}\eta c}{(E_1+E_2)^2} e^{-\frac{(1-D)(E_1+E_2)}{\eta}t_0} \quad (6\text{-}12)$$

以上各式中,根据试验数据分析与理论本构模型试算发现,E_1 的值与岩石的静载弹性模量相近,可用静载弹性模量 E_q 代替;E_2 的值与岩石在不同应变率时的动静组合载荷加载对应的应力-应变曲线的线弹性模量 E_{qd} 相近,E_2 可用 E_{qd} 代替;m 表示概率分布中分布曲线的形状系数,一般为 4~6;α 一般为与峰值应力对应的全应变;η 的变化范围一般为 0~1000GPa•s,并且在该范围内取任意值,一般都不影响应力-应变曲线;t_0 主要与静载荷大小有关,一般为静载荷加载时间的实测值;$\varepsilon_r(t)$ 为动静组合载荷加载时产生的应变,即 ε_{cou};当 $t \neq 0$ 时,$\sigma(t+t_0)$ 为动静组合加载应力,即 σ_{cou};ε_0 为假想动静组合应力值 S 产生的初始应变,如果 $\sigma(t+t_0) = \sigma_0 + \sigma_r(t)$,则由初始条件可得到

$$\sigma(0) = \sigma_0 = S = \varepsilon_0 E_2 \quad (6\text{-}13)$$

$$\varepsilon_0 = S/E_{qd} \quad (6\text{-}14)$$

式中,S 为假想动静组合应力值,其大小为岩石所受静载应力值;E_{qd} 为动静组合载荷加载对应的应力-应变曲线的线弹性模量。

用假想动静组合应力值 S 产生的初始应变代替真实初始应变,有两个目的:①使应力-应变曲线的起始点与静载荷值 S 重合;②从计算上减少弹性应变值对损伤值的影响。这样做可使拟合的应力-应变曲线与试验曲线更接近。

总之,对上述模型的本构关系进行数值计算,需要确定 5 个参数,即 E_1、E_2、m、α、η,这 5 个参数的确定往往需要分析实测的数据,并且不可避免地需要一定的试算。应变 $\varepsilon_r(t)$、应变速率 c 和初始时刻 t_0 应当用实测数据。

当 $\varepsilon_0 = 0$,$t_0 = 0$ 时,式(6-12)可表示单轴动载时的本构关系,此时

$$\sigma(t) = (1-D)\frac{E_1 E_2 \varepsilon_r(t)}{E_1 + E_2} + \frac{E_2^{\,2}\eta c}{(E_1+E_2)^2} \left[1 - \exp\left(-(1-D)\frac{\varepsilon_r(t)}{c}\frac{E_1+E_2}{\eta} \right) \right]$$

$$(6\text{-}15)$$

6.3.3　三维动静组合加载下岩石的本构模型

1. 单元体损伤前的本构关系

根据 6.3.1 节的假设(5),由模型单元体构成的三维岩体,在损伤之前其应力-应变关系可写为

$$S_{ij} = 2Ge_{ij} \quad (6\text{-}16)$$

$$\sigma_m = 3K\varepsilon_m \quad (6\text{-}17)$$

式中，G 为剪切模量；K 为体积模量；S_{ij} 为应力偏张量，与应力张量 ε_{ij} 和应力球张量 σ_m 的关系为

$$\boldsymbol{\sigma}_{ij} = \boldsymbol{S}_{ij} + \delta_{ij}\boldsymbol{\sigma}_m \tag{6-18}$$

e_{ij} 为应变偏量，与应变张量 ε_{ij} 和应变球张量 σ_m 的关系为

$$\boldsymbol{\varepsilon}_{ij} = \boldsymbol{e}_{ij} + \delta_{ij}\boldsymbol{\varepsilon}_m \tag{6-19}$$

其中，δ_{ij} 为 Dirac 符号。

根据 6.3.1 节的假设（6），可将黏弹性体本构关系写为如下一般形式：

$$f(d)\sigma = g(d)\varepsilon \tag{6-20}$$

式中，$f(d)$ 和 $g(d)$ 是 d 的多项式，d 表示相对于时间的微分。

式（6-20）向三维的推广可得

$$f(d)\boldsymbol{S}_{ij} = 2g(d)\boldsymbol{e}_{ij} \tag{6-21}$$

$$f_1(d)\boldsymbol{\sigma}_m = 3g_1(d)\boldsymbol{\varepsilon}_m \tag{6-22}$$

式中，$f(d)$、$g(d)$ 与畸变有关；$f_1(d)$、$g_1(d)$ 与静水压缩有关。

式（6-21）和式（6-22）为线性常微分方程系，必须与应力平衡方程和边界条件联合求解。

1）问题及求解

一受力状态为 0 的黏弹性单元体，于 t_0 时刻在 x、y、z 方向分别有一常静应力 S_{x0}、S_{y0}、S_{z0} 时开始加载，此时 $\sigma_x(t_0^-) = \sigma_y(t_0^-) = \sigma_z(t_0^-) = 0$（$t_0^-$ 表示从小于 t_0 值的方向趋近 t_0 的时刻），$\varepsilon_x(t_0^-) = \varepsilon_y(t_0^-) = \varepsilon_z(t_0^-) = 0$。$t = 0$ 时，有一扰动 $\sigma_r(t)$ 作用于 z 轴方向，有 $\sigma_z = S_{z0} + \sigma_r(t)$，$\varepsilon_z = \varepsilon_{z0} + \varepsilon_r(t)$，其中

$$\varepsilon_{z0} = \frac{1}{E_1}[S_{z0} - \mu(S_{x0} + S_{y0})] \tag{6-23}$$

式中，ε_{z0} 为静应力 S_{x0}、S_{y0}、S_{z0} 产生的初始应变。在此，x、y、z 方向与主应力方向重合，现求 z 轴方向的应力-应变关系。

在中等应变速率下，对于忽略惯性效应的三维问题，在初始应力状态为非零时的本构关系式（6-21）和式（6-22）的拉普拉斯变换，根据如下定义和定理

$$L[h(t+t_0)] = \bar{h} = \int_0^\infty \mathrm{e}^{-pt}h(t+t_0)\mathrm{d}t$$

$$L[\mathrm{d}h(t+t_0)] = pL[h(t+t_0)] - h(t_0) = p\bar{h} \tag{6-24}$$

可化为

$$f(p)\bar{\boldsymbol{S}}_{ij} = 2g(p)\bar{\boldsymbol{e}}_{ij} \tag{6-25}$$

$$f_1(p)\bar{\boldsymbol{\sigma}}_m = 3g_1(p)\bar{\boldsymbol{\varepsilon}}_m \tag{6-26}$$

同理，对式（6-7）进行拉普拉斯变换可得

$$(\eta p + E_1 + E_2)\bar{\sigma}_i = E_2(\eta p + E_1)\bar{\varepsilon}_i \tag{6-27}$$

则对应式（6-25）有

$$f(p) = \eta p + E_1 + E_2 \tag{6-28}$$

$$g(p) = E_2(\eta p + E_1) \tag{6-29}$$

于是

$$\bar{\boldsymbol{S}}_{ij} = \frac{2E_2(\eta p + E_1)}{\eta p + E_1 + E_2}\bar{\boldsymbol{e}}_{ij}, \quad \bar{\boldsymbol{S}} = 3K\bar{\boldsymbol{e}} \tag{6-30}$$

对于本模型的具体问题，$\sigma_x = S_{x0}$，$\sigma_y = S_{y0}$，$\sigma_z = \sigma_{z0} + \sigma_r$，则有

$$\bar{S} = \frac{S_{x0} + S_{y0}}{3p} + \frac{\bar{\sigma}_z}{3}, \quad \bar{S}_{zz} = \frac{2\bar{\sigma}_z}{3} - \frac{S_{x0} + S_{y0}}{3p} \tag{6-31}$$

由式(6-30)得

$$\bar{e} = \frac{S_{x0} + S_{y0}}{9Kp} + \frac{\bar{\sigma}_z}{9K} \tag{6-32}$$

$$\bar{S}_{zz} = \frac{2\bar{\sigma}_z}{3} - \frac{S_{x0} + S_{y0}}{3p} = \frac{2E_2(\eta p + E_1)}{\eta p + E_1 + E_2}(\bar{\varepsilon}_z - \bar{e})$$

$$= \frac{2E_2(\eta p + E_1)}{\eta p + E_1 + E_2}\left(\bar{\varepsilon}_z - \frac{S_{x0} + S_{y0}}{9Kp} - \frac{\bar{\sigma}_z}{9K}\right) \tag{6-33}$$

由此可得

$$\left[6(\eta p + E_1 + E_2) + \frac{2E_2}{K}(\eta p + E_1)\right]\bar{\sigma}_z = 18E_2(\eta p + E_1)\bar{\varepsilon}_z$$

$$+ 3(S_{x0} + S_{y0})\left(\eta + \frac{E_1 + E_2}{p}\right) - \frac{2E_2}{K}(S_{x0} + S_{y0})\left(\eta + \frac{E_1}{p}\right) \tag{6-34}$$

为了方便，式(6-34)可转换为

$$\bar{\sigma}_z = \frac{9KE_2}{(3K + E_2)\eta}\left(\eta + \frac{E_1 - \beta\eta}{p + \beta}\right)\bar{\varepsilon}_z + \frac{S_{x0} + S_{y0}}{2(3K + E_2)\eta}\left(\frac{\gamma}{p} + \frac{\delta}{p + \beta}\right) \tag{6-35}$$

式中

$$\beta = \frac{3K(E_1 + E_2) + E_1 E_2}{(3K + E_2)\eta} \tag{6-36}$$

$$\gamma = \frac{3K(E_1 + E_2) - 2E_1 E_2}{\beta} \tag{6-37}$$

$$\delta = (3K - 2E_2)\eta - \gamma \tag{6-38}$$

根据拉普拉斯逆变换可得到黏弹性材料在动静组合载荷作用下的三维本构方程为

$$\sigma_z(t + t_0) = \frac{9KE_2}{(3K + E_2)\eta}\left[\eta\varepsilon_z(t + t_0) + (E_1 - \beta\eta)\int_0^t \varepsilon_z(\tau + t_0)e^{-\beta(t + t_0 - \tau)}\,dt\right]$$

$$+ \frac{S_{x0} + S_{y0}}{2(3K + E_2)\eta}(\gamma + \delta e^{-\beta(t + t_0)}) \tag{6-39}$$

同理，当 $\varepsilon_z(t + t_0) = \varepsilon_{z0} + \varepsilon_r(t) = \varepsilon_{z0} + ct$ 时（c 为恒应变率，为常数），可得

$$\sigma_z(t + t_0) = \frac{9KE_2}{(3K + E_2)\eta}\left\{\eta[\varepsilon_{z0} + \varepsilon_r(t)] + \frac{E_1 - \beta\eta}{\beta}[\varepsilon_{z0} + \varepsilon_r(t) - c]e^{-\beta t_0}\right.$$

$$\left.- \frac{E_1 - \beta\eta}{\beta}(\varepsilon_{z0} - c)e^{-\beta\left[\frac{\varepsilon_r(t)}{c} + t_0\right]}\right\} + \frac{S_{x0} + S_{y0}}{2(3K + E_2)\eta}\left(\gamma + \delta e^{-\beta\left[\frac{\varepsilon_r(t)}{c} + t_0\right]}\right) \tag{6-40}$$

考虑初始条件，当 $t = 0$ 时，$\sigma_z(t + t_0) = S_{z0}$，$\varepsilon_z(t + t_0) = \varepsilon_{z0}$，$\varepsilon_r(t) = 0$，可得

$$\sigma_z(t_0) = S_{z0} = \frac{9KE_2\varepsilon_{z0}}{3K + E_2} + \frac{S_{x0} + S_{y0}}{2(3K + E_2)\eta}(\gamma + \delta e^{-\beta t_0}) \tag{6-41}$$

$$\varepsilon_{z0} = \left[S_{z0} - \frac{S_{x0} + S_{y0}}{2(3K + E_2)\eta}(\gamma + \delta e^{-\beta t_0})\right]\frac{3K + E_2}{9KE_2} \tag{6-42}$$

所以，以式(6-42)表示的假想动静组合加载产生的初始应变 ε_{z0} 代替式(6-23)表示的真实初始应变 ε_{z0}，以满足初始条件。

当 $S_{x0}=0$ 或 $S_{y0}=0$ 时,上述三维本构方程就可表示二维受静载荷的岩石在动载作用下的本构关系。

当 $S_{x0}=S_{y0}=S_{z0}$ 时,上述三维本构方程就可表示动力三轴试验机进行加围压时对应的三轴动载的岩石本构关系。

2. 单元体损伤后的本构关系

岩石在三轴应力作用下,其破坏形式通常表现为剪切屈服破坏,在动载作用下,可假定单元体破坏符合库仑准则,以此为基础,三维动静组合载荷作用时的损伤变量可表示为

$$D = 1 - \exp\left\{-\left[\frac{\varepsilon_z E_2 - \left(\frac{1+\sin\varphi}{1-\sin\varphi}-2\nu\right)\left(\frac{\sigma_{x0}+\sigma_{y0}}{2}\right)}{E_2\alpha}\right]^m\right\} \qquad (6\text{-}43)$$

式中,φ、ν 分别为岩石的内摩擦角和材料泊松比,假设在损伤演化过程中两者均为常数;其他符号意义同前。

在岩石应力-应变曲线的起始阶段,通常认为有一弹性区域,在该区域加载和卸载,岩石不发生损伤,只有达到一定的应力状态后,损伤才开始发生。因此,三维受静载的岩石的损伤演化规律及起始准则为

$$\begin{cases} D = 1 - \exp\left\{-\left[\dfrac{\varepsilon_z E_2 - \left(\frac{1+\sin\varphi}{1-\sin\varphi}-2\nu\right)\left(\frac{\sigma_{x0}+\sigma_{y0}}{2}\right)}{E_2\alpha}\right]^m\right\}, \\ \qquad\qquad\qquad \varepsilon_z > \left(\frac{1+\sin\varphi}{1-\sin\varphi}-2\nu\right)\dfrac{\sigma_{x0}+\sigma_{y0}}{2E_2} \\ D = 0, \qquad\qquad\quad \varepsilon_z \leqslant \left(\frac{1+\sin\varphi}{1-\sin\varphi}-2\nu\right)\dfrac{\sigma_{x0}+\sigma_{y0}}{2E_2} \end{cases} \qquad (6\text{-}44)$$

根据 6.3.1 节的假设(7),可应用 Lemaitre 应变等效原理,将 E_1、E_2 和 K 分别用 $E_1[1-D(t+t_0)]$、$E_2[1-D(t+t_0)]$ 和 $K[1-D(t+t_0)]$ 代替,则可得到黏弹性材料在动静组合载荷作用下各向同性损伤的三维本构方程。其中,$D(t+t_0)$ 为

$$D(t+t_0) = D = 1 - \exp\left\{-\left\{\frac{[\varepsilon_{z0}+\varepsilon_r(t)]/\alpha - \left(\frac{1+\sin\varphi}{1-\sin\varphi}-2\nu\right)\left(\frac{\sigma_{x0}+\sigma_{y0}}{2}\right)}{E_2\alpha}\right\}^m\right\} \qquad (6\text{-}45)$$

假设所有静载荷都在弹性范围内,所以处理式(6-42)中假想动静组合加载产生的初始应变 ε_{z0} 时不考虑损伤。

确定二维受静载荷的岩石在动载作用下的本构关系时,也可应用式(6-43)~式(6-45)。

以上各式中,E_1 为受静载的岩石的静弹性模量;E_2 为受静载的岩石在平均应变速率 c 下的动静组合载荷加载对应的应力-应变曲线的线弹性模量。计算发现:m 表示概率分布中分布曲线的形状系数,二维时一般为 5~20,三维时一般为 0.5~1;α 一般为峰值应力对应的全应变;η 为黏性系数,二维时一般为 1000GPa·s 左右,三维时其变化范围一般为 0~1000GPa·s,并随着平均应变速率 c 的增加有增大趋势;t_0 主要与静载荷大小有关,一般为静载荷加载时间的实测值;$\varepsilon_r(t)$ 为动静组合载荷加载时产生的应变,即 ε_{cou};当 $t\neq0$ 时,$\sigma_z(t+t_0)$ 为动静组合加载应力,即 σ_{cou};ε_{z0} 为假想动静组合载荷值 S_{x0}、S_{y0}、S_{z0} 产

生的初始应变;内摩擦角 φ、泊松比 ν 由试验确定,体积模量 K 根据公式 $K=\dfrac{E_2}{3(1-2\nu)}$ 计算得到。

总之,上述二维和三维本构方程与一维本构方程相比,除要求确定 E_1、E_2、m、α、η 5 个参数外,还要求确定岩石的内摩擦角 φ、泊松比 ν 和体积模量 K 这 3 个参数,其他参数的确定方法相同。

6.3.4　岩石动静组合加载本构关系的试验验证

1. 静载与低频动载试验验证

1) 一维动静组合加载

根据一维受静载荷作用的岩石在动载作用下的试验结果可获得如表 6-4 所示的参数,然后根据这些参数可拟合出不同加载条件下的理论应力-应变曲线。一维不同静应力 S 下红砂岩的理论与试验应力-应变曲线如图 6-28 所示。从表 6-4 看,参数 m 在未受静应力作用时较大,受静应力作用时,随静应力 S 的变化不明显,一般 m 为 5 左右。当静压 $S=0\sim6\text{MPa}$ 时,黏性系数 η 在 $0\sim1000\text{GPa·s}$ 范围内的取值一般都不影响理论本构关系,

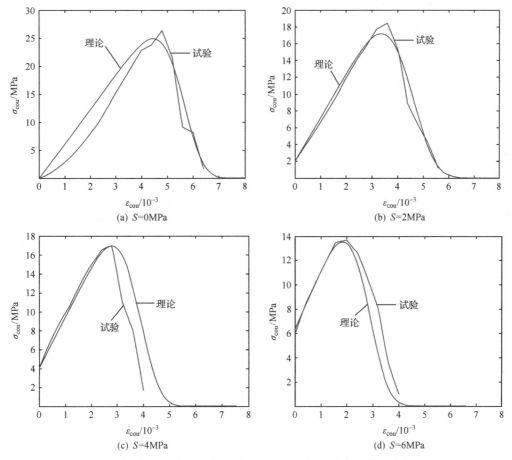

图 6-28　一维不同静应力 S 下红砂岩应力-应变曲线比较

说明在该范围内岩石的黏性可忽略不计;当静压较大时,黏性系数 η 一般为 1000GPa · s 左右。从图 6-28 可见,除静应力 $S=0$ 以外,理论曲线与试验曲线在峰值应力前基本能相互拟合;在峰值应力后的应力-应变关系随静应力的增大,拟合相对较差;峰值应力在低静应力 S 作用时,理论值比实际值偏小;在较大静应力 S 作用时,理论值与实际值较接近。

表 6-4　红砂岩的一维理论本构曲线拟合参数

拟合参数	一维静应力 S/MPa			
	0	2	4	6
平均应变速率 c/(10^{-3}s^{-1})	28.6	35	30.8	27.7
弹性模量 E_1/GPa	3.4	3.4	3.4	3.4
弹性模量 E_2/GPa	7.25	5.26	5.23	4.7
初始时间 t_0/s	0	5	10	15
黏性系数 η/(GPa · s)	5~1000	0~1000	0~1000	0~1000
概率分布参数 α/10^{-3}	5	4.2	4	3.5
概率分布参数 m	6	4.5	5	4.5

2) 二维动静组合加载

根据图 6-6 实测的红砂岩试件在竖向静应力为 12MPa、水平静载应力为 0~8MPa 时,二维动静组合加载得到的竖向应力-应变全过程曲线,可得到红砂岩在动静组合载荷作用下随水平静应力变化的理论本构曲线拟合参数,见表 6-5。不同水平静应力下红砂岩的理论与试验应力-应变曲线如图 6-29 所示。由表 6-5 可见,随着 x 坐标方向水平静压力 S_{x0} 的增加,黏性系数 η 为 1000GPa · s 左右,分布参数 m 为 14~17。由图 6-29 可见,实测的应力-应变关系曲线在峰值附近存在扰动,即剪切滑移现象,这在理论应力-应变关系曲线上没法反映;理论应力-应变关系曲线的弹性模量普遍偏大;随着水平静应力的增大,在峰值应力后的理论曲线存在左移,这是由剪切滑移引起的;应力峰值后曲线部分,实测的曲线变化较大,理论曲线较规整光滑。

表 6-5　红砂岩随水平静压变化的二维理论本构曲线拟合参数

拟合参数	x 坐标方向的水平静压力 S_{x0}/MPa				
	0	2	4	6	8
y 坐标方向水平静应力 S_{y0}/MPa	0	0	0	0	0
z 坐标方向(竖向)静应力 S_{z0}/MPa	12	12	12	12	12
平均应变速率 c/(10^{-3}s^{-1})	63.1	55.8	66.5	58.4	55.2
弹性模量 E_1/GPa	3.34	3.34	3.34	3.34	3.34
弹性模量 E_2/GPa	4.64	5.14	4.76	4.89	4.98
内摩擦角 φ/(°)	60	60	60	60	60
泊松比 ν	0.49	0.45	0.28	0.48	0.45
体积模量 K/GPa	77.33	17.13	3.61	40.75	16.6
初始时间 t_0/s	10	10	10	10	10
黏性系数 η/(GPa · s)	1000	1000	1000	1000	1000
概率分布参数 α/10^{-3}	9	11	12.3	11	14
概率分布参数 m	17	15	15	14	15

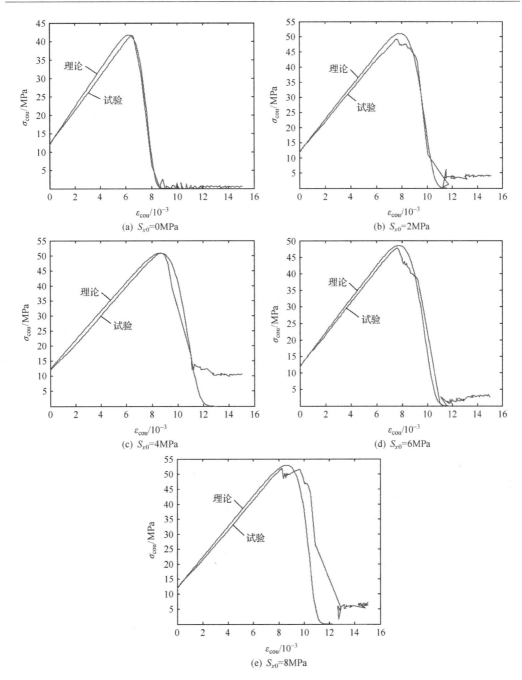

图 6-29　二维不同水平静应力 S_{x0} 作用下红砂岩应力-应变曲线比较

竖向静应力 $S_{z0}=12MPa$

根据图 6-8 实测的红砂岩试件在竖向静应力为 0～24MPa、水平静载应力为 8MPa 时，由二维动静组合加载得到的竖向应力-应变全过程曲线，可得到红砂岩在动静组合载荷作用下随竖向静应力变化的理论本构曲线拟合参数，如表 6-6 所示。不同竖向静应力下红砂岩的理论与试验应力-应变曲线如图 6-30 所示。由表 6-6 可见，随着竖向静压力的

表 6-6　红砂岩随竖向静压变化的二维理论本构曲线拟合参数

拟合参数	z 坐标方向（竖向）静压力 S_{z0}/MPa			
	6	12	18	24
x 坐标方向水平静应力 S_{x0}/MPa	8	8	8	8
y 坐标方向水平静应力 S_{y0}/MPa	0	0	0	0
平均应变速率 c/($10^{-3}\,\mathrm{s}^{-1}$)	78.5	55.2	63.9	58.6
弹性模量 E_1/GPa	3.34	3.34	3.34	3.34
弹性模量 E_2/GPa	3.47	4.98	3.13	3.17
内摩擦角 φ/(°)	60	60	60	60
泊松比 ν	0.37	0.40	0.41	0.42
体积模量 K/GPa	4.45	8.30	5.80	6.60
初始时间 t_0/s	5	10	15	20
黏性系数 η/(GPa·s)	1000	1000	1000	1000
概率分布参数 a/(10^{-3})	14.6	12.3	16	15.5
概率分布参数 m	13	13	10	7

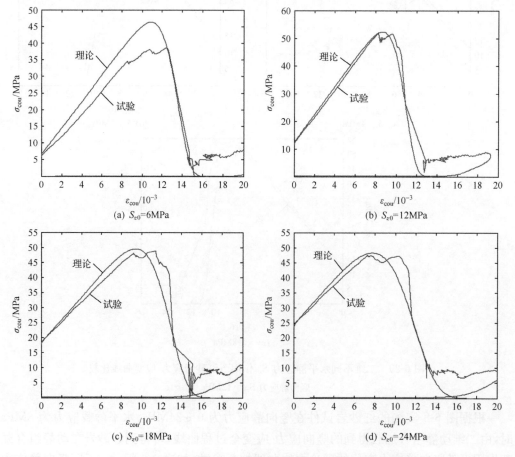

图 6-30　不同竖向静应力 S_{z0} 作用下红砂岩应力-应变曲线比较
水平静应力 S_{x0}＝8MPa

增加,黏性系数 η 基本上无变化,为 $1000\mathrm{GPa \cdot s}$ 左右;分布参数 m 有减小的趋势,大致趋势与一维动静组合加载试验结果相近,其大小为 $7\sim13$,比一维动静组合加载试验结果大。由图 6-30 可以看出,实测的应力-应变关系曲线在峰值附近存在较大剪切滑移现象,这在理论应力-应变关系曲线上没法反映;由于存在剪切滑移现象,理论应力-应变关系曲线普遍左移,为了减小误差,理论本构曲线拟合参数 α 应选剪切滑移部分对应的全应变的均值,而不是峰值应力点对应的应变;理论应力-应变关系曲线的弹性模量普遍偏大;理论曲线与试验曲线其峰值大小相近;峰值应力后曲线部分,实测的变化较大,理论的较规整光滑。

2. 静压与强动载试验验证

对不同组合加载试验结果进行试算分析,可获得相同动载不同静载下的各项本构参数,如表 6-7 所示,相同静载不同动载下的各项参数如表 6-8 所示。

表 6-7　砂岩在相同动载不同静载下的本构模型拟合参数

拟合参数	轴向静应力 /MPa				
	18	36	45	54	72
平均应变速率 c/s^{-1}	65	68	71	75	81
模量参数 E_1/GPa	18	18	18	18	18
模量参数 E_2/GPa	34.5	32.5	31.5	27.5	25.5
初始时间 t_0/s	60	120	150	250	400
体积模量 K/GPa	31.48	31.48	31.48	31.48	31.48
泊松比 ν	0.275	0.275	0.275	0.275	0.275
内摩擦角 $\phi/(°)$	35	35	35	35	35
黏性系数 $\eta/(\mathrm{GPa \cdot s})$	$0\sim2000$	$0\sim2000$	$0\sim2000$	$0\sim1000$	$0\sim1000$
概率分布参数 $\alpha/10^{-3}$	7.8	8.5	7.6	8.9	9.0
概率分布参数 m	6	7	2	2.5	2.5

表 6-8　砂岩在相同静载不同动载下的本构模型拟合参数

拟合参数	冲击动载 /MPa				
	150	200	250	300	330
平均应变速率 c/s^{-1}	50	80	120	150	180
模量参数 E_1/GPa	18	18	18	18	18
模量参数 E_2/GPa	24.5	25.5	100	100	42.5
初始时间 t_0/s	300	300	300	300	300
体积模量 K/GPa	31.48	31.48	31.48	31.48	31.48
泊松比 ν	0.275	0.275	0.275	0.275	0.275
内摩擦角 $\phi/(°)$	35	35	35	35	35
黏性系数 $\eta/(\mathrm{GPa \cdot s})$	$0\sim2000$	$0\sim1000$	$0\sim1000$	$0\sim1000$	$0\sim1000$
概率分布参数 $\alpha/10^{-3}$	6.7	9.1	2.0	1.6	6.3
概率分布参数 m	3.7	2.8	0.7	0.6	1.1

　　从表 6-7 和表 6-8 中可以看出：参数 E_2 的大小和组合加载试验中试样的变形模量变化规律十分一致，反映着动静组合加载下岩石的整体力学性能；m 值在组合载荷较小时值较大，当动载或静载增大时值变大；黏性项对本构曲线的变化无实质影响，说明了岩石材料的脆性特征。

　　图 6-31 给出了两幅所建立本构模型得到的本构曲线与试验结果的对比，其他结果类似。由图可以看出：所建立的本构模型参数合理，较好地描述并预测着试验结果。

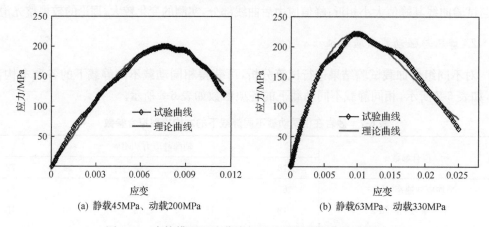

(a) 静载45MPa、动载200MPa　　　　　　　　(b) 静载63MPa、动载330MPa

图 6-31　本构模型理论曲线与试验所得曲线的对比情况

6.4　温压耦合作用下的岩石动态力学特性

　　深部岩体工程中，岩石的强度与变形特征不仅受其组成成分、内部结构性态的影响，还与深部所处的高应力与高温环境有关，因此岩体开挖过程中表现出来的性态不仅与高静应力及施加的动载荷大小相关联，同时也受岩体此时的温度场大小变化的影响。这里，我们将利用温压耦合岩石动载试验装置，研讨不同温度与不同静压耦合作用下的岩石动态力学特性。试验岩样为砂岩，测得的岩石单轴抗压强度为 118.25MPa，弹模为 15.47GPa，泊松比为 0.29，动载试验试样直径为 50mm，长径比 0.5[12-15]。

6.4.1　不同静压下岩石动态力学性质随温度变化规律

　　试验获得了砂岩在常温（20℃）、50℃、100℃、200℃、300℃ 5 个等级分别在轴压为 0MPa、20MPa、40MPa、60MPa、80MPa 情况下标准试样的典型动态全应力-应变曲线。试验中，采用近似等能量冲击载荷加载，入射能量为 150J。试验结果如图 6-32 所示，由于 50℃时应力-应变关系与 100℃时较为相似，所以此处未给出。

　　试验结果表明，砂岩的承载强度与其所受温度影响密切相关。从图 6-32 的砂岩典型全应力-应变曲线可以看出，当岩石处于相同的轴向静压时，全应力-应变曲线破坏载荷随温度的升高先升高后降低。为了更准确地说明砂岩随着作用温度的不同所表现出的强度规律，图 6-33 给出了其峰值强度散点值和拟合值随温度的变化规律。从图中可以看出，砂岩在各温度段的单轴动态抗压强度虽然具有较大的离散性，但从整体看，随着温度的升

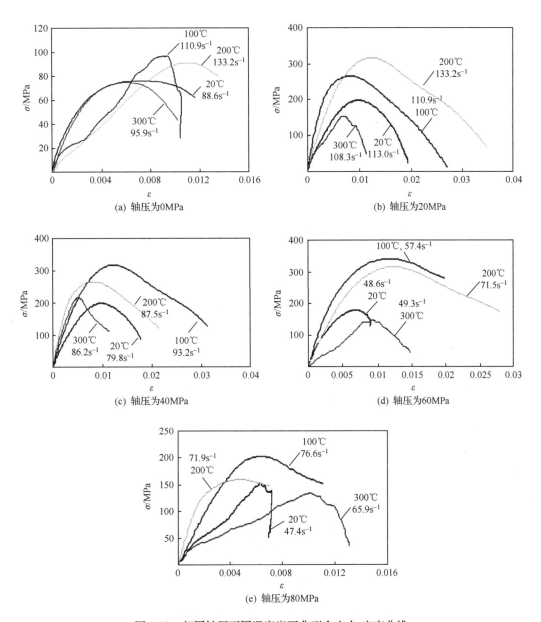

图 6-32 相同轴压不同温度岩石典型全应力-应变曲线

高岩石的峰值强度有先升后降的趋势。从图 6-33 可知,砂岩的强度从常温到 100℃的过程呈上升趋势,而从 100℃升至 300℃时,砂岩动态峰值强度随温度变化呈下降趋势,且随着作用温度的升高,轴压越大岩石动态强度降低幅度越大。这应该是由于岩石试样承受轴向静压后,内部微裂纹和孔隙闭合导致强度增加,而当轴向静压增加到大于试样内部颗粒之间的最大摩擦力时,作用温度越高微裂纹增加和扩展越快,表现为岩石承载力下降。

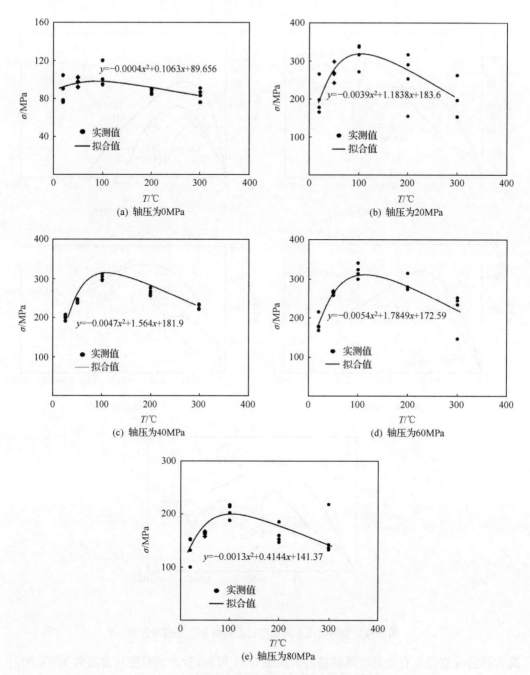

图 6-33　岩石峰值强度随温度变化的散点与拟合值

经回归分析,不同轴压下岩石的动态强度与温度之间的关系可用下式表示

$$\sigma_{1d} = aT^2 + bT + \sigma_{cd} \tag{6-46}$$

式中,σ_{1d} 为单轴抗压动态强度(MPa);σ_{cd} 为温度为 0℃不同轴压下的岩石单轴抗压动态强度(MPa);a、b 为温度对岩石强度的影响系数;T 为温度(℃)。

6.4.2　不同温度岩石动态力学性质随静压变化规律

图 6-34～图 6-38 给出了不同温度下等入射能量(150J)岩石动态强度随轴压变化的试验结果。结果表明:砂岩受动力扰动后,其破坏强度与其所受静应力大小密切相关。当轴向静压增加时,动态强度增大,但当轴向静压增加到 40MPa 左右时,动态强度开始下降。这是由于当岩石受到轴向静压时,其内部微裂纹扩展受到抑制作用,尤其是对于裂纹平面垂直于轴向静压的裂纹,在没有轴向静压作用时,动载应力波将在其表面反射为拉伸波,驱动裂纹扩展;但当有轴向静压存在时,裂纹间隙闭合,使入射波发生反射部分变少,导致岩石试样不能弱化。当轴向预压力达到一定值时,试样内部产生大量裂隙并发生损伤,这就大大增加了加载波反射量,而这些反射波部分促使试样内部微裂纹聚集、扩展与成核,从而导致强度降低。经回归分析,岩石的冲击破坏强度与轴向应力的关系可近似表示为

$$\sigma_{1d} = a'\sigma_1{}^2 + b'\sigma_1 + \sigma_{cd} \tag{6-47}$$

式中,σ_{1d} 为单轴动态抗压强度(MPa);σ_{cd} 为轴向应力为 0 时不同温度对应的单轴抗压动态强度(MPa);a'、b' 为轴向应力对动态强度的影响系数;σ_1 为轴向应力(MPa)。

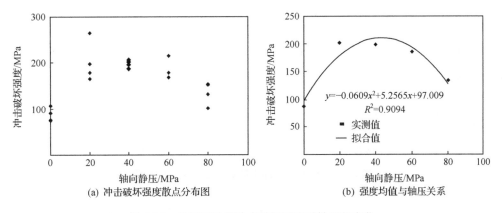

(a) 冲击破坏强度散点分布图　　　　　(b) 强度均值与轴压关系

图 6-34　常温下砂岩冲击破坏强度随轴压的变化

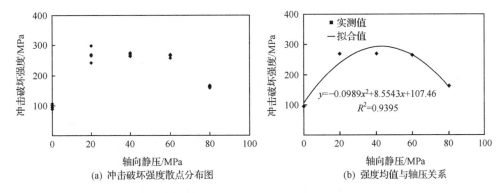

(a) 冲击破坏强度散点分布图　　　　　(b) 强度均值与轴压关系

图 6-35　50℃砂岩冲击破坏强度随轴压的变化

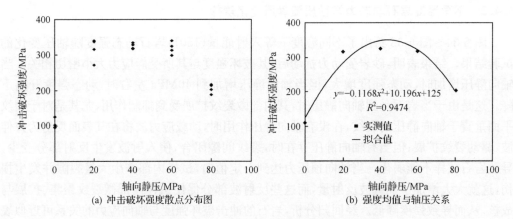

图 6-36　100℃砂岩冲击破坏强度随轴压的变化

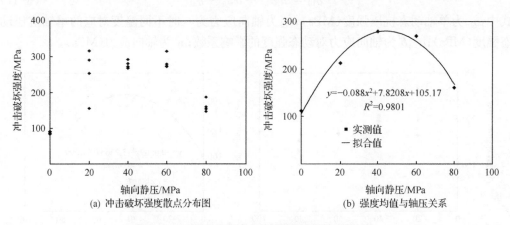

图 6-37　200℃砂岩冲击破坏强度随轴压的变化

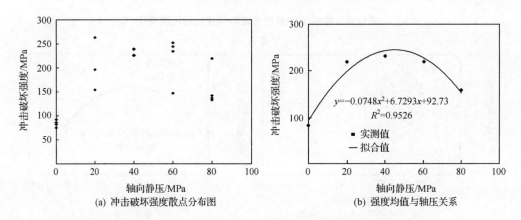

图 6-38　300℃砂岩冲击破坏强度随轴压的变化

6.4.3 温压耦合作用下岩石动态本构模型与数值验证

1. 温度作用下岩石一维动静加载的本构模型

前面给出的动静组合加载岩石的本构模型未能考虑温度的影响。在此,引入热膨胀系数描述岩石在高温作用下产生的热开裂、热损伤,引入衰减系数描述温度对介质黏性的影响,并假设随温度升高介质黏性线形衰减,由此建立温压耦合与动力扰动下岩石的本构模型,如图 6-39 所示。

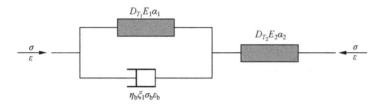

图 6-39　温度作用下一维动静加载的本构模型

图 6-39 中,T 为相对于室温的变化量;E_1、E_2 分别为损伤体损伤之前的平均弹性模量;α_1、α_2 分别为损伤体热膨胀系数;η_b 为模型中黏缸的黏性参数,ξ_1 为相应的黏性衰减系数,则 $\eta_b' = \eta_b - \xi_1 T$;$D_{T_1}$、$D_{T_2}$ 为损伤变量。设总应力为 σ,总应变为 ε。

组合体中损伤体和黏缸的应力及应变满足如下关系:

$$\left.\begin{aligned}
\sigma &= \sigma_{a1} + \sigma_b = \sigma_{a2}\\
\varepsilon &= \varepsilon_1 + \varepsilon_2\\
\varepsilon_1 &= \varepsilon_b\\
\dot{\varepsilon}_1 + \dot{\varepsilon}_2 &= \dot{\varepsilon}
\end{aligned}\right\} \tag{6-48}$$

对于损伤体

$$\left.\begin{aligned}
\sigma &= E_2\varepsilon_2(1-D) - E_2\alpha_2 T\\
\dot{\sigma} &= E_2(1-D)\dot{\varepsilon}_2 - E_2\alpha_2 \dot{T}
\end{aligned}\right\} \tag{6-49}$$

对于损伤和黏缸组合体

$$\sigma = E_1(1-D)\varepsilon_1 - E_1\alpha_1 T + (\eta - \xi T)\dot{\varepsilon}_1 \tag{6-50}$$

将 ε_2 代入式(6-50),整理可得考虑温度的组合体本构关系为

$$\begin{aligned}
&\frac{\eta - \xi T}{E_2(1-D)}\dot{\sigma} + \left[1 + \frac{E_1(1-D)}{E_2(1-D)}\right]\sigma + \frac{(\eta - \xi T)\alpha_2}{1-D}\dot{T} + E_1(\alpha_1 + \alpha_1)T\\
&= (\eta - \xi T)\dot{\varepsilon} + E_1(1-D)\varepsilon
\end{aligned} \tag{6-51}$$

从式(6-51)可以看出,组合体的损伤本构关系可由黏弹性本构关系用有效弹性模量 $E(1-D)$ 代换损伤体在损伤之前的弹性模量 E 得到。

为了对式(6-51)进行求解,先不考虑其损伤特性,由组合体的黏弹性本构方程

$$(\eta - \xi T)\dot{\sigma} + (E_1 + E_2)\sigma + E_2(\eta - \xi T)\alpha_2 \dot{T} + E_1 E_2(\alpha_1 + \alpha_2) = E_2[(\eta - \xi T)\dot{\varepsilon} + E_1\varepsilon]$$

$$\tag{6-52}$$

将式(6-52)中 E_1 和 E_2 分别用 $E_1[1-D(t+t_0)]$ 和 $E_2[1-D(t+t_0)]$ 代替,根据式(6-47),$D(t+t_0)$ 为

$$D(t+t_0) = D = 1 - \left\{\left[\frac{\varepsilon_0 + \varepsilon_r(t)}{\alpha_s}\right]^m + 1\right\}\exp\left(-\left[\frac{\varepsilon_0 + \varepsilon_r(t)}{\alpha_s}\right]^m\right) \quad (6\text{-}53)$$

以上各式中,根据之前试验研究结果可知,E_1 值可用静载线弹性模量;E_2 的初值可取以岩石在不同应变率时的动静组合载荷加载对应的应力-应变曲线的线性段变形模量;α_s 为峰值应力对应的全应变;m 表示概率分布曲线的形状系数,选取 $0\sim6$;η 在 $0\sim$ 1000GPa·s 范围内取任意值,一般都不影响应力-应变曲线;t_0 为静载荷加载时间的实测值;$\varepsilon_r(t)$ 为动静组合载荷加载时产生的应变。

2. 模型参数确定与试验验证

运用上面建立的本构模型对所做试验结果进行验证,确定温度作用下动静组合加载本构模型的各个参数。相同轴向静应力不同温度下的各项本构参数如表 6-9 所示,相同温度不同轴向静应力下各项参数如表 6-10 所示。

表 6-9　砂岩在相同轴向静应力不同温度下的本构模型拟合参数

拟合参数	温度 /℃				
	20	50	100	200	300
平均应变速率 c/s^{-1}	89	85	91	83	90
模量参数 E_1/GPa	20	20	20	20	20
模量参数 E_2/GPa	29.5	30	31.5	27.5	28.5
初始时间 t_0/s	50	50	50	50	50
黏性系数 $\eta/(\text{GPa·s})$	$0\sim1000$	$0\sim1000$	$0\sim1000$	$0\sim1000$	$0\sim1000$
概率分布参数 $\alpha/10^{-3}$	8	6.5	7.4	8.3	8.5
概率分布参数 m	6	5	4.5	5.5	5

表 6-10　砂岩在相同温度不同轴向静应力下的本构模型拟合参数

拟合参数	轴向静应力/MPa				
	0	20	40	60	80
平均应变速率 c/s^{-1}	101	98	88	93	99
模量参数 E_1/GPa	20	20	20	20	20
模量参数 E_2/GPa	25	28	32	34.5	42.5
初始时间 t_0/s	0	20	30	40	50
黏性系数 $\eta/(\text{GPa·s})$	$0\sim1000$	$0\sim1000$	$0\sim1000$	$0\sim1000$	$0\sim1000$
概率分布参数 $\alpha/10^{-3}$	6.7	9.1	2.0	1.6	6.3
概率分布参数 m	3.7	2.8	4.7	3.6	4.2

将表 6-9 和表 6-10 的本构模型拟合参数代入式(6-52)和式(6-53),在 MATLAB 计算软件里得出其本构曲线。图 6-40 给出了两幅本构模型得到的本构曲线与试验结果的

对比,其他结果类似。由图可以看出:所建立的本构模型参数合理,能较好地描述并预测试验结果。

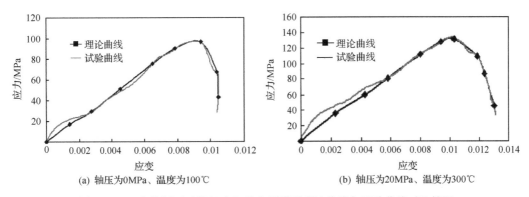

(a) 轴压为0MPa、温度为100℃　　　　(b) 轴压为20MPa、温度为300℃

图 6-40　温度作用下动静组合加载本构模型理论曲线与试验曲线对比情况

参 考 文 献

[1] Li X, Ma C. Experiments study of dynamic response and failure behaviour of rock under coupled static-dynamic loading∥Ohnishi Aoki. Proceedings of the ISRM International Symposium 3rd ARMS. Rotterdam:Mill Press, 2004:891-894

[2] Li X B, Ma C D, Chen F, et al. Effect of stress amplitudes of dynamic disturbance on the failure behaviour of rock subject to a biaxial static compressive yield load∥Olalla C, Grossmann N, Ribeiroe Sousa L. Proceedings of 11th Congress of the International Society for Rock Mechanics. London:Taylor and Francis Group, 2007:1139-1142

[3] 左宇军,李夕兵,唐春安,等. 二维动静组合加载下岩石破坏的试验研究. 岩石力学与工程学报,2006,25(9):1809-1819

[4] 左宇军,李夕兵,唐春安,等. 受静载荷的岩石在周期荷载作用下破坏的试验研究. 岩土力学,2007,28(5),929-932

[5] 李夕兵,周子龙,叶洲元,等. 岩石动静组合加载特性研究. 岩石力学与工程学报,2008,27(7):1387-1395

[6] Li X B, Zhou Z L, Seng T, et al. Innovative testing technique of rock subjected to coupled static and dynamic loads. Internation Journal of Rock Mechanics and Mining Sciences,2008,45(5):739-748

[7] Li X B, Zhou Z L, Zhao F J, et al. Mechanics properfies of rock under coupled static-dynamic loads. Journal of Rock Mechanics and Geotechnical Engineering,2009,1(1):41-47

[8] 叶洲元,李夕兵,周子龙,等. 三轴压缩岩石动静组合强度与变形特征的研究. 岩土力学,2009,30(7):1981-1986

[9] Zhou Z L, Li X B, Zou Y, et al. Dynamic brazilian tests of granite under coupled static and dynamic loads. Rock Mechanics and Rock Engineering, 2014, 47(2):495-505

[10] 李夕兵,左宇军,马春德. 动静组合加载下岩石破坏的应变能密度准则及突变理论分析. 岩石力学和工程学报,2005,24(16):2814-2825

[11] 李夕兵,左宇军,马春德. 中应变率下动静组合加载岩石的本构模型. 岩石力学与工程学报,2006,25(5):865-874

[12] 李夕兵,尹土兵,周子龙,等. 温压耦合作用下的粉砂岩动态力学特性研究. 岩石力学与工程学报,2010,29(12):2377-2384

[13] 尹土兵,李夕兵,宫凤强,等. 温压耦合作用下岩石动态破坏过程和机制研究. 岩石力学与工程学报,2012,31(S1):2814-2820

[14] Yin T B, Li X B, Xia K W, et al. Thermal effect on dynamic fracture toughness of Laurentian granite. Rock Mechanics and Rock Engineering, 2012,45:1087-1094

[15] Yin T B, Li X B, Xia K W. Effect of thermal treatment on tensible strength of Laurentian granite using Brazilian test. Rock Mechanics and Rock Engineering, 2015,48(6):2213-2223

第7章 岩石在应力波作用下的能量耗散

众所周知,在爆炸破岩时,由于装药量的不同,几何特征各异,即使在阻抗匹配的条件下,也会产生不同的爆炸应力波延续时间和爆炸应力波波形;在冲击机械中,不同形状的活塞会产生不同的加载应力波延续时间和应力波形。这些因素无疑会对冲击和爆炸破岩中的能量利用效率和破岩效果等产生较大的影响。深部开采等深部岩体工程中的高地应力也会对处于高静应力岩体的开采产生很大影响。正因如此,人们在寻求岩石与炸药合理匹配和冲击凿入系统最优化的同时,为了全面系统地给出不同加载波形、延续时间以及静压力对破岩效果影响的物理图像,很多研究者已就冲击载荷下的岩石破碎耗能规律及不同加载波下的破碎效果进行了大量研究。最近,我们又通过大量试验获得了静压力对岩石破碎能耗效果的影响。本章将系统地总结岩石在应力波作用下能量耗散的研究结果。

7.1 岩石冲击破碎时的能量分布

很多研究者就冲击载荷作用下,特别是在撞击凿入系统条件下的岩石破碎比功进行过大量研究,明确了冲头类型、冲击速率、压头的几何形状等对凿碎比功的影响[1-3]。但凿碎比功只反映了输入能量与破碎体积间的关系,为考察岩石冲击破碎时的能量分布情况,Goldsmith、Kabo 和 Kumano 等曾进行过钢球直接高速撞击页岩和闪长岩等的冲击试验[4-8]。冲击速率为 $50\sim2500\text{m/s}$,对应的初始冲击能为 $14\sim30\text{J}$。试件布置如图 7-1 所示[4],厚度为 25.4mm 的岩样,沿径向切开后再在轴线方向粘贴上三个应变片;然后用环氧树脂胶合起来,用砂布将缝合处打光以后,在试件的顶、底表面中心再粘贴上切向应变片,再在试件的顶底部分别黏合一块非常薄的顶板和一块稍厚的底板;最后在顶板上面涂上一层黄油,把直接承受冲击和破碎的冲击板放在上面,冲击板厚度从 $5.21\sim11.02\text{mm}$ 变化,在底部下面也涂上黄油放置在传递板上,传递板上再涂上黄油后放置在铝底座上。每次冲击后可收集和量测碎片的尺寸、分布,测量弹坑的形状、大小,并求得一些有关的能量。

在冲击破碎时,冲头的初始动能 E_o 被转变为下列各部分能量

$$E_\text{o} = E_\text{f} + E_\text{e} + E_\text{w} + E_\text{c} + E_\text{p} + E_\text{m} \tag{7-1}$$

式中,E_f 为冲头的反弹动能;E_e 为碎片的动能;E_w 为试件中产生的弹性波能量;E_c 为粉碎能,包括产生碎片的新表面积能量和产生新的裂纹的能量;E_p 为冲击头和被冲击体的塑性变形能;E_m 为其他能量,如与声音和热有关的能量。对于硬岩,如闪长岩等,最后两项能量可以忽略;而对于软岩,如页岩,碰撞后的能量主要消耗在弹坑的形成和介质的压缩上。硬岩的 E_f 和 E_e 可通过高速摄影来确定,E_e 约为冲头初始动能 E_o 的 $7\%\sim15\%$,

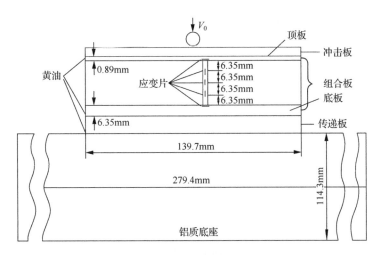

图 7-1　岩石组合试件

应力波能 E_w 可通过计算求得。

　　设定碰撞后在试件（视为无限半平面）中产生一半球面波，这种延续时间为 τ 的应力脉冲通过半径为 r 的半球面的应力波能量为

$$E_w = 2\pi r^2 \int_0^\tau \sigma_r(t)\dot{u}(t)\,\mathrm{d}t \tag{7-2}$$

式中，$\sigma_r(t)$ 为半径为 r 处的即时径向应力；u 为质点径向位移；$\dot{u}$ 为对应的质点速率。对于球坐标，有水平切向应变 ε_θ 与垂直切向应变 ε_φ 相等，故

$$\sigma_r(t) = (\lambda + 2G)\varepsilon_r + 2\lambda\varepsilon_\theta \tag{7-3}$$

式中，ε_r 为径向应变；λ 和 G 为拉梅常数。

　　注意到从质点向外运动的波满足

$$u = \frac{1}{r}(r - C_1 t) \tag{7-4}$$

$$\varepsilon_r = \frac{\partial u}{\partial r} = \frac{1}{r}f'(r - C_1 t) - \frac{1}{r^2}f(r - C_1 t) \tag{7-5}$$

$$\varepsilon_\theta = \frac{u}{r} = \varepsilon_\varphi \tag{7-6}$$

$$\dot{u}(t) = \frac{\partial u}{\partial t} = -\frac{C_1}{r}f'(r - C_1 t) \tag{7-7}$$

故有

$$\dot{u}(t) = -C_1(\varepsilon_r + \varepsilon_\theta) \tag{7-8}$$

式中，C_1 为纵波速率。

　　将式(7-3)、式(7-8)代入式(7-2)可得

$$E_w = 2\pi r^2 C_1 \left[(\lambda + 2G)\int_0^\tau \varepsilon_r^2(t)\,\mathrm{d}t + (3\lambda + 2G)\int_0^\tau \varepsilon_r(t)\varepsilon_\theta(t)\,\mathrm{d}t + 2\lambda\int_0^\tau \varepsilon_\theta^2(t)\,\mathrm{d}t \right] \tag{7-9}$$

因此，一旦知道了距冲击点 r 处的切向和径向应变，即可求出弹性应力波的能量。

　　试验中，常将切向应变片和径向应变片粘贴在不同的位置，因此计算时必须换算成在

某一位置上的等量值。注意到向外运动的波 $u=\dfrac{1}{r}f(r-C_1t)$，可以得到在 r^* 位置上的 ε_θ^* 与 r 位置上的 ε_θ 有如下关系：

$$r^{*2}\varepsilon_\theta^* = f(r-C_1t) = r^2\varepsilon_\theta \tag{7-10}$$

即

$$\varepsilon_\theta = \left(\frac{r^*}{r}\right)^2 \varepsilon_\theta^* \tag{7-11}$$

故有

$$E_w = 2\pi r^2 C_1$$

$$\times \left[(\lambda+2G)\int_0^\tau \varepsilon_r^2(t)\mathrm{d}t + (3\lambda+2G)\left(\frac{r^*}{r}\right)^2\int_0^\tau \varepsilon_r(t)\varepsilon_\theta^*(t)\mathrm{d}t + 2\lambda\left(\frac{r^*}{r}\right)^4\int_0^\tau \varepsilon_\theta^{*2}(t)\mathrm{d}t \right] \tag{7-12}$$

应用式(7-12)即可求算出试件中产生的弹性应力波能量。

不同冲击速率(冲击加载能量)条件下闪长岩的能量分配试验结果如表 7-1 所示。

表 7-1 闪长岩组合试件的能量分布

参量	单位	试样编号							
		1	2	3	4	5	6	7	8
冲头初始速率	m/s	167.1	181.0	195.0	206.0	213.4	224.0	236.0	246.0
冲头反弹速率	m/s	25.9	28.0	33.1	25.0	27.0	33.0	32.4	32.8
冲头初始能量 E_o	J	14.5	17.0	19.8	22.3	24.3	26.1	29.0	31.5
冲头反弹能量 E_f	J	0.300	0.408	0.567	0.325	0.380	0.578	0.549	0.559
弹性应力波能量 E_w	J	0.955	1.077	2.490	1.296	1.087	0.674	2.503	2.052
碎片动能 E_e	J	1.013	2.391	2.280	3.610	2.884	4.416	4.540	2.075
粉碎能 E_c	J	12.2	13.1	14.5	17.1	19.9	20.4	21.4	26.8
能量效率 E_c/E_o	%	84.1	77.1	73.2	76.7	81.9	78.2	73.8	85.1

试验结果表明：

(1) 碎片的尺寸近似服从正态分布，且冲击速率越高，对应的碎片尺寸越小。

(2) 硬岩的碎片动能约占冲头初始能量的 10%，而对于软岩，如页岩，冲头冲击将产生一杆状破裂坑，其碎片动能只占冲头初始能的 0.1% 左右。

(3) 向外传播的弹性波能量约占冲头初始能的 10%。

(4) 用于破碎的能量占总能量的 70%～85%。

(5) 不同形状的冲头或压头在冲击荷载作用下对岩石和混凝土的冲击将有可能获得不同的反射与破碎能量的比例[9,10]。

7.2 岩石在不同加载波下的能量耗散

根据 Steverding-Lehnigk 脆性体动态断裂准则，即对任意形状的应力脉冲 $\sigma(t)$，导致脆性材料断裂的条件(5-68)，采用富氏分析方法[11]，即可获得不同加载波，如矩形波、钟形波、指数衰减波等加载条件下的岩石能量耗散结果[12]。

7.2.1 矩形波加载

设一矩形波幅值为 σ，延续时间为 τ，为方便起见，设定时间从 $-\tau/2$ 到 $\tau/2$，其应力波形及其相应的频谱如图 7-2 所示，用式子表示则为

$$\sigma(t) = \begin{cases} \sigma, & |t| \leqslant \tau/2 \\ 0, & 其他 \end{cases} \tag{7-13}$$

$$F(\omega) = \int_{-\infty}^{+\infty} \sigma(t) e^{j\omega t} dt = 2\sigma \frac{\sin\dfrac{\omega\tau}{2}}{\omega} \tag{7-14}$$

式中，ω 为频谱频率。

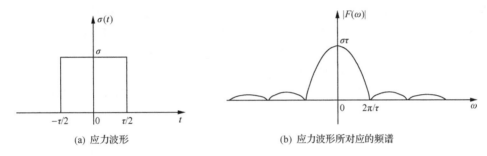

(a) 应力波形 (b) 应力波形所对应的频谱

图 7-2　矩形波及其频谱

频谱中任意频率为 ω 的单一元素写成余弦波形式为 $\tilde{\sigma}(t) = \sigma_\omega \cos\omega t$，它所对应的能量作用密度为 $e_\omega = \dfrac{\sigma_\omega^2}{\omega}\pi$，根据脆性动态断裂准则，对于单频为 ω 的子波，能导致确定裂纹长度的裂纹扩展的条件为

$$\frac{\sigma_\omega^2}{\omega^2} \geqslant \frac{\gamma E}{C_p \omega} \tag{7-15}$$

式中，C_p 为纵波波速。

又根据 Parseval 理论

$$\int_0^\tau \sigma^2 dt = \frac{1}{2\pi} \int_{-\infty}^{+\infty} |F(\omega)|^2 d\omega \tag{7-16}$$

因此有

$$\frac{\sigma_\omega^2}{\omega^2} = |F(\omega)|^2 = \sigma^2 \tau^2 \frac{\sin^2\dfrac{\omega\tau}{2}}{\left(\dfrac{\omega\tau}{2}\right)^2} \geqslant \frac{\gamma E}{C_p \omega} \tag{7-17}$$

根据式(7-17)，即可确定矩形波中参与裂纹扩展的谐波分量的频率范围。

如图 7-3 所示，当材料中含有一全裂纹谱时[13,14]，若不考虑 $|\omega| > 2\pi/\tau$ 的极少部分能量，显然，只有 $\omega_{c_1} \leqslant |\omega| < \omega_{c_2}$ 范围内的各谐波通过材料时，才参与材料中裂纹扩展，其余部分频率的谐波将不与裂纹产生相互作用，而向外无耗散再传播出去。因此，当应力波通过岩石这种存在各种裂纹的脆性体时，完全以弹性波形式向外传播，不参与任何裂纹扩

展而无用耗散的能量作用密度为

$$E_{\mathrm{w}} = \frac{1}{2\pi}\int_{-\omega_k}^{\omega_{c_2}} |F(\omega)|^2 \mathrm{d}\omega + \frac{1}{2\pi}\int_{-\omega_{c_1}}^{\omega_{c_1}} |F(\omega)|^2 \mathrm{d}\omega + \frac{1}{2\pi}\int_{\omega_{c_2}}^{\omega_k} |F(\omega)|^2 \mathrm{d}\omega$$

$$= \frac{1}{\pi}\int_0^{\omega_{c_2}} |F(\omega)|^2 \mathrm{d}\omega + \frac{1}{\pi}\int_{\omega_{c_2}}^{\omega_k} |F(\omega)|^2 \mathrm{d}\omega \tag{7-18}$$

对于确定的岩石，$\gamma E/C_{\mathrm{p}}$ 是不变的，当加载波能量作用密度 $\sigma^2\tau$ 很大时，参与反应的频谱范围也很大，此时 ω_k 可近似取为 $2\pi/\tau$；当加载波能量作用密度减小时，此范围也随之变小，ω_k 可近似取为 ∞；当加载波能量作用密度减小到 $\sigma^2\tau = \sigma_1^2\tau_1$ 时，如图 7-3 所示，此时两组曲线相切。若加载波能量作用密度再小于此值，则两曲线无交点，加载应力波中任意频率的谐波均不会与岩石中的任何裂纹发生作用，岩石中的所有裂纹均不会产生扩展。因此，这种强度的应力波通过岩石时，不会导致岩石的损伤。又由式(5-68)的宏观脆性断裂条件可知，对于矩形波加载，当应力波能量作用密度达到其门槛值即 $\sigma^2\tau = \sigma_0^2\tau_0 = \pi\gamma E/C_{\mathrm{p}}$ 时，裂纹高速扩展，应力波通过岩石时产生宏观破坏；当应力波能量介于两者之间时，应力波每次通过时都会导致岩石损伤，裂纹低速扩展，即断裂力学中的亚临界裂纹扩展[15]。在此条件下，反复加载时可导致岩石破裂[16-19]。

根据式(7-17)，即可算出不同应力波能量作用密度条件下参与反应谐波的上下限频率，由式(7-17)有

$$\sin^2\frac{\omega\tau}{2} = \frac{\gamma E}{2\sigma^2\tau C_{\mathrm{p}}}\frac{\omega\tau}{2} \tag{7-19}$$

令 $\dfrac{\omega\tau}{2} = x$，由式(7-19)可得

$$\sin^2 x = kx \tag{7-20}$$

式中，$k = \dfrac{\gamma E}{2\sigma^2\tau C_{\mathrm{p}}}$。显然，不同的加载波能量作用密度，其 k 值也不相同，如图 7-4 所示。

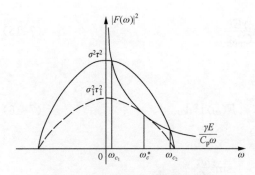

图 7-3　参与裂纹扩展的频率范围

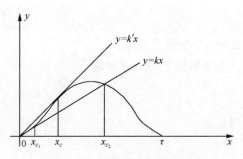

图 7-4　上下限频率的确定方法

在相切点有

$$\left.\begin{aligned} \sin^2 x_c &= k'x_c \\ k' &= 2\sin x_c \cos x_c \end{aligned}\right\} \tag{7-21}$$

由此可得

$$x_c = \frac{1}{2}\tan x_c \tag{7-22}$$

$$x_c = 1.1655$$

此时,对应的应力波能量作用密度为

$$\sigma^2\tau = \frac{\gamma E}{2C_p}(1.6550)/\sin^2(1.1655) = 0.69\gamma E/C_p \tag{7-23}$$

即

$$\sigma_1^2\tau_1 = 0.69\gamma E/C_p \tag{7-24}$$

当 $\sigma^2\tau$ 小于 $\sigma_1^2\tau_1$ 时,E_w 与入射能量作用密度 E_i 之比为 E_w/E_i 为 100%,对应的 $\omega_c^* = 2.32/\tau$,在此加载强度下,加载波能量完全以弹性波形式无用耗散。同理,当 $\sigma^2\tau = \sigma_0^2\tau_0 = \pi\gamma E/C_p$ 时,可求得截止频率为 $\omega_{c_1} = 0.3218/\tau$,$\omega_{c_2} = 4.9294/\tau$,此时,完全以弹性波形式耗散的应力波能量作用密度为

$$
\begin{aligned}
E_w &\approx \frac{1}{\pi}\int_{-6\pi/\tau}^{-4.9294/\tau}\sigma^2\tau^2\frac{\sin^2\dfrac{\omega\tau}{2}}{\dfrac{\omega\tau}{2}}\mathrm{d}\omega + \frac{1}{\pi}\int_0^{0.3218/\tau}\sigma^2\tau^2\frac{\sin^2\dfrac{\omega\tau}{2}}{\left(\dfrac{\omega\tau}{2}\right)^2}\mathrm{d}\omega \\
&\approx \frac{2}{\pi}\sigma^2\tau\left(\int_{-3\pi}^{-2.4647}\frac{\sin^2 t}{t^2}\mathrm{d}t + \int_0^{0.1609}\frac{\sin^2 t}{t^2}\mathrm{d}t\right) \\
&\approx \frac{2}{\pi}\sigma^2\tau(0.1019 + 0.1223) = 0.1428\sigma^2\tau \tag{7-25}
\end{aligned}
$$

此时,该能量作用密度与入射能量作用密度的百分比为:$E_w/E_i = 14.28\%$。

类似上述方法,即可近似得到不同加载波强度下的截止频率范围和能量耗散值,如表 7-2 所示。

表 7-2　矩形波加载时的截止频率范围和能量耗散值

加载波能量作用密度 $\sigma^2\tau$		截止频率范围 ω_{c_1}、ω_{c_2}	E_w/E_i /%	破坏形式
$<0.69\gamma E/C_p$		$\omega_{c_1} = \omega_{c_2} = 2.31/\tau$	100	无损伤
$0.69\gamma E/C_p \sim \pi\gamma E/C_p$	$1.5\gamma E/C_p$	$\omega_{c_1} = 0.6942/\tau$ $\omega_{c_2} = 4.2738/\tau$	34.25	累积破坏
	$2\gamma E/C_p$	$\omega_{c_1} = 0.5110/\tau$ $\omega_{c_2} = 0.45694/\tau$	27.47	
$\pi\gamma E/C_p \sim n\pi\gamma E/C_p$	$\pi\gamma E/C_p$	$\omega_{c_1} = 0.3218/\tau$ $\omega_{c_2} = 4.9294/\tau$	14.28	单次破坏
	$4\gamma E/C_p$	$\omega_{c_1} = 0.2514/\tau$ $\omega_{c_2} = 5.0852/\tau$	10.77	
	$5\gamma E/C_p$	$\omega_{c_1} = 0.2008/\tau$ $\omega_{c_2} = 5.2116/\tau$	7.63	
	$2\pi\gamma E/C_p$	$\omega_{c_1} = 0.1596/\tau$ $\omega_{c_2} = 5.3264/\tau$	5.94	
	$3\pi\gamma E/C_p$	$\omega_{c_1} = 0.1064/\tau$ $\omega_{c_2} = 5.4994/\tau$	3.85	

7.2.2 指数衰减波加载

设一幅值为 σ 的指数衰减波为

$$\sigma(t) = \begin{cases} 0, & t < 0 \\ \sigma e^{-\beta t}\,(\beta > 0), & t \geqslant 0 \end{cases} \tag{7-26}$$

其波形及其对应的频谱如图 7-5 所示。

$$F(\omega) = \frac{\sigma}{\beta + \mathrm{j}\omega} \tag{7-27}$$

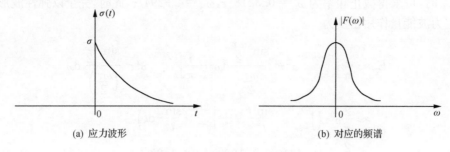

(a) 应力波形　　　　　　　　　　　　(b) 对应的频谱

图 7-5　指数衰减波及其频谱

这种指数衰减波的能量作用密度为

$$\int_0^\infty \sigma^2(t)\,\mathrm{d}t = \frac{\sigma^2}{2\beta} \tag{7-28}$$

又根据脆性动态断裂准则,对任意角频为 ω 的单一元素,有

$$\frac{\sigma_\omega^2}{\omega^2} = |F(\omega)|^2 = \frac{\sigma^2}{\beta^2 + \omega^2} \geqslant \frac{\gamma E}{C_p \omega} \tag{7-29}$$

根据式(7-29)即可求出不同加载强度下参与裂纹扩展的谐波上下限频率范围

$$\omega_{c_1,c_2} = \frac{C_p \sigma^2 \pm \sqrt{C_p^2 \sigma^4 - 4\gamma^2 E^2 \beta^2}}{2\gamma E} \tag{7-30}$$

显然,当 $C_p^2 \sigma^4 - 4\gamma^2 E^2 \beta^2 = 0$ 时,意味着两曲线相切,此时所对应的能量作用密度为

$$\frac{\sigma^2}{2\beta} = \frac{\gamma E}{C_p} \tag{7-31}$$

$$\omega_c^* = \beta \tag{7-32}$$

由此可得:当指数衰减波的能量作用密度小于岩石的 $\gamma E / C_p$ 值时,不会对岩石产生损伤,任何频谱下的能量均不参与裂纹扩展,在此加载段,加载波能量完全以弹性波形式无用耗散,疲劳加载也难以导致岩石破坏。

又根据宏观破坏条件,有

$$\frac{\sigma^2}{2\beta} = \frac{\pi \gamma E}{C_p} \tag{7-33}$$

对应的 ω_{c_1} 和 ω_{c_2} 分别为 0.1634β、6.1198β,此时的 E_w 为

$$E_w = \frac{1}{\pi}\int_0^{\omega_{c_1}} |F(\omega)|^2\,\mathrm{d}\omega + \frac{1}{\pi}\int_{\omega_{c_2}}^\infty |F(\omega)|^2\,\mathrm{d}\omega$$

$$= \frac{1}{\pi}\int_{0}^{0.1634\beta} \frac{\sigma^2}{\beta^2+\omega^2}\mathrm{d}\omega + \frac{1}{\pi}\int_{6.1198\beta}^{\infty} \frac{\sigma^2}{\beta^2+\omega^2}\mathrm{d}\omega = 0.2064\frac{\sigma^2}{2\beta} \tag{7-34}$$

即 E_w/E_i 为 20.64%。同理,类似上述方法,即可求得不同加载强度下的截止频率范围和对应的能量耗散值,如表 7-3 所示。

表 7-3　指数衰减波加载时的截止频率范围和能量耗散值

加载波能量作用密度 $\sigma^2/2\beta$		截止频率范围 ω_{c_1}、ω_{c_2}	E_w/E_i /%	破坏形式
$<\gamma E/C_p$		$\omega_{c_1}=\omega_{c_2}=\beta$	100	无损伤
$\gamma E/C_p \sim \pi\gamma E/C_p$	1.5$\gamma E/C_p$	$\omega_{c_1}=0.3820\beta$ $\omega_{c_2}=2.6180\beta$	46.48	累积破坏
	2$\gamma E/C_p$	$\omega_{c_1}=0.2679\beta$ $\omega_{c_2}=3.7321\beta$	33.35	
	2.5$\gamma E/C_p$	$\omega_{c_1}=0.2087\beta$ $\omega_{c_2}=4.7913\beta$	26.21	
$\pi\gamma E/C_p \sim n\pi\gamma E/C_p$	$\pi\gamma E/C_p$	$\omega_{c_1}=0.1634\beta$ $\omega_{c_2}=6.1198\beta$	20.64	单次破坏
	4$\gamma E/C_p$	$\omega_{c_1}=0.1270\beta$ $\omega_{c_2}=7.8730\beta$	16.09	
	5$\gamma E/C_p$	$\omega_{c_1}=0.1010\beta$ $\omega_{c_2}=9.8990\beta$	12.83	
	2$\pi\gamma E/C_p$	$\omega_{c_1}=0.0801\beta$ $\omega_{c_2}=12.4863\beta$	10.18	
	3$\pi\gamma E/C_p$	$\omega_{c_1}=0.0532\beta$ $\omega_{c_2}=18.7964\beta$	6.78	

7.2.3　钟形波加载

对应的应力脉冲及其频谱如图 7-6 所示,用式子表示则为

$$\sigma(t) = \sigma\mathrm{e}^{-\alpha t^2}, \qquad \alpha > 0 \tag{7-35}$$

$$F(\omega) = \sqrt{\frac{\pi}{\alpha}}\sigma\mathrm{e}^{-\frac{\omega^2}{4\alpha}} \tag{7-36}$$

其应力波能量作用密度为

$$\int_{-\infty}^{+\infty}\sigma^2(t)\mathrm{d}t = \sigma^2\int_{-\infty}^{+\infty}\mathrm{e}^{-2\alpha t^2}\mathrm{d}t = \sqrt{\frac{\pi}{2\alpha}}\sigma^2 \tag{7-37}$$

根据脆性动态断裂准则,有

$$\frac{\sigma_\omega^2}{\omega^2} = |F(\omega)|^2 = \frac{\pi}{\alpha}\sigma^2\mathrm{e}^{-\frac{\omega^2}{2\alpha}} \geqslant \frac{\gamma E}{C_p\omega} \tag{7-38}$$

据此,即可求出不同加载波强度下的截止频率范围。

在相切点,有

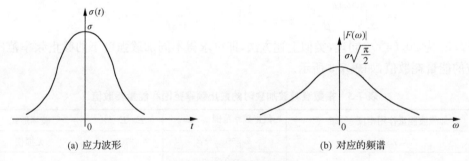

(a) 应力波形　　　　　　　　　　　　(b) 对应的频谱

图 7-6　钟形波及其频谱

$$\left.\begin{aligned} \frac{\pi}{\alpha}\sigma^2 e^{-\frac{\omega^2}{2\alpha}} &= \frac{\gamma E}{C_p \omega^2} \\ \frac{\pi}{\alpha^2}\sigma^2 \omega e^{-\frac{\omega^2}{2\alpha}} &= \frac{\gamma E}{C_p \omega^2} \end{aligned}\right\} \tag{7-39}$$

由此可以得出

$$\omega_c^* = \sqrt{\alpha}, \qquad \sqrt{\frac{\pi}{2\alpha}}\sigma^2 = 0.66\gamma E/C_p \tag{7-40}$$

因此,当钟形波加载时,其波的能量作用密度小于 $0.66\gamma E/C_p$,不会在岩石中产生损伤。

当 $\sqrt{\dfrac{\pi}{2\alpha}}\sigma^2 = \pi\gamma E/C_p$ 时,有

$$e^{-\frac{1}{2}\left(\frac{\omega}{\sqrt{\alpha}}\right)^2} = 0.1270\left(\frac{\sqrt{\alpha}}{\omega}\right) \tag{7-41}$$

由此可得,$\omega_{c_1} = 0.1280\sqrt{\alpha}$,$\omega_{c_2} = 2.4295\sqrt{\alpha}$,对应的 E_w 为

$$\begin{aligned} E_w &= \frac{1}{\pi}\int_0^{0.1280\sqrt{\alpha}} \frac{\pi}{\alpha}\sigma^2 e^{-\frac{\omega^2}{2\alpha}}\,d\omega + \frac{1}{\pi}\int_{2.4295\sqrt{\alpha}}^{\infty} \frac{\pi}{\alpha}\sigma^2 e^{-\frac{\omega^2}{2\alpha}}\,d\omega \\ &= 2\sqrt{\frac{\pi}{2\alpha}}\sigma^2\left(\int_0^{0.1280} \frac{1}{\sqrt{2\pi}}e^{-\frac{u^2}{2}}\,du + \int_{-\infty}^{-2.4295} \frac{1}{\sqrt{2\pi}}e^{-\frac{u^2}{2}}\,du\right) = 0.1182\sqrt{\frac{\pi}{2\alpha}}\sigma^2 \end{aligned} \tag{7-42}$$

即 E_w/E_i 为 11.82%。类似上述方法,即可求得不同加载强度下的截止频率范围和对应的能量耗散值,如图 7-7 及表 7-4 所示。

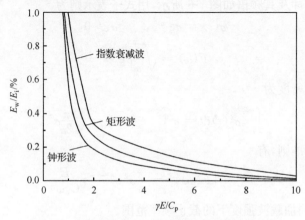

图 7-7　不同加载波下以弹性波形式耗散的能量值

表 7-4 钟形波加载时的截止频率范围和能量耗散值

加载波能量作用密度 $\sqrt{\dfrac{\pi}{2\alpha}}\sigma^2$		截止频率范围 ω_{c_1}、ω_{c_2}	$E_w/E_i/\%$	破坏形式
$<0.66\gamma E/C_p$		$\omega_{c_1}=\omega_{c_2}=\sqrt{\alpha}$	100	无损伤
$0.66\,\gamma E/C_p \sim \pi\gamma E/C_p$	$\gamma E/C_p$	$\omega_{c_1}=0.4394\sqrt{\alpha}$ $\omega_{c_2}=1.7041\sqrt{\alpha}$	42.82	累计破坏
	$2\gamma E/C_p$	$\omega_{c_1}=0.203\,66\sqrt{\alpha}$ $\omega_{c_2}=2.1888\sqrt{\alpha}$	18.36	
$\pi\gamma E/C_p \sim n\pi\gamma E/C_p$	$\pi\gamma E/C_p$	$\omega_{c_1}=0.1280\sqrt{\alpha}$ $\omega_{c_2}=2.4965\sqrt{\alpha}$	11.82	单次破坏
	$4\gamma E/C_p$	$\omega_{c_1}=0.1003\sqrt{\alpha}$ $\omega_{c_2}=2.5454\sqrt{\alpha}$	9.05	
	$5\gamma E/C_p$	$\omega_{c_1}=0.08004\sqrt{\alpha}$ $\omega_{c_2}=2.6163\sqrt{\alpha}$	7.19	
	$2\pi\gamma E/C_p$	$\omega_{c_1}=0.06362\sqrt{\alpha}$ $\omega_{c_2}=2.7445\sqrt{\alpha}$	5.67	
	$3\pi\gamma E/C_p$	$\omega_{c_1}=0.04237\sqrt{\alpha}$ $\omega_{c_2}=2.0986\sqrt{\alpha}$	3.76	

7.2.4 以弹性波形式无用耗散的能量值

从图 7-7 可以看出:不论何种波加载,当加载能量小于某一临界值时,其加载能量完全不参与裂纹扩展,能量全部以弹性波形式无用耗散。加载波形不同,其临界值也有所差异,指数衰减波所对应的临界值较矩形波和钟形波的大,而矩形波和钟形波的这一临界值则较为接近;当加载波强度在此区段之内时,不会对岩石产生损伤和破坏。随着加载波能量的增大而进入累积破坏段后,以弹性波形式无用耗散的能量作用密度的相对值随加载波能量的增加而迅速减小,此时重复冲击作用将可能导致岩石破坏。

因此,在要求动力稳定的工程领域,必须注意和考查能达到这一强度的应力波重复作用在这方面的效应;而在要求破坏的工程领域,所设计的加载强度必须达到或超过这一区段。当加载波能量较大时,随着加载波能量的增大,这部分无用耗散的弹性波能量的相对值缓慢下降,并逐渐趋于平稳;当加载波能量增大一倍时,指数波从临界破坏时的20.64%下降到10.18%,矩形波从14.28%下降到5.94%,钟形波从11.82%下降到5.67%。因此,在常规的中高加载强度段,这部分弹性波能量约占加载能量的10%。这与 7.1 节介绍的 Goldsmith 等的试验结果相吻合,砂岩现场不同药量爆破时测得的地震波能量结果也证实了这一理论分析结果[20]。

7.2.5 延续时间和波形的影响

1. 延时的影响

为讨论方便,设定两延续时间分别为 τ_1 和 τ_0 的矩形应力脉冲,其能量作用密度相等,即 $\sigma_1^2\tau_1 = \sigma_0^2\tau_0$,但延续时间不同,$\tau_0 = 2\tau_1$,如图 7-8 所示。虽然在此条件下,不参与任何裂纹扩展完全以弹性波形式无用耗散的 E_w 近乎相等,同时参与反应的下限频率 $\omega_{c_1}^0$、$\omega_{c_2}^1$ 也很接近,但其上限频率明显不同,当 $\tau_0 = 2\tau_1$,时,$\omega_{c_1}^1 \approx 2\omega_{c_2}^0$。根据 Griffth 理论,对于单频为 ω^* 的脉冲,在满足 $\sigma_\omega^2/\omega \geqslant \gamma E/C_p$ 的条件下,能导致裂纹扩展的裂纹长度 $a^* = 2C_p/(\pi\omega^*)$,即 a^* 与 ω^* 成反比,因此上限频率对应着参与反应的最小裂纹长度,而且 $\omega_{c_2}^1$ 所对应的裂纹长度 a_{m2}^1 只有 $\omega_{c_2}^0$ 所对应的裂纹长度 a_{m2}^0 的一半。而能导致裂纹扩展的最大裂纹长度,即 $\omega_{c_1}^0$ 和 $\omega_{c_1}^1$ 所对应的裂纹长度近于相等,$a_{m1}^0 \approx a_{m1}^1$,因此等能量下延续时间短的应力脉冲能导致裂纹扩展的裂纹范围较大,它的下限裂纹尺寸较小。对于脆性矿岩介质,统计结果已经表明[13,14]:裂纹密度随裂纹尺寸的减小而显著增大。因此,根据上述分析完全有理由认为:等能量下短延时的应力脉冲的破坏性较大,用于扩展裂纹最终导致岩石破裂的能量消耗较快,岩石吸能较大,且最终破碎尺寸也应相对较小,这与一些试验研究结果很相吻合[21-25]。因此,从有效破岩角度来看,对脆性岩石,短延时高应力幅值的应力脉冲比长延时低幅值的应力脉冲更为有利。以往,人们总习惯于应力波延时长有利于破岩的观念,而事实上这只有在增加入射能量的前提下才会成立。

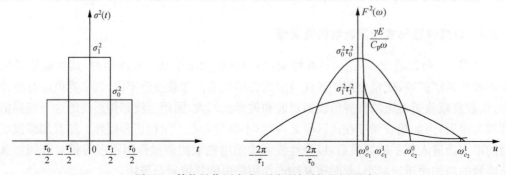

图 7-8 等能量作用密度不同延续时间的矩形波

2. 波形的影响

从图 7-7 可以看出:等能量下完全以弹性波形式向外传播而不参与任何裂纹扩展的能量以钟形波为最小,当 $E_i = \pi\gamma E/C_p$ 时,钟形波为 11.82%,矩形波为 14.28%,指数形波为 20.64%;但随着加载能量的增大,进入高加载能量段后,矩形波的这一能量将向钟形波靠拢。另外,由表 7-2~表 7-4 可以看出:当钟形波、矩形波和指数衰减波延续时间近似相等,约为 τ 时,如 $\beta = \dfrac{1}{10\tau}$,$\alpha = \dfrac{2}{5\tau^2}$,在等能量条件下,其指数衰减波的上限截止频率明显小于矩形波和钟形波,因而它所对应的参与反应的下限裂纹尺寸会明显大于矩形波和钟形波所对应的下限裂纹尺寸。因此,指数衰减波所对应的破碎尺寸将会相对较大,岩石中的能量吸收较其他两种波慢,而以弹性波形式无用耗散的能量值却相对较高。因此,波形的差异将会明显导致破岩效果的不同。从破岩角度考虑,钟形波和矩形波明显优于指数衰减波。这一结论已在我们的试验研究中得到了证实[26]。

7.3　应力波作用下岩石的吸能效果

研究岩石破碎过程中所吸收的能量,可以采用 SHPB 装置来完成。由式(1-26)即可得到岩石在不同入射波条件(不同入射波形、幅值和延续时间)下所吸收的能量大小。这方面的研究最早可追溯到 Hakailehto(1967 年)、Lundberg(1976 年)等所做的工作[27-29]。本节将对用 SHPB 装置进行岩石破碎试验所表现出来的一些岩石耗能规律,特别是延续时间的影响给予介绍[25]。

7.3.1　岩石吸能分析

不同加载应力水平下岩石所表现出来的变形特性是不同的:当加载应力较小时,岩石呈似弹性;应力较大时,岩石呈弹脆性;而当应力和围压都很大时,岩石由脆性向塑性转变。依此,可建立在应力脉冲加载下的三种岩样力学模型。

1. 理想线弹性模型

如图 7-9 所示,设岩样截面与弹性杆截面相等,当一应力脉冲加载于岩样时,岩样表现为线弹性,E_s 为岩石弹性模量,设入射应力脉冲为一阶跃应力脉冲,即

$$\sigma_I(t) = \begin{cases} 0, & t \leqslant 0 \\ \sigma_I, & 0 < t \leqslant \tau \end{cases} \quad (7\text{-}43)$$

在此条件下,由式(1-24),有

$$\sigma(t) = \frac{1}{2}[\sigma_I - \sigma_R(t) + \sigma_T(t)] \quad (7\text{-}44)$$

$$\varepsilon(t) = \frac{1}{\rho_e C_e L_s}\int_0^t [\sigma_I + \sigma_R(t) - \sigma_T(t)]\mathrm{d}t \quad (7\text{-}45)$$

同时,根据均匀化条件,有

$$\sigma_T(t) = \sigma_I - \sigma_R(t) \quad (7\text{-}46)$$

由此可得

$$\frac{\mathrm{d}\varepsilon(t)}{\mathrm{d}t} = \frac{2}{\rho_e C_e L_s}[\sigma_I - \sigma_T(t)] \quad (7\text{-}47)$$

考虑到 $\sigma_T(t) = E_s\varepsilon(t)$,式(7-47)可改写成

$$\frac{\mathrm{d}\sigma_T(t)}{\mathrm{d}t} + \frac{2E_s}{\rho_e C_e L_s}\sigma_T(t) = \frac{2E_s}{\rho_e C_e L_s}\sigma_I \quad (7\text{-}48)$$

根据初始条件:$t=0$ 时,$\sigma_T(t) = 0$ 得

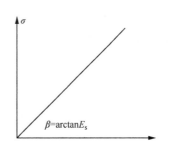

图 7-9　理想线弹性模型

$$\left.\begin{array}{l} \sigma_{\mathrm{T}}(t) = \sigma_{\mathrm{I}}\left(1 - \mathrm{e}^{-\frac{2E_{\mathrm{s}}}{\rho_{\mathrm{e}}C_{\mathrm{e}}L_{\mathrm{s}}}t}\right) \\[3mm] \sigma_{\mathrm{R}}(t) = \sigma_{\mathrm{I}}\mathrm{e}^{-\frac{2E_{\mathrm{s}}}{\rho_{\mathrm{e}}C_{\mathrm{e}}L_{\mathrm{s}}}t} \end{array}\right\} \qquad (7\text{-}49)$$

又 $E_{\mathrm{s}} = \rho_{\mathrm{s}}C_{\mathrm{s}}^2$（$C_{\mathrm{s}}$ 为岩石中的杆波速率），并令 α 为岩样与弹性杆的波阻抗比值，即 $\alpha = \rho_{\mathrm{s}}C_{\mathrm{s}}/\rho_{\mathrm{e}}C_{\mathrm{e}}$，$T_{\mathrm{s}}$ 为应力波通过岩样的特征时间，$T_{\mathrm{s}} = L_{\mathrm{s}}/C_{\mathrm{s}}$，则式（7-49）即为

$$\left.\begin{array}{l} \sigma_{\mathrm{T}}(t) = \sigma_{\mathrm{I}}\left(1 - \mathrm{e}^{-\frac{2\alpha}{T_{\mathrm{s}}}t}\right) \\[3mm] \sigma_{\mathrm{R}}(t) = \sigma_{\mathrm{I}}\mathrm{e}^{-\frac{2\alpha}{T_{\mathrm{s}}}t} \end{array}\right\} \qquad (7\text{-}50)$$

考虑到 T_{s} 与 τ 相比很小，τ/T_{s} 很大，α 为近于 1 的常数，由式（1-25）和式（7-50）可得

$$E_{\mathrm{R}} + E_{\mathrm{T}} \approx \frac{A_{\mathrm{e}}}{\rho_{\mathrm{e}}C_{\mathrm{e}}}\sigma_{\mathrm{I}}^2\tau \qquad (7\text{-}51)$$

$$E_{\mathrm{s}} = E_{\mathrm{I}} - E_{\mathrm{R}} - E_{\mathrm{T}} = 0 \qquad (7\text{-}52)$$

由此可见，当岩样表现为线弹性时，岩石耗能为零，入射应力波能量一部分被反射回冲击机构，另一部分被透射出去变为震动能。

2. 弹脆性模型

如图 7-10 所示，设岩样破碎前 $\sigma\text{-}\varepsilon$ 呈简单的线性关系，弹性模量为 E_{s}；破坏后也呈简单的线性关系，脆度为 E_{s}/r，r 为反映岩石塑性的常数，当 $r\to\infty$ 时，岩石趋于弹塑性，σ_{f} 为岩石破碎强度，同样的分析可得

$$\sigma_{\mathrm{T}}(t) = \begin{cases} \sigma_{\mathrm{I}}(1 - \mathrm{e}^{-\frac{2\alpha}{T_{\mathrm{s}}}t}), & t \leqslant t_{\mathrm{M}} \\[3mm] \sigma_{\mathrm{I}}\left[1 - \left(1 - \dfrac{\sigma_{\mathrm{f}}}{\sigma_{\mathrm{I}}}\right)\mathrm{e}^{\frac{2\alpha}{T_{\mathrm{s}}}(t - t_{\mathrm{M}})}\right], & t > t_{\mathrm{M}} \end{cases} \qquad (7\text{-}53)$$

$$\sigma_{\mathrm{R}}(t) = \begin{cases} \sigma_{\mathrm{I}}\mathrm{e}^{-\frac{2\alpha}{T_{\mathrm{s}}}t}, & t \leqslant t_{\mathrm{M}} \\[3mm] \sigma_{\mathrm{I}}\left(1 - \dfrac{\sigma_{\mathrm{f}}}{\sigma_{\mathrm{I}}}\right)\mathrm{e}^{\frac{2\alpha}{T_{\mathrm{s}}}(t - t_{\mathrm{M}})}, & t > t_{\mathrm{M}} \end{cases} \qquad (7\text{-}54)$$

式中，t_{M} 为岩样受力达到破碎强度 σ_{f} 时所对应的时间

$$t_{\mathrm{M}} = -\frac{T_{\mathrm{s}}}{2\alpha}\ln\left(1 - \frac{\sigma_{\mathrm{f}}}{\sigma_{\mathrm{I}}}\right) \qquad (7\text{-}55)$$

为简化计算，对式（7-53）和式（7-54）采用直线逼近后可得

$$E_{\mathrm{R}} + E_{\mathrm{T}} \approx \frac{A_{\mathrm{e}}}{\rho_{\mathrm{e}}C_{\mathrm{e}}}\left(\sigma_{\mathrm{I}}^2 - \sigma_{\mathrm{I}}\sigma_{\mathrm{f}} + \frac{2}{3}\sigma_{\mathrm{f}}^2\right)\tau \qquad (7\text{-}56)$$

$$E_{\mathrm{s}} \approx \frac{A_{\mathrm{e}}}{\rho_{\mathrm{e}}C_{\mathrm{e}}}\left(\sigma_{\mathrm{I}}\sigma_{\mathrm{f}} - \frac{2}{3}\sigma_{\mathrm{f}}^2\right)\tau \qquad (7\text{-}57)$$

当应力波延续时间一定，而改变冲击速率时，吸收效率 η 即岩石吸能与输入能量之比为

$$\eta = \frac{E_{\mathrm{s}}}{E_{\mathrm{I}}} = \frac{\sigma_{\mathrm{f}}}{\sigma_{\mathrm{I}}}\left(1 - \frac{2}{3}\frac{\sigma_{\mathrm{f}}}{\sigma_{\mathrm{I}}}\right)\tau \qquad (7\text{-}58)$$

令 $\mathrm{d}\eta/\mathrm{d}(\sigma_{\mathrm{f}}/\sigma_{\mathrm{I}}) = 0$，可得：当 $\sigma_{\mathrm{I}} = 1.33\sigma_{\mathrm{f}}$ 时，$\eta = \eta_{\max} = 37.5\%$。

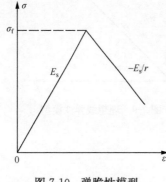

图 7-10　弹脆性模型

当输入能量一定(等入射能)时,由式(7-57)可知

$$E_{\rm s} - E_{\rm I} \frac{\sigma_{\rm f}}{\sigma_{\rm I}}\left(1 - \frac{2}{3}\frac{\sigma_{\rm f}}{\sigma_{\rm I}}\right) \tag{7-59}$$

即当 $\sigma_{\rm I} = 1.33\sigma_{\rm f}$ 时, $E_{\rm s}$ 的最大值为 $37.5\%E_{\rm I}$。

弹脆性模型能耗分析表明:

(1) 岩石吸能随入射应力波幅值和应力波延续时间的增大而增加。

(2) 在一定的入射应力 $\sigma_{\rm I}$ 下,岩石失稳破坏均需一定的时间 $t_{\rm M}$,且 $t_{\rm M}$ 随 $\sigma_{\rm I}$ 的增大而减小,若入射应力波延续时间 τ 很短,使得 $\tau < t_{\rm M}$,则岩石不能破坏。

(3) 只有当入射波的应力幅值达到岩石破碎强度 $\sigma_{\rm f}$ 的 1.33 倍左右时,岩石吸能效率最高,可达到入射能量的 37.5%。

3. 刚塑性模型

对刚塑性模型,如图 7-11 所示,此时 $t_{\rm M} \to 0$,注意到当 $r \to \infty$ 时,岩样由脆性向塑性转变,此时有

$$\sigma_{\rm T}(t) = \sigma_{\rm f} \tag{7-60}$$

$$\sigma_{\rm R}(t) = \sigma_{\rm I} - \sigma_{\rm f} \tag{7-61}$$

$$E_{\rm R} + E_{\rm T} = \frac{A_{\rm e}}{\rho_{\rm e}C_{\rm e}}\big[(\sigma_{\rm I} - \sigma_{\rm f})^2 + \sigma_{\rm f}^2\big]\tau \tag{7-62}$$

$$E_{\rm s} = \frac{A_{\rm e}}{\rho_{\rm e}C_{\rm e}}2\sigma_{\rm f}(\sigma_{\rm I} - \sigma_{\rm f})\tau \tag{7-63}$$

同理可得:当 $\sigma_{\rm I} = 2\sigma_{\rm f}$ 时, $E_{\rm s}$ 的最大值为 $50\%E_{\rm I}$。

刚塑性模型的分析表明:

(1) 当入射应力 $\sigma_{\rm I} > \sigma_{\rm f}$ 时,岩石吸能随 $\sigma_{\rm I}$ 和 τ 的增大而增大。

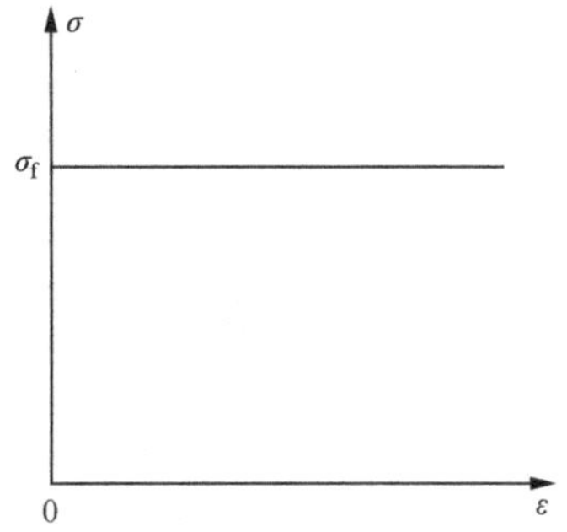

(2) 当入射应力幅值 $\sigma_{\rm I}$ 等于岩石破碎强度 $\sigma_{\rm f}$ 的 2 倍时,岩石吸能最大,达到入射能的一半。

图 7-11　刚塑性模型

7.3.2　入射能、反射能、透射能与岩石吸能

1. 入射能与透反射能量的关系

图 7-12~图 7-14 为延续时间为 65μs 的矩形波入射条件下透射能随入射能的变化关系[27]。从图中可以看出:当入射能较小时,透射能随入射能的增加而线性增大;而当入射能较大时,随入射能的增加,透射能的增值减小,入射能的一部分增量被试件所吸收;当入射能很大时,透射能的增值变得很小,此时入射能的增加主要被试件所吸收。图 7-15 为红砂岩、花岗岩和大理岩在延续时间为 100μs 的矩形波加载条件下透射能随入射能变化的关系,其他波加载条件下也有类似结果。从图中不难看出:随着入射能的增大,透射能增量的相对值随之减小;同时,透射能量的大小还与岩石的波阻抗有关[26]。

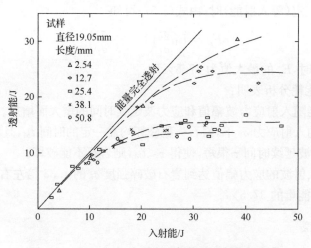

图 7-12　Tennessee 大理岩透射能随入射能的变化

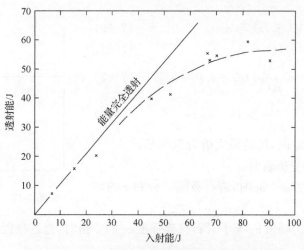

图 7-13　Charcoal 花岗岩透射能随入射能的变化

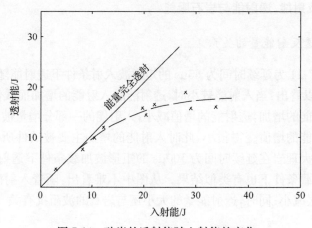

图 7-14　砂岩的透射能随入射能的变化

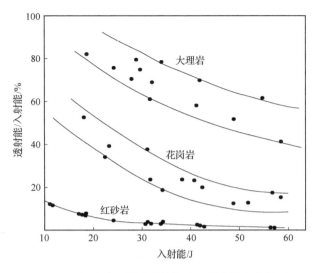

图 7-15　矩形波入射时透射能随入射能的变化关系

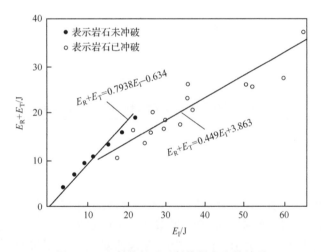

图 7-16　入射能与透反射能量之和的关系

图 7-16 为用 $\tau=100\mu s$ 的等径冲头进行矽卡岩冲击试验所得到的入射能 E_I 与透反射能量之和(E_R+E_T)的试验结果和回归曲线,对其他不同延续时间所对应的冲头和石灰岩也有类似结果[24]。从图上可以看出:无论入射能量是否引起岩石的破坏,其透反射能量之和总是随入射能的增大而增加,而一旦入射能量值超过了使岩石破碎所需的临界入射能量值,其反射与透射能量之和的增长率将急剧减小到 0.5 左右。这也表明,有近一半的冲击入射能以弹性波的形式反射回冲击机构和无用透射出去。

2. 入射能与岩石吸能的关系

图 7-17 为用 $\tau=100\mu s$ 等径冲头进行矽卡岩冲击试验所得到的单位体积岩石吸能 e_s 与入射能 E_I 间的关系散点图和回归曲线[24],对其他延时不同的冲头和石灰岩也有类似结果。从图中可以看出:随着入射能量的增加,单位体积岩石吸能增大,过大的入射能将

对应很大的岩石吸能,从而导致岩石的过粉碎;同时,岩石存在有一个岩石吸能近乎为零的临界入射能 E_{IC}。表 7-5 为根据矽卡岩回归分析结果所得到的岩石吸能近乎为零的临界入射能 E_{IC} 值和根据 E_{IC} 推算出的 σ_{IC}。所试验的石灰岩 $\tau=100\mu s$ 冲头下不同长径比 L/d 所对应的 E_{IC} 和 σ_{IC} 分别为:当 $L/d=1$ 时,$E_{IC}=4.627J$,$\sigma_{IC}=74.39MPa$;当 $L/d=1.5$ 时,$E_{IC}=4.574J$,$\sigma_{IC}=73.95MPa$。

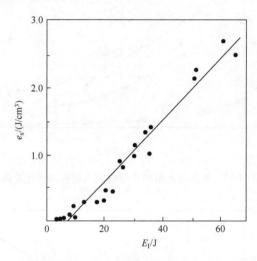

图 7-17　入射能与单位体积岩石吸能的关系($\tau=100\mu s$)

表 7-5　矽卡岩在不同应力波延续时间下的 E_{IC} 和 σ_{IC} 值

$\tau/\mu s$	50	100	150	200
E_{IC}/J	3.363	6.852	8.799	8.059
σ_{IC}/MPa	89.69	90.52	83.79	69.43

　　试验结果表明:长径比对 E_{IC} 及对应的 σ_{IC} 的影响很小,但在不同延续时间下回归得到的 E_{IC} 及 σ_{IC} 差值较大。因此,据此试验结果似乎很难确定岩石动力破碎过程中到底是需要一个临界的入射能还是应力值。因为产生 E_{IC} 及所对应的 σ_{IC} 的差异可能有如下两种原因:一是不同延续时间下的 E_{IC} 可能本身确实存在有差异;二是由于不同延时下的 E_{IC} 是根据回归曲线得到的。因此,这种 E_{IC} 与实际的 E_{IC} 可能存在有较大差值。有关这一点的客观事实究竟如何,有待深入研究。

7.3.3　不同延续时间下的岩石吸能试验结果

　　表 7-6 给出了用四种不同延续时间的等径冲头进行矽卡岩冲击试验时有代表性的几组试验数据[25]。根据试验结果进行回归分析后,可以得到单位体积岩石吸能随入射能变化的关系,即

$$e_s = \begin{cases} 0.0412E_I - 0.134, & r = 0.8372 \quad (\tau = 50\mu s) \\ 0.0456E_I - 0.313, & r = 0.9742 \quad (\tau = 100\mu s) \\ 0.0384E_I - 0.338, & r = 0.9336 \quad (\tau = 150\mu s) \\ 0.0390E_I - 0.314, & r = 0.9076 \quad (\tau = 200\mu s) \end{cases} \qquad (7\text{-}64)$$

式中,e_s 单位为 J/cm³;E_I 单位为 J。

表 7-6　矽卡岩能耗数据表

$\tau=50\mu s$			$\tau=100\mu s$			$\tau=150\mu s$			$\tau=200\mu s$		
E_I/J	E_s/J	e_s/(J/cm³)	E_I/J	E_s/J	e_s/(J/cm³)	E_I/J	E_s/J	e_s/(J/cm³)	E_I/J	E_s/J	e_s/(J/cm³)
2.918	0.158	0.013	4.713	0.271	0.021	9.048	1.49	0.121	14.55	1.69	0.137
8.629	1.73	0.142	16.82	3.83	0.322	21.43	4.44	0.363	24.05	5.49	0.443
13.90	3.62	0.296	33.89	15.31	1.31	27.83	9.27	0.763	19.01	7.78	0.612
15.90	8.44	0.69	25.31	9.81	0.825	32.34	10.73	0.843	23.65	8.70	0.71
21.68	6.35	0.536	50.82	25.78	2.179	37.28	10.74	0.864	35.68	13.51	1.16
28.13	14.41	1.215	65.54	29.02	2.483	52.14	24.26	1.95	45.63	17.46	1.491

注意到矩形波入射时,有

$$E_I = \frac{A_e}{\rho_e C_e}\sigma_I^2\tau = 8.34\sigma_I^2\tau \tag{7-65}$$

因此,式(7-65)用 σ_I 表示则为

$$e_s = \begin{cases} 17.3\times10^{-6}\sigma_I^2 - 0.139, & \tau=50\mu s \\ 38.2\times10^{-6}\sigma_I^2 - 0.313, & \tau=100\mu s \\ 48.2\times10^{-6}\sigma_I^2 - 0.338, & \tau=150\mu s \\ 65.2\times10^{-6}\sigma_I^2 - 0.314, & \tau=200\mu s \end{cases} \tag{7-66}$$

式中,σ_I 单位为 MPa;e_s 单位为 J/cm³。式(7-66)对应的关系曲线如图 7-18 所示。

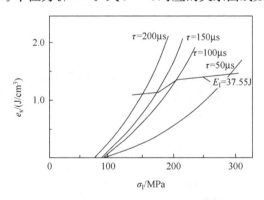

图 7-18　入射应力与单位体积岩石吸能的关系曲线

　　不同延续时间加载的试验分析结果表明:在等加载幅值下,随着延续时间的增大,岩石吸能增加。但无论何种幅值和延时,由表 7-6 可知,岩石吸能难于超过入射能的一半。同时,在等能量条件下,应力波延续时间短的应力脉冲对应的岩石吸能反而较大,如图 7-18 所示。这一试验结果也印证了 7.2 节的理论分析结果。因此,从能量利用和破岩效率的角度出发,笼统地认为重型长活塞比轻型短活塞好是欠妥的。幅值低延时长的波最好的传统观念至少应附加一些条件,否则将难于成立。

7.4 不同加载波形下岩石破碎的耗能规律

为考察不同加载波形下的岩石破碎实际效果,我们用六种不同结构形状的冲头对四种岩石在 SHPB 装置上进行了不同加载应力波形下的冲击试验,求得了不同加载条件下的岩石吸能规律和破碎效果。试验所采用的冲头结构如图 2-34 所示。每次冲击后的破碎效果采用如下方法描述:每次冲击后收集破碎岩块,然后用不同规格筛子(如 0.6mm、2.5mm、6mm、9mm、12mm)过筛,以求得每次冲击破碎岩块的粒度分布和平均粒度。平均粒度按下式求得

$$d_{\mathrm{m}} = \frac{\sum r_i d_i}{\sum r_i} \tag{7-67}$$

式中,d_i 为某种粒度的尺寸;r_i 为该尺寸粒度所占百分比。计算中,取小于 0.6mm 岩块的平均粒度为 0.03mm,大于 12mm 的取为 13.5mm,其余间隔内取中值。

7.4.1 岩石耗能与入射能的关系

图 7-19～图 7-21 分别给出了用六种冲头进行砂岩、花岗岩和大理岩冲击试验时,在入射能 E_1 为 10～70J 的条件下,单位体积岩石的吸能随入射能的变化规律,以及矩形波、似钟形波和指数衰减波所对应的回归分析结果[26]。从图中可见:无论采用何种加载波形,岩石的吸能值均随入射能的增大而近似直线地上升;似钟形波及矩形波加载时,岩石吸能值随入射能的增大而上升较快,指数衰减波加载时,则上升较慢。对于红砂岩,由于风化严重,强度较低,在其入射能量起始段就可以破碎,因而从起始加载能量(约为 20J)开始,其指数形波加载时的岩石吸能就低于似钟形波加载,随着入射能的增大,这种差异似乎更为明显,而矩形波和似钟形波在高入射能量则几乎趋于一致。花岗岩则不同,在其起始入射能阶段,无论采用前述的哪一种波形加载,吸能值的差异都不很明显。同时,在其试验范围内,矩形波和似钟形波的上升斜率及两者的吸能值均相差不大,但随着入射

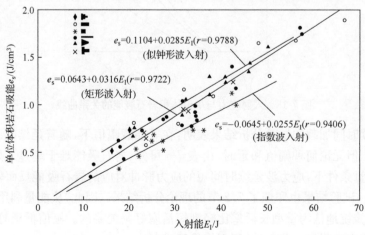

图 7-19　红砂岩在不同加载波形下岩石吸能 e_{s} 与入射能 E_1 的关系

能的增大,它们和指数形波的差异则越明显。对于大理岩,在低入射能量段,回归结果清楚地表明:指数波与矩形波和似钟形波均有一交点,当入射能大于此能量后,指数衰减波的能量吸收效果随入射能的增大而越来越比其他两种波差,而在此能量范围内,指数形波的岩石吸能效果反而优于其他两种波。产生这一现象的原因可能是:对高强度类岩石,在 20~30J 的入射能还不足以充分破碎岩石时,指数形波在等入射能条件下的应力峰值明显高于其他两种波。

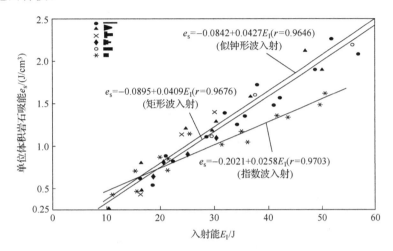

图 7-20　花岗岩在不同加载波形下单位体积岩石吸能 e_s 与入射能 E_I 的关系

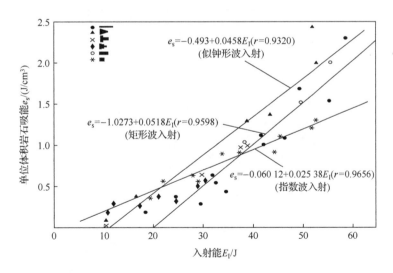

图 7-21　大理岩在不同加载波形下单位体积岩石吸能 e_s 与入射能 E_I 的关系

按试件长径比 $L/d=1.6$,$d=21$mm 计算,根据回归结果,对于砂岩,当入射能达到 50J 时,吸能效率最大的似钟形波也只有 35.7% 的入射能可以吸收,矩形波为 35.3%,指数形波为 28.2%;相应地,花岗岩则为 47.7%(似钟形波)、45.5%(矩形波)和 34.7%(指数形波);大理岩为 42.0%(似钟形波)、36.1%(矩形波)和 28.2%(指数形波)。由此可见,岩石吸能均没有达到入射能的一半。事实上,若根据冲击试件的实际入射能与岩石吸能值计算,则所有试验除了花岗岩中有四次的吸能率达到了入射能的 50%(最高为 52.2%)外,其余均未超过入射能的一半。

7.4.2　不同加载条件下的破碎程度

　　图 7-22～图 7-24 分别为花岗岩在矩形波、似钟形波和指数衰减波加载条件下用筛上累计所得到的粒度组成关系曲线[26]。这些曲线表明:随入射能的增大,破碎程度增加,粒度组成从粗粒比重为主向细而均靠近,其他岩石也有类似结果。图 7-25 和图 7-26 还给出

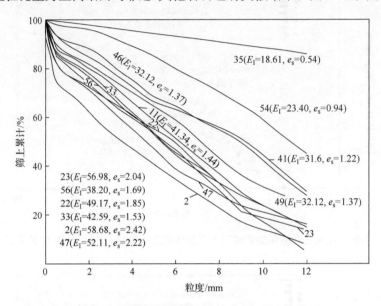

图 7-22　花岗岩在矩形波入射条件下用筛上累计表示的粒度组成关系

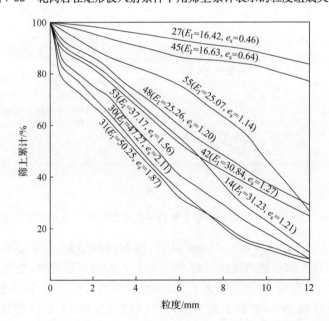

图 7-23　花岗岩在似钟形波入射条件下用筛上累计表示的粒度组成关系

了据此所得到的平均粒度与入射能及单位体积岩石吸能的关系曲线。这里更为清楚地表明：随入射能的增大,破碎粒度减小。从图 7-25 还可看出,波形的差异也能导致等入射能条件下的粒度差异,但如果用单位体积岩石的吸能值来衡量破碎程度或效果,则加载波形的影响明显减小。图 7-26 显示,平均粒度与单位体积岩石吸能的散点关系离散性较小,并近似遵循同一正比关系。这表明岩石吸能的多少能直接表征产生新表面积的大小。但当 e_s 增大到某一值时(对所试验的花岗岩,e_s 约为 $1.5\mathrm{J/cm^3}$),随单位体积岩石吸能的增加,粒度的减小程度明显减小。这可能有如下两个原因：其一是当单位体积岩石吸能很大

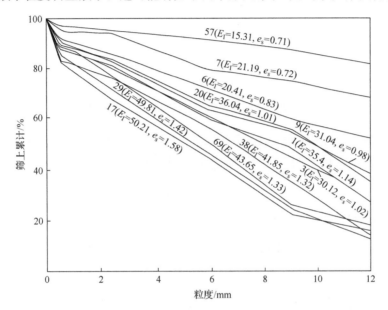

图 7-24　花岗岩在指数形波入射条件下用筛上累计表示的粒度组成关系

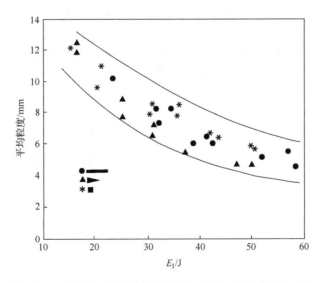

图 7-25　花岗岩在不同加载条件下入射能与平均粒度的关系

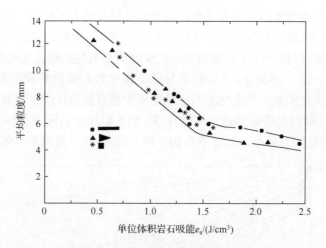

图 7-26　花岗岩的单位体积岩石吸能与平均粒度的关系

时,其破碎岩块的动能明显增大,因而相应地产生新表面积的表面能较小;其次是在此条件下,细粒粉末状岩块将明显增多,而本试验计算中,对于小于 0.6mm 的岩粒,仍用 0.3mm 计算,可能不妥。

7.4.3　实现合理破岩的应力波体系

1. 岩石动力破碎能耗规律总结

通过理论和试验,我们可以总结出如下规律。

(1) 等延续时间条件下不同应力波形加载岩样的试验结果表明:加载波形的差异能导致用于有效破岩的岩石吸能的较大差异。当入射能增加到能足够充分地破碎岩石时,等入射能条件下指数波形加载的岩石吸能值均低于矩形波和似钟波形加载。似钟形波加载的岩石吸能值最高。

(2) 无论何种加载波形,用 SPHB 法测定的单位体积岩石吸能与破碎后的岩块粒度关系的离散性均较小,并可近似地用统一的线性关系表示。岩石吸能的高低反映了破碎效果的好坏。因此,在表征不同加载条件下的动态破碎效果时,采用以 e_s 作为指标的这种应力波加载耗能试验是可行的。

(3) 由于岩石吸能率的大小不同,在等入射能条件下,不同加载波形造成的岩石破碎程度也存在明显差异。但无论何种加载波形,破碎程度均随入射能的增加而增大,而且粒度组成也从以粗粒为主向均匀细粒发展。

(4) 岩石吸能值随入射能的增大而增加,但最大的岩石吸能也难以超过入射能的一半。

2. 合理加载方式

冲击和爆炸破岩中,不同活塞形状和不同装药量及装药结构都会产生不同的加载应力波形。在冲击凿入系统研究方面,以 Fairhurst、徐小荷和 Lundberg 等为主要代表的一大批国内外研究者,就不同加载波条件下冲击凿入系统的能量传递效率等问题进行了大量的研究,明确了加载波形对能量传递效率的影响[23,30-34],并在 20 世纪 60 年代就从理论上求得了能量传递效率(传入岩石中的能量与入射能之比)等于 1 的最有利于能量传递的应力波形,但这种波幅随时间按指数规律上升的理想波形在实际中是很难获得的。通过不同活塞下的冲击凿入系统能量传递的对比,人们已经认识到:随时间缓和上升的入射波形比陡起的入射波形有较高的能量传递效率,指数衰减波的最优能量传递效率只有0.54,而等径冲头产生的矩形波在最优匹配条件下的能量传递效率高达 0.82。因此,就冲击凿入系统能量传递效率而言,人们已经形成了矩形波、似钟形波加载明显优于指数衰减形波的观念。

　　但能量传递效率的高低只反映了进入岩石能量与入射能量间的相对比值,传入岩石中的能量一部分还会以弹性波的形式无用耗散,这部分能量的多少无疑也和加载的入射波形有关。因此,进入岩石的能量如何分配、有多大比例用于岩石有效破碎,哪种波形最有利于岩石有效破碎,也一直为人们所关注。通过前面有关不同加载波下岩石耗能规律、破碎效果等的分析与总结,已经得出:在岩石中,矩形波和似钟形波加载明显优于指数衰减波。因此,最有利于能量传递和最有利于岩石有效破碎的应力波形是相吻合的。

　　20 世纪 80 年代发展起来的液压冲击式钻机,由于油压高,活塞能做成小台阶细而长、直径逼近钻具直径的形状,产生的应力波形接近为矩形,如图 7-27 所示[35]。这种加载入射波形的改变也正是导致液压钻机比气动冲击式钻机工作效率高很多的主要原因之一。现代风动凿岩机,如 Atlas-Copco 公司在 80 年代中后期推出的 Cop900 型凿岩机,其活塞形状也在试图朝细长等径方面努力[36]。但对目前在岩土工程中广泛使用的气动冲击加载类机械,如气动冲击式钻机、气动打桩机,由于受机器结构和动力源等的限制,其冲头一般为阶梯状大断面活塞。这种活塞撞击杆件产生的应力波形显然是不适用于岩土类介质的。为提高这类机械的能量利用率,我们曾提出了新型节能冲击加载机构与合理压头形式的设想[37,38]。对于主要靠自重下降的气动打桩类机械及在有条件实现阶梯状锥形活塞往复运动的气动冲击式钻眼机械,建议改以往的阶梯形活塞为阶梯状锥形活塞。对于现行的气动冲击式钻眼机械,在不改变已有配气机构等的条件下,可改现行的均一钎

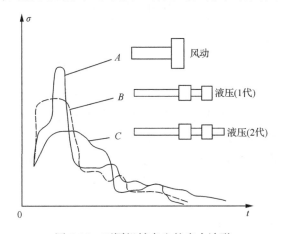

图 7-27　不同机械产生的应力波形

杆为在靠撞击端端部带一锥形应力波调节器式钎杆,这种改进只需将其钎尾套稍作改动。这些改进,由于改善了加载入射应力波形,不但提高了系统的能量传递效率,同时也有利于岩石破碎,因而有望较大程度地提高系统的能量利用率。特别是带有一台阶的锥形活塞,由于冲击杆件的应力波形具有初始段就随时间上升的特点,较为趋同于似钟形波,同时分析计算表明:这种加载系统在最优能量传递效率条件下对应的凿入系数值较小,且又可以实现活塞的往复与提升,因而是一种很有前途的冲击加载活塞。

7.5　动静组合载荷下岩石破坏的耗能规律

处于弹性压缩状态的深部高应力岩体实际上是一个储能体,岩体内部由于高应力的压缩变形而储存有弹性能,弹性储能的大小显然和地应力水平及其岩石的硬度(弹性模量)有关。深部岩体的开挖将近区的岩石破碎。岩石破碎过程中一部分能量来自外部扰动,而岩体本身的内部储能也将参与岩石损伤破裂过程,特别是高应力岩体产生的岩爆,更是在岩石损伤破裂消耗能量基础上的岩体本身内部储能的释放。因此,很有必要了解高应力岩体在动力扰动下的能耗特征。

7.5.1　动静组合载荷下岩石能量计算与释能规律

在动静载荷组合加载的条件下,试件加载可分为两个阶段:第一阶段,试件先受到围压和轴向静压作用而发生变形,并将部分外力做的功转化为变形能保存起来,且有可能发生内部损伤而消耗部分能量;第二阶段,试件受到冲击和第一阶段的静压联合作用。在应力波传播过程中,原先的静应力和冲击应力耦合,一起作用于试件,对试件做功并使其破坏,并有一些能量以反射波和透射波形式无用耗散(以声发射和电磁辐射等形式消耗的能量忽略)。当围压为 0 时,还有一小部分能量以动能的形式使试件碎片弹射出去;而当围压不为 0 时,也有极小部分能量使试件横向扩容对外界做功。

在第一阶段三维加载条件下,试件内部保存的应变能密度 w_s 为

$$w_s = \int \sigma_1 \mathrm{d}\varepsilon_1 + 2\int \sigma_3 \mathrm{d}\varepsilon_3 \tag{7-68}$$

静应力加载下的应变能 w_s 可以看成是有常规三轴压缩全应力-应变曲线与应变轴形成的封闭区间的面积,即 $w_s = \int_0^\varepsilon \sigma(t) \mathrm{d}\varepsilon(t)$,这可以通过常规三轴试验来确定。

在第二阶段,当试件受到冲击载荷作用后,输入杆和输出杆受一维动静组合载荷作用,服从一维应力波理论。因此,试件在动静载荷同时作用下,应力波的入射能 E_I、反射能 E_R 和透射能 E_T 分别如公式(1-26)所示。

首先分析一维动静组合载荷下岩石能耗的规律。假设总的输入能量为

$$E_{\text{in-total}} = V_s w_s + E_I \tag{7-69}$$

式中,V_s 为试件体积。

无用耗散或对外做功的总能量为

$$E_{\text{out-total}} = E_R + E_T + E_d \tag{7-70}$$

式中，E_d 为轴向静压下岩石试件受到轴向冲击载荷而发生破坏时，试件碎片弹射出去的以动能形式带走的部分能量。

试件碎片弹射动能为[39]

$$E_d = \eta' U_e V_s \tag{7-71}$$

式中，η' 为弹性应变能转化为动能的比例系数；U_e 为单位体积岩石的弹性应变能；ρ 为岩石密度。

试件总吸收能为

$$E_s = E_{\text{in-total}} - E_{\text{out-total}} \tag{7-72}$$

当试件在一维动静组合载荷下破坏时，则试件总吸收能为

$$E_s = V_s \int \sigma_1 \mathrm{d}\varepsilon_1 + \frac{A_e C_e}{E_e} \int_0^\tau \sigma_I^2(t)\mathrm{d}t - \frac{A_e C_e}{E_e} \int_0^\tau \sigma_R^2(t)\mathrm{d}t - \frac{A_e C_e}{E_e} \int_0^\tau \sigma_T^2(t)\mathrm{d}t - E_d \tag{7-73}$$

从式(7-73)可知，试件总吸收能不仅与冲击载荷相关，还与初始状态(轴向静压)相关；而且在冲击载荷不改变的条件下，试件总吸收能 E_s 随着轴向静压增大而增大，但当静压增大到一定值后，由于静压导致的岩体内部的损伤加大，在一定冲击载荷即一定入射能下，对应的反射能和透射能之和又会增大，从而又会影响岩石吸能变化。当初始状态不变时，试件总吸收能 E_s 随着冲击载荷增大而增大。当轴向静压为 0 时，式(7-72)简化为常规冲击条件下能量吸收计算公式。

一维动静组合载荷下岩石应变能密度为

$$U = \frac{V_s \int \sigma_1 \mathrm{d}\varepsilon_1 + \dfrac{A_e C_e}{E_e} \int_0^\tau \sigma_I^2(t)\mathrm{d}t - \dfrac{A_e C_e}{E_e} \int_0^\tau \sigma_R^2(t)\mathrm{d}t - \dfrac{A_e C_e}{E_e} \int_0^\tau \sigma_T^2(t)\mathrm{d}t - E_d}{V_s}$$

$$= \int \sigma_1 \mathrm{d}\varepsilon_1 + \frac{A_e C_e}{V_s E_e} \int_0^\tau \sigma_I^2(t)\mathrm{d}t - \frac{A_e C_e}{V_s E_e} \int_0^\tau \sigma_R^2(t)\mathrm{d}t - \frac{A_e C_e}{V_s E_e} \int_0^\tau \sigma_T^2(t)\mathrm{d}t - \eta U_e \tag{7-74}$$

若是等杆径冲击，则

$$A_e = A_s$$

故

$$U = \int \sigma_1 \mathrm{d}\varepsilon_1 + \frac{C_e}{L_s E_e} \int_0^\tau \sigma_I^2(t)\mathrm{d}t - \frac{C_e}{L_s E_e} \int_0^\tau \sigma_R^2(t)\mathrm{d}t - \frac{C_e}{L_s E_e} \int_0^\tau \sigma_T^2(t)\mathrm{d}t - \eta U_e \tag{7-75}$$

在采用 SHPB 装置测量组合加载下的岩石吸能时，仍常按式(1-25)计算，即计算在不同的静压下给定冲击能量时岩石吸收能量的值。由于输入能量没有加入静压力在试件中储存的弹性应变能，因此，当吸收能为负值时，表示试件本身会释放出部分弹性应变能。这时，试件碎片弹射出去的能量来自于试件本身内部弹性能，这种破坏类似于现场岩爆发生时的碎片迸射。图 7-28 为不同轴压下采用相同的冲击入射波对岩石进行冲击得到岩石吸能规律[40]。

从图 7-28 可知，在冲击载荷峰值固定 200MPa 不变的情况下，即入射能一定时，随着轴向静压逐渐增大，岩石试件破坏过程中对冲击能量的吸收逐渐降低。当轴向静压为 81MPa(大约为岩石单轴抗压强度的 80%)时，岩石试件破坏过程中对冲击能量的吸收值变为负值，表示其不吸收能量，反而要释放出本身储藏的应变能。

岩石试件在三维静压作用下受到轴向冲击载荷而发生破坏时，围压不为 0，试件横向

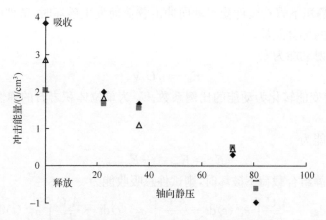

图 7-28　一维动静组合载荷下试件吸收的冲击能量随轴向静压的变化关系

扩容对外界做功。试件横向扩容对外界做功为

$$E_c = 2V_s \int \sigma_3 \, \mathrm{d}\varepsilon_3 \tag{7-76}$$

因此,当试件在三维动静组合载荷下破坏时,则试件总吸收能为

$$E_s = V_s \int \sigma_1 \, \mathrm{d}\varepsilon_1 + 2V_s \int \sigma_3 \, \mathrm{d}\varepsilon_3 + \frac{A_e C_e}{E_e} \int_0^\tau \sigma_I^2(t) \, \mathrm{d}t$$

$$- \frac{A_e C_e}{E_e} \int_0^\tau \sigma_R^2(t) \, \mathrm{d}t - \frac{A_e C_e}{E_e} \int_0^\tau \sigma_T^2(t) \, \mathrm{d}t - 2V_s \int \sigma_3 \, \mathrm{d}\varepsilon_3 \tag{7-77}$$

从式(7-77)知,试件总吸收能不仅与冲击载荷相关,还与初始状态(轴向静压和围压)相关。当轴向静压和围压都为 0 时,式(7-77)简化为常规冲击条件下能量吸收计算公式;当围压为 0 时,式(7-77)可表达单轴动静组合载荷下试件破坏吸收能量的计算公式(当忽略试件碎片的弹射能时)。

三维动静组合载荷下岩石应变能密度为

$$U = \frac{E_s}{V_s} = \int \sigma_1 \, \mathrm{d}\varepsilon_1 + 2 \int \sigma_3 \, \mathrm{d}\varepsilon_3 + \frac{A_e C_e}{V_s E_e} \int_0^\tau \sigma_I^2(t) \, \mathrm{d}t$$

$$- \frac{A_e C_e}{V_s E_e} \int_0^\tau \sigma_R^2(t) \, \mathrm{d}t - \frac{A_e C_e}{V_s E_e} \int_0^\tau \sigma_T^2(t) \, \mathrm{d}t - 2 \int \sigma_3 \, \mathrm{d}\varepsilon_3 \tag{7-78}$$

围压分别为 2MPa、4MPa、6MPa 和 8MPa 配以不同水平轴向静压的 SHPB 试验结果如图 7-29 所示[40]。从图中可以看出,在围压固定不变的条件下,随着轴向静压增加,砂岩试件破坏的能耗密度逐渐降低,并可以变为负值;轴向静压再进一步加大,负值逐渐接近 0,但始终在 0 以下。以围压为 6MPa 为例,轴向静压分为 7 个水平,分别为 22.5MPa、36MPa、72MPa、81MPa、90MPa、103.5MPa、112.5MPa,分别占围压为 6MPa 时的常规三轴抗压强度的 18.8%、30.2%、60.3%、67.8%、75.4%、86.7%和 94.2%。当轴向静压从 22.5MPa 增大到 81MPa 时,砂岩试件破坏的能耗密度一直在降低;在 81~90MPa,能耗密度成为负值,并且负值在减小,这说明试件不吸收能量,反而释放出能量,其释放的能量来自于三轴静载荷提供给试件的并储存在试件内部的体积应变能;轴向静压从 90MPa 继续增大至 112.5MPa,释放的能量逐渐减少,但一直是负值,这说明在冲击过程中试件释放的弹性应变能逐渐减少。这是因为当轴向静压进一步增大,试件内部形成较大的裂隙,试件被分割成几部分沿着裂隙面移动,从而提前消耗了一部分体积应变能。因此,冲击过程中,试件释放的能量减少。图 7-29 显示,在 6MPa 围压下,轴向静压为 90MPa,即对应常规三轴抗压强度的 75.4％时,试件释放的能量最多;当围压为 2MPa 时,试件在轴向静压为 81MPa,即对应常规三轴抗压强度的 78.8％时,试件释放的能量最多。同样的,当围压分别为 4MPa 和 8MPa 时,轴向静压对应分别为 81MPa(73.3％) 和 103.5MPa(77.5％),释放的能量最多。由此可见,当试件受到三轴静载荷和轴向冲击载荷时,轴向静压为对应围压的常规三轴抗压强度的 70％～80％时,试件破坏过程中释放的能量最多。

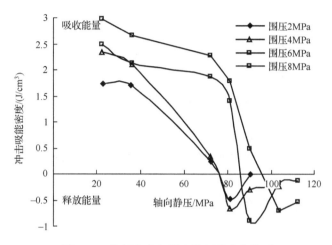

图 7-29　能耗密度与轴向静压的变化关系

7.5.2　三维组合加卸载下的岩石能量吸收规律

深部岩石在开挖过程中,实际上经历了从三维受力状态经开挖卸压,再到后续开挖过程中承受动力扰动的几个阶段,属于三维组合加卸压后冲击加载的岩石受力状态。为了了解该受力状态下岩石内部的能量吸收规律,我们先对试件进行固定围压,再将轴向静载荷加载到其对应常规三轴抗压强度的 90％左右,然后分别卸载到各个水平,再进行冲击,相关试验结果如图 7-30 所示[40]。

从图中可以看到,经过卸载后的试件对冲击能量的能耗密度随轴向静压增大一般都降低,且都为正值。这说明试件经过加卸载后,试件内部已经形成较大的裂纹,不能储备足够的能量破坏自身,必须从外界吸收能量才能破坏,并且吸收的能量在减少。而在相同围压下,纯加载条件下和加卸载条件下能耗密度与轴向静压的关系曲线有一相交点。围压为 2MPa、4MPa、6MPa、8MPa 时,对应交点的轴向静压分别为 45MPa、64MPa、72MPa 和 81MPa 左右,分别对应其抗压强度的 43.8％、57.9％、68.7％和 60.7％。除了 43.8％外,其余 3 个交点对应的轴向静压基本在其对应的损伤范围内。由此可见,在弹性范围内,纯加载条件下岩石试件对冲击能的耗散比有加卸载条件下的多,而在损伤范围内要少。分析其原因,相同围压下弹性范围内,加载条件下试件相比加卸载条件下的试件内部

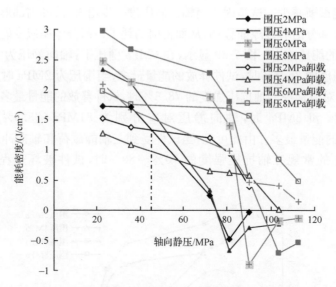

图 7-30 不同条件下能耗密度与轴向静压的变化关系

裂纹少,损伤程度低,因此破坏时加载条件下试件需要外界能量多;当进入损伤范围内,加卸载下岩石试件损伤严重,不能将外界能量较多地储存在试件内部,因此破坏时还需要吸收外界能量。加载下岩石试件内部储存的应变能随轴向静压增大而增加,在峰值点几乎达到最大,此时只需要一点外界能量破坏试件的稳定,岩石试件即可自行破坏,并释放出储存的应变能。

7.5.3 围压卸载对岩石吸收能量的影响

岩石开挖破坏了岩体原始的应力平衡状态,使原来处于三向受力状态的围岩向单向或双向临空面卸载转变,原始应力部分卸载并重新分布,显然卸载速度的快慢会影响岩石的动力响应。人们在实际工程中也发现,不同的开挖卸载方式会导致不同的工程现象出现。例如,秦岭特长隧道Ⅰ、Ⅱ线分别用 TBM 和钻爆法掘进期间的岩爆实录表明,地质条件相同时,采用 TBM 施工的隧道可能不发生岩爆,而用钻爆法施工的隧道就可能发生岩爆,这种现象发生的原因被认为是爆破产生的动力扰动和开挖卸载速度的共同影响[41]。

为了了解三维受力状态的岩石在不同围压卸载速度下对岩石吸收能量的影响,利用带围压装置的测试系统对砂岩在围压为 40MPa 时以不同卸载速度卸载至 0MPa,再以相同能量冲击加载砂岩,分析不同围压卸载速度对冲击加载下砂岩破碎过程中的能量消耗规律的影响,试验结果如图 7-31 所示[42]。

试验过程中轴向静压保持 81MPa 及冲击能量固定不变,由图 7-31 可以看出砂岩能耗密度的变化特性:①与无围压加卸载的单轴动静组合冲击试验结果相比,围压卸载历程导致砂岩能耗密度明显降低;②当卸载速度在 10MPa/s 范围内变化时,砂岩试件能耗密度随卸载速度的增大不断降低;③围压卸载速度为 200MPa/s 时,其能耗密度出现明显提高,这与动态抗压强度变化趋势相似。

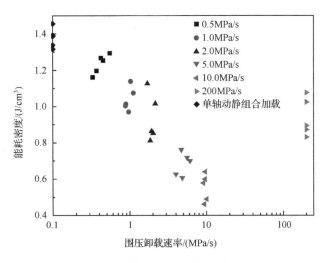

图 7-31 围压卸载速率对砂岩能耗密度的影响

在动静组合冲击试验中,由于轴向静压的作用,使试件本身储存一定的体积应变能,借助外部扰动,当原先应力平衡被打破时,所存储的体积应变能得以释放,有助于岩石试件在较少的能量消耗下破坏。因此,由围压卸载速度的适当增加,可引起岩石试件冲击破碎时外部能量消耗的降低,这将有助于利用较小外部扰动破碎岩石。

此外,我们还进行了不同系列的温压耦合与动力扰动下岩石耗能试验[43]。研究结果表明,温度的增加有利于能量的吸收,因而有利于岩石碎裂。因此,热力破岩和微波破岩就有了依据。

参 考 文 献

[1] 徐小荷,余静. 岩石破碎学. 北京:煤炭工业出版社,1984

[2] Haimson B C, Fairhurst C. Some bite-penetration characteristics in pink tennessee marble. Dynamic Rock Mechanics. Baltimore:PortCity Press,1970:547-559

[3] Goldsmith W,Wu W Z. Response of rock to impact loading by bars with pointed ends. Rock Mechanics, 1987, 13:157-184

[4] Kabo M,Goldsmith W,Sackman J L. Impact and comminution processes of soft and hard rock. Rock Mechanics. 1977,9: 213-243

[5] Kumano A,Goldsmith W. An analytical and experimental investigation of the effect of impact on coarse granular rocks. Rock Mechanics,1982,15:67-97

[6] Kumano A,Goldsmith W. Projectile impact on soft,porous rock. Rock Mechanics,1982,15:113-132

[7] Rogers C O,Pang S S,Kumano A, et al. Response of dry and liquid filled porous rocks to static and dynamic loading by variously shaped projectiles. Rock Mechanics and Rock Engineering, 1986,19: 235-260

[8] Kumano A,Goldsmith W. An analytical and experimental investigation of the effect of impact on coarse granular rocks. Rock Mechanics,1982,15:67-97

[9] Li X, Lok T S,Summers D A,et al. Stress and energy reflection from impact on rocks using different indenters. Geotechnical and Geological Engineering, 2001,19(2): 119-136

[10] Lu G,Li X B,Wang K J. A numerical study on the damage of projectile impact on concrete targets. Computer and Concrete, 2012,9(1): 21-33

[11] 南京工学院数学教研组. 积分变换. 第二版. 北京:高等教育出版社,1989

[12] 李夕兵,古德生. 岩石在不同加载波条件下能量耗散的理论探讨. 爆炸与冲击,1994,14(2):129-140

[13] Shockey D A,Curran D R, Seaman L,et al. Fragmentation of rock under dynamic loads. International Journal of Rock Mechanics and Mining Science & Geomechanic Abstracts,1974,11:303-317

[14] 劳恩 B R,威尔肖 T R. 脆性固体断裂力学. 陈寮,尹祥础译. 北京:地震出版社,1985

[15] 高庆. 工程断裂力学. 重庆:重庆大学出版社,1986

[16] Li X B,Lok T S,Zhao J. Dynamic characteristics of granite subjected to intermediate loading rate. Rock Mechanics and Rock Engineering,2005,38(1):21-39

[17] 胡柳青,李夕兵,赵伏军. 冲击荷载作用下岩石破裂损伤的耗能规律. 岩石力学与工程学报,2002,21(S2):2304-2308

[18] 李夕兵,胡柳青,龚声武. 冲击载荷作用下裂纹动态响应的数值模拟. 爆炸与冲击,2006,26(3):214-221

[19] 金解放,李夕兵,王观石,等. 循环冲击载荷作用下砂岩破坏模式及其机理. 中南大学学报(自然科学版),2012,43(4):1453-1461

[20] 瑞克. 粘弹性介质中的地震波. 许云译. 北京:地质出版社,1981:129-143

[21] Grady D E,Kipp M E. Continuum modelling of explosive fracture in oil shale. International Journal of Rock Mechanics and Mining Science & Geomechanic Abstracts,1980, 17:147-157

[22] Miller M H. The effect of stress wave duration on brittle fracture. International Journal of Rock Mechanics and Mining Science & Geomechanic Abstracts,1966,3:191-203

[23] Forrestal M J,Grady D E,Schuler K W. An experimental method to estimate the dynamic fracture strength of oil shale in the 10^3 to 10^4 s^{-1} strain rate regime. International Journal of Rock Mechanics and Mining Science & Geomechanic Abstracts,1978,15:263-265

[24] 李夕兵,赖海辉,朱成忠. 冲击载荷下岩石破碎能耗及其力学性能的探讨. 矿冶工程,1988,8(1):15-19

[25] 李夕兵,赖海辉. 论应力波幅值和延续时间对破岩效果的影响. 中南矿冶学院学报,1989,20(6):595-604

[26] Li X B,Lai H H,Gu D S. Energy absorption of rock fragmentation under impulsive loads with different waveforms. Transactions of Nonferrous Metals Society of China, 1993,3(1):1-5

[27] Hakailehto K O. The behaviour of rock under impulse loads—A study using the Hopkinson split bar method [Ph. D. Thesis]. Otaniemi-Helsinki:Technical University. Acta Polytechnica Scandinanca, 1969,81:1-61

[28] Lundberg B. A split Hopkinson bar study of energy absorption in dynamic rock fragmentation. International Journal of Rock Mechanics and Mining Science & Geomechanic Abstracts, 1976, 13:187-197

[29] Fairhurst C. The general report. Proceeding of the Second Congress of the ISRM, Beograd,1976,4:414-422

[30] 徐小荷. 冲击凿岩的理论基础与电算方法. 沈阳:东北工学院出版社,1986

[31] Lundberg B. Some basic problems in percussive rock destruction [Ph. D. Thesis]. Gothenburg:Chalmers University of Technology, 1971

[32] Hustrulid W A,Fairhurst C. A theoretical and experimental study of the percussive drilling of rock(Part Ⅰ,Ⅱ,Ⅲ,Ⅳ). International Journal of Rock Mechanics and Mining Science,1971, 8:311-326, 335-356; 1972,9: 417-429,431-449

[33] Ranman K E. Rock fragmentation by cutting, ripping and impacts—some theoretical and experimental studies. [Ph. D. Thesis]. Sweden:Lulea University of Technology, 1986

[34] Nordlund E. Impact mechanics of friction joints and percussive rock drills [Ph. D. Thesis]. Sweden:Lulea University of Technology,1986

[35] 冶金部长沙矿山研究院,长沙矿冶研究所. 国外液压凿岩机图册,1976:57

[36] 扎布洛基. 地下采矿的现代凿岩爆破技术(一). 国外金属矿山,1990,9:47-52

[37] 李夕兵. 一种新型节能冲击加载传力机构. 中南矿冶学院学报,1993,24(3):302-305

[38] Li X B, Summers D A, Rupert G. Stress and energy reflection from impact on rocks using different indenters. Geotechnical and Geological Engineering,2001,19(2): 119-136

[39] Zuo Y J, Li X B, Zhou Z L. Determination of ejection velocity of rock fragments during rock burst in consideration of damage. Journal of Central South University of Technology, 2005, 12(5):618-622

[40] 叶洲元,李夕兵,万国香,等,受三维静载压缩岩石对冲击能的吸收效应.爆炸与冲击,2009,29(4):419-424

[41] 徐则民,黄润秋,罗杏春,等.静荷载理论在岩爆研究中的局限性及岩爆岩石动力学机理的初步分析.岩石力学与工程学报,2003,22(8):1255-1262

[42] 殷志强,李夕兵,金解放,等.围压卸载速度对岩石动力强度与破碎特性的影响.岩土工程学报,2011,33(8):1296-1301

[43] 尹士兵,李夕兵,叶洲元,等.温-压耦合及动力扰动下的岩石破碎的能量耗散.岩石力学与工程学报,2013,32(6):1197-1202

第8章　动静载荷耦合作用下岩石破碎特征

国内外广泛用于破岩工程作业中的机械有冲击破岩机械、切削破岩机械和冲击-切削破岩机械。长期以来,国内外开展的机械破岩理论研究主要表现在压头静力侵入破碎、冲击破碎和切削破碎三个方面,所进行的各种破岩试验及与破碎相关的岩石指标测试均是通过在各类压力试验机及冲击、切削试验台上进行的压头侵入岩石试验、落锤冲击试验和霍普金森(SHPB)装置试验来完成的[1-8]。事实上,不论是在矿山广泛使用的冲击式凿岩机、牙轮钻机,还是用于交通、市政工程的掘进机及各类辅以高压水射流等机械的破岩[9],其岩石均是在轴向静压力与动载荷耦合作用下破坏的。近年来发展起来的旋挖钻机,更是受动静耦合加载诱导岩石破碎这一学术思想指导下的具体体现[10]。本章将重点介绍利用自行研制的多功能岩石破碎试验台进行岩石动静载荷耦合作用破岩的研究结果[11-17]。

8.1　动静载荷耦合作用下破岩理论分析

改变动静荷载参数,将影响压头下岩石的损伤与裂隙扩展,最终影响岩石破碎坑的体积大小。这里我们将对压头在不同动静载荷下的岩石破碎行为以及破碎坑体积大小进行理论分析,以便了解其不同载荷类型对岩石破碎的贡献。

8.1.1　动静载荷耦合破岩特性曲线分析

将典型的硬脆性岩石在动静耦合载荷作用下的载荷-侵深曲线简化成如图 8-1 所示的形式。图中实线表示预加静压作用的载荷-侵深关系,虚线表示冲击作用的载荷-侵深关系。将上述折线用数学式来分析静压+冲击耦合破碎岩石的载荷-侵深,曲线的斜率为

$$K_j = (F_{j+1} - F_j)/(h_{j+1} - h_j) \quad (8\text{-}1)$$

式中,F_j 为 $(j, j+1)$ 载荷-侵深段 j 端的载荷;F_{j+1} 为 $(j, j+1)$ 载荷-侵深段 $j+1$ 端的载荷;h_j 为 $(j, j+1)$ 载荷-侵深段 j 端的侵入深度;h_{j+1} 为 $(j, j+1)$ 载荷-侵深段 $j+1$ 端的侵入深度。

正斜率($K_j > 0$)表示岩石发生弹性变形和岩石破碎,负斜率($K_j < 0$)表示岩屑的形成以及压碎压实体。如果刀具上的静载荷由零增加到 F_5,那么曲线到达点 (F_5, h_5),中间产生两次体积破碎;如果卸载,则岩石发生弹

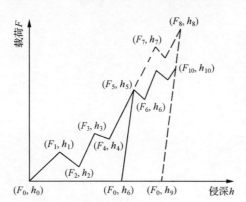

图 8-1　动静耦合作用载荷-侵深曲线

性膨胀,侵深变小,卸载曲线到达点(F_0,h_6);如果这时保持静压不变,并且加上冲击载荷时,曲线则由点(F_5,h_5)到达点(F_8,h_8)位置,侵深随之继续增加,折线所围成的面积增加,表明所消耗的能量增加;如果停止加载,那么将沿着平行于第一条卸载曲线的路径卸载,到达点(F_0,h_9)。很显然,在静压基础上加上冲击能,可增加岩石的破碎深度和体积。如果要使破碎岩石体积最大,而破岩能量消耗少,则要根据岩石的破碎过程进行适时加载。由图 8-1 可直观地看出,加载点确定在静载处于卸载(曲线呈负斜率)时加冲击载荷,对比静载处于加载段(曲线呈正斜率)时加冲击载荷,前者 F-h 曲线所围成的面积比后者要小。如果在发生大体积破碎时(曲线处于加载高峰点)加载,所加冲击能一部分将用于继续破碎静压作用下产生的岩石,余下的能量才用于增加侵深和体积。这种加载方式显然要多耗散破碎能量,是不合理的。因此,动、静载荷耦合作用的加载点(动载的施加点)应是在岩石已发生体积破碎、岩屑已崩出、压实体又得到充分压实之后,即载荷-侵深曲线处于负斜率$(K_j<0)$段。最佳加载点为图中的点(F_2,h_2)、点(F_4,h_4)或点(F_6,h_6)。

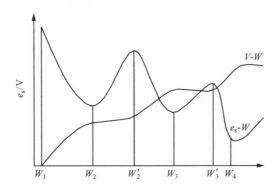

图 8-2　破碎体积 V、比能 e_s 与冲击能 W 的关系

以破碎体积和比能(破碎单位体积岩石所消耗的能量)来度量动静态耦合破岩的效果。由图 8-2 可知,破岩比能(e_s)-能量(W)、破岩体积(V)-能量(W)的关系和载荷(F)-侵深(h)关系一样,同样也具有跃进式特点。随着静压和冲击总能量 W 的逐渐增加,岩石破碎体积呈不均匀增加。在开始加载段,由静载荷形成第一破碎形态$(W_1-W_2$ 段),破碎体积显著增加,破岩比能 e_s 大幅度下降;继续将静压能量从 W_2 增加到 W_2',破岩体积没有明显增加,所以这个阶段破岩比能逐渐上升;在此之后,当加上冲击载荷时,这时破碎总能量$W>W_2'$,破碎体积又增长,其比能也下降;这种增长到了 W_3-W_3' 段,岩石破碎体积又趋于稳定,破岩比能又随之增长;过了 W_3' 之后,体积又开始增长,破岩比能又开始下降,如此周期性地重复着。动、静组合压入破碎岩石的比能,由于破碎体积不均匀地变化,因而比能曲线有最大值和最小值。从总体上看,随着所加能量 W 的增加,动静载破碎岩石的比能有减小的趋势。比能曲线上的第一个最小值与形成第一体积破碎形态相对应;第二个最小值与形成第二体积破碎形态相对应。在破碎形态变化过程中,有些段虽然动静态总能量增加,但破碎体积基本不变,所以单位体积破碎功出现最大值。由此得到,不论是单一动载还是单一静载或者是动静耦合压入岩石时,不同的破碎形态具有不同的岩石破碎比能,其共同的特点是跳跃式地逐渐减小,并且单一动载破碎的比能比静载的要高。

8.1.2 动、静载荷耦合作用的力学分析

首先,将冲击破岩模型的凿入力视为岩石的集中力,研究在冲击作用下的外载形式。众所周知,冲击破岩时,冲锤撞击钎尾产生的入射波沿钎具传播至钎头-岩石界面时便形成反射波和透射波,如图 8-3 所示。这里的 F 就是由入射波 P 和反射波 P' 形成的、钎头凿入岩石的集中力或震源。F 的大小应满足凿入方程。

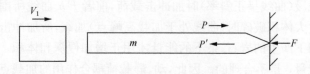

图 8-3　刀头凿入力分析

设冲锤质量为 M,撞击末速率为 V_I,钎具的波阻抗为 m,t 时刻在钎具中产生的入射波 $P(t)$ 的波形会因冲锤形状不同和撞击面接触条件的不同而不同。令 $P'(t)$ 为钎头-岩石界面的反射波,则有凿入微分方程[2]

$$\frac{\mathrm{d}F}{\mathrm{d}t} + \frac{K}{m}F = \frac{2K}{m}P(t) \tag{8-2}$$

对于质量为 M 的刚体撞击,在不考虑撞击面的局部变形条件下,有入射波 $P(t) = mV_I\mathrm{e}^{-\frac{m}{M}t}$,若钻头上施加静压力 P_0,则在 $t=0$ 时,$P=P_0$。将上述条件代入式(8-2)并解之得

$$F = 2\frac{\mathrm{e}^{-\frac{m}{M}t} - \mathrm{e}^{-\frac{K}{m}t}}{1-\gamma}mV_I + P_0\mathrm{e}^{-\frac{K}{m}t} \tag{8-3}$$

式中,V_I 为冲击末速率;m 为钻头的平均波阻抗;M 为冲锤质量;K 为凿入系数;γ 为撞击凿入指数,$\gamma = m^2/(MK)$,为无量纲量。

将式(8-3)微分,令 $\mathrm{d}F/\mathrm{d}t=0$,得

$$t = \frac{\ln\left(\frac{1}{\gamma} - \frac{(1-\gamma)P_0}{2V_I\gamma m}\right)}{\frac{K}{m} - \frac{m}{M}} \tag{8-4}$$

将式(8-4)代入式(8-3),可得最大凿入力 F_m 为

$$F_m = 2mV_I\gamma^{\frac{\gamma}{1-\gamma}}\left[1 - \frac{(1-\gamma)P_0}{2mV_I}\right]^{\frac{\gamma}{1-\gamma}} \tag{8-5}$$

若为纯冲击破岩时,即把 $P_0=0$ 代入式(8-5),则最大凿入力 F_{m0} 为

$$F_{m0} = 2mV_I\gamma^{\frac{\gamma}{1-\gamma}} \tag{8-6}$$

比较式(8-5)和式(8-6),则有

$$\frac{F_m}{F_{m0}} = \left[1 - \frac{(1-\gamma)P_0}{2mV_I}\right]^{\frac{\gamma}{\gamma-1}} \tag{8-7}$$

当 $\gamma>1$ 时,式(8-7)中中括号内为大于 1 的数,$\gamma/(\gamma-1)$ 大于 1,则 $F_m/F_{m0}>1$;当 $\gamma<1$ 时,式(8-7)中中括号内为小于 1 的数,$\gamma/(\gamma-1)$ 为负数,则 $F_m/F_{m0}>1$。F_m 总大于

F_{m0}。因此,随着静压力 P_0 增大,凿入力 F 的最大值 F_m 也增大。

8.1.3　动、静载荷破岩的损伤断裂分析

1. 静载侵入断裂形态及分析

1) 静载侵入断裂形态

对压头侵入脆性材料的研究结果表明,是属于弹性侵入还是弹脆性侵入,主要取决于压头形状和被侵入材料性质。一般弹性侵入时主要产生 Hertz 裂纹和表面附近的周向压缩,如图 8-4 所示[18]。

弹脆性侵入时一般产生径向、中间和侧向裂纹,除产生上述三种基本裂纹外,在压头下方一般还要形成一个密实核,如图 8-5 所示[19]。Hagan[20]在钠玻璃上进行侵入试验表明,形成的密实核近似于半球形,其主要特征是发生了剪切变形。由此可看出,侧向裂纹是从剪切变形区底部起裂的。侧向裂纹一般在卸载过程产生并扩展;中间裂纹产生于加载过程,并在卸载过程有部分弹性恢复;径向裂纹既可产生于加载过程,又可出现在卸载期间,但不论何时产生都在卸载过程继续发展。

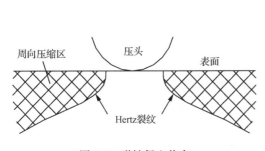

图 8-4　弹性侵入状态

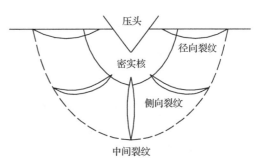

图 8-5　侵入断裂形态

2) 静载侵入断裂分析

建立侵入载荷与裂纹长度的关系,对研究被侵入材料中裂纹的扩展范围、强度衰减、损伤所致的程度及脆性材料的侵入破碎机理有重要意义。根据 Swain 等拉碎侵入理论得到侵入载荷与径向裂纹长度的关系为 $F \propto L^{3/2}$[21]。Marshall 等[22]根据前人大量的试验和理论研究结果,提出了适用于各种压头弹脆性侵入断裂的分析方法,其分析基于两个普遍的试验现象:弹脆性侵入产生的裂纹最终形态是在压头离开材料表面后完成的,即残余应力场在形成裂纹最终形态方面起重要作用;压痕下不可逆变形区的形状近似半球形。

Marshall 用半理论半经验的方法得到了与径向开裂有关的应力强度因子

$$K_r = \beta(EH)^{1/2}(\delta V)^{2/3}/L^{3/2} \tag{8-8}$$

式中,β 为无量纲常数,与材料性质和压头形状无关,用试验标定法确定;E、H 分别为被侵入材料的弹性模量和硬度,其中 $H = F/(a_0 a^2)$,a 为接触半径,a_0 为压头几何常数;δV 为压痕体积。

对于产生裂纹扩展的条件为 $K_r \geqslant K_c$,即平衡状态裂纹生长的条件由 K_r 等于材料断裂韧性 K_c 的关系中得到,则

$$K_c = \beta(FH)^{1/2}(\delta V)^{2/3}/L^{3/2} \tag{8-9}$$

对于棱锥压头,根据式(8-9)可得

$$F/L^{3/2} = K_c/x_r \tag{8-10}$$

式中, $x_r = \beta(E/H)^{1/2}(a\cot\psi)^{2/3}/a_0$, ψ 为压头特征角(压头半顶角)。

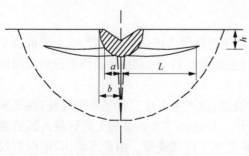

岩石破碎中最关键的裂纹是侧向裂纹。试验说明,侧向裂纹是在压头卸载时扩展的,因而残余应力起主要作用。Marshall 等[22]提出了一个分析侧向裂纹的模型,如图 8-6 所示。假定侧向裂级的形状如图示分布,平行于自由面,忽略中间、径向裂纹的形成及多层开裂的出现对问题的影响。

图 8-6　侧向裂纹系统

当 $L \gg h$ 时,可以把侧向裂纹以上的岩石当成厚为 h 的板,残余力 F_z 与它所引起的位移 u_z 呈线性关系,即

$$F_z/F_{z0} = 1 - u_z/u_{z0} \tag{8-11}$$

式中, F_{z0} 是最大残余力; u_{z0} 是完全松弛状态($F_z = 0$)的位移。

平面应变时的应力强度因子为

$$K = \left[\frac{A}{2\pi(1-\nu^2)}\right]^{1/2} F_z/h^{3/2} \tag{8-12}$$

式中, ν 为泊松比; A 是与几何形状有关的无量纲常数。当侧向裂纹比径向裂纹长很多时, $A = 3(1-\nu^2)/4\pi$;当侧向裂纹较径向裂纹短时, $A = 3/4$, F_z 与 F_{z0} 之间存在的关系为

$$F_z = F_{z0}/\left(1 + \frac{AF_{z0}C_L{}^2}{Fu_{z0}h^3}\right) \tag{8-13}$$

将塑性区及压痕体积用几何尺寸表示为

$$F_{z0} \propto (E/H)^{1/2}(\cot\psi)^{2/3}F$$

$$u_{z0} \propto [(H/E)/H^{1/2}](\cot\psi)^{1/3}F^{1/2}$$

$$h \propto [(E/H)^{1/2}/H^{1/2}](\cot\psi)^{1/3}F^{1/2}$$

将 F_{z0} 、 u_{z0} 、 h 代入式(8-11)及式(8-12),令 $K = K_c$,则

$$L_m = L_m^*[1 - (F_0/F)^{1/4}]^{1/2} \tag{8-14}$$

式中, F_0 只与岩石的性质及压头几何形状有关,代表了载荷的门槛值

$$F_0 = (\xi_0/A^2)(\cot\psi)^{-2/3}[K_c^4/H^3](E/H) \tag{8-15}$$

当 $F \gg F_0$ 时,裂纹的极限长度为

$$L_m^* = \{(\xi_L/A^{1/2})(\cot\psi)^{5/6}[(E/H)^{3/4}/(K_cH^{1/4})]\}^{1/2}P^{5/8} \tag{8-16}$$

式中, ξ_0 及 ξ_L 是与材料、压头系统无关的无量纲常数。由式(8-16)可知,残余力是侧向裂纹扩展的原因,它还将导致表面的滞后碎裂。

破岩体积 V 可以估计为 $(L_m^*)^2h$,即

$$V \propto (\xi_L/A^{1/2})(\cot\psi)^{7/6}(E/H)^{5/4}/(K_cH^{3/4})F^{7/4} \tag{8-17}$$

2. 动载侵入断裂形态及分析

动态侵入断裂过程与静态情况基本相似[23]，一般产生 Hertz、中间、径向和侧向裂纹，前 3 种裂纹产生于加载过程，且中间和径向裂纹在卸载过程中扩展，而侧向裂纹完全是在卸载时产生和扩展的；静侵入时存在一个产生开裂的临界侵入载荷，动侵入时则存在一个产生开裂的临界冲击能量 $\pi r E/L_p$ [24]；冲击产生的 Hertz 裂纹顶角比准静态下的顶角要小。

1) 径向裂纹长度

冲击作用下，岩石硬度、弹模随加载率的变化而变化，因此径向裂纹长度要考虑材料硬度和弹模的变化。这样在式(8-16)中将 H、E 用 H_d、E_d 代替，F 用式(8-6)中的 $2mV_I \cdot \gamma^{\frac{\gamma}{1-\gamma}}$ 代替后得到

$$L = \left[\xi^{2/3}(E_d/H_d)^{1/3}/K_c^{2/3}\right]\left[mV_I\gamma^{\gamma/(1-\gamma)}\right]^{2/3} \tag{8-18}$$

式中，$\xi = \beta a_1^{2/3}(2\cot\psi)^{2/3}$，$a_1 = 2/3$，求解 H_d 时的压头几何常数 a_0 取 2；其他符号同前。

式(8-18)中 $\gamma = m^2/MK$，当 m、K 一定，M 增加时，$\gamma^{\gamma/(1-\gamma)}$ 增大，即冲锤越重冲击力越大，径向裂纹越长。

Marshall 等[22]和张宗贤等[23]根据压头冲击固体时的运动方程和受力状态推导出如下关系：

$$L = \left[\xi^{2/3}(EH_d)^{1/3}/K_c^{2/3}\right]\left(\frac{3K\tan\psi}{2a_0\gamma'H_d}\right)^{8/9}V_I^{8/9} \tag{8-19}$$

式中，M 为冲锤的质量；γ' 是几何因子，其近似表达式为

$$\gamma' = 1 + \left[2(1-\nu^2)/(\pi\cot\psi)\right](H/E) \tag{8-20}$$

式中，ν 是被侵入体的泊松比。

式(8-18)、式(8-19)均表明，压头动态侵入时，径向裂纹长度与冲锤质量和冲击速率成一定的函数关系，随冲锤质量和冲击速率增加而增加。

2) 压实区大小与侧向裂纹深度

对动、静态侵入试验后试件剖面的显微观察与测量发现，静侵入时，压实区深宽比约为 0.5，似半球形，这与理论上的假设相符；冲击时，该值为 0.8。当接触半径 a 相同时，冲击产生的压实区小于静态的，但侧向裂纹深度比静态的大。总之，当 a 相同时，动侵入产生的开裂范围比静态大，冲击产生的径向裂纹比静态的约长 40%。

将式(8-16)中的 H、E 用 H_d、E_d 代替，P 用 $2mV_I\gamma^{\gamma/(1-\gamma)}$ 代替后，得侧向裂纹长度为

$$L_m^* = \left\{(\xi_L/A^{1/2})(\cot\psi)^{5/6}\left[(E_d/H_d)^{3/4}/K_cH_d^{1/4}\right]\right\}^{1/2}\left[2mV_I\gamma^{\gamma/(1-\gamma)}\right]^{5/8} \tag{8-21}$$

3. 动、静耦合破岩的损伤断裂分析

根据加载能量的大小可将动、静耦合作用分三种情况进行讨论：第一种情况为冲击能量小于临界值，只对岩石产生损伤作用，而不发生体积破碎，静压则能产生体积破碎；第二种情况为静压只对岩石产生损伤，不参与体积破碎，冲击能对岩石发生实质性破碎；第三种情况为静压和冲击能均对岩石产生体积破碎。

1) 冲击产生损伤、静压造成破碎

若仅考虑岩体在冲击作用后只产生损伤，则岩石的有效应力为

$$\sigma_{ij} = C_{ijkl}\varepsilon_{kl}(1 - D_{\mathrm{I}}) \quad (i, j, k, l = 1, 2, 3) \tag{8-22}$$

在其两边同除以 $1 - D_{\mathrm{I}}$，有

$$\sigma_{ij}/(1 - D_{\mathrm{I}}) = C_{ijkl}\varepsilon_{kl} = \sigma_{ij}^* \tag{8-23}$$

式中，σ_{ij}^* 为有效应力；D_{I} 为冲击损伤参量。同样，可定义有效应力强度因子为

$$K^* = K_c/(1 - D_{\mathrm{I}}) \tag{8-24}$$

式中，K_c 为未受损伤时的应力强度因子。

因此，径向裂纹扩展的应力强度因子为

$$K^* = \beta(EH)^{1/2}(\delta V)^{2/3}/L^{3/2} \tag{8-25}$$

根据式(8-10)可得

$$F/L^{3/2} = (1 - D_{\mathrm{I}})K_c/x_r \tag{8-26}$$

侧向裂纹长度为

$$L_m^* = \{(\xi_{\mathrm{L}}/A^{1/2})(\cot\psi)^{5/6}[(E/H)^{3/4}/K_c(1 - D_{\mathrm{I}})H^{1/4}]\}^{1/2}P^{5/8} \tag{8-27}$$

2) 静压产生损伤、动载造成破碎

以上述同样的方法得到径向裂纹长度为

$$L = \{\xi^{2/3}(E_{\mathrm{d}}/H_{\mathrm{d}})^{1/3}/[(1 - D_{\mathrm{s}})K_c]^{2/3}\}[2mV_{\mathrm{I}}\gamma^{\gamma/(1-\gamma)}]^{2/3} \tag{8-28}$$

侧向裂纹长度可由式(8-6)、式(8-7)得到的最大凿入力代入式(8-27)获得，即

$$L_m^* = \{(\xi_{\mathrm{L}}/A^{1/2})(\cot\psi)^{5/6}[(E_{\mathrm{d}}/H_{\mathrm{d}})^{3/4}/(1 - D_{\mathrm{s}}) \cdot K_c H_{\mathrm{d}}^{1/4}]\}^{1/2}$$

$$\times \left\{\left[1 - \frac{(1 - \gamma)F_{\mathrm{s}}}{2m'V_{\mathrm{I}}}\right]^{\frac{\gamma}{\gamma-1}} 2mV_{\mathrm{I}}\gamma^{\frac{\gamma}{1-\gamma}}\right\}^{5/8} \tag{8-29}$$

式中，F_{s} 为静压；D_{s} 为静压损伤参量。

3) 动静均产生体积破碎

将中间/径向裂纹作为平面问题来考虑，把动静态作用下的岩石应力场分解为静载作用的应力场及冲击后在岩石中产生的应力场，两场叠加，如图8-7所示，则

$$K = K_{\mathrm{s}} + K_{\mathrm{d}} \tag{8-30}$$

式中，K 为与总载荷 P 相应的应力强度因子；K_{s} 和 K_{d} 则分别为与静态应力及冲击应力对应的强度因子。

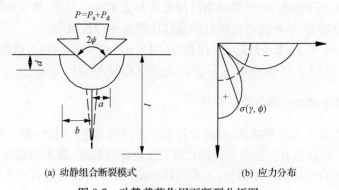

(a) 动静组合断裂模式　　　　　　　　(b) 应力分布

图 8-7　动静载荷作用下断裂分析图

(1) K_{s}、K_{d} 值的计算。

当 $r \gg a$ 时，应力场的分布可用近似解，即

$$\sigma(\gamma,\phi) \approx g(\phi)p/r^2 \qquad (8\text{-}31)$$

式中，$g(\phi)$ 是与角度有关的函数。

在 $b \leqslant r \leqslant l$ 内，径向分布应力对半球形裂纹起作用，其应力强度因子为

$$K_s = f(\phi)(2/l)^{1/2} \int_b^l \gamma\sigma(\gamma,\phi)\mathrm{d}r/(l^2-r^2)^{1/2} \qquad (8\text{-}32)$$

式中，b 为压实区半径；l 为裂纹长度，把式(8-31)代入式(8-32)得到

$$K_s = x_s F/l^{3/2} \qquad (8\text{-}33)$$

式中，$x_s = f(\phi)g(\phi)\ln\big((l/b)[1+(1-b^2/l^2)^{1/2}]\big)$，进一步化简，则

$$x_s = \xi_e(\phi)\ln\big((l/b)[1+(1-b^2/l^2)^{1/2}]\big)$$

式中，$\xi_e(\phi)$ 是包括角度的所有影响在内的一个特定函数。由图 8-7 可知，当 $\phi=0$ 时，$g(\phi)>0$；而当 $\phi=90°$ 时，$g(\phi)<0$。因此，若与径向及中间裂纹对应的值分别记为 ξ_e^R 和 ξ_e^M，则有 $\xi_e^R<0,\xi_e^M>0$。

当在静压破碎的基础上加上冲击载荷后，半球形上裂纹的应力强度因子可以写成

$$K = Q(\phi)F_r/L^{3/2} \qquad (8\text{-}34)$$

同样，$Q(\phi)$ 是一个描述自由面影响的只与角度有关的特定函数，接近于 1，在 $\phi=0$ 时取极小，在 $\phi=\pm90°$ 时取极大。将式(8-34)写成

$$K_d = x_d F/L^{3/2} \qquad (8\text{-}35)$$

于是

$$x_d = Q(\phi)(a/b)(E_d/H_d)\cot\psi \qquad (8\text{-}36)$$

而

$$b/a \propto (E_d/H_d)^{1/2}(\cot\psi)^{1/3} \qquad (8\text{-}37)$$

近似地认为式(8-37)适用于等效的半空间问题，并将其代入式(8-36)得

$$x_d = \xi_r(\phi)(E_d/H_d)^{1/2}(\cot\psi)^{2/3} \qquad (8\text{-}38)$$

式中，$\xi_r(\phi)$ 为只与 ϕ 有关而与压头岩石系统无关的无量纲函数，代入与中间和径向裂纹相应的角度，分别得到 ξ_r^M 和 ξ_r^R，且 $\xi_r^R>\xi_r^M>0$。

(2) 动、静耦合加载时中间裂纹及径向裂纹长度与载荷的关系

近似地认为动、静耦合加载适用于动态的半空间问题，则

$$x_d = \xi_d(\phi)(E_d/H_d)^{1/2}(\cot\psi)^{2/3} \qquad (8\text{-}39)$$

当 $K = K_c$ 时，裂纹达到了它的极限长度，则加载时有

$$x_s F/L^{3/2} + x_d F_d/k_d \cdot L^{3/2} = K_c \qquad (8\text{-}40)$$

卸载时有

$$x_s F/L^{3/2} + x_d F_d^*/k_d \cdot L^{3/2} = K_c \qquad (8\text{-}41)$$

如果在加载过程中裂纹前沿始终保持半圆形，达最大载荷时将有

$$L^* = [(x_s k_d F + x_d F_d^*)/k_d \cdot K_c]^{2/3} \qquad (8\text{-}42)$$

将有关参数代入式(8-42)得

$$L_m^* = [(\xi_L/A^{1/2})(\cot\psi)^{5/6}(E/H)^{3/4}k_d F_s$$
$$+ (\xi_L/A^{1/2})(\cot\psi)^{5/6}(E_d/H_d)^{3/4} \cdot 2mV_I \cdot \gamma^{\frac{\gamma}{1-\gamma}}/k_d \cdot K_c]^{2/3}$$

式中，F、F_d、F_d^* 分别为静态、动态均值及动态峰值载荷。

加载半循环内，因 $x_s^M > 0$，$x_d^M > 0$，中间裂纹达到极大值；而 $x_s^R < 0$，$x_d^R < 0$，径向裂纹受到了抑制。卸载时，径向裂纹继续扩展，直至完全卸载。如图8-8所示。

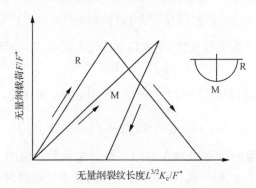

图8-8　中间及径向裂纹长度与载荷的关系

（3）动、静载荷耦合作用下的破岩体积

动、静耦合载荷作用下，破裂深度、破岩体积可按3种情况列示如下：

① 动载产生损伤 D_I、静载形成破碎：

$$L = \{\xi^{2/3}(EH)^{1/3}/[(1-D_I)K_c]^{2/3}\}F_s^{2/3} \tag{8-43}$$

$$V \propto (\xi_L/A^{1/2})(\cot\psi)^{7/6}[(E/H)^{5/4}/(1-D_I)K_cH^{3/4}]F_s^{7/4} \tag{8-44}$$

② 静载产生损伤 D_s、动载造成破碎：

$$L = \{\xi^{2/3}(E_d/H_d)^{1/3}/[(1-D_s)K_c]^{2/3}\}[2mV_I\gamma^{\gamma/(1-\gamma)}]^{2/3} \tag{8-45}$$

$$V \propto \{(\xi_L/A^{1/2})(\cot\psi)^{7/6}[(E_d/H_d)^{5/4}/(1-D_s)\cdot K_cH_d^{3/4}]\}^{1/2}$$

$$\times \left\{\left[1-\frac{(1-\gamma)F_s}{2mV_I}\right]^{\frac{\gamma}{\gamma-1}}2mV_I\cdot\gamma^{\frac{\gamma}{1-\gamma}}\right\}^{7/4} \tag{8-46}$$

③ 动、静载均产生体积破碎：

$$L^* = \{[(x_sk_dP+x_dP_d^*)]/k_d\cdot K_c]\}^{2/3}$$

$$V \propto \{(\xi_L/A^{1/2})(\cot\psi)^{7/6}[(E/H)^{3/4}k_dF_s]$$

$$+ (\xi_L/A^{1/2})(\cot\psi)^{7/6}[(E_d/H_d)^{3/4}\cdot 2mV_I\cdot\gamma^{\frac{\gamma}{1-\gamma}}]/k_d\cdot K_c\}^{4/3} \tag{8-47}$$

$$\times \left\{E_d\left[1-\frac{(1-\gamma)F_s}{2mV_I}\right]^{\frac{\gamma}{\gamma-1}}\cdot 2mV_I\cdot\gamma^{\frac{\gamma}{1-\gamma}}\right\}^{1/2}$$

由式（8-43）~式（8-47）可得如下结论。①无论是裂纹长度还是破碎体积，均与载荷（静压力 F_s，最大冲击力 $2mV_I\gamma^{\gamma/1-\gamma}$）成一定的函数关系增加，因此在一定范围内加大静压力和冲击力可以使破碎坑体积很快增加，从而提高破岩效率。②在进行冲击破岩之前，先预加静压对岩石进行预应力损伤，这对于降低岩石材料的断裂韧性及硬度有很大的作用；同理，先对岩石进行预冲击损伤，也同样可降低岩石材料的断裂韧性及硬度，使破岩体积增加 $1/(1-D)$ 倍。③冲击应力波能造成多次加载—卸载—加载周而复始的破碎循环，对于与破岩关系十分密切的侧向裂纹和径向裂纹的发育特别有利。

8.2　动静载荷耦合作用下岩石破碎数值分析

压头在动静载荷耦合作用下的岩石破裂过程极为复杂,虽然理论分析就破裂坑的大小等给出了一些初步的结果,但为了清楚地表征岩石在动载耦合载荷下的岩石破坏过程,有必要对其进行数值模拟分析[16]。

数值分析采用 ANSYS 软件,计算中岩石及刀具均采用三维实体建模。花岗岩试件尺寸为 1000mm×500mm×500mm,刀具规格为 ϕ13.4mm×15mm。刀具的模型采用实际尺寸建模,由于岩石受刀具影响范围较小,所以取刀具与岩面接触正下方的 100mm×50mm×50mm 范围建模。花岗岩试件和刀具的力学参数如表 8-1 和表 8-2 所示。

表 8-1　花岗岩试件的力学参数

体积密度 /(g/mm³)	抗压强度 /MPa	抗拉强度 /MPa	弹性模量 /GPa	泊松比	试件尺寸 /mm
2.640	167.5	18.6	67	0.21	1000×500×500

表 8-2　PDC 刀具材料的物理力学性能

密度 /(g/mm³)	努普硬度 /GPa	抗弯强度 /GPa	抗压强度 /GPa	断裂韧性 K_{IC}	弹性模量 /GPa	泊松比	耐磨性	刀具压头 尺寸/mm
3.52	50~80	0.6~1.1	7~8	7~9	560~800	0.08	250	d13.4×15

模型网格划分采用人工控制单元密度,先划分刀具模型的网格,将刀具模型上下圆弧分成 12 等份,高度方向划分为 10 等份,网格类型采用软件自由划分方式,从而将刀具模型划分为 3607 个单元。岩石模型划分成每个单元为 2.5mm×2.5mm×2.5mm 的单元体,即在长度方向上划分 40 等份,宽和高方向上各划分 20 等份,共 16 000 个单元。网格划分后的模型如图 8-9 所示。

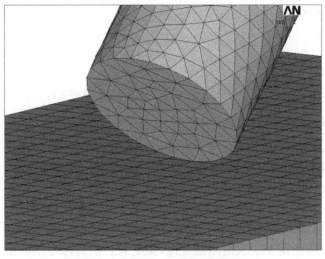

图 8-9　岩石与刀具模型网格图

8.2.1 静载荷作用下岩石破碎的数值分析

在模拟中为了简化运算,假设刀具与岩面接触是点面接触,并且在加载过程中刀具只有垂直方向的位移,无水平移动,即不存在切削现象。由于只考虑施加单轴静载荷,所以分析类型选择静力或稳态求解,只将岩石模型的底面施加位移约束,模型前后左右四个面为自由面。静载荷直接施加在刀具与岩面相接触的那个节点上,设定 100 个子步,最小子步为 50,最大子步为 100。为了便于收敛,打开自动调整时间积分步长。图 8-10 给出了最终静压为 2100N 时具有代表性的子载荷步,在单轴静载荷作用下试件的裂纹分布情况。图 8-11 为不同静压(1200N、2100N 和 3300N)最终收敛时的裂纹分布图。如果单元存在裂纹,则在裂纹面上显示为圆圈线;如果单元破碎,则在裂纹面上显示八面体;如果裂纹先张开后闭合,则显示为圆圈线加"X"的标示[16]。

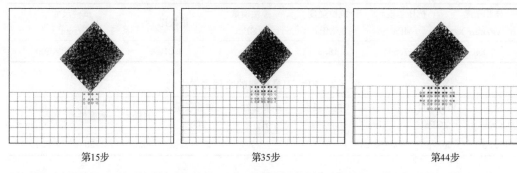

第15步　　　　　　　　　　第35步　　　　　　　　　　第44步

图 8-10　各子载荷步产生的裂纹分布图

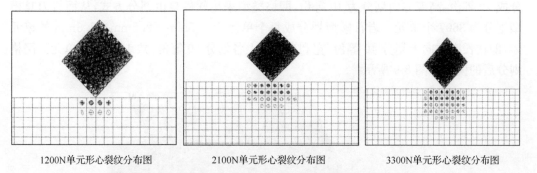

1200N单元形心裂纹分布图　　　2100N单元形心裂纹分布图　　　3300N单元形心裂纹分布图

图 8-11　不同静载(1200N、2100N 和 3300N)最终裂纹分布图

从数值模拟结果图形分析,可以得出:在静载作用初期,即第 15 载荷步前,裂纹首先出现在刀具与岩面接触点的下方及相邻两个节点处,裂纹分布面很小;从 15～35 载荷步时,由于刀具受载渐渐增加,其压入影响区域随之增大,裂纹扩展迅速,岩石破坏面进一步扩大,形成较大面积的破碎;到第 44 载荷步时,加载步结束,裂纹扩展缓慢直至稳定,从而形成一个稳定的类似梯形的裂纹面,裂纹所形成的破碎角较大。由三种不同静载荷作用下岩石破裂过程的模拟可以得到:随着静载的增加,裂纹分布的深度随之增加,但在 2100N 时增加最快,而在 3300N 时增加缓慢,说明岩石破碎深度不是随着载荷的增加而线性增加,而是当载荷达到某一值后,发生突然的侵入破碎。因此,单纯提高静压,破碎深

度虽有所增加,但破岩效果并不好。这与单一静载下岩石破碎的试验是一致的。

8.2.2　冲击载荷作用下岩石破碎的数值分析

冲击载荷采用正弦波加载,正弦波作用时间为 0.0002s,计算的每一步时间间隔为 0.000005s。图 8-12 给出了冲击能为 48J 时各子载荷步产生的裂纹分布图。图 8-13 为不同冲击能(48J、63J 和 78J)最终收敛时的裂纹分布图。

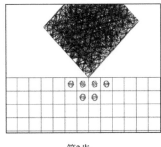 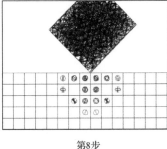 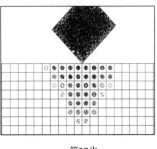

第2步　　　　　　　　　　　第8步　　　　　　　　　　　第27步

图 8-12　各子载荷步产生的裂纹分布图

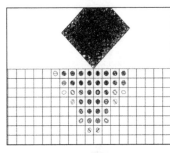 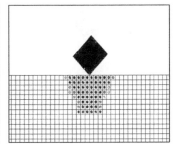 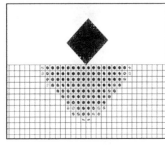

48J单元形心裂纹分布图　　　　63J单元形心裂纹分布图　　　　78J单元形心裂纹分布图

图 8-13　不同冲击能(48J、63J 和 78J)时裂纹分布图

从数值模拟结果分析,可以得出:当加载至第 2 载荷步时,在刀具与岩面接触点的下方产生裂纹,但裂纹分布面较小;从第 2 载荷步至第 8 载荷步,随着载荷的增加,刀具与岩石的接触由点变成面接触,岩石裂纹面进一步扩大,扩展迅速,形成较大面积的破碎,并且裂纹往深部扩展比往两侧扩展得要快;在第 27 载荷步时,破裂单元分布较为稳定,最终形成一个较稳定的"倒三角形"裂纹面。与静载相比,冲击破岩裂纹分布的深度较深,岩石内部裂纹形成的破碎角要小,破碎范围比静载时要小。由三种不同冲击载荷作用下岩石破裂过程的模拟可以得到:随着冲击载荷的增加,裂纹分布的面积也随之增加。其中,裂纹分布的深度增加较快,往两侧的扩展较缓慢。

8.2.3　动静组合载荷作用下岩石破碎的数值分析

动静组合载荷作用下岩石破碎数值模拟的建模、网格划分等前处理与静载的一样,计算时间步长同样为 0.00005s,只是在加载方式上有所不同。首先施加一个静载作用在模型上,然后在静载作用之下施加一个冲击载荷,来达到动静组合载荷作用在模型上的效果。

为了分析动静组合载荷作用下试件的裂纹分布随子载荷步变化的情况,选取组合载荷作用下具有代表性的子载荷步计算结果进行分析。图 8-14 给出了各子载荷步产生的裂纹分布图。图 8-15 为不同动静组合加载情况下最终收敛时的裂纹分布图。图 8-16、图 8-17分别为组合载荷作用下岩石破碎面积与静载、岩石破碎深度与静载的关系图。

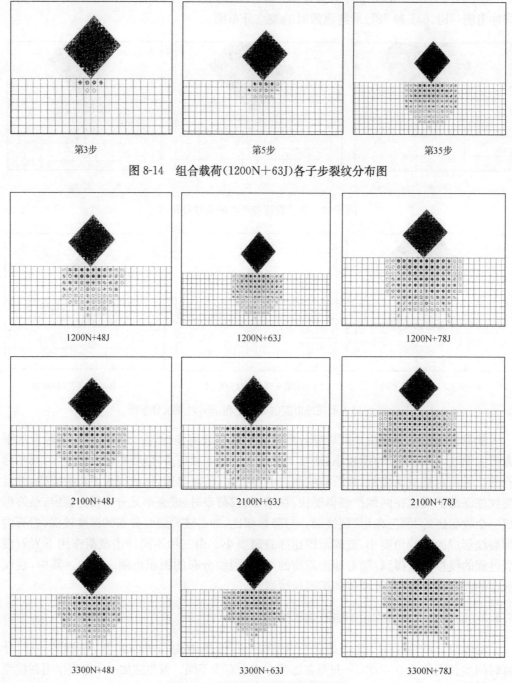

图 8-14   组合载荷(1200N+63J)各子步裂纹分布图

图 8-15   不同组合载荷裂纹分布图

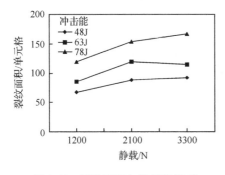

图 8-16　裂纹面积与静载的关系

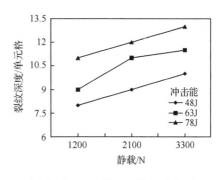

图 8-17　裂纹深度与静载的关系

分析以上数值模拟结果,可以得出:

(1) 从第 3 载荷步开始,组合载荷作用下岩石裂纹首先在刀具与岩面接触点下方产生,但裂纹分布面较小,形状与静载加载时相似;到第 5 载荷步时,岩石裂纹面开始迅速扩大,裂纹扩展迅速,形成较大面积的破碎区。裂纹区上部类似于长方形,下部为倒三角形。开始时,径向裂纹和侧向裂纹扩展较为迅速,但当冲击载荷渐增后,中间裂纹比径向和侧向裂纹扩展得要快。在第 35 载荷步时,应力分布较为稳定,最终裂纹扩展形成一个较稳定的裂纹面,其影响区域比单一静载或冲击载荷产生的范围要大。

(2) 由三种不同动静载荷耦合作用下岩石破裂过程的模拟可以得到,不同组合载荷产生裂纹面的形状不尽相同,但有一个共同点是上部均为类似于长方形且较为规整,下部则大致呈倒三角形,但有部分组合载荷形成的是似鼎形,说明此时侧向裂纹比中间裂纹扩展得要快。

(3) 当静载固定时,随着冲击载荷的增加,裂纹分布的面积及深度随之增加,说明预先施加一定的静载有利于裂纹的扩展。在静载荷固定的情况下,随着冲击能增加,岩石内部裂纹分布深度相应增加,但当冲击能增加到一定程度时,裂纹分布深度增加较为缓慢;在冲击载荷固定的情况下,如果纯粹增加静载,裂纹分布的面积并不一定随之增加,而是存在一个最佳组合值,即在静载为 2100N、冲击载荷为 63J 时破岩效果最好。组合载荷破岩时,裂纹面积比单一的静载或冲击载荷都要大,破岩的综合效果比单一静载或动载要好。

8.3　动静载荷耦合作用下的破岩试验

为考察不同动静组合载荷作用下的破岩效果,我们采用自制的多功能岩石破碎试验台对花岗岩和砂浆试块进行不同冲击能和同静压(WOB)组合下的试验[14,15]。试验中,静压分别取 1200N、2100N、3300N,冲击能分别为 48J、63J、78J。同时,还进行了纯静压和纯冲击破碎试验。每次破碎岩石之后,清除岩粉,用带百分表的游标尺测量破碎坑深度,并将橡皮泥填充破碎坑,取出橡皮泥放入量杯中,量出破碎坑体积,每一试验重复三次,取其平均值。

8.3.1 静压与冲击耦合下的试验

花岗岩、砂浆块的静压与冲击耦合破碎试验结果如图 8-18～图 8-21 所示。从图 8-18、图 8-19 可看出：在动静载荷耦合侵入岩石中，随着静压的增加，破碎体积逐步增加，破岩比能逐渐降低，当静压增加到一定范围时，无论是硬岩还是软岩，其破岩比能变化不大，基本稳定。试验中发现，花岗岩的静压超过 2100N、砂浆块的静压超过 1200N 时，破碎比能随静压的变化不大。这说明静压太大，破岩效果将不会有很大的提高；但静压太小，破岩效果较差。因此，耦合破岩在一定的加载范围内存在一个最佳静压值。同样，从图 8-20、图 8-21 可以得出：冲击能的变化对组合载荷破岩效果也有着与上述类似的规律。随着冲击能增加，破岩体积相应增加，破岩比能随之下降；但当冲击能增加到一定程度时，其破岩比能并不降低。综合以上两个因素的影响可以得出：动静组合载荷破碎岩石存在一个最优静压和冲击能的组合。试验岩石花岗岩和砂浆块的最优组合载荷分别为 (2100N，63J)、(1200N，35.15J)。试验中还发现：如果单纯靠提高静压或冲击能，岩石虽在大静压或高冲击能作用下破碎深度和体积稍有增加，但破岩效果并不显著。因此，在组合破岩模式中必须充分考虑动静载荷的合理匹配值，优化破岩参数，降低能耗指标，以期获得好的破岩效果。

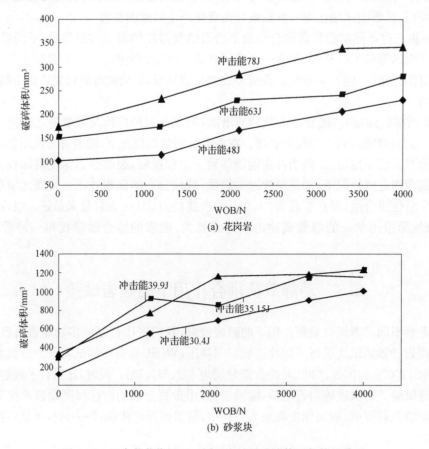

(a) 花岗岩

(b) 砂浆块

图 8-18 组合载荷作用下不同强度试样破碎体积与静压关系

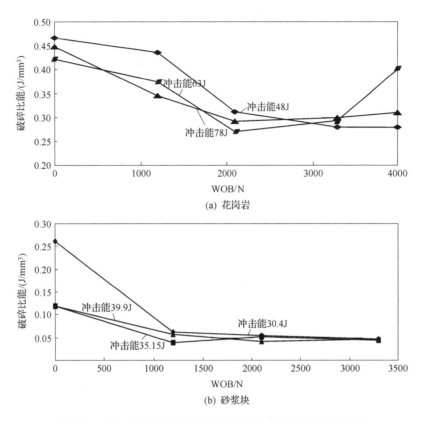

(a) 花岗岩

(b) 砂浆块

图 8-19　组合载荷作用下不同强度试样破碎比能随静压的变化

　　由破岩比能的计算还可看出：组合破岩的比能大于单一静压比能，小于单一冲击比能。尽管组合破岩比能比纯静载破岩要高，但在破裂深度和破岩体积方面能得到了大幅度的提高。例如，以静压 1200N 和冲击能 63J 组合破碎花岗岩，其破岩比能虽是 1200N 静压破岩比能的 1.98 倍，但破岩深度可增加 3.35 倍，破岩体积增加 49.2 倍；再如，以 1200N 的静压和 35.15J 的冲击能组合破碎砂浆块，其比能比 1200N 静压的破岩比能要高 1.9 倍，但破岩深度增加 3.81 倍，破岩体积增加 36.3 倍。同时，试验证明了对于极硬岩石，靠纯静压很难获得要求的破碎深度和体积，组合破岩比纯静压破岩具有大幅度增加破岩深度和破岩体积的优势，使破岩速度和生产率得到很大提高。在破碎过程中，如果静压或冲击能太小，则只能压碎岩石的微小凸面、使岩石产生弹性变形或在刀具下方形成压实体，而上述三个过程需消耗能量，所以静压或冲击能太小时，其破岩比能比较大；如果静压或冲击能太大，刀具下方反复破碎，形成压实体消耗的能量过多，而且过大的压力可能使岩石由脆性变成塑脆性，消耗能量。所以，载荷值不能太小也不能太大，必须要有一个合理的匹配值，才能使破岩达到较好的效果。

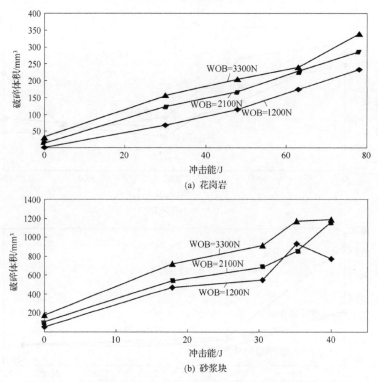

(a) 花岗岩

(b) 砂浆块

图 8-20 组合载荷作用下不同强度试样破碎体积随冲击能的变化

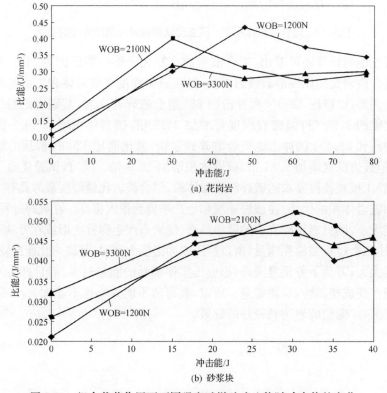

(a) 花岗岩

(b) 砂浆块

图 8-21 组合载荷作用下不同强度试样破碎比能随冲击能的变化

8.3.2　静压与冲击耦合下的切削试验

花岗岩和砂浆块在不同冲击间距、不同切削速度、不同冲击能和不同静压下的破碎深度试验结果如图 8-22～图 8-25 所示。

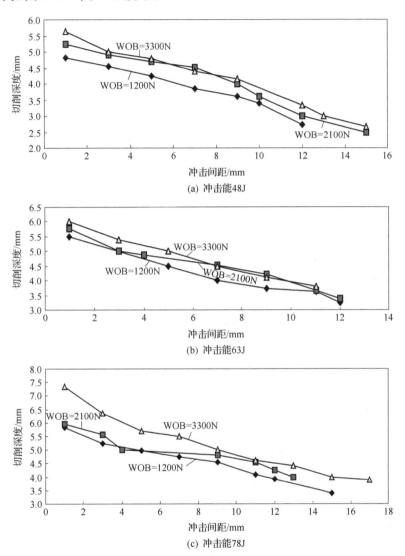

图 8-22　不同静压下花岗岩的切削深度随冲击间距的变化

从图中可以看出：无论是非常硬的花岗岩还是低强度的砂浆块，冲击间距、切削速度对岩石破碎效果影响显著。当冲击频率提高或冲击频率不变而切削速度提高时，即冲击间距减小时，岩石的破碎深度均有大幅度提高。

花岗岩冲击切削深度随静压增加而增加，但在砂浆块中情况有所不同，如果静压太大，切削深度反而比静压低得小。出现这种现象的原因可能是因为静压太大，岩石被大量、迅速压碎，在刀岩接触区，特别是刃前或刃底形成大压实核，降低了核外应力场的应力强度,不利于冲击能发挥作用。在这种情况下,应采取增大冲击间距等措施,以避免压实核的扩大和加密。与静压作用相类似,增加冲击能同样能使花岗岩、砂浆块的切削深度大幅度提高,与不加冲击载荷的纯切削相比,其破岩深度要大得多。因此,在脆性硬岩中采用静压+冲击进行切削破岩,能有效地提高破岩速度。

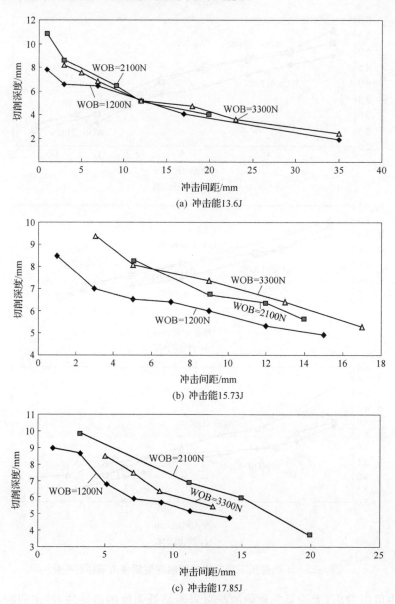

图 8-23　不同静压下的砂浆块切削深度随冲击间距的变化

根据试验结果得到花岗岩和砂浆块的破碎比能-冲击间距/切深,即 e_s-R 的散点图,如图 8-26、图 8-27 所示。

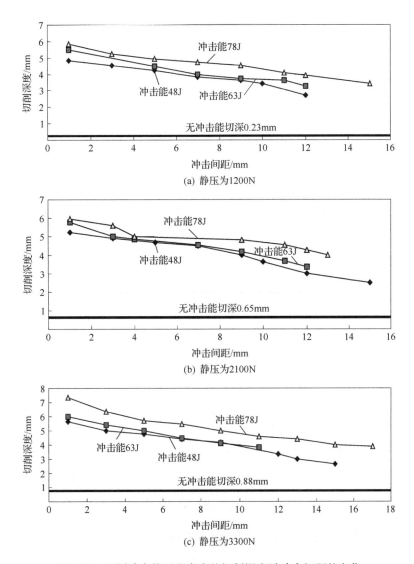

图 8-24　不同冲击能下花岗岩的切削深度随冲击间距的变化

从图中可以看出，e_s 随 R 呈一定的规律曲线分布，并且存在最佳的 R_{opt}，使 e_s 最小。对于花岗岩，R_{opt} 为 1.45，最小破岩比能 e_s 为 0.15J/mm³；对于砂浆块，R_{opt} 为 3.1，最小破岩比能 e_s 为 0.034J/mm³。破碎比能 e_s 变化总趋势是：$R < R_{opt}$ 区 e_s 的变化幅度比 $R > R_{opt}$ 区的大，即在小冲击间距区，破碎比能的变化幅度比大冲击间距区要大，说明冲击间距越小岩石的重复破碎越严重，消耗的能量越多，所以比能值越高。

综上所述，在硬岩中采用一定冲击频率、适度的静压和冲击能破岩，可显著提高破岩效果。

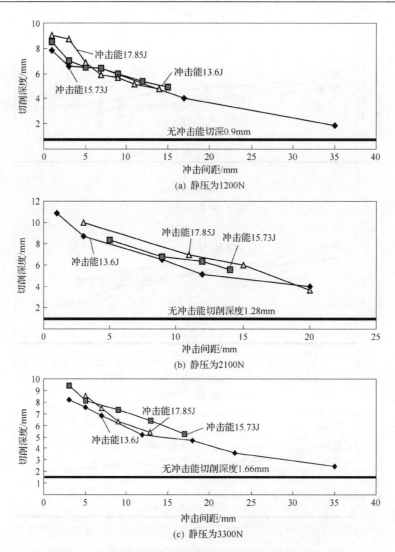

图 8-25　不同冲击能下砂浆块的切削深度随冲击间距的变化

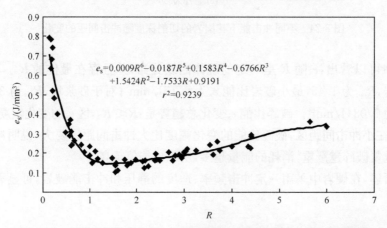

图 8-26　花岗岩的破碎比能 e_s 与冲击间距/冲切深度的比值 R 关系图

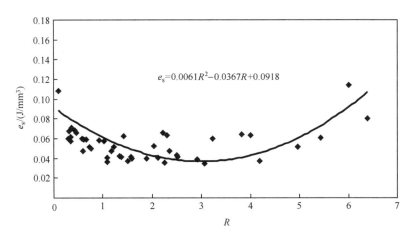

图 8-27　砂浆块的破碎比能 e_s 与冲击间距/冲切深度的比值 R 关系图

8.3.3　水射流与静压冲击联合作用破岩试验

高压水射流与静压冲击组合破岩试验是在冲击切削试验台上进行的[7,11]，选用刀具为 PDC 刀具，并以 45°角侵入岩石。水射流与冲击组合破岩试验岩样为石灰岩，经 RM710 测试到的 Schmidt 回弹指数为 38.6，而水射流与静压冲击切削破岩试验中岩石为硬度很大的花岗岩。

1. 水射流与冲击组合破岩试验

试验中，水压为 42～49MPa（该范围的水压不能破碎岩石），冲击能为 120J。考虑到冲击间距和水射流作用方向在破岩过程中的作用，设定冲击间距为 10～50mm，水射流作用为顺向和直对破碎坑剪切面两个方向，试验结果如图 8-28～图 8-30 所示。

图 8-28 反映了试验岩样冲击破碎点的相对位置、水射流压力及形成的破碎坑情况。由图 8-28 可以看出，水射流作用方向对破碎坑的形成影响很大。在冲击能为 120J 的纯冲击时，石灰岩试件 1 和 2 的相邻破碎坑贯通的临界（或最佳）冲击间距分别是 15mm 和 20mm；但在水射流的辅助作用下，且射流方向与前面破碎坑剪切面的方向一致时，破碎坑的体积显著增加，两破碎坑的冲击间距可大幅度增加，其临界冲击间距分别增加到 25mm 和 30mm。这主要是因为岩石破碎受力状态发生了改变（图 8-29），相邻破碎坑所需的剪切力从 F_c（与无水射流情况一致）增加到 F_c+P，P 是附加水射流冲击力。由于破岩剪切力增加，破碎坑或临界冲击间距将增大，如图 8-29(a) 所示。然而，当射流的方向是背向破碎坑底时，岩石破碎剪切力与没有水射流情况是一样的，如图 8-29(b) 所示。

水射流辅助破岩效果如图 8-30 所示。由图 8-30 可以看出：在无水压作用时冲击破岩深度为 3.42m，当加上水压时破岩深度增加至 4.10m。这说明水射流与冲击的组合作用使破岩深度明显增加。当冲击间距小于临界间距，缩小冲击间距可以增加切削深度。然而，射流方向没有明显影响切削深度。研究结论表明：一定的高压水射流辅助冲击破岩可以提高切削深度,射流作用的方向是改变临界冲击间距的一个重要因素。

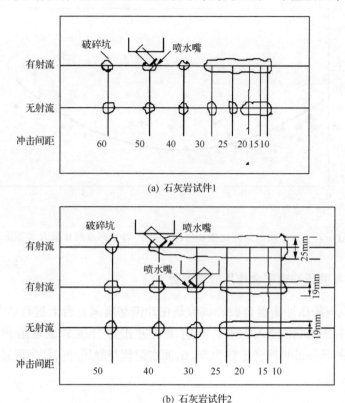

(a) 石灰岩试件1

(b) 石灰岩试件2

图 8-28　在石灰岩中射流对破岩的影响测试结果

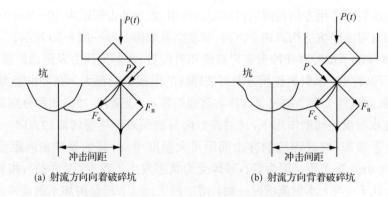

(a) 射流方向向着破碎坑　　　　　(b) 射流方向背着破碎坑

图 8-29　射流方向与切削方向的作用图

2. 水射流与静压冲击联合作用下的切削破岩

试验的冲击能为 13.6J、23.7J、33.9J,水压为 42MPa,静压为 2100N,试验结果如图 8-31 所示。由图 8-31 可以看出,有水射流辅助的切削冲击钻进相比无水压的情况可显著提高钻进速度,有水射流作用和无水射流作用的冲击切削深度均随冲击能的增加而增

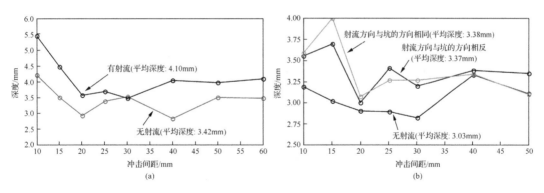

图 8-30　冲击间距与深度的函数图

加。在静压为 2100N 时,冲击能量为 33.9J,由水射流产生的切削深度比冲击能为 13.6J 的冲击切削深度要大得多。这是由于刀具下的局部断裂体和破碎区域随冲击能量增加而增加,尽管水射流压力 42MPa 不能冲切破碎花岗岩,但可以冲切破碎体和冲洗破碎坑中的碎屑,从而增大岩石破碎效果。

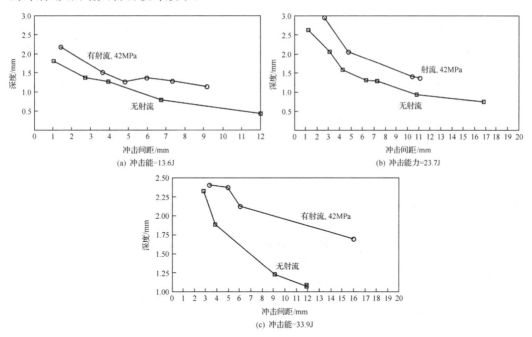

图 8-31　辅助射流和没有辅助射流的破岩情况比较(WOB=2100N)

参 考 文 献

[1] 李夕兵,古德生. 岩石冲击动力学. 长沙:中南工业大学出版社,1994

[2] 徐小荷,余静. 岩石破碎学. 北京:煤炭工业出版社,1984

[3] 赖海辉. 机械岩石破碎学. 长沙:中南工业大学出版社,1991

[4] Li X, Rupert G, Summers D A, et al. Analysis of impact hammer rebound to estimate rock drillability. Rock Mechanics and Rock Engineering, 2000,33(1), 1-13

[5] Li X, Lok T S, Summers D A, et al. Stress and energy reflection from impact on rocks using different indenters. Geotechnical and Geological Engineering, 2001,19(2)：119-136

[6] Li X B, Rupert G, Summers D A, et al. Energy transmission of down-hole hammer tool and its conditionality. Transactions of Nonferrous Metals Society of China, 2000,10(1)，109-114

[7] Li X B, Summers D A, Rupert G, et al. Penetration and impact resistance of PDC cutters inclined at different attack angles. Transactions of Nonferrous Metals Society of China, 2000,10(2)，275-279

[8] Li X B, Zhao F J, Summers D A, et al. Cutting capacity of PDC cutters in very hard rock. Transactions of Nonferrous Metals Society of China, 2002,12(2)：305-310

[9] Summers D A. Waterjetting Technology. London：E&FN SPON, 1995

[10] 黎中银, 夏柏如, 吴方晓. 旋挖钻机高效入岩机理及其工程应用. 中国公路学报, 2009, 22(3)：121-125

[11] Li X B, Summers D A, Rupert G, et al. Experimental investigation on the breakage of hard rock by the PDC cutters with combined action modes. Tunnelling and Underground Space Technology, 2001,16(2)：107-115

[12] Li X B, Zhao F J, Summers D A, et al. Failure modes of PDC cutters under different loads. Transactions of Nonferrous Metals Society of China, 2002,12(3)：504-507

[13] Zhao F J, Li X B, Feng T. Experimental study of a new multifunctional device for rock fragmentation. Journal of Coal Science &Engineering(China), 2004,10(1)：29-32

[14] 赵伏军, 李夕兵, 冯涛. 动静载荷耦合作用下岩石破碎理论及试验研究. 岩石力学与工程学报, 2005,24(8)：1315-1321

[15] 赵伏军, 李夕兵, 冯涛. 动静载荷破碎脆性岩石的试验研究. 岩土力学, 2005, 26(7)：1038-1043

[16] 赵伏军, 谢世勇, 潘建忠, 等. 动静组合载荷作用下岩石破碎数值模拟及试验研究. 岩土工程学报, 2011,33(8)：1290-1295

[17] 赵伏军, 王宏宇, 彭云, 等. 动静组合载荷破岩声发射能量与破岩效果试验研究. 岩土工程学报, 2011,31(7)：1367-1368

[18] 张宗贤, 寇绍全. 关于岩石的动静态侵入断裂. 北京科技大学学报, 1990, 12(5)：401-407

[19] Lindquist P A, Lai H H, Alm O. Indentation fracture development in rock continuously observed with a scanning electron microscope. International Journal of Rock Mechanics and Mining Science, 1984,21(4)：162-182

[20] Hagan J T. Cone cracks around Vickers indentations in fused silica glass. Journal Material Science, 1979,14：462-466

[21] Lawn B R, Swain M V. Microfracture beneath point indentations in brittle solids. Journal Material Science, 1975,10：100-113

[22] Marshall D B, Lawn B R, Evans A G. Elastic/plastic indentation damage in ceramics：The lateral crack system. Journal of the American Ceramic Society, 1982, 65(11)：561-566

[23] 张宗贤, 寇绍全. 固体力学中侵入问题的若干新进展. 力学进展, 1992,22(2)：183-193

[24] Steverding B, Lehnigk D H. Collidion of stress pulses with obstacles dynamic of fracture. Journal of Applied Physics,1971, 42(8)：3231-3238

第 9 章　应力波在不同边界结构面的传播

在岩石爆破过程中，炸药爆炸后产生的冲击波随传播距离增大而急剧衰减为应力波，在岩石破碎过程中，应力波起着极为重要的作用[1]。但是，天然岩体并非均质体，岩体中存在有大量的不连续面，包括岩层与岩层的交界面和岩体中的软弱结构面，如断层、节理、裂隙等，它们严重地阻碍着应力波的传播，加剧着应力波能量的衰减。因此，研究结构面上应力波的传播特征，对于合理地采用凿岩爆破参数、提高爆炸能量利用率、改善爆破效果、抗震防震、地球物理勘探等均有其实际意义和理论指导作用。正因为如此，岩体中各种结构面、弱面和软弱夹层对应力波传播和爆破效果的影响早已引起了国内外研究者的重视[2-6]。对完全黏结的岩层性质间断面，我们可以采用完全黏结条件下的应力波折反射关系；而对岩体中存在的一些软弱结构面，特别是一些构造结构面，由于黏结力很小，一般小于 0.1MPa，有的甚至几乎无黏结力[7-10]。当爆炸应力波，主要为压应力波[11]，斜入射到这些结构面时，应力波在结构面上的切向分量将有可能导致岩层的相互滑动。因此，必须在先判断有无滑移的条件下，再视具体情况分别采用完全黏结或滑移条件下的折反射关系。另外，有些学者把岩体内不连续面看成是具有位移间断的两弹性半空间的接触面，其位移不连续量等于应力与节理刚度的比值，正应力和剪应力连续，因此也称为位移不连续模型[12-16]。应力波在节理处的传播就转化为求解波动方程的边值问题。考虑到岩石爆破时，虽然在其近区产生的是球面波或柱面波，但离爆破中心较远处，可将其简化为平面波。因此，本章仅就弹性平面波遇岩体不连续面的折射、反射等问题予以介绍。

9.1　一维纵波在杆性质突变处的反射与透射

研究一维应力波通过不连续面的透反射问题由来已久。早在 1957 年，Ripperger 等就给出了应力波通过不连续面时的透反射关系，其有效性也已由 Cone 通过试验得到了证实[17]。由于人们迫切需要了解 SHPB 试验的有效性，20 世纪 70 年代，Bertholf 等对两杆夹持的短试样两端面应力均匀化问题进行了研究[18,19]。Kenner 等还给出了一维波通过两偏心圆柱间的薄层时传输效应的分析和试验结果[20]。

如图 9-1 所示，当波由杆的 a 部分进入 b 部分时，其波阻也由 $m_a = \rho_a C_{oa} A_a$ 变为 $m_b = \rho_b C_{ob} A_b$，根据交界面 I - II 上力和速度的连续条件，有

$$\left. \begin{array}{c} P_I + P'_R = P_T \\ v_I + v_R = v_T \end{array} \right\} \tag{9-1}$$

又 $P_I = m_a v_I$，$P'_R = -m_a v_R$（逆波），$P_T = m_b v_T$，由此可得

$$
\left.\begin{aligned}
P'_R &= \frac{m_b - m_a}{m_b + m_a} P_I = \lambda_{a>b} P_I \\
P_T &= \frac{2m_b}{m_b + m_a} P_I = \mu_{a \to b} P_I
\end{aligned}\right\} \tag{9-2}
$$

式中，m_a、m_b 分别为 a、b 部分的一维纵波波阻；$\lambda_{a>b}$ 为一维纵波从 a 入射到 b 时的反射率；$\mu_{a \to b}$ 为一维纵波从 a 入射到 b 时的透射率。

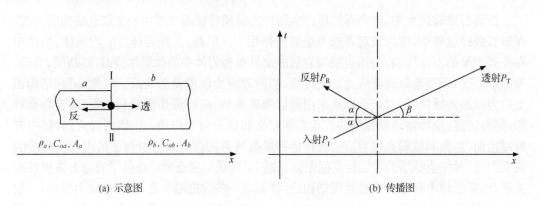

(a) 示意图　　　　　　　　　　　　　　　　　(b) 传播图

图 9-1　一维纵波在杆中的透射和反射

由式(9-2)可知：透射波的传播方向总是和入射波一致的，符号也一样，即入射为压力，透射也为压力；入射为拉力，透射也为拉力。但反射波却不然，其传播方向总是和入射波相反，符号可正可负，要视波阻变大或变小而定。同时还必须注意，入射波并非一定是顺波，入射波的方向可顺可逆，波的顺逆是相对于选取坐标的方向而言的，入射或反射则是以接近或离开界面而区分的，与坐标方向没有关系。

反射率和透射率之间存在如下关系：

$$
\lambda_{a>b} = -\lambda_{b>a} = \mu_{a \to b} - 1 \tag{9-3}
$$

杆中 a、b 两部分材质相同，只是截面积各异的情况最为常见。此时，$C_{oa} = C_{ob} = \sqrt{E/\rho}$，传播图中，$\alpha = \beta$，式(9-2)可改写为

$$
\left.\begin{aligned}
\sigma'_R &= \frac{1 - A_a/A_b}{1 + A_a/A_b} \sigma_I \\
\sigma_T &= \frac{2}{1 + A_a/A_b} \sigma_I
\end{aligned}\right\} \tag{9-4}
$$

若 a、b 两部分截面相同而材质不同时，则有

$$
\left.\begin{aligned}
\sigma'_R &= \frac{\rho_b C_{ob} - \rho_a C_{oa}}{\rho_b C_{ob} + \rho_a C_{oa}} \sigma_I \\
\sigma_T &= \frac{2\rho_b C_{ob}}{\rho_b C_{ob} + \rho_a C_{oa}} \sigma_I
\end{aligned}\right\} \tag{9-5}
$$

以下讨论几种特殊情形。

1) 完全透射

如果相邻两杆的性质完全相同，即两杆的材质和断面都一样，或者虽材料和断面不同，但能使得阻抗匹配，即 $\rho_a C_{oa} A_a = \rho_b C_{ob} A_b$，则有 $P'_R = 0$，$P_T = P_I$。此时，与无交界面存

在一样,杆 a 中的入射波形状和大小毫不改变地通过交界面透射到杆 b 中,而无反射波存在。

2) 自由端反射

当长杆一端悬空时,悬空端相当于自由端,此时,$m_b \rightarrow 0$ 或 $m_b/m_a \rightarrow 0$,由式(9-2)可以得到 $P_R' = -P_I, P_T = 0$,自由端受力 $P = P_I + P_R' = 0$,而自由端速度 $v = v_I + v_R = 2v_I$。这表明在自由端反射时,反射波的强度与入射波相等,符号相反,它的速度大小和方向均与入射波相同。在自由端部总位移(速度)是入射波位移(速度)的 2 倍,而端部的轴向力恒为零,这也正是自由端应满足的力的边界条件。

3) 固定端反射

当界面一侧的波阻极大,即 $m_b \rightarrow \infty$ 或 $m_b/m_a \rightarrow \infty$ 时,端面可视为固定端,此时的应力波界面反射称为固定端反射。根据式(9-2),有 $P_R' = P_I, v_R = -v_I$,因此,固定端的受力 $P = 2P_I$,速度为零。由此可见,在固定端产生的反射波,它的强度和入射波相等,符号相同。端部总的内力是入射波的 2 倍,而端部位移恒为零,这也正是固定端位移应满足的边界条件。

9.2　完全黏结条件下纵横波的折反射关系

在无限均匀的弹性介质中存在两种体波:一种是以速率 C_p 传播的纵波(膨胀波);另一种为以速率 C_s 传播的横波(畸变波)。当介质的边界远离波源而仅考虑波尚未到达边界这一阶段的传播过程时,则可以认为介质是无限的。然而,事实上,一种介质总是通过其边界与周围介质衔接着。波在介质性质发生间断的交界面将会产生复杂的反射和折射。在此过程中,一般还会产生与原入射波类型不同的波。例如,当纵波入射到两种介质的交界面时,不仅有反射和折射的纵波,同时还将产生横波,而且在一定的条件下,在交界面附近还会产生交界面波。这里将只讨论二维的波动问题,即假定一平面简谐波在交界面反射和折射。这种简单情况下所得到的波在交界面传播的有关信息,对于处理更为一般的波也是极为有用的。

9.2.1　波在自由边界上的反射

1. 纵波在自由表面的反射

如图 9-2 所示,设定 $x \geqslant 0$ 的半空间充满了弹性介质,在 $x < 0$ 的一侧为真空,不存在波的传播机制,即自由边界为 $x = 0$ 的平面。

设定纵波为一平面简谐波 A_1,其传播方向在 xy 平面内,并与 x 轴成 α_1 的角度,其位移用 φ_1 表示,则 φ_1 可设定为

$$\varphi_1 = A_1 \sin\left(\omega t + \frac{\omega}{C_p} x'\right)$$

又 $x' = x/\cos\alpha_1 = x\cos\alpha_1 + y\sin\alpha_1$,故有

$$\varphi_1 = A_1 \sin(\omega t + f_1 x + g_1 y) \tag{9-6}$$

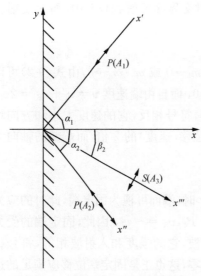

图 9-2　纵波在自由边界的反射

式中

$$f_1 = \frac{\omega\cos\alpha_1}{C_\mathrm{p}}, \quad g_1 = \frac{\omega\sin\alpha_1}{C_\mathrm{p}}$$

相应地，x、y 方向的位移分量为

$$\left.\begin{array}{c}u_1 = \varphi_1\cos\alpha_1\\ v_1 = \varphi_1\sin\alpha_1\end{array}\right\} \tag{9-7}$$

首先假定反射后只有纵波而无横波，其反射的纵波与 x 轴成 α_2 的角度，则

$$\varphi_2 = A_2\sin\left(\omega t - \frac{\omega x''}{C_\mathrm{p}} + \delta_1\right)$$

式中，δ_1 为一常数，即反射波与入射波的相位差，又因 $x'' = x\cos\alpha_2 - y\sin\alpha_2$，故也有

$$\varphi_2 = A_2\sin(\omega t - f_2 x + g_2 y + \delta_2) \tag{9-8}$$

式中，$f_2 = \dfrac{\omega\cos\alpha_2}{C_\mathrm{p}}$，$g_2 = \dfrac{\omega\sin\alpha_2}{C_\mathrm{p}}$。相应地，有

$$\left.\begin{array}{c}u_2 = -\varphi_2\cos\alpha_2\\ v_2 = \varphi_2\sin\alpha_2\end{array}\right\} \tag{9-9}$$

根据自由边界的边界条件

$$\sigma_x\big|_{x=0} = \tau_{yx}\big|_{x=0} = 0 \tag{9-10}$$

即

$$\sigma_x = \lambda e + 2G\frac{\partial u}{\partial x}\Big|_{x=0} = \lambda\left(\frac{\partial u}{\partial x} + \frac{\partial v}{\partial y}\right) + 2G\frac{\partial u}{\partial x}\Big|_{x=0} = 0$$

式中，λ 为拉梅（Lame）系数；e 为体积应变，$e = \varepsilon_x + \varepsilon_y + \varepsilon_z = \dfrac{\partial u}{\partial x} + \dfrac{\partial u}{\partial y}$。

又因

$$\left.\begin{array}{c}u = u_1 + u_2\\ v = v_1 + v_2\end{array}\right\} \tag{9-11}$$

由上述各式可得

$$\sigma_x = [\lambda(f_1\cos\alpha_1 + g_1\sin\alpha_1) + 2Gf_1\cos\alpha_1]\varphi_1'$$
$$+ [\lambda(f_2\cos\alpha_2 + g_2\sin\alpha_2) + 2Gf_2\cos\alpha_2]\varphi_2'$$

式中，$\varphi_1' = A_1\cos(\omega t + f_1 x + g_1 y)$；$\varphi_2' = A_2\cos(\omega t + f_2 x + g_2 y + \delta_1)$。

将 f_1、f_2、g_1、g_2 代入上式并简化后可得

$$\sigma_x\big|_{x=0} = \frac{\omega}{C_\mathrm{p}}[A_1(\lambda + 2G\cos^2\alpha_1)\cos(\omega t + g_1 y) + A_2(\lambda + 2G\cos^2\alpha_2)\cos(\omega t + g_2 y + \delta_1)]$$

因此，要满足边界条件（9-10），必须有

$$A_1(\lambda + 2G\cos^2\alpha_1)\cos(\omega t + g_1 y) + A_2(\lambda + 2G\cos^2\alpha_2)\cos(\omega t + g_2 y + \delta_1) = 0$$

显然，要使上式在任意的 y 和 t 上均成立，只有 $g_1 = g_2$（即 $\alpha_1 = \alpha_2$），$\delta_1 = 0$，$A_1 = -A_2$；或者 $g_1 = g_2$（即 $\alpha_1 = \alpha_2$），$\delta_1 = \pi$，$A_1 = A_2$。

另外，在边界上同时还应满足 $\tau_{yx}\big|_{x=0} = 0$。

$$\tau_{yx} = G\left(\frac{\partial v}{\partial x} + \frac{\partial u}{\partial y}\right)$$

$$= \frac{G}{2C_p}[A_1 \sin 2\alpha_1 \cos(\omega t + f_1 x + g_1 y) - A_2 \sin 2\alpha_2 \cos(\omega t - f_2 x + g_2 y + \delta_1)]$$

$$\tau_{yx}\mid_{x=0} = \frac{G}{2C_p}[A_1 \sin 2\alpha_1 \cos(\omega t + g_1 y) - A_2 \sin 2\alpha_2 \cos(\omega t + g_2 y + \delta_1)] = 0$$

要使这个条件成立,又必须有 $g_1 = g_2$,$\delta_1 = 0$,$A_1 = A_2$,或者 $g_1 = g_2$,$\delta_1 = \pi$,$A_1 = -A_2$。

显然,若反射后只有纵波,上述两个边界条件是不可能同时满足的,因此纵波反射时,不但有纵波,同时还会产生横波。

设反射后的横波为

$$\varphi_3 = A_3 \sin(\omega t - f_3 x + g_3 y + \delta_2) \tag{9-12}$$

式中,$f_3 = \dfrac{\omega \cos\beta_2}{C_s}$,$g_3 = \dfrac{\omega \sin\beta_2}{C_s}$,相应的位移分量为

$$\left.\begin{array}{c} u_3 = \varphi_3 \sin\beta_2 \\ v_3 = \varphi_3 \cos\beta_2 \end{array}\right\} \tag{9-13}$$

在边界上

$$\left.\begin{array}{c} u = u_1 + u_2 + u_3 \\ v = v_1 + v_2 + v_3 \end{array}\right\} \tag{9-14}$$

根据边界条件(9-10)可以求得:要满足边界上正应力和剪应力同时为零的条件,必须有下述等式成立

$$\left.\begin{array}{c} \sin\alpha_1/C_p = \sin\alpha_2/C_p = \sin\beta_2/C_s \\ (A_1 - A_2)\sin 2\alpha_1 + DA_3 \cos 2\beta_2 = 0 \\ (A_1 + A_2)D\cos 2\beta_2 - A_3 \sin 2\beta_2 = 0 \end{array}\right\} \tag{9-15}$$

式中,$D = C_p/C_s$。

根据式(9-15),当取定了材料的泊松比 ν 后,即可获得反射波振幅随入射角变化的关系曲线,如图 9-3 所示[21]。

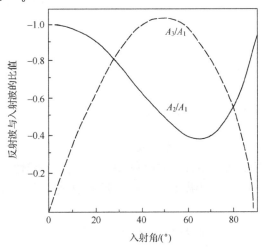

图 9-3 $\nu = 0.33$ 时不同入射角下反射波振幅的变化

由于任何形式的波都可以看成是不同频率的简谐波的叠加,因此式(9-15)对于任意形式的纵波都是成立的。垂直入射时,$\alpha_1 = 0$,由此可得,$A_3 = 0$,$A_1 = -A_2$。因此,纵波垂直入射时,不会产生横波,且反射的纵波与入射波振幅相等,其位相改变为 π。

2. 横波在自由表面的反射

对于 SV 波,由于该类波所对应的位移 $u = 0$,$v = 0$,即在 x、y 方向均无运动,根据边界条件

$$\sigma_x|_{x=0} = \tau_{yx}|_{x=0} = \tau_{zx}|_{x=0} = 0$$

可以得到,反射波仍为 SV 波,反射波振幅 B_2 与入射波振幅 B_1 相等,但位相相反,入射角 β_1 等于反射角 β_2,如图 9-4 所示。

对于 SH 波,如图 9-5 所示,根据边界条件

$$\sigma_x|_{x=0} = \tau_{xy}|_{x=0} = 0$$

类似纵波的处理方法,可得

$$\left.\begin{array}{l} \sin\beta_1/C_s = \sin\beta_2/C_s = \sin\alpha_2/C_p \\ (B_1 + B_2)\sin2\beta_1 - DB_3\cos2\beta_1 = 0 \\ (B_1 - B_2)D\cos2\beta_1 - B_3\sin2\alpha_2 = 0 \end{array}\right\} \tag{9-16}$$

垂直入射时,$\beta_1 = 0$,根据式(9-16)可得 $B_3 = 0$,即没有反射的纵波。

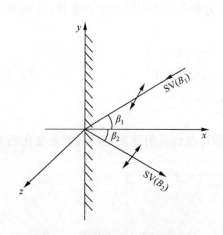

图 9-4 SV 波在自由表面的反射

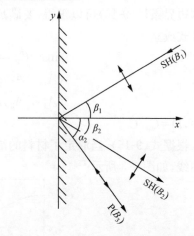

图 9-5 SH 波在自由边界上的反射

3. 纵横波在自由边界反射后的应力值

由于各应力波应力与其质点速度遵循线性关系,且各个波的质点速率的比值与振幅的比值是相等的,因此根据边界条件,同样可得用应力表示的弹性波在自由边界反射所服从的关系式。根据式(9-15),入射纵波应力 σ_I 与反射纵波应力 σ_R 和反射横波应力 τ_R 有下列关系:

$$\left.\begin{array}{l} (\sigma_I - \sigma_R)\sin2\alpha_1 - D^2\tau_R\cos2\beta_2 = 0 \\ (\sigma_I + \sigma_R)\cos2\beta_2 - \tau_R\sin2\beta_2 = 0 \end{array}\right\} \tag{9-17}$$

由此可得

$$
\left.
\begin{aligned}
\sigma_R &= R\sigma_I \\
\tau_R &= \left[(R+1)\cot 2\beta_2\right]\sigma_I \\
R &= \frac{\sin 2\alpha_1 \sin 2\beta_2 - D^2\cos^2 2\beta_2}{\sin 2\alpha_1 \sin 2\beta_2 + D^2\cos^2 2\beta_2} \\
&= \frac{\tan\beta_2 \tan^2 2\beta_2 - \tan\alpha_1}{\tan\beta_2 \tan^2 2\beta_2 + \tan\alpha_1}
\end{aligned}
\right\}
\tag{9-18}
$$

图 9-6 给出了不同泊松比 ν 下反射系数 R 与入射角 α 的关系曲线[22]。

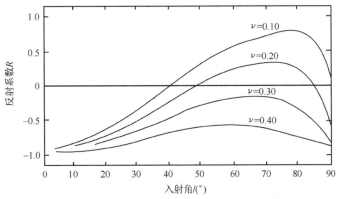

图 9-6　不同泊松比 ν 下反射系数 R 与入射角 α 的关系

对于垂直入射，$\alpha=0$，此时 $R=-1$。这表明，反射后不产生剪切波，反射波与入射波大小相等，符号相反，即一个压缩波将反射成为拉伸波。而一个拉伸波则反射后成为压缩波，由于自由面无约束，故使得自由面的一侧将获得 2 倍于相互作用的波的质点速率。一般而论，波的延续时间是有限的，当它反射时，反射波的头部将首先把它本身叠加到入射波的尾部，最后作为一完全的波出现并向着与入射波相反的方向运动，如图 9-7 和图 9-8 所示[22]。

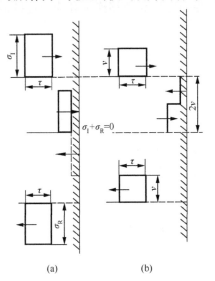

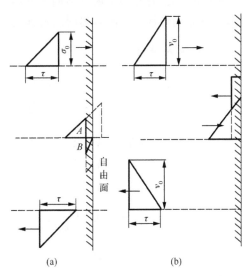

图 9-7　一个矩形脉冲在自由边界上垂直反射
产生的应力(a)、质点速率(b)的分布

图 9-8　一个锯齿形波在自由边界上垂直
反射产生的应力(a)、质点速率(b)的分布

对于一个横波倾斜地冲击时,如前所述,可能有两种情况:对于 SV 波,则不形成纵波;但对于 SH 波,即质点运动发生在入射平面内时,则会产生纵波,而且当入射角较大时,还会产生全反射($\alpha_2 = 90°$),开始全反射的临界入射角为

$$\beta_c = \arcsin(C_s/C_p) \tag{9-19}$$

对于一般的材料,β_c 约为 30°。对于入射角为 β_1,强度为 τ_I 的 SH 波,反射后的剪切波强度 τ_R 和纵波强度 σ_R 分别为

$$\left. \begin{array}{l} \tau_R = -R\tau_I \\ \sigma_R = (1-R)\tan2\beta_1 \times \tau_I \end{array} \right\} \tag{9-20}$$

图 9-9 给出了 $\nu = 0.25$ 时,R 作为 β_1 的函数的曲线。由图可知,在 $0 < \beta_1 < 35°$的极限区间将不会发生全反射[22]。

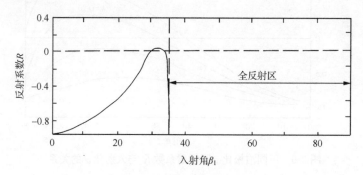

图 9-9　剪切波在自由面倾斜反射时反射系数 R 随入射角 β_1 的变化关系

9.2.2　波在两种介质分界面上的反射和折射

当任何一种弹性波到达没有相对滑动的边界时,就会产生四种波,其中两种折射到第二种介质中去,另外两个被反射回原介质。根据分界面上质点位移连续和应力连续的条件,可以分别得到纵横波入射时所遵循的关系。

1. 纵波入射的情形

当纵波入射时,如图 9-10 所示,有

$$\left. \begin{array}{l} \dfrac{\sin\alpha_1}{C_{p1}} = \dfrac{\sin\alpha_2}{C_{p1}} = \dfrac{\sin\alpha_3}{C_{p2}} = \dfrac{\sin\beta_2}{C_{s1}} = \dfrac{\sin\beta_3}{C_{s2}} \\[2mm] (A_1 - A_2)\cos\alpha_1 + A_3\sin\beta_2 - A_4\cos\alpha_3 - A_5\sin\beta_3 = 0 \\[2mm] (A_1 + A_2)\sin\alpha_1 + A_3\cos\beta_2 - A_4\sin\alpha_3 + A_5\cos\beta_3 = 0 \\[2mm] (A_1 + A_2)C_{p1}\cos2\beta_2 - A_3 C_{s1}\sin2\beta_2 \\[2mm] \qquad - A_4 C_{p2}\left(\dfrac{\rho_b}{\rho_a}\right)\cos2\beta_3 - A_5 C_{s2}\left(\dfrac{\rho_b}{\rho_a}\right)\sin2\beta_3 = 0 \\[2mm] \rho_a C_{s1}^2\left[(A_1 - A_2)\sin2\alpha_1 - A_3\left(\dfrac{C_{p1}}{C_{s1}}\right)\cos2\beta_2\right] \\[2mm] \qquad - \rho_b C_{s2}^2\left[A_4\left(\dfrac{C_{p1}}{C_{p2}}\right)\sin2\alpha_3 - A_5\left(\dfrac{C_{p1}}{C_{s2}}\right)\cos2\beta_3\right] = 0 \end{array} \right\} \tag{9-21}$$

垂直入射时，即 $\alpha_1 = 0$，由上述方程可得 $A_3 = A_5 = 0$，$\alpha_2 = \alpha_3 = 0$，故垂直入射时不产生剪切波，此时反射纵波和折射的纵波振幅 A_2、A_4 分别为

$$A_2 = A_1 \frac{\rho_b C_{p2} - \rho_a C_{p1}}{\rho_b C_{p2} + \rho_a C_{p1}} \left.\begin{array}{c}\\\\\\\end{array}\right\} \tag{9-22}$$

$$A_4 = A_1 \frac{2\rho_a C_{p1}}{\rho_b C_{p2} + \rho_a C_{p1}}$$

同理，若用应力表示，则有

$$\sigma_R = \frac{\rho_b C_{p2} - \rho_a C_{p1}}{\rho_b C_{p2} + \rho_a C_{p1}} \sigma_I = \lambda_{a>b}\sigma_I \left.\begin{array}{c}\\\\\\\end{array}\right\}$$

$$\sigma_T = \frac{2\rho_b C_{p2}}{\rho_b C_{p2} + \rho_a C_{p1}} \sigma_I = (1 + \lambda_{a>b})\sigma_I$$

$$\tag{9-23}$$

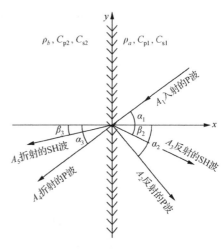

图 9-10　纵波倾斜入射的情形

式(9-23)也可直接通过边界条件获得，即边界两侧的应力在相互作用时的每一瞬间都必须相等，边界两侧正交质点速率必须相等，用表达式表示则为

$$\sigma_I(x,t) + \sigma_R(x,t) = \sigma_T(x,t) \left.\begin{array}{c}\\\\\end{array}\right\}$$

$$v_I(x,t) + v_R(x,t) = v_T(x,t)$$

$$\tag{9-24}$$

注意到 $\sigma = \pm\rho C_{p1} v$，则可由式(9-24)推出式(9-23)。

从式(9-23)可以得出以下结论：当介质的特征波阻抗 $\rho_a C_{p1}$ 与 $\rho_b C_{p2}$ 相等时，$\sigma_R/\sigma_I = 0$，即不产生反射波，此时入射波以它的全部强度折射进入第二种介质，正如边界两侧材料完全相同一样；当 $\rho_a C_{p1} < \rho_b C_{p2}$ 时，则 σ_R/σ_I 为正，这表明若 σ_I 原来为压缩波，则反射波也为压缩波；当 $\rho_a C_{p1} > \rho_b C_{p2}$ 时，则压缩波将反射成拉伸波，当然这必须是在交界处能承受拉伸的前提下，折射应力总是与入射应力同号，即压缩造成压缩，拉伸造成拉伸。如果交界处不能承受拉伸，则一个拉伸应力将在边界反射而成压缩应力，第二种介质的作用就好像全然不在那里一样。当 $\rho_b C_{p2}$ 为零时，相当于自由面条件，此时 $\sigma_R = -\sigma_I$，即一个压缩波将以它的全部应力水平反射成拉伸波，反之也是如此；当第二种介质完全是一种刚体时，$\rho_b C_{p2} \rightarrow \infty$，刚体所承受的应力将为入射应力的 2 倍，反射应力等于入射应力。垂直入射时，折射应力随波阻抗变化的关系如图 9-11 所示。图 9-12 还给出了两种不同情况下的

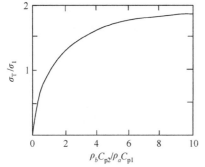

图 9-11　垂直入射时折射应力随
波阻抗比的变化关系

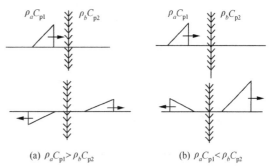

(a) $\rho_a C_{p1} > \rho_b C_{p2}$　　　　(b) $\rho_a C_{p1} < \rho_b C_{p2}$

图 9-12　垂直入射时锯齿形波在
材料交界面处的折反射

锯齿形波冲击两种不同材料的交界面时的反射和折射[22]。

2. SV 波入射的情形

当 SV 波入射时,如图 9-13 所示,在交界面处不产生纵波,各波的关系为

$$\left.\begin{array}{l} \dfrac{\sin\beta_1}{C_{s1}} = \dfrac{\sin\beta_2}{C_{s1}} = \dfrac{\sin\beta_3}{C_{s2}} \\[2mm] B_1 + B_2 - B_3 = 0 \\[2mm] \rho_a(B_1 - B_2)\sin2\beta_1 - B_3\rho_b\sin2\beta_3 = 0 \end{array}\right\} \tag{9-25}$$

3. SH 波入射的情况

当 SH 波入射时,如图 9-14 所示,有

$$\left.\begin{array}{l} \dfrac{\sin\beta_1}{C_{s1}} = \dfrac{\sin\beta_2}{C_{s1}} = \dfrac{\sin\alpha_2}{C_{p1}} = \dfrac{\sin\alpha_3}{C_{p2}} = \dfrac{\sin\beta_3}{C_{s2}} \\[2mm] (B_1 - B_2)\sin\beta_1 + B_3\cos\alpha_2 + B_4\cos\alpha_3 - B_5\sin\beta_3 = 0 \\[2mm] (B_1 + B_2)\cos\beta_1 + B_3\sin\alpha_2 - B_4\sin\alpha_3 - B_5\cos\beta_3 = 0 \\[2mm] C_{s1}(B_1 + B_2)\sin2\beta_1 - B_3 C_{p1}\cos2\beta_1 \\[2mm] \qquad + B_4 C_{p2}\left(\dfrac{\rho_b}{\rho_a}\right)\cos2\beta_3 - B_5 C_{s2}\left(\dfrac{\rho_b}{\rho_a}\right)\sin2\beta_3 = 0 \\[2mm] \rho_a C_{s1}\left[(B_1 - B_2)\cos2\beta_1 - B_3\left(\dfrac{C_{s1}}{C_{p1}}\right)\sin2\alpha_2\right] \\[2mm] \qquad - \rho_b C_{s2}\left[\left(\dfrac{C_{s2}}{C_{p2}}\right)B_4\sin2\alpha_3 + B_5\cos2\beta_3\right] = 0 \end{array}\right\} \tag{9-26}$$

垂直入射时,$\beta_1 = 0$,$B_3 = B_4 = 0$,反射和折射的剪切波振幅由下列方程控制,即

$$\left.\begin{array}{l} B_1 + B_2 = B_5 \\[2mm] B_1 - B_2 = \dfrac{\rho_b C_{s2}}{\rho_a C_{s1}} B_5 \end{array}\right\} \tag{9-27}$$

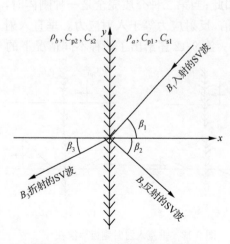

图 9-13 SV 波倾斜入射时的情形

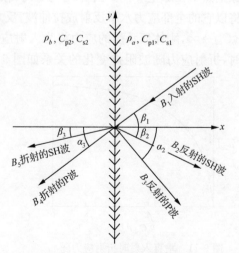

图 9-14 SH 波倾斜入射时的情形

9.3　可滑移条件下的折反射关系与岩体动力滑移准则

对于弹性平面波作用在非黏结性边界的情形，已有人进行过一些研究。Rinehart 给出了无摩擦能自由滑动界面两侧材料相同时压应力波斜入射的折反射关系[22]；Miller 等提出了求解考虑界面摩擦随滑动距离和滑动速率变化时折反射关系的一种近似解法[23,24]。本节通过引入岩体软弱结构面上正应力和剪应力的特定关系，给出了应力波斜入射到任意能滑动有摩擦的软弱结构面时折射和反射关系的精确表达式和据此得到的一些计算结果。在此基础上，提出了判断岩体是否沿结构面产生相对滑移的动力准则[25]。

9.3.1　可滑移条件下的折反射关系

1. 任意软弱结构面上的一般解

图 9-15(a)和(b)分别给出了波在界面上折射和反射时波势及其所对应的应力分量关系图。设纵波和横波的波势分别为 Φ、Ψ，入射的纵波和横波的波势为 Φ''、Ψ''，反射的为 Φ'、Ψ'，折射为 Φ_1''、Ψ_1''，则纵波波势的折射系数 $W_l = \Phi_1''/\Phi''$，纵波转化为横波的折射系数 $W_t = \Psi_1''/\Phi''$，纵波波势的反射系数 $V_{ll} = \Phi'/\Phi''$，纵波转化为横波的反射系数 $V_{lt} = \Psi'/\Phi''$。当 $z \geqslant 0$ 时，纵波和横波势函数可分别写为[26]

$$\left.\begin{array}{l} \Phi = (\Phi' e^{j\alpha z} + \Phi'' e^{-j\alpha z}) e^{j(\xi x - \omega t)} \\ \Psi = (\Psi' e^{j\beta z} + \Psi'' e^{-j\beta z}) e^{j(\xi x - \omega t)} \end{array}\right\} \tag{9-28}$$

当 $z < 0$ 时，没有反射波，只存在折射波，因此有

$$\left.\begin{array}{l} \Phi_1 = \Phi_1'' e^{-j\alpha_1 z} e^{j(\xi x - \omega t)} \\ \Psi_1 = \Psi_1'' e^{-j\beta_1 z} e^{j(\xi x - \omega t)} \end{array}\right\} \tag{9-29}$$

式中，$\xi = k_l \sin\theta = k_t \sin\gamma = k_{l1} \sin\theta_1 = k_{t1} \sin\gamma_1$；$\alpha = k_l \cos\theta$，$\alpha_1 = k_{l1} \cos\theta_1$；$\beta = k_t \cos\gamma$，$\beta_1 = k_{t1} \cos\gamma_1$；$k_l$、$k_{l1}$ 为纵波波数；k_t、k_{t1} 为横波波数。

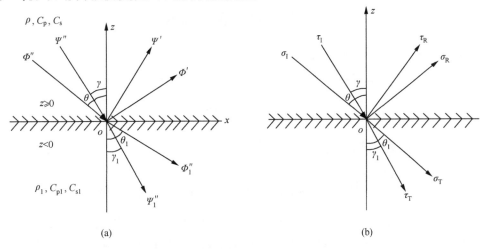

(a)　　　　　　　　　　　　　　　　(b)

图 9-15　波在界面上折射和反射示意图

位移、应力与势函数的关系分别为

$$
\left.\begin{aligned}
&u_x = \frac{\partial \Phi}{\partial x} - \frac{\partial \Psi}{\partial z}, \quad u_z = \frac{\partial \Phi}{\partial z} + \frac{\partial \Psi}{\partial x}, \quad u_y = 0 \\
&\sigma_z = \lambda \left(\frac{\partial u_x}{\partial x} + \frac{\partial u_z}{\partial z} \right) + 2G \frac{\partial u_z}{\partial z}, \quad \tau_{zx} = G \left(\frac{\partial u_z}{\partial z} + \frac{\partial u_z}{\partial x} \right)
\end{aligned}\right\}
\tag{9-30}
$$

在有摩擦能滑移的软弱结构面 $z=0$ 上,其应力与位移应满足下列边界条件

$$
\left.\begin{aligned}
&u_x(x,0,t) = u_{z1}(x,0,t) \\
&\sigma_z(x,0,t) = \sigma_{z1}(x,0,t) \\
&\tau_{zx}(x,0,t) = \tau_{zx1}(x,0,t) \\
&\tau_{zx}(x,0,t) = -\sigma_z(x,0,t)\tan\varphi
\end{aligned}\right\}
\tag{9-31}
$$

式中,φ 为结构面的摩擦角。

根据上述方程,可以得到

$$
\left.\begin{aligned}
&\alpha(\Phi' - \Phi'') + \xi(\Psi' + \Psi'') = -\alpha_1\Phi_1'' + \xi\Psi_1'' \\
&G[\beta(\Psi' - \Psi'') + p(\Phi' + \Phi'')] = G_1(-\beta_1\Psi_1'' - p_1\Phi_1'') \\
&G[\alpha(\Phi' - \Phi'') - p(\Psi' + \Psi'')] = G_1(-\alpha_1\Phi_1'' - p_1\Psi_1'') \\
&(-\alpha_1\Phi_1'' + p_1\Psi_1'') = (\beta_1\Psi_1'' + p_1\Phi_1'')\tan\varphi
\end{aligned}\right\}
\tag{9-32}
$$

式中

$$
p = (\xi^2 - k_1^2/2)\xi^{-1} = -k_t\cos2\gamma/(2\sin\gamma)
$$

$$
p_1 = (\xi^2 - k_{t1}^2/2)\xi^{-1} = -k_{t1}\cos2\gamma_1/(2\sin\gamma_1)
$$

又考虑压力波入射时,Ψ'' 应等于零,式(9-32)同除以 Φ'' 后可得

$$
\left.\begin{aligned}
&\alpha(V_{ll} - 1) + \xi V_{lt} = -\alpha_1 W_l + \xi W_t \\
&-p(1 + V_{ll}) + \beta V_{lt} = -G_1/G \times (\beta_1 W_t + p_1 W_l) \\
&\alpha(V_{ll} - 1) + p V_{lt} = G_1/G \times (-\alpha_1 W_l + p_1 W_t) \\
&(p_1\tan\varphi + \alpha_1)W_l + (\beta_1\tan\varphi - p_1)W_t = 0
\end{aligned}\right\}
\tag{9-33}
$$

由式(9-33)中的第四式可得

$$
W_l = \frac{p_1 - \beta_1\tan\varphi}{p_1\tan\varphi + \alpha_1}W_t = m_1 W_t
\tag{9-34}
$$

由式(9-33)中的第一、第三式可得

$$
V_{lt} = \frac{\alpha_1(1 - G_1/G)m_1 + (p_1 G_1/G - \xi)}{p - \xi}W_t = n_1 W_t
\tag{9-35}
$$

$$
V_{ll} = \frac{-\alpha_1 m_1 + \xi - \xi n_1}{\alpha}W_t + 1
\tag{9-36}
$$

再代入式(9-33)的第二式,可得

$$
W_t = \frac{2p}{\dfrac{G_1}{G}(\beta_1 + p_1 m_1) + \beta n_1 + \dfrac{p\alpha_1}{\alpha}m_1 + \dfrac{p\xi}{\alpha}(n_1 - 1)}
\tag{9-37}
$$

式(9-34)~式(9-37)即为可滑移条件下的折反射关系。根据以上各式,即可编制相应的计算程序来求算不同软弱结构面参数和不同波阻抗等条件下,应力波以不同角度斜入射时各折反射波的波幅值比,如图9-16~图9-18所示。对于图9-16和图9-17,$\rho_1/\rho =$

$0.8, C_{p1}/C_p = 0.8, C_{s1}/C_{p1} = C_s/C_p = 0.6$；对于图 9-18，$\rho_1/\rho = 2, C_{p1}/C_p = 2, C_{s1}/C_{p1} = C_s/C_p = 0.6$。

又入射纵波波势对应的入射应力 σ_I 及由此而产生的反射正应力 σ_R、剪应力 τ_R 及折射正应力 σ_T 和剪应力 τ_T 分别为

$$\left.\begin{array}{cc} \sigma_T/\sigma_I = W_l \rho_1/\rho, & \sigma_R/\sigma_I = V_{ll} \\ \tau_T/\sigma_I = W_t \rho_1/\rho, & \tau_R/\sigma_I = V_{lt} \end{array}\right\} \tag{9-38}$$

因此，求出了 W_l、V_{ll}、W_t、V_{lt} 后，对应的应力折反射系数也就不难得出了。

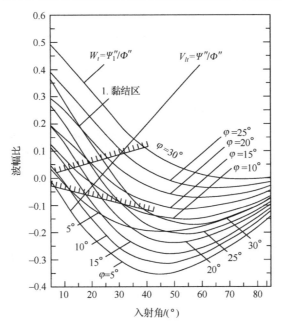

图 9-16　应力波通过有摩擦的软弱结构面时纵波转化为横波的折反射系数 W_t，V_{lt}

但必须注意：上述关系是在可滑移的条件下求出的。当波的入射角较小，它的切向分量不足以克服结构面摩擦力产生相对滑移时，该入射角范围内的折反射关系（图 9-16～图 9-18 中的黏结区部分）应按完全黏结条件重新求算。

2. 结构面两侧岩体相同的情形

岩体中的一些结构面，特别是一些由于构造应力场作用形成的断层、裂隙等，大都有可能穿过同一岩体。此时，$\rho_1/\rho = 1$，$C_{p1}/C_p = 1$，由式(9-35)可得 $n_1 = 1$，式(9-37)和式(9-36)分别变为

$$W_t = p/(\beta + pm) \tag{9-39}$$

$$V_{ll} = \beta/(\beta + pm) \tag{9-40}$$

式中

$$\beta = k_t \cos\gamma$$

$$p = -k_t \cos 2\gamma/(2\sin\gamma)$$

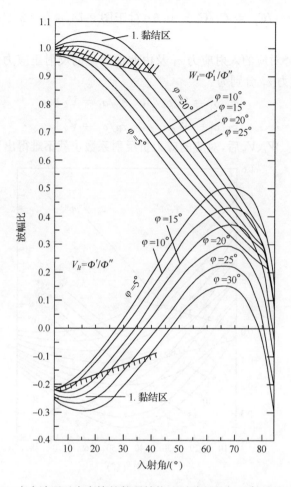

图 9-17　应力波通过有摩擦的软弱结构面时波幅的折反射系数 W_l、V_{lt}

$$m = \frac{\cos2\gamma + 2\tan\varphi\sin\gamma\cos\gamma}{\cos2\gamma\tan\varphi - 2\sin\gamma\cos\theta(C_s/C_p)}$$

将 β、p、m 代入后可得

$$V_{lt} = \frac{(C_s/C_p)^2\,\dfrac{\sin2\theta}{\cos2\gamma} - \tan\varphi}{\cot2\gamma + (C_s/C_p)^2\,\dfrac{\sin2\theta}{\cos2\gamma}} \tag{9-41}$$

$$W_t = V_{lt} = \frac{\tan\varphi - (C_s/C_p)^2\,\dfrac{\sin2\theta}{\cos2\gamma}}{1 + \tan2\gamma\,\dfrac{\sin2\theta}{\cos2\gamma}(C_s/C_p)^2} \tag{9-42}$$

$$W_l = \frac{\cot2\gamma + \tan\varphi}{\cot2\gamma + (C_s/C_p)^2\,\dfrac{\sin2\theta}{\cos2\gamma}} \tag{9-43}$$

图 9-19 与图 9-20 给出了 $C_s/C_p = 0.6$（对应的泊松比 $\nu = 0.22$）时不同摩擦角下压应力波斜入射时各波波势幅值的关系；图 9-21 与图 9-22 中，$C_s/C_p = 0.45$（$\nu = 0.37$）。

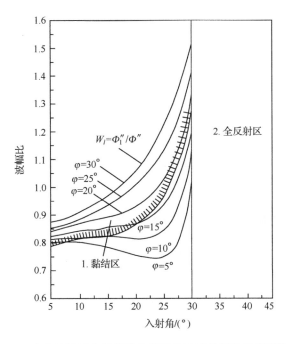

图 9-18　应力波通过有摩擦的软弱结构面时的纵波透射系数 W_l

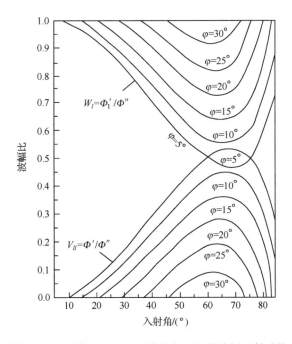

图 9-19　软弱结构面两侧岩体相同时不同摩擦角下的纵波折反射系数($C_s/C_p=0.6$)

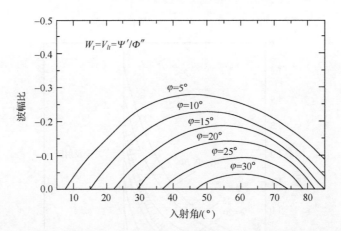

图 9-20　软弱结构面两侧岩体相同时不同摩擦角下纵波转化为横波的折反射系数($C_s/C_p=0.6$)

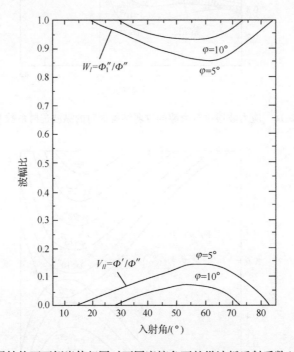

图 9-21　软弱结构面两侧岩体相同时不同摩擦角下的纵波折反射系数($C_s/C_p=0.45$)

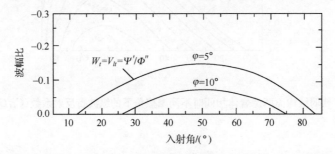

图 9-22　软弱结构面两侧岩体相同时不同摩擦角下纵波转化为横波的折反射系数($C_s/C_p=0.45$)

3. 可自由滑动的情形

令 $\tan\varphi = 0$，即为结构面两侧岩体可自由滑动的情形。由式(9-41)～式(9-43)可得到在此条件下各波幅比值与入射角之间的关系，这与 Rinehart 所给出的结果是一致的[22]，即

$$V_{ll} = \frac{\sin2\theta\sin2\gamma}{(C_p/C_s)^2\cos^2 2\gamma + \sin2\theta\sin2\gamma} \tag{9-44}$$

$$W_t = V_{ll} = -\frac{(C_p/C_s)\sin2\theta\cos2\gamma}{(C_p/C_s)^2\cos^2 2\gamma + \sin2\theta\sin2\gamma} \tag{9-45}$$

$$W_l = \frac{(C_p/C_s)^2\cos^2 2\gamma}{(C_p/C_s)^2\cos^2 2\gamma + \sin2\theta\sin2\gamma} \tag{9-46}$$

Rinehart[22]还给出了利用上述关系算出的 $\nu = 0.25$ 和 $\nu = 0.4$ 时各波幅值随入射角变化图，及求解爆炸时位移沿着岩石裂隙构造与原有断层发展的积分表达式。

9.3.2　结构面上的能流分布与岩体动力滑移准则

1. 软弱结构面上的能流分布

设应力波入射到单位面积结构面上的能流为 $\bar{E}_{pI}$，则

$$\bar{E}_{pI} = \frac{1}{2}\rho\Phi''^2\omega^4/C_p \tag{9-47}$$

相应的，折射纵波、折射横波、反射纵波、反射横波的能流 $\bar{E}_{pT}$、$\bar{E}_{sT}$、$\bar{E}_{pR}$、$\bar{E}_{sR}$ 以及它们与入射能流的比值 e_{pT}、e_{sT}、e_{pR}、e_{sR} 分别为

$$\bar{E}_{pT} = \frac{1}{2}\rho\Phi''^2\frac{\omega^4\cos\theta_1}{C_{pI}\cos\theta}, \quad e_{pT} = \frac{\rho_1\tan\theta}{\rho\tan\theta_1}W_l^2 \tag{9-48}$$

$$\bar{E}_{sT} = \frac{1}{2}\rho_1\Psi''^2_1\frac{\omega^4\cos\gamma_1}{C_{s1}\cos\theta}, \quad e_{sT} = \frac{\rho_1\tan\theta}{\rho\tan\gamma_1}W_t^2 \tag{9-49}$$

$$\bar{E}_{pR} = \frac{1}{2}\rho\Phi'^2\omega^4/C_p, \quad e_{pR} = V_{ll}^2 \tag{9-50}$$

$$\bar{E}_{sR} = \frac{1}{2}\rho\Psi'^2\frac{\omega^4\cos\gamma}{C_s\cos\theta}, \quad e_{sR} = \frac{\tan\theta}{\tan\gamma}V_{lt}^2 \tag{9-51}$$

由此可见，当结构面上的 W_l、W_t、V_{ll}、V_{lt} 求得以后，则对应的能量分布也就不难求出了。

2. 摩擦滑移准则与应力波在结构面上的能量耗损

对于完全黏结的交界面，不管应力波以何角度入射，都不会引起相对滑动和能量耗损，在某一时间内的入射能流将恒等于该时间内总的反射能流加上总的折射能流。但对于有摩擦的结构面，应力波斜入射时，存在以下两种情形。

（1）当 $\tau < \sigma\tan\varphi$ 时，结构面两侧岩体不会产生相对滑移，结构面上也不可能有能量耗损，结构面上的折反射关系可按完全黏结条件进行。

（2）当 $\tau \geqslant \sigma\tan\varphi$ 时，结构面两侧岩体将产生相对滑移，结构面必然要吸收一部分应

力波能量对此做功,因而波在结构面上的折反射必将伴随有一部分能量的耗损。

据此不难得出,判断岩体沿结构面产生滑移的条件为结构面上是否存在能量耗损,即岩体动力滑移准则为

$\bar{E}_A > 0$ 或 $e_A > 0$,则产生相对滑动;

$\bar{E}_A \leqslant 0$ 或 $e_A \leqslant 0$,则不产生相对滑动。

$$\bar{E}_A = \bar{E}_{pI} - \bar{E}_{pT} - \bar{E}_{sT} - \bar{E}_{pR} - \bar{E}_{sR} \tag{9-52}$$

$$e_A = 1 - \frac{\rho_1 \tan\theta}{\rho \tan\theta_1} W_i^2 - \frac{\rho_1 \tan\theta}{\rho \tan\gamma_1} W_t^2 - V_{li}^2 - V_{lt}^2 \frac{\tan\theta}{\tan\gamma} \tag{9-53}$$

据此,我们即可算出不同软弱结构面参数和岩体波阻抗等条件下结构面上的能量耗损,如图9-23和图9-24所示。同时,还可很方便地确定不同软弱结构面参数下导致岩体相对滑移的入射角范围,如图9-25～图9-27所示。

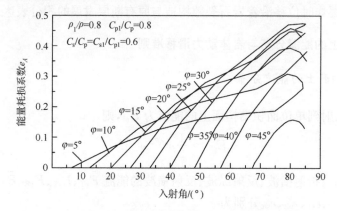

图 9-23　结构面上的能量耗损随入射角变化的关系曲线

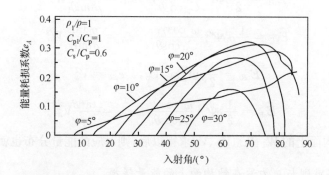

图 9-24　结构面两侧岩体相同时结构面上能量耗损随入射角变化的关系曲线

通过以上分析,可以概括为以下几点。

(1) 对于任意的软弱结构面,可根据这里所推得的关系编制出相应的计算程序,求算在滑移条件下的折反射关系及其结构面上的能量耗损系数,进而根据摩擦滑移条件,即 e_A 是否大于零,确定出不同结构面参数下导致岩体产生相对滑移的入射角范围 $[\theta_1, \theta_2]$。当入射角 θ 小于 θ_1 和大于 θ_2 时,结构面上的折反射关系应重新按完全黏结条件计算。

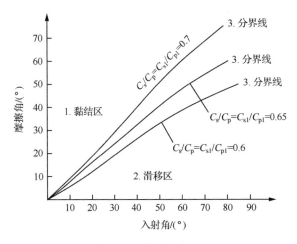

图 9-25　不同波速比导致岩体产生相对滑移的入射角范围

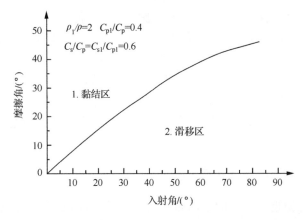

图 9-26　特定结构面参数下导致岩体产生相对滑移的入射角范围

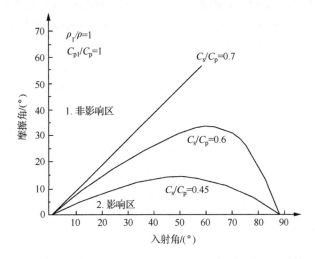

图 9-27　结构面两侧岩体相同时不同软弱结构面参数下影响应力波的入射角范围

（2）当入射角 θ 小于 θ_1 和大于 θ_2 时，岩体不沿结构面产生相对滑移。这表明，在该入射角范围内，结构面不影响波的传播，因而此时的结构面就相当于广义的介质分界面；若结构面两侧岩石性质相同，则意味着应力波在界面不产生反射，而像没有结构面一样完全进入结构面的另一侧。

（3）不同的岩体波阻特性和软弱结构面，影响波传播的入射角范围 $[\theta_1,\theta_2]$ 是不同的。结构面的摩擦角越大，其影响范围越小。当达到极限摩擦角 φ_c 时，压应力波无论以何角度入射，均不会导致结构面两侧岩体的相对滑移。同时，从图 9-25～图 9-27 给出的结果也清楚地表明：φ_c 值随泊松比的增大（C_s/C_p 值的减小）而降低，因此在分析爆破震动等对岩土工程的稳定性时，首先必须严格把握其岩土工程的波阻特性和贯穿性构造结构面的摩擦系数。不同岩体性质条件下的极限摩擦角为：当 $\rho_1/\rho=0.8$，$C_{p1}/C_p=0.8$，$C_{s1}/C_p=C_{s1}/C_{p1}=0.6$ 时，$\varphi_c=50°$；当 $\rho_1/\rho=2$，$C_{p1}/C_p=2$，$C_{s1}/C_{p1}=C_s/C_p=0.6$ 时，$\varphi_c=18°$；当 $\rho_1/\rho=2$，$C_{p1}/C_p=0.4$，$C_{s1}/C_{p1}=C_s/C_p=0.6$ 时，$\varphi_c=45°$。若结构面两侧岩体相同，则 $C_s/C_p=0.6$ 时，$\varphi_c=35°$；$C_s/C_p=0.45$ 时，$\varphi_c=15°$。

（4）对确定的岩体均存在最不利于波传播的岩体软弱结构面和入射角（e_A 最大）。当爆炸应力波以最不利于波传播的入射角入射到这样的结构面时，结构面将会吸收近一半的入射波能量用来产生相对滑移。显然，这样的结构面和能导致这样的入射角的震源应作为抗震防震的重点；在矿山爆破破岩过程中，若药包附近存在这样的结构面，而且爆炸应力波又是以这样的入射角进入结构面时，可能会导致大块的产生。因此，在工程实际中必须针对不同的地质构造和岩体特征，合理选择爆破参数，避免应力波以最不利于波传播的入射角传播。

9.3.3　爆破近区结构面的整体界面效应

爆破岩石时，爆源近区产生的是球面波或柱面波，但离爆破中心较远时，均可将其简化为平面波，所以当交界面为平面并且离爆破中心较远时，其交界面上任意一点的应力波入射角都相等，每点的折反射关系也都一样，可以用前面的分析方法来分析整体界面的应力场分布情况，从而可知界面是否滑移；另外，也可用摩擦滑移准则判断交界面是否滑移。但是，当交界面为曲面或在爆破中心的近区时，由于界面上各点处的入射角都不同，每处的折反射关系也都不同。软弱结构面上任意点的一般解有的应按完全黏结条件来算，而有的应按可滑移条件来算。这里，我们给出了判断爆破近区结构面是否滑移的计算方法[27]。

应力波与结构面的几何关系如图 9-28 所示。设结构面为平面，其长度为 $2a$，由于对称性，考虑爆源在对称轴右边，由几何关系图可以得到

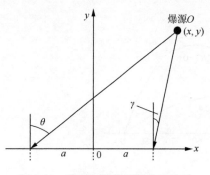

图 9-28　爆源与结构面的位置关系

$$\left.\begin{array}{l}\theta=\arctan\left(\dfrac{x+a}{y}\right)\\[2mm]\gamma=\arctan\left(\dfrac{x-a}{y}\right)\end{array}\right\}\qquad(9\text{-}54)$$

设一微元体长度结构面的入射角范围大小为：step＝$(\theta-\gamma)/n$，当 n 足够大时，就可认为微元上的入射应力波就是平面波，则可采用一般解的分析方法来分析微元上的折反射关系和应力分布，这样就可以得到

$$F_N = \sum_{i=1}^{n} \sigma_{Ti} \cos\gamma_{1i} ds = \sum_{i=1}^{n} \sigma_I (\rho_1/\rho) W_{ti} \cos\gamma_{1i} ds \tag{9-55a}$$

$$F_S = \sum_{i=1}^{n} (\sigma_{Ti} \sin\gamma_{1i} + \tau_{Ti}) ds = \sum_{i=1}^{n} \sigma_I (\rho_1/\rho)(W_{ti} \sin\gamma_{1i} + W_{ti}) ds \tag{9-55b}$$

式中，ds 为微元的面积；F_N、F_S 为应力波通过结构面时结构面上垂直方向的力与剪切方向的力；σ_I 为入射应力波的应力幅值；i 为第 i 个微元；其他符号意义同前。

设整个结构面的可滑移安全系数定义如下：

$$S = \frac{抗滑力}{滑动力} = \frac{F_N \tan\phi}{F_S} \tag{9-56}$$

在完全黏结条件下，则由式(9-56)的稳定性系数可判断界面是否滑动。当 $S \geqslant 1$ 时，界面稳定；当 $S < 1$ 时，界面滑动。而在可滑移条件下计算时，则不能用式(9-56)来评判，而应通过下面的式子来判断

$$e_A = \sum e_{Ai} \tag{9-57}$$

式中，e_{Ai} 为每个微元上的能量损耗值。

当 $e_A > 0$ 时，界面会滑动；当 $e_A \leqslant 0$ 时，界面稳定。显然，当微元上的应力波入射角较小时，e_{Ai} 将为负值。虽然 e_{Ai} 为负值时没有实际的物理意义，但其从另一方面反映了界面的可滑移程度，从而也就反映了界面的稳定性程度，所以可用来作为整体界面上滑移的评判标准。

设软弱结构面长 $2a = 20$m，应力波源 O 距结构面的垂直距离 $Y = 20$m，距对称轴距离为 X，随 X 的不同，应力波的入射角度也不同，因而整个界面上对应力波的响应也就会不同。完全黏结和可滑移条件下的稳定性系数与能量损耗值如图 9-29 所示。

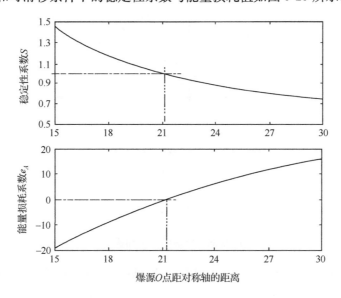

图 9-29　不同条件下的稳定性系数和能量损耗系数（摩擦角为 30°）

由图 9-29 可以看出：两种方法计算得到的结果均显示，当爆源 O 距对称轴的距离较小时，即应力波的入射角比较小，稳定性系数大于 1，而能量损耗值小于零；当爆源 O 距对称轴的距离较大时，即应力波的入射角比较大，稳定性系数小于 1，而能量损耗值大于零。其滑移与稳定的分界点为距爆源 O 点 21m 的距离。

9.4 应力波在闭合节理处的传播

研究应力波在节理处传播时，要考虑节理的结合特征，即节理是张开的，闭合胶结的或可滑移的。对于闭合节理处应力波的传播，主要采用位移不连续模型，该模型将节理变形作为波动方程的非连续边界条件，波传过节理时，应力场是连续的，但由于节理变形，位移场是不连续的。对于单一线性变形节理，Schoenberg[12] 和 Pyrak-Nolte[13] 提出了线弹性位移不连续模型，而且该模型已由室内和现场试验所证实。但是，大量研究发现，天然岩石节理的完整变形过程是非线性的[28,29]，据此又提出了非线线位移不连续模型[14-16]。本节将介绍垂直纵波在单一非线性法向变形节理处的传播。

9.4.1 纵波在线性法向变形节理处的传播

现在，我们来考虑一个在 xz 平面内传播的纵波 $S^{(1)}$，取分界面为 xy 面，介质 1 和介质 2 都是均匀且各向同性的。当纵波以入射角 α 入射到界面时，通过同时发生的透射和反射作用，通常产生以下四种不同的波：反射纵波 $S^{(2)}$ 和横波 $S^{(3)}$，透射纵波 $S^{(4)}$ 和横波 $S^{(5)}$，如图 9-30 所示。图中 α 和 β 分别表示反射纵波和反射横波的反射角，α' 和 β' 分别表示透射纵波和透射横波的折射角。

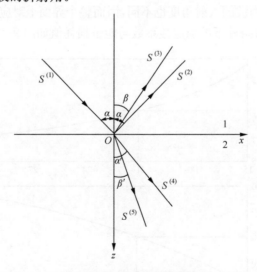

图 9-30 纵波的反射和透射

用弹性位移量值来表示波，并将入射波、反射纵波、反射横波、透射纵波和透射横波的波函数可写成以下通式[30]：

$$S^{(i)} = S_0^{(i)} e^{i[k_x^{(i)}x + k_z^{(i)}z - \omega t]} \tag{9-58}$$

式中, $i=1,2,3,4,5$; k_x、k_y 为波矢; ω 为波的圆频率; 且

$$k_x^{(1)} = k_x^{(2)} = k_x^{(3)} = k_x^{(4)} = k_x^{(5)} \tag{9-59}$$

$$k_x^{(1)} = \frac{\omega}{C_{p1}}\sin\alpha, \quad k_x^{(2)} = \frac{\omega}{C_{p1}}\sin\alpha, \quad k_x^{(3)} = \frac{\omega}{C_{s1}}\sin\beta, \quad k_x^{(4)} = \frac{\omega}{C_{p2}}\sin\alpha', \quad k_x^{(5)} = \frac{\omega}{C_{s2}}\sin\alpha' \tag{9-60}$$

$$k_z^{(1)} = \frac{\omega}{C_{p1}}\cos\alpha, \quad k_z^{(2)} = -\frac{\omega}{C_{p1}}\cos\alpha, \quad k_z^{(3)} = -\frac{\omega}{C_{s1}}\cos\beta, \quad k_z^{(4)} = \frac{\omega}{C_{p2}}\cos\alpha', \quad k_z^{(5)} = \frac{\omega}{C_{s2}}\cos\beta' \tag{9-61}$$

$$\frac{\sin\alpha}{C_{p1}} = \frac{\sin\beta}{C_{s1}} = \frac{\sin\alpha'}{C_{p2}} = \frac{\sin\beta'}{C_{s2}} \tag{9-62}$$

式中, C_{p1} 和 C_{s1} 分别表示介质 1 的纵波和横波速度; C_{p2} 和 C_{s2} 分别表示介质 2 的纵波和横波速度。其中, 式 (9-62) 表示反射定律和透射定律, 其在可滑移界面处仍然成立。

由图 9-30 可知, 在介质 1 中, 位移的直角分量为

$$\left.\begin{array}{l} u_1 = S^{(1)}\sin\alpha + S^{(2)}\sin\alpha - S^{(3)}\cos\beta \\ w_1 = S^{(1)}\cos\alpha - S^{(2)}\cos\alpha - S^{(3)}\sin\beta \end{array}\right\} \tag{9-63}$$

在介质 2 中, 位移的直角分量为

$$\left.\begin{array}{l} u_2 = S^{(4)}\sin\alpha' + S^{(5)}\cos\beta' \\ w_2 = S^{(4)}\cos\alpha' - S^{(5)}\sin\beta' \end{array}\right\} \tag{9-64}$$

根据线性位移不连续模型, 此问题的边界条件如下:

在 xy 平面上, 在 $z=0$ 处有

$$\left.\begin{array}{l} (\sigma_{zz})_1 = (\sigma_{zz})_2 \\ (\sigma_{zx})_1 = (\sigma_{zx})_2 \\ u_1 - u_2 = \dfrac{\sigma_{zx}}{K_x} \\ w_1 - w_2 = \dfrac{\sigma_{zz}}{K_z} \end{array}\right\} \tag{9-65}$$

式中, K_x 表示节理的剪切刚度; K_z 表示节理的法向刚度。

利用各向同性介质中的胡克定律, 前两个条件变为

$$\left.\begin{array}{l} \lambda_1\theta_1 + 2G_1(\varepsilon_{zz})_1 = \lambda_2\theta_2 + 2G_2(\varepsilon_{zz})_2 \\ G_1(\varepsilon_{zx})_1 = G_2(\varepsilon_{zx})_2 \end{array}\right\} \tag{9-66}$$

式中

$$\left.\begin{array}{l} \theta_1 = \dfrac{\partial u_1}{\partial x} + \dfrac{\partial w_1}{\partial z}, \quad (\varepsilon_{zz})_1 = \dfrac{\partial w_1}{\partial z} \\[2mm] \theta_2 = \dfrac{\partial u_2}{\partial x} + \dfrac{\partial w_2}{\partial z}, \quad (\varepsilon_{zz})_2 = \dfrac{\partial w_2}{\partial z} \\[2mm] (\varepsilon_{zx})_1 = \dfrac{\partial u_1}{\partial z} + \dfrac{\partial w_1}{\partial x} \\[2mm] (\varepsilon_{zx})_2 = \dfrac{\partial u_2}{\partial z} + \dfrac{\partial w_2}{\partial x} \end{array}\right\} \tag{9-67}$$

又因为波速与介质弹性参数之间存在 $C_p = \sqrt{(\lambda + 2G)/\rho}$ 及 $C_s = \sqrt{G/\rho}$ 关系，由此可得

$$\left.\begin{array}{l} \lambda = (C_p^2 - 2C_s^2)\rho \\ G = C_s^2\rho \end{array}\right\} \qquad (9\text{-}68)$$

于是边值条件就变为

$$\left.\begin{array}{l} (C_{p1}^2 - 2C_{s1}^2)\theta_1 + 2C_{s1}^2\dfrac{\partial w_1}{\partial z} \\[2mm] = \dfrac{\rho_2}{\rho_1}\left[(C_{p2}^2 - 2C_{s2}^2)\theta_2 + 2C_{s2}^2\dfrac{\partial w_2}{\partial z}\right] \\[4mm] C_{s1}^2\left(\dfrac{\partial u_1}{\partial z} + \dfrac{\partial w_1}{\partial x}\right) = \dfrac{\rho_2}{\rho_1}C_{s2}^2\left(\dfrac{\partial u_2}{\partial z} + \dfrac{\partial w_2}{\partial x}\right) \\[4mm] u_1 - u_2 = \dfrac{\rho_1 C_{s1}^2\left(\dfrac{\partial u_1}{\partial z} + \dfrac{\partial w_1}{\partial x}\right)}{K_x} \\[5mm] = \dfrac{\rho_2 C_{s2}^2\left(\dfrac{\partial u_2}{\partial z} + \dfrac{\partial w_2}{\partial x}\right)}{K_x} \\[5mm] w_1 - w_2 = \dfrac{\rho_1\left[(C_{p1}^2 - 2C_{s1}^2)\theta_1 + 2C_{s1}^2\dfrac{\partial w_1}{\partial z}\right]}{K_z} \\[5mm] = \dfrac{\rho_2\left[(C_{p2}^2 - 2C_{s2}^2)\theta_2 + 2C_{s2}^2\dfrac{\partial w_2}{\partial z}\right]}{K_z} \end{array}\right\} \qquad (9\text{-}69)$$

由式 $(9\text{-}58)\sim$ 式 $(9\text{-}64)$ 并省略因子 $e^{j(k_x x - \omega t)}$ 可得

$$\left.\begin{array}{l} \left.\dfrac{\partial u_1}{\partial x}\right|_{z=0} = j\omega\left[\dfrac{\sin^2\alpha}{C_{p1}}(S_0^{(1)} + S_0^{(2)}) - \dfrac{\cos\beta\sin\beta}{C_{s1}}S_0^{(3)}\right] \\[4mm] \left.\dfrac{\partial w_1}{\partial x}\right|_{z=0} = j\omega\left[\dfrac{\cos^2\alpha}{C_{p1}}(S_0^{(1)} + S_0^{(2)}) + \dfrac{\cos\beta\sin\beta}{C_{s1}}S_0^{(3)}\right] \\[4mm] \theta_1|_{z=0} = \left.\dfrac{\partial u_1}{\partial x}\right|_{z=0} + \left.\dfrac{\partial w_1}{\partial x}\right|_{z=0} = \dfrac{j\omega}{C_{p1}}(S_0^{(1)} + S_0^{(2)}) \\[4mm] \left.\dfrac{\partial u_1}{\partial z}\right|_{z=0} = j\omega\left[\dfrac{\sin\alpha\cos\alpha}{C_{p1}}(S_0^{(1)} - S_0^{(2)}) - \dfrac{\cos^2\beta}{C_{s1}}S_0^{(3)}\right] \\[4mm] \left.\dfrac{\partial w_1}{\partial z}\right|_{z=0} = j\omega\left[\dfrac{\sin\alpha\cos\alpha}{C_{p1}}(S_0^{(1)} - S_0^{(2)}) - \dfrac{\sin^2\beta}{C_{s1}}S_0^{(3)}\right] \\[4mm] (\varepsilon_{zx})_1|_{z=0} = \left.\dfrac{\partial u_1}{\partial z}\right|_{z=0} + \left.\dfrac{\partial w_1}{\partial x}\right|_{z=0} = j\omega\left[\dfrac{\sin 2\alpha}{C_{p1}}(S_0^{(1)} - S_0^{(2)}) + \dfrac{\cos 2\beta}{C_{s1}}S_0^{(3)}\right] \end{array}\right\} \qquad (9\text{-}70)$$

$$\left. \frac{\partial u_2}{\partial x}\right|_{z=0} = \mathrm{j}\omega\left(\frac{\sin^2\alpha'}{C_{p2}}S_0^{(4)} + \frac{\cos\beta'\sin\beta'}{C_{s2}}S_0^{(5)}\right)$$

$$\left. \frac{\partial w_2}{\partial x}\right|_{z=0} = \mathrm{j}\omega\left(\frac{\cos^2\alpha'}{C_{p2}}S_0^{(4)} - \frac{\cos\beta'\sin\beta'}{C_{s2}}S_0^{(5)}\right)$$

$$\theta_2|_{z=0} = \left.\frac{\partial u_2}{\partial x}\right|_{z=0} + \left.\frac{\partial w_2}{\partial x}\right|_{z=0} = \frac{\mathrm{j}\omega}{C_{p2}}S_0^{(4)}$$

$$\left.\frac{\partial u_2}{\partial z}\right|_{z=0} = \mathrm{j}\omega\left(\frac{\sin\alpha'\cos\alpha'}{C_{p2}}S_0^{(4)} + \frac{\cos^2\beta'}{C_{s2}}S_0^{(5)}\right)$$

$$\left.\frac{\partial w_2}{\partial z}\right|_{z=0} = \mathrm{j}\omega\left(\frac{\sin\alpha'\cos\alpha'}{C_{p2}}S_0^{(4)} - \frac{\sin^2\beta'}{C_{s2}}S_0^{(5)}\right)$$

$$(\varepsilon_{xx})_2|_{z=0} = \left.\frac{\partial u_2}{\partial z}\right|_{z=0} + \left.\frac{\partial w_2}{\partial x}\right|_{z=0} = \mathrm{j}\omega\left(\frac{\sin 2\alpha'}{C_{p2}}S_0^{(4)} + \frac{\cos 2\beta'}{C_{s2}}S_0^{(5)}\right)$$

$$(9\text{-}71)$$

再将式(9-63)、式(9-64)、式(9-70)和式(9-71)代入边界条件(9-69)中,消去公因子并略加整理,可得到

$$S_0^{(1)}(C_{p1}^2 - 2C_{s1}^2\sin^2\alpha)/C_{p1} + S_0^{(2)}(C_{p1}^2 - 2C_{s1}^2\sin^2\alpha)/C_{p1} + S_0^{(3)}C_{s1}\sin 2\beta$$
$$- S_0^{(4)}\frac{\rho_2}{\rho_1}(C_{p2}^2 - 2C_{s2}^2\sin^2\alpha')/C_{p2} + S_0^{(5)}C_{s2}\sin 2\beta' = 0$$

$$S_0^{(1)}(C_{s1}^2\sin 2\alpha)/C_{p1} - S_0^{(2)}(C_{s1}^2\sin 2\alpha)/C_{p1} + S_0^{(3)}C_{s1}\cos 2\beta$$
$$- S_0^{(4)}\frac{\rho_2}{\rho_1}(C_{s2}^2\sin 2\alpha')/C_{p2} + S_0^{(5)}\frac{\rho_2}{\rho_1}C_{s2}\cos 2\beta' = 0$$

$$S_0^{(1)}\sin\alpha + S_0^{(2)}\sin\alpha - S_0^{(3)}\cos\beta - S_0^{(4)}\sin\alpha' - S_0^{(5)}\cos\beta'$$
$$= \mathrm{j}\omega G_1\left[\frac{\sin 2\alpha}{C_{p1}}(S_0^{(1)} - S_0^{(2)}) + \frac{\cos 2\beta}{C_{s1}}S_0^{(3)}\right]/K_x$$
$$= \mathrm{j}\omega G_2\left(\frac{\sin 2\alpha'}{C_{p2}}S_0^{(4)} + \frac{\cos 2\beta'}{C_{s2}}S_0^{(5)}\right)/K_x$$

$$S_0^{(1)}\cos\alpha - S_0^{(2)}\cos\alpha - S_0^{(3)}\sin\beta - S_0^{(4)}\cos\alpha' - S_0^{(5)}\sin\beta'$$
$$= \frac{\rho_1(C_{p1}^2 - 2C_{s1}^2)\frac{\mathrm{j}\omega(S_0^{(1)}+S_0^{(2)})}{C_{p1}} + 2G_1\mathrm{j}\omega\left[\frac{\cos^2\alpha'}{C_{p1}}(S_0^{(1)}+S_0^{(2)}) + \frac{\cos\beta\sin\beta}{C_{s1}}S_0^{(3)}\right]}{K_z}$$
$$= \frac{\rho_2(C_{p2}^2 - 2C_{s2}^2)\frac{\mathrm{j}\omega S_0^{(4)}}{C_{p2}} + 2G_1\mathrm{j}\omega\left(\frac{\cos^2\alpha'}{C_{p2}}S_0^{(4)} - \frac{\cos\beta'\sin\beta'}{C_{s2}}S_0^{(5)}\right)}{K_z}$$

$$(9\text{-}72)$$

由方程组(9-72)确定各波幅之间的关系后,就可以定义纵波入射时位移振幅反射系数和透射系数如下:

反射纵波的位移振幅反射系数　$R_{pp} = S_0^{(2)}/S_0^{(1)}$
反射横波的位移振幅反射系数　$R_{ps} = S_0^{(3)}/S_0^{(1)}$
透射纵波的位移振幅透射系数　$T_{pp} = S_0^{(4)}/S_0^{(1)}$
透射横波的位移振幅透射系数　$T_{ps} = S_0^{(5)}/S_0^{(1)}$

$$(9\text{-}73)$$

于是,用 $S_0^{(1)}$ 除方程组(9-72)中的各项,就得到了各个系数所满足的联立方程组,即

$$(C_{p1}^2 - 2C_{s1}^2 \sin^2\alpha)/C_{p1} + R_{pp}(C_{p1}^2 - 2C_{s1}^2 \sin^2\alpha)/C_{p1} + R_{ps}C_{s1}\sin2\alpha'$$

$$- T_{pp}\frac{\rho_2}{\rho_1}(C_{p2}^2 - 2C_{s2}^2\sin^2\beta)/C_{p2} + T_{ps}C_{s2}\sin2\beta' = 0$$

$$(C_{s1}^2\sin2\alpha)/C_{p1} - R_{pp}(C_{s1}^2\sin2\alpha)/C_{p1} + R_{ps}C_{s1}\cos2\alpha'$$

$$- T_{pp}\frac{\rho_2}{\rho_1}(C_{s2}^2\sin2\alpha')/C_{p2} + T_{ps}\frac{\rho_2}{\rho_1}C_{s2}\cos2\beta' = 0$$

$$\sin\alpha + R_{pp}\sin\alpha - R_{ps}\cos\beta - T_{pp}\sin\alpha' - T_{ps}\cos\beta'$$

$$= j\omega G_1\left[\frac{\sin2\alpha}{C_{p1}}(1 - R_{pp}) + \frac{\cos2\beta}{C_{s1}}R_{ps}\right]/K_x$$

$$= j\omega G_2\left(\frac{\sin2\alpha'}{C_{p2}}T_{pp} + \frac{\cos2\beta'}{C_{s2}}T_{ps}\right)/K_x$$

$$\cos\alpha - R_{pp}\cos\alpha - R_{ps}\sin\beta - T_{pp}\cos\alpha' - T_{ps}\sin\beta'$$

$$= \frac{\rho_1(C_{p1}^2 - 2C_{s1}^2)\dfrac{j\omega(1+R_{pp})}{C_{p1}} + 2j\omega\mu_1\left[\dfrac{\cos^2\alpha}{C_{p1}}(1+R_{pp}) + \dfrac{\cos\beta\sin\beta}{C_{s1}}R_{ps}\right]}{K_z}$$

$$= \frac{j\omega\rho_2(C_{p2}^2 - 2C_{s2}^2)\dfrac{T_{pp}}{C_{p2}} + 2j\omega\mu_2\left(\dfrac{\cos^2\alpha'}{C_{p2}}T_{pp} - \dfrac{\cos\beta'\sin\beta'}{C_{s2}}T_{ps}\right)}{K_z}$$

$$(9\text{-}74)$$

求解该方程组，就能得到各个反射系数和透射系数的表达式。式(9-74)中除包含波速 C_{p1}、C_{s1}、C_{p2}、C_{s2} 和 ρ_2、ρ_2、K_x、K_z 等已知量外，还包含入射角 α、反射角 α 和 β 以及透射角 α' 和 β'。这些角度可以根据式(9-62)写成入射角 α 的函数，于是式(9-74)也就变成了入射角 α 的函数。

现在，我们考虑纵波垂直入射，即 $\alpha=0$ 的情况。此时，$R_{ps}=0$ 和 $T_{ps}=0$，节理不含有剪切变形。当 $\alpha=0$ 时，由式(9-62)可得

$$\alpha = \alpha' = \beta = \beta' = 0 \tag{9-75}$$

把式(9-75)代入式(9-74)得

$$1 + R_{pp} - \frac{\rho_2 C_{p2}}{\rho_1 C_{p1}}T_{pp} = 0$$

$$R_{ps} + \frac{\rho_2 C_{s2}}{\rho_1 C_{s1}}T_{ps} = 0$$

$$R_{ps} + \left(1 + \frac{j\omega\rho_2 C_{s2}}{K_x}\right)T_{ps} = 0$$

$$1 - R_{pp} - T_{pp} = \frac{j\omega\rho_2 C_{p2}}{K_z}T_{pp}$$

$$(9\text{-}76)$$

联立求解，得到

$$(R_{pp})_0 = \frac{K_z(Z_2 - Z_1) - j\omega Z_1 Z_2}{K_z(Z_1 + Z_2) + j\omega Z_1 Z_2}$$

$$(R_{ps}) = 0$$

$$(T_{pp})_0 = \frac{2K_z Z_1}{K_z(Z_1 + Z_2) + j\omega Z_1 Z_2}$$

$$(T_{ps})_0 = 0$$

$$(9\text{-}77)$$

式中，$Z_1 = \rho_1 C_{p1}$ 和 $Z_2 = \rho_2 C_{p2}$ 分别代表介质 1 和介质 2 的波阻抗。

再进一步，如果界面两侧岩体性质完全相同，即 $Z_1 = Z_2 = Z$，则得

$$
\left.
\begin{aligned}
(R_{pp})_0 &= \frac{-\mathrm{j}\dfrac{\omega Z}{K_z}}{2 + \mathrm{j}\dfrac{\omega Z}{K_z}} \\[3mm]
(T_{pp})_0 &= \frac{2}{2 + \mathrm{j}\dfrac{\omega Z}{K_z}}
\end{aligned}
\right\}
\tag{9-78}
$$

由式(9-78)可得，纵波垂直入射到线性变形节理处的反射系数 R_0 和透射系数 T_0 为

$$
\left.
\begin{aligned}
R_0 &= |(R_{pp})_0| = \frac{1}{\sqrt{1 + 4\left(\dfrac{K_z}{\omega Z}\right)^2}} \\[3mm]
T_0 &= |(T_{pp})_0| = \sqrt{\frac{4\left(\dfrac{K_z}{\omega Z}\right)^2}{1 + 4\left(\dfrac{K_z}{\omega Z}\right)^2}}
\end{aligned}
\right\}
\tag{9-79}
$$

这与文献[13]给出的结果完全一致。

9.4.2　垂直纵波在非线性法向变形节理处的传播

实际上，真实的岩石节理变形是非线性的，其节理刚度是随节理所受法向应力或节理闭合量的变化而变化的，因此必须研究纵波垂直入射到非线性变形节理处的透、反射。但是，如果直接将节理刚度的非线性表达式引入波动方程的边界条件(9-65)中，那么用目前的数理方法求解将非常复杂烦琐，故作出如下位移等效假设，提出了该问题的简化解法。

1. 位移等效假设

借鉴岩石损伤力学领域的 Lemaitre 等效应变假设的基本思想[31]，作出如下假设：在节理法向变形本构模型中，将刚度 K_z 换成等效刚度 $\overline{K}_z$，非线性变形节理的变形行为可用线性变形节理的本构关系表示，则有

$$
d = \frac{\sigma}{K_z}
\tag{9-80}
$$

$$
\overline{K}_z = \frac{K_0}{D}
\tag{9-81}
$$

式中，d 表示节理法向位移；K_0 为节理初始刚度；$\overline{K}_z$ 为节理等效刚度；D 表示节理刚度非线性系数。

节理法向变形采用双曲线模型，若用节理闭合量来表示有效法向应力，则其方程为

$$
\sigma = \frac{d}{\alpha - \beta d}
\tag{9-82}
$$

式中，σ 表示有效法向应力；d 表示节理闭合量；α 和 β 是常数。当 $\sigma \to \infty$ 时，$\alpha/\beta = d_m$，d_m 表示节理最大闭合量。

另外，根据节理刚度 K 的定义有

$$K = \frac{\partial \sigma}{\partial d} = \frac{1}{\alpha \left(1 - \frac{\beta}{\alpha} d\right)^2} \tag{9-83}$$

当应力为零时,由式(9-82)和式(9-83)可得节理的初始刚度 K_0 为

$$K_0 = \frac{1}{\alpha} \tag{9-84}$$

这样,在任意应力下的节理刚度 K 可用表示为

$$K = \frac{K_0}{\left(1 - \dfrac{d}{d_{\mathrm{m}}}\right)^2} \tag{9-85}$$

比较式(9-81)和式(9-85)可得

$$D = \left(1 - \frac{d}{d_{\mathrm{m}}}\right)^2 \tag{9-86}$$

2. 纵波垂直入射到非线性变形节理处的透反射解

根据上述假设,将式(9-81)代入式(9-65)并利用式(9-86)进行类似推导,可得应力波在非线性节理处传播时的反射系数 R'_0 和透射系数 T'_0 为

$$\left.\begin{array}{l}
R'_0 = |(R_{\mathrm{pp}})_0| = \dfrac{1}{\sqrt{1 + 4\left[\dfrac{K_0}{\omega Z \left(1 - \dfrac{d}{d_{\mathrm{m}}}\right)^2}\right]^2}} \\[30pt]
T'_0 = |(T_{\mathrm{pp}})_0| = \dfrac{2}{\sqrt{4 + \left[\dfrac{\omega Z \left(1 - \dfrac{d}{d_{\mathrm{m}}}\right)^2}{K_0}\right]^2}}
\end{array}\right\} \tag{9-87}$$

由式(9-87)可知,当应力波在非线性节理界面传播时,其透、反射系数不仅与波阻抗、频率有关,而且与节理的初始刚度、节理闭合量以及节理最大闭合量的比值有关。

9.4.3　初始刚度和频率对透反射系数的影响

为了与文献[14]的数值结果进行比较,计算中所用参数均与其相同,岩石密度 $\rho = 2.4 \times 10^3 \mathrm{kg/m^3}$,纵波传播速率 $C_{\mathrm{p}} = 4500\mathrm{m/s}$。根据波阻抗的定义有 $Z = \rho C_{\mathrm{p}} = 1.08 \times 10^7 \mathrm{kg/(m^2 \cdot s)}$。波的频率固定为 50Hz。

1. 不同节理初始刚度下节理闭合量比率对透反射系数的影响

在式(9-87)中,如果给定 K_0、Z 及 ω 或频率 f,就可以得到节理闭合量与最大闭合量的比率 γ 对透射、反射系数的影响。改变节理初始刚度 K_0 就可以得到不同 K_0 下,γ 对反射系数 R 和透射系数 T 的影响。图 9-31(a)给出频率为 50Hz,K_0 分别为 1.25GPa、2.0GPa、3.0GPa、3.8GPa、5.5GPa 的情况下,线性变形节理透射系数 T_0 和非线性变形节理的透射系数 T'_0 与 γ 的关系曲线。其中,T_0 和 R_0 分别表示线性变形节理的透射系数和反射系数,其值是根据式(9-83)求得的;T'_0 和 R'_0 分别表示非线性变形节理的透射系数

和反射系数。

由图 9-31(a)可以看出，T'_0 随 K_0 的增大而增大，这表明具有较大初始刚度的节理能传递更多的波；T'_0 随着 γ 的增加而增大，也就是说应力越大，节理非线性变形也越大，从而导致了透射波增多。另外，可以看出，T_0 是一条水平线，表明其与 γ 无关，而 T'_0 很明显依赖于 γ；随着 γ 的增大，T'_0 从 T_0 增加到 1，如果 γ 非常小，T'_0 与 T_0 几乎相等。这与文献 [14] 的结果是完全相同的。

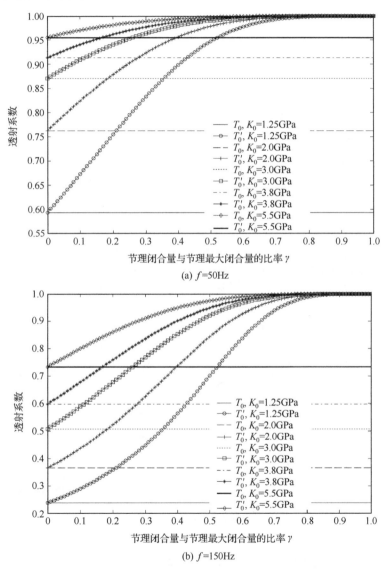

图 9-31　在不同的 K_0 下，T'_0 和 T_0 与 γ 的关系曲线

图 9-32 给出频率为 50Hz，K_0 分别为 1.25GPa、2.0GPa、3.0GPa、3.8GPa、5.5GPa 的情况下，γ 与线性变形节理和非线性变形节理的反射系数的关系曲线。由图 9-32(a) 知，K_0 和 γ 对 R'_0 有明显的影响，R'_0 随 K_0 和 γ 的增加而减小，与 T'_0 具有相反的变化趋势；

而 R_0 与 T_0 一样,与 γ 无关,但与 K_0 有关,即随 K_0 的增大而减小。为了与文献[14]的结果进行比较,也给出频率为 150Hz 时,透反射系数与节理初始刚度 K_0、闭合量比率 γ 之间的关系图(图 9-31(b)和图 9-32(b))。

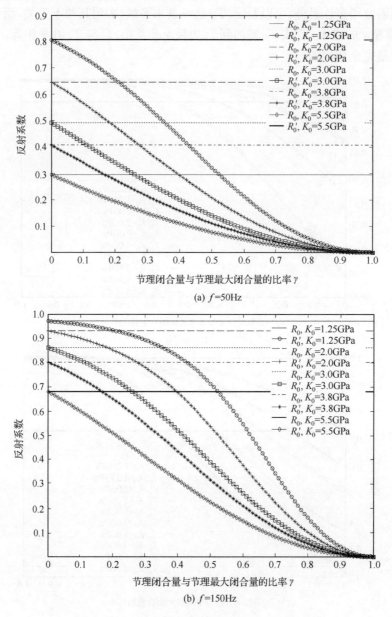

(a) f=50Hz

(b) f=150Hz

图 9-32 在不同的 K_0 下,R'_0 和 R_0 与 γ 的关系曲线

2. 不同入射波频率下节理闭合量比率对透、反射系数的影响

图 9-33 揭示了波频率对透、反射系数的影响,也就是固定 $K_0=3.8$GPa 和 $Z=1.08\times 10^7$kg/(m² · s),利用式(9-87)计算波频率 f 分别为 50Hz、150Hz、200Hz、500Hz、1000Hz

时，f 与闭合量比率 γ 不同组合下的透、反射系数。

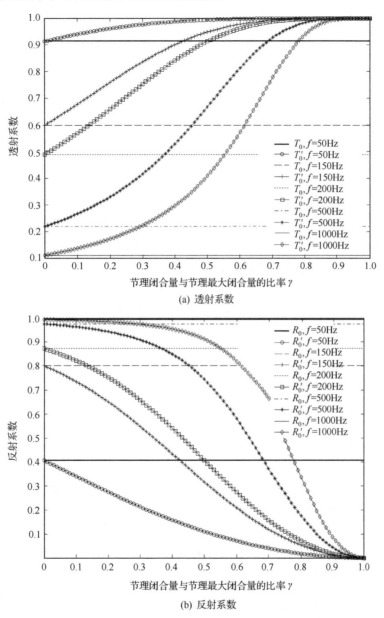

(a) 透射系数

(b) 反射系数

图 9-33　在不同频率 f 下，T_0' 和 T_0、R_0' 和 R_0 与 γ 的关系曲线

　　由图 9-33 可知，T_0' 和 T_0 随频率 f 值的增加而减小，但 T_0' 的初值等于 T_0 且随闭合量比率 γ 的增加而增加，而 T_0 与 γ 无关，这也反映了节理的高频滤波作用。当一含有多种频率成分的波入射到节理面时，高频成分衰减比低频分量的衰减要快。R_0' 呈现与 T_0' 相反的变化趋势，即 R_0' 随频率的增大而增大，随闭合量比率 γ 的增加而减小，且 R_0' 的初值等于相应的 R_0。也就是说，在其他条件相同情况下，T_0 是 T_0' 的最小值，而 R_0 是 R_0' 的最大值。同时，在任何情况下，由式(9-87)都可得

$$R_0'^2 + T_0'^2 = 1 \tag{9-88}$$

因此,垂直入射纵波在法向非线性变形节理处传播过程中没有能量的耗散,这也与文献[14]的结果相一致。

9.5 应力波在张开节理处的传播

锯齿形应力波在张开节理处的传播过程如图 9-34 所示,其他应力波与空隙相互作用过程与此类似。张开节理的两节理壁面可视为自由面,两节理面之间有一定的间隙,即空隙宽度 r,空隙内充满空气。假设一锯齿波从左至右向张开节理处传播,当应力波达到左边节理壁后,应力波将与节理壁相互作用。根据波动理论,在空隙合拢以前,应力波将在左边节理壁面产生反射,相当于自由面反射,而无法通过空隙传到右节理壁中。但由于入射应力波冲击物体的自由面时,使左节理壁面向右运动,从而使空隙可能合拢。等到空隙合拢后,应力波就会发生透射和反射。如果空隙合拢所需时间等于或大于应力波的持续时间,则应力波将不能通过张开节理而传播。

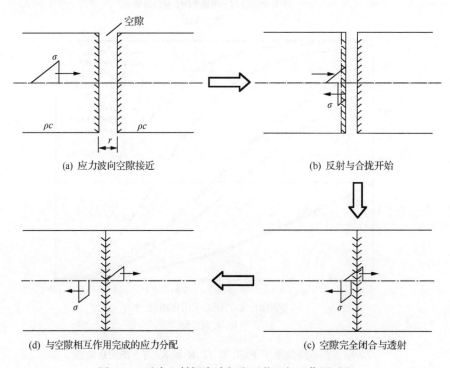

图 9-34　垂直入射锯齿波与张开节理相互作用过程

9.5.1　应力波在张开节理处传播的解析模型

据前所述,应力波在张开节理处的传播过程可分为两个阶段:自由反射阶段和透射阶段。在自由反射阶段,此时空隙未完全闭合,应力波相当于入射到自由边界,只产生反射纵波和反射横波,而无透射波。但由于 AA' 界面上各个质点在应力波作用下向 BB' 界面方向移动,使这个空隙可能合拢(见图 9-35),ρ_1、C_{p1}、C_{s1} 分别表示介质 1 的密度、纵波波速与横波波速;ρ_2、C_{p2}、C_{s2} 分别表示介质 2 的密度、纵波波速与横波波速。一旦空隙完全闭合后,应力波就会在接触边界处产生反射和透射,这一阶段为透射阶段。

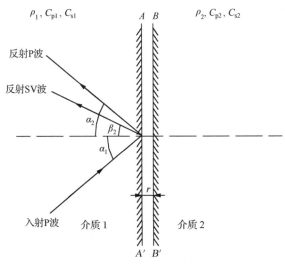

图 9-35　空隙闭合前,倾斜入射纵波在张节理处的反射

1. 自由反射阶段

在自由边界反射阶段,倾斜入射弹性纵波在自由界面处将产生反射纵波和反射横波,而不产生透射波。纵波在张开节理处的透射和反射如图 9-35 所示。假设空隙两侧岩体性质完全相同,其波阻抗 $Z = \rho C_p$,其中 ρ 为岩石密度,C_p 为纵波传播速率,两节理壁之间空隙宽度为 r,应力波从左侧以入射角 α_1 入射到 AA' 张开节理处。

设应力波在 t_0 时刻达到节理面 AA' 上,在 t_2 时刻结束,其持续时间为 $\tau = t_2 - t_0$。由弹性波传播理论可得到各应力波作用下节理面 AA' 上的质点法向位移为

$$u_n = \int_{t_0}^{t} (V_{\sigma_I} \cos\alpha_1 + V_{\sigma_R} \cos\alpha_2 + V_{\tau_R} \sin\beta_2) \, \mathrm{d}t \tag{9-89}$$

式中,α_1 为纵波入射角;α_2 为反射纵波的反射角;β_2 为反射横波的反射角;V_{σ_I}、V_{σ_R}、V_{τ_R} 分别为入射正应力、反射正应力及反射剪应力作用下 A 界面上质点的速率。

由弹性波理论有

$$\left. \begin{array}{l} V_{\sigma_I} = \sigma_I / (\rho_1 C_{p1}) \\ V_{\sigma_R} = \sigma_R / (\rho_1 C_{p1}) \\ V_{\tau_R} = \tau_R / (\rho_1 C_{s1}) \end{array} \right\} \tag{9-90}$$

式中,σ_I、σ_R、τ_R 分别为入射正应力波、反射正应力波及反射剪应力波的应力幅值。

由应力波在自由边界处的反射的应力值计算式(9-18),有

$$\sigma_R = R\sigma_I, \quad \tau_R = [(R+1)\cot 2\beta_2]\sigma_I$$

$$R = \frac{\tan\beta_2 \tan^2 2\beta_2 - \tan\alpha_1}{\tan\beta_2 \tan^2 2\beta_2 + \tan\alpha_1}$$

由反射定律有

$$\left.\begin{array}{r} \alpha_1 = \alpha_2 \\ \sin\beta_2 = (C_{s1}/C_{p1})\sin\alpha_1 \end{array}\right\} \tag{9-91}$$

由式(9-89)~式(9-91)可得

$$u_n = \frac{1}{C_{p1}\rho_1}\int_0^t \sigma_I(1+R)(\cos\alpha_1 + \cot 2\beta_2 \sin\alpha_1)\mathrm{d}t \tag{9-92}$$

在式(9-92)中,令 $u_n = r$,即可求得节理面闭合的时刻 t_1。若 $t_1 > t_2$,说明在入射波作用时间内裂隙不会闭合,此时入射应力波不会透过空隙;若求得的时间 $t_1 < t_2$,说明入射波在裂隙闭合后还没有结束,那么在 $t_1 \sim t_2$ 时段内,入射波就会透过节理面传播。

2. 透射阶段

若 $t_1 < t_2$,那么在 $t_1 < t < t_2$ 时段内,节理间的空隙已经闭合,则应力波在闭合节理面上会发生折、反射。对于斜入射纵波,节理表面会出现部分闭合、部分张开的情况,且闭合区和张开区会随应力波沿节理的传播而变化。此时,应力波的透反射规律将非常复杂,数学上求解很困难。为了简化,作出如下假设:①在 $t_1 < t < t_2$ 时段内,节理间的空隙完全闭合;②入射波强度不足以克服节理壁间摩擦力,因而无相对滑移。此时,这一阶段应力波的透反射规律与应力波在两种不同物质间的分界面上的折、反射规律是相同的。图 9-36 给出了倾斜入射 P 波在张开节理闭合后的透反射图。其中,α_3 为透射纵波的透射角,β_3 为透射横波的透射角。

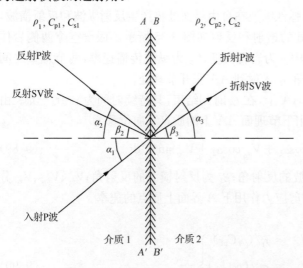

图 9-36　空隙闭合后,倾斜入射 P 波在张节理处的透反射

忽略张开节理闭合时的动能,则入射波能量 E_I 分为两部分:第一部分是指在自由面反射阶段的入射能量,记为 E_{I1},即从应力波达到裂隙面时刻 t_0 到裂隙闭合时刻 t_1 这一时段内的入射能量,E_{I1} 全部被反射;第二部分是指在透射阶段的入射能量,记为 E_{I2},即在节理面闭合时刻 t_1 到入射应力波结束时刻 t_2 这一时段内的入射能量。

E_{I2} 中有一部分能量被反射,记为 E_{I2R},部分能量透过节理而被传递了,记为 E_{I2T}。

根据应力波能量计算公式有

$$E_I = \frac{1}{\rho_1 C_{p1}}\int_{t_0}^{t_2}\sigma_I^2\mathrm{d}t \tag{9-93}$$

$$E_{I1} = \frac{1}{\rho_1 C_{p1}}\int_{t_0}^{t_1}\sigma_I^2\mathrm{d}t \tag{9-94}$$

令 $\lambda = E_{I1}/E_I$,则有

$$E_{I2} = (1-\lambda)E_I \tag{9-95}$$

根据弹性纵波在两介质分界面的能量透反射规律有[32]

$$E_{I2T} = \left(\frac{\rho_2 \tan\alpha_1}{\rho_1 \tan\alpha_3}\frac{A'^2}{A_1^2} + \frac{\rho_2 \tan\alpha_1}{\rho_1 \tan\beta_3}\frac{B'^2}{A_1^2}\right)E_{I2} \tag{9-96}$$

式中,A'/A_1 和 B'/A_1 分别表示纵波单独入射时透射纵波和透射横波位移势幅值与入射纵波位移势幅值的比,且有

$$\frac{A'}{A_1} = \frac{C_{p2}}{C_{p1}}\frac{M}{K} \tag{9-97}$$

$$\frac{B'}{A_1} = \frac{C_{s2}}{C_{p1}}\frac{N}{K} \tag{9-98}$$

式中

$$M = \begin{vmatrix} -\cos\alpha_1 & \sin\beta_2 & -\cos\alpha_1 & -\sin\beta_3 \\ \sin\alpha_1 & \cos\beta_2 & -\sin\alpha_1 & \cos\beta_3 \\ -\cos2\beta_2 & (C_{s1}/C_{p1})\sin2\beta_2 & \cos2\beta_2 & (\rho_2/\rho_1)(C_{s2}/C_{p1})\sin2\beta_3 \\ \sin2\alpha_1 & (C_{p1}/C_{s1})\cos2\beta_2 & \sin2\alpha_1 & -(\rho_2/\rho_1)(C_{s2}/C_{s1})^2(C_{p1}/C_{s2})\cos2\beta_3 \end{vmatrix}$$

$$N = \begin{vmatrix} -\cos\alpha_1 & \sin\beta_2 & -\cos\alpha_3 & -\cos\alpha_1 \\ \sin\alpha_1 & \cos\beta_2 & -\sin\alpha_3 & -\sin\alpha_1 \\ -\cos2\beta_2 & (C_{s1}/C_{p1})\sin2\beta_2 & (\rho_2 C_{p2}/\rho_1 C_{p1})\cos2\beta_3 & \cos2\beta_2 \\ \sin2\alpha_1 & (C_{p1}/C_{s1})\sin2\beta_2 & (\rho_2/\rho_1)(C_{s2}/C_{s1})^2(C_{p1}/C_{p2})\sin2\alpha_3 & \sin2\alpha_1 \end{vmatrix}$$

$$K = \begin{vmatrix} -\cos\alpha_1 & \sin\beta_2 & -\cos\alpha_3 & -\sin\beta_3 \\ \sin\alpha_1 & \cos\beta_2 & -\sin\alpha_3 & \cos\beta_3 \\ -\cos2\beta_2 & (C_{s1}/C_{p1})\sin2\beta_2 & (\rho_2 C_{p2}/\rho_1 C_{p1})\cos2\beta_3 & (\rho_2 C_{s2}/\rho_1 C_{p1})\sin2\beta_3 \\ \sin2\alpha_1 & (C_{p1}/C_{s1})\cos2\beta_2 & \begin{array}{c}(\rho_2/\rho_1)(C_{s2}/C_{s1})^2\\(C_{p1}/C_{p2})\sin2\alpha_3\end{array} & \begin{array}{c}-(\rho_2/\rho_1)(C_{s2}/C_{s1})^2\\(C_{p1}/C_{s2})\cos2\beta_3\end{array} \end{vmatrix}$$

定义应力波在张开节理处的能量传递系数 η 为透过节理的能量 E_{I2T} 与入射能量 E_I 的比值,即

$$\eta = E_{I2T}/E_I \tag{9-99}$$

由式(9-95)和式(9-96)可得

$$\eta = (1-\lambda)\left(\frac{\rho_2 \tan\alpha_1}{\rho_1 \tan\alpha_3}\frac{A'^2}{A_1^2} + \frac{\rho_2 \tan\alpha_1}{\rho_1 \tan\beta_3}\frac{B'^2}{A_1^2}\right) \tag{9-100}$$

若给定应力波函数,则由式(9-91)～式(9-100)可以计算能量传递系数 η 与应力波幅值 σ_0、入射角 α 和裂隙宽度 r 相互影响的关系曲线。

根据式(9-91)～式(9-100),用 Matlab 语言编制了相应的计算程序,可以获得能量传递系数 η 与应力波幅值 σ_0、入射角 α 和裂隙宽度 r 相互影响的关系曲线[33]。

图 9-37 给出了纵波在自由面上倾斜反射时,各种泊松比下的反射系数与入射角的关系曲线。图 9-38(a)和(b)分别给出了纵波在介质分界面上反射纵波和反射横波的反射系数。该结果与文献[32]结果完全一致,证明了该程序是正确的。

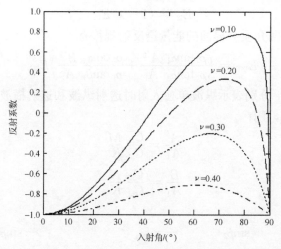

图 9-37　纵波在自由面上倾斜反射时,不同泊松比的反射系数作为入射角的函数

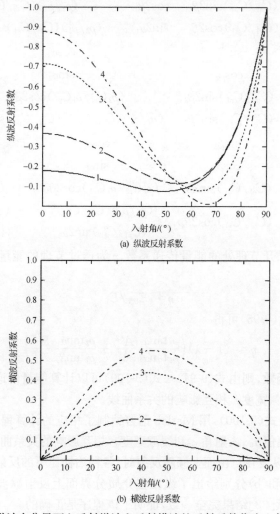

(a) 纵波反射系数

(b) 横波反射系数

图 9-38　纵波在分界面上反射纵波和反射横波的反射系数作为入射角的函数

在验证计算中,设介质 1 的密度 $\rho_1 = 2400\text{kg/m}^3$,纵波波速 $C_{p1} = 400\text{m/s}$,泊松比 $\nu = 0.25$;设介质 2 的密度和泊松比与介质 1 相同。考虑了四种不同纵波速率 $C_{p2} = 3600\text{m/s}$,2800m/s,1800m/s,1000m/s 时的情况,分别与图 9-38 中的曲线 1、2、3 和 4 相对应。

9.5.2 不同应力波在张开节理处的能量传递规律

在爆破过程中,由于装药量的不同和几何特征的各异,会产生不同的应力波波形,因此有必要研究不同应力波在张开节理处的衰减特征。下面将讨论正弦波、矩形波和三角形波在张开节理处的能量衰减规律。

设如图 9-39 所示的几种瞬态应力波,它们分别为矩形波、正弦波和三角形波,对应的持续时间为 τ,应力波幅值为 σ_0,用数学函数表示分别为

(1) 矩形波

$$\sigma = \begin{cases} \sigma_0, & 0 \leqslant t \leqslant \tau \\ 0, & \text{其他} \end{cases} \tag{9-101}$$

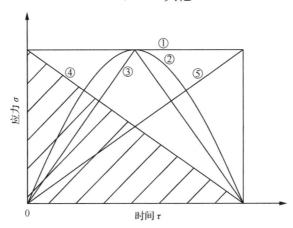

图 9-39 不同形式的应力波波形
① 矩形波;② 正弦波;③ 三角形波 I;④ 三角形波 II;⑤ 三角形波 III

(2) 正弦波

$$\sigma = \sigma_0 \sin(\omega t), \qquad 0 \leqslant t \leqslant \tau \tag{9-102}$$

(3) 三角形波 I

$$\sigma = \begin{cases} \dfrac{2\sigma_0}{\tau} t, & 0 \leqslant t \leqslant \tau/2 \\ \dfrac{2\sigma_0}{\tau}(\tau - t), & \tau/2 \leqslant t \leqslant \tau \end{cases} \tag{9-103}$$

(4) 三角形波 II

$$\sigma = \sigma_0 \left(1 - \frac{t}{\tau}\right) \tag{9-104}$$

(5) 三角形波 III

$$\sigma = \frac{\sigma_0}{\tau} t \tag{9-105}$$

在以下计算中,均假设岩石密度 $\rho_1=\rho_2=2400\mathrm{kg/m^3}$,泊松比 $\nu=0.25$,两种岩体的纵波速率分别为 $C_{p1}=4500\mathrm{m/s}$,$C_{p2}=3000\mathrm{m/s}$,应力波持续时间 $\tau=400\mu\mathrm{s}$。

1. 波幅对能量传递系数的影响

当讨论波幅对能量传递系数的影响时,取入射角 $\alpha=30°$,空隙宽度 $r=0.01\mathrm{mm}$,波幅在 $0.1\sim10\mathrm{MPa}$ 范围内变化。计算结果如图 9-40 所示。

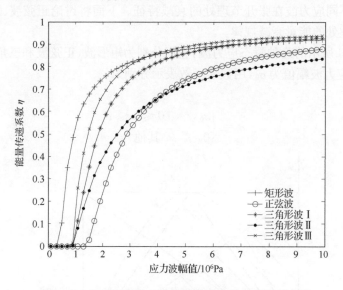

图 9-40　应力波幅值 A 与能量传递系数 η 的关系曲线

由图 9-40 可见,能量传递系数 η 都是随着应力波幅值 A 而显著地变化。除入射波④外,不同应力波的能量传递系数 η 随应力波幅值 A 的增加而增大,这是因为应力波幅值 A 越大,空隙闭合所需时间越短,从而透射阶段相对就长,能量传递系数 η 就越大。当应力波幅值小于某一应力值时,能量传递系数 η 为零,记该应力幅值为 A_0,这说明空隙在该应力波幅值下不能闭合。当应力波幅值在 A_0 附近变化时,η 急剧增加,随后其变化率趋于平坦。对于入射波④(三角形波Ⅱ),当应力波幅值 $A>A_0$ 时,能量传递系数 η 先增大而后减小。不同应力波其 A_0 值不同,正弦波②的 A_0 最大,矩形波①的 A_0 最小,三角形波③、④、⑤的 A_0 居中。

2. 入射角对能量传递系数的影响

当讨论入射角对能量传播系数的影响时,取波幅 $A=5\mathrm{MPa}$,空隙宽度 $r=0.01\mathrm{mm}$,入射角在 $0°\sim90°$ 范围内变化,计算结果如图 9-41 所示。

由图 9-41 可看出,不同应力波的能量传递系数 η 开始都随入射角 α 的增大而增大,然后随 α 增大而减小,因而存在一个最优入射角 α_{opt},使得能量传递系数 η 最大。最优入射角 α_{opt} 与应力波幅值、空隙宽度及两种介质的阻抗比等因素有关。

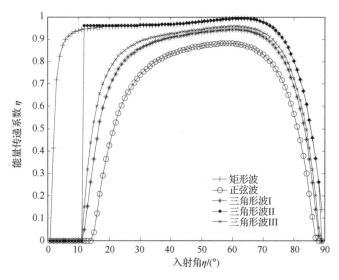

图 9-41　入射角 α 与能量传递系数 η 的关系曲线

3. 空隙宽度对能量传递系数的影响

当讨论空隙宽度对能量传播系数的影响时,取入射角 $\alpha=30°$,波幅 $A=5\mathrm{MPa}$,空隙宽度 r 在 $0.001\sim0.3\mathrm{mm}$ 范围内变化,计算结果如图 9-42 所示。

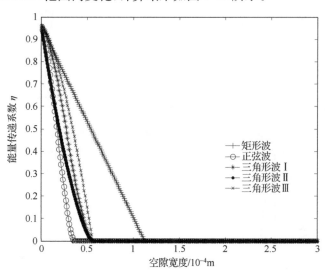

图 9-42　空隙宽度 r 与能量传递系数 η 的关系曲线

由图 9-42 可看出,在给定入射角和应力波幅值的情况下,应力波的能量传递系数 η 都随空隙宽度 r 的增大而减小,最后趋于零;当空隙宽度 r 大于临界空隙宽度 r_0 时,能量传递系数 η 将等于零,这表明此时没有能量通过张开节理进入介质 2,张开节理相当于一个能量间断面,所有的能量都保留在介质 1 中。不同应力波其临界空隙宽度 r_0 值是不同的,矩形波①的 r_0 最大,正弦波②的 r_0 最小,三角形波③、④、⑤的 r_0 居中。

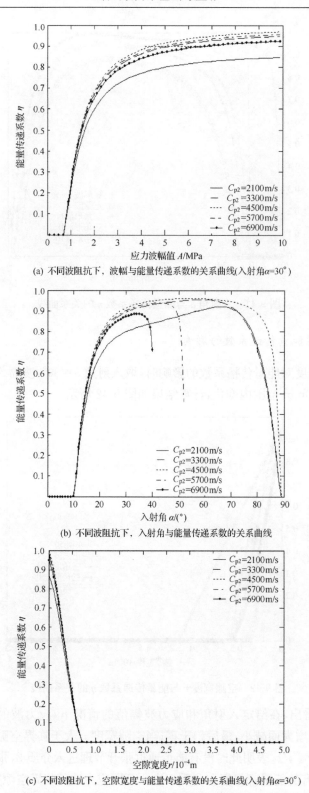

(a) 不同波阻抗下，波幅与能量传递系数的关系曲线(入射角α=30°)

(b) 不同波阻抗下，入射角与能量传递系数的关系曲线

(c) 不同波阻抗下，空隙宽度与能量传递系数的关系曲线(入射角α=30°)

图 9-43　不同波阻抗下，波幅、入射角和空隙宽度与能量传递系数的关系曲线

4. 波阻抗对能量传递系数的影响

众所周知,材料波阻抗对波的传播有非常重要的影响。下面将探讨波阻抗对能量传递系数的影响。假设应力波为正弦波,其他参数设置与上同,只是介质 2 的纵波速率取不同值 $C_{p2}=2100\mathrm{m/s},3300\mathrm{m/s},4500\mathrm{m/s},5700\mathrm{m/s},6900\mathrm{m/s}$,计算结果如图 9-43 所示。需要注意的问题是,当平面正弦 P 波入射到分界面,且 $C_{p2}>C_{p1}$ 时,入射角等于或大于 $\alpha_c=\mathrm{arcsin}(C_{p2}/C_{p1})$ 时,透射 P 波将出现全反射现象,这时透射 P 波将沿分界面滑行,而并不会进入第二种介质中。在这里限制入射角不大于临界角,不考虑全反射现象。

由图 9-43 可知,在其他参数相同的情况下,介质 2 波阻抗的变化不会改变临界空隙宽度 r_0 和临界应力幅值 A_0 的值,但会影响最优入射角 α_{opt} 的值。图 9-44 给出了波阻抗比与最优入射角 α_{opt} 的关系曲线。由图可直观地看出,最优入射角 α_{opt} 随介质 2 与介质 1 的波阻比的增大而线性减小。

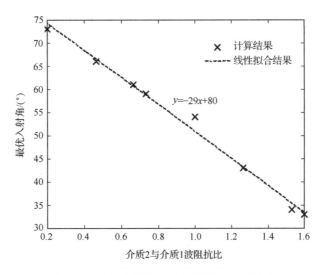

图 9-44　最优入射角 α_{opt} 与波阻抗比关系曲线

5. 持续时间对能量传递系数的影响

假设应力波为正弦波,其他参数设置与上同。图 9-45 给出了不同持续时间 τ 下,波幅 A、入射角 α 和空隙宽度 r 与能量传递系数 η 的关系曲线。由图可以看出,在其他参数相同的情况下,能量透射系数 η 随应力波持续时间 τ 的延长而增大;另外,应力波持续时间的变化会影响临界应力幅值 A_0、最优入射角 α_{opt} 和临界空隙宽度 r_0 的值。随持续时间的延长,临界应力幅值 A_0 逐渐减小,最优入射角 α_{opt} 逐渐增大,临界空隙宽度 r_0 也逐渐增大。

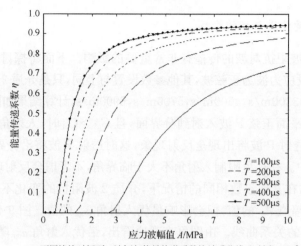

(a) 不同持续时间下，波幅与能量传递系数的关系曲线(入射角$\alpha=30°$)

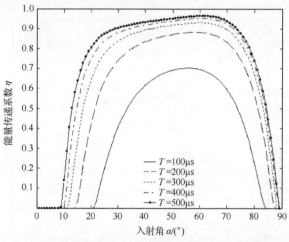

(b) 不同持续时间下，入射角与能量传递系数的关系曲线

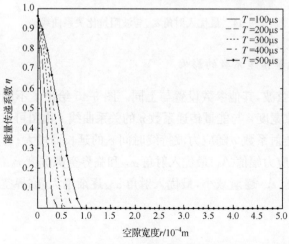

(c) 不同持续时间下，空隙宽度与能量传递系数的关系曲线(入射角$\alpha=30°$)

图 9-45　不同持续时间下波幅、入射角和空隙宽度与能量传递系数的关系曲线

9.6　应力波在层状岩体中的传播

在许多工程领域,如地震勘探、工程爆破、防护工程等,都要有应力波在岩体中传播和衰减的知识。层状介质中波的传播在地震勘探和土建工程中早已给予了足够的重视,并有一套完整的理论体系[32,34,35]。薄层中波的传输效应也一直为地球物理领域所关注[36]。早在 1958 年,Widness 就对夹层问题进行了研究,给出了谐波反射幅值 A_R 与入射幅值 A_1、波长 λ 及夹层厚度 d 间的近似关系: $A_R \approx 4\pi A_1 d/\lambda$,并就适应于地球物理勘探中的"薄层"概念进行了讨论,指出:根据反射特征,"薄层"的厚度应小于 $\lambda/8$。由于 20 世纪 70 年代广泛使用声波勘探技术,薄层的反射问题再次引起了重视。为此,*Geophysics* 杂志破例重新刊登了 Widness 的这一论文[36]。尔后,一些研究者就与"薄层"有关的反射问题相继进行了一些探讨[37]。在破岩和防护等工程领域,人们更需要了解不同形式的瞬态应力波通过夹层时的透射效应和能量传递效果,因而在这方面已作了大量的研究[38-45]。这里我们将给出一种求解应力波在层状岩体结构中传播的简便方法——等效波阻法[39],以及使用这种方法得到的不同形式的瞬态波通过各种夹层时的透射效应和能量传递效果[40]。

9.6.1　等效波阻法

全面考查波在界面折反射的纵横波效应时,求解弹性波通过水平多层介质的反射和折射问题是很难的,即使是求波通过一个对称夹层时的折、反射系数,也是如此[46]。这里,我们沿引薄膜光学中的计算方法[47],可以获得一种求解弹性纵波垂直入射多层介质或不考虑横波效应时的新算法——等效波阻法。使用这种方法,可以很容易地求算应力波通过层状岩体的传输效应。

1. 原理

如图 9-46 所示,根据界面 1 上的应力和速率连续条件,有

$$\left.\begin{array}{l} v_0 = v_0^+ + v_0^- = v_{11}^+ + v_{11}^- \\ \sigma_0 = \sigma_0^+ + \sigma_0^- = z_1 v_{11}^+ - z_1 v_{11}^- \end{array}\right\} \tag{9-106}$$

对于另一界面 2,只要改变波的位相因子,就可确定它们在同一瞬时的状况,正向行进波的位相因子应乘以 $\mathrm{e}^{-\mathrm{j}\delta_1}$,而负向行进波的位相因子应乘以 $\mathrm{e}^{\mathrm{j}\delta_1}$,即

$$\left.\begin{array}{l} v_{12}^+ = v_{11}^+ \mathrm{e}^{-\mathrm{j}\delta_1} \\ v_{12}^- = v_{11}^- \mathrm{e}^{\mathrm{j}\delta_1} \end{array}\right\} \tag{9-107}$$

式中, $\delta_1 = \omega t_1 = 2\pi d_1/\lambda_1$; d_1 为层厚; λ_1 为波长。

由此可得

$$\begin{bmatrix} v_0 \\ \sigma_0 \end{bmatrix} = \begin{bmatrix} \mathrm{e}^{\mathrm{j}\delta_1} & \mathrm{e}^{-\mathrm{j}\delta_1} \\ Z_1 \mathrm{e}^{\mathrm{j}\delta_1} & -Z_1 \mathrm{e}^{-\mathrm{j}\delta_1} \end{bmatrix} \begin{bmatrix} v_{12}^+ \\ v_{12}^- \end{bmatrix} \tag{9-108}$$

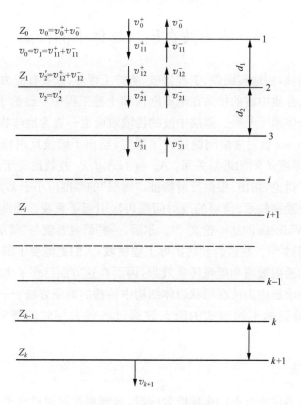

图 9-46 多层介质示意图

同理,在界面 2 上有

$$\left.\begin{array}{l} v_2 = v_{12}^+ + v_{12}^- \\ \sigma_2 = Z_1 v_{12}^+ + Z_1 v_{12}^- \end{array}\right\} \tag{9-109}$$

即

$$\left.\begin{array}{l} v_{12}^+ = \dfrac{1}{2} v_2 + \dfrac{1}{2Z_1} \sigma_2 \\ v_{12}^- = \dfrac{1}{2} v_2 - \dfrac{1}{2Z_1} \sigma_2 \end{array}\right\} \tag{9-110}$$

写成矩阵形式即为

$$\begin{bmatrix} v_{12}^+ \\ v_{12}^- \end{bmatrix} = \begin{bmatrix} 1/2 & 1/(2Z_1) \\ 1/2 & -1/(2Z_1) \end{bmatrix} \begin{bmatrix} v_2 \\ \sigma_2 \end{bmatrix} \tag{9-111}$$

根据式(9-111)和式(9-108)可得

$$\begin{bmatrix} v_0 \\ \sigma_0 \end{bmatrix} = \begin{bmatrix} \cos\delta_1 & \mathrm{j}\sin\delta_1/Z_1 \\ \mathrm{j}Z_1\sin\delta_1 & \cos\delta_1 \end{bmatrix} \begin{bmatrix} v_2 \\ \sigma_2 \end{bmatrix} \tag{9-112}$$

同理,根据界面 2、3 的连续条件,可以得

$$\begin{bmatrix} v_2 \\ \sigma_2 \end{bmatrix} = \begin{bmatrix} \cos\delta_2 & \mathrm{j}\sin\delta_2/Z_2 \\ \mathrm{j}Z_2\sin\delta_2 & \cos\delta_2 \end{bmatrix} \begin{bmatrix} v_3 \\ \sigma_3 \end{bmatrix} \tag{9-113}$$

重复这个过程,直到界面 k 和 $k+1$,应用连续条件,可得到

$$\begin{bmatrix} v_k \\ \sigma_k \end{bmatrix} = \begin{bmatrix} \cos\delta_k & j\sin\delta_k/Z_k \\ jZ_k\sin\delta_k & \cos\delta_k \end{bmatrix} \begin{bmatrix} v_{k+1} \\ \sigma_{k+1} \end{bmatrix} \tag{9-114}$$

联立这些方程可得到

$$\begin{bmatrix} v_0 \\ \sigma_0 \end{bmatrix} = \left\{ \prod_{i=1}^{k} \begin{bmatrix} \cos\delta_i & j\sin\delta_i/Z_i \\ jZ_i\sin\delta_i & \cos\delta_i \end{bmatrix} \right\} \begin{bmatrix} v_{k+1} \\ \sigma_{k+1} \end{bmatrix} \tag{9-115}$$

注意到 $\begin{bmatrix} \cos\delta_i & j\sin\delta_i/Z_i \\ jZ_i\sin\delta_i & \cos\delta_i \end{bmatrix}$ 为一单位模矩阵,任意多个这样的矩阵乘积仍为单位模矩阵,因此求算起来方便简单。

2. 等效波阻

如图 9-47 所示,设波通过 k 层界面的等效波阻抗为 $\boldsymbol{Y}$,则有

$$\sigma_0 = Z_0 v_0^+ - Z_0 v_0^- = \boldsymbol{Y} v_{k+1}'$$
$$v_{k+1}' = v_0^+ + v_0^- = v_0$$

故有

$$\sigma_0 = \boldsymbol{Y} v_0 \tag{9-116}$$

又

$$\sigma_{k+1} = Z_{k+1} v_{k+1} \tag{9-117}$$

将其代入式(9-115)可得

$$v_0 \begin{bmatrix} 1 \\ \boldsymbol{Y} \end{bmatrix} = \left\{ \prod_{i=1}^{k} \begin{bmatrix} \cos\delta_i & j\sin\delta_i/Z_i \\ jZ_i\sin\delta_i & \cos\delta_i \end{bmatrix} \right\} \begin{bmatrix} 1 \\ Z_{k+1} \end{bmatrix} v_{k+1} \tag{9-118}$$

令

$$\begin{bmatrix} \boldsymbol{B} \\ \boldsymbol{C} \end{bmatrix} = \left\{ \prod_{i=1(}^{k} \begin{bmatrix} \cos\delta_i & j\sin\delta_i/Z_i \\ jZ_i\sin\delta_i & \cos\delta_i \end{bmatrix} \right\} \begin{bmatrix} 1 \\ Z_{k+1} \end{bmatrix} \tag{9-119}$$

则

$$\boldsymbol{Y} = \boldsymbol{C}/\boldsymbol{B} \tag{9-120}$$

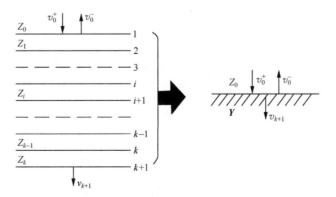

图 9-47　等效波阻抗示意图

应力透、反射系数分别为

$$\left.\begin{array}{l}透射系数: \boldsymbol{T}_\sigma(\omega) = \dfrac{2\boldsymbol{Y}}{Z_0 + \boldsymbol{Y}} \\[3mm] 反射系数: \boldsymbol{R}_\sigma(\omega) = \dfrac{Z_0 - \boldsymbol{Y}}{Z_0 + \boldsymbol{Y}}\end{array}\right\} \tag{9-121}$$

位移透、反射系数为

$$\left.\begin{array}{l}\boldsymbol{T}_u(\omega) = \dfrac{2\boldsymbol{Y}}{Z_0 + \boldsymbol{Y}} \\[3mm] \boldsymbol{R}_u(\omega) = \dfrac{\boldsymbol{Y} - Z_0}{Z_0 + \boldsymbol{Y}}\end{array}\right\} \tag{9-122}$$

因此,只要求出了等效波阻抗,即可得到波通过多层介质的透反射关系。

9.6.2 应力波通过夹层后的透射应力波形

1. 单频条件下的等效波阻抗与透射系数

如图 9-48 所示,设岩体中一夹层的厚度为 d_1,波阻抗为 Z_1,岩体波阻抗为 Z_0,考虑一弹性纵波垂直入射的情形,其等效波阻为

$$\boldsymbol{Y} = \frac{Z_0 \cos\delta_1 + \mathrm{j}Z_1 \sin\delta_1}{\cos\delta_1 + \mathrm{j}\dfrac{Z_0}{Z_1}\sin\delta_1}$$

$$\boldsymbol{Y}/Z_0 = \frac{\cos\delta_1 + \mathrm{j}\left(\dfrac{Z_1}{Z_0}\right)\sin\delta_1}{\cos\delta_1 + \mathrm{j}\sin\delta_1 \Big/ \dfrac{Z_1}{Z_0}} \tag{9-123}$$

式中,$\delta_1 = 2\pi d_1/\lambda_1$。

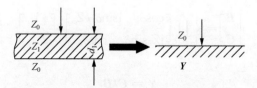

图 9-48 夹层问题的等效波阻抗

应力透射系数为

$$\boldsymbol{T}_\sigma(\omega) = \frac{2\boldsymbol{Y}}{Z_0 + \boldsymbol{Y}} = \frac{2\left[1 + \mathrm{j}\left(\dfrac{Z_1}{Z_0}\right)\tan\delta_1\right]}{2 + \mathrm{j}\left(\dfrac{Z_1}{Z_0} + \dfrac{Z_0}{Z_1}\right)\tan\delta_1} \tag{9-124}$$

对应的幅值为

$$\left|\boldsymbol{T}_\sigma(\omega)\right|^2 = \frac{4\left[1 + \left(\dfrac{Z_1}{Z_0}\right)^2 \tan^2\delta_1\right]}{4 + \left(\dfrac{Z_1}{Z_0} + \dfrac{Z_0}{Z_1}\right)^2 \tan^2\delta_1} \tag{9-125}$$

对应的相位为

$$\varphi(\omega) = \arctan\left(\frac{Z_1}{Z_0}\tan\delta_1\right) - \arctan\left[\frac{\left(\frac{Z_1}{Z_0} + \frac{Z_0}{Z_1}\right)\tan\delta_1}{2}\right] \tag{9-126}$$

因此,一旦给定了夹层与岩体的波阻抗比 Z_1/Z_0 后,根据以上各式,即可求得等效波阻抗和应力透射系数的幅值及位相随 δ_1 的变化关系,其计算结果如图 9-49~图 9-52 所示。

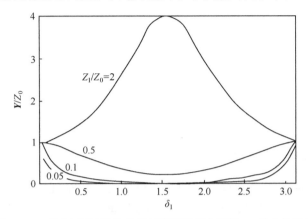

图 9-49 不同夹层波阻抗条件下等效波阻幅值随 δ_1 的变化关系

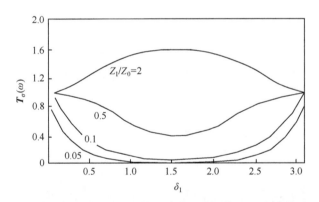

图 9-50 不同夹层波阻抗下应力透射系数幅值随 δ_1 的变化关系

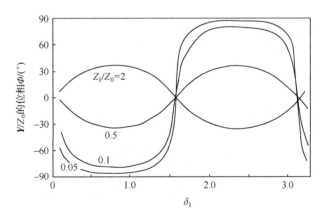

图 9-51 不同夹层波阻抗下等效波阻抗相位随 δ_1 的变化关系

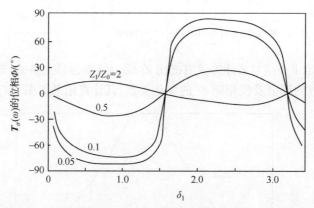

图 9-52　不同夹层波阻抗下应力透射系数相位随 δ_1 的变化关系

2. 瞬态应力波通过夹层后的透射效果计算方法

设定入射应力波为如图 9-53 所示的几种瞬态应力脉冲,它们分别为正弦波、矩形波及三角形波,对应的延续时间为 τ,将它们分别按傅里叶级数展开,则为

正弦波

$$\sigma_{\mathrm{I}}(t) = \sin\frac{\pi}{\tau}t, \qquad 0 \leqslant t < \tau \tag{9-127}$$

矩形波

$$\sigma_{\mathrm{I}}(t) = \frac{4}{\pi}\left(\sin\frac{\pi}{\tau}t + \frac{1}{3}\sin\frac{3\pi}{\tau}t + \frac{1}{5}\sin\frac{5\pi}{\tau}t + \cdots\right), \qquad 0 \leqslant t < \tau \tag{9-128}$$

三角形波

① $\sigma_{\mathrm{I}}(t) = \dfrac{2}{\pi}\left(\sin\dfrac{\pi}{\tau}t - \dfrac{1}{2}\sin\dfrac{2\pi}{\tau}t + \dfrac{1}{3}\sin\dfrac{3\pi}{\tau}t - \dfrac{1}{4}\sin\dfrac{4\pi}{\tau}t + \cdots\right), \qquad 0 \leqslant t < \tau$

$$\tag{9-129}$$

② $\sigma_{\mathrm{I}}(t) = \dfrac{2}{\pi}\left(\sin\dfrac{\pi}{\tau}t + \dfrac{1}{2}\sin\dfrac{2\pi}{\tau}t + \dfrac{1}{3}\sin\dfrac{3\pi}{\tau}t + \dfrac{1}{4}\sin\dfrac{4\pi}{\tau}t + \cdots\right), \qquad 0 \leqslant t < \tau$

$$\tag{9-130}$$

③ $\sigma_{\mathrm{I}}(t) = \displaystyle\sum_{k=1}^{\infty} \frac{8(-1)^{k-1}}{\pi^2(2k-1)^2}\sin\frac{(2k-1)}{\tau}t, \qquad 0 \leqslant t < \tau \tag{9-131}$

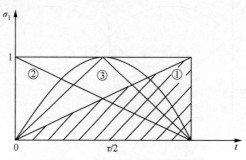

图 9-53　几种不同形式的瞬态波

将式(9-127)~式(9-131)写成傅里叶级数通式形式即为

$$\sigma_I(t) = \sum_{k=1}^{n} a_k \sin\omega_k t \tag{9-132}$$

第 k 个谐波分量 $\sigma_{Ik}(t)$ 通过夹层后的透射应力 $\sigma_{Tk}(t)$ 为

$$\sigma_{Tk}(t) = \boldsymbol{T}(\omega_k)\sigma_{Ik}(t) = \boldsymbol{T}(\omega_k)a_k\sin\omega_k t \tag{9-133}$$

透射分量 $\sigma_{Ik}(t)$ 的能量密度 E_{Tk} 为

$$E_{Tk} = \sum_{t=0}^{\tau}\left[\frac{\boldsymbol{T}(\omega_k)\sigma_{Ik}(t)\boldsymbol{T}(\omega_k)\sigma_{Ik}(t)}{\boldsymbol{Y}(\omega_k)}\right] \tag{9-134}$$

故通过夹层后的透射波为

$$\sigma_T(t) = \sum_{k=1}^{n}\left[\boldsymbol{T}(\omega_k)a_k\sin\omega_k t\right] \tag{9-135}$$

能量密度为

$$E_T = \sum_{k=1}^{n}\sum_{t=0}^{\tau}\left[\frac{\boldsymbol{T}(\omega_k)\sigma_{Ik}(t)\boldsymbol{T}(\omega_k)\sigma_{Ik}(t)}{\boldsymbol{Y}(\omega_k)}\right] \tag{9-136}$$

能量传递系数为

$$\eta = \frac{E_T}{E_I} = \frac{\displaystyle\sum_{k=1}^{n}\sum_{t=0}^{\tau}\left[\frac{\boldsymbol{T}(\omega_k)\sigma_{Ik}(t)\boldsymbol{T}(\omega_k)\sigma_{Ik}(t)}{\boldsymbol{Y}(\omega_k)/Z_0}\right]}{\displaystyle\int_0^{\tau}\sigma_I^2(t)\,\mathrm{d}t} \tag{9-137}$$

即

$$\eta = \begin{cases} \displaystyle\sum_{k=1}^{n}\sum_{t=0}^{\tau}\left[\frac{\boldsymbol{T}(\omega_k)\sigma_{Ik}(t)\boldsymbol{T}(\omega_k)\sigma_{Ik}(t)}{\boldsymbol{Y}(\omega_k)/Z_0}\right]\bigg/\tau, & \text{方波} \\[3mm] 2\displaystyle\sum_{k=1}^{n}\sum_{t=0}^{\tau}\left[\frac{\boldsymbol{T}(\omega_k)\sigma_{Ik}(t)\boldsymbol{T}(\omega_k)\sigma_{Ik}(t)}{\boldsymbol{Y}(\omega_k)/Z_0}\right]\bigg/\tau, & \text{正弦波} \\[3mm] 3\displaystyle\sum_{k=1}^{n}\sum_{t=0}^{\tau}\left[\frac{\boldsymbol{T}(\omega_k)\sigma_{Ik}(t)\boldsymbol{T}(\omega_k)\sigma_{Ik}(t)}{\boldsymbol{Y}(\omega_k)/Z_0}\right]\bigg/\tau, & \text{三角形波} \end{cases} \tag{9-138}$$

根据式(9-137)和式(9-138)可知:一旦取定了 τ、Z_1/Z_0、d_1/C_{p1} 后,即可求出各种应力波通过夹层时的波形变化和不同条件下的能量传递效果。显然,数值计算中 n 的取值越大,其结果越精确。

3. 不同形式的应力波通过夹层后的透射应力波形

计算中,取波的延时 $\tau=100\mu s$, Z_1/Z_0 及 d_1/C_{p1} 则分别取不同的值。图 9-54 为只取傅里叶级数前 4 项($n=4$)时矩形波通过夹层的计算结果。显然,这里的 n 取值太小。考虑到计算精度,对每一形式的波,至少取展开式的前 20 项进行叠加计算。图 9-55~图 9-58 为矩形波通过夹层后的透射应力波,对应的夹层与岩体波阻抗比分别为 0.05、0.1、1 和 2。

由图中可以看出:矩形应力波通过波阻抗远小于岩体波阻抗的软弱夹层时,如 $Z_1/Z_0=$ 0.05、0.1,不但相位有滞后现象,而且矩形波变为了随时间逐渐上升的圆头形波,其上升时间与软弱夹层波阻抗及波通过夹层的时间有关,夹层波阻抗越小,波通过夹层的时间越

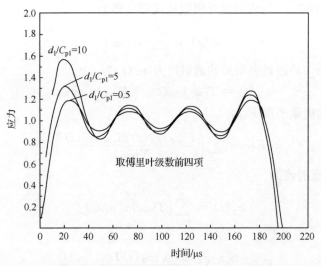

图 9-54　取傅里叶级数前四项算出的矩形波透射应力波形$(Z_1 = 2Z_0)$

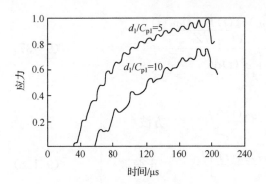

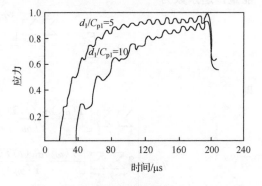

图 9-55　矩形波通过软弱夹层$(Z_1 = 0.05Z_0)$
后的透射应力波

图 9-56　矩形波通过软弱夹层 $Z_1 = 0.1Z_0$
时的透射应力波

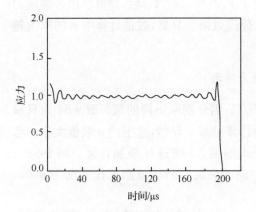

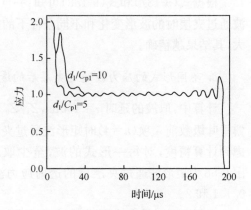

图 9-57　夹层波阻抗与岩体波
阻抗相同的情形

图 9-58　夹层波阻抗大于岩体波
阻抗的情形$(Z_1 = 2Z_0)$

长，上升时间越大；最大透射应力也与波通过夹层的时间及波阻有关，当夹层波阻抗较小，同时夹层厚度较大时，矩形波通过夹层后有明显的削波现象发生，如图 9-55 所示。当夹层波阻抗等于岩体介质波阻抗时，即相当于没有夹层的情形，矩形波通过夹层后仍为矩形波，如图 9-57 所示。这一结果同时也表明：采用傅里叶级数的方法处理瞬态应力波时，取前 20 项即可达到精度要求，被弃掉的高频波对其影响

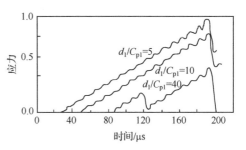

图 9-59　三角形波通过软弱夹层的
情形（$Z_1 = 0.1Z_0$）

很小。当夹层波阻抗大于介质波阻抗时，相位超前，同时透射波的幅值在开始时将得到增大，即有明显的应力增强作用。对其他形式的瞬态波也可得出与矩形波入射时相类似的结果。图 9-59～图 9-61 给出了三角形波和正弦波通过软弱夹层时的透射应力波形。

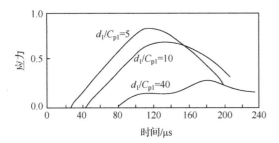

图 9-60　三角形波③通过软弱夹层的
情形（$Z_1 = 0.1Z_0$）

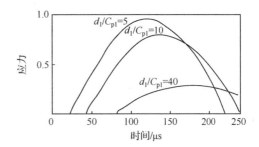

图 9-61　半周期正弦波 $Z_1 = 0.1Z_0$
的软弱夹层的情形

由图 9-59 还可看出：当波通过厚度较大的软弱夹层时，由于应力波在夹层中的来回反射时间较长，导致了一个单峰的应力波在通过夹层后将变为有几个波峰的应力波形，且后一峰值将大于前一峰值，波峰间的间隔时间大约为波在夹层中来回的时间。

从以上分析可以得出：不论何种应力波加载，当通过波阻抗相对很小而厚度又较大的软弱夹层时，透射波有明显的滞后和削波现象，其波峰值达不到原入射波峰值；而当夹层波阻抗大于介质波阻抗时，则透射波有明显的超前和幅值加强现象发生。

9.6.3　应力波遇夹层后的能量传递效果

表 9-1 给出了根据式（9-138）计算得到的不同形式的应力波通过夹层时的能量传递效果。

从表 9-1 可以得到如下几点认识。

（1）软弱夹层的波阻抗越小，能量传递效率越差。

（2）当夹层与岩体介质的波阻抗确定时，能量传递效率随夹层厚度的增大而减小。

（3）不同形式的瞬态应力波通过夹层时，其能量传递效率各不相同。比较计算结果可以发现：加载波在确定的延续时间内以开始随时间上升然后又随时间下降的波较好，如三角形波③及半周期正弦应力波。

表 9-1　不同加载波通过软弱夹层的能量传递效果

Z_1/Z_0	$\dfrac{d_1}{C_{p1}}/\mu s$	$E_T/E_I/\%$			
		矩形波	三角形波①②	三角形波③	半正弦波
0.05	0.5	95	92.67	—	—
	2	80.1	—	—	—
	5	52.05	44.02	61.32	62.0
	10	24.29	20.07	28.75	29.1
0.1	5	75.5	67.9	86.2	86.9
	10	53.5	45.26	61.83	62.5
	40	13.1	12.1	10.63	10.56
0.2	5	88.5	83.9	—	96.58
	10	77.47	70.52	—	87.66
	25	48.4	43.1	—	—
	40	33.58	—	—	33.44
0.5	5	96.9	95.52	99.6	99.66
	10	94.7	92.47	98.5	98.66
	40	81.4	78.5	83.5	83.7
0.8	5	98.76	98.17	—	—
	10	—	97.83	—	—
	20	98.02	—	—	—
	40	97.04	96.18	—	—
1	0.5	98.99	98.5	100	100
	20	98.99	98.5	100	100
	40	98.99	98.5	100	100
备注		取傅里叶级数前20项误差率为1%	取傅里叶级数前40项误差率1.5%	取傅里叶级数前40项误差率为0	误差率为0

9.7　爆轰波作用和岩石与炸药的合理耦合准则

　　炸药及爆破参数与矿岩性态间的合理匹配一直是爆破工程中的一个重要研究课题。合理的炸药岩石匹配将极大地提高炸药的能量利用率和改善爆破效果。由于炸药和岩石的声波阻抗能分别反映炸药的化学储能、爆炸作用强度和岩石强度及其对应力波的敏感程度等岩石可爆性指标,长期以来,人们一直沿用炸药和岩石的波阻抗作为匹配的依据,并且认为:最佳炸药岩石波阻抗匹配是炸药波阻抗等于岩石波阻抗[48,49]。但长期的工程爆破实践却表明:能取得良好爆破效果的炸药波阻抗往往不一定要趋近于被爆介质的波阻抗。在波阻抗很小的松软类岩土介质中,所用工业炸药的波阻抗常大于被爆介质的波阻抗;而在波阻抗很大的致密坚硬岩石中,所用工业炸药的波阻抗又往往小于岩石的波阻抗。最近的一些理论分析和试验研究结果也得出：能获得较优爆破效果的波阻抗匹配关系随岩石性质的不同而有所差异。合理匹配时炸药波阻抗应趋近于岩石波阻抗的传统匹配观念，正在受到来自工程爆破实践及理论与试验研究结果等方面的冲击[50-52]。本节将通过爆轰波与岩体相互作用的分析，介绍实现炸药与岩石合理匹配的一些条件。

9.7.1　传统的匹配观点

传统的炸药岩石匹配观点是根据药卷爆炸时产生的爆轰波垂直入射到岩石孔壁得到的。设炸药和岩石的初始参量分别为 ρ_0、$P_0=0$，$u_0=0$；ρ_{0m}，$P_{0m}=0$，$u_{0m}=0$；入射波即爆轰波参数为 ρ_1、P_1、u_1，其传播速度为 D_1，在介质中产生的折射波参量为 ρ_2、P_2、u_2、D_2，反射波参数为 ρ_2'、P_2'、u_2'、D_2'。根据冲击波到达前后的质量守恒和动量守恒准则，可以得到

$$\frac{P_2}{P_1} \approx \frac{2\rho_{0m}D_2}{\rho_{0m}D_2 + \rho_0 D_1} \tag{9-139}$$

$$\frac{P_2'}{P_1} \approx \frac{\rho_{0m}D_2 - \rho_0 D_1}{\rho_{0m}D_2 + \rho_0 D_1} \tag{9-140}$$

但并非所有岩石中都能生成爆炸冲击波，即使能在岩石中激起冲击波，其衰减也很快。因此，对大多数岩石来说，冲击波作用范围很小，可忽略不计[48,53]，加之岩石大多为弹脆性体，可近似地认为爆轰波与岩石的碰撞是弹性碰撞，这种碰撞能在岩石中直接产生弹性应力波，则上述关系可改写为[53,54]

$$\frac{P_2}{P_1} = \frac{2\rho_{0m}C_m}{\rho_{0m}C_m + \rho_0 D} \tag{9-141}$$

$$\frac{P_2'}{P_1} = \frac{\rho_{0m}C_m - \rho_0 D}{\rho_{0m}C_m + \rho_0 D} \tag{9-142}$$

$$P_1 = \frac{\rho_0 D^2}{K+1} \tag{9-143}$$

式中，K 为爆轰产物的多方指数，对常用固态炸药，可近似地取 $K=3$；D 为爆轰波传播速率；C_m 为岩体介质中的弹性纵波速率。

由式(9-139)～式(9-143)不难得出：其反射波和透射波的能量传递系数分别为

$$\eta_R = \left(\frac{\rho_{0m}C_m - \rho_0 D}{\rho_{0m}C_m + \rho_0 D}\right)^2 \tag{9-144}$$

$$\eta_T = \frac{4\rho_{0m}C_m\rho_0 D}{(\rho_{0m}C_m + \rho_0 D)^2} \tag{9-145}$$

炸药和岩石的最优匹配意味着等能量条件下传递到岩石中的能量最多，即 $\eta_T = \eta_{Tmax}$，或 $\eta_R = \eta_{Rmin}$，由此不难得到，最优匹配条件为

$$\rho_{0m}C_m = \rho_0 D \tag{9-146}$$

从以上分析可以看出：传统的炸药岩石匹配观点将炸药爆炸时能量向岩石传递的复杂过程作了较大程度的简化，因而得到了不论被爆介质性质如何，其最优匹配条件总为 $\rho_0 D$ 趋近于 $\rho_{0m}C_m$ 的结果。

但事实上，实际炮孔装药爆破时，爆轰波相对于孔壁并非垂直入射，而是倾斜入射[48,55,56]，如图 9-62 所示。柱状药卷一端用雷管引爆使其爆轰时，爆轰波阵面呈球面形，

且在装药表面附近曲率半径减小到很小,波阵面与炮孔壁之间存在一较小的夹角 θ,此夹角即可视为爆轰波斜冲击孔壁的入射角。由于斜入射,因而波在界面处的折反射结果无疑会与上述垂直入射的情形存在较大的差别。另外,药卷和孔壁之间是无黏结力存在的,在爆轰气体作用下药卷和岩壁之间可能也允许产生小的相对滑动,因此药卷爆轰波在孔壁处的折反射不应该套用应力波在完全黏结边界条件下的折反射结果。

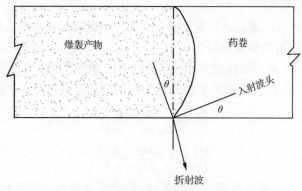

图 9-62　爆轰波对炮孔壁的冲击

9.7.2　药卷爆轰与岩体的相互作用模型

根据以上分析,为克服和弥补传统能量匹配推导前提条件的过于简化,这里的理论分析对其作了如下两点合乎实际的调整。

(1) 爆轰波是以 θ 的角度斜入射到岩壁的;

(2) 药卷和岩壁间无黏结力存在,允许滑动。

但仍认为爆轰波与岩壁的碰撞为弹性的平面冲击,如图 9-63 所示。

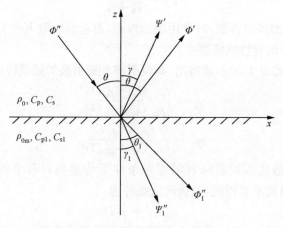

图 9-63　波的折反射示意图

设入射爆轰波波势为 Φ'',进入岩石的折射纵波为 Φ_1',横波为 Ψ_1',反射纵波为 Φ_1'',横波为 Ψ_1'',采用 9.3 节的分析方法,则 $Z \geqslant 0$ 时,势函数可分别写为

$$\Phi = (\Phi' e^{jaz} + \Phi'' e^{-jaz}) e^{j(\xi x - \omega t)} \tag{9-147}$$

$$\boldsymbol{\Psi} = \boldsymbol{\Psi}' \mathrm{e}^{\mathrm{j}\beta z}\, \mathrm{e}^{\mathrm{j}(\xi x - \omega t)} \tag{9-148}$$

当 $z<0$ 时，有

$$\boldsymbol{\Phi}_1 = \boldsymbol{\Phi}_1'' \mathrm{e}^{\mathrm{j}\alpha_1 z}\mathrm{e}^{\mathrm{j}(\xi x-\omega t)} \tag{9-149}$$

$$\boldsymbol{\Psi}_1 = \boldsymbol{\Psi}_1'' \mathrm{e}^{-\mathrm{j}\beta_1 z}\mathrm{e}^{-\mathrm{j}(\xi x-\omega t)} \tag{9-150}$$

式中，$\xi = K_l\sin\theta = K_t\sin\gamma = K_{l1}\sin\theta_1 = k_{t1}\sin\gamma_1$；$\alpha = K_l\cos\theta, \alpha_1 = K_{l1}\cos\theta_1$；$\beta = K_t\cos\gamma$，$\beta_1 = K_{t1}\cos\gamma_1$；$K_l$、$K_{l1}$ 为纵波波数，K_t、K_{t1} 为横波波数。

又根据位移、应力与势函数的关系式(9-30)和岩石与药卷交界面上的特定边界条件

$$\left.\begin{array}{l} u_z(x,0,t) = u_{z1}(x,0,t) \\ \sigma_z(x,0,t) = \sigma_{z1}(x,0,t) \\ \tau_{zx} = 0 \end{array}\right\} \tag{9-151}$$

可得

$$\alpha(V_{ll}-1) + \xi V_{lt} = -\alpha_1 W_l + \xi W_t \tag{9-152}$$

$$-p(1+V_{ll}) + \beta V_{lt} = -(\beta_1 W_t + p_1 W_l)G_1/G \tag{9-153}$$

$$\alpha(V_{ll}-1) + p V_{lt} = -\alpha_1 W_l + p_1 W_t = 0 \tag{9-154}$$

式中

$$V_{ll} = \Phi'/\Phi'', \quad V_{lt} = \Psi'/\Phi'', \quad W_l = \Phi_l''/\Phi'', \quad W_t = \Psi_l''/\Phi''$$
$$p = (\xi^2 - K_t^2/2)\xi^{-1} = -K_t\cos2\gamma/(2\sin\gamma)$$
$$p_1 = (\xi^2 - K_{t1}^2/2)\xi^{-1} = -K_{t1}\cos2\gamma_1/(2\sin\gamma_1)$$

由式(9-153)~式(9-155)可得

$$V_{lt} = \left(\frac{\xi - p_1}{\xi - p}\right)\frac{\alpha_1}{p_1}W_l \tag{9-155}$$

$$V_{ll} = 1 - \frac{p\alpha_1}{p_1\alpha}\left(\frac{\xi - p_1}{\xi - p}\right)W_l \tag{9-156}$$

$$W_t = (\alpha_1/p_1)W_l \tag{9-157}$$

$$W_l = \frac{2}{\left(\dfrac{p\alpha_1}{p_1\alpha} + \dfrac{\alpha_1\beta}{p_1 p}\right)\left(\dfrac{\xi - p_1}{\xi - p}\right) + \dfrac{G_1}{G}\left(\dfrac{\alpha_1\beta_1 + p_1^2}{p_1 p}\right)} \tag{9-158}$$

式中

$$\frac{\xi - p_1}{\xi - p} = \left(\frac{C_s}{C_{s1}}\right)^2 = \left(\frac{d}{d_1 n_1}\right)^2$$

其中，$n_1 = C_{p1}/C_p$；d 为纵横波波速之比，$d = C_s/C_p$；$d_1 = C_{s1}/C_{p1}$。

$$\frac{p\alpha_1}{p_1\alpha} = \frac{d_1^2\sin2\theta_1\cos2\gamma}{d^2\cos2\gamma_1\sin2\theta}$$

$$\frac{\alpha_1\beta}{p_1 p} = d_1^2\frac{\sin2\theta_1\sin2\gamma}{\cos2\gamma_1\cos2\gamma}$$

$$\frac{G_1}{G} = \frac{\rho_{0m}C_{s1}^2}{\rho_0 C_s^2} = \left(\frac{\rho_{0m}}{\rho_0}\right)\left(\frac{d_1 n_1}{d}\right)^2$$

$$\frac{\alpha_1\beta_1}{p_1 p} = \frac{4\sin^2\gamma\cos\theta_1\cos\gamma_1\sin\gamma_1}{\sin\theta_1\cos2\gamma_1\cos2\gamma}$$

$$\frac{p_1^2}{p_1 p} = \frac{p_1}{p_0} = \frac{\sin^2 \gamma \cos 2\gamma_1}{\sin^2 \gamma_1 \cos 2\gamma}$$

又

$$\eta_R = V_{li}^2 + \frac{\tan\theta}{\tan\gamma} V_{li}^2 \tag{9-159}$$

$$\eta_T = \frac{\rho_{0m}}{\rho_0} \left(\frac{\tan\theta}{\tan\theta_1} W_l^2 + \frac{\tan\theta}{\tan\gamma_1} W_t^2 \right) \tag{9-160}$$

由以上各式不难看出，取定了介质和炸药的纵横波波速之比后，即可得到

$$\eta_T = f\left(\frac{\rho_{0m}}{\rho_0}, \frac{Z_1}{Z}, \theta \right) \tag{9-161}$$

或

$$\eta_R = f'\left(\frac{C_{p1}}{C_p}, \frac{Z_1}{Z}, \theta \right) \tag{9-162}$$

这样，对于确定的 C_{p1}/C_{p1}，C_s/C_p，θ（预先输入），通过数值计算，即可求得不同 ρ_{0m}/ρ_0 条件下（或 C_{p1}/C_p 条件下）$\eta_T = \eta_{Tmax}$ 时的波阻抗匹配值。这一波阻抗匹配值也就是在确定的岩石条件下合理选取炸药，使其能量利用率最大时的合理耦合关系。

9.7.3 岩石与炸药的合理耦合准则

1. 新的岩石与炸药波阻抗匹配关系

图 9-64 和图 9-65 分别为不同的 ρ_{0m}/ρ_0 和不同的 C_{pm}/C_p 条件下，通过数值计算所得到的爆轰波折射能量最大时（即 $\eta_T = \eta_{Tmax}$）所对应的岩石与炸药的波阻抗匹配值。由图可以看出，θ 在 1°～15° 范围内，θ 对其最优匹配关系影响不大。数值分析还表明，C_s/C_p，C_{s1}/C_{p1} 从 0.6 变到 0.5 时，最优匹配关系曲线几乎没有明显变化。因此，图 9-64 和图 9-65 可以作为不同的岩石与炸药密度比（ρ_{0m}/ρ_0）条件下或不同的岩石与炸药波速比（C_{pm}/C_p）条件下岩石与炸药参数合理匹配的关系准则。

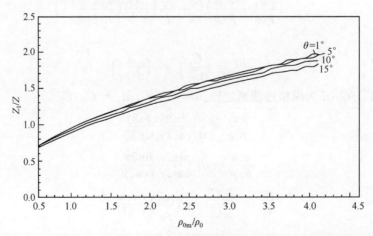

图 9-64　不同的 ρ_{0m}/ρ_0 条件下岩石与炸药合理匹配时所需采用的波阻抗比值

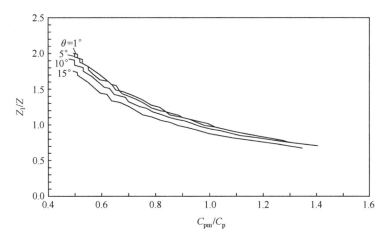

图 9-65　不同的 C_{pm}/C_p 条件下岩石与炸药合理匹配时所需采用的波阻抗比值

2. 新的岩石与炸药匹配关系适用性论证

长期的工程爆破实践表明：对于波阻抗极小的松软类岩土介质，所使用的炸药波阻抗应大于被爆介质的波阻抗；对于极坚硬矿岩，其所用炸药波阻抗常小于被爆矿岩的波阻抗。这也正是与传统匹配观念相矛盾之处，而全面考虑爆轰与孔壁作用过程的新的波阻抗匹配关系正好与上述工程爆破实践观念相符，如图 9-64 所示，视被爆岩土介质与药卷的相对密度不同，所选炸药波阻抗应在 0.5～2 倍岩石波阻抗间变化。

这一理论分析结果也可以从一些波阻抗匹配试验分析结果中得到验证。表 9-2 和表 9-3 为三种岩石和三种炸药的波阻抗参数。研究结果表明[50]，较优的炸药岩石匹配为：砂岩-2 号硝铵，花岗岩-62％胶质炸药，辉绿岩-62％胶质炸药。从表 9-3 可以看出，这一结果并不符合传统波阻抗匹配观点，按此观点，砂岩应采用安尼梯炸药。但若按前面我们所给出的波阻抗匹配关系，则其炸药的选择与上述研究结果是一致的，如表 9-4 和图 9-66 所示。

表 9-2　岩石参数

指标	砂岩	花岗岩	辉绿岩
密度 $\rho_{0m}/(kg/m^3)$	2000	2600	2870
波速 $C_m/(m/s)$	2600	5200	6340

表 9-3　炸药参数

指标	2 号硝铵炸药	安尼梯(抗水)	62％胶质炸药
密度 $\rho_{0m}/(kg/m^3)$	1000	1000	1400
爆速 $D/(m/s)$	3600	4500	6000

表 9-4　岩石与炸药的密度、声阻抗及最优匹配的波阻抗之比

炸药	砂岩			花岗岩			辉绿岩		
	密度比	声阻抗比	理想声阻抗之比*	密度比	声阻抗比	理想声阻抗之比*	密度比	声阻抗比	理想声阻抗之比*
2 号硝铵	2	1.44	1.37	2.6	3.75	1.60	2.87	5.05	1.65
安尼梯	2	1.15	1.37	2.6	3.00	1.60	2.87	4.04	1.65
62％胶质	1.43	0.62	1.15	1.86	1.61	1.33	2.05	2.17	1.40

＊根据岩石与炸药的密度比，从图 9-64 可以得到，如图 9-66 所示。

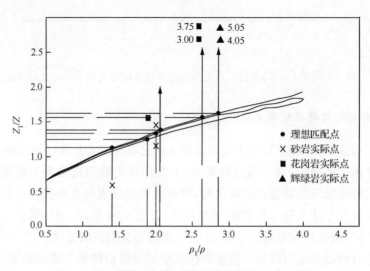

图 9-66　不同的岩石与炸药理想匹配时的波阻抗比

图 9-67 为以 K_{50}（50％的碎块量通过的筛孔尺寸）最小为依据，通过模型试验得出的不同试件波阻抗下的较优波阻抗匹配关系[51]。从该图可以看出：较优匹配时，炸药波阻抗与岩石波阻抗的比值并非恒等于 1，而是视岩石密度和波速的不同在 0.7～2.6 变化。当试件波阻抗很大时，所用炸药波阻抗应小于试件波阻抗，这一试验结果与前面通过理论分析所给出的岩石与炸药合理耦合准则是相一致的。

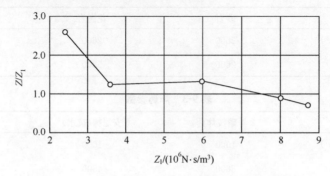

图 9-67　较优匹配系数与试件波阻抗关系的试验结果

由此可以得出:衡量炸药与岩石合理匹配是可以用炸药与岩石的声波阻抗来表征的。传统的匹配观点与一些工程爆破的实际情况及一些炸药岩石合理匹配的试验分析结果不符的主要原因在于:它对炸药爆炸能量向岩石的传递过程作了过于简单的简化。本节所给出的炸药和岩石合理耦合关系准则,由于考虑了药卷和炮孔壁间的特定边界条件和爆轰波倾斜入射的特点,较为接近实际药卷爆轰时炸药能量向岩石的传递过程,所得结果完全符合工程爆破的实际情况和岩石炸药合理匹配的试验研究结果,且简单明了,便于使用,可以作为选取炸药的一种依据。

9.7.4 常规炸药与不同岩体的合理匹配

9.7.3 节的分析已经指出,能取得良好爆破效果的炸药波阻抗往往不一定要趋近于被爆介质的波阻抗,但要保证爆轰波能量向岩石的最大输入和取得好的爆破效果,高阻抗的岩石必须使用较高密度和较高爆轰速度的炸药。曾有文章指出[57]:当岩石与炸药波阻抗明显不相匹配时,可采用在炸药与孔壁间加入阻抗介于两者之间的中间物质或使用组合药卷的办法。很多文献也倡导采用不耦合装药,即在药卷与孔壁间加一柔性层来改善爆破效果。本节将针对这些问题,采用 9.6 节介绍的等效波阻法,就药卷与孔壁间加入不同阻值的中间层问题进行分析与讨论[58]。

如图 9-68 所示,设定药卷、中间层与被爆岩石的波阻抗分别为 Z_0、Z_1 和 Z_2。由于对大多数岩石来说,即使能在岩石中激起冲击波,其衰减也很快,因此,对一般岩石来说,冲击波作用范围很小,可忽略不计;加之岩石大多为脆性,因而可近似地认为爆轰波与岩石的碰撞是弹性的,直接在岩石中产生弹性应力波。同时,考虑到嵌入中间层后,引爆的药卷难于产生相对滑移,爆轰波(P_i)是以很小的夹角 θ 斜入射,分析中忽略横波效应的影响。

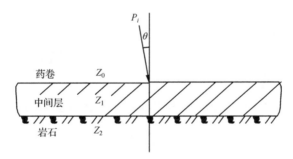

图 9-68 药卷与岩石间嵌入中间层示意图

根据等效波阻法,应力透射系数为

$$T_\sigma(\omega) = \frac{2(Z_2\cos\delta_1 + \mathrm{j}Z_1\sin\delta_1)}{(Z_0 + Z_2)\cos\delta_1 + \mathrm{j}\left(\dfrac{Z_1^2 + Z_0 Z_2}{Z_1}\right)\sin\delta_1} \tag{9-163}$$

能量传递系数为

$$T_e(\omega) = \frac{4Z_2 Z_0}{(Z_0 \boldsymbol{B} + \boldsymbol{C})(Z_0 \boldsymbol{B} + \boldsymbol{C})^*} \tag{9-164}$$

$$\begin{bmatrix} \boldsymbol{B} \\ \boldsymbol{C} \end{bmatrix} = \begin{bmatrix} \cos\delta_1 & \mathrm{j}\sin\delta_1/Z_1 \\ \mathrm{j}Z_1\sin\delta_1 & \cos\delta_1 \end{bmatrix} = \begin{bmatrix} 1 \\ Z_2 \end{bmatrix} \tag{9-165}$$

式中，$\delta_1 = \omega t_1 = 2\pi d_1/\lambda_1$，其中 d_1 为中间层厚，λ_1 为波长。

据此，可求得不同波阻抗条件下应力和能量传递系数随 δ_1（或夹层厚度）的变化关系。这里取 $Z_0 = 6.5, 4.5, 3(\mathrm{kg/(m^2 \cdot s)})$ 分别代表猛、中和低威力炸药，$Z_2 = 13.5, 8$ 和 2 $(\mathrm{kg/(m^2 \cdot s)})$ 分别表示极硬、中硬和极软岩石，而中间层 Z_1 值分别取不同的值，其中标有"*"者为 $Z_1 = \sqrt{Z_0 Z_2}$ 的情形，其典型的计算结果如图 9-69～图 9-73 所示。

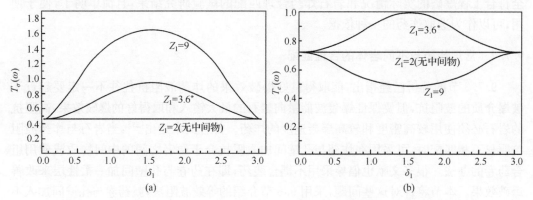

图 9-69 猛度炸药($Z_0 = 6.5$)与软岩($Z_2 = 2$)间嵌入中间层的应力和能量传递系数

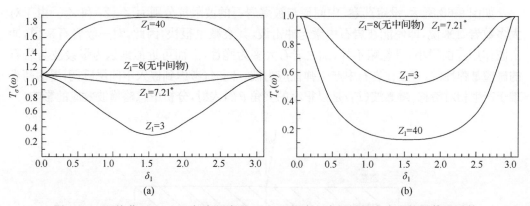

图 9-70 猛炸药($Z_0 = 6.5$)与中硬岩石($Z_2 = 8$)间嵌入中间层的应力和能量传递系数

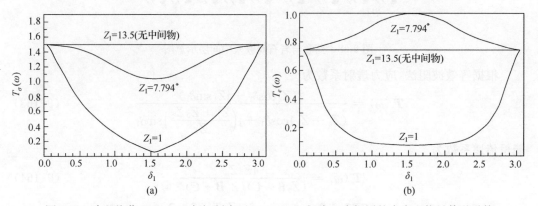

图 9-71 中猛炸药($Z_0 = 4.5$)与极硬岩石($Z_1 = 13.5$)间嵌入中间层的应力和能量传递系数

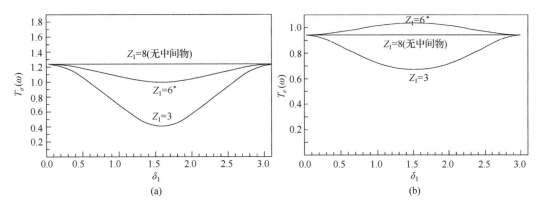

图 9-72 中猛度炸药($Z_0 = 4.5$)与中硬岩石($Z_2 = 8$)间嵌入中间层的应力和能量传递系数

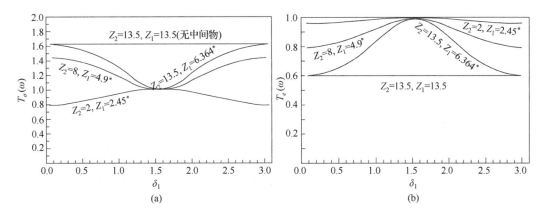

图 9-73 低威力炸药($Z_0 = 3$)与被爆岩石间嵌入中间层的应力和能量传递系数

从上述理论分析与计算结果可以得出：

（1）当嵌入中间层的波阻抗 $Z_1 = \sqrt{Z_0 Z_2}$，厚度 $d_1 = \lambda_1/4 \approx R/4$[57]（$R$ 为炮孔半径）时，能量传递效果最佳。数值计算得出的结果（图 9-69～图 9-73）也清楚地表明了这一点。

（2）当药卷和被爆岩体间阻抗很不匹配时，如图 9-69、图 9-71 和图 9-73 所示，嵌入合适阻抗和厚度的中间层时，可明显提高能量传递效果。但其被爆岩体中的应力状态也将有所改变：当中间层的波阻抗小于被爆岩体波阻抗时，其透射应力将比没嵌入时的应力更小；而当嵌入中间层的波阻抗大于被爆岩体波阻抗时，其应力将大于没嵌入时的情形。根据数值计算结果，用 $Z_0 = 6.5$ 的猛性炸药爆破 $Z_2 = 2$ 的软岩时，若嵌入波阻抗 $Z_1 = 3.6^*$，厚度 d_1 约为 1/8 炮孔直径的中间层时，可提高能量传递效率近 30%（图 9-69）；对 $Z_0 = 4.5$ 的中猛炸药破碎 $Z_2 = 13.5$ 的极硬矿岩时，嵌入 $Z_1 = 7.79$ 的中间层，可提高能量传递效率 25%（图 9-71）；而使用 $Z_0 = 3$ 的低威力炸药爆破 $Z_2 = 13.5$ 的极坚硬矿岩时，若嵌入 $Z_1 = 6.36^*$ 的中间层，最大可提高 40% 的能量传递效率（图 9-73）。由此可见，当炸药与岩石阻抗很不匹配时，使用合适阻抗和厚度的中间层，不仅可有效地提高能量利用率，而且无需特别扩大一般工程爆破时的炸药种类，不失为一种合理破碎不同强度矿岩的可行方案。

（3）在阻抗本来就基本匹配的条件下，使用最为合适的中间层，其能量传递效率也提高不大，如图 9-72 所示。

（4）不论被爆岩体与炸药阻抗是否匹配，当使用阻抗远小于被爆岩体的柔性中间层时，其孔壁应力将大为降低，如图 9-70～图 9-73 所示。因而，此时的中间层就起到了缓冲和减小周边破坏等的作用，在光面爆破的周边孔等中广泛采用的不耦合柔性层装药即为此故。

参 考 文 献

[1] 李夕兵. 凿岩爆破工程. 长沙：中南大学出版社，2011

[2] Holmberg R，Rustan A. Rock fragmentation by blasting. Lulea：TECE-Tryck A. B，1983

[3] Singh D P, Sastry V R. Role of weakness planes in bench blasting—A critical study//Proceedings of 2nd International Symposinm on Rock Fragmentation by Blasting，1988：135-146

[4] Koefoed O, Voogd N. The linear properties of thin layers, with an application to syn-thetic seismograms over coalseams. Geophysics，1980，45(8)：1254-1268

[5] Rinehart J S. Effects of transient stress waves in rocks. Mining Research，1962，2：713-725

[6] Daehnke A, Rossmanith H P. Reflection and transmission of plane stress waves at interfaces modeling various rock joints. International Journal for Blasting and Fragmentation，1997，1(2)：111-231

[7] 汪越胜，于桂兰，章梓茂，等. 复杂界面(界面层)条件下的弹性波传播问题研究综述. 力学进展，2000，30(3)：378-390

[8] 夏才初，孙宗颀. 工程岩体节理力学. 上海：同济大学出版社，2002

[9] 李中林. 矿山岩体工程地质力学. 北京：冶金工业出版社，1987

[10] Angenheister G. Landlot-Bo'mstein Numberical Data and Functional Relationship in Science and Technology. Berlin：Spring-Verlag，1982

[11] Starfield A M, Pugliese J M. Compression waves generated in rock by cylindrical explosive charges：A comparison between a computer model and field measurements. International Journal of Rock Mechanics and Mining Science，1968，5：65-77

[12] Schoenberg M. Elastic wave behavior across linear interfaces. Journal of the Acoustical Society of America，1980，68(5)：1516-1521

[13] Pyrak-Nolte L J. Seismic response of fractures and the interrelations among fractures. International Journal of Rock Mechanics and Mining Science，1996，33(8)：787-802

[14] Zhao J, Cai J G. Transmission of elastic P-waves across single fractures with a nonlinear normal deformational behavior. Rock Mechanics and Rock Engineering，2001，34(1)：3-22

[15] 赵坚，蔡军刚，赵晓豹，等. 弹性纵波在具有非线性法向变形本构关系的节理处的传播特征. 岩石力学与工程学报，2003，21(1)：9-17

[16] 王卫华，李夕兵，左宇军. 非线性法向变形节理对弹性纵波传播的影响. 岩石力学与工程学报，2006，25(6)：1218-1225

[17] Cone S A. Wave propagation past a charge in cross section [M. S. Thesis]. Albuquerque：University of New Mexico，1963

[18] Bertholf L D. Feasibility of two-dimensional numerical analysis of the split—Hopkinson pressure bar system. Journal of Applied Mechanics，1974，41：137-144

[19] Bertholf L D，Karnes C H. Two-dimensional analysis of the split-Hopkinson pressure bar system. Journal of the Mechanics and Physics of Solids，1975，23：1-19

[20] Kenner V H, Goldsmith W. One-dimensional wave propagation through a short discontinuity. Journal of the Acoustical Society of America，1969，45(1)：115-118

[21] Kolsky H. Stress Wave in Solids. Oxford：Clarendon Press，1953

[22] Rinehart J S. Stress Transients in Solids. Houston：Hyper Dynamics，1975

[23] Miller R K. An approximate method of analysis of the transmission of elastic waves through a frictional bounda-

ry. Journal of Applied Mechanics, 1977, 44:652-656

[24] Miller R K, Tran H T. Reflection,refraction, and absorption of elastic waves at a frictional interface: P and SV motion. Journal of Applied Mechanics, 1981, 48: 155-160

[25] 李夕兵. 论岩体软弱结构面对应力波传播的影响. 爆炸与冲击,1993,13(4):334-342

[26] 布列霍夫斯基赫. 分层介质中的波. 第二版. 杨训仁译. 北京:科学出版社,1985

[27] Li X B, Xu L Q, Lok T S. Response of rock mass interface to impulsive loads induces by blasting. Frontiers of Rock Mechanics and Sustainable Development in the 21st Century. Netherlands: A. A. Balkema,2001:81-84

[28] Bandis S C, Lumsden A C, Barton N R. Fundamentals of rock joint deformation. International Journal of Rock Mechanics and Mining Science & Geomechanics Abstract, 1983, 20(6): 249-268

[29] Barton N R, Bandis S C, Bakhtar K. Strength, deformation and conductivity coupling of rock joints. International Journal of Rock Mechanics and Mining Science & Geomechanics Abstract,1985, 22(3): 121-140

[30] 戈革. 地震波动力学基础. 北京:石油工业出版社,1980

[31] 谢和平. 岩石混凝土损伤力学. 徐州:中国矿业大学出版社, 1990

[32] Ewing W M. 层状介质中的弹性波. 刘光鼎译. 北京:科学出版社, 1966

[33] 王卫华,李夕兵. 不同应力波在张开节理处的能量传递规律. 中南大学学报(自然科学版),2006, 37(2):376-380

[34] Richart F E,等. 土与基础的振动. 徐攸在,等译. 北京:中国建筑工业出版社,1976

[35] Richarts P G. Elastic wave solutions in stratified medium. Geophysics,1971, 36(5): 798-809

[36] Widness M B. How thin is a thin bed. Geophysics, 1973, 38(6):1176-1180

[37] Koefoed O, Voogd N. The linear properties of thin layers, with an application to symthetic seismograms over coalseams. Geophysics, 1980, 45(8): 1254-1268

[38] 张奇. 应力波在节理处的传递过程. 岩土工程学报,1988, 8(6):99-105

[39] 李夕兵,陈寿如. 应力波在层状矿岩结构中传播的新算法. 中南矿冶学院学报,1994, 24(6):738-742

[40] 李夕兵,古德生,赖海辉. 爆炸应力波遇夹层后的能量传递效果. 有色盘属(季刊),1993, 45(4):1-6

[41] Fourney W L, Dick R D, Fordyce D F, et al. Effects of open gaps on particle velocity measurements. Rock Mechanics and Rock Engineering, 1997, 30(2): 95-111

[42] Fourney W L, Dick R D, Wang X J, et al. Effects of weak layers on particle velocity measurements. Rock Mechanics and Rock Engineering, 1997, 30(1): 1-18

[43] Wang W H, Li X B. 3DEC modeling on effects of joints and interlay on wave propagation. Transactions of Nonferrous Metals Society of China, 2006, 16(4): 728-734

[44] Li J C,Ma G W, Huang X. Analysis of wave propagation through a filled rock joint. Rock Mechanics and Rock Engineering,2010, 43(6):789-798

[45] Li J C,Ma G W. Experimental study of stress wave propagation across a filled rock joint. International Journal of Rock Mechanics and Mining Sciences,2009, 46(3):471-478

[46] Bogy D B,Gracewski S M. Reflection coefficient for plane waves in a fluid incident on a layered elastic half-space. Journal of Applied Mechanics, 1983, 50:405-4l4

[47] 唐晋发,顾培夫. 薄膜光学与技术. 北京:机械工业出版社,1988

[48] 王文龙. 钻眼爆破. 北京:煤炭工业出版社,1989

[49] 陶颂霖. 爆破工程. 北京:冶金工业出版社,1979

[50] 张奇,王廷武. 岩石与炸药匹配关系的能量分析. 矿冶工程,1989, 9(4):15-19

[51] 钮强,熊代余. 炸药岩石波阻抗匹配的试验研究. 有色金属,1989, 40(4):13-17

[52] 李夕兵,古德生,赖海辉,等. 岩石与炸药波阻抗匹配的能量研究. 中南矿冶学院学报,1992, 23(1):18-25

[53] 哈努卡耶夫. 矿岩爆破物理过程. 刘殿中译. 北京:冶金工业出版社,1989

[54] 张寿齐,王炳成,谢明恕,等. 炸药能量利用的某些可能途径. 爆炸与冲击,1984, 4(3):87-96

[55] Johansson C H, Person R A. Detonics of High Explosives. New York: Academic Press, 1970

[56] Clay R B, Cook M A, Keyes R T. Shock waves in solids and rock mechanics. Mining Research, 1962, 2: 681-712

[57] Taran E P. Impedance correspondence at a charge-rock boundary. Soviet Mining Science, 1984:272-276

[58] 李夕兵,古德生,赖海辉. 常规炸药与不同岩体匹配的可能途径. 矿冶工程,1994, 14(1):17-21

第 10 章　应力波在含空区岩体中的传播

在含多个空区的露天矿台阶爆破作业过程中,采空区顶板极易发生动态失稳,从而对采场工作人员和大型采掘及运输设备的安全带来极大的安全隐患,阻滞了矿山的生产进度。为了防止重大安全事故的发生,预测台阶爆破荷载下采空区顶板的最大震动程度,对评估台阶爆破作业下邻近地下空区的稳定性是极为必要的。实际工程中,通常采用一些震动衰减的经验公式来预测岩体中地下采空区围岩的损伤程度,进而对其进行相应的稳定性评估。这些经验衰减公式主要是以爆破引起的应力波质点震动峰值速度(peak particle velocity,PPV)为基础的。本章将在详细介绍国内外有关这方面研究工作的基础上,以实际工程为背景,探讨应力波在含空区岩体中的传播效应与衰减规律,进而获得采空区动力稳定性分析和台阶爆破安全距离的计算实例与计算方法。

10.1　爆炸在岩体中产生的应变波

由柱状药包诱发的应变波在地球物理勘探和岩石爆破方面具有极其重要的研究和应用价值。但到目前为止,研究者仅从弹性波理论出发得到为数不多的用于解决柱状爆源问题的显式数学方法。Selberg 针对无限长的柱状药包首次得出其在爆炸过程中产生的压缩波计算方法[1];Heelan 随后对有限长度的柱状药包进行研究,获得了相应的压缩波和剪切波计算公式[2]。然而,上述计算方法都是在假设爆炸压力沿炸药长度同时作用在周围介质上的条件下获得的,相应的炸药具有无限大的爆轰速率。Jordan 考虑到爆炸过程中爆轰速率是有限的这个客观事实,获得了通过周围介质时爆轰速率远大于爆炸波传播速率条件下的计算方法[3];由于在绝大多数实际情况中,爆炸产生的爆轰速率等于或小于岩石中的纵向波速,Plewman 和 Starfield 通过适当地叠加由集中药包产生的爆炸波,提出了一种柱状药包合成波的近似方法[4]。本节将详细探讨在爆速小于或近似等于岩体中应力波传播速率的情况下,线性炸药爆炸生成的应变波的叠加计算方法,并进一步研究应变测量仪安设方向对记录应变波数据的影响,爆速对应变波波形的影响以及线性炸药的成坑情况。

10.1.1　线性炸药爆炸的波形合成

当较小的球状药包或点炸药在近似弹性的岩体中爆炸时,距离炸药 R 处的应变波通常可表示为

$$Y = \begin{cases} aR^{-\alpha}f(t-\tau), & t \geqslant \tau \\ 0, & t < \tau \end{cases} \tag{10-1}$$

式中,$f(t)$ 为时间 t 的函数;$aR^{-\alpha}$ 为 R 处波的幅值,表示从爆源处起随着距离的衰减。

对于弹性介质来说,衰减仅由距离 R 增大所导致的波阵面膨胀引起,此时衰减系数 α

等于 1,而岩体内部的能量损失则形成了进一步的衰减,因此对于岩体内部的爆炸而言 $\alpha \geqslant 1$。式(10-1)中,时间 $t=0$ 时,表示炸药的起爆时间;τ 为从炸药到距离 R 处的传播时间,即 $\tau=R/C$,C 为应力波在岩体中的传播速率。应变 Y 在 R 处为矢量,对于膨胀波来说,分为径向分量和正切分量,径向分量的方向由炸药指向 R,由于除炸药近区外,正切分量衰减迅速且数值较小,故此处不做考虑。

由线性炸药产生的应变脉冲相对点炸药而言更为复杂。考虑长度为 l 的线性炸药在点 O 处以爆速 D 起爆,起爆时刻 $t=0$,建立柱坐标系,原点为 O,并计算任意点 $P(r,z)$ 处的波形,如图 10-1 所示。

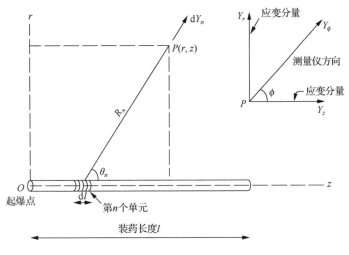

图 10-1　柱坐标系

将长度为 l 的线性炸药分成 N 个长度为 $\mathrm{d}l$ 的子单元,在各个子单元中心处以点炸药代替,此时,线性炸药可认为是一系列点炸药以相同的时间间隔按顺序起爆。那么,P 点处由第 n 个点炸药形成的单元波按式(10-1)可表示为

$$\mathrm{d}Y = \begin{cases} a\mathrm{d}lR^{-\alpha}f(t-\tau_n), & t \geqslant \tau \\ 0, & t < \tau \end{cases} \tag{10-2}$$

此时,式中的 τ_n 为从第 n 个单元中点至 P 点的传播时间与从第一个单元至第 n 个单元所消耗的起爆时间之和,即

$$\tau_n = R_n/C + \left(n-\frac{1}{2}\right)\mathrm{d}l/D \tag{10-3}$$

由图 10-1 可知

$$R_n = \left\{ r^2 + \left[z - \left(n-\frac{1}{2}\right)\mathrm{d}l \right]^2 \right\}^{\frac{1}{2}} \tag{10-4}$$

应变 $\mathrm{d}Y$ 与 z 轴的夹角为 θ_n,其中 $\sin\theta_n=r/R_n$,应变 $\mathrm{d}Y$ 沿 r 轴和 z 轴分解后的分量分别为 $\mathrm{d}Y\sin\theta_n$ 和 $\mathrm{d}Y\cos\theta_n$。

将所有单元波的相应分量进行求和计算,得到 P 点处的最终应变波为

$$
\left.\begin{array}{l}
Y_r = \displaystyle\sum_{n=1}^{N} \mathrm{d}Y \sin\theta_n \\[2mm]
Y_z = \displaystyle\sum_{n=1}^{N} \mathrm{d}Y \cos\theta_n
\end{array}\right\} \tag{10-5}
$$

当布设在 P 点处的单向应变测量仪与 z 轴之间的夹角为 ϕ 时,则有

$$
Y_\phi = Y_r \sin\phi + Y_z \cos\phi \tag{10-6}
$$

由上可知,当给出波形函数 $f(t)$ 后,利用式(10-1)~式(10-6),通过简单编程,可获得线性炸药周围岩体中任意位置处与应变测量仪记录数据一致的应变波计算机程序。从理论上讲,对于线性炸药,随着单元长度 $\mathrm{d}l$ 趋近于 0,计算结果的精确度逐渐提高;对于柱状炸药,当单元长度 $\mathrm{d}l$ 接近柱状炸药的横截面直径时,计算结果的精确度达到最大值。而在实际计算中发现,当单元长度 $\mathrm{d}l$ 减小过程中超过某一限度后,最终计算结果的精确度将不再发生变化。

Plewman 和 Starfield[5]提出,当采用衰减的正弦波近似波形函数 $f(t)$ 时,能够取得较好的效果,即

$$
f(t) = \mathrm{e}^{-\beta t}\sin(\omega t) \tag{10-7}
$$

式中,ω 为波的频率,为常数;β 为衰减系数,为常数。

图 10-2 为单元波的波形图。图 10-2(a)为轻微衰减(频率 $\omega=0.01\ \mu\mathrm{s}^{-1}$,衰减系数 $\beta=0.005\ \mu\mathrm{s}^{-1}$)时的波形图,图 10-2(b)为严重衰减(频率 $\omega=0.018\ \mu\mathrm{s}^{-1}$,衰减系数 $\beta=0.018\ \mu\mathrm{s}^{-1}$)时的波形图。大量文献研究表明,应变波的波形和衰减系数与爆炸所在的岩体属性有关,而应变波的幅值则是炸药爆速和炸药线密度的函数。基于上述波形函数,当进一步假设应变幅值的衰减系数 $\alpha=1.20$(Saffy 等[6]报道该值与试验数据吻合)时,通过计算即可获得不同炸药长度、爆速、传播速率以及不同应变测量仪位置处的应变波波形。

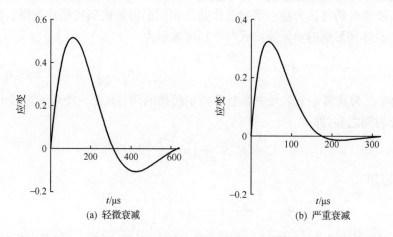

(a) 轻微衰减　　　　　　　　　　　(b) 严重衰减

图 10-2　单元应变波

图 10-3 为单元波的累加过程。如图 10-3(a)所示,当炸药从左端起爆后,连续的子波到达炸药(炸药长度为 1m,等分成 10 段长度为 0.1m 的子单元)右侧的 $P(r=0,z=1.5)$

点处；图 10-3(b)表示通过累加子应变波后得到最终的应变波波形，其中频率 $\omega = 0.01/\mu s$，衰减系数 $\beta = 0.0015/\mu s$，炸药的爆速 D 及波在岩石中的传播速率 C 分别为 2590.8m/s 和 5334m/s。应变轴采用人为比例尺，在该坐标轴上未衰减的单元波幅值为 1.0，也就是说式(10-2)中的 $a=1$。为方便起见，本节其余部分均采用此数值。值得注意的是，在 Z 轴上单元应变均为 Z 轴方向，即不存在 Y_r 分量，单元波以相同的时间间隔到达 P 点，且各个子波相对前一个子波而言传播的距离较短，因此连续的单元波衰减程度逐渐降低。

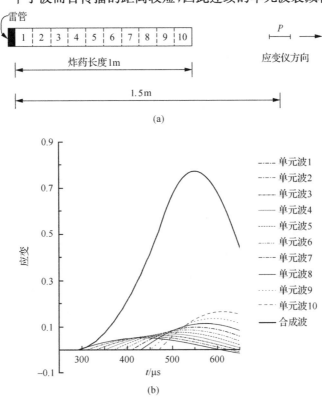

图 10-3   连续单元应变波传播至炸药右侧 P 点

10.1.2   测点位置与方向对波形的影响

图 10-3 实例中，由于炸药与 P 点之间存在特殊几何位置关系，所得波形并不具有普遍性，通常情况下，单元波间的相互作用随测点位置及应变仪安设方向的不同而变化显著。图 10-4 为以 1m 长炸药的中点为圆心，半径为 1.5m 的半圆上分别安设 5 个应变测量仪，应变测量仪的方向均沿径向布置，按上述方法计算后得到各个应变仪处的应变波波形，如图 10-5 所示。由计算所得的应变波波形可知，与球状药包或点炸药爆炸时所引起的应变波不同，尽管各测点与炸药中心点的距离相同，但不同几何位置处的波形之间存在着明显的差异。

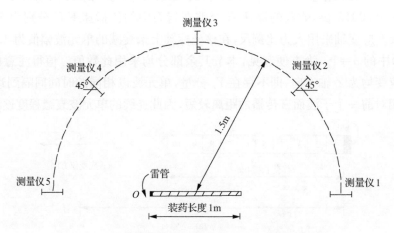

图 10-4　炸药周围岩体中测点分布及应变测量仪方位

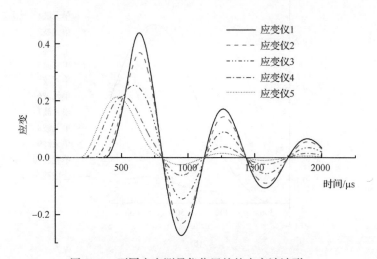

图 10-5　不同应变测量仪位置处的应变波波形

　　首先,炸药起爆后,各应变测量仪触发的时间点不同,由应变波的叠加过程可知,这主要是由第一个单元波从第一个炸药单元中点传播至测点所消耗的时间(即 τ_1)长短决定的。对于所有 5 个测点,$\tau_1 = R_1/C + 0.5dl/V$,此时,炸药仅有一个单元起爆,消耗的起爆时间 $0.5dl/V$ 相同,应变测量仪触发的先后取决于第一个炸药单元中点至测点的距离,由图 10-4 可知,第一个炸药单元中点到测点 5 的距离最短,到测点 1 的距离最大,故测点 5 和测点 1 处的应变测量仪分别被最先和最后触发,进而记录其余炸药单元起爆后经过测点的单元应变波。

　　其次,各测点处应变测量仪记录的首段压缩波延时差别较大,这主要是由连续的单元波到达同一测点的时间差(即 $\Delta\tau = \tau_{n+1} - \tau_n$)决定的。以测点 1 和测点 5 处应变测量仪记录的两条应变波为例,如图 10-6 所示(两条应变波均以 10 等分炸药单元生成的单元应变波合成),两条应变波各自的单元波到达测点的时间差相同(图 10-6(b)和图 10-6(c)),即时间差 $\Delta\tau_1$ 和 $\Delta\tau_5$ 均为常数,经计算得

$$\Delta \tau_1 = (1/V - 1/C)dl \tag{10-8}$$

$$\Delta \tau_5 = (1/V + 1/C)dl \tag{10-9}$$

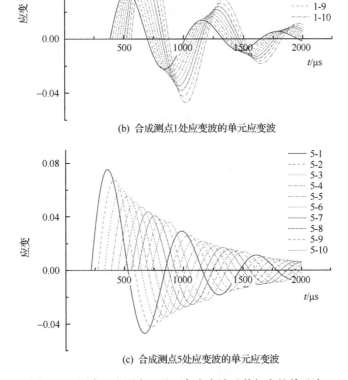

(a) 测点1和测点5处应变波首段压缩波延时差

(b) 合成测点1处应变波的单元应变波

(c) 合成测点5处应变波的单元应变波

图 10-6　测点 1 和测点 5 处两条应变波及其相应的单元波

进一步研究发现,测点 1 和测点 5 处两条应变波首段压缩波的延时之差 Δt_{5-1}(见图 10-6(a))等于两条应变波各自连续单元波间时间差总和之差的一半,即

$$\Delta t_{5-1} = [(10-1)\Delta\tau_5 - (10-1)\Delta\tau_1]/2 \tag{10-10}$$

将上式简化后得

$$\Delta t_{5-1} = (10-1)dl/C \tag{10-11}$$

故测点 5 处应变波首段压缩波延时明显大于测点 1 处应变波首段压缩波的延时。此处需要指出的是,当把两测点沿炸药方向对称布置在其他相同距离(如 2m)时,等式(10-11)仍然适用,且延时之差 Δt_{5-1} 数值不变。此外,等式(10-11)还表明,同是布置在 Z 轴上与炸药具有空间对称性的两测点处,应变波首段压缩波的延时之差仅与炸药在岩体中的传播速度有关。

再次,各测点处应变测量仪所记录的应变波的峰值易不同。通过观察合成测点 1 和测点 5 处两条应变波的各单元波峰值可知,合成应变波 1 的 10 条单元波与合成应变波 5 的 10 条单元波峰值差别不大,当假设合成应变波 5 的 10 条单元波以 $\Delta\tau_1$ 的时间间隔到达测点 5 时,所得应变波 5 的峰值如图 10-7 所示,此时的两条应变波的峰值基本一致。此处需要指出的是,测点 1 和 5 沿炸药方向对称布置在相同距离上,每条应变波各自对应的 10 条单元波在岩体中传播的衰减总量相同,因此,在此情况下应变波峰值的大小主要由单元波抵达同一测点的时间差 $\Delta\tau$ 的大小决定,而造成 $\Delta\tau$ 大小差异的根本原因是起爆方向。炸药由左向右依次起爆,单元波以相同的时间间隔分别到达测点 1 和测点 5,对于测点 1,每个单元波相对于前一个单元波而言在岩体中的传播距离上减小一等分炸药长度的距离,连续的单元波除衰减程度逐渐降低外,其传播时间也相对较短,因此,相应的时间差 $\Delta\tau$ 也较小;测点 5 则反之。同理,当采用相同的方法分析测点 2 和测点 4 处的两条应变波时(如图 10-8 和图 10-9 所示),除各单元应变波间因 R_n 非等差变化而引起 $\Delta\tau$ 为非常数外,同样可以揭示出起爆方向对应变波峰值的决定作用。

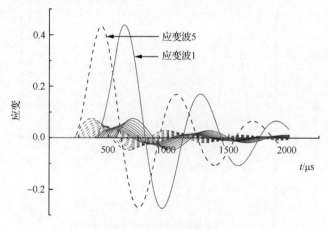

图 10-7　基于假设条件合成的应变波 5 与应变波 1 对比

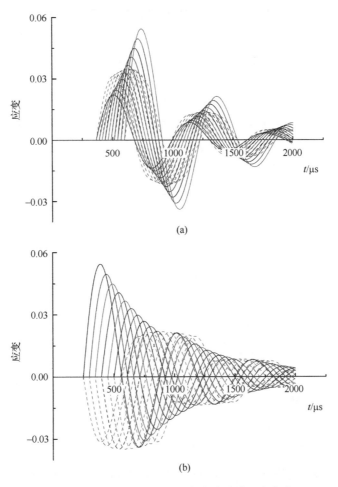

图 10-8 合成测点 2 和 4 处应变波的单元应变波

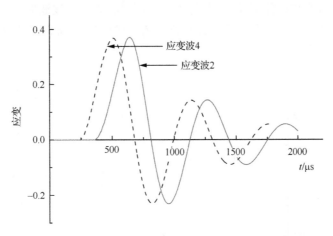

图 10-9 基于假设条件合成的应变波 4 与应变波 2 对比

综上所述,纵观应变测量仪记录的 5 条应变波,其触发时间点的先后、首段压缩波延时长短以及应变波峰值大小因布设位置的不同而差别明显。特别是在测点 1 和测点 5 处,两点与线性炸药间存在空间对称性,但由于爆炸生成的应变波沿相反方向传播,导致炸药爆炸时效和波形衰减迥异,从而使应变测量仪记录出两组完全不同的波形数据。因此,线性炸药爆炸时在周围岩体中生成的应变波具有很大程度的几何依赖性,这与球状药包和点炸药会在距离较远处形成空间对称波形有所不同。

接下来,我们进一步说明应变测量仪安设方向的影响。图 10-10 为图 10-4 和图 10-5 中应变仪安设方向与 3 号应变仪方向左右分别成 30°和 60°夹角时的应变波波形图。通过观察不难发现,在同一测点处,当应变仪安设方向改变后,不仅压缩应变和拉伸应变的峰值发生了变化,其峰值出现的时间也随之改变。

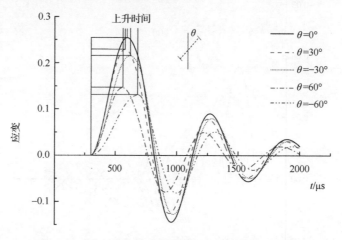

图 10-10　同一测点处应变测量仪方向对应变波的影响

此外,当进一步研究图 10-4 中各测点处应变波峰值的最大值时发现,除测点 1 和测点 5 外,应变波峰值的最大值并不是出现在径向角度上,图 10-11 分别为测点 2、测点 3 和测点 4 处与径向角度左右分别成 10°夹角范围内 5°间隔的应变波波形图。由图可知,三个测点处应变波峰值的最大值分别出现在与径向角度成−5°、5°和 5°时的应变波波形上。

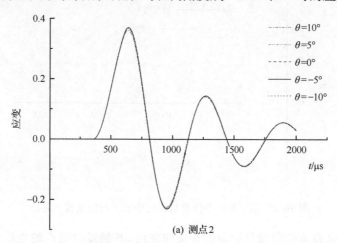

(a) 测点 2

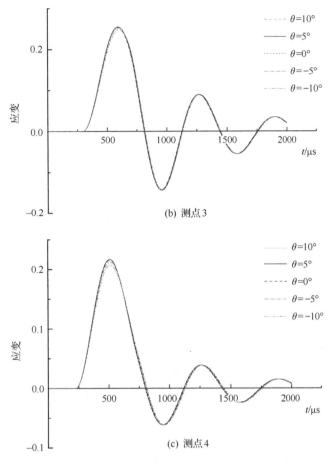

图 10-11　测点 2、测点 3 和测点 4 处应变波峰值的最大值角度

　　应变波的上升时间（压应变从 0 增加到最大值时所经历的时间）和下降时间（从压应变峰值降低到拉应变峰值所需时间）是评估岩石破坏倾向的两个重要指标，在以往的应变测量中，人们往往采用单向应变测量仪对爆炸引起的波形进行记录。经过上述对图 10-4、图 10-5 和图 10-10 的分析可知，在同一测点处，应变仪安设方向不同，其记录的应变波数据有明显差别。因此，需要强调指出的是，当采用单向应变仪记录爆炸引起的应变波时，应结合应变测量仪的安设方向对应变波的上升时间、下降时间和应变峰值的进行谨慎选择。

　　由于应变是时间的函数，而爆速直接影响到单元炸药至目标点的传播时间，因此任意一点的应变波同样是爆速的函数。图 10-12 所示为图 10-4 中 3 号测量仪处与 3 号应变仪方向一致且传播速度保持在 5334m/s 不变时不同炸药爆速下的波形对比图。由图可知，当以应变波峰值应变考量岩石破坏程度时，爆速对岩石破碎具有至关重要的作用；在同一位置和应变仪方向相同的情况下，爆速在较小数值变动时，相应的压缩应变和拉伸应变变化明显（如 2000～4000 m/s），而当爆速增大到较大值后，虽然应变有所增加，但贡献不明显。需要指出的是，这与 Plewman 和 Starfield 得出的"岩体中任意一点存在最佳爆速使得应变波达到最大值"的结论不同。

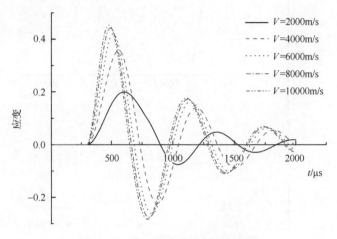

图 10-12　爆速对应变波波形的影响

10.1.3　爆炸成坑的半径范围

当给出岩体中炸药爆炸生成的脉冲波形计算方法后，根据岩体的应变破坏准则，即可通过计算炸药爆炸在邻近区域岩体中形成的应变大小，来预测某一炸药量下岩体的破碎范围。

考虑在垂直于地表的 1.83m 深钻孔内分别装入不同数量的每段长度为 10.16cm 的炸药，采用前面提出的应变波叠加方法，对不同装药量下地表自由面上距钻孔孔口水平距离 r 分别为 0.3048m、0.3810m、0.4572m、0.6096m、0.7620m 及 0.9144m 处的应变波波形进行计算（炸药的爆速 D 及波在岩石中的传播速率 C 分别为 2590.8m/s 和5334m/s），如图 10-13(a)所示。图 10-13(b)所示为不同炸药量下地表自由面上距钻孔空口不同距离处的峰值压应变曲线。假设岩体在压应变达到 0.3 后开始发生破碎，由图可知，当钻孔中装入 13 段每段长度为 10.16cm 的炸药，并由底部起爆后，形成半径为 0.7620m 的爆破漏斗；当炸药超过 13 段后，除钻孔附近能量增加外（仅起到增大岩石碎裂程度及抛掷距离的作用），弹坑的尺寸不再增加。因此，根据岩体的应变破坏准则，可以得出如下结论：对于线性炸药，在垂直于某一自由面的钻孔内，当炸药量（底部起爆）超过某一限值后，除加剧岩石碎裂程度及增大碎裂岩的抛掷能外，爆炸形成的坑口半径不再增加。

除爆破孔与自由面垂直情况外，通过先前提出的应变波叠加计算方法，还可考虑爆破孔与自由面成任意角度时及炸药在顶部起爆条件下的成坑情况。由于篇幅原因，此处不再累述。

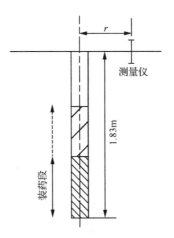

(a) 炸药起爆及测量示意图

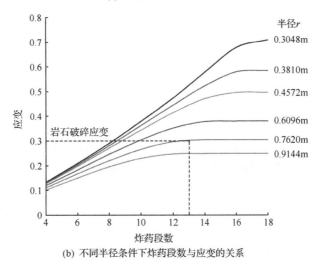

(b) 不同半径条件下炸药段数与应变的关系

图 10-13 药量不断增加条件下岩体的成坑情况

10.2 质点震动速率经验公式与评估标准

衡量爆炸荷载下空区岩体是否破坏,人们习惯于方便地使用在岩体中测量到的 PPV 值。大量现场试验表明:不同的岩体类型,其临界的 PPV 值是不同的,而 PPV 的预算或计算也有不同的经验公式。

10.2.1 不同岩石条件下的评估标准

经过现场测试及观察,Li 和 Huang 提出了用于评价岩体中采空区围岩损伤程度的应力波质点震动峰值速率破坏准则[7]。该准则中将围岩在爆破荷载作用下的损伤程度按测得的应力波质点震动峰值速率划分为 4 个等级:无损伤、轻微损伤、初始损伤和严重损伤。其中,初始损伤对应于采空区围岩开始出现岩石崩落的现象,相应的应力波质点震动峰值速率为初始破坏的临界值,此时地下采空区的顶板开始垮塌,如表 10-1 所示。对于硬岩来说,该准则中初始损伤的应力波质点震动峰值速率临界值为 82～111cm/s;而对于软岩,初始损伤的应力波质点震动峰值速率临界值为 90～107cm/s。在 Persson 针对 Swedish 硬质基岩提出的应力波质点震动峰值速率破坏准则中,将岩体损伤程度划分成 5 个等级,分别为初始膨胀、初始损伤、碎裂、中度碎裂和粉碎,其中采空区围岩的临界损伤对应于该准则中的初始损伤,相应的应力波质点震动峰值速率为 1m/s[8],如表 10-2 所示。类似地,Kendorski 等在科罗拉多州的 Cimax 所做的试验中,通过观察发现,当应力波质点震动峰值速率达到 1.22m/s 时,在喷射混凝土衬砌的隧道内开始出现裂纹扩展[9]。美国陆军工程师兵团于 1948～1952 年在砂岩岩体中的未衬砌隧道附近进行了一系列大型的爆破试验[10],研究过程中按照破坏程度将隧道损伤划分为 4 个等级,分别为间歇损伤、局部损伤、完全损伤以及完全崩塌,当应力波质点震动峰值速率超过 90cm/s 时,隧道中的岩体开始发生破坏。Jensen 等在研究中指出[11],当岩体中质点震动速率为 44.5cm/s 时,未发现有顶板塌落的现象,仅在速率值为 12.7cm/s 时观察到少数松散岩石脱落。Tunstall 则按照岩体质量分级提出[12],当岩体质量较好(rock mass rating,RMR =85)时,在应力波质点震动峰值速率为 17.5cm/s 的情况下,不会对岩体中的地下空间造成任何破坏;而对于由先前露天爆破震动过的岩体(RMR=49),在应力波质点震动峰值速率达到 4.6cm/s 时开始出现可见的较小破坏,当应力波质点震动峰值速率进一步达到 37.9cm/s 时,开始出现较为严重的破坏。Fadeev 等通过研究总结得出了岩体中地下结构及特殊开挖面的允许振动速率值[13]:对于主要的矿山巷道(服役期长达 10 年),如井底、主通道以及溜井等,重复爆破允许的最大质点震动速率值为 12cm/s,单次爆破允许的最大质点震动速率值为 24cm/s;而对于次要的矿山巷道(服役期为 3 年),如运输通道和溜井等,重复爆破允许的最大质点震动速率值为 24cm/s,单次爆破允许的最大质点震动速率值为 48cm/s。Langefors 和 Kihlstrom 通过研究得出的结论[14]:当应力波质点震动峰值速率为 30.5cm/s 时,未衬砌隧道内会发生延时脱落的现象;当应力波质点震动峰值速率为 61cm/s,在岩体内会形成新的裂隙。Calder 和 Bauer 提出岩体破坏与应力波质点震动峰值速率之间存在以下关系[15]:当应力波质点震动峰值速率为 25.4cm/s 时,完整岩体不会破裂;当应力波质点震动峰值速率为 25.4～63.5cm/s 时,岩体中会发生轻微的拉伸破坏;当应力波质点震动峰值速率为 63.5～254cm/s 时,岩体中形成较强的拉伸破坏,并伴有一些深度扩展的裂纹;而当应力波质点震动峰值速率大于 254cm/s 时,岩体完全破裂。Oriard 通过研究得出[16],当质点震动速率为 12.5～38cm/s 时,可以观测到部分松散的岩石发生脱落。Sakurai 和 Kitamura 通过测量隧道顶部和侧部的拉伸应变及震动总结得出[17],当应力波质点震动峰值速率达到 35cm/s 时,隧道内的岩体发生破坏;同时他们还指出,由喷射混凝土衬砌的隧道,当应力波质点震动峰值速率达到 33.8cm/s 时,开始出现裂纹扩展的情况。Dowding 将未衬砌隧道的破坏划分成四个等级,分别为节理变形和岩石松动、间歇性破坏、局部破坏和完全破坏,且当应力波质点震动峰值速率为 2m/s 时,隧道内的岩体开始破坏[18]。我们通过对隧道新浇混凝土的实测与分析[19],也获得了隧道开挖爆破时新浇的不同龄期混凝土安全质点震速与比例距离的建议值,如表 10-3 所示。

表 10-1　空区围岩临界震速[7]

岩石类别	抗压强度 /MPa	抗拉强度 /MPa	无损伤 /(m/s)	轻微损伤 /(m/s)	初始损伤 /(m/s)	严重损伤 /(m/s)
硬岩	75～110	2.1～3.4	0.27	0.54	0.82	1.53
	110～180	3.4～5.1	0.31	0.62	0.96	1.78
	180～240	5.1～5.7	0.36	0.72	1.11	2.09
软岩	40～100	1.1～3.1	0.29	0.58	0.9	1.67
	100～160	3.4～4.5	0.35	0.70	1.07	1.99

表 10-2　硬质基岩损伤及碎裂准则[8]

硬质基岩(密度 2600kg/m³,弹性模量 60GPa)	质点震动峰值速率/(m/s)
初始膨胀	0.7
初始损伤	1.0
碎裂	2.5
中度碎裂	5
粉碎	15

表 10-3　新浇混凝土安全质点震速指标与比例距离安全值[19]

混凝土龄期/天	<3	4	5	6	>7
最大允许速率/(cm/s)	2.0	2.8	3.5	4.3	5.0
最小安全距离/(m/kg$^{1/3}$)	7.1	5.7	4.9	4.3	3.9

由此可见,不同岩体工程、岩石性质等条件下得出的上述诸多应力波质点震动峰值速率破坏准则是各不相同的。实际工程中,必须进行类比和估算。

10.2.2　质点震动峰值速率经验公式

估算质点震动速率的公式大多为经验公式,常用的经验衰减公式有如下几种。

1. 萨道夫斯基公式[20]

在峰值震速预测的计算模型中,应用最多的是萨道夫斯基公式

$$\text{PPV} = K\left(\frac{R}{Q^{1/3}}\right)^{-\alpha} \quad (\text{cm/s}) \tag{10-12}$$

式中,K、α 分别为与爆破条件、岩石特征等有关的系数;R 为测点到爆心的距离,m。对于装药量 Q,当分段爆破时,取最大段装药量,单位为 kg。一般来讲,岩石介质,K 为 30～70;土介质,K 为 150～250。α 为 1～2。

2. TM5 经验衰减公式[21]

美国陆军部门通过现场测量目标点附近由炸弹引爆所产生的地质体震动数据,得出

了如下已被收录于美国陆军部门技术手册 TM5 的公式。

$$PPV = 160f\left(\frac{R}{Q^{1/3}}\right)^{-n} \quad \text{(fps)} \tag{10-13}$$

式中，R 为爆心距(ft，1ft=3.048×10^{-1}m)；Q 为炸药量(lb，1lb=0.453592kg)；f 为耦合系数；n 为衰减系数。不同地质体中一些典型的耦合系数和衰减系数如表 10-4 所示。

表 10-4　试验场地内的土壤属性

土壤描述	干容重 $\gamma_干$/pcf	总单位重量 γ/pcf	充气孔隙 /%	地震波速率 C/fps	声阻抗 ρC /(psi/fps)	衰减系数 n
沙漠中的干涸冲积层、河岸或部分泥质物	87	93～100	>25	2100～4200①	40	3～3.25
松散、干燥、贫瘠的粒级沙	80	90	>30	600	11.6	3～3.5
松散、湿润、贫瘠含有自由水的粒级沙	97	116	10	500～600	12.5～15	3
密实、干燥、贫瘠的粒级沙	99	104	32	900～1300	25	2.5～2.75
密实、湿润、贫瘠含有自由水的粒级沙	108	124	9	1000	22	2.75
非常密实、干燥的沙土，相对密度≈100%	105	109	30	1600	44	2.5
湿润的粉质黏土	95～100	120～125	9	700～900	18～25	2.75～3
潮湿的黄土、黏质砂土	100	122	5～10	1000	28	2.75～3
麦芽汁砂土，低于潜水面	95	120～125	4	1800	48	2.5
饱和沙，低于潜水面	—		1～4②	4900	125	2.25～2.5
饱和砂质黏土，低于潜水面	78～100	110～124	1～2	5000～6000	130	2～2.5
饱和砂质黏土，低于潜水面	100	125	>1	5000～6600	130～180	1.5
饱和硬黏土，饱和泥页岩	—	120～130	0	>5000	135	1.5

注：1pcf=16kg/m³；1psi=6.895×10³Pa，1km/h=0.911fps。

① 由于黏结作用导致较高。

② 估算值。

3. Henrych 经验公式[22]

对于球状的 PETN 炸药(季戊四醇四硝酸酯)，Henrych 提出了超压峰值和最大质点速度的表达式，即

$$\Delta P_m = 10^6 \frac{A_1}{\bar{r}^3} + 10^4 \frac{A_2}{\bar{r}^2} + 10^2 \frac{A_3}{\bar{r}} \quad \text{(kp/cm}^2\text{)} \tag{10-14}$$

$$PPV = \Delta P_m / \rho_0 C_p \tag{10-15}$$

式中，$\bar{r}=R/R_Q$，R_Q(cm)为球状药包半径；ρ_0 (g/cm³)为岩石密度；C_p(cm/s)为地震波波速；系数 A_i($i=1,2,3$)如表 10-5 所示。

表 10-5　不同岩体介质的计算系数 A_1、A_2 和 A_3

岩体类型	A_1	A_2	A_3
石灰岩	−1.5	21.33	−3.9
大理岩	1.67	4.71	46.7
花岗岩	1.27	20.18	38.59
辉绿岩	18.56	88.82	202.01

4. Dowding 经验公式[23]

Dowding 通过研究采石爆破诱发的爆炸波传播,基于现场测量数据,得出了 PPV 关于距离的函数表达式:

$$\text{PPV} = 18.3 \left(\frac{30.5}{R}\right)^{1.46} \left(\frac{Q}{4.54}\right)^{0.48} \left(\frac{2.4}{\rho_0}\right)^{0.48} \quad (\text{mm/s}) \tag{10-16}$$

式中,Q 为炸药重量。

5. Wu 经验公式[24]

Wu 通过对一些研究者进行的地下核爆和矿山开采爆破过程中的化学爆炸提供的大量富有价值的数据信息进行总结[25-28],提出了质点速率的通用关系式:

$$\text{PPV} = c \frac{Q^m}{R^n} \quad (\text{fps}) \tag{10-17}$$

式中,Q 的单位为 lb;R 的单位为 ft;PPV 的单位为 ft/s;c、n 和 m 为常数。已有的研究数据表明 n 的取值范围为 1.5~2.5,m 的数值接近于 1,常数 c 主要取决于试验场地内的介质属性。

在类似上述经验衰减公式中,大多采用以地质条件和比例距离($R/Q^{1/2}$ 或 $R/Q^{1/3}$)为参数的函数形式来定义。其中,R 为爆心距,Q 为等价 TNT 炸药量,$R/Q^{1/2}$ 用于平面爆破,而 $R/Q^{1/3}$ 用于三维空间内的爆破。通过上述形式定义的衰减公式,可以方便地计算出给定炸药量下不同距离处的应力波质点震动峰值速率。然而,由于应力波在地质体中的传播很大程度上取决于测试场地的地质条件,而现有的经验衰减公式大多由不同的科研工作者根据不同爆破场地的现场实测数据推导得出,因此所预测的应力波质点震动峰值速率彼此间存在差异。

10.2.3　含有采空区的露天台阶爆破实例

前面给出的经验衰减公式的试验场地内不存在地下采空区,而采空区使得地质体成为不连续体,它的存在极大地改变了场地内爆炸波的传播规律以及相应的能量分布,从而导致这些经验衰减公式用来预测有空区条件下的应力波质点震动峰值速率时缺乏准确性。而当无法对爆炸作用引起的应力波质点震动峰值速率进行准确预测时,则不能对地下采空区的稳定性进行准确可靠地评估。

除爆炸波引起的质点振速和地质条件以外,结构响应还取决于震动的频率,一些采矿、结构及防御工程领域中的准则和规范[20,29-33]以震动的主频为函数提出了结构在爆破过程中允许的震动限值,因此在爆破过程中需要同时考虑震动主频对结构的影响。在众多与爆破领域相关的文献中,关于主频经验衰减公式的研究资料很少,Wu 和 Hao[34]通过模拟花岗岩中应力波的传播,得出了主频(principal frequency,PF)经验衰减公式。Hao 等[35]在花岗岩节理岩体介质中进行了一系列爆破试验,并对现场实测数据进行了整理和总结,提出了主频经验衰减公式。然而,同应力波质点震动峰值速率经验衰减公式类似,主频经验衰减公式同样取决于试验场地内的地质条件。因此,在不同试验场地内通过试验数据获得的主频经验衰减公式同样不能对存在地下采空区场地内的应力波主频进行准确预测。

地下采空区的存在极大地影响着爆炸波的传播特性以及相应的能量分布,这种地质结构的改变也在很大程度上导致经验衰减公式的预测缺乏准确性。为了能够对某一场地的应力波质点震动峰值速率做出准确预测,理想的方法是在该场地内开展爆破试验,并对相应的爆破数据进行记录,进而总结出该场地内应力波质点震动峰值速率的衰减公式。

1. 试验设计及岩体力学参数

台阶爆破试验在某露天采矿场进行。图 10-14 为该露天矿区在露天台阶逐步剥离的过程中,通过采用空区自动激光扫描系统(C-ALS)持续对各台阶下覆采空区进行探测[36,37]而定位出的 1426 台阶下 2 号不规则采空区相对位置图。为了研究采空区的存在对应力波传播的影响,以 1438 台阶和 1426 台阶为试验平台开展了一系列小规模的台阶爆破试验。

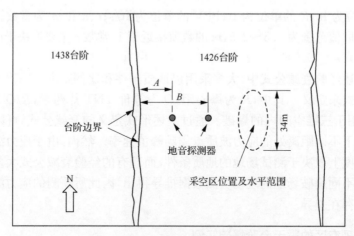

图 10-14　台阶爆破试验场地平面图

试验过程中,对由 2 号不规则采空区上部台阶(1438 水平台阶)台阶爆破所引起的 1426 台阶岩体表面爆破震动数据进行了采集。图 10-15 为台阶爆破孔装药图。如图所示,露天开采台阶高度为 12m,台阶坡面角约为 70°。1438 水平台阶上台阶爆破孔孔深为 13.5m,直径 D 为 140mm 或 250mm。装药孔上部充填物的长度取决于下部装药深度,装药孔下部 1.5m 的超深长度。

图 10-16 为试验场地剖面图。由图可知,1426 台阶下 2 号不规则采空区上方顶板最

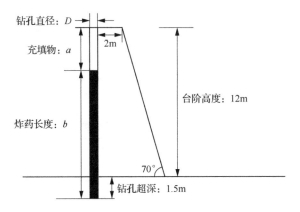

图 10-15　台阶爆破孔装药参数图

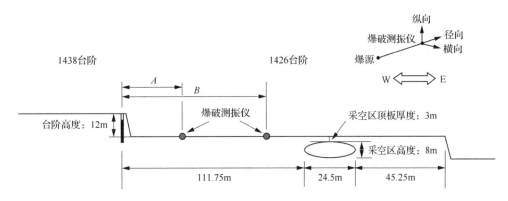

图 10-16　台阶爆破试验场地剖面图

小厚度为 3m,采空区距 1438 台阶爆破孔的水平距离为 111.75m,采空区宽为 24.5m,长为 34m,高为 8m。每次试验过程中,在 1438 台阶爆破孔与采空区之间的 1426 台阶岩体表面分别布置两个记录点,并在记录点处安装测振仪以采集台阶爆破引起的应力波速度时程曲线,两个记录点与台阶爆破孔的水平距离分别如图 10-16 中 A 和 B 所示。

　　为了了解试验场地内岩体及空区围岩的稳固状态,在台阶爆破试验之前,对试验场地内的矿岩进行了现场取样,并对岩石试样进行了剪切试验、单轴压缩变形试验、劈裂拉伸试验等多项物理力学测试。所测得的矿岩主要性能指标如表 10-6 所示。

表 10-6　围岩物理力学参数

密度/(kg/m³)	单轴抗压强度/MPa	抗拉强度/MPa	弹性模量/GPa	抗剪强度/MPa	内摩擦角/(°)	泊松比
2980	159.85	7.41	40.93	29.94	41.98	0.21

2. 爆破试验结果

　　在上述试验场地及爆破设计条件下,共进行了 4 次台阶爆破试验。试验采用的炸药为铵油炸药(ANFO),爆破孔顶部用细岩粉密实充填,当采用直径 D 为 140mm 的台阶爆破孔时,炸药沿钻孔的线密度为 13kg/m;而当采用直径 D 为 250mm 的台阶爆破孔时,炸药沿钻孔的线密度为 44kg/m。表 10-7 给出了爆破试验的先后次序、实际装药量、TNT 当量、爆破孔充填物长度、装药长度、装药孔直径以及测点至爆心的水平距离(A 和 B)。试验过程中,布置在测点的传感器对爆破震动信号进行了记录,记录的岩体震动数据用来推算试验场地内的经验衰减公式以及校验接下来建立的动力学数值计算模型。

表 10-7 台阶爆破试验参数

试验次序	实际装药量 /kg	TNT 当量 /kg	填充物长度 /m	装药长度 /m	装药孔直径 /mm	距离 A /m	距离 B /m
1	200	190	9.0	4.5	250	21.8	31
2	240	216	8.0	5.5	250	50	95
3	100	95	5.8	7.7	140	30	50
4	100	95	5.8	7.7	140	30	37

图 10-17 为 2 号台阶爆破试验对应的两个测点处传感器记录的速度时程曲线。试验过程中使用的铵油炸药药量为 240kg,测点至爆心的水平距离分别为 50m 和 95m。

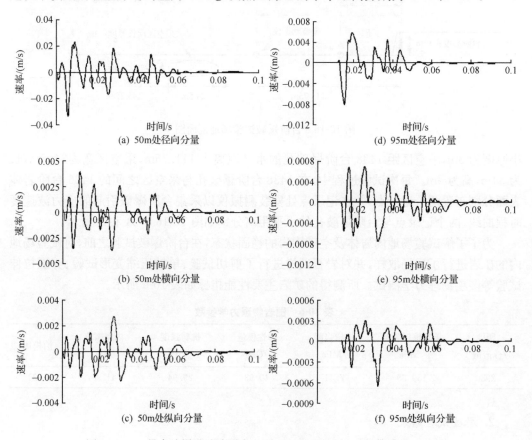

图 10-17 2 号台阶爆破试验测点 A 处(50m)和 B(95m)处传感器记录的
速率时程曲线(铵油炸药药量 240kg)

通过观察可知,同一测点处所记录的应力波沿三个方向的分量在强度上存在着较大的差异,径向分量中存在最大的质点震动峰值速率,而纵向分量的质点震动峰值速率最小,且径向分量的质点震动峰值速率远大于横向和纵向分量的质点震动峰值速率,从而表明台阶爆破过程中应力波的传播以纵波为主。

3. 应力波质点震动衰减规律

为了准确地掌握爆破应力波的传播和衰减规律,基于上述台阶爆试验所测得数据,绘制了应力波质点径向震动峰值速率-比例距离图,如图 10-12 所示。根据实测的应力波质点震动峰值速率、实际装药量以及爆心距,采用萨道夫斯基公式,通过最小二乘法回归分析得到该试验场地内的应力波质点震动峰值速率的衰减公式为

$$\text{PPV} = 1.3283 \left(\frac{R}{Q^{1/3}}\right)^{-1.7487}, \qquad r^2 = 0.8728 \tag{10-18}$$

式中,PPV 为应力波的质点震动峰值速率(m/s);$R/Q^{1/3}$ 为比例距离,其中 R 为测点至爆心的水平距离(m),Q 为起爆药量(kg);1.3283 为与地质条件、爆破方法等因素有关的系数;-1.7487 为与地质条件有关的爆炸应力波衰减系数。

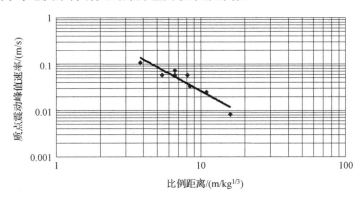

图 10-18　质点径向震动峰值速率-比例距离图

如前所述,结构破坏不仅取决于应力波所引起的质点震动速率幅值,还与震动的频率相关,实际应用中也有一些结构破坏准则是以爆破引起的质点震动频率为基础来评估结构破坏程度的。同理,岩体中应力波的传播也在很大程度上与爆炸波的频带成分有关。对于相同的炸药量,随着爆心距的增加,爆炸波的频带变窄,频率值降低,这是因为在自然条件下,应力波中的高频能量较低频部分衰减迅速,随着应力波的传播,岩体中存在的节理和裂隙阻碍了高频波的传播。因此,为了对试验场地中爆炸波的传播进行更加全面细致的分析,这里还对爆破震动主频的衰减规律进行了研究。

研究中采用了由 Hao 和 Wu 提出的主频(PF)定义方法[38],该方法中将爆炸波速率时程曲线的主频(PF)定义为

$$\text{PF} = \frac{F_1 + F_2}{2} \tag{10-19}$$

式中,F_1 和 F_2 分别为爆炸波速率时程曲线的傅里叶频谱与纵坐标为 $F_{\max}/2$ 的水平线的交点,其中,$F_{\max}$ 为爆炸波速率时程曲线的傅里叶频谱的峰值,如图 10-19 所示。

根据以上定义,结合台阶爆试验所得数据,绘制了爆炸波速率时程曲线主频(PF)-比例距离图,如图 10-20 所示。与应力波质点震动峰值速率衰减公式的获取方法类似,根据爆炸波速率时程曲线主频(PF)值、实际装药量以及爆心距,采用萨道夫斯基公式,通过最小二乘法回归分析得到该试验场地内的爆炸波速率时程曲线主频(PF)的衰减公式为

$$PF = 264.38\left(\frac{R}{Q^{1/3}}\right)^{-0.611}, \qquad r^2 = 0.7818 \tag{10-20}$$

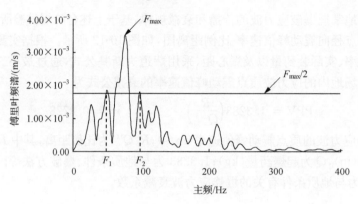

图 10-19　爆炸波速率时程曲线傅里叶频谱中的主频(PF)定义

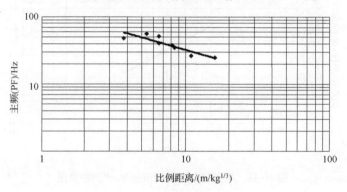

图 10-20　主频(PF)-比例距离图

10.3　应力波在含空区岩体中传播的数值模拟

模拟应力波在含采空区岩体中的传播对了解采空区对应力波传播特性的影响、分析采空区在爆破荷载作用下的稳定性以及合理规划爆破设计具有重要的研究价值,但前提是建立的数值计算模型必须是准确和可靠的,该前提条件也是数值模拟实现正确指导实践的关键环节。本节将详细阐述如何建立符合现场实际的几何模型、爆破荷载的输入方法和数值模型的验证过程。

10.3.1　几何模型的建立

众所周知,无论是用基于连续介质的计算程序,还是用基于非连续介质的计算程序来

模拟爆炸波的传播,模型网格单元尺寸的大小对数值计算结果的精确度和计算机计算耗时都有极大的影响。从理论上讲,模型网格的单元尺寸越小,数值计算的结果越精确,但相应的计算机计算耗时越大;而当模型网格的单元尺寸较大时,数值计算结果的精确度则较低,可能无法满足计算要求。因此,应在保证数值计算结果精确度的前提下,尽可能地降低计算耗时。在关于有限元的动力学数值模拟中,Kuhlmeyer 等认为,为了能够精确模拟应力波的传播,模型网格的单元尺寸须小于输入波波长的 $1/10\sim1/8$[39]。由图 10-16 中所示的台阶爆破试验场地剖面图可知,包含台阶爆破孔、1438 和 1426 水平台阶、采空区等在内的试验场地尺寸较大,在建模过程中为了保证模型的网格单元尺寸符合要求,同时考虑到计算耗时及计算机的计算能力,研究中无法模拟完整的台阶爆破试验场,为了克服该问题,仅对部分试验场地进行模拟。

如图 10-21 所示,模型为包含 1426 台阶下 2 号不规则采空区在内的尺寸为 174m×286m×(123+12)m 的空间区域。在模拟过程中,尽管对模型边界施加了无反射边界条件,但是由于无反射边界无法在模型边界处完全消除反射现象,为此,建模过程中,模型的大小以应力波从采空区边界传播至数值模型边界的时间为依据,该时间应大于图 10-17 中测得的速率时程曲线的持续时间。也就是说,应力波从采空区边界传播至数值模型边界并反射回后的时间应大于图 10-17 中速率时程曲线持续时间的 2 倍,通过计算该时间并结合试验场地内应力波的传播速度确定出模型的整体尺寸。采用以上方法来确定模型尺寸,避免了从数值计算模型的模型边界反射回来的应力波对模型中的其他应力波形成干扰,从而确保了数值结果的准确性。由于仅对 1426 及下部台阶的试验场地部分进行模拟,因而数值模拟未涉及台阶爆破的爆炸过程。为了对模型施加爆炸荷载以模拟应力波在采空区附近的传播、反射及折射过程,模拟过程中以测得的台阶爆破速率时程曲线、质点震动峰值速率衰减公式和爆炸波速度时程曲线主频(PF)衰减公式为基础,通过反算得出在距台阶爆破孔水平距离 50m 的加载面上(图 10-21)各个节点处的速率时程曲线,以获得的速率时程曲线作为爆炸荷载进行输入。实际上,该方法等同于将模拟问题分解成

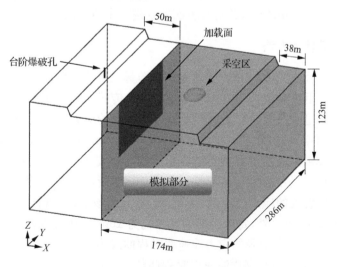

图 10-21　模拟区域几何模型

两步来进行,第一步是通过反算得出给定平面上各点处的应力波速率时程曲线;随后,将这一选定的平面作为第二步模拟的边界和加载面,并以第一步得出的应力波速率时程曲线作为输入施加在上面。

采空区的具体形态是采用空区自动激光扫描系统(cavity-autoscanning laser system)对采空区进行扫描后得到的。图 10-22 给出了对其进行三维激光扫描后的采空区三维点云数据[40-42]。

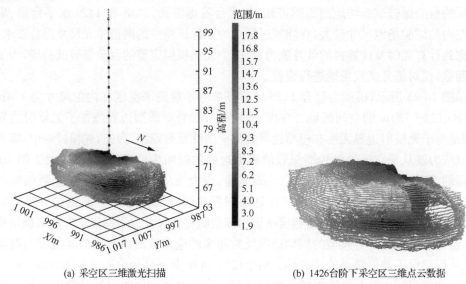

(a) 采空区三维激光扫描　　　　　　　　　　(b) 1426台阶下采空区三维点云数据

图 10-22　三维激光扫描及 1426 台阶下采空区三维点云数据(文后附彩图)

按照上述探测方法,对 1426 台阶下的采空区进行了定位和扫描,该采空区的空间三维数据为：$X_{min}=5839.493m$, $X_{max}=5863.991m$; $Y_{min}=5076.083m$, $Y_{max}=5110.229m$; $Z_{min}=1415.018m$, $Z_{max}=1423.309m$。按照该采空区的基本形状及空间位置,建模过程中采用的尺寸为 25m×34m×8m,并对其表面形状进行了适当简化。

10.3.2　爆破荷载输入方法

如图 10-21 所示,选择的加载面位于距离台阶爆破孔水平距离 50m 处,以 2 号台阶爆破试验测点 A 处(距离台阶爆破孔水平距离 50m)传感器记录的应力波速率时程曲线(图 10-23)为基础,通过反算得出加载面上其他位置处的应力波速度时程曲线,加载并数值计算后提取出测点 B 处(距离台阶爆破孔水平距离 95m)的应力波速率时程模拟曲线,通过与 2 号台阶爆破试验测点 B 处传感器记录的应力波速率时程曲线相比较,以验证所建立的数值计算模型的准确性与可靠性。如图 10-21 所示,为了计算出宽 160m、高 73m 的加载面上其他位置处的应力波速率时程曲线,首先将该加载面划分成 128 个子面,除底层子面(尺寸为 10m×3m)外,每个子面的尺寸均为 10m×10m;然后,以 2 号台阶爆破试验第一个测点 A 处传感器记录的应力波速率时程曲线为基础数据,结合应力波质点震动峰值速度衰减公式(10-18)和爆炸波速率时程曲线主频(PF)衰减公式(10-20),计算出加载面上其他位置处的应力波速率时程曲线。

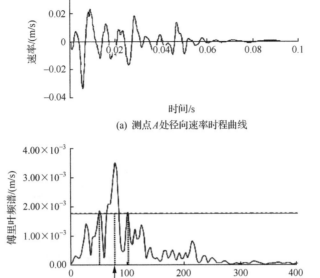

(a) 测点 A 处径向速率时程曲线

(b) 测点 A 处径向速率时程曲线的傅里叶频谱

图 10-23　2 号台阶爆破试验测点 A 处径向速率时程曲线及其傅里叶频谱

以图 10-24 中的 P 点为例，P 点至爆心的距离 L 为 78.42m，在炸药量相同的基础上，按照应力波质点震动峰值速率衰减公式(10-18)，可求得 P 点与 A 点应力波质点震动峰值速率的比值，将该比值与 A 点处传感器记录的应力波速度时程曲线的速度值相乘，就可近似得到 P 点处应力波速度时程曲线的速率值。此外，由于爆心至 A 点和 P 点的距离不同，故 P 点处应力波速率时程曲线的主频(PF)及相应的震动持续时间与 A 点也不相同，因此，在获得 P 点处应力波速率时程曲线的速度值后，需进一步对其震动主频(PF)及震动持续时间进行修正。根据爆炸波速率时程曲线的主频(PF)衰减公式(10-20)，求得 A 点和 P 点处应力波速率时程曲线的主频(PF)值分别为 76.17188Hz 和 54.97658Hz。基于此，P 点处主频(PF)值为 54.97658Hz 的应力波速率时程曲线可通过调整应力波速率时程曲线的时间步来获得。在本例中，A 点与 P 点处应力波速度时程曲线的主频(PF)比值为 1.3855，因此，将上步中获得的 P 点处应力波速率时程曲线的时间步增大至 1.3855 倍，就可得到 P 点处主频(PF)值为 54.97658Hz 的应力波速度时程曲线。此处时间步的调整，不仅修正了应力波速度时程曲线的主频(PF)值，同时还对加载面上不同位置处应力波速率时程曲线的震动持续时间进行了相应的更正。修正应力波速度时程曲线数据的最后一步是确定从爆心传播来的应力波到达加载面上不同位置处的时间差异。从 10.2.3 节中对台阶爆破试验记录的应力波速度时程曲线数据的分析可知，台阶爆破过程中应力波的传播以纵波为主，因此，在本研究中采用应力波纵波波速(式(10-21))，并按照式(10-22)来计算应力波到达加载面上不同位置处的时间差。

$$C_{\mathrm{p}} = \sqrt{\frac{E(1-\nu)}{\rho(1+\nu)(1-2\nu)}} \tag{10-21}$$

$$t = \frac{L - 50}{C_P} \qquad\qquad (10\text{-}22)$$

式中，L 为爆破孔至 P 点的距离。

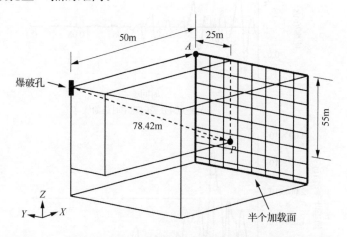

图 10-24　P 点处应力波速率时程曲线推算演示（沿 XZ 平面对称）

　　综上所述，通过以上步骤就可以获得加载面上不同位置处作为爆炸荷载输入的应力波速率时程曲线，进而按照各点处入射波对应的入射角，经三角分解后得到应力波速率时程曲线沿 X、Y 和 Z 方向的三个分量。图 10-25 为分解后得到的 P 点处应力波速度时程曲线沿 X、Y 和 Z 方向的三个分量及其对应的傅里叶频谱。

　　同理，按照以上过程，就可求得加载面上 128 组修正后的应力波速率时程曲线，并在随后的数值计算中作为爆炸荷载进行输入。

　　此处需要指出的是，上述过程仅适用于近似计算加载面上不同位置处的应力波速率时程曲线，其前提是假设爆破过程中应力波的传播以纵波为主。由图 10-17 中 2 号台阶爆破试验测点 A 和 B 处传感器记录的速率时程曲线可知，两测点处（50m 和 95m 处）径向速度时程曲线均在各自的三个分量中占据绝对主导地位，从而说明台阶爆破过程中应力波的传播情况是符合上述假设前提的，以上推算和修正方法具有有效性。如果在岩体表面上传感器所记录的应力波速率时程曲线由表面波占据主导地位，那么上述操作步骤则不适用于计算岩体中加载面上各处的应力波速率时程曲线。此外，还需说明的是，采用上述操作方法的原因是，在计算机计算能力有限的条件下确保模型网格的单元尺寸符合要求，以得到具有足够精确度的计算结果，如果计算机具有足够的计算能力，则应模拟包含台阶爆破在内的整个爆破过程。

10.3.3　数值计算模型的建立

　　建模过程中为了满足动力学数值计算要求，采用六面体实体单元 Solid164 对前面建立的整体几何模型进行网格划分。为此，根据前面介绍的 1426 台阶下 2 号不规则采空区激光三维点云数据，对采空区实体模型进行了一定程度的简化，简化后的采空区实体模型如图 10-26(a) 所示。为了平衡计算耗时和计算结果精确度的要求，针对模型中的不同空间位置，进行了不同尺寸的网格划分，采空区周边区域（图 10-26(b)）以及加载面与采空

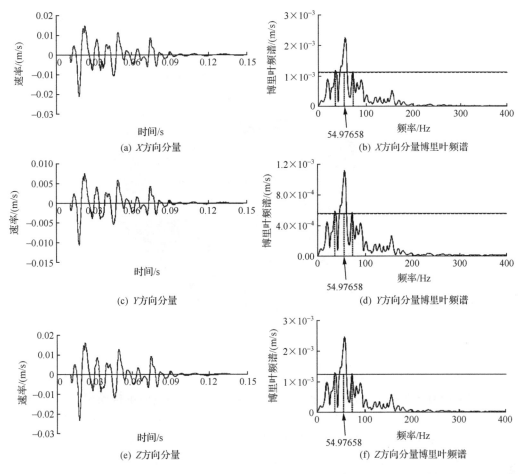

图 10-25　P 点应力波速率时程曲线沿 X、Y 和 Z 方向的三个分量及其对应的傅里叶频谱

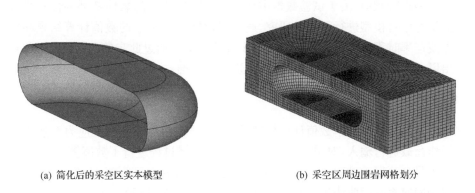

(a) 简化后的采空区实本模型　　　　　　　(b) 采空区周边围岩网格划分

图 10-26　简化后的采空区实体模型与采空区周边围岩网格划分(沿 YZ 平面对称)

区之间的区域部分采用尺寸最小的三维实体单元;对于其他空间部分的网格划分,随着与这两部分空间区域距离的增大,单元尺寸也逐渐增大。模型中最小单元的尺寸为 0.9m×0.9m×0.9m,最大单元的尺寸为 1.6m×1.6m×1.6m,单元总数为 2903504,如图 10-27 所示。为了验证以上单元尺寸的数值计算模型能够获得具有足够精度的数值结果,进

一步生成了单元尺寸更小的计算模型并利用其进行计算,结果表明,所获得的数值结果精确度几乎相同,但相应的计算耗时增加明显。

图 10-27　三维实体单元数值计算模型(沿 YZ 平面对称)

　　研究中以 LS-DYNA 软件为平台模拟台阶爆破过程中应力波在岩体中的传播过程。该软件内部嵌有多个被广泛用于模拟爆炸荷载作用下岩体响应的本构模型[43,44],在模拟过程中,选用 96 号材料模型 MAT_BRITTLE_DAMAGE(MAT_96),该材料模型为各向异性脆性损伤模型,设计并用于模拟各种脆性材料,它允许在初始拉应力荷载作用下随着裂隙的扩散,材料中的抗拉和抗剪强度逐渐降低。对于该材料模型的拉伸和剪切破坏,Govindjee 等对其进行了详细介绍[45]。采用表 10-6 中通过力学试验获得的围岩物理力学参数对模型进行赋值,由于试验数据中缺少模型赋值所需的岩体断裂韧性和黏性等参数,因此,研究中对模型进行了参数研究,通过对比同等药量下的数值计算结果和试验记录的应力波速率时程曲线来调整这些参数至合适数值。通过此步的参数研究不仅可以准确估计出以上未知参数,同时也对模型自身进行了校准。

10.3.4　数值计算模型验证

　　利用以上建立的动力学数值计算模型,同时以推算出的加载面上应力波速率时程曲线作为爆炸荷载进行输入,对采空区周边的应力波传播过程进行了数值模拟,并将数值计算结果与 2 号台阶爆破试验测点 B 处(距采空区实际边界水平距离 16.75m)传感器记录的应力波径向速率时程曲线进行对比,对比结果如图 10-28 所示。

　　由图可知,数值计算结果与试验数据吻合得较好,数值计算所得应力波速率时程曲线中质点震动峰值速率较试验记录数据中的质点震动峰值速率略大,而波形衰减较慢,在速率时程曲线的末端该现象表现尤为明显。以上现象的出现是由于数值计算模型是在假设地质体为连续均匀介质的条件下建立的,而在现实中,试验场地内的岩体内部存在着大量的微裂纹及小的不连续面,阻碍了高频能量的传播,从而导致台阶爆破过程中爆炸波的传

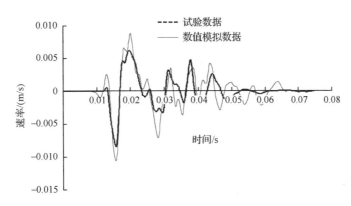

图 10-28　数值模拟结果与 2 号台阶爆破试验测点 B 处记录的应力波径向速率时程曲线对比
TNT 当量 216kg,爆心距 95m

播相对模拟出的应力波速率时程曲线而言衰减较为迅速。考虑到试验场地内岩体地质条件的随机性和不确定性,当前建立的动力学数值计算模型和以推算出的应力波速率时程曲线作为台阶爆破荷载在加载面上进行输入的方法,能够准确模拟台阶爆破荷载作用下试验场地内部的应力波传播过程,并可以用来准确预测岩体内部各点处应力波速率时程曲线的质点震动峰值速率。

10.4　采空区动力稳定性分析

露天开采中的地下空区静力稳定性和相关的安全隔离层厚度,在通过对空区扫描明确了空区三维形态及相对位置后,很容易通过力学计算和数值模拟获得[46-48]。这里将详细讨论露天台阶爆破引发的近区空区的动力稳定性的数值分析方法。由于质点速率较位移和加速度而言能够更加直接地反映出应力波的能量传播,且在爆破过程中便于记录,在实际工程应用中,应力波质点震动峰值速率(PPV)破坏准则被广泛地用于评估岩体损伤。在数值计算中,我们也选取质点震动峰值速率破坏准则来评估岩体的损伤程度。根据试验场地内的岩体力学强度,结合表 10-1 所给出的临界震速,选取应力波质点震动峰值速率 0.96m/s 作为岩体破坏初始值。

10.4.1　岩体表面应力波传播

通常情况下,单段最大装药量和爆心距是影响应力波强度和应力波在岩体中传播的两个主要参数,在多空区露天矿的台阶爆破过程中,这两个参数同样是影响邻近地下采空区稳定性的重要因素。

在考虑上述两个重要参数的情况下,利用先前验证过的动力学数值计算模型,对不同药量下台阶爆破过程中采空区周边围岩中的应力波传播过程进行数值模拟。模拟过程中采用的炸药量(TNT 当量)分别为 216kg、500kg、1000kg、2000kg、3000kg、4000kg 和 5000kg,与先前的模型验证过程类似,同样选择位于距离台阶爆破孔水平距离 50m 处的加载面,以 2 号台阶爆破试验测点 A 处传感器记录的应力波速度时程曲线为基础,根据应力波质点震动峰值速率衰减公式和爆炸波速率时程曲线主频(PF)衰减公式,反算得出不同药量下加载面上各个位置处的应力波速率时程曲线,并将其作为爆炸荷载进行输入,计算后获得不同药量下模型内部的应力波传播情况。为了研究爆炸过程中岩体表面上的应力波传播情况,在模型中的岩体表面上,沿水平 X 方向横跨采空区顶板中心的直线上,每隔 5 米共布设了($A\sim Z$)26 个目标点,如图 10-29 所示。这些目标点用来记录岩体表面上各处应力波的传播过程,通过提取各目标点处的应力波速度时程曲线可获得各点处相应的应力波质点震动峰值速率。

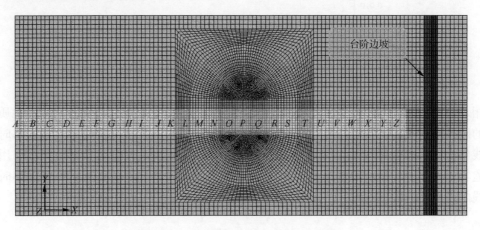

图 10-29　岩体表面目标点位置(平面图)

　　图 10-30 为通过数值模拟获得的不同药量下岩体表面上各目标点处相应的应力波质点震动峰值速率。通过观察可知,炸药量对各目标点处的应力波质点震动峰值速率具有较大的影响,炸药量越大,同一位置处的应力波质点震动峰值速率越大。在采空区顶板地表附近,即岩体表面上距爆心水平距离为 111.75~136.35m 处,由于位于地表以下 3m 处的采空区对应力波造成反射,应力波质点震动峰值速率相对较大。值得注意的是,采空区

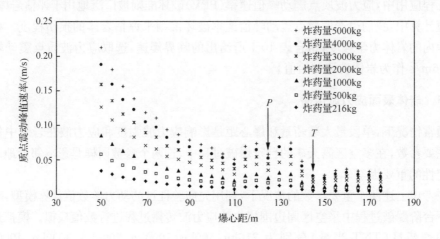

图 10-30　不同炸药量下岩体表面上各目标点处的应力波质点震动峰值速率

顶板正上方地表中心处(目标点 P 处)的应力波质点震动峰值速率相对采空区顶板地表两侧的应力波质点震动峰值速率较小,这是由于纵波在采空区顶部的入射角较大而造成的。也就是说,纵波的入射方向与采空区顶板几乎平行,绝大多数在采空区顶板处反射的应力波加强了目标点 P 后各点处的应力波强度;而在采空区顶板地表目标点 P 以前各点处出现较大的应力波质点震动峰值速率则是由于应力波在采空区左侧边界处入射角较小而造成的,如图 10-31 所示。此外,在采空区右侧边界上方地表处的目标点 T 处出现应力波质点震动峰值速率最小值,而目标点 T 后各点的应力波质点震动峰值速率则略有增大,该现象的出现同样是由于应力波在采空区边界处与采空区边界形成相对较大的入射角,经反射后与采空区顶板地表边界右后方各目标点处的应力波形成叠加而造成的。

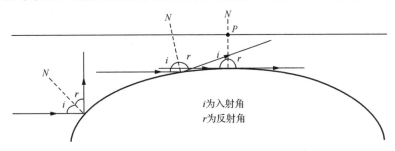

图 10-31　应力波在采空区顶板处的反射

图 10-32 为通过数值模拟获得的不同药量下岩体表面上各目标点处相应的应力波质点震动峰值速率与未考虑采空区存在的条件下按式(10-18)获得的试验场地内的应力波质点震动峰值速率在不同比例距离处的对比。通过观察可知,从第一个目标点 A 到第十二个目标点 L 处,数值模拟所得的各目标点处应力波质点震动峰值速率与试验场地内按应力波质点震动峰值速率衰减公式获得的吻合较好,此现象再一次验证了该数值模型能够较好地模拟试验场地内的应力波传播过程。通过与经验衰减公式比较采空区顶板地表上从目标点 N 至目标点 S 处的应力波质点震动峰值速率可知,数值模拟所得的应力波质点震动峰值速率相对经验衰减公式在同一比例距离处的数值较大,如前面分析所述,这种现象的出现是因为台阶爆破作用所引起的应力波在传播至采空区边界处时发生了反射和折射。由此可见,试验场地内采空区的存在在很大程度上影响了应力波的传播过程。未考虑采空区存在的条件下,试验场地内通过测试记录获得的应力波质点震动峰值速率衰减公式能够较好地估计距离采空区较远处的应力波质点震动峰值速率,而在采空区周边区域,对于应力波质点震动峰值速率的预测则缺乏准确性[49]。

10.4.2　台阶爆破下的采空区稳定性分析

为了对采空区在台阶爆破荷载作用下的稳定性进行评估,选取了采空区表面上的四个目标点(W_1、W_2、W_3 和 R)以记录采空区围岩上的应力波速率时程曲线,如图 10-33 所示。

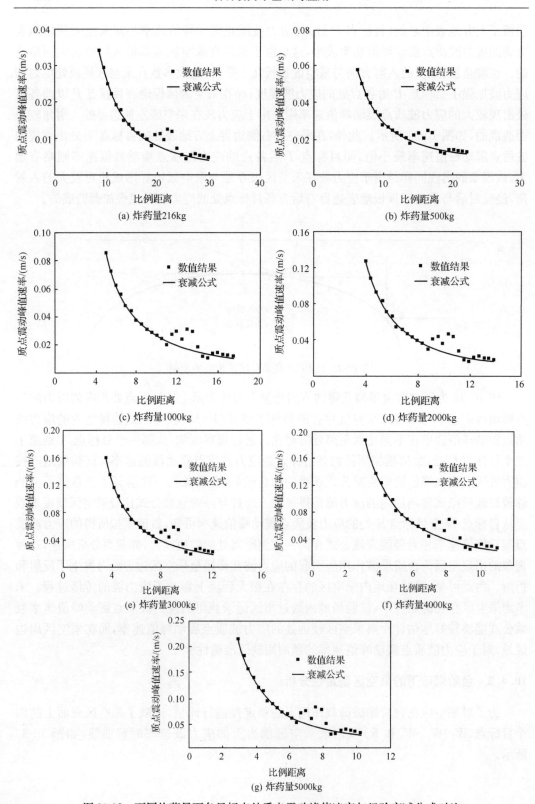

图 10-32　不同炸药量下各目标点处质点震动峰值速率与经验衰减公式对比

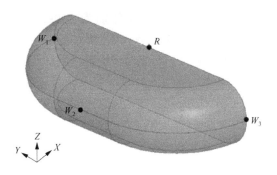

图 10-33　采空区表面上的四个目标点

　　图 10-34 给出了台阶爆破炸药量（TNT 当量）为 216kg 时通过数值模拟所得的四个目标点处应力波沿 X、Y 和 Z 方向的速率时程曲线。通过观察可知，由于所建立的数值计算模型具有几何对称性，且施加的荷载同样沿 XZ 平面对称，故在目标点 W_1 和 W_3 处所得的应力波速率时程曲线几乎相同；此外，W_1 和 W_3 两点所在处应力波中的速率值相对其他两个目标点 W_2 和 R 所在处应力波中的速率值较小，这是因为从台阶爆破孔处传来的入射波在这两点所在的采空区围岩表面附近具有较大的入射角，除了折射外，入射波所形成的反射情况较少；在目标点 W_2 处，应力波沿 X 方向的速率时程曲线上出现较大的速率值，很显然，这是因为入射波在该点采空区围岩表面附近的入射角相对较小，入射波在该目标点处形成强烈的反射，从而加强了入射波的强度。通过对比目标点 R 与 W_2 处的应力波速率时程曲线，不难发现，R 处的速率值略小，这同样是由于纵波在 R 点所在的采空区顶板处比采空区左侧围岩处具有相对较大的入射角所致。

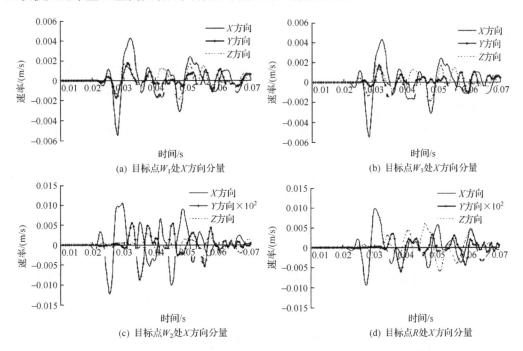

图 10-34　四个目标点处应力波沿 X、Y 和 Z 三个方向的速率时程曲线

当模拟过程中采用的台阶爆破炸药量分别为 500kg、1000kg、2000kg、3000kg、4000kg 和 5000kg 时,通过观察目标点 W_1、W_2、W_3 和 R 处的应力波速度时程曲线,发现其变化结果与上述台阶爆破炸药量为 216kg 时的情况一致,如图 10-35 所示。

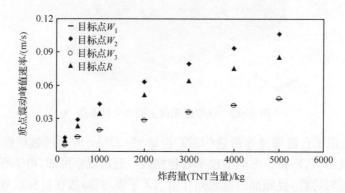

图 10-35　不同台阶爆破药量下四个目标点处对应的应力波质点震动峰值合成速率

不同药量下应力波质点震动峰值速率的最大值均出现在目标点 W_2 处,且数值略大于目标点 R 处的应力波质点震动峰值速率。当台阶爆破的炸药量为 5000kg 时,目标点 W_2 处的应力波质点震动峰值速率为 0.106m/s,远小于应力波质点震动峰值速率破坏准则中定义的岩体破坏初始值 0.96m/s。此处需要说明的是,在露天矿实际露天台阶爆破设计和操作过程中,单段延时炸药量的最大值为 5000kg。因此,根据对动力学数值模拟所得数据进行的分析,可以得出结论,距 1438 台阶爆破孔水平距离为 111.75m 处的 1426 台阶下 2 号采空区在邻近上部台阶爆破荷载作用下是稳定的。

10.4.3　最小安全距离

为了能够正确指导露天矿的台阶爆破作业,避免采空区顶板在台阶爆破荷载作用下发生动态失稳而危及采场工作人员和大型采掘及运输设备的安全,需要确定采空区在台阶爆破作业下的最小安全距离。

同样考虑 1426 台阶下的 2 号采空区,基于数值模拟所获得的不同炸药量下目标点 W_2(围岩上应力波质点震动峰值速率最大值所在处)的应力波质点震动峰值速率数据,可绘制应力波质点震动峰值速率-比例距离图,如图 10-36 所示。类似地,采用萨道夫斯基公式,通过最小二乘法回归分析得到不同药量下目标点 W_2 处的质点震动峰值速率衰减公式为

$$\text{PPV} = 2.6242 \left(\frac{R}{Q^{1/3}} \right)^{-1.7058} \quad (\text{m/s}) \tag{10-23}$$

式中,PPV 为应力波质点震动峰值速率(m/s);$R/Q^{1/3}$ 为比例距离,其中 R 为目标点 W_2 处至爆心的距离(m),Q 为起爆药量(kg);2.6242 为与试验场地内的地质条件、爆破方法等因素有关的系数;-1.7058 为与试验场地内的地质条件有关的爆炸应力波衰减系数。此处需要指出的是,公式(10-23)仅是在不同炸药量的条件下获得的,当台阶爆破孔与采空区之间的距离发生变化时,应力波的入射角也会随之发生改变,从而导致目标点 W_2 处

的应力波质点震动峰值速率与上述数据有所不同。但是,由图 10-16 中台阶爆破试验场地剖面图可知,应力波在目标点 W_2 处入射角相对较小,随着台阶爆破孔与采空区之间距离的减小,入射角变化不大。因此,可以利用公式(10-23)近似估算在给定的比例距离下目标点 W_2 处的应力波质点震动峰值速率。

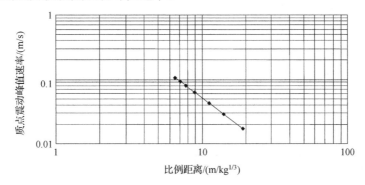

图 10-36　目标点 W_2 处质点应力波径向质点震动峰值速率-比例距离图

利用公式(10-23),选取应力波质点峰值速率 0.96m/s 作为岩体破坏的初始值,可求得不同台阶爆破炸药量下采空区的最小安全距离公式为

$$R = 0.3658^{-0.5862}Q^{1/3} \quad (\text{m}) \tag{10-24}$$

当炸药量为 5000kg 时,目标点 W_2 处的应力波质点震动峰值速率达到岩体破坏初始值 0.96m/s 的最大距离为 30.83m,因此,当在 1426 台阶下的 2 号采空区附近实施 5000kg 的台阶爆破时,距离该采空区的距离应大于 30.83m。同理,当台阶爆破过程中的炸药量分别为 216kg、500kg、1000kg、2000kg、3000kg、4000kg 时,目标点 W_2 处的应力波质点震动峰值速率达到岩体破坏初始值 0.96m/s 的最大距离即最小安全距离,如表 10-8 所示。

表 10-8　目标点 W_2 处的最小安全距离

炸药量/kg	最小安全距离/m
5000	30.83
4000	28.62
3000	26.01
2000	22.72
1000	18.03
500	14.31
216	10.82

通过上面的分析可知,当在与 1426 台阶下 2 号采空区大小及埋深类似的采空区邻近设计台阶爆破时,可按照表 10-8 选取适当的炸药量,以避免采空区顶板在台阶爆破荷载作用下发生动态失稳。

参 考 文 献

[1] Selberg H L. Transient compression waves from spherical and cylindrical cavities. Arkiv for Fysik,1952, 5: 97-108

[2] Heelan P A. Radiation from a cylindrical source of finite length. Geophysics. 1953, 18: 685-696

[3] Jordan D W. The stress wave from a finite cylindrical explosive source. Journal of Mathematics and Mechanics, 1962, 11: 503-552

[4] Plewman R P, Starfield A M. The effects of finite velocities of detonation and propagation on the strain pulses induced in rock by linear charges. Journal of the South African Institute of Mining and Metallurgy,1965, 66: 77-96

[5] Starfield A M. Strain wave theory in rock blasting. Eighth Rock Mechanics Symposium. Minneapolis: University of Minnesota,1966

[6] Saffy A A, Johnston H A, Mulke H C. The efficiency of ANBA in comparison with conventional explosives. Journal of SAIMM, 1964, 64:697

[7] Li Z, Huang H. The calculation of stability of tunnels under the effects of seismic wave of explosions//Proceedings of the 26th Department of Defense Explosives Safety Seminar. New York: US Department of Defense Explosives Safety Board,1994

[8] Persson P A. The relationship between strain energy, rock damage, fragmentation, and throw in rock blasting. International Journal for Blasting and Fragmentation 1997; 1: 99-110

[9] Kendorski F S, Jude C V, Duncan W M. Effect of blasting on shotcrete drift linings. Mining Engineering, 1973, 25(12): 38-41

[10] Hendron A J. Engineering of rock blasting on civil projects//Hall W J. Structural and Geotechnical Mechanics, a Volume Honoring NM Newmark. Englewood Cliffs: Prentice-Hall,1977:242-277

[11] Jensen D E, Munson R D, Oriard L L,et al. Underground vibration from surface blasting at Jenny mine, KY Woodward-Clyde consultants, Orange CA. Final Contract RPTJ0275030 for US Bureau of Mines, 1979:99

[12] Tunstall A M. Damage to underground excavations from open-pit blasting. Transactions of the Institution of Mining and Metallurgy-Section A-Mining Industry,1997,106: 19

[13] Fadeev A B, Glosman L M, Sofonov L V. Seismic control of mine and quarry blasting in the USSR//Proceedings International Congress on Rock Mechanics. Montreal:ISRM, 1987:617-619

[14] Langefors U, Kihlstrom B. The Modern Technique of Rock Blasting. 3rd edition. New York: John Wiley, 1978

[15] Calder P N, Bauer A. The influence and evaluation of blasting on stability. Stability in open pit mining. New York: Society of Minning Engineers of the American Institute of Mining, Metallurgical and Petroleum Engineers,1971: 83-94

[16] Oriard L L. Blasting effects and their control in open-pit mining. Geotechnical Practice for Stability in Open-Pit Mining. Englewood: SME/AIME Publication, 1972

[17] Sakurai S, Kitamura Y. Vibration of tunnel due to adjacent blasting operation//International Symposium on Field Measurement in Rock Mechanics,Zurich, 1977: 61-77

[18] Dowding C H. Estimating earthquake damage from explosion testing of full-scale tunnels. Advances in Tunnel Technology and Subsurface Use, 1984; 4(3): 113-117

[19] 谢江峰,李夕兵,宫凤强,等. 隧道爆破震动对新喷混凝土的累积损伤计算. 中国安全科学学报,2012,22(6): 118-123

[20] 李夕兵,凌同华,张义平. 爆破震动信号分析理论与技术. 北京:科学出版社,2009: 160-165

[21] Headquarters, Department of the Army. Fundamentals of protective design for conventional weapons. Technical Manual TM 5-855-1,1986

[22] Henrych J. The Dynamics of Explosion and Its Use. Amsterdam and New York: Elsevier Scientific Publishing Company, 1979

[23] Dowding C H. Blast Vibration Monitoring and Control. Upper Saddle River: Prentice-Hall,1985

[24] Wu T H. Soil Dynamics. Boston:Allyn and Bacon, 1975

[25] Carder D S, Cloud W K. Surface motion from large underground explosions. Journal of Geophysical Research,

1959,1471：64

[26] Carder D S, Mickey W V. Ground effects from underground explosions. Bulletin of the Seismological Society of America,1962, 67：52

[27] Hudson D E. Response Spectrum Techniques in Engineering Seismology. World Conference on Earthquake Engineering, Berkeley, 1956,4：1

[28] Perret W R. Free field ground motion produced by explosions//Proceedings of Symposium on Soil-Structure Interaction. Tucson：University of Arizona, 1964；107

[29] 汪旭光,于亚伦,刘殿中. 爆破安全规程实施手册. 北京：人民交通出版社,2004

[30] 2003，GB6722. 中华人民共和国国家标准：爆破安全规程. Diss,2003

[31] Office of Surface Mining. Surface mining reclamation and enforcement provisions. Public Law, 95-87, Federal Register,1977,42：289

[32] Siskind D E, Stagg M S, Kopp J W, et al. Structure response and damage produced by ground vibration from surface blasting. Report of Investigations 8507, US Bureau of Mines, Washington, D C, 1980

[33] German Standards Organization. DIN 4150, Vibrations in building construction, Berlin, 1984

[34] Wu C Q, Hao H. Numerical study of characteristics of underground blast induced surface ground motion and their effect on above-ground structures. Part I：Ground motion characteristics. Soil Dynamicsand Earthquake Engineering, 2005；25(1)：27-38

[35] Hao H, Wu Y K, Ma G W, et al. Characteristics of surface ground motions induced by blasts in jointed rock mass. Soil Dynamics and Earthquake Engineering, 2001；21(2)：85-98

[36] 刘希灵,李夕兵,刘科伟,等. 地下空区激光三维探测应用研究. 金属矿山, 2008 (11)：63-65

[37] 曾凌方,李夕兵,刘希灵,等. 栾川三道庄钼矿地下采空区三维模型的建立与可视化研究. 矿冶工程, 2008, 28(3)：31-33

[38] Hao H, Wu C Q. Scaled-distance relationships for chamber blast accidents in underground storage of explosives. International Journal for Blasting and Fragmentation, 2001, 5(1-2)：57-90

[39] Kuhlmeyer R L, Lysmer J. Finite element method accuracy for wave propagation problems. Journal of Soil Mechanics and Foundation Division, ASCE, 1973, 99：421-427

[40] 刘科伟,李夕兵,刘希灵,等. 复杂空区群露天开采境界三维可视化及其应用. 中南大学学报(自然科学版),2011, 42(10)：3118-3124

[41] 刘科伟,李夕兵,宫凤强,等. 基于 C-ALS 及 Surpac-FLAC3D 耦合技术的复杂空区稳定性分析. 岩石力学与工程学报,2008,27(9)：1924-1931

[42] 刘希灵,李夕兵,刘科伟,等. 地下空区激光三维探测及稳定性分析. 中国矿业大学学报, 2009, 38(004)：549-553

[43] Ma G W, An X M. Numerical simulation of blasting-induced rock fractures. International Journal of Rock Mechanics and Mining Sciences,2008,45(6)：966-975

[44] Wei X Y, Zhao Z Y, Gu J. Numerical simulations of rock mass damage induced by underground explosion. Internatianal Journal of Rock Mechanics and Mining Sciences,2009；46(7)：1206-1213

[45] Govindjee S, Kay G J, Simo J C. Anisotropic modelling and numerical simulation of brittle damage in concrete. International Journal for Numerical Methods in Engineering,1995,38(21)：3611-3633

[46] 李夕兵,李地元,赵国彦,等. 金属矿地下采空区探测、处理与安全评判. 采矿与安全工程学报, 2006, 23(1)：24-29

[47] 岩小明,李夕兵,郭雷,等. 露天开采隔离层稳定性分析. 岩土力学,2007,28(8)：1682-1690

[48] 刘希灵,李夕兵,宫凤强, 等. 露天开采台阶面下伏空区安全隔离层厚度及声发射监测. 岩石力学与工程学报, 2012, 31(A01)：3357-3362

[49] Liu K W, Li X B, Hao H. Numerical analysis of the stability of abandoned cavities in bench blasting. International Journal of Rock Mechanics and Mining Sciences(to be published)

第 11 章　应力波在含石英类压电岩体中的传播

受深部开采岩爆等事件的刺激,岩石破裂时的声发射早已引起了国内外采矿和岩石力学工作者的普遍关注[1]。由于强地震前和地震时的大量电磁异常和发光现象,又引起了人们对岩石动力破裂过程中声发射时伴随的电磁异常和发光现象的兴趣[2-18]。为研究其产生机制,一些试验组曾先后就各种岩石破碎时的声、电、光等现象进行过以观察记录为主的试验研究,肯定了一些岩石在临破裂时会产生声发射、辐射电磁波和发光,甚至在破裂时可发射电子[5-21]。但对于有关岩石破裂时产生这类现象的机制,特别是它们与岩石种类之间的关系,目前尚无定论。然而,众多试验表明:只有具有石英等压电晶体的岩石才可观察到其电磁现象,一些人因此而支持压电效应引起的静电放电的观点[3,6,11-13,22-27]。压电性源自物质的晶体各向异性,由于应力场随时间发生变化而导致电磁场的变化,地壳中压电物质是非常丰富的,我们有理由期望地震压电电磁存在的合理性。虽然 Brady 等认为压电效应对光辐射的贡献不大,但他们同时也肯定了有压电晶体的岩石,其发射的某些频段的电磁波远比无压电晶体的岩石强[14,15]。因此,从大量试验结果仍不可否定岩石临破裂时,辐射的电磁波的强弱和频段范围是与岩石本身存在有石英等压电晶体物质紧密相关的,但有关它们对岩体中产生电磁波的贡献大小,至今人们还未能给出合理的解释和定量的估计。本章将针对含石英类岩体中具有石英等压电晶体结构物质这一事实,从波动观点出发,采用长波近似,给出应力波在含石英岩体中的传输效应,提出应力波和电磁波在含石英等类岩体中同时存在相互耦合的理论,并阐明应力波和电磁波的耦合机制,得到了各种应力波幅值和频率对其辐射的电磁波强度和频段间的关系,所得到的结果能较好地对地震和岩石动力破裂过程中的声电光现象给予比较满意的解释[28-30]。

11.1　应力波与电磁波耦合的基本模型

岩体中传播的应力波,是一种纯机械波,它的传播特性和岩石本身的力学性质紧密相关。然而,在含石英类岩体中,由于存在有石英等压电晶体类物质,当这类岩受到应变时,由于正压电效应,压电晶体中的原子以及原子内部的电子会发生位移,这种位移又会在介质内部产生微观电偶极矩,这些电偶极矩的组合在宏观上就会形成人们常说的电极化,而置于电场中的压电体又会伴随有逆压电效应的存在,机械运动和电磁运动将发生耦合。因此,在这类固体中的应力(应变)扰动,不会以纯应力波的形式向四周传播,应力波在含石英等压电类岩体中传输时,总会伴随有电磁波动现象产生。

11.1.1　力电耦合波动方程

固体材料中的波动现象,可以由经典的波动方程给出,电磁波动现象必须服从麦克斯韦方程,而应力波动则服从牛顿定律。这里,我们考虑延时效应,即不采用静电和静力近似,来考查应力波在含石英类岩体中传输时可能伴随的电磁波动现象。

波动的应力场量服从牛顿定律(忽略体力对波传播的影响)

$$\frac{\partial \boldsymbol{T}_{ij}}{\partial x_{ij}} = \rho \frac{\partial^2 u_i}{\partial t^2}, \qquad i,j = 1,2,3 \tag{11-1}$$

式中,$\boldsymbol{T}_{ij}$ 代表应力张量;ρ 为岩石的初始密度;u_i 是位移分量。对重复下标采用爱因斯坦求和方式进行。

又[31]

$$\boldsymbol{T}_{ij} = \boldsymbol{C}_{ijkl}\boldsymbol{S}_{kl} - e_{ijn}\boldsymbol{E}_n, \qquad k,l = 1,2,3 \tag{11-2}$$

$$\boldsymbol{S}_{kl} = \frac{1}{2}\left(\frac{\partial u_k}{\partial x_l} + \frac{\partial u_l}{\partial x_k}\right) \tag{11-3}$$

式中,$\boldsymbol{S}_{kl}$ 为应变张量;$\boldsymbol{C}_{ijkl}$、e_{ijn} 为弹性劲度张量和压电张量;$\boldsymbol{E}_n$ 为电场场量。

将式(11-2)和式(11-3)两式代入式(11-1),可得到

$$\frac{1}{2}\boldsymbol{C}_{ijkl}\left(\frac{\partial^2 u_k}{\partial x_j \partial x_l} + \frac{\partial^2 u_l}{\partial x_j \partial x_k}\right) - \rho \frac{\partial^2 u_i}{\partial t^2} = e_{ijn}\frac{\partial \boldsymbol{E}_n}{\partial x_j} \tag{11-4}$$

由式(11-4)可见,在含石英类压电岩体中,应力波的传输伴随有电场的传输。

波动的电磁场量服从麦克斯韦方程[31]

$$\boldsymbol{\nabla} \times \boldsymbol{E} = -\frac{\partial \boldsymbol{B}}{\partial t} \tag{11-5}$$

$$\boldsymbol{\nabla} \times \boldsymbol{H} = \frac{\partial \boldsymbol{D}}{\partial t} + J_c \tag{11-6}$$

式中,$\boldsymbol{B}$、$\boldsymbol{H}$ 和 $\boldsymbol{D}$ 分别为电磁场传输的磁感应强度、磁场强度和电位移矢量;J_c 为传导电流密度,在岩体中可设 $J_c = 0$。

由式(11-5)和式(11-6)两式,并利用 $\boldsymbol{B} = \mu_0 \boldsymbol{H}$(设岩体是非磁性的)可求得

$$\boldsymbol{\nabla}^2 \boldsymbol{E}_i - \boldsymbol{\nabla}_i(\boldsymbol{\nabla E}) = \mu_0 \frac{\partial^2 \boldsymbol{D}_i}{\partial t^2} \tag{11-7}$$

式中,μ_0 为真空中磁导率系数。

在压电岩体内[31]

$$\boldsymbol{D}_m = e_{mij}\boldsymbol{S}_{ij} + \boldsymbol{\varepsilon}_{mn}\boldsymbol{E}_n \tag{11-8}$$

式中,$\boldsymbol{\varepsilon}_{mn}$ 为岩体的介电极化张量。

将式(11-8)代入式(11-7),可得

$$\boldsymbol{\nabla}^2 \boldsymbol{E}_i - \boldsymbol{\nabla}_i(\boldsymbol{\nabla E}) - \mu_0 \boldsymbol{\varepsilon}_{ij}\frac{\partial^2 \boldsymbol{E}_i}{\partial t^2} = \frac{1}{2}\mu_0 e_{ikl}\frac{\partial^2}{\partial t^2}\left(\frac{\partial u_k}{\partial x_l} + \frac{\partial u_l}{\partial x_k}\right) \tag{11-9}$$

式(11-4)和式(11-9)为耦合波的波动方程,是我们求解耦合波传输问题的基本方程。

11.1.2　应力波与电磁波的耦合理论

设定岩体具有 6mm 晶系,C 轴平行于 Z 轴方向,在直角坐标系下,由式(11-4)和式(11-9)两式可以求得在各种情况下应力波和电磁波的耦合关系式。下面我们分别对 P 波、S 波、表面波与电磁波的耦合特征进行分析。

1. S 波（横波）与电磁波的耦合

设应力波沿 xy 平面传输，场量正比于 $\exp(j(K_x x + K_y y - \omega t))$，则由方程(11-4)和方程(11-9)可知：与其耦合的电场场量也具有 $\exp(j(K_x x + K_y y - \omega t))$ 的传输因子，由上述二式联立，我们可以推导出两组独立的方程组，其中一组是

$$\left.\begin{array}{l} (\rho\omega^2 - C_{44}K_x^2 - C_{44}K_y^2)u_z - je_{15}K_x E_x - je_{15}K_y E_y = 0 \\ j\mu_0\omega^2 e_{15}K_x u_z + (\mu_0\omega^2\varepsilon_{11} - K_y^2)E_x + K_y K_x E_y = 0 \\ j\mu_0\omega^2 e_{15}K_y u_z + K_y K_x E_x + (\mu_0\omega^2\varepsilon_{11} - K_x^2)E_y = 0 \end{array}\right\} \tag{11-10}$$

可见，u_z 与 E_x、E_y 相耦合。

色散曲线可由式(11-10)系数行列式等于零求得，即

$$\left[\mu_0\omega^2\varepsilon_{11} - (K_y^2 + K_x^2)\right]\left[\rho\omega^2 - C_{44}^D(K_y^2 + K_x^2)\right] = 0 \tag{11-11}$$

式中，$C_{44}^D = C_{44} + e_{15}^2/\varepsilon_{11}$。因此有

$$K_y^2 + K_x^2 = \mu_0\omega^2\varepsilon_{11} \tag{11-12}$$

$$-\rho\omega^2 + C_{44}^D(K_y^2 + K_x^2) = 0 \tag{11-13}$$

式(11-12)对应电磁波的传输方程，其场量为 K_x、E_y，并且满足 $K_x E_x + K_y E_y = 0$，即 $E \perp K$。式(11-13)是纵向电磁波 $(E // K)$ 与横弹性波（S 波）耦合的色散关系式，基本场量由式(11-10)可得

$$\left.\begin{array}{l} E_x = -j\dfrac{e_{15}}{\varepsilon_{11}}K_x u_z \\ E_y = -j\dfrac{e_{15}}{\varepsilon_{11}}K_x u_z \end{array}\right\} \tag{11-14}$$

可见，位移场量与其伴生的电场场量成正比关系，相位差为 $\pi/2$。

2. P 波（纵波）与电磁波的耦合

由式(11-4)和式(11-9)两式获得的另一组方程为

$$\left.\begin{array}{l} (\mu_0\omega^2\varepsilon_{33} - K_x^2 - K_y)E_z + j\mu_0\omega^2 e_{31}K_x u_x + j\mu_0\omega^2 e_{31}K_y u_y = 0 \\ je_{31}K_x E_z + (C_{66}K_x^2 + C_{66}K_y^2 - \rho\omega^2)u_x + (C_{66} + C_{12})K_x E_y = 0 \\ je_{31}K_y E_z + K_x K_y(C_{66} + C_{12})u_x + (C_{66}K_x^2 + C_{11}K_y^2 - \rho\omega^2)u_y = 0 \end{array}\right\} \tag{11-15}$$

可见，E_z 与 u_x、u_y 相耦合，色散方程可由式(11-15)系数行列式为零求得。

为简化起见，设波沿 x 轴传输，此时 E_z 与 u_x 相耦合，耦合波的色散曲线为

$$(C_{11}K_x^2 - \rho\omega^2)(\mu_0\omega^2\varepsilon_{33} - K_x^2) + \mu_0 e_{31}^2\omega^2 K_x^2 = 0 \tag{11-16}$$

其应力场与伴生的电场场量关系为

$$E_z = -j\frac{C_{11}K_x^2 - \rho\omega^2}{e_{31}K_x}u_x \tag{11-17}$$

在不考虑损耗时，类似微观晶体振动，我们假定岩体的介电张量可写成

$$\varepsilon_{33} = \varepsilon_\infty\frac{\omega_{L_0}^2 - \omega^2}{\omega_{T_0}^2 - \omega^2} \tag{11-18}$$

式中，ω_{L_0} 和 ω_{T_0} 为特定的频率参数，介电系数在 $\omega = \omega_{T_0}$ 时存在奇点。

由式(11-16)可知:若 $e_{31}=0$,即无压电效应存在时,有

$$\left.\begin{array}{c}\mu_0\omega^2\varepsilon_{33}=K_x^2\\K_x^2/\omega^2=\rho/C_{11}\end{array}\right\}\tag{11-19}$$

式(11-19)分别对应电磁波与 P 波的独立的传播。

若 $e_{31}\neq0$,则两个波存在相互作用,图 11-1 给出了 ω-K 的关系。

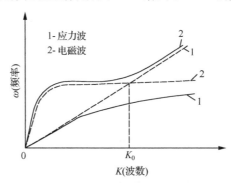

图 11-1　P 波与电磁波相互耦合的色散关系

虚线表示无压电效应时纯应力波和电磁波的色散关系

由图 11-1 可知:在 K_0 附近耦合最大,也就是说,电磁波和弹性波的耦合大小事实上是与频率范围紧密相联系的。同时,由式(11-14)和式(11-17)均可看出:电磁波的幅度与弹性波的幅度成正比,即岩体中应力波的强弱直接决定了与其同时存在同时传输的电磁波的强弱。

3. 表面波与电磁波的耦合

方程(11-10)仍然是我们研究的出发点,设波沿 y 轴传输,压电岩体占据 $x<0$ 的半空间,$x=0$ 平面为自由平面。在 $x<0$ 时,内场量可假设为小于 $\exp(K_x)\exp(\mathrm{j}(K_yy-\omega t))$,得到

$$\left.\begin{array}{c}(\rho\omega^2+C_{44}K^2-C_{44}K_y^2)u_z-e_{15}KE_x-\mathrm{j}e_{15}K_yE_y=0\\\mu_0\omega^2e_{15}Ku_z+(\mu_0\omega^2\varepsilon_{11}-K_y^2)E_x+\mathrm{j}K_yKE_y=0\\\mathrm{j}\mu_0\omega^2e_{15}K_yu_z-\mathrm{j}K_yKE_x+(\mu_0\omega^2\varepsilon_{11}+K^2)E_y=0\end{array}\right\}\tag{11-20}$$

令上述线性齐次方程组的系数矩阵为零,求得特征方程为

$$(\mu_0\omega^2\varepsilon_{11}-K_y^2+K^2)(\rho\omega^2-C_{44}^DK_y^2+C_{44}^DK^2)=0\tag{11-21}$$

因此有

$$K_{(1)}^2=K_y^2-\mu_0\omega^2\varepsilon_{11}\tag{11-22}$$

$$K_{(2)}^2=K_y^2-\omega^2/(C_{44}^D/\rho)\tag{11-23}$$

当 $K=K_{(1)}$ 时,对应的体系的本征模式为

$$(u_z,E_x,E_y)=\left(0,E_x,\frac{\mathrm{j}K_{(1)}}{K_y}E_x\right)$$

当 $K=K_{(2)}$ 时,对应的体系的本征模式为

$$(u_z,E_x,E_y)=\left(u_z,-\frac{e_{15}}{\varepsilon_{11}}K_{(2)}u_z,-\frac{\mathrm{j}e_{15}}{\varepsilon_{11}}K_yu_z\right)$$

因此,表面模的场量可设为

$$
\left.
\begin{aligned}
u_z(x,y) &= A_2\exp(K_{(2)}x)\exp(\mathrm{j}(K_y y - \omega t)) \\[2mm]
E_x(x,y) &= \left[A_1\exp(K_{(1)}x) - \frac{e_{15}}{\varepsilon_{11}}K_{(2)}A_2\exp(K_{(2)}x)\right]\exp(\mathrm{j}(K_y y - \omega t)) \\[2mm]
E_y(x,y) &= \left[\frac{\mathrm{j}K_{(1)}}{K_y}A_1\exp(K_{(1)}x) - \frac{\mathrm{j}e_{15}}{\varepsilon_{11}}K_y A_2\exp(K_{(2)}x)\right]\exp(\mathrm{j}(K_y y - \omega t))
\end{aligned}
\right\}
$$

$$(11\text{-}24)$$

在自由表面上, $T_5 = 0$, D_x、E_y 连续,则有

$$-e_{15}E_x + C_{44}u_z x = 0 \tag{11-25}$$

$$D_x = D'_x, \quad E_y = E'_y \tag{11-26}$$

式中, D'_x、E'_y 代表自由表面上的电位移分量和电场分量,由式(11-24)可得

$$\varepsilon_{11}E_x + e_{15}u_{z,x} = \varepsilon_0\frac{\mathrm{j}K_y}{K_{(0)}}E_y \tag{11-27}$$

式中, $K_{(0)}^2 = K_y^2 - \mu_0\varepsilon_0\omega^2$; ε_0 为空气中的介电常数。

由式(11-25)和式(11-27)两式联立,同时代入式(11-24),简化后可得

$$
\left.
\begin{aligned}
-e_{15}A_1 + C_{44}^D K_{(2)}A_2 &= 0 \\[2mm]
\left(\varepsilon_{11} + \frac{K_{(1)}}{K_{(0)}}\varepsilon_0\right)A_1 - \frac{\varepsilon_0 e_{15}}{\varepsilon_{11}}\frac{K_y^2}{K_{(0)}}A_2 &= 0
\end{aligned}
\right\}
$$

$$(11\text{-}28)$$

因此有

$$\left(\varepsilon_{11} + \frac{K_{(1)}}{K_{(0)}}\varepsilon_0\right)C_{44}^D K_{(2)} = \frac{e_{15}}{\varepsilon_{11}/\varepsilon_0}\frac{K_y^2}{K_{(0)}} \tag{11-29}$$

方程(11-29)就是半无限压电岩体中应力波与电磁波在自由表面上传输的色散方程,是表面弹性波与表面电磁波相耦合的结果。场量由式(11-28)和式(11-24)给出。

当不计压电效应时, $e_{15} = 0$, 由式(11-29)得到

$$\frac{K_y^2}{\mu_0\varepsilon_0\omega^2} = \frac{\varepsilon_{11}}{\varepsilon_{11} + \varepsilon_0}, \qquad \varepsilon_{11} < 0 \tag{11-30}$$

及

$$\omega^2 = (C_{44}^D/\rho)K_y^2 \tag{11-31}$$

式(11-30)和式(11-31)分别对应表面电磁波和应力波的色散关系。

一般情况下,由于压电效应的存在,表面电磁波与弹性波存在耦合,基本模式由式(11-24)给出,其中 $A_1 = \dfrac{C_{44}^D}{e_{15}}K_{(2)}A_2$ 。在自由表面上, $x = 0$ 时,对应的波场可算得为

$$(u_z, E_x, E_y) = \left(1, \frac{C_{44}}{e_{15}}K_{(2)}, \frac{\mathrm{j}e_{15}K_y}{\varepsilon_{11} + \dfrac{K_{(1)}}{K_{(0)}}\varepsilon_0}\right)$$

因此,在表面波的情形下,位移与电场是近似的正比关系,比例因子为 $\dfrac{C_{44}}{e_{15}}bK_y$,其中 b 是与频率有关但频率影响较小的参量。

4. 应力波衰减对电磁信号的影响

若考虑应力波在传播过程中的衰减,则其产生的电磁信号也将发生衰减。考虑应力

衰减形式为 $T_1 = \hat{x} T_0 e^{-\eta x} e^{j(\omega t - kx)}$，其中衰减率 η 定义为单位应力幅值通过单位长度的衰减。根据式(11-14)可得

$$E_x = -j \frac{e_{15}}{\varepsilon_{11}} e^{-\eta x} K_x u_z \tag{11-32}$$

式(11-32)可知，在应力波作用下，电磁辐射的幅值随传播距离增大而减小，在爆炸源处幅值最大。这与文献[32]的试验观测结果是一致的。如图 11-2 所示，E_1、E_2 和 E_3 的接收点离爆点的距离分别为 17.5m、67.5m 和 117.5m，其幅值依次减小。

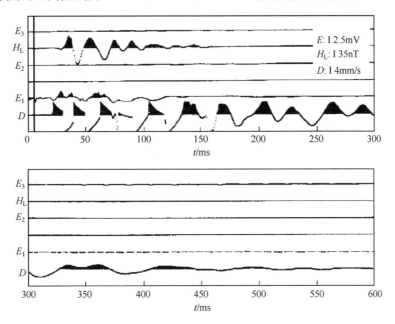

图 11-2　E_1、E_2、E_3 为 1、2、3 观测点电记录道

取参数 $\varepsilon_{11} = 10^{-11} \text{F/m}$，$e_{15} = 10^{-2} \text{C/m}^2$，$\mu_0 = 4\pi \times 10^{-7} \text{H/m}$，频率 $f = 2\text{Hz}$，$\omega = 2\pi f = 12.56 \text{r/s}$[33]，$\eta = 0.8261 D_0 + 0.1393$[34]，根据式(11-32)可计算得出电磁辐射幅值随岩石的波阻抗及初始损伤 D_0 的变化规律，如图 11-3 和图 11-4 所示。从图 11-3 和图 11-4 可以看出，电磁辐射幅值随岩石的初始损伤增大而减小，但随岩石波阻抗增大而增大。由于岩石波阻抗与岩石的弹性模量和强度有正比关系，则可以推知，岩石的弹性模量和强度越高，其产生的电磁辐射强度越大，这与众多试验结果是相一致的[35]。

若引入与电性参数相关的衰减因子 $e^{-\eta r}$，衰减系数 η 与介电常数 ε、磁导率 μ_0、电导率 σ（电阻率的倒数 $1/\beta$，β 为岩体电阻率）和电磁波的频率 ω 有关，可表示成[36]

$$\eta = \omega \sqrt{\frac{\mu_0}{2} \left[\sqrt{\varepsilon^2 + (1/\omega\beta)^2} - \varepsilon \right]} \tag{11-33}$$

对于式(11-17)，则变成

$$E_z = -j \frac{C_{11} K_x^2 - \rho \omega^2}{e_{31} K_x} u_x e^{-\eta r} \tag{11-34}$$

取 $C_{11} = 10^{10} \text{N/m}^2$，$e_{31} = -0.051 \text{C/m}^2$，$f = 2\text{Hz}(\omega = 2\pi f)$，岩石密度取 2.6g/cm³，纵波速度 5200m/s。根据式(11-34)计算可以得到不同电阻率下，电磁辐射幅值随传播距离的变

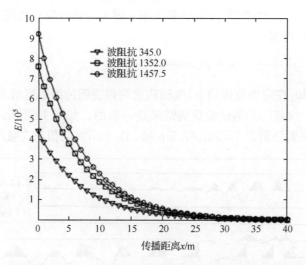

图 11-3　不同波阻抗岩石在平面横波作用下电磁辐射幅值随传播距离的变化规律

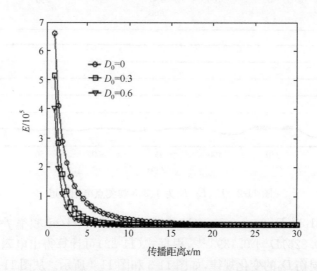

图 11-4　具有不同初始损伤岩石在球面横波作用下电磁辐射幅值的变化规律

化,如图 11-5 所示。从图中可以看出,电场幅值随传播距离发生衰减,随电阻率增大而增大。对于电阻率较小的材料来说,可能由于其较强的导电性将令压电电荷瞬间消失;而对于电阻率较高,导电性较差的岩石来说,压电电荷的贡献是不容完全忽视的。对于不同震中距的观测点来说,压电电荷贡献不容忽视的最低电阻率的值是不同的。如果震中距 r 为 40km,则根据式(11-34)计算得到最低电阻率为 100Ω·m;如果震中距为 100km,则最低电阻率为 500Ω·m。从图 11-5 可知,电阻率引起的电磁辐射幅值的变化比较大,充分说明了岩体的电性参数对电磁辐射幅值的影响。从图 11-5 可以说明两点:其一是对于岩石来说,压电效应产生的电磁辐射因为其较大的电阻率值得考虑;其次是电阻率引起的电磁辐射幅值的变化比较大,能够达到数值上量的变化。

用式(11-34)对唐山地震昌黎台电磁辐射强度进行估计。昌黎台距 1976 年 7 月 28

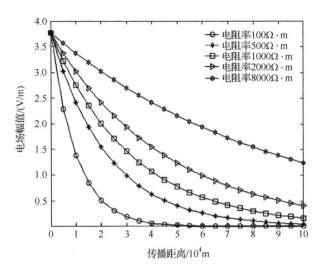

图 11-5　不同电阻率下,电磁辐射幅值随传播距离的变化

日 7.8 级主震震中距为 70km,主震发生时当地电阻率值约 150Ω·m,选择频率 $f=2$Hz,属于主频范围[37],通过式(11-34)计算得到 $E=0.0124$V/m,这个值与张颖在地震时观测到的电场强度值(约 $2.1×10^{-2}$V/m)基本一致[38]。徐小荷等[39]通过室内试验也验证了应力波通过岩石时确实能够产生电磁信号,其强度值量级为 10^{-2},与这里分析的结果一致[40]。

11.2　节理对岩体电磁辐射的影响

到目前为止,国内外对岩石破裂过程中的电磁辐射研究已经取得了一定的进展,但总体而言,这些研究主要是把岩体当成完整岩石情形而考虑的[20,41-44]。事实上,岩体中存在节理等结构面,和声发射信号传播一样,这些结构面必然会对电磁辐射的传播产生影响。岩体中节理等结构面的存在到底对不同频率段的电磁信号包括强度和频率等参数有着怎样的影响? 这个问题的解决对于人们更好地了解电磁辐射的传播过程以及更好地在现场探测岩石破裂电磁信号有着重要的工程和理论意义[29,40]。

11.2.1　线性节理对电磁辐射的影响

分两种情况进行分析[29],一是节理面两侧岩体介质 1 和介质 2 性质完全相同,二是介质 1 和介质 2 性质不同。为具体起见,对于前者假定介质具有 6mm 晶系;对于后者假定介质 1 具有 6mm 晶系,介质 2 具有 32 晶系。

1. 节理面两侧岩体性质相同

1) 纵波下电磁辐射强度的变化

在节理面前侧岩体(6mm 晶系)中,入射纵波 u_x 伴随的电磁波由式(11-17)给出。入射应力波 u_x 遇到节理后发生透射,该透射波 u''_x 为[45]

$$u''_x = \frac{2k_x}{k_x(1 + Z_{p2}/Z_{p1}) - iZ_{p2}\omega} u_x \tag{11-35}$$

式中，k_x 为节理的法向刚度，对于线性变形节理，等于节理的初始法向刚度 k_{x0}；下标 1 和下标 2 分别表示介质 1 和介质 2，下标 p 表示纵波，如 $Z_{p1} = \rho_1 C_{p1}$（介质 1 的密度乘以介质 1 中的纵波速率）。

为得到该透射波所伴随的电磁波，在此对应力波与电磁波的耦合规则进行简要阐述。在压电体内，耦合行为通过应变矩阵与压电系数矩阵相乘而发生，两者相乘即为电位移矢量，若电位移矢量元数都为零，则没有耦合行为。下面以 6mm 晶系为例进行讨论。

6mm 晶系的压电应变矩阵为

$$e_{ij} = \begin{bmatrix} 0 & 0 & 0 & 0 & e_{15} & 0 \\ 0 & 0 & 0 & e_{15} & 0 & 0 \\ e_{31} & e_{32} & e_{33} & 0 & 0 & 0 \end{bmatrix} \tag{11-36}$$

当应变矩阵对称时，略去因子 1/2，写成六元直列矩阵

$$S = \begin{bmatrix} S_{xx} & S_{yy} & S_{zz} & S_{yz} & S_{zx} & S_{xy} \end{bmatrix}^T \tag{11-37}$$

按照矩阵相乘规则，当矩阵 S 中前五个分量中的任意一个为非零值时，这两个矩阵的乘积就为非零值，即有耦合行为发生。

根据耦合理论，该透射波所伴随的电磁波为

$$E_z = -j \frac{C_{11}K_x^2 - \rho\omega^2}{e_{31}K_x} 2k_x / \sqrt{4k_x^2 + (Z_{p1}\omega)^2} u_x \tag{11-38}$$

由式(11-38)除以式(11-17)，得到了垂直纵波作用下节理面前后电磁辐射强度的变化，即

$$r_{Ep} = 2k_x / \sqrt{4k_x^2 + (Z_{p1}\omega)^2} \tag{11-39}$$

2) 横波下电磁辐射强度的变化

节理面前侧，入射横波 u_z 伴随的电磁波由式(11-14)给出。入射应力波 u_z 遇到节理后发生透射，该透射波 u''_z 为[45]

$$u''_z = \frac{2k_z}{k_z(1 + Z_{s2}/Z_{s1}) - iZ_{s2}\omega} u_z \tag{11-40}$$

式中，k_z 为节理的切向刚度，对于线性变形节理，等于节理的初始切向刚度 k_{z0}；下标 1 和下标 2 分别表示介质 1 和介质 2，下标 s 表示横波，如 $Z_{s1} = \rho_1 C_{s1}$（介质 1 的密度乘以介质 1 中的横波速度），其他依此类推。

根据耦合理论，该透射波所伴随的电磁波为

$$E_x = -j \frac{e_{14}}{\varepsilon_{11}} K_x 2k_z / \sqrt{4k_z^2 + (Z_{s1}\omega)^2} u_z \tag{11-41}$$

由式(11-41)除以式(11-14)，可得横波下节理面前后电磁辐射的强度变化，即

$$r_{Es} = 2k_z / \sqrt{4k_z^2 + (Z_{s1}\omega)^2} \tag{11-42}$$

2. 节理面两侧岩体性质不同

如前所述，假定介质 1 为 6mm 晶系，介质 2 为 32 晶系，入射应力波从介质 1 中透射进入介质 2 中。

1) 纵波下电磁辐射强度的变化

在节理面前侧,入射纵波 u_x 伴随的电磁波由式(11-17)给出,并考虑衰减

$$E_z = -\mathrm{j}\, \frac{C_{11}K_x^2 - \rho\omega^2}{e_{31}K_x} u_x \mathrm{e}^{-\eta_1 r} \tag{11-43}$$

该入射波遇到节理后所得到的透射波 u_x'' 由公式(11-35)给出。该透射波现处于 32 晶系中,而 32 晶系的压电应变矩阵为

$$\boldsymbol{e}_{ij} = \begin{bmatrix} e_{11} & -e_{11} & 0 & e_{14} & 0 & 0 \\ 0 & 0 & 0 & 0 & -e_{14} & -2e_{11} \\ 0 & 0 & 0 & 0 & 0 & 0 \end{bmatrix} \tag{11-44}$$

按照前面所讲述的耦合规则,该透射波 u_x'' 所耦合的电磁波为

$$E_z = -\mathrm{j}\, \frac{C_{11}K_x^2 - \rho\omega^2}{e_{11}K_x} \cdot 2k_x / \sqrt{k_x^2(1 + Z_{p2}/Z_{p1})^2 + (Z_{p2}\omega)^2}\, u_x \tag{11-45}$$

在此基础上,考虑衰减,就得到介质 2 中电磁波

$$E_z = -\mathrm{j}\, \frac{C_{11}K_x^2 - \rho\omega^2}{e_{11}K_x} \cdot 2k_x / \sqrt{k_x^2(1 + Z_{p2}/Z_{p1})^2 + (Z_{p2}\omega)^2}\, u_x \mathrm{e}^{-\eta_2 \gamma} \tag{11-46}$$

由式(11-46)除以式(11-43),得到了垂直纵波作用下节理面前后电磁辐射强度的变化,即

$$r_{Ep} = 2\,|e_{11}/e_{31}| \cdot \mathrm{e}^{\eta_1 - \eta_2} k_x / \sqrt{k_x^2(1 + Z_{p2}/Z_{p1})^2 + (Z_{p2}\omega)^2} \tag{11-47}$$

2) 横波下电磁辐射强度的变化

节理面前侧,入射横波 u_z 伴随的电磁波由式(11-14)给出,并考虑衰减

$$E_x = -\mathrm{j}\, \frac{e_{15}}{\varepsilon_{11}} K_x u_z \mathrm{e}^{-\eta_1 r} \tag{11-48}$$

该入射波遇到节理后所得到的透射波 u_z'' 由公式(11-40)给出。按照耦合规则,结合 32 晶系的压电矩阵(式(11-44)),该透射波 u_x'' 所耦合的电磁波为

$$E_x = -\mathrm{j}\, \frac{e_{14}}{\varepsilon_{11}} K_x \cdot 2k_z / \sqrt{k_z^2(1 + Z_{s2}/Z_{s1})^2 + (Z_{s2}\omega)^2}\, u_z \tag{11-49}$$

在此基础上,考虑衰减,得到介质 2 中电磁波为

$$E_x = -\mathrm{j}\, \frac{e_{14}}{\varepsilon_{11}} K_x \cdot 2k_z / \sqrt{k_z^2(1 + Z_{s2}/Z_{s1})^2 + (Z_{s2}\omega)^2}\, u_z \mathrm{e}^{-\eta_2 r} \tag{11-50}$$

由式(11-50)除以式(11-49),可得横波下节理面前后电磁辐射的强度变化,即

$$r_{Es} = 2\,|e_{14}/e_{15}| \cdot \mathrm{e}^{\eta_1 - \eta_2} k_z / \sqrt{k_z^2(1 + Z_{s2}/Z_{s1})^2 + (Z_{s2}\omega)^2} \tag{11-51}$$

11.2.2　非线性节理对电磁辐射的影响

在上述线性节理工作的基础上,进一步研究非线性节理对岩体中电磁辐射信号的影响[40]。由于前面已就应力波的衰减对电磁辐射的影响进行了讨论,故在此,我们不再重新考虑衰减因子。

节理面前侧,入射纵波 u_x 伴随的电磁波由式(11-17)给出。入射应力波 u_x 遇到节理后发生透射,该透射波 u_x'' 为[46]

$$u_x'' = \frac{2u_x}{\sqrt{4 + \left[\dfrac{\omega Z(1-r)^2}{k_0}\right]^2}} \tag{11-52}$$

根据耦合理论,该透射波所伴随的电磁波为

$$E_z = -\mathrm{j}\,\frac{C_{11}K_x^2 - \rho\omega^2}{e_{31}K_x}2\bigg/\sqrt{4 + \bigg[\frac{\omega Z(1-r)^2}{k_0}\bigg]^2}\,u_x \tag{11-53}$$

由式(11-53)除以式(11-17)得到电磁辐射的变化,即

$$\mathrm{d}E = E_z^{(2)}/E_z^{(1)} = 2\bigg/\sqrt{4 + \bigg[\frac{\omega Z(1-r)^2}{k_0}\bigg]^2} \tag{11-54}$$

从式(11-54)可看出,非线性法向变形节理对岩体中电磁辐射强度的影响。$\mathrm{d}E < 1$,说明节理对岩石中的电磁辐射强度有衰减作用。电磁辐射强度的变化量随节理初始刚度以及节理闭合量与最大闭合量比率增大而增大,随入射纵波的频率增大而减小。

11.2.3 节理对电磁辐射影响的计算与讨论

1. 线性节理对电磁辐射的影响

这里主要研究节理初始刚度、节理面两侧岩体电性参数之比以及入射波频率 $f(\omega)$ 对电磁辐射强度变化的影响。取介质 1 岩石密度为 $2410\mathrm{kg/m^3}$,纵波传播速率为 $5004\mathrm{m/s}$,根据波阻抗的定义,$Z_{p1} = \rho_1 C_{p1} = 1.08 \times 10^7\mathrm{kg/(m^2 \cdot s)}$。

对于节理面两侧岩体性质相同的情况,在式(11-39)中,如果给定岩体的波阻抗 Z_{p1} 就可以得到节理的初始刚度 K_{x0} 和入射波的频率 $f(\omega)$ 对节理面前后电磁辐射强度变化 $\mathrm{d}E_p$ 的影响。

由图 11-6~图 11-8 可知,强度变化 r_{Ep} 随 K_{x0} 增大而增大;r_{Ep} 随频率 f 值的增大而减小,这反映了节理的高频滤波作用,当一含有多种频率成分的波入射到节理面时,高频成分比低频成分衰减要快。高频信号由于穿过岩石圈节理等产生快速衰减,所以无法传播到地面被人们检测到。这也是人们在地震前普遍观测到低频和超低频电磁信号的重要原因。

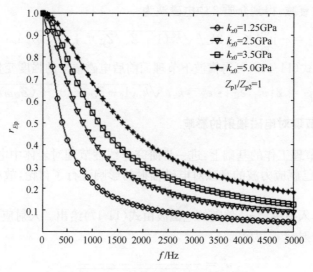

图 11-6　不同 k_{x0} 下,$\mathrm{d}E_p$ 随 $f(\omega)$ 的变化

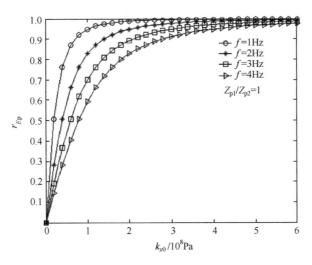

图 11-7　不同 $f(\omega)$ 下，$\mathrm{d}E_{\mathrm{p}}$ 随 k_{x0} 的变化

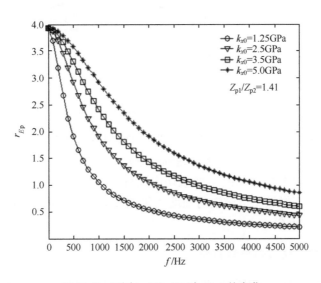

图 11-8　不同 k_{x0} 下，$\mathrm{d}E_{\mathrm{p}}$ 随 $f(\omega)$ 的变化

由图 11-6 和图 11-7 可看出，$r_{Ep} < 1$，说明岩体中的节理对电磁辐射的强度有衰减作用。作为地震时与电磁辐射的同步现象声发射，无论是室内还是现场试验，都不难发现两者之间惊人的同步特性，在强度变化趋势上也有类似的变化趋势。声发射的研究是电磁辐射研究的重要辅助手段。声发射在传播过程中发生衰减，振幅可表示成 $U(f) = \exp(-\pi f d / vQ)$[47]，频率 f 越大，幅值越小；品质因子 Q 越小，衰减越大。岩石中存在的节理是影响岩石品质因子的重要因素[48]，声发射波通过宏观结构面产生透射损失，结构面越发育，实际岩体的 Q 越小，透射损失越大。这与我们的理论分析结果是符合的。

在式（11-47）中，取压电系数 $e_{11} = 0.171$，$e_{31} = -0.051$，$\varepsilon_{11} = 10^{-11}\,\mathrm{F/m}$，$\mu_0 = 4\pi \times 10^{-7}$ H/m，$Z_{p1}/Z_{p2} = 1.41$，电阻率 $\beta_1 = 300\,\Omega \cdot \mathrm{m}$，$\beta_2 = 500\,\Omega \cdot \mathrm{m}$ 时[49]，电磁辐射强度的变化随节理的刚度和入射波的频率变化曲线如图 11-9 所示。在此，电磁辐射强度的变化除了受

节理刚度和入射波频率的影响外,同时受到了节理两侧岩体波阻抗之比、压电系数之比以及岩体电阻率之比的共同影响。从理论上来讲,由电阻率小的岩体通过节理面进入电阻率较大的岩体电磁辐射的强度会增大($r_{Ep} > 1$),但同时岩体的压电系数、节理刚度和入射波频率也制约着电磁辐射强度的大小,因此在这种情况下,电磁辐射的强度变化情况更加复杂[29]。

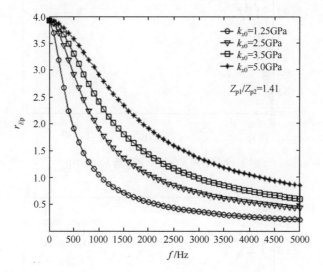

图 11-9　不同 k_{x0} 下,$\mathrm{d}E_p$ 随 $f(\omega)$ 的变化

值得说明的是,以上所考虑的是线性变形节理,纵横波透射解的表达式是完全相同的,按照相同的方法推导,横波作用下电磁辐射强度变化的表达式和纵波是完全一样的。对于横波,只是分别将节理法向刚度换成切向刚度,将纵波速率换成横波速率而已。所以,在此我们只给出了纵波下电磁辐射强度变化随各参数的变化,对于横波的情况,是完全类似的,没有必要赘述。

2. 非线性节理对电磁辐射的影响

这里主要研究节理初始刚度 k、节理闭合量 d_0 与最大闭合量 d_m 的比 $r = d_0/d_m$ 以及入射波频率 $f(\omega)$ 对节理面前后电磁辐射强度的影响。岩石密度为 $2410\mathrm{kg/m^3}$,波的频率为 $50\mathrm{Hz}$,纵波传播速率为 $5004\mathrm{m/s}$。根据波阻抗的定义

$$Z = \rho C_p = 1.08 \times 10^7 \mathrm{kg/(m^2 \cdot s)}$$

在式(11-54)中,如果给定初始刚度、节理两侧岩体的波阻抗 Z 及频率 ω 或 f,可以得到节理的变形 r 对节理面前后电磁辐射强度变化 $\mathrm{d}E$ 的影响。

由图 11-10 可知,强度变化随节理变形增大而增大,即应力越大,节理的非线性变形越大,从而导致电磁辐射强度越大,这与众多文献的试验与理论结果是一致的[24,49]。Surkov 等通过深入的理论研究得出,微裂纹的开启和闭合会伴随强的超声辐射,但不能在地表产生强的超低频(ultra-low frequency,ULF)电磁扰动。由于超声波的剧烈衰减,只有大裂纹(在岩石力学领域大裂纹可称为节理)对总的电磁信号有贡献[50]。

图 11-11 揭示了入射波频率对电磁辐射强度的影响,固定 k_0(取值为 $3.5\mathrm{GPa}$)和 Z

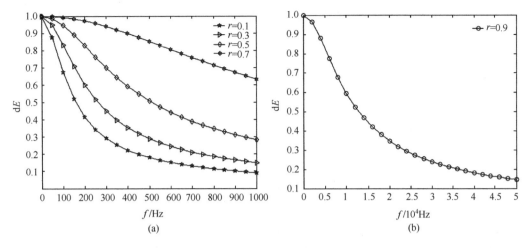

(a)　　　　　　　　　　　　　　　　　　　　(b)

图 11-10　不同 k_0 下，dE 与 r 之间的关系曲线

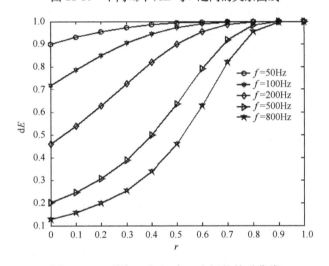

图 11-11　不同 f 下，dE 与 r 之间的关系曲线

（取值为 $1.08 \times 10^7 \, \text{kg}/(\text{m}^2 \cdot \text{s})$)，利用式(11-54)，计算频率 f 分别为 50Hz、100Hz、200Hz、500Hz、800Hz 时，电磁辐射强度的变化。

由图 11-11 可知，dE 随频率 f 值的增大而减小，这说明电磁辐射高频比低频衰减更快。高频信号由于穿过岩石圈节理等产生快速衰减，所以无法传播到地面被人们检测到。这在研究领域已基本达成共识，与我们在这里的研究结果基本一致。

3. 计算结果与其他学者研究结果的比较

取 $\mu_0 = 4\pi \times 10^{-7} \, \text{H/m}$，$\varepsilon_{xx} = 10^{-11} \, \text{F/m}$，$e_{z1} = -0.051 \, \text{C/m}^2$，$f = 2\text{Hz}(\omega = 2\pi f)$，距离 $r = 70\text{km}$，电阻率 $\beta = 15\Omega \cdot \text{m}$，根据式(11-34)得到节理面前侧 $E^{(1)} = 1.24 \times 10^{-2} \, \text{V/m}$。取岩石中节理初始刚度 $K_{x0} = 4000\text{MPa}$[51]，对于节理面两侧介质相同的情况，得到 $r_{Ep} = 0.95$，这样就可得到节理面后侧 $E^{(2)} = r_{Ep} \cdot E^{(1)} = 1.18 \times 10^{-2} \, \text{V/m}$；对于节理面两侧介质不同的情况，得到 $r_{Ep} = 3.7$，应力波通过节理后电磁场 $E^{(2)} = r_{Ep} \cdot E^{(1)} = 4.18 \times 10^{-2} \, \text{V/m}$。

郑联达[10]在室内进行了室内岩石破裂的电磁波发射试验,并提出断层等运动能够激发电磁波,得到 $E=3.16\times10^{-2}\,\mathrm{V/m}$,这与本书的理论计算结果基本吻合。朱元清等[52]根据电偶极子模型计算了单裂纹产生的电磁辐射强度 E 为 10^{-2} 量级,并得到了试验结果的验证,这与本书的计算结果一致。

11.3 岩石电磁辐射与岩石属性参数的关系

岩石破裂电磁辐射的频率和幅值一直是人们研究的热点问题,目前也已取得了一定成果[53-56]。Rabinovitch 等基于岩石破裂传播的裂纹引起原子扰动激发电磁辐射的观点,采用半经验分析法由试验研究提出了单脉冲信号模型[57]。该模型显示单 EMR(electromagnetic radiation)脉冲信号峰值时间与破裂长度有关;频率与破裂宽度有关,并给出了定量的数学描述。EMR 振幅随裂纹的扩展而增大,当裂纹停止扩展时,振幅开始衰减。Goldbaum 等[58]在单脉冲模型基础上,经过进一步分析获得了双脉冲和三脉冲电磁信号的时间序列,由此得到所反映的裂纹信息。

为进一步明确岩石破裂电磁辐射频率和幅值特征,基于岩石破裂电磁辐射是由岩石破裂时传播裂纹引起原子扰动产生的假说,通过断裂力学理论中小范围屈服条件下张开位移法计算岩石破裂时的裂纹宽度、裂纹扩展长度及裂纹面积,分别由单脉冲电磁辐射频率和幅值与裂纹宽度、裂纹长度及裂纹面积之间的关系,研究获得了电磁辐射频率和幅值与岩石属性参数之间的关系,并给出了它们之间的关系表达式[30,59]。

11.3.1 岩石破裂裂纹宽度

以 I 型裂纹(张开型裂纹)为准,推导电磁辐射频率与岩石属性参数之间的关系。对于图 11-12 所示带有穿透型裂纹(I 型)板状物体在拉伸应力作用下应变场分别为[60]

$$\begin{Bmatrix} u \\ v \end{Bmatrix} = \frac{K_{\mathrm{I}}}{G(1+\nu')}\sqrt{\frac{r}{2\pi}} \times \begin{Bmatrix} \cos\dfrac{\theta}{2}\left[(1-\nu')+(1+\nu')\sin^2\dfrac{\theta}{2}\right] \\ \sin\dfrac{\theta}{2}\left[2-(1+\nu')\cos^2\dfrac{\theta}{2}\right] \end{Bmatrix} \tag{11-55}$$

式中,$K_{\mathrm{I}}=\sigma\sqrt{\pi a}$ 其中,a 为初始裂纹半长;$G=\dfrac{E}{2(1+\nu)}$;$\nu'=\dfrac{\nu}{1-\nu}$;G 为剪切弹性模量;ν 为泊松比;K_{I} 为应力场强度因子;(r,θ) 为裂纹顶端坐标;u、v 分别为 x、y 方向的位移。

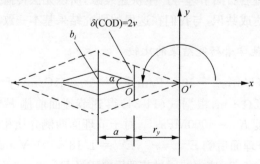

图 11-12 裂纹尖端张开位移(a 为初始裂纹半长)

在小范围屈服条件下,设想把原裂纹尖端 O 移至点 O',移动距离为[60]

$$r_y = \frac{1}{4\sqrt{2}\pi}\left(\frac{K_{\mathrm{I}}}{\sigma_{\mathrm{s}}}\right)^2 \quad (\text{平面应变}) \tag{11-56}$$

在平面应变条件下,O 点处($\theta = \pi$)沿 y 方向的张开位移为

$$v = \frac{1+\nu}{E}K_{\mathrm{I}}\sqrt{\frac{2r}{\pi}}\sin\frac{\theta}{2} \times \left[2(1-\nu) - \cos^2\frac{\theta}{2}\right] \tag{11-57}$$

$$\delta = 2v = \frac{2\sqrt{2}}{\pi}\frac{(1-\nu^2)K_{\mathrm{I}}^2}{\sigma_{\mathrm{s}}E} \tag{11-58}$$

这就是在小范围屈服条件下,裂纹顶端张开位移 COD(crack tip opening displacement)位移的计算公式(一般取 $\sigma \leqslant 0.6\sigma_{\mathrm{s}}$,$\sigma_{\mathrm{s}}$ 为屈服强度)。当张开位移 $\delta \geqslant \delta_{\mathrm{c}}$ 时,裂纹开始失稳扩展。δ_{c} 表示裂纹尖端刚刚开始扩展的一个临界宽度,还不能认为是材料破裂的宽度。这是因为随着裂纹的扩展,原来裂纹顶端处的破裂宽度将大于 δ_{c}。这样就需要在 δ_{c} 前乘一个修正因子 α 来表示破裂后裂纹的宽度,即裂纹宽度 b 为

$$b = \alpha\delta_{\mathrm{c}} \tag{11-59}$$

对于贯穿型长条裂纹岩石破裂可视为平面应变状态,把 $K_{\mathrm{I}} = \sigma\sqrt{\pi a}$ 代入式(11-58)可得

$$\delta = \frac{2\sqrt{2}}{\pi}\frac{(1-\nu^2)(\sigma\sqrt{\pi a})^2}{\sigma_{\mathrm{s}}E} \tag{11-60}$$

式中,a 为裂纹的初始半长。

当 $\delta = \delta_{\mathrm{c}}$ 时,得到

$$\sigma_{\mathrm{c}} = \sqrt{\frac{\delta_{\mathrm{c}}\sigma_{\mathrm{s}}E}{2\sqrt{2}(1-\nu^2)a}} \tag{11-61}$$

式中,σ_{c} 为裂纹开始扩展的临界载荷。将式(11-63)代入 $K_{\mathrm{I}} = \sigma\sqrt{\pi a}$,并将所得结果再代入式(11-56),就可得到裂纹扩展时裂纹顶端移动距离为

$$r_{y\mathrm{c}} = \frac{\delta_{\mathrm{c}}E}{8\sqrt{\sqrt{8}}\sigma_{\mathrm{s}}(1-\nu^2)} \tag{11-62}$$

如图 11-12 所示,裂纹顶端由 O 移到 O' 后,初始裂纹中心所对应的裂纹宽度为 b_i,为计算方便,假设裂纹在传播过程中保持尖端角度 α 不变,由图中几何关系有

$$\frac{r_{y\mathrm{c}}}{r_{y\mathrm{c}} + a} = \frac{\delta_{\mathrm{c}}}{b_i + \delta_{\mathrm{c}}}$$

则有

$$b_i = \delta_{\mathrm{c}}\frac{a}{r_{y\mathrm{c}}} \tag{11-63}$$

若裂纹最终贯穿整个试件长度,并记试件半长度为 W,则 $r_y + a = W$;而这时对应的裂纹最大宽度 $b_{\max}$ 即为岩石破裂时裂纹最终宽度 b,根据图 11-12 中的几何关系,同样可得

$$\frac{b_{\max}}{b_{\max} + b_i} = \frac{W - a}{W}$$

$$b_{\max} = \frac{W - a}{r_{y\mathrm{c}}}\delta_{\mathrm{c}} \tag{11-64}$$

比较式(11-57)和式(11-64)可看出，α 的极大值可取为 $(W-a)/r_{yc}$，裂纹是从无到有的，则 α 是大于零的。于是 α 的取值范围为 $[0, (W-a)/r_{yc}]$。一般来讲，岩石弹性模量和屈服应力可分别达到 9 和 6 次方量级，δ_c 为负 2 次方量级，根据式(11-62)我们可以估算出 r_{yc} 的值，若取试件长度为 10cm，则 α 可以取到 10 以上，即岩石完全破裂时裂纹的宽度可以达到临界张开位移的 10 倍，这是满足实际情况的。

由式(11-62)和式(11-64)，可以得到岩石破裂时裂纹的宽度为

$$b = \frac{\sqrt[8]{\sqrt{8}}\sigma_s(1-\nu^2)}{E}(W-a) \tag{11-65}$$

11.3.2 电磁辐射频率与岩石参数的关系

Rabinovitch 等[57]通过大量试验研究提出，裂纹向前传播时，原来处于裂纹尖端的原子键发生破裂，导致原子键两侧的原子平衡态被打破，因而出现原子扰动，正是由于这种随裂纹传播而出现的原子扰动激发了岩石破裂电磁辐射。然而，在裂纹两侧的原子扰动是受限制的，那么其波长是受裂纹宽度限定的，根据波动理论，波长与频率成反比关系，于是，Rabinovitch 给出了单脉冲电磁辐射频率与岩石破裂时裂纹宽度之间的关系，即

$$\omega = \frac{\pi C_e}{b} \tag{11-66}$$

式中，C_e 为波速；$2b$ 为波长。例如，如果玻璃陶瓷中最小裂纹的宽度为 3mm，那么与之对应的电磁辐射频率为 2.5MHz，这意味着波速为 2500m/s，这和瑞利波速 C_R 非常一致。瑞利波速可由弹性参数计算所得。

把式(11-65)代入式(11-66)可以得到

$$f = \frac{\omega}{2\pi} = \frac{C_R}{2b} = \frac{C_R}{2(W-a)\dfrac{\sqrt[8]{\sqrt{8}}\sigma_s(1-\nu^2)}{E}} \tag{11-67}$$

式(11-67)为岩石电磁辐射频率(f)与岩石属性参数的关系。考虑到岩石不像金属那样具有很强的塑性，也为了更清楚地讨论频率与弹性参数之间的关系，在此，取岩石的屈服强度约等于岩石峰值强度，即 $\sigma_s \approx \sigma_c$，并将瑞利波速

$$C_R = \frac{0.87+1.12\nu}{1+\nu}\sqrt{\frac{E}{2(1+\nu)\rho}} \tag{11-68}$$

代入式(11-67)，则式(11-67)变成

$$f = \frac{(0.87+1.12\nu)E^{3/2}}{32\sqrt{\sqrt{2}}\sigma_c(1-\nu)(1+\nu)^{5/2}\rho^{1/2}(W-a)} \tag{11-69}$$

从式(11-69)可看出，电磁辐射频率与试件的属性参数弹性模量 E、强度 σ_c、泊松比 ν 及初始裂纹长 a 等有关。

取 $\rho = 2.65 \times 10^3 kg/m^3$，$\nu = 0.25$，$W = 0.1m$，$a = 50\mu m$，根据式(11-69)，可以得到不同试件宽度下，电磁辐射频率与弹性模量之间的关系，结果如图 11-13 所示。从图 11-13 可看出，岩石破裂时电磁辐射频率随岩石试样尺寸增大而减小。郭自强等在文献[61]中研究表明，随着岩石样品尺寸减小，电磁辐射频率增高，这与本书结果是一致的[59]。

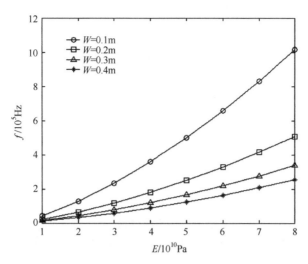

图 11-13　不同试件宽度下,电磁辐射频率随弹性模量的变化

取 $\rho = 2.65 \times 10^3 \text{kg/m}^3$, $\sigma_c = 100\text{MPa}^{[63]}$, $\nu = 0.25$, $E = 60\text{GPa}$,根据式(11-69)可以得到不同试件宽度下,电磁辐射频率随裂纹初始长度的变化,结果如图 11-14 所示。从图中可以看出,电磁辐射频率随裂纹长度的变化受试件宽度的影响,当裂纹宽度较大,裂纹长度对频率影响较小;当裂纹宽度较小,频率随裂纹长度增大而增大,这与文献[61]的结果是一致的。

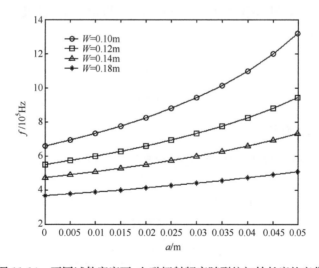

图 11-14　不同试件宽度下,电磁辐射频率随裂纹初始长度的变化

11.3.3　电磁辐射幅值与岩石参数的关系

在研究电磁辐射频率与岩石属性参数的关系时,由于频率主要与岩石破裂时裂纹宽度有关,因此我们假定岩石破裂时的长度为试件整个长度,由断裂力学得到岩石破裂时的裂纹宽度。而电磁辐射幅值主要与岩石破裂裂纹长度有关,在此,我们假定岩石破裂时裂纹宽度为试件整个宽度,由此得到裂纹长度。这是两个基于不同假设的相互独立的研究

内容,两者之间互不矛盾。在这里,我们也以Ⅰ型裂纹为准,推导电磁辐射幅值与岩石属性参数之间的关系。

1. 岩石破裂裂纹长度

前面已经得到裂纹扩展时裂纹顶端移动距离,如式(11-62)所示。这是裂纹刚刚扩展的临界长度,还不能认为是材料破裂的长度,因为随着裂纹的扩展,原来裂纹的长度应该比 r_{yc} 大。这样就需要在 r_{yc} 前乘一个修正因子 α 来表示破裂后裂纹的长度,即裂纹长度 l 为

$$l = \alpha \frac{\delta_c E}{8\sqrt{\sqrt{8}}\sigma_s(1-\nu^2)} \tag{11-70}$$

如图 11-12 所示,裂纹顶端由 O 移到 O' 后,初始裂纹中心所对应的裂纹宽度为 b_i,图中几何关系由式(11-63)给出。若裂纹最终破裂至整个试件宽度,并记试件宽度为 W,则有

$$\frac{r_{yc}}{l_{max}} = \frac{\delta_c}{W}$$

$$l_{max} = \frac{W}{\delta_c} r_{yc} \tag{11-71}$$

比较式(14-63)和式(14-71)可看出,α 的极大值可取为 W/δ_c,裂纹是从无到有的,则 α 是大于零的,则 α 的取值范围为 $[0,(W-a)/r_{yc}]$。一般来讲,裂纹的临界张开位移 δ_c 可以取到 0.05mm 左右,若取试件宽度为 5cm,则 α 可以取到 10^3 量级,这是满足实际情况的,其中 r_{yc} 由式(11-62)给出。

将式(11-62)代入式(11-71),可以得到岩石破裂时裂纹的长度为

$$l_{max} = \frac{WE}{8\sqrt{\sqrt{8}}\sigma_s(1-\nu^2)} \tag{11-72}$$

2. 岩石破裂裂纹面积

由岩石破裂时裂纹的宽度和长度,可以得到裂纹面积为

$$S = l_{max}W \tag{11-73}$$

将式(11-72)代入式(11-73),得到岩石最终破裂时的裂纹面积

$$S = \frac{W^2 E}{8\sqrt{\sqrt{8}}\sigma_s(1-\nu^2)} \tag{11-74}$$

岩石破裂时的电磁辐射幅值与破裂长度和面积的关系可表示为[57]

$$A = A_0[1 - \exp(-(T'/t))] \tag{11-75}$$

式中,A 为岩石破裂时的电磁辐射幅值;A_0 为峰值,正比于岩石破裂时裂纹面积 S;t 是时间;T' 为到达脉冲最大值的时间间隔。

这样式(11-75)可写成

$$A = S[1 - \exp(-l/C_R t)] \tag{11-76}$$

式中,C_R 为瑞利波速,见式(11-68)。

3. 电磁辐射幅值与岩石参数的关系

将式(11-72)和式(11-74)代入式(11-76)得到

$$A = \frac{W^2 E}{8\sqrt{\sqrt{8}}\sigma_s(1-\nu^2)}\left[1 - \exp\left(-\frac{WE}{8\sqrt{\sqrt{8}}\sigma_s(1-\nu^2)C_R t}\right)\right] \qquad (11\text{-}77)$$

将式(11-68)代入式(11-77)得到

$$A = \frac{W^2 E}{8\sqrt{\sqrt{8}}\sigma_s(1-\nu^2)}\left[1 - \exp\left(-\frac{W\sqrt{2(1+\nu)\rho E}}{8\sqrt{\sqrt{8}}\sigma_s(1-\nu)(0.87+1.12\nu)t}\right)\right] \qquad (11\text{-}78)$$

式(11-78)就是电磁辐射幅值(A)与岩石属性参数之间的关系。从式(11-78)可看出,电磁辐射幅值与岩石弹性参数及尺寸 W 有关。

取 $W=0.05\text{m}, \sigma_s=14.4\text{MPa}, \nu=0.25, \rho=2.6\times10^3\text{kg/m}^3$,根据式(11-78)计算得到图 11-15。从图中可看出,岩石破裂电磁辐射幅值随弹性模量增大而增大。这与文献[62]的室内试验结果是一致的。

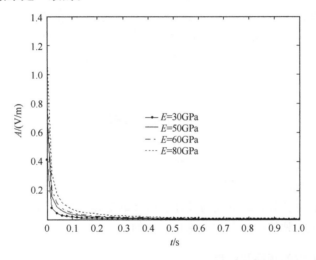

图 11-15 不同弹性模量下,电磁辐射幅值随时间的变化

图 11-16 所示为取 $\sigma_s=14.4\text{MPa}, E=60\text{GPa}, \nu=0.15, \rho=2.6\times10^3\text{kg/m}^3$,根据式(11-78)计算所得到。从图 11-16 可看出,电磁辐射幅值随岩石尺寸增大而增大,比较图 11-15 和图 11-16 纵坐标可知,尺寸对电磁辐射幅值影响大于岩性的影响,这和郭自强等的试验结果[41]是吻合的。郭自强等在试验中观察到,在相同加载方式下,大尺寸岩样出现 EM 事件的比例明显大于小尺寸的岩样。这可能与岩样在加载过程中破裂的能量有关。这也意味着,岩石破裂过程中的电磁辐射是与破裂体的体积相关的,这个因素的影响要大于岩性因素,但岩性因素的影响依然存在。

虽然这里只是针对简单的张开型裂纹进行研究,离相当复杂的真实地震破裂有一定的距离,但一方面地震破裂的本质是岩石在力的作用下发生破裂,另一方面张开型裂纹在电磁辐射方面有着非常重要的地位。Yamada 等[63]根据其试验结果,认定张裂纹在产生

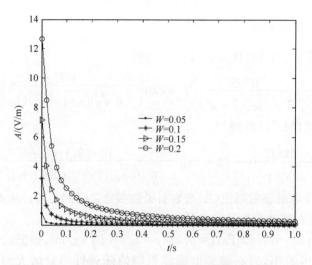

图 11-16　不同试件宽度下，电磁辐射幅值随时间的变化

EM 发射方面比剪裂纹更有效，很好地解释了 EM 发射出现在主震之前而不是在主震时观测到的原因，因为一般都以剪裂纹或剪切断裂表示主震。Yamada 等的解释也说明火山喷发会伴随 EM 发射，因为喷发前岩脉侵入必定会造成张裂纹，而张裂纹是有效的 EM 辐射体。

11.4　应力波传输效应

通过应力波在含石英类压电岩体中传输的效应研究，可以得出：在含有石英等压电晶体的岩体中，应力波传播时，同时也伴随有电磁波的传播。这两者的幅度大小是成正比的，即在相同的频率范围内，强的应力波伴随有强的电磁现象。这一研究结果与其现时的大量试验和地震观察到的电磁异常现象是一致的。

11.4.1　耦合电磁波的频率和强度

对于 S 波，在一般情况下，岩体中传播的应力波幅值可达 100MPa 量级，因此我们可设定应力波水平为 $T=10^8$Pa 量级，根据文献[31]，对于岩石，我们可取 $e_{15}=10^{-1}$C/m^2 的量级，$\varepsilon_{11}=10^{-11}$F/m 量级，$C=10^{10}$N/m^2 的量级。因此，由式(11-14)，我们可算得对应的电场值 $E=(e_{15}/\varepsilon_{11})\cdot T/C\approx 10^8$V/m，这个电场值与一些文献所得结果在量级上是相同的。这也表明，在强应力波作用下导致岩石破裂时释放的电磁能量是很大的。对于 P 波，由式(11-14)和式(11-15)可知，P 波与电磁波的耦合强弱是与频率范围直接联系的。在低频时，应力波的传输伴生的电磁波强度很小，即对于一定的应力水平 T，所对应的电场强度 E 较小，而当频率增至一定值时，应力波的传输将伴生很强的电磁能。这一点由图 11-1 将看得更为清楚，在 K_0 附近耦合是最大的。这一理论研究结果不仅与 Brady 的试验结果不相矛盾，而且能很好地验证 Brady 等在文献[16]中的试验结果。Brady 的试验结果表明：含有石英晶体的花岗岩和不含石英晶体的玄武岩，它们产生的低频电磁信号的强度是近乎相当的(Quartz-free basalt rocks radiate low-frequency electrical signals as intensely as quartz-beating rocks)。但他的试验结果同时又表明:含有石英晶体的岩石在 2MHz 附近的电磁信号比不含石英晶体的大一个量级(The quartz-bearing samples produced signals with amplitudes an order of magnitude larger than the non-quartz-bearing sample)。根据耦合理论,这一试验结果是很容易理解的。在低频段,压电晶体对电磁波的贡献很小,因而两类岩石是没有多大差别的,而在某一频段,有压电晶体的岩体产生的电磁场却是很大的,而无压电晶体的岩石则不可能产生这部分电磁波场,因而两者就又存在很大的差异了。因此,我们认为:不能根据低频段两类岩石的电磁效应近乎相同而否定压电晶体类岩石中这种强的电磁现象和压电晶体对所辐射的电磁波的巨大贡献,这种贡献是实实在在的,客观存在的。

电磁辐射强度随岩体电阻率增大而增大,随传播距离增大而减小。对于电阻率较小的材料来说,可能由于其较强的导电性将令压电电荷瞬间消失,而对于电阻率较高、导电性较差的岩石来说,压电电荷的贡献是不容忽视的。

通过对衰减应力波所产生的电磁辐射进一步研究,发现电磁辐射幅值随岩石的初始损伤增大而减小,而随岩石波阻抗增大而增大。由于岩石波阻抗与岩石的弹性模量和强度有正比关系,那么可以推知,岩石的弹性模量和强度越高,其产生的电磁辐射强度越大,这与众多试验结果是一致的[35]。

此外,前面对 I 型即张开型裂纹的电磁辐射的研究结果表明,电磁辐射频率与试件的属性参数如弹性模量 E、强度 σ_c、泊松比 ν 及初始裂纹长度 a 等有关。岩石破裂时电磁辐射频率随岩石试样尺寸增大而减小。电磁辐射频率随裂纹长度的变化受试件宽度的影响,当裂纹宽度较大时,裂纹长度对频率影响较小;当裂纹宽度较小时,频率随裂纹长度增大而增大。这与郭自强等在文献[61]中的研究结果一致。电磁辐射幅值随岩石尺寸增大而增大,而且尺寸对电磁辐射幅值影响大于岩性的影响,这和文献[37]的试验结果是相吻合的。

11.4.2　耦合电磁波的表面效应

当应力波传至地表时,电磁边界条件要求 $\varepsilon E_{地} = \varepsilon_0 E'_{表}$,由于 ε 为 ε_0 的几倍,可见由应力波携带的电磁波传到地球表面时,应力波的释放将会导致进入空气中的电场再增值几倍;另外,在地表还会激起表面电磁波,当应力波传至地表时,按电磁边界条件求解发现也存在应力表面波与电磁表面波的耦合,并且有电磁波波场与应力波位移场近似的正比关系,比例因子为 $je_15K_y/(\varepsilon_{11} + K_{(1)}/K_{(0)}\varepsilon_0)$。而且,强地震时,在其震中附近的应力波幅值(或应力变化幅值)比 10^8Pa 大,因而伴生的电磁场也将大于 10^8V/m。因此,这样高的电场是有可能足以击穿空气导致发光现象的。我们认为:这是强地震时在震中附近的地表产生强电磁现象和发光现象的原因之一。如果震级较小,相应的应力水平较低,对应的电磁场也小,因而不可能产生地震光等现象。这与观察地震时的结果是一致的,即地震光大多出现在 6～7 级以上的地震中[3,14]。

11.4.3　临强地震与岩石破裂时电磁异常现象的综合

表 11-1 给出了不同研究者的大量试验和调查结果。

表 11-1　不同研究者的试验和调查结果

研究者	试验和调查结果
徐为民等	含有石英晶体的岩石(石英岩、花岗岩)在破裂过程中产生电磁信息,其振幅具有脉冲形态。随应力水平的增高,电磁脉冲的频度增加,并且测到了发光;石灰岩无电磁信息和发光现象产生[5,6]
李均之等	岩石为花岗岩,证实受力过程中产生电磁波,但辐射出的电磁波的强弱随辐射条件而改变,随压力增大而逐渐上升,临断裂前最大[7]
孙正江等	闪长岩、大理岩中记录到了电磁辐射和发光,且在破裂前瞬时最大,石灰岩没观察到此类现象,提出发光原因是岩石破裂时电场强度能击穿裂缝间的空气所致[9]
郭自强	对花岗岩进行单轴压缩破裂试验,记录到了光发射,并发现了花岗岩单轴压缩破裂时发射电子[8]
郑联达	对试样进行了撞击时电磁波的频谱和场强试验,发现依辐射电磁波从强到弱分别为:水晶,结晶冰糖,石英岩,花岗岩;水晶辐射电磁波的频段是几十赫兹至几兆赫兹,100kHz 左右信号最密最强,无石英晶体和含量较小的灰岩、黑大理岩等破裂时无电磁辐射[10]
Finkelstein 等	认为地震时能产生高压和高频的压力波,地震时的电磁异常和地光系压电效应引起的静电放电所致[11,12]
Nitsan	试验表明:只在含有石英等晶体的岩体中观测到了电磁辐射,他认为石英的压电效应是其辐射电磁波的机制[13]
Brady	认为地震光是压电效应所致[15]
Lockner	认为地震光是断层摩擦至热所致,并建立了一物理模型[14]
Brady	在花岗岩和不含石英晶体的玄武岩中,用光学摄谱法观察到了破裂时有光辐射特性和低频电信号,否定摩擦生热、断裂面上的电荷分离或压电效应引起光辐射的观点,推断是外激电子和周围气体中原子的碰撞激发。但在花岗岩中接收到的高频电信号远比玄武岩中强(大一个量级),作者也肯定高频电信号主要由石英晶体压电效应引起[15,16]
СадовсхНй	认为电磁扰动和地光等是地壳中机电转换体的组合,包括压电效应、摩擦和断裂生电、震电效应、斯捷潘诺夫效应等[2]

正如一些研究者指出:临强地震时的电磁异常和发光现象是多种机制作用的综合[2]。分析结果表明:某些频段的电磁现象将在具有压电晶体结构类的岩体中得到很大程度的加强。因此,我们认为:强地震时某些频段的电磁异常乃至发光现象的主要机制之一是压电晶体类岩石中由于应力波的传输而伴生的电磁波的释放。若干地震时记录到的电磁异常现象也表明:临地震时,只是某些频段的电磁异常剧烈[2,4,7],从地震时记录到的发光等现象的地域的地质条件来看,其电磁异常和发光等大都是产生在岩石中石英等晶体含量很高的地域[3]。这些观察结果也证实了本章的理论研究结果。

本章所依据的前提是地震电磁的压电效应,对岩石电磁辐射作了初步的定性研究,解释了部分地震前低频和超低频电磁扰动现象。但我们不能解释既不含压电介质也非晶体类的岩体也能产生电磁辐射现象。正如郭子祺等[64]指出,从岩石变形到破裂过程中,可能有多种产生电磁辐射的机制存在,除有伴随微破裂同步出现的电磁辐射外,还有不伴随破裂出现的电磁辐射，因此并不能排除其他电磁效应的存在。例如，目前占主流地位的"动电效应"观点，其核心是孕震区地壳和深部运动的动力学过程引发地下电荷和电流系统的变化，形成能量形式向电磁能转换的内部条件，即所谓"机电转换体"结构[65-67]。岩石中大量初始裂纹、节理等的存在，也使破裂过程复杂。探索岩石破裂动态过程中电磁辐射的机制及相互之间的内在联系性，尚需进一步的试验和理论研究工作。

参 考 文 献

[1] Zhou D H，Miller H D S. Simulation of microseismic emission during rock failure. International Journal of Rock Mechanics and Mining Sciences & Geomechanics Abstracts,1991,28(4):275-284

[2] 萨多夫斯基. 地震的电磁前兆. 施良骐，等译. 北京：地震出版社,1986

[3] 黄录基，邓汉增. 地光. 北京：地震出版社,1986

[4] 梅世蓉. 一九七六年唐山地震. 北京：地震出版社,1982

[5] 徐为民，童芜生，王自成. 单轴压缩下岩石破坏过程的发光现象. 地震,1984,(1):8-10

[6] 徐为民，童芜生，吴培雅. 岩石破裂过程中电磁辐射的试验研究. 地球物理学报,1985,28(2):181-189

[7] 李均之，曹明，夏雅琴，等. 岩石压缩试验与震前电磁波辐射的研究. 北京工业大学学报,1982,(4):447-453

[8] 郭自强. 岩石破裂中的电子发射. 地球物理学报,1988,31(5):566-570

[9] 孙正江，王丽华，高宏. 岩石标本破裂时的电磁辐射和光发射. 地球物理学报,1986,29(5):491-494

[10] 郑联达. 地震电磁波发射的一种机制. 地震学报,1990,12(1):75-85

[11] Finkelstein D Powell J R. Earthquake lightning. Nature, 1970,228: 759-760

[12] Finkelstein D，Hill R D，Powell J R. The piezoelectic theory of earthquake lightning. Journal of Geophysical Research，1973,78(6):992-993

[13] Nitsan V. Electromagnetic emission accompanying fracture of quartz-bearing rocks. Geophysical Research Letters，1977,4(8):333-336

[14] Lockner D A，Johnston M J S，Byerlee J D. A mechanism to explain the generation of earthquake lights. Nature，1983,302: 28-33

[15] Brady B T，Rowell G A. Laboratory investigation of the electrodynamics of rock fracture. Nature,1986,321: 488-492

[16] Cross G O，Brady D T，Rowell G A. Sources of electromagnetic radiation from fracture of rock samples in the laboratory. Geophysical Research Letters，1987,14(4): 331-334

[17] Ivanov V V，Pimonov A G. A statistical model of electromagnetic emission from a fracture in a rock. Soviet Mining Science，1991,26(2):148-151

[18] Kurlenya M V，Vostretsov A G，Pynzar M M，et al. Electromagnetic signals during static and dynamic loading of rock samples. Journal of Mining Science，2002,38(1):20-24

[19] Kopytenko Y A，Nikitina L V. ULF oscillations in magma in the period of seismic event preparation. Physics and Chemistry of the Earth，2004,29(4-9):459-462

[20] Fukui K，Okubo S，Terashim T A. Electromagnetic radiation from rock during uniaxial compression testing：The effects of rock characteristics and test conditions. Rock Mechanics and Rock Engineering，2005,38(5):411-423

[21] Borisov V D. Time and spectrum analysis to study rock failure mechanics. Journal of Mining Science，2005,41(4):332-341

[22] Warwick J W，Stoker C，Meyer T R. Radio emission associated with rock fracture：Possible application to the great Chilean earthquake of May 22，1960. Journal of Geophysical Research，1982, 87:1859-2581

[23] Yoshida S，Manjgaladze P，Zilpimiani D，et al. Electromagnetic emissions associated with frictional sliding of rock. Tokyo：Electromagnetic Phenomena Related to Earthquake Prediction,Terra Scientific Publishing Company，1994:307-332

[24] Makarets M V, Koshevaya S V, Gernets A A. Electromagnetic emission caused by the fracturing of piezoelectrics in the rocks. Physica Scripta,2002,65(3):268-272

[25] Ogawa T, Utada H. Coseismic piezoelectric effects due to a dislocation 1. An analytic far and early-time field solution in a homogeneous whole space. Physics of the Earth and Planetary Interiors, 2000,121(3-4):273-288

[26] Gernets A A, Makarets M V, Koshevaya S V, et al. Electromagnetic emission caused by the fracturing of piezoelectric crystals with an arbitrarily oriented moving crack. Physics and Chemistry of the Earth, 2004,29:463-472

[27] Koshevaya S, Makarets N, Grimalsky V, et al. Spectrum of the seismic-electromagnetic and acoustic waves caused by seismic and volcano activity. Natural Hazards and Earth System Sciences,2005, 5:203-209

[28] 李夕兵,古德生. 应力波和电磁波在岩体中相互耦合的研究. 中南矿冶学院学报,1992,23(3):260-266

[29] 万国香,李夕兵. 应力波作用下节理面前后电磁辐射强度的变化. 地震学报,2009,31(4):411-423

[30] 李夕兵,万国香. 岩石破裂电磁辐射频率与岩石属性参数的关系. 地球物理学报,2009,52(1):253-259

[31] 奥尔特 B A. 固体中的声场和波. 孙承平译. 北京:科学出版社,1982

[32] 金安忠,赵强,姜枚,等. 小尺度岩石爆破引起电磁辐射的野外试验观测结果. 地震学报,1997,19(1):45-50

[33] 孙其政. 电磁学分析预报方法. 北京:地震出版社,1998

[34] 崔新壮,李卫民,段祝平,等. 爆炸应力波在各向同性损伤岩石中的衰减规律研究. 爆炸与冲击,2001, 21(1):76-80

[35] Wan G X, Li X B, Hong L. Piezoelectric responses of brittle rock mass containing quartz to static stress and exploding stress wave respectively. Journal of Central South University of Technology, 2008,15(3):344-349

[36] 肖红飞,何学秋,冯涛,等. 基于 FLAC2D 模拟的矿山巷道掘进煤岩变形. 岩石力学与工程学报, 2005,24(13):2304-2309

[37] 钱复业,赵玉林,赵跃臣,等. 地电短临前兆产生机理及一种新的短临预报方法(谐振预报法). 华北地震科学, 1996,14(3):1-8

[38] 张颖. 电磁辐射与地震关系的研究. 地震地磁观测与研究, 2006,27(2):39-42

[39] 徐小荷,邢国军,王标. 岩石中应变波激发的电磁效应. 地震学报,1998,20(1):96-100

[40] 万国香,李夕兵,宫凤强. 非线性法向变形节理对岩体电磁辐射传播的影响研究. 岩石力学与工程学报,2009, 28(S1):2629-2636

[41] 郭自强,郭子祺,钱书清,等. 岩石破裂中的电声效应. 地球物理学报,1999,42(1):74-83

[42] 钱书清,郝锦绮,周建国,等. 岩石受压破裂的 ULF 和 LF 电磁前兆信号. 中国地震,2003,19(2):109-116

[43] 刘煜洲,刘因,姜枚,等. 岩矿石震源电磁辐射性质试验研究. 物探与化探,1997,21(4):269-276

[44] 郝锦绮,钱书清,高金田,等. 岩石破裂过程中的超低频电磁异常. 地震学报,2003,25(1):102-111

[45] Pyrak-Nolte L J. The seismic response of fractures and the interrelations among fracture properties. International Journal of Rock Mechanics and Mining Science,1996,33(8):787-802

[46] Bandis S C,Lumsen A C,Barton N R. Fundamentals of rock joint deformation. International Journal of Rock Mechanics and Mining Sciences & Geomechanics Abstracts,1983,20(6):249-268

[47] 胜山邦久. 声发射 AE 技术的应用. 冯夏庭译. 北京:冶金工业出版社,1996

[48] 李振生,刘德良,刘波,等. 断层封闭性的波速和品质因子评价方法. 科学通报, 2005,50(13):1365-1369

[49] Bahat D, Rabinovitch A, Frid V. Fracture characterization of chalk in uniaxial and triaxial tests by rock mechanics, fractographic and electromagnetic radiation methods. Journal of Structural Geology, 2001, 23:1531-1547

[50] Surkov V V, Molchanov O A, Hayakawa M. Pre-earthquake ULF electromagnetic perturbations as a result of inductive seismomagnetic phenomena during microfracturing. Journal of Atmospheric and Soar-Terrestrial Physics, 2003, 65:31-46

[51] 江学良,曹平. 边坡动态施工的有限元模拟与稳定性评价. 地下空间与工程学报,2007,3(2):350-355

[52] 朱元清,罗祥林,郭自强. 岩石破裂时电磁辐射机理研究. 地球物理学报,1991,34(4):594-601

[53] Frid V, Rabinovitch A, Bahat D. Fracture induced electromagnetic radiation. Journal Physics D:Applied Physics, 2003, 36: 1620-1628

［54］Frid V，Bahat D，Goldbaum J，et al. Experimental and theoretical investigations of electromagnetic radiation induced by rock fracture. Israel Journal of Earth Sciences，2000，49：9-19

［55］Rabinovitch A，Frid V，Bahat D，et al. Fracture area calculation from electromagnetic radiation and its use in chalk failure analysis. International Journal of Rock Mechanics and Mining Sciences，2000，37：1149-1154

［56］Rabinovitch A，Frid V，Bahat D，et al. Decay mechanism of fracture induced electromagnetic pulses. Journal of Applied Physics，2003，93(9)：5085-5090

［57］Rabinovitch A，Frid V，Bahat D. Parametrization of electromagnetic radiation pulses obtained by triaxial fracture of granite sample. Philosophical Magazine Letters，1998，77：289-293

［58］Goldbaum J，Frid V，Bahat D. An analysis of complex electromagnetic radiation signals induced by fracture. Measurement Science and Technology，2003，14：1839-1844

［59］万国香，李夕兵. 岩石破裂电磁辐射幅值与岩石属性参数的关系. 力学与实践，2008，30(2)：70-73

［60］高庆. 工程断裂力学. 重庆：重庆大学出版社，1985

［61］郭自强，刘斌. 岩石破裂电磁辐射的频率特性. 地球物理学报，1995，38(3)：221-225

［62］Fukue K，Okusbo S，Terashima T. Electromagnetic radiation from rock during uniaxial compression testing：The effects of rock characteristics and test condition. Rock Mechanics and Rock Engineering，2005，38(5)：411-423

［63］Yamada I，Masuda K，Mizuani H. Electromagnetic and acoustic emission associated with rock fracture. Physics of the Earth and Planetary，1989，57：157-168

［64］郭子祺，郭自强. 岩石破裂中多裂纹辐射模型. 地球物理学报，1999，42（增刊）：172-177

［65］王继军，赵国泽，詹艳. 中国地震电磁现象的岩石试验研究. 大地测量与地球动力学，2005，25(2)：22-28

［66］关华平，肖武军. 电磁辐射仪"EMAOS"观测结果原理及震例. 地震，2004，4(1)：96-103

［67］杨少峰，陈宝生，杜爱民，等. 新疆喀什地区地震前地磁脉动异常分析. 地球物理学报，1998，41(3)：334-341

第 12 章　高应力岩体的扰动破裂特征与有效利用

随着越来越多的矿山进入深部开采,高应力岩石力学问题引起了越来越多的学者关注。深部高应力岩体储存着大量初始能量,地下工程的开挖势必释放和转移围岩所储存的部分能量,从而可能导致高应力岩体的破坏。与浅部及地表岩体工程不一样的是,深部岩体的破坏形式更为复杂和特别,如岩爆和分区破裂化等,这些深部岩体特有的破坏特征,常规岩石力学理论很难作出合理解释[1,2]。除此之外,深部高应力巷道开挖后,硬岩巷道周边还出现了板裂、层裂等渐进破坏模式,并逐渐形成 V 形凹槽,而软岩巷道则在高应力作用下出现围岩持续流变和大变形,这些复杂的高应力围岩破坏现象也很值得深入研究和探讨。为此,我们围绕高应力硬岩在压缩载荷作用下引起的板裂破坏、冲击载荷作用下引起的层裂破坏、高应力矿柱在动力扰动下的失稳破坏以及高应力岩体在动态加卸载作用下的分区破裂问题开展了相关试验、数值和理论研究,旨在探讨高应力岩体产生特殊破坏形式的力学机理。另一方面,由于高应力岩体的初始储能是导致岩爆等灾害的主因,一直以来人们的注意力多集中在高应力所诱发工程灾害的防治等上。然而,高应力所诱发的诸如巷道两帮层裂、板裂或分区破裂等现象,为我们如何能动有效地控制和利用深部高应力储能提供了新的思路。为此,我们提出了利用高应力岩体的诱导致裂进行深部矿山非爆连续开采的理论构想,并结合一深部硬岩矿山进行了非爆连续开采的实践探索,以达到对深部高应力岩体储能与破裂的有效利用。本章将重点介绍深部高应力岩体的这些特殊破裂特征和高应力岩体诱导致裂与非爆连续开采的理念。

12.1　高应力硬岩的板裂破坏

岩石破裂可以认为是岩石内部单元之间黏结力的丧失,从而形成新的裂纹表面的过程,或者是已有微裂隙沿着完整材料传播的过程。岩石内微裂隙的起裂、传播和连接贯通会导致岩石强度的降低,并最终导致结构失效。硬岩在高应力作用下的裂纹扩展具有明显的脆性特征(如板裂、片帮、岩爆等),因此,对硬岩进行单轴压缩载荷作用和三轴压缩卸荷作用下的裂纹扩展规律研究显得尤为重要,可为高应力硬岩在压缩载荷作用下的张拉破坏特性提供合理的解释。

12.1.1　高应力硬岩板裂破坏的表现形式

在深部高应力硬岩开采过程中,经常可以观测到与开挖面基本平行的片裂破坏,而不是浅部工程中常见的剪切破坏,这种破坏在英文文献中常被称为 slabbing[3,4],我们称其为板裂破坏[5]。Fairhurst 和 Cook 指出[6],岩石板裂破坏事实上涉及岩石内部的拉伸劈裂裂隙的扩展。根据 Ortlepp 的定义[7],板裂破坏是一种在地下开挖边界面上由于应力引起的一种破坏形式,破坏面一般平行于最大切向应力方向,且随着破坏进程的发展,最终会形成一个 V 形凹槽。除了在深部采区开挖边界面上,在深部硬岩矿柱上也能观测到板裂破坏。例如,Martin 和 Maybee[8]在加拿大的硬岩矿山里发现矿柱的主要破坏模式就是渐进式的板裂破坏,并指出硬岩矿柱的强度和矿柱的宽高比有直接关系。Cai[9]通过有限元和离散元的耦合数值分析发现,深部硬岩出现和巷道开挖边界面平行的破坏面应主要归功于岩石本身的不均质和相对较高的中间主应力(σ_2)以及近似等于零的最小主应力(σ_3)。

在很多情况下,高应力硬岩开挖后的边界面上都会形成密布的"洋葱片状"的裂纹和板片,这种由应力引起的裂隙间距与岩石应力大小、岩石强度以及岩石的均质程度有关。从断裂力学的角度来看,硬岩在压缩载荷作用下的板裂破坏实质上是一种张拉性破坏(extension failure)。在国内外一些典型深部硬岩工程中,有不少学者在工程现场观察到平行于开挖面的张性板裂破坏。图 12-1 是瑞典某深部矿山一条新的巷道开挖后,暴露出老巷道上部围岩板裂破坏的情形,可见板裂破坏面基本上和开挖边界面平行,该顶板因为一条新的平行巷道开挖而暴露出来,巷道围岩为硬质石英岩。

图 12-1　瑞典某千米深地下矿山巷道围岩板裂破坏照片

Martin 等在加拿大原子能公司的地下硬岩实验室也观察到板裂破坏,发现板裂破坏面一般平行于最大主应力方向,与最小主应力方向基本垂直,板裂破坏裂纹面较粗糙,呈现张拉性破坏特征[4]。高应力条件下隧道开挖后产生的 V 形槽(V-shaped notch)也是一种典型的硬岩张性板裂破坏的表现[10]。V 形槽的产生与隧道掌子面掘进以及围岩地应力分布情况有关。V 形槽的形成是一个渐进过程,在隧道周边切向应力最大的地方逐渐形成板裂破坏面,随着围岩局部发生片帮和板裂,又会进一步形成新的板裂破坏面,并最终形成一个 V 形槽。

在高地应力条件下,岩石钻孔往往会出现岩心饼化(core disking)的现象,这些岩饼之间的裂隙面相互平行,呈张性破坏。关于高应力条件下的岩心饼化机理目前还有待研究,但可以肯定的是,这和钻孔时沿岩心方向卸荷导致的张拉性板裂破坏有关。图 12-2 为秦岭终南山隧道一组典型的钻孔岩心饼化照片,在 27cm 长的岩心中观察到 23 个岩饼,从图中可以看出岩饼基本上呈等间距平行分布[11]。

一方面,目前关于岩石板裂破坏的研究主要集中在深部硬岩板裂破坏现象的描述以

图 12-2　秦岭终南山隧道高应力条件下的钻孔岩心饼化照片[11]

及如何防止工程现场的岩石板裂破坏上；另一方面，无论是经典的莫尔-库仑准则，还是基于工程经验的霍克-布朗准则，都是关于岩石剪切破坏的强度准则，对于岩石的板裂破坏并不适用。Stacey[12]曾提出了一种脆性岩石开裂的简单拉伸应变准则，即岩石的总拉伸应变超过它的拉伸应变阈值时，岩石将会开裂。尽管这个准则原理非常简单，但是由于不同岩石的拉伸应变阈值各异，且较难确定，故在工程中应用并不太广泛。Eberhardt 等对加拿大的一种花岗岩进行了大量的单轴压缩试验，确定和识别了硬岩破坏前的裂纹扩展过程，并通过声发射技术和岩石的应力-应变曲线确定了该花岗岩的微裂隙闭合应力（σ_{cc}）、裂隙起裂应力（σ_{ci}）、裂隙损伤应力（σ_{cd}）和峰值强度（σ_{UCS}）等参数[13, 14]。研究中均采用了长径比为 2.25 的标准圆柱体试样，没有考虑试样端部效应和尺寸效应对岩石破坏模式的影响。

　　众所周知，柱体的破坏模式与柱体的细长比有关。例如，当柱体的细长比增大的时候，柱体的抗压强度会从材料的剪切破坏强度转变为屈曲强度，那么当柱体的长细比逐渐减小的时候，是否会在脆性柱体材料中产生新的破坏模式，即在某种长细比的条件下，脆性柱体（如岩柱）的压缩破坏模式会不会改变，有赖于试验证实。一方面，常规室内试验观测到的岩样破坏一般都以剪切破坏为主，尤其是在较高围压的三轴试验情况下，很少观测到板裂破坏，只在单轴压缩下或许可见硬岩的劈裂破坏。这种室内试验和现场观测结果不一致的表现，迫使我们去寻找硬岩产生板裂破坏的条件，并试图解释硬岩发生板裂破坏的力学机理。另一方面，在岩石受高应力三轴压缩状态下，突然卸去其中一个方向的载荷，岩石试样是否会出现平行于卸载面的破坏裂纹？这些问题都值得深入研究和思考。

12.1.2　硬岩单轴压缩试验下的板裂破坏

　　选取典型硬岩花岗岩作为试验研究对象，该花岗岩的平均密度为 2620kg/m³，P 波速度在 4000～4700m/s。试验试样分五组，包括圆柱体试样和方形立方体试样，其几何形状如图 12-3 所示。圆柱体试样的直径为 50mm，三组立方体试样的宽度均为 50mm，高宽比（H/W）分别为 2.4、1.0 和 0.5。

　　其中，A 组和 B 组试样用于测定该花岗岩的单轴抗压强度、劈裂拉伸强度以及其他基本力学参数，C、D、E 三组试样用于研究高宽比对立方体试件破坏模式的影响。试件中部两侧都粘贴了轴向应变片和水平应变片，用于测量试样的轴向应变和水平应变。

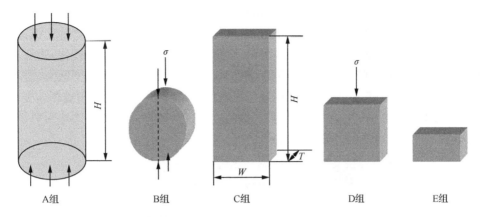

图 12-3　五组花岗岩试样的几何形状

H、W、T 分别代表试样的高度、宽度和厚度

表 12-1 给出了试验测得该花岗岩的主要力学性质。试验结果由标准圆柱体试样和巴西圆盘试样得到，包括岩石的单轴抗压强度（σ_c）、抗拉强度（σ_t）、内摩擦角（φ）、黏聚力（c_0）、弹性模量（E）、泊松比（ν）、密度（γ）和 P 波速度（C_p）。其中，φ、c_0 是通过岩石破裂角 θ 和单轴抗压强度 σ_c 进行反分析计算得到的，相关计算公式为：$\varphi=2\theta-90°$ 和 $C_0=\sigma_c(1-\sin\varphi)/(2\cos\varphi)$。

表 12-1　板裂试验中所用花岗岩的基本物理力学性质

σ_c /MPa	σ_t /MPa	σ_c/σ_t	θ /(°)	φ /(°)	c_0 /MPa	E /GPa	ν	γ /(kg/m³)	C_p /(m/s)
203.3	8.3	24.5	68	48	39.0	61.0	0.29	2620	4550

图 12-4 为典型圆柱体试样 A1 的应力-应变曲线和声发射计数率的对数坐标曲线。从图中可见，该试样的单轴抗压强度为 197MPa，为典型的脆性岩石，达到峰值强度后岩石瞬间破坏，形成宏观剪切破坏面。破坏时，该试样的最大轴向应变和水平应变分别为 3300με 和 1800με 左右。在受压初期，轴向应力-应变曲线表现为岩石孔隙压密，对应的声

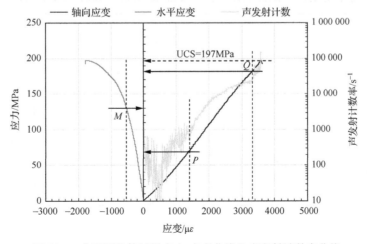

图 12-4　典型圆柱体试样应力-应变曲线和声发射计数率曲线

发射计数率曲线来回震荡（OP 段），然后试样进入微裂隙稳定扩展期，应力-应变曲线表现为很好的线弹性，声发射计数率稳定增加（PQ 段）。值得注意的是，在此过程中，水平应变由初期的线弹性逐渐表现出非线性（图 12-4 中 M 点），水平应变增长较快，岩石出现扩容现象。试样加载达到应力-应变曲线的 Q 点时，声发射计数率突然急剧增大，岩石试样中出现微裂纹的不稳定扩展，岩石试样进入屈服阶段，随后出现宏观剪切破坏。类似的试验现象在试样 A2 和 A3 中也可观测到。观察发现，三个试样的破坏模式均为剪切破坏。图 12-5 为试样 A1 单轴压缩破坏后的照片。

图 12-5　圆柱体试样 A1 单轴压缩下剪切破坏的照片

　　图 12-6 为典型巴西圆盘劈裂试样 B2 的拉伸应变时间曲线和声发射计数率-时间坐标曲线。试验得出的该花岗岩的平均最大拉伸应变为 $400\sim500\,\mu\varepsilon$。抗拉强度为 8.7MPa。从 B2 试样的声发射计数率曲线可以发现，在试验加载的前期，只有一些零星的声发射事件，且声发射事件数较低，而当声发射事件数突然增大时，正好对应着宏观劈裂裂纹的形成。巴西圆盘劈裂试验得到的劈裂裂纹和加载方向基本平行。

　　三组不同高宽比立方体试样的单轴压缩试验测试结果如表 12-2 所示。

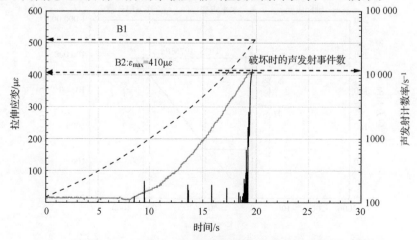

图 12-6　典型圆盘试样的拉伸应变-时间曲线和声发射计数率-时间曲线

表 12-2　三组立方体试样的单轴压缩试验测试结果

试样编号	高度 H/mm	宽度 W/mm	厚度 T/mm	载荷 P_{max}/kN	单轴抗压强度 σ_c/MPa	弹性模量 E/GPa	泊松比 ν	破裂角 θ	破坏模式
C1	120.80	52.20	26.50	236.5	171.0	60.6	0.30	69°	剪切
C2	120.00	51.50	27.60	265.5	186.8	57.1	0.32	70°	剪切+劈裂
C3	120.70	51.90	26.95	267.0	191.0	55.0	0.25	72°	剪切
D1	51.30	51.90	26.70	320.0	231.0	76.9	0.23	80°	剪切
D2	51.30	51.90	26.70	261.4	188.7	62.5	—	77°	剪切
D3	51.25	51.90	26.70	306.9	221.5	62.5	0.19	78°	剪切
E1	26.40	52.35	26.45	255.1	184.2	58.8	—	85°	板裂
E2	26.40	52.35	26.40	315.6	228.4	64.9	0.12	84°	剪切+劈裂
E3	26.40	52.30	26.45	175.7	127.0	56.5	0.20	88°	板裂

三组不同高宽比的典型试样轴向应变、水平应变和声发射事件数随应力的变化，如图 12-7 所示。

对于高宽比为 2.4 的 C 组立方体试样（$H/W=2.4$），它们的平均单轴抗压强度约为 180MPa，比圆柱体试样的单轴抗压强度低 10% 左右。如图 12-7(a) 所示，C 组试样的应力-应变曲线和声发射计数率曲线基本上和 A 组试样一致，其中 C3 试验破坏时的最大拉伸应变约为 2000με，水平应变曲线在加载后期的非线性现象较为明显，说明试样发生剪胀效应，最终试样的破坏模式为剪切破坏。C 组三个试样的声发射曲线规律不尽相同，但一般仍可分为初期震荡、中期稳定增长和后期急剧增大三个阶段，当载荷加载到峰值强度附近时，对应的声发射计数率有明显增大。在 C 组试样的应力-应变曲线上仍然可以识别出几个关键点，即点 P、Q 和 M，分别对应试样中的微裂隙压密阶段、微裂隙非稳定扩展阶段和水平应变非线性增大阶段。

而对于高宽比为 1.0 的 D 组立方体试样，其平均单轴抗压强度约为 220MPa，比 A 组圆柱体试样的单轴抗压强度高 10% 左右，这应该是由于试件高度降低导致端部约束效应造成的。如图 12-7(b) 中的 D1 试样，虽然其最大轴向压缩应变达 3600με，但是其最大水平延伸应变只有 800με，可见其侧向变形因为试件高度的降低而受到了约束。该组试样的声发射特征与 C 组试样类似，在初期孔隙压密阶段，有一些波动的声发射事件数，而随后进入声发射稳定增长期，微裂纹稳定发展，到一定阶段后（应力-应变曲线上的 Q 点），微裂纹开始非稳定增长，声发射事件数大幅增加，直至试样形成最终的宏观破坏面。D 组试样以剪切-剥落破坏为主，可见剪切面，但 X 形的共轭剪切面已不可见。

对于高宽比为 0.5 的 E 组立方体试样，单轴抗压强度反而降低了。以 E3 试样为例，其单轴抗压强度只有 127MPa，如图 12-7(c) 所示，当试样加载到 110MPa 左右时，试样的应变信号出现了异常，说明应变片失效，表明试样已经发生破坏，此时声发射计数率急剧增大，虽然试件仍然能承受一定载荷，但其峰值强度已远低于高试样的单轴抗压强度。从试样破坏后的裂纹面来看，已明显不是剪切破坏，而是一些基本等间距分布的劈裂裂纹面，也即板裂破坏面（slabbing failure surface）。发生这种破坏时试样对应的水平应变约为 520με，这和巴西圆盘劈裂试验中试样破坏的最大拉伸应变基本一致。

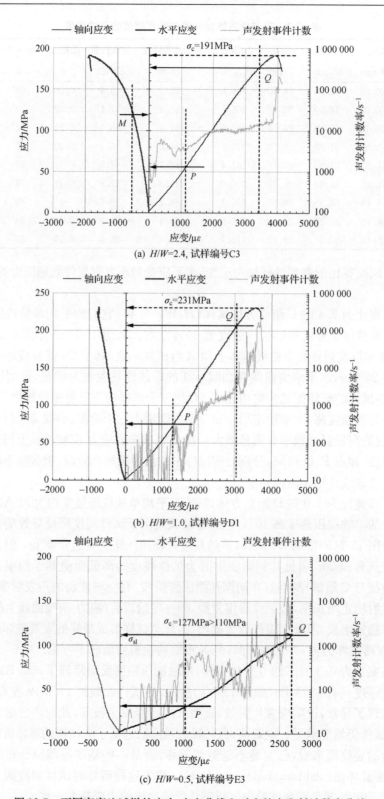

(a) H/W=2.4, 试样编号C3

(b) H/W=1.0, 试样编号D1

(c) H/W=0.5, 试样编号E3

图 12-7　不同高宽比试样的应力-应变曲线和对应的声发射计数率曲线

图 12-8 给出了与图 12-7 所对应的典型立方体试样破坏后的照片及相应的主破裂裂隙。由图可见,C 组和 D 组试样以剪切和剥落破坏为主,而 E 组试样以板裂破坏为主。从图 12-8 可以看出,试样 E3 的破坏模式为板裂破坏。

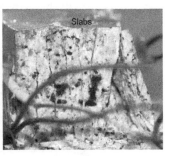

(a) 试样编号C3　　　　　　　　　(b) 试样编号D1　　　　　　　　　(c) 试样编号E3

图 12-8　三组不同高宽比典型立方体硬岩试样破坏后照片和主裂隙分布特征

将单轴压缩试验得到的三组立方体试样的单轴抗压强度和试样对应的高宽比 (H/W) 关系作图,结果如图 12-9 所示。由图可见,当 H/W 从 2.4 减小到 1.0 时,该花岗岩的单轴抗压强度有所增加,增加的原因应该是因为试样的高度降低,其端部约束形成的围压效应造成的,C 组试样和 D 组试样的破坏以剪切破坏为主。但是当试样高度进一步降低时,当 H/W 为 0.5 时,该花岗岩的单轴抗压强度却减少了,它们的单轴抗压强度比高试样明显减少,如 E3 试样的强度约为该花岗岩标准圆柱体试样强度的 60% 左右,且其破坏模式明显以板裂破坏为主。通过强度比较可以看到,随着试样的高宽比减少,试样的破坏模式在发生改变。从图 12-7(c) 中可以看出,试样 E3 在应力达到 110MPa 左右的时候,声发射急剧增大,且应变片失效,可以推断出高宽比为 0.5 的硬岩试样在 110MPa 时,板裂裂纹开始扩张和发展,只是由于板裂裂纹基本和加载面平行,故试样仍能进一步承受一定的荷载。

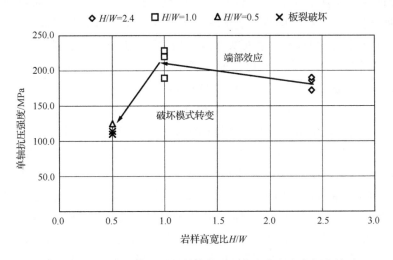

图 12-9　三组立方体试样的单轴抗压强度和高宽比之间的关系

图 12-10 给出了四组压缩试样破坏后的破裂角和高宽比之间的关系。从图中可见，当立方体试样的高宽比从 2.4 减少到 0.5 时，其对应的主裂纹破裂角从 70°左右增加到大约 85°，也就是说，对于最矮的试样，其主破裂面几乎与加载方向平行。通过破裂角可见，三组立方体花岗岩试样的破坏模式从剪切破坏逐渐变化到板裂破坏。

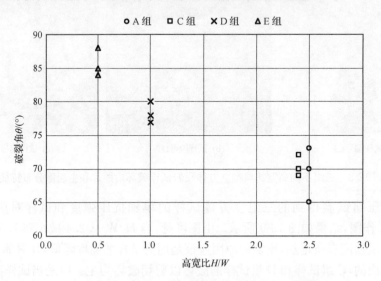

图 12-10　四组压缩试样的破裂角和高宽比之间的关系

从图 12-4 和图 12-7 两组高试样（A 组试样和 C 组试样）的应力-应变曲线和声发射曲线上可以得到三个关键点，即图中标出的点 P、Q 和 M。点 P 对应着声发射经历初期震荡后进入单调稳定增长阶段，而 Q 点表示声发射稳定增长阶段结束，进入新的突变阶段，在 PQ 段试样内的微裂隙稳定扩展，到 Q 点后微裂隙开始连接并逐渐形成宏观裂纹，即随后微裂隙进入不稳定扩展期。P 点对应的应力标记为 σ_{st}（裂隙稳定扩展应力），Q 点对应的应力标记为 σ_{ust}（裂隙不稳定扩展应力）。M 点通过水平应力-应变曲线确定，即水平应力-应变曲线上偏离加载前期线性变化段的转折点。M 点对应着试样水平应变增长较快，试样发生体积膨胀，也就意味着板裂裂纹开始发展，点 M 对应的应力也标记为 σ_{sl}（板裂应力）。这三个阶段的应力水平可以通过图 12-4 和图 12-7 获得。通过对试验结果的分析发现，σ_{st}、σ_{ust} 和 σ_{sl} 占相应试样的单轴抗压强度的比例平均值分别为 30%、90% 和 60% 左右；而且，M 点对应的试样水平应变值在 420～700$\mu\varepsilon$ 变化，平均值为 550$\mu\varepsilon$，这和该花岗岩巴西圆盘劈裂试验得到的最大拉伸应变值基本相等。这也说明，硬岩在高应力单轴压缩下，试样内也可能出现劈裂裂纹。这也在一定程度上解释了硬岩在单轴压缩下出现劈裂破坏的现象。Li 和 Wong 最近通过对巴西劈裂试验在岩石力学中的应用综述发现，岩石劈裂拉伸裂纹的起始扩展不只是和最大拉应力有关，还和最大拉应变有关[15]。这也是从拉伸应变的角度解释压缩载荷作用下的裂纹扩展问题，该观点在一定程度也反映了板裂裂纹属于压缩载荷作用下的拉伸裂纹，且岩石试样的破坏模式和岩石试样的高宽比存在一定关系[16]，详细的关于岩石板裂裂纹起裂强度和岩石裂纹损伤强度等之间的对比讨论可见参考文献[16]。

　　在试验中也发现,当试样高宽比减小时,如对于 D 组试样($H/W=1.0$),其水平拉伸应变基本上呈线性变化,就很难找到岩石扩容的 M 点了。这是因为当试样高度降低时,端部效应的约束限制了试样的水平应变,同时也导致 D 组试样具有相对较高的单轴抗压强度。但是对于更低的试样,如 E 组试样($H/W=0.5$),它们的单轴抗压强度并没有因为端部效应的约束而继续增大,反而却降低了。例如,当加载应力达到 110MPa 左右时,试样内的声发射事件数急剧增大,应变信号也发生改变,表明应变片失效,意味着试样内出现了大的裂纹扩张,而从试样最终的破坏模式来看,试样的破裂角将近 90°,此时的裂纹应为板裂裂纹。由于板裂裂纹的方向和加载面基本平行,故硬岩板裂裂纹扩张后仍能承受进一步的荷载作用。因此,在单轴压缩条件下,试验发现短试样易于形成板裂破坏面,且裂纹方向基本和加载方向平行,宏观裂纹基本成等间距分布。另外,通过仔细观察长试样破坏后的剪切破坏面,也可以发现在剪切面上有大量的平行于加载方向的微裂纹。只是当试样长宽比较大时,由于试样足够长,这些平行于加载面的微裂纹没有穿透试样高度方向形成劈裂破坏面,而是最终相互贯通形成了宏观剪切破坏面。图 12-11 给出了不同高宽比立方体试样两种破坏模式的示意图,即板裂破坏和剪切破坏。试验表明,当试样较短时(如 $H/L=0.5$),这些平行于加载面的微观裂纹最终形成板裂裂纹;当试样足够长时(如 $H/L>1$),最终破坏面以剪切破坏为主。

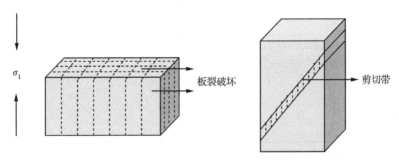

图 12-11　立方体试样两种破坏模式示意图:板裂破坏和剪切破坏

　　定义当硬岩发生板裂破坏时对应的岩石试样强度为其板裂强度。根据试验研究中 E 组试样的破坏特性,可以发现该花岗岩试样的板裂强度约为 120MPa,该强度值大约相当于圆柱体标准试样单轴抗压强度的 60%;而且通过长试样的应力-应变曲线可见,当载荷加载到 120MPa 左右时,其水平应力-应变曲线正好逐渐偏离于初始线性部分,表现出较大的非线性增长,侧向变形增大,试样开始出现体积膨胀。国外学者 Read 在加拿大原子能公司的地下实验室的试验巷道中观测到硬岩的板裂破坏现象,该巷道开挖后周边围岩的最大切向应力约为 120MPa,巷道围岩也是花岗岩,其单轴抗压强度为 212MPa,最大切向应力和岩石单轴抗压强度之比为 120/212=0.56,与本试验得到的 60% 单轴抗压强度值的板裂强度比较接近[17]。

　　由此可见,单轴压缩下,硬岩试样的高宽比会影响试样的最终破坏模式,当立方体花岗岩试样的高宽比从 2.4 逐渐降低到一定值时(如 0.5),其破坏模式会从剪切破坏转换到板裂破坏,岩石的破裂角会逐渐增大。硬岩的板裂破坏裂纹基本上是一些等间距的且平行于加载方向的破坏面,其板裂破坏强度约为该岩石标准圆柱体试样单轴抗压强度的

60%，这一室内试验结果和现场试验结果比较接近。在单轴压缩下，硬岩的板裂裂纹一般在其水平应变达到其最大拉伸应变（可由巴西圆盘劈裂试验测得）时扩张和发展。当试样长度较长时，这些平行于加载方向的微裂纹最终相互贯通，并最终形成宏观剪切破坏面；而当试样较短时，则可能穿透试样形成与加载方向基本平行的板裂破坏面。

12.1.3 硬岩真三轴卸载试验下的板裂破坏

由于深部地下工程开挖，应力路径变化十分复杂，且岩石的受力状态由三维受力变为二维受力，岩石的力学特性也随之发生改变。为了探讨高应力状况下岩石开挖过程中的岩石破裂情况，我们对花岗岩试样进行了真三轴加载后的加卸载试验[18]。试验用花岗岩的平均单轴抗压强度 $\sigma_c = 139.0$ MPa，杨氏弹性模量 $E = 65.2$ GPa，泊松比 $\nu = 0.21$。

试验在自行设计的岩石真三轴电液伺服诱变扰动试验系统上进行。由于深部岩石在开挖前处在三维应力状态，工程开挖后硐室周边围岩由于沿硐径向方向出现卸荷，局部出现应力集中，围岩应用状态由三维状态变为二维状态，因此本次试验选取 5 个初始应力组，如表 12-3 所示，每组选取尺寸为 100mm×100mm×100mm 的立方体试件 3 个，通过试验研究高地应力岩石卸载作用下的破坏力学特性。

表 12-3　真三轴试验的初始应力水平

试件组编号	最小主应力（X 向）σ_3/MPa	中间主应力（Y 向）σ_2/MPa	最大主应力（Z 向）σ_1/MPa	备注
g-10-1	0	0	50	单轴压缩
g-10-2	5	10	50	—
g-10-3	10	20	50	—
g-10-4	20	30	50	—
g-10-5	30	40	50	—

具体的试验方案如下：

（1）先加载 Y、Z 两个方向应力至初始设定地应力水平，岩石真三轴电液伺服诱变扰动试验系统 Z 向力为 σ_1，Y 向力为 σ_2，X 向力为 σ_3。试验过程中均采用位移和载荷两种加载控制，首先利用位移加载方式先将 σ_1 加载 0.5MPa 的力，即 $F_Z = 5$kN，然后利用载荷加载方式（加载速率为 2000N/s，即 0.2MPa/s）加载至 50kN，即 $\sigma_1 = 5$MPa；运用位移加载将 σ_2 加载至 0.5MPa 的应力，即 $F_Y = 5$kN；再以 2000N/s 的加载速率将 σ_1、σ_2 加载至设定的地应力水平；运用声发射系统监测此过程中的岩石声发射数。

（2）运用位移加载将 σ_3 加载至 0.5MPa，即 $F_X = 5$kN，然后以 2000N/s 的加载速率增加 σ_3 至设定的地应力水平，岩石三轴加载稳定后卸载 σ_3，形成一个自由面。

（3）以 2000N/s 的加载速率增加 σ_1，直至岩石试件破坏；运用声发射系统监测此过程中的岩石声发射数。

图 12-12 为立方试件单轴压缩（$\sigma_2 = \sigma_3 = 0$）下的破坏形式和应力-应变曲线。由图可见，岩石试样破坏后存在明显的剪切锥体，锥体的长度约为岩石试件长度的一半，其破坏形式为剪切破坏。

(a) 岩石碎屑　　　　　　　　　　　　　(b) 应力-应变曲线

图 12-12　立方试件单轴压缩破坏形态及应力-应变曲线

对于三维受力卸载状态下岩石压缩试验,试验发现,当中间主应力 $\sigma_2 = 10\text{MPa}$ 时,破坏形式与单轴压缩破坏形式类似,如图 12-13(a)所示,锥体的尺寸与单轴压缩时相同;中

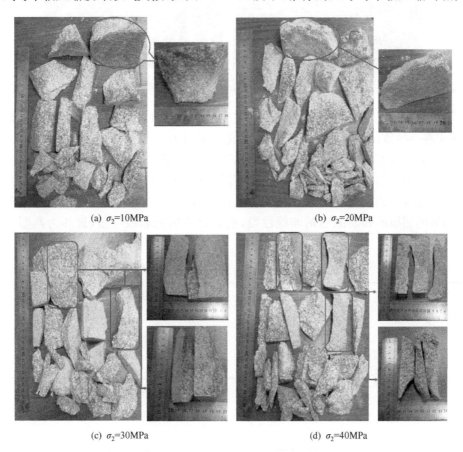

(a) σ_2=10MPa　　　　　　　　　　　(b) σ_2=20MPa

(c) σ_2=30MPa　　　　　　　　　　　(d) σ_2=40MPa

图 12-13　花岗岩岩石试件碎屑形态

间主应力 $\sigma_2 \geqslant 20$MPa 时,破坏形式与单轴压缩破坏形式明显不同,如图 12-13(b)～(d)所示,虽然 $\sigma_2 = 20$MPa 时,图 12-13(b)的碎屑中仍有锥体,但锥体的大小明显减小。而从图 12-13(c)和(d)的碎屑分布形式可以看出,当 σ_2 达到 30MPa 以上时,已无剪切锥体存在,而呈板裂状破坏形式分布。岩石的破坏过程表明,试样随着 σ_1 的不断增加,首先形成平行于自由面的一系列裂纹,然后逐渐发生板裂,最后板裂化的岩块发生屈服破坏。

图 12-14 还给出了利用 FASTCAM SA1.1 高速数字式摄像机系统拍摄到的中间主应力为 40MPa 时岩石试件破坏瞬间的照片。由图可以发现,岩石试件在真三轴卸载条件下的压缩破坏裂纹首先沿试件表面扩展,然后形成板状岩块飞溅脱落出来,岩块平行于岩石试样自由面。

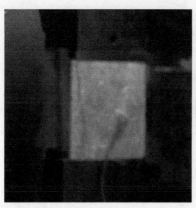

图 12-14　最小主应力卸载最大主应力加载岩石试件破坏高速摄像照片($\sigma_2 = 40$MPa,文后附彩图)

因此,对于真三轴试验,当试样的中间主应力增大到接近最大主应力大小时,最小主应力卸荷将会导致试样的破坏模式转变,形成与 σ_1、σ_2 应力平面相平行的板裂破坏。

表 12-4 给出了不同中间主应力时岩石试件的抗压强度峰值。由表可见,随着中间主应力的提高,岩石的峰值强度有明显提高,不同中间主应力下的立方试样的应力－应变关系曲线(以压应变为正)如图 12-15 所示。从试验结果可以看出,应力－应变关系近似直线,无明显的屈服前和屈服后的非线性段,也无破坏后的非线性段,破坏为典型的脆性破坏。

表 12-4　花岗岩方形试件三轴加卸载压缩试验结果

编号	σ_2/MPa	平均抗压强度 σ_c/MPa	破坏形式
g-10-2-a			
g-10-2-b	10	175	剪切破坏
g-10-2-c			
g-10-3-a			
g-10-3-b	20	183	板裂破坏
g-10-3-c			

编号	σ_2/MPa	平均抗压强度 σ_c/MPa	破坏形式
g-10-4-a			
g-10-4-b	30	200	板裂破坏
g-10-4-c			
g-10-5-a			
g-10-5-b	40	220	板裂破坏
g-10-5-c			

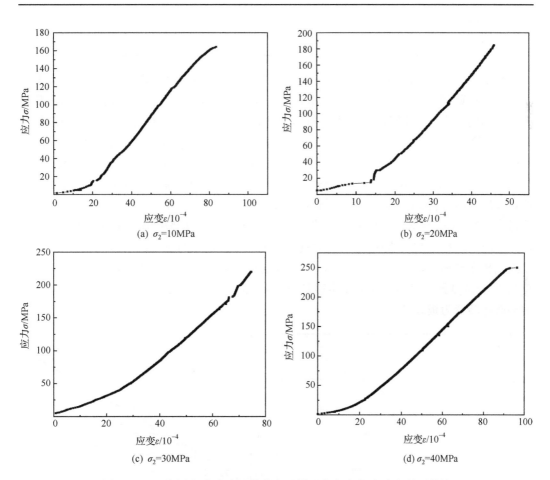

图 12-15　不同中间主应力下花岗岩试样最大主应力-主应变关系曲线

众所周知,莫尔-库仑破坏准则是目前应用最广泛的以发生剪切破坏为前提的岩石破坏判据。由于莫尔-库仑准则没有考虑中间主应力的影响,岩石破坏时的最大主应力 σ_1 与岩石围压 σ_3 存在如下关系

$$\sigma_1 = \frac{1 + \sin\varphi}{1 - \sin\varphi}\sigma_3 + \frac{2c\cos\varphi}{1 - \sin\varphi} \tag{12-1}$$

花岗岩立方试件在单轴压缩和 σ_2 为 10MPa 时岩石的破坏形式为剪切破坏,根据试件的抗压强度及莫尔-库仑破坏准则,可建立花岗岩立方体试件的峰值强度 σ_1 与岩石围压 σ_3 的关系,代入试验结果数据,得

$$\sigma_1 = 3\sigma_3 + 145 \tag{12-2}$$

由于试验过程中,σ_3 卸载至 0,式(12-2)中 σ_3 就相当于试验过程中的 σ_2。表 12-5 给出了花岗岩试件在不同中间主应力下的强度试验测试值和根据莫尔-库仑准则得到的计算值。

表 12-5 不同中间主应力下花岗岩试件的强度测试值与计算值

σ_2/MPa	0	10	20	30	40
σ_1强度试验测试值/MPa	145	175	183	200	220
σ_1莫尔-库仑强度值/MPa	145	175	205	235	265

根据表 12-5 花岗岩试件的强度测试值和理论计算值对比可发现,随着中间主应力的增大,岩石试件的测试强度值与莫尔-库仑准则计算出的理论强度值之间的差值也逐渐增大。当侧向压力为 20MPa 时,两者差值为 22MPa;但当侧向压力增加到 40MPa 时,差值增大到 45MPa。产生这一现象的原因是,随着中间主应力的增加,试件的破坏模式由剪切破坏转变为板裂破坏,破坏机制发生了变化,因此岩石的强度也发生了改变,如图 12-16(a)所示。当岩石发生板裂破坏时,岩石的真实强度开始低于莫尔-库仑准则的理论计算值,随着 σ_2 的增大,计算强度与真实强度的差值也逐渐增大,当 σ_2 为 20MPa 时,差值最小,破坏形式是剪切破坏和板裂破坏的组合,岩石破坏碎屑中仍然存在小块的剪切锥体。从图 12-16(b)也可表明,当岩石发生剪切破坏时,试件的莫尔圆应该与莫尔-库仑强度曲线相交或相切,但当 $\sigma_2 \geqslant 20$MPa 时,试件的莫尔圆与强度曲线相离,表明岩石在低于莫尔-库仑准则预测值的情况下发生破坏,即岩石的破坏机制发生了改变,其破坏模式从剪切破坏转变为板裂破坏。

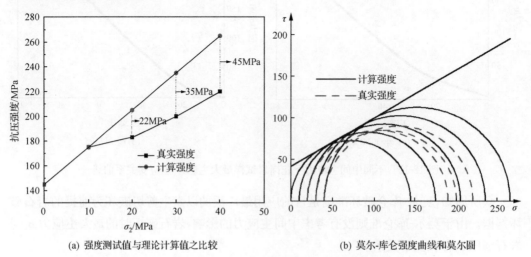

(a) 强度测试值与理论计算值之比较   (b) 莫尔-库仑强度曲线和莫尔圆

图 12-16 方形花岗岩试件强度测试值与莫尔-库仑准则理论计算值

　　图 12-17 为花岗岩试样在不同应力加载路径下的声发射特性变化情况。从图中可以看出,在整个 Z 向加载过程中,声发射数随着中间主应力的增大而减小。这是因为随着中间主应力增大,侧向约束作用增强,阻碍了试件中的微裂隙往 Y 方向的扩展,声发射计数明显较少;声发射的最大计数值发生点早于岩石试件的破坏点。从图 12-17 还可以看出,当 Z 向应力达到峰值应力的 80%~90% 时,声发射计数值达到最大值;当中间主应力为 10MPa 和 20MPa 时,花岗岩试件的破坏形式为剪切破坏(或包含剪切破坏),剪切裂纹是由岩石内部微裂纹的扩展、贯通而逐渐形成,并伴随着整个加载过程,如图 12-17(a)和(b)所示,岩石的声发射率维持在较高的数值,如 $10000/s^{-1}$;随着中间主应力的继续增大,加载早中期阶段声发射率维持在较低的水平,当最大主应力增大到一定的程度时,声发射率大幅度提高,如图 12-17(c)和(d)所示,说明板裂裂纹的扩展不同于剪切裂纹,是岩石的受力状态达到一定程度时突然形成的。

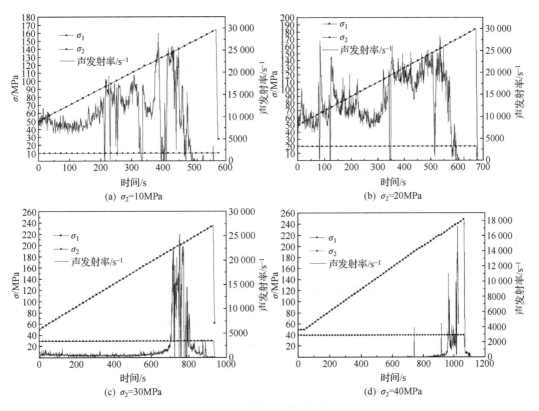

图 12-17　花岗岩试件的加载应力路径和岩石试样声发射率曲线

　　花岗岩试件在真三轴卸载压缩试验时的破裂面基本上与卸载临空面平行,与 12.1.2 节所述的单轴压缩下高宽比为 0.5 的花岗岩试样板裂破坏裂纹类似(立方体试样长宽高分别为:50mm×25mm×25mm),如图 12-18 所示。

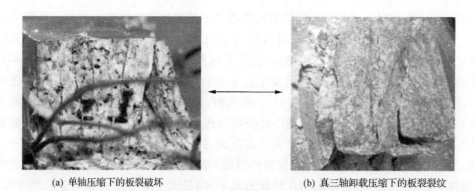

　　　(a) 单轴压缩下的板裂破坏　　　　　　　　　　　　(b) 真三轴卸载压缩下的板裂裂纹

图 12-18　板裂破坏形态

12.2　冲击载荷作用下的岩体层裂破坏

　　岩石和混凝土等脆性材料,在动载荷作用下的破坏模式和静载作用有所不同,尤其是在临近自由面的位置,岩体通常会出现层裂破坏(spalling failure)特性。不同于板裂,层裂的产生肯定发生在动力扰动作用过程中,动力扰动产生的压缩应力波从高阻抗介质传入低阻抗介质时,会从界面反射回来一个拉伸应力波,当反射波和入射波叠加作用下的净拉应力大于介质的抗拉强度时则发生拉裂现象,这种现象称为层裂或剥裂。根据最大拉应力瞬时断裂准则,一旦净拉应力 σ 满足 $\sigma \geqslant \sigma_t$,则立刻发生层裂,$\sigma_t$ 是材料抗拉强度。如果应力波存在上升前沿,在首次层裂面之后的一定区域里可能发生拉应力始终大于介质抗拉强度的连续多层层裂。就破坏之后的表现形式来说,层裂和板裂都表现出与自由面基本平行的剥裂破坏,本节试图从应力波作用的角度去解释高应力岩体开挖所表现出的层裂破坏特性。

12.2.1　岩体层裂破坏的表现形式和发生条件

　　层裂过程是拉伸破坏过程,和其他脆性材料一样,岩石的抗拉强度远小于抗压强度,岩石在爆炸、冲击等荷载作用下常会发生拉伸层裂破坏。层裂破坏也是一种非常重要的材料破坏形式,在实验室,常通过层裂试验来确定材料的拉伸强度。很多学者基于霍普金森装置,通过测定混凝土等脆性材料的层裂特性,既而确定其动态拉伸强度。如图 12-19所示[19],冲击载荷由试件的左端入射加载,加载压缩应力波到达试件的右端自由面后将反射成拉伸波,两波相遇后会在试件中产生拉应力,当拉应力大于试件抗拉强度时,试件即发生层裂破坏。

图 12-19　混凝土试件的层裂破坏[19]

　　层裂现象作为一种普通的动力学响应特性,不仅在杆件冲击条件下存在,在地下采掘活动中也普遍存在。当爆源距离地下硐室表面较近时,爆炸产生的峰值较高、持续时间较短的压缩应力波遇到硐室的内表面反射成拉伸波,能够产生层裂现象,造成硐室围岩的广泛剥落[20],如图 12-20 所示。此外,邻近隧道爆破开挖也可能对既有隧道产生层裂破坏[21],图 12-21 是临近隧道爆破引起既有隧道层裂破坏的数值模拟结果。

图 12-20　巷道周围的层裂破坏[20]

图 12-21　邻近隧道开挖爆破对
既有隧道的层裂破坏(文后附彩图)

　　地下工程爆破、核爆炸,甚至地震产生的强烈压缩应力波传至地表时,压缩应力波经地表反射形成拉伸应力波。当拉伸波的强度大于岩体的抗拉强度时,在地表会伴有剥裂运动,即导致层裂的发生。图 12-22 和图 12-23 表示了地下爆炸经地表反射的层裂发生过程。

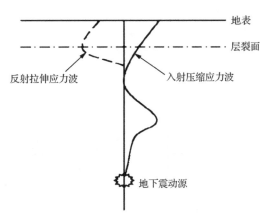

图 12-22　地下爆炸应力波作用下的地表层裂过程

　　由此可见,层裂破坏普遍存在于动力扰动作用过程中,但各种情况下的层裂破坏基本原理是相同的。在试验室内,通过一维的层裂试验能够得到岩体的动态拉伸强度。当岩体的抗拉强度确定之后,对于某个具体的爆炸当量,通过应力波在自由面的入射和反射作

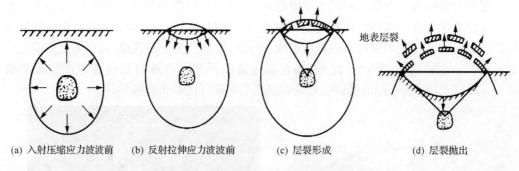

(a) 入射压缩应力波波前 (b) 反射拉伸应力波波前 (c) 层裂形成 (d) 层裂抛出

图 12-23 反射拉伸波引起的层裂破坏作用

用规律可以确定首次剥裂的层裂厚度。因此,研究层裂无论是对于确定脆性材料的基本性质,还是对爆炸作用过程中由于层裂引起的地下工程围岩破裂和地面建筑物的损坏,都具有重要意义。

12.2.2 一维冲击下的硬岩层裂破坏

压力脉冲在自由面反射成拉伸脉冲,继而能够发生层裂的现象主要与材料的性质、压力脉冲的形状以及压力脉冲的幅值等有关。常见的脉冲形状有矩形脉冲、半正弦脉冲等。图 12-24 是波长为 τ 的矩形脉冲载荷在自由面反射时的几个典型时刻。

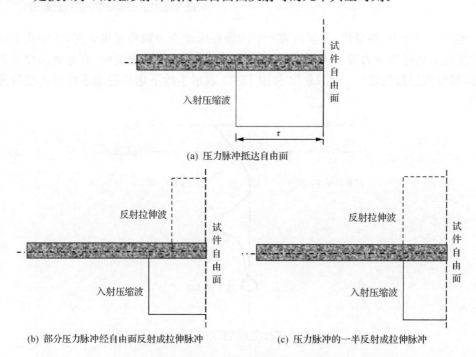

(a) 压力脉冲抵达自由面

(b) 部分压力脉冲经自由面反射成拉伸脉冲 (c) 压力脉冲的一半反射成拉伸脉冲

图 12-24 矩形脉冲经自由面反射的几个典型时刻示意图

由图 12-24 可知,对于矩形脉冲,只要入射脉冲幅值 $|\sigma_m| \geqslant \sigma_t$,则当入射脉冲的一半从自由面反射后即发生层裂,且裂片厚度为 $\delta = \tau/2$。当发生层裂时,裂片带着压力脉冲

的全部冲量飞出,而且不管入射脉冲幅值多大,矩形脉冲入射情况下不会发生多层层裂。

对半正弦的入射加载波形,半正弦应力脉冲在自由面反射的几个典型时刻的波形如图 12-25 所示。

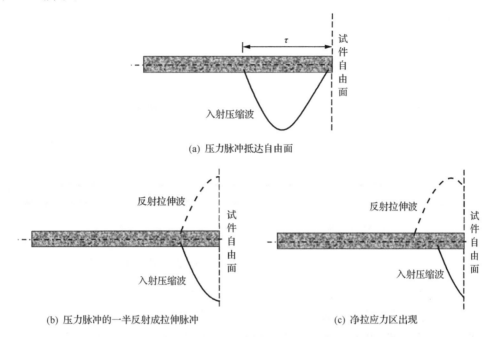

(a) 压力脉冲抵达自由面

(b) 压力脉冲的一半反射成拉伸脉冲　　　　　　(c) 净拉应力区出现

图 12-25　半正弦应力波经自由面反射的几个典型时刻示意图

根据波在自由面的反射过程可知,在入射脉冲的 1/2 被反射的时间范围内,叠加净应力为零,不可能有层裂产生,但随后反射拉伸波逐渐大于入射压缩波,并且有净拉应力区出现,入射压缩波和反射拉伸波叠加后的净拉应力值逐渐增大,如果叠加后的净拉应力超过了岩石试件的动态拉伸强度,则会出现层裂。当发生第一层层裂后,由于应力波上升前沿的存在,残留的入射压缩波经新的自由面又会反射成拉伸波,并且随着时间的推移,压缩波强度逐渐减小,因此,之前较大的反射拉伸波与较小的入射压缩波的叠加可能导致第二层层裂的出现。同理,可能还会有第三层甚至第四层层裂的产生。每一次新层裂的产生都会带走一部分残余反射波的能量,直到反射拉应力强度不足以使试件再发生层裂破坏为止。

为了探讨岩石的层裂破坏过程,我们利用自行研发改进的霍普金森装置产生的半正弦波加载,对花岗岩进行了层裂过程试验[22]。试验中,子弹和入射杆采用 40Cr 合金钢材,密度为 7697kg/m³,泊松比为 0.28,杆中弹性纵波波速为 5410m/s,冲头长度为 360mm,入射杆为圆柱形,长度为 2000mm,截面直径为 50mm。为了保证可能出现的层裂区处于不受约束的状态,采用长度为 1000mm、横截面为正方形、边长为 35mm 的长方体花岗岩杆试件,试件密度为 2685kg/m³,弹性模量为 63GPa。试验中采用高速摄影仪记录的试件整个破裂过程如图 12-26 所示。

图 12-26 中,左端为自由端,右端与入射杆接触,试验清晰地表明了岩石试件的层裂发生过程。由图 12-26 可知,当第一层、第二层和第三层层裂从自由端到冲击端依次发生

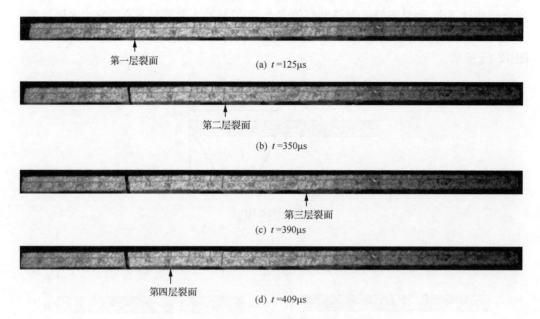

第一层裂面　　　　(a) t=125μs

第二层裂面

(b) t=350μs

第三层裂面

(c) t=390μs

第四层裂面

(d) t=409μs

图 12-26　岩石试件的层裂缝发生过程（文后附彩图）

之后，在第一层和第二层层裂面之间又产生了一条新的层裂面。这说明入射压缩加载过程以及陷入层裂段中的应力波来回反射而产生的压缩和拉伸损伤使材料弱化、强度降低，以致残余反射波在试件中传播使其产生了新的层裂现象。每一次新层裂的产生都会带走一部分残余反射波的能量，直到其能量不足以使损伤试件再发生层裂破坏为止。

12.2.3　层裂破坏过程的损伤演化关系

花岗岩层裂试验过程表明试件受损伤演化明显。一般而言，脆性材料的损伤包括加载压缩波损伤、重复加载累积损伤和应力波来回反射累积损伤三种形式，并且材料的损伤破坏过程分为损伤成核、成长、汇合 3 个阶段。国内外很多学者对损伤成核和成长过程进行了大量的理论和试验研究，提出了很多著名的模型。白以龙院士等[23]从理想微裂纹出发，推导出固体中微裂纹的损伤演化方程，微裂纹密度 $n(l,t)$ 的演化方程如下：

$$\frac{\partial n}{\partial t} + \frac{\partial (n\dot{c})}{\partial l} = n_{\mathrm{N}} \tag{12-3}$$

$$n_{\mathrm{N}} = n_{\mathrm{N}}(l,t,\sigma) \tag{12-4}$$

$$\dot{l} = \dot{l}(l,\sigma) \tag{12-5}$$

式中，t 为损伤过程中的广义时间；n 为微裂纹数密度；n_{N} 为微裂纹密度的成核率；$n_{\mathrm{N}}(l,t,\sigma)$ 为微裂纹成核率函数；l 为微裂纹尺度；$\dot{l}$ 为微裂纹尺度变化率；$\dot{l}(l,\sigma)$ 为微裂纹成长率函数；σ 为应力。

1. 加载压缩波损伤影响

由于层裂过程是先承受入射压缩加载再承受反射拉伸加载，当加载压缩波强度超过压缩损伤阀值时会诱发裂纹扩展,在反射拉伸波作用下,已经压缩损伤的区域会在更低拉伸应力作用下发生层裂。利用式(12-3)~式(12-5)可定性分析岩石材料层裂试验过程中发生的损伤破坏现象,其中,式(12-3)为以微裂纹密度 $n(l,t)$ 为因变数的偏微分方程,式(12-4)和式(12-5)分别为微裂纹的成核和成长动力规律,并依赖于拉伸或压缩应力 σ。当考虑入射压缩应力脉冲对试件的层裂损伤时,取 σ 为压缩应力,根据上面的演化关系,第 m 阶损伤函数 $D_m(t,\sigma)$ 可以定义为[24]

$$D_m(t,\sigma) = \int_0^\infty n(l,t,\sigma)l^m \mathrm{d}l \tag{12-6}$$

设微孔洞为球形,取 r 为微孔洞的半径,以微孔洞的体积为损伤变量[25],则有

$$D(t) = \frac{4\pi}{3}\int_0^\infty c^3 n(l,t)\mathrm{d}r \tag{12-7}$$

根据损伤过程广义时间关系,材料在某时刻 t 产生的最大孔洞是在 $t=0$ 时刻由孔洞的成核长大得到的[25],结合式(12-7)可得

$$D(t) = \frac{4\pi}{3}\int_b^{be^{kt}} \frac{g}{k}r^2 \mathrm{d}r \tag{12-8}$$

式中,b 为新核半径;k、g 均为与材料有关的常数,k 控制孔洞的成长过程,g 控制孔洞的成核过程。由此可得到损伤演化方程为

$$\dot{D} = 3kD + \frac{4}{3}\pi g b^3 \tag{12-9}$$

Curran 等[26]的研究表明,材料初始损伤演化过程中的主导时间是成核转化时间,如果忽略成长效应对初始损伤的影响,那么根据式(12-9)可估计初始损伤为

$$D_0 = \frac{4}{3}\pi g t b^3 \tag{12-10}$$

损伤过程中的成核和成长方程分别为[25, 26]

$$g = \dot{N}_0 \exp((\sigma - \sigma_{\mathrm{NO}})/\sigma_1) \tag{12-11}$$

$$k = (\sigma - \sigma_{\mathrm{GO}})/(4\eta) \tag{12-12}$$

式中,σ_{NO}、σ_{GO} 分别为成核和成长应力门槛值;σ_1、$\dot{N}_0$ 均为材料参数;η 为材料的黏性系数。对于入射应力波对试件造成的初始损伤,取 σ 为平均入射应力值。

将式(12-8)对时间 t 求导可知,成核效应与孔洞总体积之间的比例关系为 $1/\exp(3kt)$,取成核体积效应为总孔洞体积的 $1/N(N \geqslant 1$,根据成核体积所占的比重选取)时,认为成核效应终止,则成核转化的时间为

$$t = \frac{\ln N}{3k} \tag{12-13}$$

从而可得到一维层裂试验的入射应变脉冲造成的初始损伤为

$$D_0 = \frac{4\pi}{3}\ln(N/(3k))\dot{N}_0 \exp((\sigma - \sigma_{\mathrm{NO}})/\sigma_1)b^3 \tag{12-14}$$

对于特定的岩石试件,σ_{NO}、σ_{GO}、σ_1、$\dot{N}_0$、η 均为定值。所以,由式(12-14)可知,加载压缩损伤随平均入射应力 σ 的增大而呈增大趋势。层裂过程最小损伤出现在入射应力峰值和损伤成核门槛值相等的情况下。

2. 重复加载累积损伤

实验室对试件的层裂试验和实际当中多个爆源对自由面附件的层裂破坏都可能存在初次加载没有发生层裂,而重复加载使得材料再次损伤累积,从而明显降低材料的抗层裂破坏能力。如果初次加载使材料产生了宏观裂纹,再次加载则会出现反射波提前的现象。

3. 应力波来回反射累积损伤

应力波在材料里来回反射所产生的交替"拉伸-压缩"波也会对材料产生损伤演化和累积。如图 12-26 中,第四层裂缝的出现,除了入射压缩波对试件已经产生了损伤演化外,还有陷入层裂段中的应力波来回反射不断对试件产生损伤演化和累积,使试件的抗拉强度逐渐降低,直至其在较低的拉伸应力波作用下发生断裂。因此,应力波的来回传播也是影响材料层裂强度的一个重要因素。

损伤作用原理表明,仅根据最大拉伸应力瞬间断裂准则而得到的层裂破坏情况是和实际有差距的,因为实际当中的入射加载峰值往往大于损伤成核的门槛值,从而会造成一定的损伤。并且,多个作用源对材料的累积加载以及应力波在材料中的来回反射都会对材料产生损伤,使材料的强度降低。另外,除了损伤作用因素外,工程材料断裂的发生不仅与作用力的大小有关,还与作用力持续的时间有关,即材料的断裂不是瞬间发生的,而是以一定速率的发展过程。特别是在高应变率情况下,材料的断裂具有明显滞后性和率相关性。因此,在实际中分析层裂过程,既要考虑入射波和反射波的相互作用,又要考虑损伤、作用力持续的时间等对材料破坏的影响。

12.3 动力扰动下高应力矿柱的破坏特征

硬岩深部开采中,爆破作业会对周围采场中矿柱的承载能力及巷道围岩的稳定性产生较大影响,自然地震或崩矿过程产生的人工地震也会使巷道和矿柱突然失稳。这里将对深部矿柱在承受高静载应力时的动力响应进行分析[27],旨在揭示初始静载大小和动力扰动幅值对矿柱岩体失稳破坏的影响效果,为深部开采时矿房、矿柱尺寸设计以及每次爆破装药量大小提供一些理论依据。

12.3.1 深部矿柱动力扰动的力学模型

硬岩地下开采二步骤回采时的预留矿柱的地质和力学模型如图 12-27 所示。将深部矿柱简化为顶底部两端固定的等截面圆柱体,长度为 L,截面积为 A,截面惯性矩为 I,矿柱岩体密度为 ρ,质量为 m,满足莫尔-库仑弹塑性准则,线弹性阶段的变形模量为 E。根据地下开采预留矿柱的一般截面尺寸,通常矿柱的高径比不会太大,引起矿柱破坏的原因往往是由于矿柱内应力集中达到某种强度极限造成的,如矿柱的压剪破坏或板裂破坏等[8]。深部矿柱在周边矿体开挖后,承受顶板岩体的静压力,设初始静压力为 P,此时矿柱岩体仍处于弹性变形阶段,则矿柱 x 方向的初始应力、应变和位移分别为

$$\left.\begin{array}{l} \sigma_0 = \dfrac{P}{A} \\[2mm] \varepsilon_0 = \dfrac{P}{EA} \\[2mm] u_0 = \dfrac{Pl}{EA} \end{array}\right\} \tag{12-15}$$

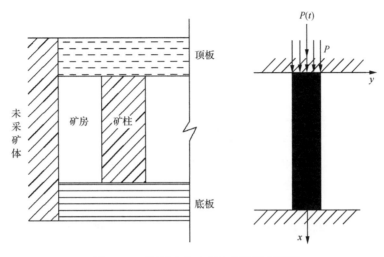

图 12-27　深部矿柱地质和力学模型简图

　　假设在某时刻 $t_0 = 0$ 时矿柱周边发生爆破作用或受到其他人工扰动影响,在矿柱顶部形成一动力扰动载荷 $P(t)$,则矿柱开始处于动静组合受载状态,此时矿柱的动力运动方程可表示为[28]

$$m\ddot{x} + R(x) = P + P(t) \tag{12-16}$$

式中,$R(x)$ 为矿柱系统的抗力,且 $R(x)$ 可表示为

$$R(x) = \begin{cases} Cx, & \text{初始弹性阶段} \\ R(x), & \text{塑性变形发展阶段,非线性} \\ Cx^e, & x^e = x - x^p \text{ 相继弹性阶段} \end{cases} \tag{12-17}$$

式中,C 为矿柱弹性抗力系数;x^e 为位移的弹性部分,即卸载后能恢复的位移;x^p 为位移的塑性部分,即卸载后仍然不能恢复的位移。

　　矿柱岩体的抗力-位移曲线如图 12-28 所示,图中点 A 为弹性段屈服点,点 B 为矿柱卸载后弹性应变恢复点。

　　从 $t_0 = 0$ 时刻开始,矿柱顶部的动力扰动载荷以应力波的形式向矿柱内传播。如图 12-27 所示,将坐标轴的 x 轴取在矿柱中心轴线上,矿柱主要产生 x 方向的位移,在矿柱侧向小变形且不发生动力屈曲失稳破坏的前提下,矿柱内纵波传播的波动方程为

$$\frac{\partial^2 (u - u_0)}{\partial t^2} = c_0^2 \frac{\partial^2 (u - u_0)}{\partial x^2} \tag{12-18}$$

式中,u 为矿柱动静载共同作用下的轴向总位移;u_0 为矿柱的初始轴向位移;c_0 为波的传播速率,且有

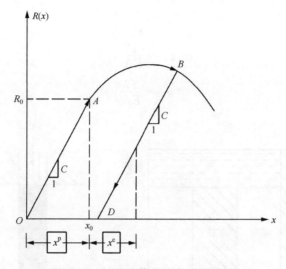

图 12-28　矿柱岩体的抗力-位移曲线

$$c_0^2 = \frac{1}{\rho} \frac{\mathrm{d}\sigma}{\mathrm{d}\varepsilon} \tag{12-19}$$

由此可见,波速只与矿柱岩体的材料性质有关。假定深部矿柱岩体为弹塑性材料,其本构关系满足

$$\left. \begin{aligned} \sigma &= E\varepsilon, & \varepsilon &\leqslant \varepsilon_c \\ \sigma &= \sigma(\varepsilon), 0 < \frac{\mathrm{d}\sigma}{\mathrm{d}\varepsilon} < E, & \varepsilon &> \varepsilon_c \end{aligned} \right\} \tag{12-20}$$

式中,σ_c、ε_c 分别为岩石在单向受力情况下的屈服应力和应变,且有 $\sigma_c = E\varepsilon_c$。

矿柱的初始位移边界条件为

$$u(0) = u_0 = \frac{Pl}{EA}, \quad u(l) = 0, \quad t = 0 \tag{12-21}$$

令 $u' = u - u_0$(u' 为扰动应力波引起的矿柱轴向位移),则式(12-18)变为

$$\frac{\partial^2 u'}{\partial t^2} = c_0^2 \frac{\partial^2 u'}{\partial x^2} \tag{12-22}$$

根据一维应力波理论[29],式(12-22)的解为

$$u'_x = f(x - c_0 t) + g(x + c_0 t) \tag{12-23}$$

式中,u'_x 为 x 轴方向动载引起的位移;$f(x - c_0 t)$ 为入射纵波;$g(x + c_0 t)$ 为反射纵波;t 为时间。在只考虑入射纵波作用且矿柱处于弹性阶段时有

$$\left. \begin{aligned} \varepsilon &= \varepsilon_0 + \frac{\partial u'_x}{\partial x} = \varepsilon_0 + \frac{\partial f(x - c_0 t)}{\partial x} \\ \sigma &= E\varepsilon = \frac{P}{A} + E \frac{\partial f(x - c_0 t)}{\partial x} \\ v &= \frac{\partial u'_x}{\partial t} = -c_0 \frac{\partial f(x - c_0 t)}{\partial x} \end{aligned} \right\} \tag{12-24}$$

式中,ε、σ、v 分别为矿柱 t 时刻在 x 位置处的轴向应变、正应力和轴向运动速度。

由以上物理量可得出矿柱在动力扰动后 t 时刻所储存的弹性应变能,其表达式为

$$U = \int_0^l \int_0^{\varepsilon_t} \sigma \mathrm{d}\varepsilon \mathrm{d}x \tag{12-25}$$

当矿柱承受的初始静载足够大,使得初始应力接近甚至略大于屈服应力($\sigma_0 \geqslant \sigma_c$)时,则在扰动载荷$P(t)$作用下,矿柱岩体将进入塑性状态,应力波的传播速率$c_0 = c_0(\varepsilon)$,不再是常数,而将随应变的变化而变化,岩体内将储存一定量的塑性应变能,矿柱则会发生局部甚至整体塑性破坏,这对深部矿床开采是极为不利的。因此,很有必要从数值分析的角度来研究高应力矿柱在不同动力扰动强度下的力学响应特征与破坏形式。

12.3.2　深部矿柱动力扰动的三维数值分析

采用数值计算方法,系统地研究应力波作用下岩体动应力场分布规律及动静载应力场的叠加作用机制,不仅可以得到某指定截面各物理量的时程曲线,而且可以得到某特定时刻各物理量的波形曲线。鉴于FLAC³ᴰ动力计算程序在岩土力学分析中的优势和求解动力问题的特点,这里将运用FLAC³ᴰ对深部开采时矿区内的预留矿柱进行高静载下的动力扰动三维数值分析。选取竖直圆柱形矿柱进行计算,矿柱直径为$2\mathrm{m}$,高为$8\mathrm{m}$,模型下部边界施加法向固支约束(x,y,z三个方向位移均等于0),上部边界约束x、y方向的位移,并施加竖直方向静载P。为考察外界动力扰动对矿柱的影响,静载计算完后,在模型上边界施加一动力扰动载荷$P(t)$。矿柱数值计算模型和单元网格划分如图12-29所示,坐标系原点取在矿柱底部中心位置。

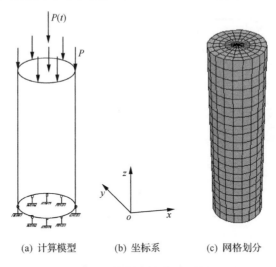

(a) 计算模型　　　　(b) 坐标系　　　　(c) 网格划分

图 12-29　矿柱数值计算模型和网格划分

数值计算中,矿柱岩体采用理想弹塑性模型,屈服准则采用莫尔-库仑强度准则,屈服函数如下[30]:

$$f_s = \sigma_1 - \sigma_3 N_\varphi + 2c \sqrt{N_\varphi} \tag{12-26}$$

$$f_t = \sigma_3 - \sigma_t \tag{12-27}$$

式中,$N_\varphi = (1 + \sin\varphi)/(1 - \sin\varphi)$,其中$\varphi$为内摩擦角;$\sigma_1$、$\sigma_3$分别为最大和最小主应力;$c$为黏聚力;$\sigma_t$为岩石抗拉强度。

当岩体内某一点应力满足 $f_s<0$ 时,发生剪切破坏;当岩体内某一点应力满足 $f_t>0$ 时,发生拉伸破坏。深部矿柱岩体的力学计算参数如表 12-6 所示。

表 12-6　深部矿柱岩体的力学计算参数

变形模量/GPa	泊松比	黏聚力/MPa	内摩擦角/(°)	密度/(kg/m³)	抗压强度/MPa	抗拉强度/MPa
18.0	0.20	12.5	32.0	3000	45.1	3.8

岩体开挖时的爆破动载等类似动力扰动在数值计算时可取载荷波形中为谐波的一段[31],其数学表达式为

$$P(t)=\begin{cases} P_{\max}\left[\dfrac{1}{2}-\dfrac{1}{2}\cos(2\pi\omega t)\right], & t<1/\omega \\ 0, & t\geqslant 1/\omega \end{cases} \tag{12-28}$$

式中,$P_{\max}$ 为扰动压力峰值;ω 为动载作用频率。

为了分析动力扰动对承受不同高应力矿柱的影响,矿柱轴向静载 P 分别取 20MPa、30MPa 和 40MPa 进行计算。设 $\omega=250$,采用如图 12-30 所示的应力波时程曲线,动载持续作用时间为 0.004s,在 FLAC³ᴰ 动力计算程序中,为了考虑矿柱动力响应特征,计算时间取 0.03s(计算表明 0.03s 后矿柱动力响应已基本完成),应力波从矿柱顶部开始向底部传播,矿柱底部为动力黏滞边界。为了分析动载峰值对承受高应力矿柱稳定性的影响,在计算中动力扰动峰值 $P_{\max}$ 分别取 10MPa、20MPa 和 30MPa,矿柱高径比取 8m/2m=4。

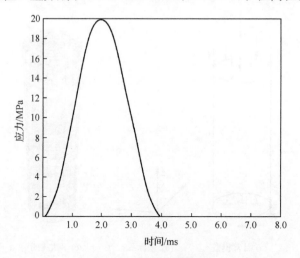

图 12-30　应力波时程曲线

计算中对圆形矿柱从顶部中心单元向底部每隔 2m 监测一个单元的竖向应力随动力计算时间的变化情况,从而研究矿柱在不同动力扰动作用过程中的动力响应效果。深部矿柱应力监测单元 1# ～ 5# 对应的竖向坐标位置分别为 8m、6m、4m、2m、0m。

图 12-31～图 12-33 分别给出了静载 $P=20$MPa,30MPa 和 40MPa 时不同动力扰动峰值下矿柱各监测单元竖向应力时程曲线(图中 1# ～5# 为监测单元序号,同时在各图中分别附上了矿柱中心剖面塑性区分布随扰动应力变化情况)。

图 12-31 中,矿柱承受静载 $P=20$MPa(静载大小为其抗压强度的 44.4%),当扰动应

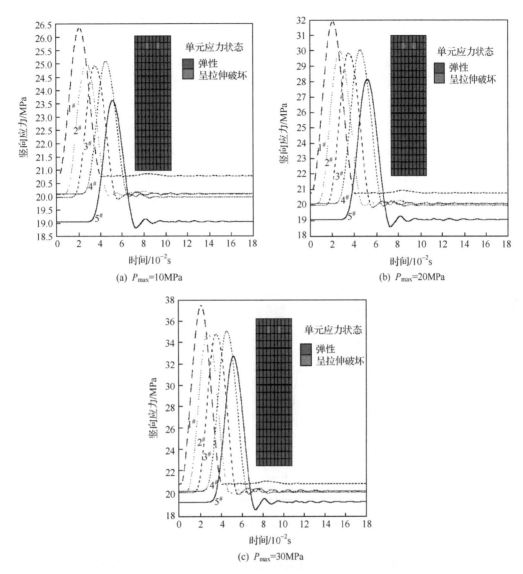

(a) $P_{max}=10$MPa

(b) $P_{max}=20$MPa

(c) $P_{max}=30$MPa

图 12-31　静载 $P=20$MPa 时不同动力扰动峰值下矿柱各监测单元竖向应力
时程曲线和中心剖面塑性区分布随扰动应力变化情况(文后附彩图)

力峰值从 10MPa 向 30MPa 增大时,矿柱中心各监测单元在应力波作用下都表现为明显的弹性状态,即各单元竖向应力在增大到峰值以后都能恢复到初始承受的静载状态,说明这种情况下矿柱没有发生破坏,矿柱绝大部分都没有进入到塑性屈服状态,只有矿柱顶部极少部分单元在受力过程中发生了拉伸破坏。对比各不同应力波峰值情况可见,随着应力波峰值的增大,矿柱中各监测单元的竖向应力峰值也相应增大。由于矿柱本身的阻尼作用,在远离矿柱顶部的单元,其应力峰值逐渐减小。

　　图 12-32 中,矿柱承受静载 $P=30$MPa(静载大小为矿柱岩体抗压强度的 66.6%,相当于较高静载应力),动载作用后,矿柱监测单元竖向应力时程曲线都是较完整的正弦波波形,当 $P_{max}=10$MPa,20MPa 时,矿柱只有顶部少数单元曾发生拉伸或剪切破坏;当

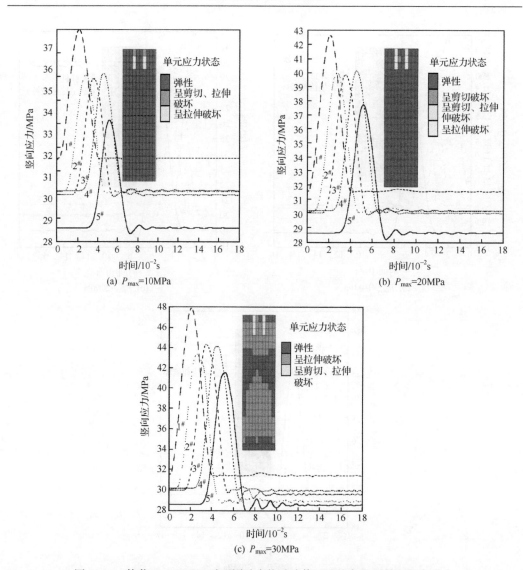

图 12-32　静载 $P=30$MPa 时不同动力扰动峰值下矿柱各监测单元竖向应力
时程曲线和中心剖面塑性区分布随扰动应力变化情况(文后附彩图)

$P_{max}=30$MPa 时,矿柱中已有 60% 以上单元曾在受载过程中发生拉伸或剪切破坏(以压剪破坏为主),说明承受较高静载应力的矿柱在高动力扰动幅值作用下,矿柱会进入塑性破坏阶段,但如果动力扰动幅值较小则矿柱不会受到明显的塑性破坏。因此,在深部高应力条件下进行采矿活动时,应尽可能使用小药量微差爆破,以减小动力扰动的幅值。

　　图 12-33 中,矿柱承受静载 $P=40$MPa(静载大小为矿柱岩体抗压强度的 88.8%,为高静载应力状态),无论 P_{max} 取 10MPa、20MPa 还是取 30MPa,矿柱内 2#、3#、4#、5# 监测单元竖向应力峰值都不再随扰动峰值的增加而增加,应力时程曲线呈现波动状态,矿柱剖面的塑性区分布图显示矿柱已大部分进入塑性屈服状态,说明矿柱在承受高静载应力时,动力扰动使矿柱更快进入塑性破坏阶段(主要为压剪破坏,局部出现了拉伸破坏)。由此可见,在矿柱承受的初始静载达到其强度的 90% 左右时,矿柱即使是在较小的扰动应力

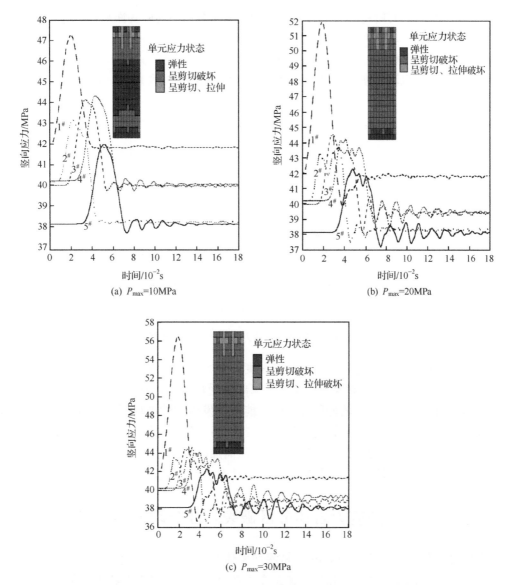

图 12-33　静载 $P=40MPa$ 时不同动力扰动峰值下矿桩各监测单元竖向应力
时程曲线和中心剖面塑性区分布随扰动应力变化情况(文后附彩图)

峰值作用下,也会导致矿柱发生塑性破坏,而且扰动应力峰值增加时,矿柱的应力并不再随之增加,而是进入到塑性状态,发生应变软化现象。

12.3.3　深部矿柱应变能随扰动峰值的变化特征

通过对矿柱单元内的应力应变进行计算,可以得到矿柱所储存的应变能。图 12-33 给出了矿柱承受 40MPa 静载时不同动力扰动峰值下(10MPa、20MPa、30MPa)的应变能时程曲线。从图 12-34 中可以看出:动力扰动下矿柱应变能时程曲线也为正弦波形曲线,矿柱在承受高应力条件下,当扰动应力峰值较低(图中 $P_{max}=10MPa$)时,动力扰动对矿柱所做的功主要转化为弹性应变能,扰动载荷消失后动载作用的应变恢复,应变能回到只有静载作用状态;当扰动应力峰值逐渐增大($P_{max} = 20MPa$,30MPa)时,动力扰动对矿柱所做的功除了一部分继续转化为弹性应变能外,另一部分则转化为塑性应变能,即使动载卸荷后,该部分应变也不可恢复,矿柱的应变能比动载作用前有所增大,这部分能量导致矿柱发生塑性破坏。

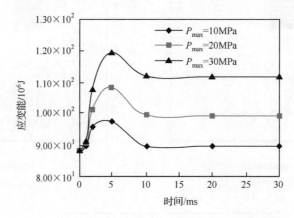

图 12-34　40MPa 静载时不同动力扰动下矿柱应变能时程曲线

深部矿柱所受的初始静载应力随开采深度的增大而增大,随着硬岩矿山地下开采深度的增加,岩体初始地应力逐渐增大,对于深部承受极高初始应力(达到单轴抗压强度90%左右)的矿柱,较小强度的外界扰动就可能使其发生塑性破坏。在高应力条件下,动力扰动对矿柱所做的功一部分转化为弹性应变能,另一部分转化为塑性应变能;塑性应变能所占的比例随扰动应力峰值的增加而增加,从而加剧矿柱的塑性破坏。因此,在深部开采时,应尽可能使用小药量微差爆破,从而减小动力扰动的幅值。

12.4　高应力岩体分区破裂特征与动力学解释

分区破裂化(zonal disintegration)是深部岩体开挖过程中所产生的一种非连续破裂现象。分区破裂化现象的产生和传统连续介质理论对巷道围岩应力场的研究结果不相吻合。自20世纪70年代以来,分区破裂化现象引起了岩石力学和采矿工作者的研究兴趣,分别在现场监测、实验、理论和数值模拟等多个方面对这一现象进行了研究。事实上,分区破裂作为深部高应力岩体特有的一种现象,是一个极其复杂的过程,它的出现形式与传统的理论架构相左,对它的研究还没有达到机理清晰的程度,业内对分区破裂化现象尚没有统一的认识,并且对于分区破裂是出现在动态过程中还是静态过程或两种情况都会出现,一直以来没有强有力的论据。但是,分区破裂作为高应力岩体所特有的现象,它的出现肯定和高应力岩体的特性有关。深部高应力岩体的典型特点是,本身是能量的储存体,高应力岩体的开挖过程是一个卸荷的过程,卸荷过程会释放能量,从而导致岩体的破坏。同时,分区破裂肯定和外界开挖扰动有关,高应力岩体本身作为能量的储存体处于"亚稳定"状态,当经受外界开挖时,可能导致岩体彻底失稳,从而产生非常规破坏。因此,如果弄清楚了高应力岩体的卸荷和加荷破坏特征,就能更好地认识分区破裂化现象。本节在论述深部高应力岩体分区破裂化研究现状的基础上,从动态卸荷和动态加载的角度分析高应力岩体出现分区破裂或非连续破裂的力学机理。

12.4.1　高应力岩体分区破裂的研究现状

1. 深部矿山的现场监测试验

分区破裂的现场监测主要是通过在巷道的环向和掌子面前方打钻孔,利用钻孔潜望镜法、深井电测法、超声波探测、核物理探测等手段进行钻孔成像和岩心取样分析。Adams 等[32]在南非约翰内斯堡的 Witwatersrand 金矿 2073m 左右的地方进行的钻孔潜望镜监测,首次发现了分区破裂化的存在,并根据钻孔探测结果绘制出了三维立体图像,如图 12-35 所示。该矿是硬岩矿山,岩石单轴抗压强度在 200~300MPa。Adams 的监测结果表明,分区破裂和岩体的能量释放率有关,在高的能量释放率下,岩体产生分区破裂化的条数要比低能量释放率下的多。当能量释放率为 75MJ/m² 时,通过超深钻孔,最远在距离采场几十米的地方都发现了破裂的条纹。

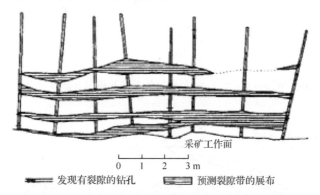

采矿工作面

0　1　2　3 m

━━━ 发现有裂隙的钻孔　　▬▬▬ 预测裂隙带的展布

图 12-35　南非 Witwatersrand 金矿顶板分区破裂化现象[32]

20 世纪 80 年代,俄罗斯学者 Shemyakin 和 Kurlenya 等[33]对俄罗斯境内的 Oktyabr'skii 和 Taimyrskill 等深井矿山进行现场原位观测试验,也得到了分区破裂化现象,如图 12-36 和图 12-37 所示。

Shemyakin 等还对俄罗斯境内的 Mayak 矿等深井矿山进行了现场监测。监测的结果表明,分区破裂化现象在一些深部巷道围岩周围是客观存在的。

在国内,钱七虎院士率先在国内倡导从事深部岩体分区破裂化问题的研究,我国学者也对分区破裂化现象做了很多现场监测等方面的研究工作[34]。钱七虎等在锦屏 II 级水电站地下 2000 多米的取水洞开挖的过程中也监测到了分区破裂化的现象[35]。

分析国内外学者的现场监测结果可知,所有的现场监测都是通过有限个监测点数据绘制而成的,而并不是全断面监测出来的结果,所以对于分区破裂是否存在全断面连通的现象,还有待进一步确定;其次,像钻孔监测等过程本身就是对岩体的再次扰动卸荷和原岩应力再次重新分配的过程。钻孔监测的结果能否完全代表硐室周边围岩的响应特性,值得深入研究。

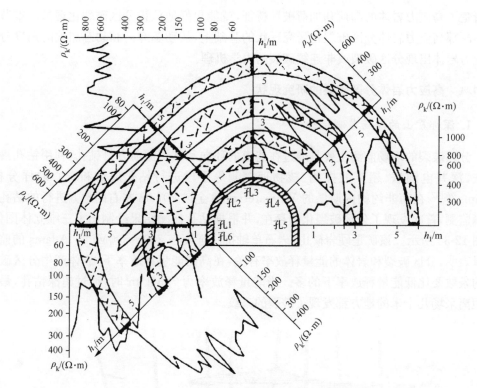

图 12-36　Oktyabr'skii 矿（—957m）处典型的深部巷道围岩破碎带分布纵剖面图[33]

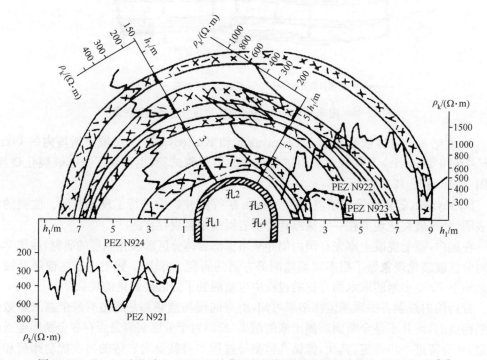

图 12-37　Taimyrskill 矿（—1050m）处典型的深部巷道围岩破碎带分布纵剖面图[33]

2. 基于相似材料的等效模型试验

为了验证现场监测结果,众多学者选择利用相似材料模型的方法来验证和确定深部硐室周围的分区破裂化现象。20 世纪 80 年代,Shemyakin 等[36]率先利用石膏等配成的相似材料在试验室得到了工作面周围环向破裂的现象,如图 12-38 所示。

图 12-38　石膏模型的分区破裂化图像[36]

顾金才院士等[37]以水泥砂浆(水泥∶砂∶水∶速凝剂＝1∶14∶15∶0.025)为材料,进行了预留硐室的圆柱体压缩试验,结果表明,在轴向应力与环向应力之比 σ_z/σ_c 较大时,硐室周围会出现破裂区与非破裂区间隔出现的分区破裂化现象,证明了分区破裂化现象的存在,如图 12-39 所示。

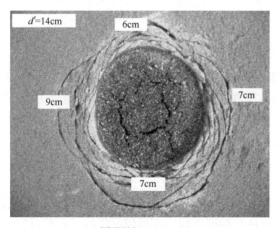
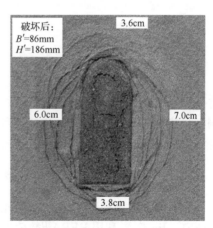

(a) 圆形硐室(σ_z/σ_c=6.83)　　　　　　(b) 直墙拱顶硐室(σ_z/σ_c=7.29)

图 12-39　水泥砂浆模型试验硐室围岩破坏形态[37]

张强勇等[38]通过精铁矿粉、重晶石粉、石英砂、石膏粉和松香酒精液按照一定的配比搅拌压实成一种新型的相似材料,建立了 1∶50 的巷道模型。加载作用后,监测的结果如图 12-40 所示。

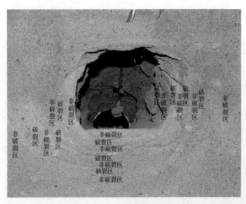

(a) 距洞口10cm的洞周破裂分布

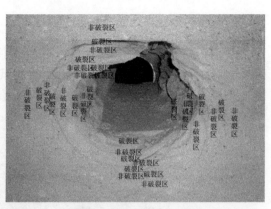

(b) 距洞口20cm的洞周破裂分布

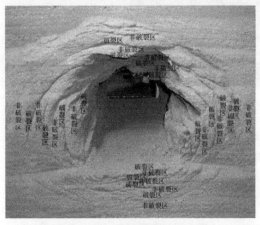

(c) 距洞口30cm的洞周破裂分布正视图

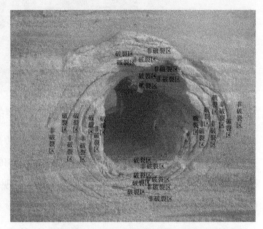

(d) 距洞口30cm的洞周破裂分布侧视图

图 12-40　开挖模型硐室周边的破裂区分布[38]

很多相似模型试验都得到了分区破裂化的结果，这些试验有几个共同的特点。首先，这些模型试验都是以"先开洞，后加载"的方法进行的，而实际当中是先有原岩应力而后有硐室开挖的，因此模型试验与实际工程中硐室开挖与受力的顺序是不一样的。其次，由于受室内试验场地的限制，模型尺寸和现场实际存在差距。

3. 深部围岩分区破裂化的数值模拟

为了验证现场和试验室的结果，很多学者利用数值模拟的方法对分区破裂化现象做了研究。Jia 等[39]利用 RFPA[3D]数值模拟软件对巷道周边的变形情况进行了模拟，模型尺寸为 140mm×140mm×50mm，巷道断面直径为 20mm。数值模拟过程中采用位移加载的方法在 x、y、z 方向分别施加 0.002mm、0.003mm 和 0.003mm 的位移，数值模型和加载边界如图 12-41 所示，数值模拟的结果如图 12-42 所示。

数值模拟的结果表明，在巷道的环向围岩破裂区与非破裂成交替出现的分区破裂化形式，但是 Jia 等[39]并没有详细说明加载过程，如果文中的加载过程是静态或准静态过程，那么文中关于分区破裂化的结果是真实存在的，但也只能表明在加载作用过程中硐室

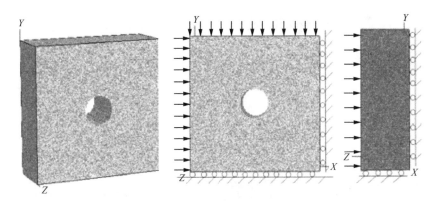

图 12-41　数值模型和加载边界条件[39]

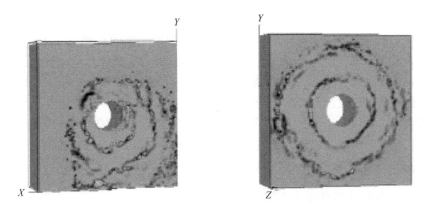

图 12-42　分区破裂的数值模拟结果(图中为最大主应变结果)[39]

周围会产生分区破裂化现象,而没有考虑开挖扰动、卸载等作用过程。然而,如果加载的过程是动态作用过程,当由模型外边界加载的压缩应力波传到巷道内表面时,会反射成拉伸应力波,从而导致层裂现象的产生,那么文中的分区破裂化现象并不是深部高应力所特有的现象,而只是非常普通的层裂现象而已。

　　钱七虎院士等利用有限元软件模拟了锦屏 II 级水电站取水硐室周边的变形情况,如图 12-43 所示[35]。图中数值模拟的结果可以清晰地看到硐室周围存在弹性区和塑性区间隔分布的现象,能间接地说明分区破裂化现象的存在。但是,数值模拟的结果并没有表现出破裂区与非破裂区是以硐室中心为圆心成环状交替出现的。

　　纵观国内外研究,不可否认,人们已对认识分区破裂化现象做出了非常重要的贡献。现场监测、试验室模型和数值模拟虽然都有些不足,深部硐室周围可能不一定严格按照分区破裂化的形式出现,但是这些研究客观地证明了高应力岩体的非连续破坏是在深部岩体中存在的。深部高应力岩体非连续破坏的发生和深部岩爆、工程性地震等一样,对深部矿山的安全开采和岩石动力学的发展具有重要意义[40]。

12.4.2　高应力岩体强卸荷的非连续破坏特征

　　开挖作用过程中,深部岩体突然获得自由面时,处于压缩状态的岩体必将"回弹"。

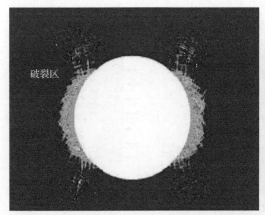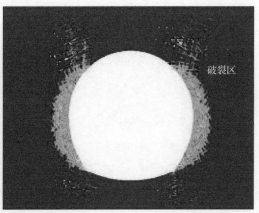

图 12-43　硐室周围的破裂情况[35]

"岩体回弹"的量主要取决于岩体的初始储能,而回弹所导致的后果与岩体初始应力的卸荷方式有关。深部岩体是一个储存有很大能量的弹性体,在高应力情况下,缓慢的卸荷可能仅使得岩体产生回弹位移,而如果是快速的强卸荷,则类似于一个强受压的弹簧,当弹簧突然卸掉时受力的过程会产生一个拉力波,即在受压状态岩体上叠加了一个卸载波,这一过程可能使得岩体产生塑性破坏甚至导致岩爆等剧烈破坏的产生。深部岩体的这种"卸荷回弹"是深部高应力岩体开挖过程中所特有的。因此,研究高应力岩体的卸荷特性对深部开挖和深部特殊现象的出现具有重要意义[40,41]。

1. 岩体强卸荷过程中的动力学理论

岩体受到突然加荷或突然卸荷的过程中都会伴随力和能量的传播,而力和能量是以脉冲即波的形式向四周传播的。如果设 u 为岩体的位移函数,那么实际情况下 u 与 x、y、z 的改变都是有关系的,即 $\partial u/\partial x$、$\partial u/\partial y$、$\partial u/\partial z$ 都不为零。在不考虑体力的情况下,波动方程可表示为

$$\rho \frac{\partial^2 u}{\partial t^2} = E\left(\frac{\partial^2 u}{\partial x^2} + \frac{\partial^2 u}{\partial y^2} + \frac{\partial^2 u}{\partial z^2}\right) \tag{12-29}$$

考虑最简单的,即一维波动情况,则式(12-29)可简化为

$$\rho \frac{\partial^2 u}{\partial t^2} = E \frac{\partial^2 u}{\partial x^2} \tag{12-30}$$

当一维杆的一端受到冲击载荷,波沿杆传播时,会引起岩杆上任意一点的瞬间位移。进一步简化分析问题,设高应力岩杆的一端受外界作用,另一端固定,如图 12-44 所示。

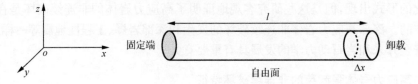

图 12-44　卸载作用模型

设应力卸荷随时间变化的函数为 $\sigma(t)$，那么可得到卸荷过程中的初始条件和边界条件。

初始条件为

$$
\left.
\begin{aligned}
& u\big|_{t=0}=x, \quad \varepsilon_0=\frac{x\sigma(0)}{E} \\
& \frac{\partial u}{\partial t}\bigg|_{t=0}=0
\end{aligned}
\right\}
\tag{12-31}
$$

边界条件为

$$
\left.
\begin{aligned}
& u\big|_{x=0}=0 \\
& \frac{\partial u}{\partial x}\bigg|_{x=l}=\frac{\sigma(t)}{E}
\end{aligned}
\right\}
\tag{12-32}
$$

因此，一维岩杆卸荷过程中的动力学规律归结于求解如下定解问题：

$$
\left.
\begin{aligned}
& \rho\frac{\partial^2 u}{\partial t^2}=E\frac{\partial^2 u}{\partial x^2} \\
& u\big|_{t=0}=\frac{x\sigma(0)}{E}, \quad \frac{\partial u}{\partial t}\bigg|_{t=0}=0 \\
& u\big|_{x}=0, \quad \frac{\partial u}{\partial x}\bigg|_{x=l}=\frac{\sigma(t)}{E}
\end{aligned}
\right\}
\tag{12-33}
$$

由此可见，对于初始情况和材料力学性质确定的岩体，卸荷过程中的位移主要依赖于应力函数 $\sigma(t)$ 的变化。在此，引入应力卸荷速率的表达式

$$
k(t)=\frac{\mathrm{d}\sigma(t)}{\mathrm{d}t}
\tag{12-34}
$$

由式(12-34)可知，对于直线卸荷过程，k 为常数，是应力随时间变化曲线的斜率。对于任意卸荷过程，卸荷速率为时间的函数。

2. 岩体强卸荷的数值模型

现场和实验室条件下很难观测到岩体的强卸荷过程。随着计算机技术的飞速发展，数值模拟被证明是非常强大而有效的研究手段。下面基于有限元程序 LS-DYNA 软件对三维应力情况下的岩体动态开挖过程进行数值模拟[41]。

LS-DYNA 中的连续盖帽模型被证明适合模拟岩石等脆性材料的破坏过程，设定的硬岩材料参数如表 12-7[41] 所示。

表 12-7　岩石材料参数

泊松比	密度/(kg/m³)	内摩擦角	弹性模量 E/GPa	单轴抗压强度/Pa	单轴抗拉强度/Pa
0.16	2700	52	39.8	152.69	9.3

同时，为了更直观地表现岩体的卸荷过程和以后进一步研究的需要，建立环向应力为 0 的三维圆柱形岩体模型。其中，圆柱的横截面直径为 $\phi=100\mathrm{mm}$，长度为 $l=1000\mathrm{mm}$。建立的数值模型如图 12-45 所示。

数值模拟过程包含静态应力初始化和动态卸荷两个过程。数值模型建立以后，利用

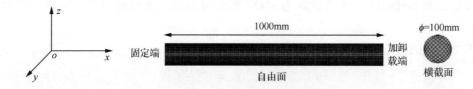

图 12-45　岩石的数值模拟模型

LS-DYNA 中的隐式求解器对模型进行应力初始化,使其达到分析所需的应力水平,然后针对不同卸荷方式利用显式求解器对岩体进行卸荷模拟。

3. 不同初始应力下的卸荷特征

应力释放率越高岩体产生卸荷破坏的可能性越大。初始应力无约束自由卸载的过程所需的应力释放时间最少,应力释放率最大,因此自由卸荷过程对应最高的岩体卸荷破坏可能性。据此,对初始应力为 4MPa、8MPa、20MPa 和 30MPa 的岩石的自由卸荷过程进行模拟,数值模拟结果如图 12-46 所示。

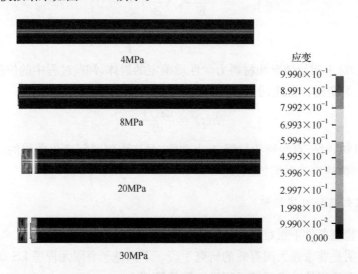

图 12-46　不同的初始应力峰值下岩石的卸荷破坏过程(文后附彩图)

数值模拟结果表明:高应力岩体自身应力的卸载释放过程能导致岩体的破坏,且初始应力越高,这种破坏表现得越突出。卸荷端应力突然释放势必会产生一个拉伸波在试件中传播,如果卸荷拉伸波的强度低于试件的拉伸强度时不会立刻在卸荷端产生破坏,而会左行继续传播,则左行入射拉伸波的应力状态为

$$\sigma_1 = -\rho_0 C_0 v_1 \qquad (12\text{-}35)$$

在 $t = l/C_0$ 时刻,左行入射拉伸波抵达固定端,在固定端反射后的应力状态为

$$\sigma_2 - \sigma_1 = \rho_0 C_0 (v_2 + v_1) \qquad (12\text{-}36)$$

根据固定端边界条件,反射波速率为 0,即 $v_2 = 0$,得

$$\sigma_2 = \sigma_1 + \rho_0 C_0 (v_2 + v_1) = 2\sigma_1 \qquad (12\text{-}37)$$

因此,左行入射拉伸入射波传到试件的左端(固定端)时,入射波与反射波相遇界面处

质点速度为零,但应力加倍。如果经固定端反射应力加倍后的强度超过岩石的拉伸强度,从而会在固定端产生破坏。当初始应力过低,如初始应力为 4MPa 时,卸荷产生的拉伸波强度经固定端反射应力加倍后仍然低于试件的动态抗拉强度,从而不能产生卸荷破坏。

由此可见,岩体初始应力的卸荷过程可导致拉伸应力波的产生,仅仅是岩石自身应力的释放就可以导致岩石的破坏。在卸荷条件相同的情况下,如同为自由卸荷,岩体的初始应力越高,则产生卸载破坏的可能性越大,破坏程度也越严重。

4. 应力释放率对岩体卸荷过程的影响

应力的释放过程常受到外界条件的约束,而并不是自由释放的。不同应力释放率可能导致不同的卸荷响应。当应力处于同一水平时,对于应力均匀释放的卸荷过程只需通过改变应力释放的时间即可改变应力的释放率 k。因此,针对初始应力为 90MPa 情况下的试件,通过如图 12-47 所示的不同线性路径进行卸荷模拟。

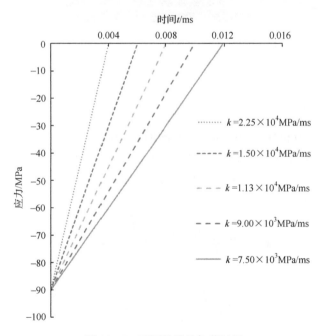

图 12-47　不同的线性卸荷过程

数值模拟结束后,岩体的破坏情况如图 12-48 所示。

由数值模拟的结果可知,当卸荷速率较高时,如图 12-48(a)～(c)所示,试件首先在卸荷端产生了直接的拉伸破坏,残余应力波经过固定端的反射叠加后,在固定端附近又出现了破裂区。随着卸荷速率的降低,卸荷过程只能在固定端产生破裂区而不能产生直接卸荷破坏,如图 12-48(d)和(e)所示。因此,应力释放率和岩体卸荷响应存在着对应关系。对于直线卸荷过程,应力释放率即为初始应力与时间的比值。

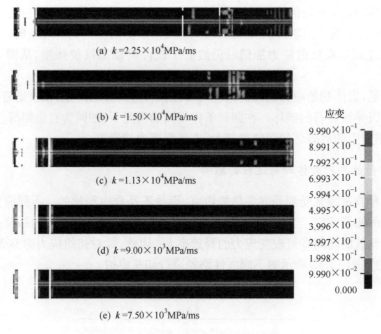

(a) $k = 2.25 \times 10^4 \text{MPa/ms}$

(b) $k = 1.50 \times 10^4 \text{MPa/ms}$

应变

9.990×10^{-1}
8.991×10^{-1}
7.992×10^{-1}
6.993×10^{-1}
5.994×10^{-1}
4.995×10^{-1}
3.996×10^{-1}
2.997×10^{-1}
1.998×10^{-1}
9.990×10^{-2}
0.000

(c) $k = 1.13 \times 10^4 \text{MPa/ms}$

(d) $k = 9.00 \times 10^3 \text{MPa/ms}$

(e) $k = 7.50 \times 10^3 \text{MPa/ms}$

图 12-48 卸荷破坏过程(文后附彩图)

5. 高应力岩体卸荷过程的控制规律

卸荷过程中,应力和时间构成的闭合空间面积为应力冲量。冲量的大小和形状都会影响冲量的作用效果。不同的卸荷过程应力冲量大小可能相同,但是冲量的形状肯定不同。根据这一特点,为了表征不同的卸荷过程,分别引入差分时间应力释放率 k_t 和差分应力的应力释放 k_σ 的概念,定义如下[41]:

$$k_t = \frac{\sum_{i=1}^n I_i^t}{I} \frac{\mathrm{d}\sigma(t)}{\mathrm{d}t} = \frac{\int_0^T \sigma(t)\sigma'(t)\,\mathrm{d}t}{\int_0^T \sigma(t)\,\mathrm{d}t} \tag{12-38}$$

$$k_\sigma = \frac{\sum_{i=1}^n I_i^\sigma}{I} \frac{\mathrm{d}\sigma(t)}{\mathrm{d}t} = \frac{\int_0^{\sigma_{\max}} t(\sigma)\sigma'(t)\,\mathrm{d}\sigma}{\int_0^T \sigma(t)\,\mathrm{d}t} \tag{12-39}$$

式中,$\sigma(t)$ 是卸荷过程中应力随时间释放的函数,即卸荷路径;$t(\sigma)$、$\sigma'(t)$ 分别是 $\sigma(t)$ 的反函数和导数。式(12-38)和式(12-39)的数学意义表示如图 12-49 所示,它表明了应力释放率不仅是一个平均的概念,而且是时间的函数。

k_t 表示差分时间得到的应力释放率在卸荷过程中所起的作用,k_σ 表示差分应力所得到的应力释放率在卸荷过程中所起的作用。显然,两种不同形式的应力释放率势必都会在卸荷过程中起作用,真正在卸荷过程中起完全控制作用的是两者的某种组合形式。因此,经过多次试算表明,如下的组合能够最大限度地表征卸荷过程中岩体的响应。

$$\bar{k} = \frac{k_\sigma}{k_\sigma + k_t}k_\sigma + \frac{k_t}{k_\sigma + k_t}k_t \tag{12-40}$$

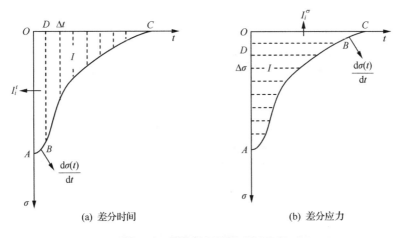

(a) 差分时间　　　　　(b) 差分应力

图 12-49　卸荷路径的差分示意图

式中，$\bar{k}$ 为等效应力释放率。很明显，当卸荷过程为线性过程时，等效应力释放率即为应力释放率 k。

如图 12-50 所示，对于余弦和指数非线性卸荷路径，它们的卸荷路径函数为：$\sigma(t) = -\sigma_{\max}\cos(\pi t/2T)$（余弦卸荷路径），$\sigma(t) = -\sigma_{\max}e^{-\frac{2\pi}{T}t}$（指数卸荷路径）。

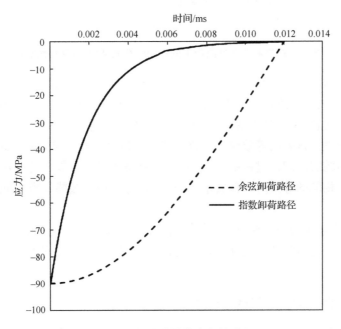

图 12-50　非线性应力释放路径

根据等效应力释放率的计算公式，可得到图 12-50 中余弦卸荷路径和指数卸荷路径的等效应力释放率分别为：$\bar{k}_{\cos} = 8.63 \times 10^3$ MPa/ms，$\bar{k}_{\exp} = 1.97 \times 10^4$ MPa/ms。取应力释放率为 8.63×10^3 MPa/ms 和 1.97×10^4 MPa/ms 线性卸荷过程与之比较，结果如图 12-51 所示。

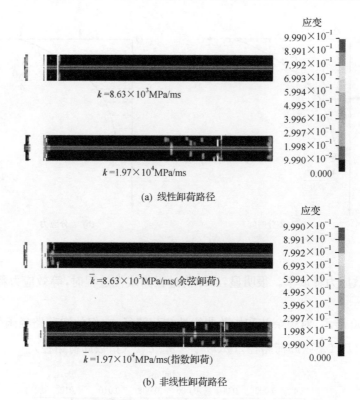

图 12-51　线性和非线性路径下的不同卸荷破坏情况(文后附彩图)

　　结果表明,当线性过程中的应力释放率和非线性卸荷过程的等效应力释放率的数值相同时,两种不同的卸荷路径表现出相同的卸荷响应特性。同时,对很多其他的线性和非线性路径进行了比较,结果都表明,当等效应力释放率相同时,不同的卸荷过程表现出相同的卸荷破坏特性。这表明等效应力释放率能很好地表征初始应力岩体卸荷过程中的破坏响应。在岩体的实际卸荷过程中,可以通过控制等效应力释放率的办法来控制岩体的卸荷破坏响应。相同的等效应力释放率下,不同卸荷路径函数能导致相同的非连续破坏特征。

　　由此可见,岩体本身高初始应力的卸荷过程能导致岩体的破坏,而且卸荷过程的破坏形式表现出破裂区与非破裂区交替出现的特征。三维应力状态下的动态卸荷也可以得到类似的结果[42]。

12.4.3　高应力岩体加载的非连续破坏特征

　　分区破裂化现象在深部高应力岩体开挖过程的产生是有条件的。根据南非的观察记录,在 1000~5000m 的深部范围内并不是处处存在分区破裂。因此,不是深部的任何条件下都会有分区破裂化发生。深部和高应力不是分区破裂产生的充分条件,而只是必要条件。分区破裂的产生与初始应力、开挖的空间结构和开挖方式等多种因素有关[43]。

1. 高应力岩体动态开挖数值模型

任何一次采矿活动都是在前一次的基础上进行的。前一次开挖和应力重新分布的结果是下次采矿活动的初始条件。因此,对硐室周围进行应力初始化是加载过程的前提条件。

根据巷道形状和应力分布的对称性,无限的三维空间等效为 1/8 的 LS-DYNA 模型。巷道的前进方向设为 y 轴方向,模型尺寸和边界条件如图 12-52 所示。

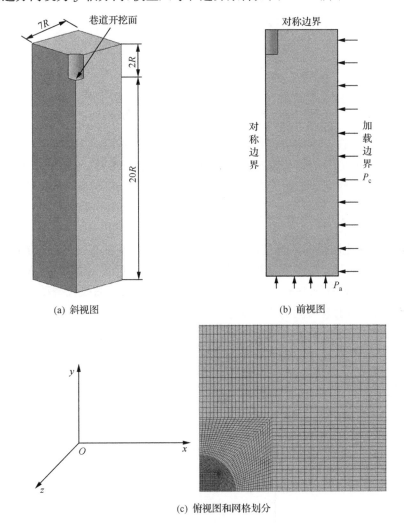

(a) 斜视图　　　　　　　　(b) 前视图

(c) 俯视图和网格划分

图 12-52　模型尺寸和边界条件

初始应力载荷作用在垂直和水平方向的外边界,分别为 σ_x、σ_y、σ_z。不同的 σ_x、σ_y、σ_z 对应不同的初始应力强度,其中 σ_x 等于 σ_z,对应不同的环向应力,σ_y 对应轴向(加载方向)应力。根据图中所示的岩体模型,如果巷道开挖半径为 1m,当 x、y、z 方向的初始应力都为 60MPa 时,应力初始化后如图 12-53 所示。

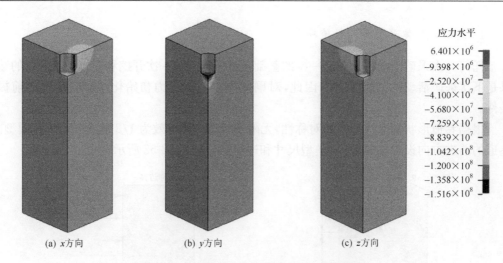

(a) x方向　　　　　(b) y方向　　　　　(c) z方向

图 12-53　模型尺寸和边界条件(文后附彩图)

　　由图可以看到,在 x、y、z 方向添加了初始应力,而且初始应力在各个方向成逐渐递增的趋势,最终初始应力达到和原岩应力(60MPa)处于同一水平。因此,应力初始化的结果表明,实体模型的建立和初始应力的施加方法是符合理论和现场的规律的。

2. 不同初始应力下的动态开挖过程

　　为了进一步简化问题的求解过程,假设开挖过程仅在 y 轴方向(开挖方向)进行。同时,巷道半径仍然为 1m,垂直方向的应力为 $\sigma_y = 60$MPa,对应 10MPa、20MPa、40MP 和 60MPa 不同的水平应力($\sigma_x = \sigma_z$)情况。并且,用三角形的载荷曲线代替动态加载载荷,载荷峰值为 2×10^9Pa,上升时间为 10^{-6}s,作用周期为 2×10^{-3}s,如图 12-54 所示。动态开挖的数值模拟结果如图 12-55 所示。

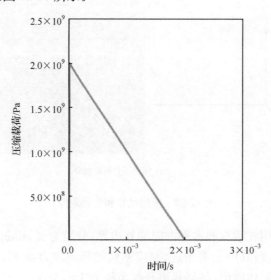

图 12-54　动态加载曲线

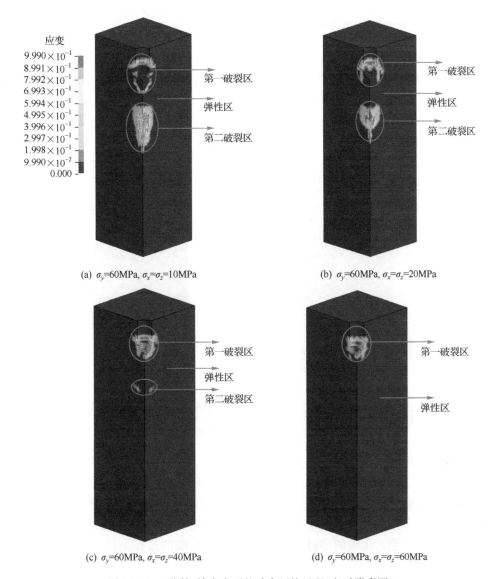

(a) σ_y=60MPa, σ_x=σ_z=10MPa　　　　　　(b) σ_y=60MPa, σ_x=σ_z=20MPa

(c) σ_y=60MPa, σ_x=σ_z=40MPa　　　　　　(d) σ_y=60MPa, σ_x=σ_z=60MPa

图 12-55　不同初始应力下的动态开挖过程（文后附彩图）

　　图 12-55 中的（a）～（c），在动态加载过程的初期导致了开挖面附近破裂区的产生，在此定义为第一破裂区；但是随着加载的进行，间隔了一个弹性区后，在离开挖面较远的区域又产生了另一破裂区，在此定义为第二破裂区。这样的破裂区形式的出现符合分区破裂的现象。但是，当垂直方向的初始应力（60MPa）一定时，随着水平初始应力的增大，如图 12-55（d）中，第二破裂区消失了，仅有第一破裂区产生。这一现象的出现表明：含初始应力岩体的动态加载过程可以出现分区破裂化现象，但是这一现象的出现与初始应力水平有关，初始应力水平是第二破裂区能产生的一个关键因素。

3. 不同加载类型下的动态开挖过程

既然分区破坏化的现象发生在动态开挖过程中，那么肯定和动态加载的类型有关。为了验证分区破裂和加载类型的关系，在不同的加载时间下对 $\sigma_y = 60\text{MPa}$ 和 $\sigma_x = \sigma_z = 10\text{MPa}$ 的岩体模型进行数值模拟。把加载作用时间由原来的 0.002s 增加到 0.02s 和 0.2s，而峰值不变，从而得到数值模拟的结果，如图 12-56 所示。

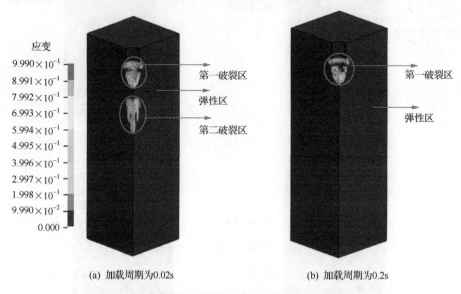

应变
9.990×10⁻¹
8.991×10⁻¹
7.992×10⁻¹
6.993×10⁻¹
5.994×10⁻¹
4.995×10⁻¹
3.996×10⁻¹
2.997×10⁻¹
1.998×10⁻¹
9.990×10⁻²
0.000

第一破裂区
弹性区
第二破裂区

第一破裂区
弹性区

(a) 加载周期为0.02s　　　　　　　(b) 加载周期为0.2s

图 12-56　不同开挖强度作用的破坏形式（文后附彩图）

图 12-56 表明，在相同的初始应力情况下，不同的加载类型（加载周期不同）表现出了不同的破坏结果。随着加载周期的增加，第二破裂区逐渐消失（图 12-56(b)）。分析可知，当加载周期由 0.002s 逐渐变到 0.2s 时，加载方式逐渐由动态过程变到准静态过程。对比于动态过程和准静态过程可知，动态过程产生的扰动能量会以波的形式向远处传播，而准静态过程则不会产生波的传播形式。因此，动态加载的过程是第二破裂区能够产生的又一关键因素。

数值模拟的结果表明，高应力岩体的动态加载过程能产生分区破裂化现象，或者非线性间隔破坏现象。但是这种现象的出现是有条件的：首先，这一现象的出现和初始应力有关，高的初始应力方向对应着高的分区破裂化现象出现的可能；其次，分区破裂化现象只出现在动态开挖过程，而不出现在静态或准静态过程中。

分区破裂化所表现的非连续和间隔破裂的形式与传统的现象不相符，存在争议的地方很多，就连分区破坏化现象的存在与否，或者说普遍存在还是有限存在都是一个广受争议的论题。但是，利用传统的实体试验模型和数值模拟模型都得到了这一现象，很多的现场观测也证实了这一现象的存在。分区破裂的出现肯定与空间、时间存在密切相关的效应，并且与采场应力环境、岩体初始应力和能量的释放快慢、开挖方法、岩体构造等诸多因素有关。

高应力岩体自身应变储能的动态释放会产生卸载拉伸波，拉伸波会导致岩体的拉伸破坏得到了确认。深部硐室周围的岩体也储存了大量的变形能,当开挖导致能量的突然释放时,会在开挖面周围产生卸载拉伸波,拉伸波由开挖面向硐室的四周传播,当卸载波在介质中产生的拉应力超过介质内材料的拉伸强度时将会产生拉伸破坏。如果初始卸载波强度很高,在介质内产生第一次拉断后,还会产生第二次,甚至多次拉断。岩体的破裂和破裂区的间隔与拉伸波的峰值、形状和波长等特性有关。不同的开挖卸荷过程和不同的初始应力对应不同的拉伸波特性。例如,爆破等开挖过程中,围岩能量获得突然释放,使得卸载拉伸波的产生成为可能。但是,对于围岩能量缓慢释放的过程,即使初始储能很高,也不会有卸载拉伸波的产生,从而不会有非连续破坏现象的产生。同时,如果岩石的初始应力很低,储存的初始应变能少,即使是能量的快速释放过程产生了卸载拉伸波,但是如果拉伸波的强度达不到岩石破坏所需要的极限拉应力,则也不会有非连续破坏现象的产生。另外,动态的加载过程是第二破裂区能够产生的关键因素。因此,分区破坏化现象的产生是有条件的。首先,岩体必须有高的初始应变储能,即必须是高应力岩体;其次,不是在任何条件下,只要有高应力,只要是深部,就会有分区破裂化,它的产生还与岩体初始储能的释放速率有关,现场情况也证明了这点。

分区破裂化对进行金属矿山深部开采的意义重大。金属矿山的采矿主要是通过爆破等强卸荷的办法,满足开挖产生动态扰动的条件。在爆破开挖过程中,需要通过各种各样的采矿方法、不同的采准切割等一些工程的布置来实现矿物的回收。在初始应力一定的情况下,分区破裂与开挖方式、回采速度等有关。可以利用分区破裂化做一些诱导工程,用小的能量来实现大面积的岩石破碎,即“深部岩体诱导破碎”。比如,金属矿山的自然崩落法,就是在底部拉一个大面积的空间来实现岩石的自碎,从而以小的能量获得大的破碎效果,同时,包括岩爆也是高应力岩石在合适的卸载空间中的自裂。因此,只要找到合适的诱导破裂方法和途径,岩体内部储能就会变成有效破岩的有用动力源,在不用炸药或少用炸药的情况下合理的布置开挖顺序和选择开挖方法,实现深部矿床的高效连续开采。

12.5　高应力岩体诱导致裂与非爆连续开采

随着矿山进入深部开采,作业环境发生了重大变化,深部岩体面临着高地应力、高地温、高渗透水压和强扰动的“三高一扰动”状态,地下工程开挖卸载后,围岩会出现诸如板裂、层裂或分区破裂等现象,在硐室周边形成围岩松动圈,松动圈范围内岩体相对破碎,次生裂纹较为发育。根据高应力硬岩开挖过程中表现出的好凿易爆、开挖卸荷后的松动圈范围较浅部增大、小扰动后高应力岩石易于致裂等特点,完全可以实现利用机械或相关扰动技术对高应力硬岩原始储能的激发释放和可控利用,并最终形成高应力硬岩矿床的非爆连续开采理论与技术体系。

12.5.1　非爆连续开采理念与应用进展

连续采矿技术首先出现于煤炭矿山开采,在大型和超大型露天煤矿中,采用巨型斗轮式挖装机来担负工作面采煤和短距离输送的任务,并把煤炭传送到大型胶带运输机上;大型胶带运输机则承担将原煤输送到数公里至数百公里外的煤场、港口、车站或发电厂的任务。这种斗轮式挖装机与大型胶带运输机配套的超大型露天煤矿的"连续采煤系统",每天可采煤数万吨;大型地下煤矿主要利用大型采(刨)煤机配自行式掩护支架、刮板运输机、胶带运输机,实现对煤炭的长壁法连续开采,也称为"综合机械化采煤法"。在现代大型和超大型金属露天矿,普遍采用一种称为"间断—连续开采工艺"的技术,即采用大型穿孔设备破岩、巨型电铲装载和大型汽车运矿,然后经半固定或可移动破碎站—大倾角胶带运输机—长距离的大型胶带输送机组,将矿石运到地表矿仓。

显然,大型露天煤矿的"连续采煤系统"、地下煤矿的"综合机械化采煤法"和金属露天矿的"间断—连续开采工艺"都体现了"连续采矿"的理念,即矿石从工作面采出并源源不断地运输到井下矿仓或地面矿仓,采掘、装载、运输工艺平行连续进行,工作面连续推进。

在金属露天矿的"间断—连续开采工艺"和地下煤矿的"综合机械化采煤法"问世并投入工业应用之后,国内外专家开始思考地下硬岩矿山的连续采矿问题。古德生院士提出了硬岩地下矿山狭义连续开采理念,即以大矿段为回采单元,采用一步骤回采、矿段矿房法连续推进,在回采过程中,落矿、出矿、运矿、充填四个工序各自具有独立的作业条件,各工序间相互协调,在不同的空间平行进行[44]。

法国和英国等矿业发达国家的专家,从长远目标出发,极力推崇与采煤机类似的连续切割机械采矿。他们认为,在采矿过程中,如果能以连续切割矿岩的设备来取代传统的基于凿岩爆破的硬岩矿山采矿工艺,则可实现连续开采,继而大幅度提高采矿效率。一些外国公司投入巨资开发了以机械切割破岩为主的采矿机械。例如,瑞典 ATLAS COPCO 公司与 BOLIDEN 采矿公司等联合研制的 DBMN7050 采矿机,可在抗压强度比较高的岩石中掘进断面为 $16.8 \sim 20 m^2$、曲率半径为 15m 的平底板马蹄形巷道,年进尺可达 $4 \sim 6km$。美国 ROBBINS 公司的移动式采矿机、德国 WIRTH 公司与加拿大 HDRK 采矿研究中心联合研制的 CM 连续采矿机、南非试制了液压冲击式连续采掘机、加拿大 CMS 连续采矿公司研制的 CL 系列摆动式破碎机等非爆开采设备,但这些设备大都具有结构复杂、机体庞大、针对硬岩刀具磨损快、成本昂贵的缺点,未能在硬岩矿山得到普遍推广使用。

因此,采用机械切割矿岩的优越性明显:①切割空间不需施爆,明显提高矿岩工程的稳固性;②机械切割能准确地开采目标矿石,可使矿石贫化率降到最低;③连续切割的矿石块度,适于带式运输机连续运输,运输系统可以大大简化,从而实现真正意义上的采掘工艺过程(如切割、落矿、装载、搬运)在同一个空间内平行连续进行的连续采矿。但是,以实现硬岩矿山连续开采为目标的连续采矿机的可行性,受到了硬岩带来的切割机械功率大、能耗高、切割头磨损厉害且寿命不长导致切割费用极高等的挑战。硬岩连续切割采矿机要大规模投入工业应用尚需寻找突破,但硬岩矿山要实现连续化开采,继而向无人采矿迈出,必须在寻求硬岩破岩原理与方式的基础上,开发新的适应开采条件的破岩机械及其工艺。如果能用简单的机型开采硬岩矿体,且能降低材料消耗和节约成本,那么将会给矿山技术发展带来新的飞跃。

12.5.2 岩体卸荷诱导致裂理论与应用

岩体的变形破坏与其内在结构和所处的应力环境密切相关,连续加荷可导致岩体失稳,卸荷也可能导致岩体破坏失稳,但岩体卸荷条件下的力学特性与加荷条件下的力学特性有着本质区别。当高应力作用于岩石上时,将会产生两种效应:一是提高了扰动能量利用率,致使岩石更易破坏;二是材料刚度的劣化。由于岩石内部存在的大量的晶界、位错、孔洞和微裂隙等裂纹源,工程开挖产生的机械扰动或爆破震动等会加剧这两种作用效应。

矿体开挖过程会伴随着原岩地应力状态和储存能量的变化、转移和重新分布。矿体的开采引起了有限范围内围岩的最小主应力降低,制约了围岩允许储量的大小。因此,能量集聚是有限制的,一定的应力状态具有一定的极限储存能,矿体中集聚的能量不能超过特定的应力状态下的极限储存能。围岩不同部分的应力状态各不相同,允许储存能也各不相同:越是接近开采工作面,最小主应力降低越多,允许的极限储存能也越小,如果集聚的能量大于该点的极限储存能,多余的能量将一部分释放,另一部分向深部转移;在远离开采工作面时,围岩储存能又恢复到原岩储存能。释放的能量和转移的能量将造成围岩塑性变形或破裂,如果这些能量超过围岩塑性变形或破裂时消耗的能量,还可能将破碎岩石推移或抛出。深部硬岩开采中出现的一些现有理论无法很好解释,但又严重影响工程施工和资源高效回收的诸如掌子面附近围岩中出现大范围岩体分区破裂化及岩爆事故等现象,无疑和卸荷或扰动下深部高应力硬岩岩体中的能量转移和释放密切相关。近年来,我们对高应力脆性岩石在动力扰动下的力学特性和能量耗散规律展开的研究表明:特定幅值和持续时间的应力脉冲,能够更加有效地促进高应力岩体的裂纹扩展,从而提高破碎岩石的效果。深部矿山开采实践也证明:施工参数(巷道断面、炮孔布置、装药参数)相同的条件下,深部巷道表现出更好的进尺和更理想的岩石破碎效果。这给了我们重要的启示:深部高应力硬岩在动力扰动和快速卸载条件下容易产生破碎。在适当的诱导破裂工程和途径下,岩石内部储能可望转变成破岩的动力,在不用炸药或少用炸药的情况下实现矿山的高效连续开采[45]。

图 12-57 为 40MPa 围压条件下,砂岩试样卸载围压后的试件损伤程度与卸载速率之间的实验关系[46]。由图可见,在一定卸荷范围内,卸载速率增加,岩石越容易产生损伤。室内岩石卸载试验结果表明,卸载后岩体存在强度降低、变形增大等规律,说明深部采矿过程中布设一些诱导工程,可以使岩体的强度弱化及内部节理扩展。

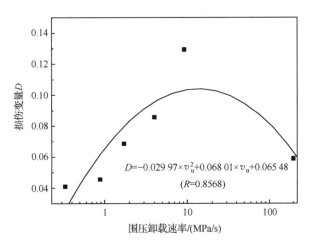

$$D=-0.029\,97\times v_u^2+0.068\,01\times v_u+0.065\,48$$
$$(R=0.8568)$$

图 12-57　损伤变量 D 与 40MPa 围压卸载速率的关系

　　Read 观测了开挖巷道形成的松动圈及巷道周围形成的破坏区[17]，如图 12-58 所示，说明巷道开挖卸载对围岩的稳定性产生了影响。由此可以预见，高地应力条件下，巷道开挖形成的松动圈及岩石破坏区范围将更大，破裂区内岩体强度弱化，进而适合机械开采。我们通过对开挖扰动下高应力岩体的能量演化与应力重分布规律的研究[45]，也得出：不同的原岩应力状况和开挖断面几何形状对开挖扰动效应的影响不同，即原岩应力越接近静水压力则开挖扰动效应越小，当原岩应力为非静水状态时，由于受平行边界方向的挤压加载作用，在与最大主应力方向平行的边界周边会出现压力集中区；对于矩形、三心拱形和圆形等不同断面形状开挖相同体积的空间时，扰动效应由大到小分别为矩形开挖、三心拱开挖和圆形开挖。

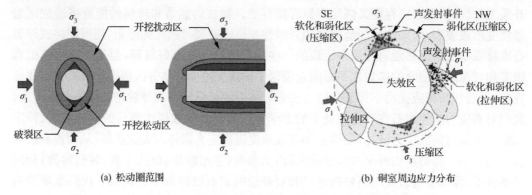

(a) 松动圈范围　　　　　　　　　　　　　　(b) 硐室周边应力分布

图 12-58　圆形硐室开挖后周边围岩破坏区分布情况[17]

　　自然崩落法（图 12-59）是一种利用地压致裂矿石进行采矿的方法，利用拉底与削帮工程在矿岩中会产生相应的次生应力场，且岩体在次生应力场的作用下发生破坏直至崩

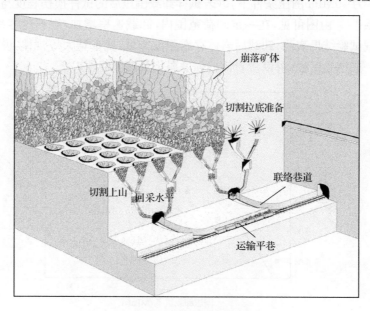

图 12-59　自然崩落法示意图

落。该采矿法是将待采矿体划分成一定规模的矿块,以矿块作为开采对象,通过对矿块的拉底、切槽等采矿工程,使矿岩体内产生拉、压、剪等集中应力区域,迫使矿体在诱导集中应力的作用下产生破坏崩落,从而无需对矿体进行凿岩爆破等工作,就能实现作业连续化。

显然,自然崩落法只适用于矿体节理裂隙发育、稳定性差且围岩稳定性较好的矿床。但对于深部高应力矿体,通过诱导巷等诱导工程,完全有可能改善其矿岩破裂条件,继而通过类似机械化的方式实现有效的采矿作业。

12.5.3　诱导致裂非爆连续开采可行性初探

深部高应力条件下硬岩开挖卸荷后,岩体的受力环境及结构条件的变化给硬岩矿山非爆开采带来了一个良好的契机,有必要就诱导致裂连续开采可行性进行深入研究。为此,我们结合某深部硬岩矿山工程实际,在深部矿体中进行了非爆开采可行性试验研究[47]。

该矿山目前开采深度已达 580m 水平,垂直深度已超过 800m,地应力测试发现水平最大主应力达 34.49MPa,且最大主应力的大小随测点埋深增加而增大。矿石的抗压强度约为 150.0MPa,属于典型的硬岩。根据 CSIR 岩石分类系统,对试验场地进行了质量评价:岩心质量指标(RQD)为 50%~60%,裂隙倾向优势方位为 210°~230°、325°~340°,成网格状,裂隙倾角多分布在 30°~40°,节理间距为 22.17cm,节理裂隙发育,裂隙等密图、倾向玫瑰图及网格状节理如图 12-60 所示。

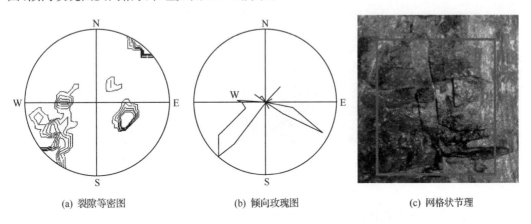

(a) 裂隙等密图　　　　　　　　(b) 倾向玫瑰图　　　　　　　　(c) 网格状节理

图 12-60　某硬岩矿山节理裂隙地质调查结果

根据试验矿段卸荷后表现出的裂隙发育及高地应力矿体开挖卸荷后松动圈破坏区将更易扩大等情况,我们大胆提出了在该矿段实现非爆连续开采是可行的结论,并开展了一系列非爆连续开采可行性的研究。非爆连续开采工具选用了矿山已有的一台 EBZ160TY 型巷道掘进机,其主要参数如表 12-8 所示。

表 12-8　EBZ160TY 型掘进机主要参数

项目	主要参数	项目	主要参数
外形尺寸/m	9.8×2.55×1.7	卧底深度/mm	250
机重/t	52	铲板宽度/m	3.0/2.7
经济截割硬度/MPa	≤80	离地间隙 mm/	250
切割电机功率/kW	160	装载形式	星轮
总功率/kW	250	输送机链速/(m/s)	1.2
工作电压/V	1140	接地比压/MPa	0.14
适用坡度/(°)	±16	行走速度/(m/min)	0~15
液压系统功率/kW	90	最大截割高度/m	4.0
最大截割宽度/m	5.5	液压系统压力/MPa	23
切割臂水平放置时机器最大高度/m	2.34	切割头落地时机器通过高度/m	2.06

　　为了对比诱导致裂破岩与直接机械破岩的差异,先用掘进机进行了单工作面独头采掘试验。试验发现,截割过程中工作面粉尘很大,在添加除尘喷雾装置和抽出式局扇后,工作面粉尘状态依旧没有大的改善;独头采掘过程中,产生了大量的粉尘,且截齿耗损大,严重超过了该掘进机在矿山红页岩巷道掘进时的截齿损耗。经过 5 个小时的截割后,整个合金头磨损殆尽,并且齿体圆锥表面基本被磨损,同时独头截割下来的岩石块度很小,岩石被磨切成粉状。试验中的粉尘状态、截齿损耗和截割的岩石块度如图 12-61 所示。

(a) 粉尘　　　　　　　　　(b) 截齿耗损　　　　　　　　(c) 截割块度

图 12-61　独头机械切割矿石效果图

　　为此,我们提出了先开挖诱导巷后再进行机械回采的方法,如图 12-62 所示。在待回采矿房先开挖一条巷道,称为诱导巷道,诱导高应力集中作用于巷道矿岩,诱发岩体裂纹扩展,从而形成较大的松动圈,然后再用掘进机连续回采矿石。

1. 诱导巷道致裂效果测试

　　诱导巷道致裂效果测试主要是监测岩体在高应力集中条件下的强度和裂纹扩展情况。监测采用超声波围岩裂隙探测仪进行,通过超声波在岩体中的传播速度与岩体的物理力学指标(动态弹模、密度、强度等)之间的关系,确定岩体受高应力集中影响程度及裂纹发育情况。

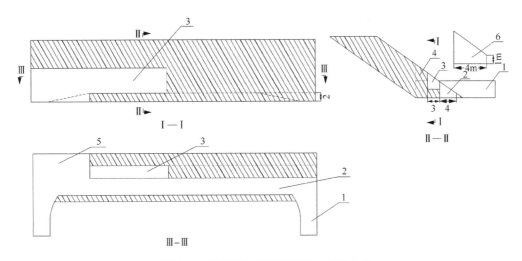

图 12-62　诱导致裂下的机械开采试验方案

1-石门；2-预拉诱导巷道；3-机掘巷道Ⅰ；4-机掘巷道Ⅱ；5-掘进机准备空间；6-预拉巷道断面参数图

图 12-63 给出了超声波围岩裂隙探测仪的原理。利用专用单一发、收换能器在钻孔中测量岩石孔壁超声波的波速来判断围岩的破碎程度，用清水作耦合剂，沿孔深方向观测超声波在围岩中的传播速率，对整孔进行测试。测试参数为纵波传播时间，并根据两接收换能器之间的距离，求得波速值 C 为

$$C = S/T \tag{12-41}$$

式中，S 为发射器与接收器之间的距离（m）；T 为到达接收器的时间（s）。

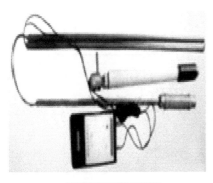

(a) 超声波围岩裂隙探测仪

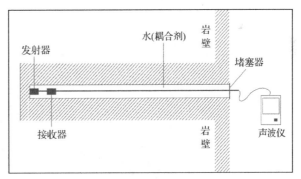

(b) 探测仪示意图

图 12-63　松动圈探测示意图

将各测点所得的波速值绘制成孔深（L）与波速（C）关系曲线，并根据曲线中的波速变化确定岩体松动圈范围。当在某一孔深处超声波传播速度发生了突变时，就认为该点至巷道表面范围就是预拉诱导巷道的松动圈范围。显然，由于岩体的各向异性、不均匀性及高应力集中条件的不同，预拉诱导巷道不同位置的松动圈范围也是不相同的。

松动圈范围观测的测点布置如图 12-64 所示，自预拉诱导巷道开挖 10m 后，在预拉巷道的高帮一侧开始布设松动圈监测钻孔，随着巷道掘进的完成，依此布设了测点1#、2#

和 3#，松动圈的监测结果如图 12-65 所示。从图中可以看出：

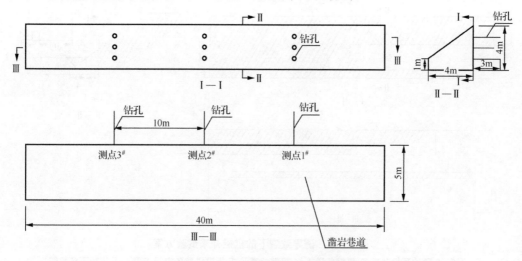

图 12-64　松动圈测点布置示意图

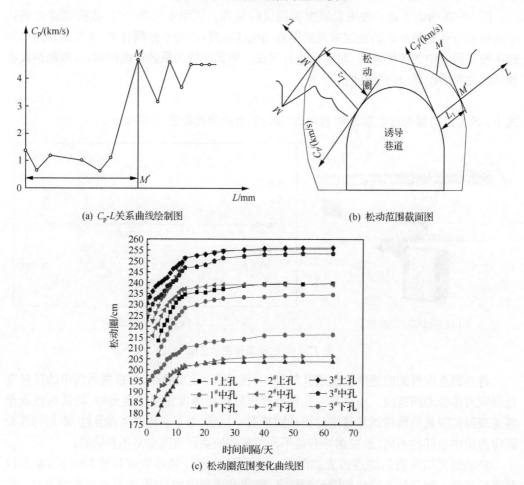

(a) C_p-L关系曲线绘制图

(b) 松动范围截面图

(c) 松动圈范围变化曲线图

图 12-65　松动圈探测仪原理及范围变化曲线图

（1）矿体的硬度较大，但一经揭露，其松动圈扩展迅速，瞬时松动圈范围占总松动圈范围的 90% 左右；每个测点中孔测得松动圈 2.05m 以上，两周（14 天）后趋于稳定。

（2）松动圈范围的扩展速率前期较大，往后逐渐减小，直至趋向稳定。

（3）每个测点均有三个测试孔，它们间隔在 1m 左右。综观三个测点的数据可知，观测孔位置越高其松动圈数值越大，松动圈数值大小与高度成正相关关系。

（4）松动圈范围最大值为 256.1cm，平均为 233.9cm，因此，当用机械化开采时，建议的采幅为 2.5m 左右。

2. 松动圈范围机械开采效果监测

现场试验表明：掘进机截割松动圈范围内的矿石比较容易，截割状况良好，很多矿石受震动后垮落，落下矿石成块状，破岩效率高。试验中的截割矿石效率达到了约 72t/h，远高于传统的凿岩爆破方法回采时的效率。

在诱导开采试验进行的同时，对截齿的耗损做了详细的调查，截齿选用了某种国产截齿和某种进口截齿，它们均由铸铁的齿体和嵌入式硬质合金头组成且几何参数类似，如图 12-66 所示。

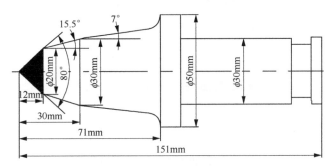

图 12-66　截齿几何参数

针对截齿质量耗损的不同及可再用情况作为依据，将磨损情况分为三类：第一类为轻微磨损，质量损失为 0~125g，截齿可在此应用；第二类为严重磨损，质量损失为 125~250g，截齿要经过修补后可再次使用；第三类为损坏不可再用。国产截齿轻微磨损 9 个，严重磨损 12 个，损坏的 5 个；进口截齿轻微磨损 18 个，严重磨损 4 个，损坏的 4 个。试验结果显示，诱导致裂切割矿石比直接切割截齿磨损情况明显好转，而进口截齿的磨损情况又优于国产截齿。

试验中均无磨损齿座和崩刃现象；截割头最前端的截齿，排列较密，其主要是钻进时旋转钻动，由于其安装角度较小，磨损局部齿体；截割头中间靠近前端的部分，这一部分截齿在钻进时受到岩石的摩擦力，在横切时又受到偏载荷，故其磨损最厉害；截割头中间靠近尾部的截齿，由于安装角度较高，主要是在横向摆动时受到轴向力，故主要磨损部位在于合金头；尾部的截割齿，不论是钻进还是横切时，其与矿体的接触的机会均不多，作用力均较小，故基本没有大的磨损。诱导致裂切割矿石，粉尘量减少，并且切割下的矿石不再是粉末状，而是呈现块状，切割效果明显改善，如图 12-67 所示。

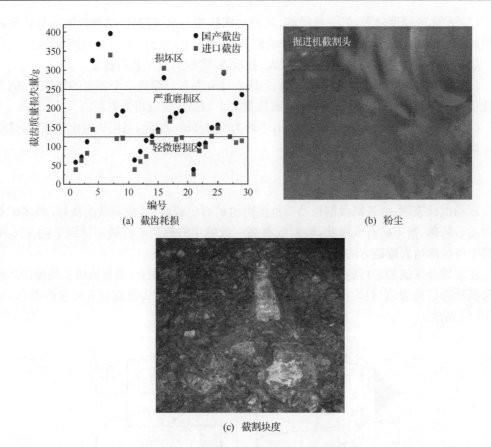

(a) 截齿耗损

(b) 粉尘

(c) 截割块度

图 12-67　诱导条件下机械切割矿石效果图

　　由此可见,随着地下矿山开采深度的不断增加,地应力不断增大,深部高应力条件下硬岩储存了大量的能量,岩体开挖卸荷引起储存能量的变化、转移和重新分布,加剧了岩石中裂纹的扩展,深部高地应力这一特殊环境成为非爆连续开采的一个有利因素,给硬岩矿山进行非爆开采创造了良好契机。通过开挖诱导巷道的方式,可实现多自由面掘进机连续开采。通过非爆连续开采可行性试验研究发现,非爆机械连续采矿截割矿岩效率高,截齿损耗低,采场粉尘量少,落矿矿石块度大。现场检测诱导巷道致裂效果表明,高应力条件下,卸载开挖引起的地应力调整对岩体弱化作用相当明显,松动圈范围最大达256.1cm,平均为233.9cm,为非爆连续开采提供了十分有利的条件。

参 考 文 献

[1] 古德生,李夕兵. 金属矿山深部开采中的科学问题//香山科学会议第175次学术讨论会,北京,2001

[2] 何满潮,谢和平,彭苏萍,等. 深部开采岩体力学研究. 岩石力学与工程学报, 2005, 24(16): 2803-2813

[3] Dowding C H, Andersson C A. Potential for rock bursting and slabbing in deep caverns. Engineering Geology, 1986, 22(3): 265-279

[4] Martin C D, Read R S, Martino J B. Observations of brittle failure around a circular test tunnel. International Journal of Rock Mechanics and Mining Sciences & Geomechanics Abstracts, 1997, 34(7): 1065-1073

[5] 李地元,李夕兵. 高应力硬岩板裂破坏的研究现状与展望. 矿业研究与开发, 2011, 31(5): 82-86

［6］Fairhurst C,Cook N G W. The phenomenon of rock splitting parallel to the direction of maximum compression in the neighborhood of a surface//Proceedings of the First Congress of the International Society of Rak Mechanics, Lisbon,1966:687-692

［7］Ortlepp W D. The behaviour of tunnels at great depth under large static and dynamic pressures. Tunnelling and Underground Space Technology, 2001, 16(1): 41-48

［8］Martin C D,Maybee W G. The strength of hard-rock pillars. International Journal of Rock Mechanics and Mining Sciences，2000,37(8):1239-1246

［9］Cai M. Influence of intermediate principal stress on rock fracturing and strength near excavation boundaries-Insight from numerical modeling. International Journal of Rock Mechanics and Mining Sciences，2008,45(5): 763-772

［10］Ortlepp W D. Rock fracture and rockbursts:An illustrative study. Johannesburg:South African Institute of Mining and Metallurgy,1997

［11］Lu M,Dahle H,Grøv E, et al. Design of rock caverns in high in-situ stress rock mass//Rock Mechanics in Underground Construction:ISRM International Symposium 2006 : 4th Asian Rock Mechanics Symposium. Singapore:World Scientific, 2006

［12］Stacey T R. A simple extension strain criterion for fracture of brittle rock. International Journal of Rock Mechanics and Mining Sciences，1981,18(6):469-474

［13］Eberhardt E, Stead D, Stimpson B. Quantifying progressive pre-peak brittle fracture damage in rock during uniaxial compression. International Journal of Rock Mechanics and Mining Sciences, 1999,36(3): 361-380

［14］Eberhardt E, Stead D, Stimpson B, et al. Identifying crack initiation and propagation thresholds in brittle rock. Canadian Geotechnical Journal, 1998,35(2): 222-233

［15］Li D,Wong L N Y. The brazilian disc test for rock mechanics applications:Review and new insights. Rock Mechanics and Rock Engineering, 2013, 46(2): 269-287

［16］Li D Y, Li C C, Li X B. Influence of sample height-to-width ratios on failure mode for rectangular prism samples of hard rock loaded in uniaxial compression. Rock Mechanics and Rock Engineering, 2011,44(3): 253-267

［17］Read R S. 20 years of excavation response studies at AECL's Underground Research Laboratory. International Journal of Rock Mechanics and Mining Sciences, 2004,41(8): 1251-1275

［18］Li X B,Du K, Li D Y. True triaxial strength and failure modes of cubic rock specimens with unloading the minor principal stress. Rock Mechanics Rock Engineering. DOI 10. 1007/s00603-014-0701-y

［19］Klepaczko J,Brara A. An experimental method for dynamic tensile testing of concrete by spalling. International Journal of Impact Engineering，2001,25(4):387-409

［20］Jiang Q, Feng X T, Chen J, et al. Estimating in-situ rock stress from spalling veins: A case study. Engineering Geology, 2013,152(1): 38-47

［21］钟冬望，吴亮，余刚. 邻近隧道掘进爆破对既有隧道的影响. 爆炸与冲击,2010,30(5): 456-462

［22］李夕兵，陶明，宫凤强，等. 冲击载荷作用下硬岩层裂破坏的理论和试验研究. 岩石力学与工程学报，2011, 30(6): 1081-1088

［23］白以龙，柯芋久，夏蒙棼. 固体中微裂纹系统统计演化的基本描述. 力学学报，1991,23(3): 290-298

［24］王永刚，贺红亮，王礼立，等. 延性材料动态拉伸断裂早期连通过程的逾渗描述. 高压物理学报,2006,20(2): 127-132

［25］张昌锁，张宝平. 延性材料的损伤断裂. 爆炸与冲击，2000,20(2): 115-120

［26］Curran D, Seaman L, Shockey D. Dynamic failure of solids. Physics Reports, 1987,147(5):253-388

［27］李夕兵，李地元，郭雷，等，动力扰动下深部高应力矿柱力学响应研究. 岩石力学与工程学报，2007,26(5): 922-928

［28］杨桂通，熊祝华. 塑性动力学. 北京:清华大学出版社，1984

［29］王礼立. 应力波基础. 北京:国防工业出版社，2005

[30] Itasca Consulting Group. FLAC3D, User's guide(version 3. 0), Minneapolis,2005

[31] 龙源,冯长根,徐全军,等. 爆破地震波在岩石介质中传播特性与数值计算研究. 工程爆破, 2006,6(3): 1-7

[32] Adams G,Jager A. Petroscopic observations of rock fracturing ahead of stope faces in deep-level gold mines. Journal of the South African Institute of Mining and Metallurgy, 1980,80(6):204-209

[33] Shemyakin E I, Fisenko G L, Kurlenya M V, et al. Zonal disintegration of rocks around underground workings, Part 1: Data of in situ observations. Journal of Mining Science,1986,22(3): 157-168

[34] 中国科协学会学术部. 深部岩石工程围岩分区破裂化效应. 北京：中国科学技术出版社,2008

[35] Qian Q H, Zhou X P, Yang H Q, et al. Zonal disintegration of surrounding rock mass around the diversion tunnels in Jinping II Hydropower Station, Southwestern China. Theoretical and Applied Fracture Mechanics, 2009, 51(2): 129-138

[36] Shemyakin E I, Fisenko G L, Kurlenya M V, et al. Zonal disintegration of rocks around underground workings. part II: Rock fracture simulated in equivalent materials. Journal of Mining Science, 1986,22(4): 223-232

[37] 顾金才,顾雷雨,陈安敏,等.深部开挖硐室围岩分层断裂破坏机制模型试验研究. 岩石力学与工程学报, 2008, 27(3): 433-438

[38] 张强勇,陈旭光,林波,等,深部巷道围岩分区破裂三维地质力学模型试验研究. 岩石力学与工程学报, 2009, 28(9): 1757-1766

[39] Jia P, Yang T H, Yu Q L. Mechanism of parallel fractures around deep underground excavations. Theoretical and Applied Fracture Mechanics, 2012, 61(1): 57-65

[40] 李夕兵. 分区破裂化正确认识与准确定位对金属矿山深部开采的意义重大//中国科协学会学术部. 深部岩石工程围岩分区破裂化效应. 北京:中国科学技术出版社, 2008

[41] Tao M, Li X,Wu C. Characteristics of the unloading process of rocks under high initial stress. Computers and Geotechnics, 2012,45:83-92

[42] Tao M, Li X,Li D. Rock failure induced by dynamic unloading under 3D stress state. Theoretical and Applied Fracture Mechanics,2013,65:47-54

[43] Tao M, Li X,Wu C. 3D Numerical simulation for mining induce multiple fracture zones around underground cavity faces. Computer and Geotechnics, 2013,54:33-45

[44] 古德生,李夕兵,等. 现代金属矿床开采科学技术. 北京：冶金工业出版社, 2006

[45] 李夕兵, 姚金蕊, 宫凤强. 硬岩金属矿山深部开采中的动力学问题. 中国有色金属学报, 2011, 21(10): 2552-2562

[46] 邹洋, 李夕兵,周子龙,等.开挖扰动下高应力岩体的能量演化与应力重分布规律研究. 岩土工程学报, 2012, 34(9): 1677-1684

[47] 李夕兵, 姚金蕊, 杜坤. 高地应力硬岩矿山诱导致裂非爆连续开采初探——以开阳磷矿为例. 岩石力学与工程学报, 2013, 32(6): 1101-1111

第 13 章　深部硬岩岩爆的动力学解释与工程防护

"岩爆"是高地应力区地下硬岩工程中一种比较常见的具有相当危险性的工程地质灾害。随着岩石工程埋深的增加,岩体中的弹性储能增大,岩体工程开挖过程诱发岩爆的频度和强度也随之增大。岩爆发生时,岩体内原先储存的能量突发性地急剧释放,导致岩石碎片从岩体中剥离、崩出,造成人员伤亡与设备的毁坏,高强度岩爆甚至会造成局部地域的地震。因此,岩爆问题引起了国内外学者的广泛关注。深部硬岩矿山不仅地应力大、储能高,而且由于埋深大,为了保证开采强度,通常进行多中段多矿房同时作业,地下矿房层层叠叠,各类出矿、采掘、爆破作业连续不断。在这个复杂的开采系统中,深部硬岩不可避免地受到开采中较为频繁的爆破崩矿、高阶段落矿、机械凿岩等引发的动力扰动和由于采矿活动导致的应力调整。对于深埋隧道,在其开挖过程中,无论是利用钻爆法还是 TBM 等其他方法开挖,实际上也是对高应力围岩施加了一种扰动载荷。因此,早在 2001 年的香山会议上,作者就提出,深部开挖产生的岩爆等问题必须考虑到深部开挖岩体的实际受力特征,系统研究高应力储能岩体在外力扰动下力学行为的学术思想[1]。而深部开挖岩体的实际受力特征是岩体实际上受到动静组合载荷的作用[2-6]。我们认为,岩爆应满足完整硬脆性岩体、高地应力与扰动三个必要条件,而且同时满足储能岩体受扰动后发生破坏时,岩体内储存的应变能大于岩石破裂所需能量,继而释放出能量。因此,岩爆的机理分析、研究及控制必须结合深部硬岩工程的开采特点,综合考虑动-静应力的组合作用效应。本章将以此为主题,就深部硬岩开挖过程中诱发岩爆的产生机理、能量特征,判定标准、室内岩爆重现及其高应力硬岩开挖中的合理防护问题等展开深入分析与讨论。

13.1　岩爆产生条件与发生判据

岩爆研究大致可以分为实录(case histories)、发生机制(mechanism)、超前预报及控制技术(predicting and controlling)四大领域。其中,建立在试验与工程实录基础上的发生机制研究是所有研究工作的核心,也是超前预报及控制技术发展的基础。鉴于岩爆发生机制的重要性,国内外学者对此从强度、刚度、能量、变形失稳、损伤、突变等不同角度进行了大量理论与试验研究,得到了许多有益的结论。

13.1.1　国内外岩爆研究述评

岩爆最初多发现于矿山采掘过程中,后来在一些隧道中也相继出现。为此,南非早在 1908 年就成立了专门委员会研究深井岩爆问题。1977 年,国际岩石力学学会成立了硬岩岩爆委员会(Commission on Rockbursts in Hardrock Situation)。从 1982 年开始,四年一届的岩爆国际学术讨论会(International Symposium on Rockbursts and Seismicity in Mines)更是将岩爆的研究推向了高潮。美国、澳大利亚、波兰、俄罗斯等就深井岩爆进行了大量研究;在美国的爱达荷地区的三个生产矿井,采矿深度达 1650m,岩爆频繁,为此爱达荷大学、密西根工业大学及西南研究院就此展开了深井开采研究,并与美国国防部合作,就岩爆引发的地震信号和天然地震及化爆与核爆信号的差异与辨别进行了研究;西澳大利亚大学的 Australia Center for Geomechanics 在深井开采岩爆等方面也进行了大量工作。上述研究在岩爆类型、机理、判据及预防控制措施方面取得了许多成果,在一定程度上有效地指导了深部硬岩开挖的工程实践[6-9]。

在我国,自从 1976 年在辽宁红透山铜矿首次观察到岩爆以来[10],就岩爆问题展开的理论、试验和工程实例等研究从未间断。特别是随着硬岩矿山开采深度的增大,岩爆事件频发,锡矿山、冬瓜山铜矿、玲珑金矿和湘西金矿等众多深部矿山相继发生岩爆;许多深埋水电隧洞、公路隧道在开挖建设过程中也经常出现岩爆。为此,很多专家和学者对深部矿山、隧道(硐)岩爆做了大量研究工作。表 13-1 和表 13-2 是国内部分矿山和隧道的典型岩爆实例统计。但由于岩爆发生机制与诱发因素的复杂性和岩爆显现的突发性及随机性,岩爆的预测与控制问题还远不能满足深部硬岩安全高效开挖的工程要求。

表 13-1　国内部分地下矿山工程岩爆实例统计情况

矿山名称	埋深	实际岩爆情况
辽宁二道沟金矿	500m	采矿时发生岩爆而导致工人重伤事故;采场发生岩爆巨响(近 10m 长的顶板岩石整体崩落)与一块体积为 0.3m³ 石块从顶板与下盘交角处弹出;小的岩爆几乎不断
山东玲珑金矿	620~690m	在巷道施工过程中,围岩内部发出清脆的爆裂撕裂声,爆裂岩块多呈薄片、透镜、棱板状或板状等,均具有新鲜的弧形、楔形断口和贝壳状断口,并有弹射现象
安徽冬瓜山铜矿	790~1200m	矽卡岩中出现岩爆,进行锚网支护后,锚杆剪断,并在岩层交界处出现 1.8m 长底鼓;侧帮及顶板岩爆,爆裂声历时 20 余天,锚网支护破坏
辽宁红透山铜矿	1047m	岩爆的表现形式主要为岩块弹射、坑道片帮、顶板冒落等。1995~2004 年矿山岩爆监测记录 49 次
河南灵宝金矿	1500m	已发生几起马头门顶部岩爆事件,使其顶部成"人"字状,很难形成拱形,属于严重岩爆事件
河南平煤十二矿	1100m	经常听到掘进工作面岩爆声响,发生 7 次较大的岩爆事件;其中一次抛出 3~4m³ 岩石,当时伤 6 人
云南会泽铅锌矿	650~920m	工程地质钻探过程中发现不同程度的岩心饼化现象;在川脉巷道中发现侧帮岩体有较为典型的片状剥落现象;其岩爆烈度主要为轻微或弱岩爆

表 13-2　国内部分隧道工程岩爆实例统计情况

工程名称	岩爆段埋深	实际岩爆情况
(四)川-(西)藏公路二郎山隧道	270～760m	隧道施工过程中发生了近百次岩爆活动,但大多属于轻微、中等级别。连续发生岩爆的洞段共有 8 段,每段长 60～355m,累计长度达 1095m
城(口)-黔(江)公路通渝隧道	300～1050m	隧道施工过程中先后发生数十次岩爆,集中发生岩爆的洞段有 8 段,以中等岩爆和弱岩爆为主
重(庆)-宜(昌)高速公路陆家岭隧道	320～550m	隧道自施工以来,先后在隧道 7 个区段的拱顶和边墙发生了 93 次岩爆,岩爆多发生于掌子面开挖 24h 内
终南山特长高速公路秦岭隧道	230～1600m	隧道施工区段内有 2664m 产生不同程度的岩爆,其中最大的一次拱部岩爆掉块尺寸达 900cm×850cm×420cm,将打眼操作平台砸坏,停工处理了 3 天
都(江堰)-汶(川)高速公路福堂坝隧道	320～360m	隧道岩爆洞段有 11 段,其中强烈岩爆 2 段,累计长度 120m,呈大规模连续分布,造成围岩大面积开裂失稳
诸(暨)-永(嘉)高速公路括苍山隧道	203～205m	隧道内部分地段爆破约半小时后,掌子面附近有鞭炮式的爆炸声,声音连续,与此同时洞顶有小块的岩体掉落,人不敢靠近
福(州)-宁(德)高速公路九华山隧道	382～408m	隧道自施工以来,先后在隧道 7 个区段的拱顶和边墙发生了 93 次岩爆
台(州)-缙(云)高速公路苍岭隧道	450～800m	隧道左右洞连续发生岩爆的区段共计近 20 段,长度为 20～200m

13.1.2　岩爆诱因的静力学条件与判据

岩爆发生的内因是指岩体本身固有的岩爆力学性质,即岩爆诱因的静力学条件。大量研究和生产实践表明,岩爆岩石固有的力学性质主要体现在[6]:在实验室进行岩石强度试验时,岩石在达到屈服强度前发生的弹性变形与塑性变形的比例大,也就是岩石在发生破坏前储存的弹性变形能多;超过峰值强度后,岩石的变形曲线下降速率快,也就是峰值后变形曲线斜率的绝对值大,到达完全破坏所需时间短。虽然岩爆研究者们提出的判别岩石岩爆倾向性的指标各不相同,但是从理论上讲,不外乎就是上述两种力学性质的不同表示形式而已。如果岩石本身不具有发生岩爆的性质,那么无论外部条件如何也不会导致岩爆,岩石只能产生稳定破坏。从静力学的角度,目前岩爆的判据主要有弹性能量理论、岩石冲击性能指标、刚度理论、最大主应力强度理论、能量释放率理论和超剪切应力理论等。

1. 弹性能量指标

弹性能量指标又称岩爆倾向指数,弹性能量指标通过对岩石试块进行单轴压缩加载和卸载试验确定[11,12]。该指标的值这样确定:在实验室对岩样进行单轴压缩试验,取应力为岩石强度的 80% ～ 90% 时记录的应力-应变曲线,用图形积分法求出弹性变形能量储能与塑性变形耗能之比,即为弹性变形能量指数 W_{ET}。W_{ET} 的计算如图 13-1 所示。

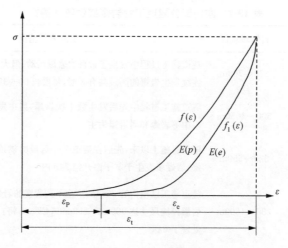

图 13-1　W_{ET} 计算图

W_{ET} 可用下式计算

$$W_{ET} = \frac{E(e)}{E(p)} = \frac{\int_{\varepsilon_p}^{\varepsilon_e + \varepsilon_p} f_1(\varepsilon) \, d\varepsilon}{\int_0^{\varepsilon_t} f(\varepsilon) \, d\varepsilon - \int_{\varepsilon_p}^{\varepsilon_e + \varepsilon_p} f_1(\varepsilon) \, d\varepsilon} \tag{13-1}$$

式中，W_{ET} 为弹性变形能；$E(p)$ 为塑性变形能；ε_e 为弹性应变；ε_p 为塑性应变；ε_t 为总应变；$f(\varepsilon)$ 为加载时 $\sigma\text{-}\varepsilon$ 曲线函数；$f_1(\varepsilon)$ 为卸载时 $\sigma\text{-}\varepsilon$ 曲线函数。

Singh 根据加拿大萨德伯里地区硬岩试样试验结果，建议岩爆倾向性分类标准[12] 为

$$\left. \begin{aligned} W_{ET} &\geqslant 15, &\qquad 有强岩爆倾向 \\ 10 \leqslant W_{ET} &< 15, &\qquad 有中等岩爆倾向 \\ W_{ET} &< 10, &\qquad 有弱岩爆倾向 \end{aligned} \right\} \tag{13-2}$$

Kidybinski 根据 W_{ET} 值提出了煤层发生冲击地压的判据[11]，即

$$\left. \begin{aligned} W_{ET} &< 2.0, &\qquad 无冲击倾向 \\ 2.0 \leqslant W_{ET} &< 5.0, &\qquad 中等冲击倾向 \\ W_{ET} &\geqslant 5.0, &\qquad 强烈冲击倾向 \end{aligned} \right\} \tag{13-3}$$

2. 岩石冲击能指标

岩石冲击能指标可根据岩石的荷载-变形全图确定，其计算公式为[13]

$$W_{cf} = \frac{F_1}{F_2} \tag{13-4}$$

式中，W_{cf} 为冲击能指标；F_1、F_2 分别为岩石的荷载-变形全图中以峰值荷载为界的左右部分曲线与变形坐标轴围成的面积。

按 W_{cf} 判别岩爆倾向性的标准是

$$\left. \begin{aligned} W_{cf} &\geqslant 3, &\qquad 有强岩爆倾向 \\ 2 \leqslant W_{cf} &< 3, &\qquad 有弱岩爆倾向 \\ W_{cf} &< 2, &\qquad 无岩爆倾向 \end{aligned} \right\} \tag{13-5}$$

3. 刚度理论

20 世纪 60 年代中期,Cook 和 Hodgei 创立的刚度理论很好地解释了发生在南非金矿的矿柱型岩爆。矿柱承受的载荷超过其强度峰值后,变形曲线下降段的刚度为 λ,用 λ 与围岩加载系统的刚度 k 的比例关系判定矿柱和围岩系统破坏的稳定性,这就是岩爆判别的刚度理论。刚度理论来源于岩石力学室内试验:用普通柔性试验机和刚性试验机给岩石试样加载,载荷超过岩石峰值强度后,岩石试块破坏的情况有很大不同。用普通柔性试验机($|\lambda|>k$)时岩样发生猛烈破坏,而用刚性试验机($|\lambda|<k$)时岩样破坏平稳。用这一理论分析一个矿柱和围岩系统,当 $k+\lambda>0$ 时,矿柱不会发生猛烈破坏,即不发生岩爆;当 $k+\lambda<0$ 时,矿柱会发生猛烈破坏,即岩爆[14]。

4. 最大主应力强度理论

国内外很多岩爆现场实际表明,岩爆始终呈中心对称在巷道两侧或顶底板两处同时发生,两岩爆处连线与巷道周围原岩应力场的最大主应力轴线垂直。这一普遍现象实际上证明了岩爆发生在巷道开挖后最大切向应力(最大主应力)处。鉴于上述特点,很多学者从原岩最大切向应力 σ_θ 与完整岩石单轴抗压强度 σ_c 之间的关系方面提出了岩爆判据,主要如下:

(1) Russenes 岩爆判别准则[15]。

$$
\left.
\begin{aligned}
&\sigma_\theta/\sigma_c < 0.20, && 无岩爆\\
&0.20 \leqslant \sigma_\theta/\sigma_c < 0.30, && 弱岩爆\\
&0.30 \leqslant \sigma_\theta/\sigma_c < 0.55, && 中岩爆\\
&\sigma_\theta/\sigma_c \geqslant 0.55, && 强岩爆
\end{aligned}
\right\}
\tag{13-6}
$$

(2) Turchaninov 岩爆判别准则[16]。

$$
\left.
\begin{aligned}
&(\sigma_\theta+\sigma_L)/\sigma_c \leqslant 0.30, && 无岩爆\\
&0.30 < (\sigma_\theta+\sigma_L)/\sigma_c \leqslant 0.50, && 可能岩爆\\
&0.50 < (\sigma_\theta+\sigma_L)/\sigma_c \leqslant 0.80, && 肯定岩爆\\
&(\sigma_\theta+\sigma_L)/\sigma_c \geqslant 0.80, && 严重岩爆
\end{aligned}
\right\}
\tag{13-7}
$$

(3) Hoek 岩爆判别准则[17]。

$$
\sigma_\theta/\sigma_c =
\begin{cases}
0.34, & 少量片帮\\
0.42, & 严重片帮\\
0.56, & 需重型支护\\
0.70, & 严重岩爆
\end{cases}
\tag{13-8}
$$

(4) Barton 岩爆判别准则[18]。

$$
\left.
\begin{aligned}
&2.50 \leqslant \sigma_c/\sigma_1 \leqslant 5.0 \quad 或 \quad 0.16 \leqslant \sigma_t/\sigma_1 \leqslant 0.33, && 中等岩爆\\
&\sigma_c/\sigma_1 < 2.50 \quad 或 \quad \sigma_t/\sigma_1 < 0.16, && 严重岩爆
\end{aligned}
\right\}
\tag{13-9}
$$

（5）陶振宇岩爆判别准则[19]

$$
\begin{cases}
\sigma_c/\sigma_1 > 14.5, & \text{无岩爆} \\
5.5 \leqslant \sigma_c/\sigma_1 \leqslant 14.5, & \text{轻微岩爆} \\
2.5 \leqslant \sigma_c/\sigma_1 < 5.5, & \text{中等岩爆} \\
\sigma_c/\sigma_1 < 2.5, & \text{强岩爆}
\end{cases}
\tag{13-10}
$$

在上述判别准则中，σ_θ 为围岩最大切向应力，σ_L 为围岩轴向应力，σ_1 为工程区最大地应力，σ_c 为岩石单轴抗压强度，σ_t 为岩石单轴抗拉强度。

5. 能量释放率理论

到目前为止，地下硬岩矿山采矿仍然广泛采用凿岩爆破法。用爆破方法开挖采矿巷道时，开挖面上爆破后的应力突然降为零。开挖面外部围岩对面内逐渐降低的支护力所做的功表现为开挖面上的多余能量，这部分能量称为释放能 W_r。由于开挖面的瞬间形成，周围岩体不仅承受静态应力增加（采矿诱发的应力集中），而且还有一个瞬间动态应力。复杂采矿巷道瞬间开挖产生的瞬间动应力值很难确定，但是它的存在是肯定的。动静应力的叠加可能会超过岩体强度，也可能产生拉应力，引起岩体结构的局部松弛。

地下矿山开拓和采准巷道的掘进，整个开挖横剖面实际上是立刻形成的，并沿巷道纵向逐渐延伸；而对于大型硐室和采场采矿而言，瞬间形成完整的硐室或采场是极少见的，研究逐步开采时的能量释放率（energy release rate，ERR）更具有实际意义。在无限岩体内进行采矿，每采下一定体积岩体 dV，围岩释放出能量 dW_r，dW_r/dV 就是体积能量释放率 ERR。对整个采场或硐室进行释放能量的积分即可求出 W_r，W_r/V 称为平均能量释放率 $\mathrm{ERR}_{平均}$。

Cook 于 1978 年发表了南非许多深井开采中计算的能量释放率和实际观测到的岩石对开采活动的反应之间的综合关系，结果如图 13-2 所示[20]。

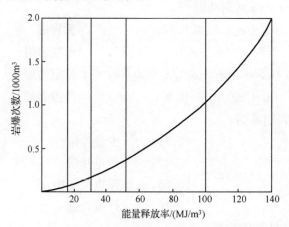

图 13-2　能量释放率与岩爆频率的关系

理论研究和生产实践均表明，ERR 可以作为瞬间超应力效应的合理指标，南非金矿广泛采用的标准是 $\mathrm{ERR} \leqslant 30\mathrm{MJ/m}^3$。当设计方案计算的 ERR 值超过 $30\mathrm{MJ/m}^3$ 时，必须采取措施使调整后的开采方案的 ERR 值小于 $30MJ/m^3$。

6. 超剪切应力理论

剪切破裂型岩爆和断层滑移型岩爆发生的频率虽然较低,但其破坏性却较大。库仑破坏准则直观地给出了判别这种岩体破坏的标准。岩体发生破坏时,作用在剪切或滑动面上的剪切应力和正应力满足下列条件:

$$\tau \geqslant c + \sigma_n \tan\phi_s \tag{13-11}$$

式中,τ 为剪切或滑移面上绝对剪应力,MPa;c 为剪切或滑移面上的固有剪切强度,即内聚力,MPa;ϕ_s 为静摩擦角;σ_n 为滑动面上的正应力,MPa。

破坏一旦发生,滑动面上固有的剪切强度降为零,摩擦阻力由静摩擦阻力降为动摩擦阻力。剪切或滑动破坏发生前后滑移面上的剪切应力差称为超量剪应力(excessive shear stress,ESS)。

$$ESS = |\tau| - \sigma_n \tan\phi \tag{13-12}$$

式中,ϕ 为动摩擦角。

生产扰动后岩体内任意一点的剪切应力 τ 可以用各种数值方法进行计算。如果发现有"+"的 ESS 存在,那么就要注意 ESS 的最大值和分布范围。Ryder 给出的 ESS 判别指标是[21]:

ESS>20MPa(完整岩石)　　　　　极可能发生破坏性岩爆

15MPa<ESS≤20MPa(断层或节理)　可能发生破坏性岩爆

5MPa<ESS<15MPa　　　　　　　可能发生破坏性较小岩爆

0≤ESS<5MPa　　　　　　　　　发生岩爆的可能性极小

ESS<0MPa　　　　　　　　　　不会发生岩爆

南非的经验表明,采用 ESS 指标研究地质构造发育矿床的岩爆活动性比采用能量释放率 ERR 指标更好。因为对于这类矿床而言,ESS 与岩爆活动性的相关系数比 ERR 与岩爆活动性的相关系数大。

13.1.3　硬岩深部开采动力扰动与诱发岩爆

岩爆灾害来源于深部地下工程的实践,是高应力岩体开挖过程中由于人工作业引起的一种工程现象。因此,考察其发生因素,除考虑其内因外,也必须结合深部开采环境分析其外因条件。

1. 深部金属矿岩的高地应力赋存条件

深部采矿工程必须查明地壳中的地应力方向和大小,这是开采设计的基础。根据现有的地应力测量数据看,垂直地应力一般随着深度的增加而线性增大,而水平地应力的变化规律比较复杂。图 13-3 是 Brady 和 Brown 给出的各国垂直和水平地应力随深度增加的变化规律(图中 σ_v 为垂直地应力,z 为埋深,k 为水平地应力和垂直地应力之比)[22]。从图中可以看出,随着埋深的增加,垂直地应力的变化大致为每 1km 大约增加 26MPa。

目前,国内外深部金属矿山基本都在地表 600m 以下开采,最深的南非金矿已开采至

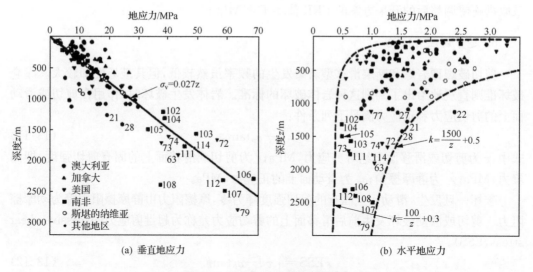

(a) 垂直地应力　　　　　　　　　　(b) 水平地应力

图 13-3　各国地应力测量结果[22]

4000m 深度。在此深度下,矿体受高地应力作用不可避免。安徽铜陵冬瓜山铜矿矿体在地表下−600～−1000m,图 13-4 为冬瓜山铜矿地应力实测数据图[23]。由图可以看出,最大主应力随着深度的增加而线性增加,在−730m 处为 35～40MPa。高地应力的存在是造成深部硬岩岩爆的主要外因。因此,尽管在极浅的岩层中(深度小于 100m)也有岩爆的记录,但统计资料显示,随着开采深度的增加地应力增大,岩爆发生的次数及强度也会随着上升。图 13-5 是南非金矿岩爆次数与采深之间的统计关系图。图中显示,岩爆发生次数与采深之间存在明显的正相关关系[24]。

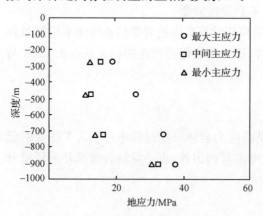

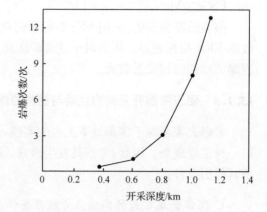

图 13-4　冬瓜山铜矿地应力随深度变化图[23]　　图 13-5　岩爆与采深的对应关系[24]

2. 深部金属矿山的硬岩岩性和储能特征

从岩石特性来讲,金属矿山与煤矿相比,最显著的区别之一是金属矿山的矿岩基本都属于硬岩岩性。金属矿床属于硬岩是由金属矿生成的天然条件决定的。当深部探矿进入第二深度空间(地下 600～2000m)范围内,金属矿床,特别是大型、超大型矿床和矿集区的形成均必然源于壳、幔深处,即在热动力作用下,岩浆活动、上涌,并强烈分异与调整,在这样的物质与能量强烈交换下,在其运移过程中促使含矿元素不断聚集,进而形成大型、超大型矿床和多金属共生的矿集区[25]。即对于大部分金属矿床而言,大型岩浆岩岩基体是组构大型、超大型金属矿床的源地,是物源也是母岩体。此外,变质岩岩基体也是形成金属矿床的源地之一。岩浆岩和变质岩的岩基体主要包括花岗岩、石英岩、大理岩等,这类岩石的硬度基本都很高。例如,加拿大 Sudbury 铜、镍矿区岩体围岩为元古代的砂岩、石英岩、角闪岩和凝灰岩,岩盆中岩相由边缘向中心为苏长岩、辉长岩和花岗斑岩;我国铜陵冬瓜山铜矿矿体主要由含铜矽卡岩、含铜黄铁矿、含铜磁黄铁矿和含铜蛇纹岩等构成,矿体底盘直接围岩以石英闪长岩和粉砂岩为主。矿体直接顶盘岩石为大理岩。测得的矽卡岩、闪长岩和含铜矿磁铁矿单轴抗压强度分别达到了 190MPa、306MPa 和 304MPa。图 13-6 为粉砂岩的峰值前加载曲线和荷载变形全图。从图中可以看出[26],峰值前岩石的弹模近似为常数,说明高应力加载所产生的应变能可以以弹性能的形式储存于岩体内,给岩爆等动力灾害提供能量源。峰值后岩石的弹模较峰值前更大,说明该粉砂岩的脆性明显,岩爆倾向性明显。

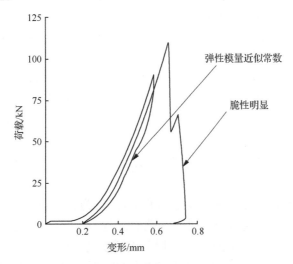

图 13-6 粉砂岩的峰值前加卸载曲线和荷载变形全图[26]

对于硬岩,虽然在深部岩性会发生脆-延转变,但这是一种处于高围压条件下的岩石表现出来的特殊变形性质。当采掘进行到深部时,各种巷道、采空区对处于高围压下岩石形成临空面,此时硬岩仍然表现出很明显的弹脆性。具有弹脆性的岩石在承受载荷时,如果施加的荷载大小使岩石处于弹性阶段内,那么所施加的应变能基本都储存在岩石内,即硬岩具有高储能的特性。

另外,进入深部开采后,重力引起的垂直原岩应力通常超过工程岩体的抗压强度(>20MPa),而由于工程开挖所引起的应力集中水平则更是远大于工程岩体的强度(>40MPa)。同时,岩石在构造运动过程中仍存有部分构造应力,二者叠加共同累积为高应力。深部岩体在高地应力的作用下相当于在岩石内部施加了部分预应力,使深部硬岩成为储能体。可以说深部岩体具有能量源和能量汇的特性,在一定条件下,岩体内积蓄的变形能会释放出来,转变为动能。

3. 深部开采中的动力扰动

关于岩爆发生的机理,普遍认为,岩石内部积聚的极限弹性应变能,受到机械冲击作用或爆破动力扰动就会突然的释放出来,形成岩爆[27]。同时,许多大型地下隧道工程的岩爆实录表明,岩爆与爆破具有密切关系,单纯利用静载荷理论分析岩爆有一定局限性[28-30];有关统计资料也显示,矿山岩爆的 2/3 发生在生产爆破之后。根据冬瓜山铜矿的岩爆实录资料,发现从时间和地点上来看,岩爆大都发生在刚放炮后的掌子面附近,发生的时间多在放炮后不超过一个班的时间内,地点距离掌子面 2～3m 范围[31]。这可能是由于岩体开挖,岩体中应力发生突然变化,进行重新分布,并很快积聚能量,这些能量达到一定限度时得以突然释放,形成岩爆。调查也表明,一些岩爆发生于原有未支护和已支护的巷道围岩,这可能是因开采活动导致应力增加或附近不同位置开采爆破形成的应力波促使或引导附近巷道围岩能量增加而导致岩石破裂与能量突然释放。因此,关于岩爆发生机制,虽有各种各样的解释,但大都认为岩体内弹性应变能的积聚是产生岩爆的内因,但岩爆的发生往往具有外界因素的扰动。

机械冲击作用或爆破动力扰动都有可能使内部积聚到极限弹性应变能的某种岩石诱发岩爆。同时,值得注意的是,在金属矿开采中,为了保证开采产量,通常实行多中段、多采场作业,地下矿房层层叠叠,各类出矿、采掘、爆破作业连续不断。这一过程也是地下空间的应力不断调整扰动的过程,这一调整可能会使得有些矿房和矿柱的岩体的大量储能在小扰动下猛烈释放[2]。

13.2　弹性储能释放的岩爆发生判据

人们常将岩爆源分为两类,一类为自源性岩爆,认为岩爆是高应力岩体自身结构或应力状态产生调整变化而产生的;另一类为外源性岩爆,认为岩爆是高应力岩体在受到外部(如爆破、开采等)的强力外部扰动载荷作用下而诱发的。但事实上,无论哪种岩爆,都应该是处于高储能状态的岩体由结构、应力的变化(内部扰动)或外部动载荷叠加,产生的储能岩体能量的释放。正如 Mueller 指出,岩爆是在岩体的静力稳定条件被打破时发生的动力失稳过程,可通过先求解围岩初始静力状态,再在边界上叠加动力干扰的方法,对岩爆过程进行数值模拟研究[32]。我们也曾按此思路进行了硐室层裂屈曲岩爆的分析[33]。

13.2.1　一维动静组合加载试验的岩石能量分析

在岩爆的研究中,试验研究占有很重要的地位,国内外就岩爆机制判据等做了大量岩石试验[34-37],但绝大多数岩爆试验采用的是静态下的岩石试验,一般通过改变加载途径和加载速度使得岩石破坏,并以此作为判别岩爆发生的基本条件。这类试验对模拟深部岩石受静载作用下的破坏具有适用性,但是模拟动力扰动下的岩爆则没有充分考虑动力因素和岩体实际的承载特点。随着对深部岩石开挖中实际受力特点的深入认识,深部岩石开采承受动静组合加载的思想已经得到认可。为了系统了解动静组合加载下岩石破裂发生的能量规律,我们利用岩石多功能组合加载试验系统,进行了不同轴压下的冲击试验[38,39],证实了"一维或三维静应力+动力扰动"组合加载下的岩爆释能现象。图 13-7 是不同轴压以及无轴压时冲击入射能和单位体积吸收能之间的关系图。可以看出,在轴压为 60MPa(砂岩单轴抗压强度的 52%左右)时,砂岩试样的单位体积吸收能为负值,说明此时试样不吸收能量,反而释放出能量;对于轴压为 80MPa 时,当入射能小于 270J 时,试样也不吸收能量而是释放能量;但是当入射能大于 270J 时,试样则开始吸收能量;对于轴压为 90MPa 的试样,一直处在吸收能量状态。对于该现象的内在发生机制,可以结合不同轴压下的岩石应力-应变曲线进行分析。

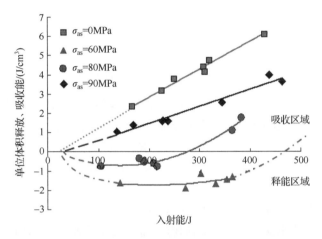

图 13-7　不同初始静应力时岩样能耗随外界扰动能的变化

　　图 13-8 是轴压为 60MPa 时的岩石应力-应变曲线。在图中,岩石虽然受 60MPa 轴压作用,但仍然处于弹性阶段,表现在应力-应变曲线上可以看到存在很长的一个近似直线段。处于弹性阶段的试样内部储存了大量的弹性能,但是由于处在准静态加载状态,因此试样本身仍然保持稳定状态,自身不会发生失稳现象。在此状态下,经受一定的动态冲击载荷作用,试样内部的裂纹被激活并迅速扩展,多余弹性能会突然释放出来,释放的弹性能要远超过动态扰动带给试样的动能,因此单位体积吸收能表现为负值。此时,释放的弹性能主要转化为岩石压剪面外部岩石剥落所需能量和弹射时的动能,但岩石整体不会失稳,加载方向的应变会出现减小的趋势。因此,可以认为,图 13-8 中应力应变曲线的后半部分是典型的岩爆曲线,即岩石在动力扰动下释放出大量能量,但整体不失稳,而是有岩块弹射出去。需要注意的是,从图中还可以看出,在入射能过大时可能存在岩石受冲击吸能的情况,即岩石经受冲击释放出能量是在入射能某个区间范围内发生。入射能过大时,岩石整体承受不住冲击载荷的冲击强度,整体发生失稳,此时岩石内部的弹性能和冲击入射能一部分用于岩石破裂和整体失稳所需能量,剩余的冲击入射能都转化为岩石碎片的动能,发生四处爆射现象。

　　图 13-9 是轴压为 80MPa(砂岩单轴抗压强度的 70%左右)时的岩石应力-应变曲线。与图 13-8 相比,应力应变曲线在初始段仍然存在一个线弹性段,之后进入非线性弹性变化阶段,虽然此时岩石内部已经开始出现损伤并消耗掉一部分加载弹性能,但是仍然储存

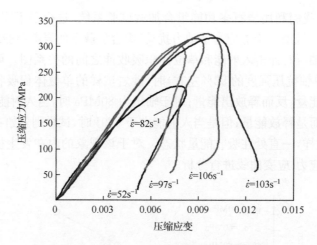

图 13-8　轴压 60MPa 时试验应力-应变曲线

了大量能使其本身能够发生破坏的弹性能。当入射能较小时,试样内部形成的压剪破裂面在动力扰动作用下会迅速扩展,处于破裂面外侧的岩石会发生剥落并弹射出去,与轴压为 60MPa 时的试验情形类似。图 13-8 中很清楚地表明,当应变率较低时,应力-应变曲线后半部分内倾。但是如果入射能较大,此时岩石的破坏形式会发生转变。由于在轴向静压作用下岩石内部已经有裂纹出现,表现在应力-应变曲线上变形的模量要比轴压为 60MPa 时减小,此时入射能很大,不仅会发生压剪面外侧岩石剥落弹射的现象,而且处于压剪面内部的岩石由于承受较大冲击载荷作用,整体会失稳破碎成小块体。因此,累积应变会持续增加,增加幅度也比入射能较小时要大很多,这一点在图 13-8 中表现得非常明显。

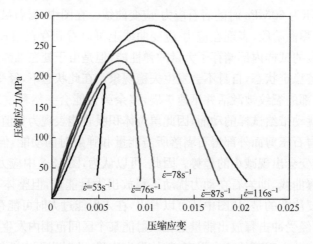

图 13-9　轴压 80MPa 时冲击应力-应变曲线

　　图 13-10 是轴压为 90MPa(砂岩单轴抗压强度的 78％左右)时经受冲击作用的应力-应变曲线。与图 13-9 对比,在轴压为 90MPa 状态下,岩石的应力-应变曲线在动载荷作用下,初始段只有很小的一部分弹性段甚至可以认为没有,随后进入更加非线性的阶段。此时,岩石内部的裂纹开始大量出现并扩展,表现在试验曲线上弹性模量降低幅度更大。

此时的加载能有大部分用于岩石内部裂纹萌生并扩展,储存的弹性能较少,因此在入射能很小的情况下很容易发生整体失稳,累积应变会持续增加。与常规冲击试验相比,由于岩石承受动静组合联合加载作用,因此加载方向的应变会比常规冲击试验的应变大很多,如图 13-10所示。需要注意的是,图 13-9 中岩石的整体失稳与图 13-8 中的失稳情形有很大不同,图 13-8 中岩石内部储存大量的弹性能,整体失稳时会释放出很多能量并发生室内试验的"岩爆"现象。对于图 13-10 中的岩石失稳,不论是开始静压加载能还是后来的冲击入射能,基本都用于岩石内部裂纹的萌生扩展,因此储存的弹性能极少,整体失稳时不会发生"岩爆"现象。但有另外一个现象需要区别对待,即此时如果入射能极大,岩石会被冲击成为极小的块体并发生岩石粉末的爆射现象,这一点跟前面提到的现象类似,但是跟"岩爆"发生的机制完全不同。前者是因为入射能太大,岩石完全破碎后仍然会存在一部分没有消耗掉的入射能,只能转化为岩石粉末的飞射动能;后者则是因为岩石内部储存的弹性能释放转化为剥落岩块的弹射动能,导致"岩爆",在这一过程中,岩石试样本身所释放出的能量要大于外界输入的动能。

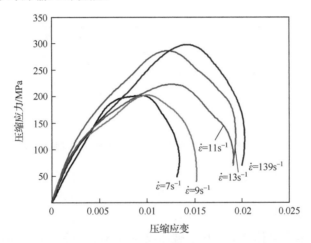

图 13-10　轴压 90MPa 时冲击应力-应变曲线

　　通过上述分析还可以看出,吸能区域和释能区域,可通过对外界扰动能(加载)和内部弹性能(卸压)的调节,实现互相之间的转化,这一点为岩爆能与人工诱导碎裂能的互换模型和诱导技术提供了理论依据。

　　动静组合加载下岩石的破坏模式对于正确认识岩石破裂和失稳后形成的状态具有重要的意义,对于科学了解深部岩石的破坏过程及结果也有理论指导意义。图 13-11 是常规冲击加载下砂岩破裂和破坏模式图。图中显示,冲击后岩石侧面和内部形成平行于试样长度方向的破裂面,说明冲击作用下产生泊松效应导致岩石沿横向方向

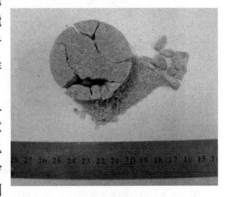

图 13-11　常规 SHPB 冲击加载下砂岩的破坏模式图

受拉破坏。

图 13-12 给出了发生"岩爆"即轴压为 60MPa 时岩石冲击破坏实景图。由图可以看出，在轴向预应力作用下，岩石会在内部形成潜在的压剪破裂面，经受冲击扰动时，如果冲击强度超过该预应力下承受的最低抗冲击强度，岩石就会发生破裂，处于压剪面外侧的岩石就会发生剥落脱离并弹射，即出现试验室内"岩爆"现象。图 13-12(a) 中可以看出，试样两侧有很明显的压剪破裂面，图 13-12(b) 中岩石整个环向侧面都发生了岩片剥落，此时，虽然岩石发生了破坏，但是并不意味着整体会失稳，只是释放了许多岩石内部原先储存的弹性能。从图中可以看出，岩石仍然可以继续承受轴压作用，这一点在许多发生现场"岩爆"的岩石工程中也可以观测到，发生岩爆后的地段仍然可以保持稳定状态，并没有完全丧失承压的能力。

(a) $\dot{\varepsilon}=82s^{-1}$　　　　　　　　　　　　　　　(b) $\dot{\varepsilon}=97s^{-1}$

图 13-12　一维动静组合加载下砂岩的破坏模式图（轴压 60MPa）

图 13-13 是试样在轴压为 80MPa 时经受冲击后的破坏实景图。观察图 13-13(a) 并结合图 13-9，可以看出，在入射能较低时，岩石虽然承受 80MPa 的轴压，在冲击载荷作用下出现了"岩爆"现象，但是整体没有失稳，与图 13-12 中的破坏模式一致。当冲击载荷加大，入射能较大时，岩石整体会失去稳定破坏成为岩石碎片（图 13-13(b)）。

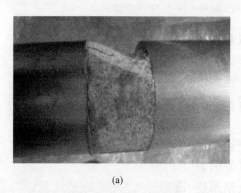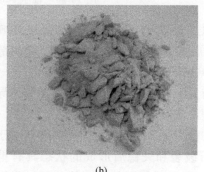

(a)　　　　　　　　　　　　　　　　　(b)

图 13-13　一维动静组合加载下砂岩的破坏模式图（轴压 80MPa）

图 13-14 是试样在轴压为 90MPa 时经受冲后的破坏实景图。这说明在 90MPa 的轴压作用下，岩石已经超出弹性阶段，内部已经发生损伤，在冲击载荷作用下一冲即溃。对

比图 13-14(a) 和 (b)，还可以看出，图 (a) 中分为 7 级块度，而在图 (b) 中只有 6 级块度。这说明在强冲击载荷即应变率更高的情况下，岩石吸能后发生破碎的块度更细小。

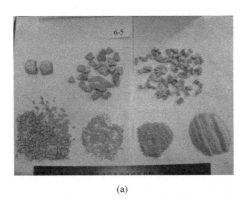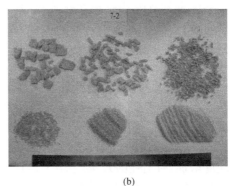

(a)　　　　　　　　　　　　　　(b)

图 13-14　一维动静组合加载下砂岩的破坏模式图（轴压 90MPa）

从图 13-13 和图 13-14 中可以得到启示，即岩石在高应力作用下（尤其是当高应力超越岩石抗压强度的弹性阶段），利用较小的入射能可以达到让岩石破碎的效果。同时，再经过深入分析岩石块度与轴压比及应变率的关系，期望可以实现理想化块度分布的诱导破裂，这为深部岩体工程的诱导致裂提供了理论依据。

13.2.2　基于扰动载荷下动静能量指标的岩爆发生判据

基于对深部硬岩受力特征的认识和室内岩爆现象的分析，我们提出了基于动静能量指标的岩爆发生判据[40]。

由于深部硬岩实际上处于"高应力＋动力扰动"的受力状态，在静预应力作用下，假设深部岩石内部储存的弹性能为 E_s，受外界扰动时扰动能为 E_d，则对应 E_s 条件下岩石发生破坏所需的表面能为 E_c。在不考虑岩石破坏过程中产生热能、辐射能等情况下，$E_c = \gamma S_R$（γ 为单位面积表面能；S_R 为岩石破坏生成新的裂纹面的总面积，是 E_d 的递增函数），即 $E_c = \gamma S_R = \gamma f(E_d)$。当 E_d 越大时，岩石破碎块度增加，所消耗的 E_c 越大。对储能岩石，受外界扰动时，静预应力能量起主导作用，即外界扰动激发岩石后，岩石内部预应力首先对内部微裂纹的压密、扩展及增长起绝对主导作用，外力仅起触发岩石动力响应和补充预应力的作用。

当外界扰动迫使某一有临空面的岩石应力超过其对应条件下的强度时，在外界扰动载荷触发下，被激发的内部弹性能大于岩石破裂所需要的表面能，剩余能量转化为破碎岩块、岩屑的动能，导致岩块和岩屑飞出，形成岩爆。即从能量的角度，深部岩石发生岩爆受到"内部弹性能＋外界扰动能"的双重作用。根据上述认识，我们提出了以是否有内部弹性储能释放的基于动静能量指标（E_s 和 E_d）的岩爆发生判据，即不管外界扰动多大，也不论岩体自身的应力状况和储能情况，产生岩爆的前提是岩石系统自身的弹性储能能够有一部分多余而用于岩块的弹射，也就是说系统本身必须释放能量。因此有

$$\left.\begin{array}{l} E_s - E_c > 0，岩爆发生 \\ E_c = \gamma f(E_d) \end{array}\right\} \tag{13-13}$$

这一岩爆判据对应有以下几种情况：

（1）无预应力或预应力较小时，岩石压密或刚进入弹性变形阶段，此时 E_s 较小，而且 $E_s - E_c \leqslant 0$，即岩石破坏需要外界做功，岩石系统表现为从吸收外界扰动能用于岩石破坏。此时，岩石虽然能够破坏，或者当外界扰动能很大时，岩块能以极高的速率飞射，但这些能量来自外界，不应称为岩爆。常规的岩石爆破、冲击破岩及浅部地下爆破引起的层裂等属于该情况。

（2）预应力适中时，岩石受压进入弹性变形阶段，E_s 较大，这时可分为两种情形：①E_d 较小且 $E_s - E_c > 0$ 时，储能岩石受外界扰动使得内部裂纹扩展引发破坏，被激发的内部弹性能大于岩石破坏所需要的表面能，多余的弹性能以动能的形式释放出来，即形成岩爆；②E_d 较大时，由于岩石破坏生成新裂纹面总面积 S 是扰动能的递增函数，此时岩石破碎块度增加，所消耗的 E_c 随之增大，当出现 $E_s - E_c < 0$ 时，岩石破坏所需要的表面能大于岩石内部储存的弹性能，需要从外界吸收一部分扰动能参与岩石的破坏，岩石系统继而转换为吸能状态。很多矿山对岩爆区域采用深孔爆破卸压就属于该种情况。

（3）预应力增到一定程度，岩石受压进入塑性区，岩石内部的弹性能用于岩石内部裂纹的扩展，此时 E_s 开始变小，当 $E_s - E_c < 0$ 时，岩石破坏所需的表面能大于岩石内部残留的弹性能，此时岩石破坏需要外界做功。无论此时外界扰动多大，岩石破裂需要吸收外界能量，因而此时的岩石瞬态破坏不应归于岩爆。这种岩石破坏现象对应于单轴压缩试验中应力-应变曲线峰值前的情况，在临近峰值时，岩石破坏需要外界持续做功加压或者动力扰动触发。深部矿山顶板在爆破扰动下的大面积冒落就属于该情况。

13.2.3 高应力岩体动力扰动下岩爆发生的试验室重现

为表征受高应力作用下岩石在扰动下的破裂特征，利用研制的大尺寸岩石真三轴电液伺服诱变试验机，开展了快速卸载与动力扰动组合作用下高应力硬岩的力学行为和破裂特征的试验，初步证实了动力扰动下大尺寸储能岩石也会发生岩爆[41]。

试验岩石类材料为花岗岩、砂岩及混凝土。试验系统的 Z 向加载最大主应力为 σ_1，Y 向加载中间主应力为 σ_2，X 向加载最小主应力为 σ_3，如图 13-15 所示。

试验过程分为原岩应力加载、σ_3 卸载及施加扰动诱发岩爆三个阶段，如图 13-16 所示。

（1）原岩应力加载阶段：首先位移控制将 σ_1 加载 0.5MPa，即 $F_Z = 5$kN，然后运用力控（加载速率为 2000N/s，即 0.2MPa/s）加载至 5MPa；运用位移控制将 σ_2、σ_3 加载至 0.5MPa，即 $F_Y = F_X = 5$kN；三个方向同时以 2000N/s 的加载速率加载至设定的地应力水平，其中花岗岩试件的中间主应力选为 40MPa，红砂岩试件的中间主应力选为 30MPa，混凝土试件的中间主应力选为 20MPa。

（2）σ_3 方向卸载阶段：突然快速卸载 σ_3，即最小主应力方向的力；以与原岩应力相同的加载速率增加 σ_1 至设定值，稳定 1min。

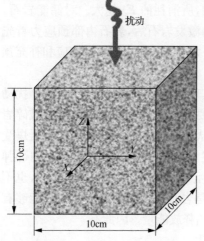

图 13-15　岩爆试验加载示意图

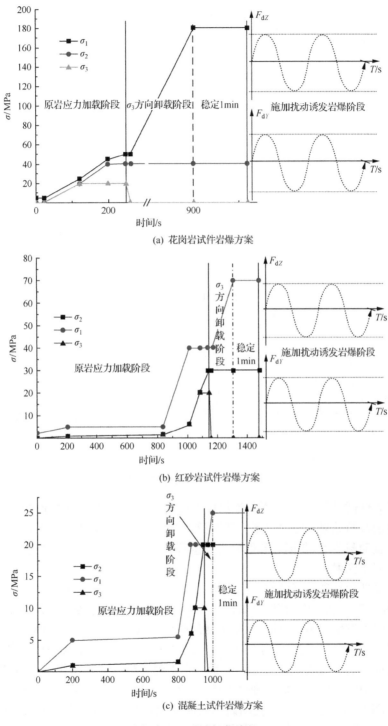

(a) 花岗岩试件岩爆方案

(b) 红砂岩试件岩爆方案

(c) 混凝土试件岩爆方案

图 13-16　试验加载路径

（3）施加扰动诱发岩爆阶段：花岗岩试件试验中 F_d 的幅值设定为 300kN、400kN、500kN、600kN；红砂岩试件试验中 F_d 的幅值设定为 80kN、120kN、160kN、200kN；混凝土

试件试验中 F_d 的幅值设定为 40kN、80kN、120kN、160kN；扰动频率均设定为 5Hz；扰动方向为平行于最大主应力方向和平行于中间主应力方向，分别为 F_{dz}、F_{dy}。扰动载荷波形图如图 13-17 所示。

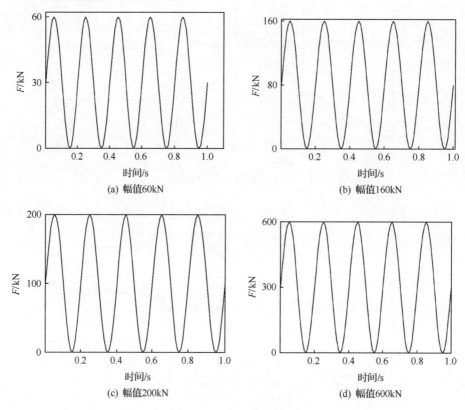

图 13-17　扰动载荷波形图

对三种岩性试样平行于 σ_1 方向施加扰动载荷 F_{dz}，观察在不同幅值的扰动载荷下是否发生岩爆的试验结果。结果显示，三种材料在较小幅值的扰动载荷下，不发生破坏；在较大幅值的扰动载荷下，花岗岩和红砂岩发生破坏并有岩块从母岩中弹射出，而混凝土试件破坏时无岩块弹射。

花岗岩试件和红砂岩试件破坏形式均为脆性破坏，岩石试件在扰动载荷的作用下会发生岩爆，相比红砂岩试件，花岗岩试件发生岩爆破坏时更加剧烈。但是混凝土试件在扰动载荷作用时不发生岩爆，试件只发生大变形破坏。试验证明，硬岩岩体内可发生扰动诱发岩爆，但软岩岩体在扰动载荷作用下不会发生岩爆，只发生大变形破坏。岩石试件发生岩爆破坏时应力-应变曲线如图 13-18 所示。在受到适当扰动载荷作用下，花岗岩与红砂岩试件在相同中间主应力下极限强度 80% 的应力时就发生剧烈破坏。当扰动载荷幅值增大至 120kN 后，混凝土试件在扰动破坏后时应变持续增加，发生大变形。破坏后只是试件的承载能力降低了，并没有出现岩块弹射的现象。

花岗岩岩爆试验过程图片如图 13-19 所示。开始施加扰动，岩石就发生了局部的破坏，主要以小颗粒弹射和局部块体崩落为主，且越来越剧烈，整个系统处于不稳定阶段；在扰动持续了一段时间后，岩石大规模破坏，发生岩爆。

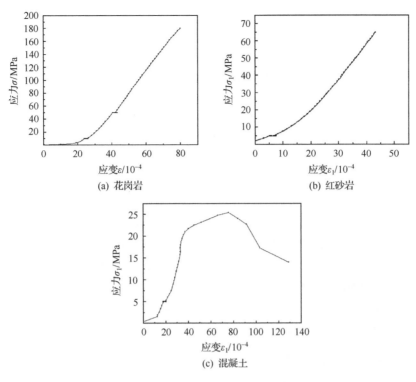

(a) 花岗岩　　　　　　　　　　　　(b) 红砂岩

(c) 混凝土

图 13-18　扰动载荷破坏岩石应力-应变曲线

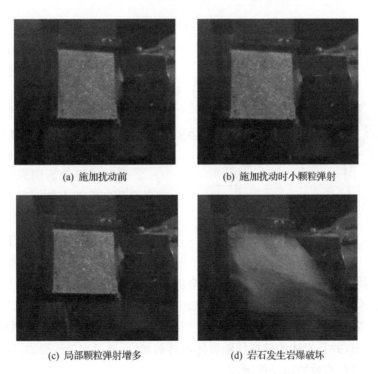

(a) 施加扰动前　　　　　　　　　　(b) 施加扰动时小颗粒弹射

(c) 局部颗粒弹射增多　　　　　　　(d) 岩石发生岩爆破坏

图 13-19　花岗岩岩爆试验过程图片

13.3 有岩爆倾向性高应力岩体的支护

有岩爆倾向性岩体支护技术与常规支护是不同的,岩爆条件下的支护结构不仅要能经受静态条件下的高应力荷载的作用,还要抵御岩爆时的动荷载作用。

国外在巷道岩爆支护方面研究起步较早[42-44]。美国的 Lucky Friday 矿岩爆巷道内的主要支护形式为间隔 0.9m、长 2.4m 的树脂浆高强度变形筋,链接式网和中等间距安装的管缝式锚杆;俄罗斯对高应力弱岩爆和中等岩爆巷道,一般采用普通锚喷支护、钢纤维喷锚支护、柔性钢支架支护以及锚喷网＋柔性钢支架联合支护等多种形式;澳大利亚采用高压充气的摩擦锚杆,如 Swellex 锚杆;南非采用锚网加索带形式,采用高强度的 2.4m 长的锚杆;加拿大在岩爆岩层中进行了各种喷射砼支护方面的研究。我国在岩爆支护方面也提出了很多有实际效果的方案。例如,随岩爆烈度的增加,采取加深加密系统锚杆,并加垫板,挂整体网,进行 3 次三循环喷混凝土及格栅钢架支撑等措施[45]。陆家岭隧道硐内缓爆型岩爆的地段,主要采用喷浆法处理;速爆型岩爆的地段,则主要采用喷射混凝土或钢纤维混凝土结合布设系统锚杆的处理方法。综上所述,国内外在岩爆支护形式上大体相同,喷锚加固围岩被认为是一种有效的防治岩爆的方法。

13.3.1 基于动力学的岩体支护系统

1. 岩爆支护的两种主要功能

Kaiser 和 McCreath[46]等对岩爆巷道支护机理的深入研究,得出当一个复杂的支护系统被简化之后,都可以划分为如图 13-20 所示的两种主要的支护功能:一是加固围岩功能,二是悬吊-承托功能。加固围岩和起悬吊作用的支护单元为锚杆,而承托单元则由金属网、喷混凝土、索带或其组合形式来完成。

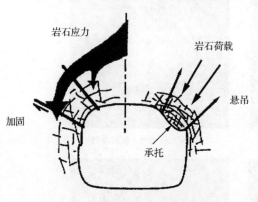

图 13-20　岩爆巷道支护原理图

通过锚杆加固围岩体是提高围岩强度及自承能力的一种广为应用的方法,锚杆与被加固的围岩共同承担围岩传递的应力。悬吊-承托作用指通过锚杆和承托单元把破碎的岩石限制在深部岩体上,在低应力条件下,主要是基于安全的考虑,而不是对围岩稳定性的考虑。但已有研究表明,承托作用的锚杆和承托单元(如金属网、喷混凝土)把破裂岩石限制在深部岩体上,能使受高应力作用的巷道保持稳定性。在高应力作用下,岩石发生明显破裂且通常伴有较大的变形,并且岩体的破坏伴随岩体剥落而加剧,通过保持破裂岩层可实现对岩块连续运动过程进行有效的运动控制。

岩爆支护系统的两种支护功能是由支护结构的各个单元组合而获得的。支护系统中对围岩起主要加固作用的元件为锚杆,锚杆打入加固围岩体中之后,与围岩共同作用吸收弹性变形能,提高围岩体的自承能力。在悬吊-承托支护结构中,锚杆为维持该结构的基本单元,一旦锚杆失效则整个支护系统失去作用。Kaiser 等[46]认为,锚杆的强度越高,变形能力越大,则越适合做岩爆条件下的支护结构单元。

2. 基于动力学的抗岩爆支护系统

岩爆发生机制涉及岩石动力学与岩石静力学两方面的范畴,因此岩爆支护系统中应引入抵抗动载扰动的设计理念。岩爆巷道支护结构在性能上必须具有抗动载作用的能力,也就是说,它除了具备静载条件下的一切功能之外,还必须能承受动载作用,这是抗岩爆支护的一个显著特点。

抗岩爆支护系统应有一定变形,以便容纳岩爆引起的大的强制变形。岩爆发生时岩块瞬间从静止状态加速到每秒几米甚至每秒十几米的速率,产生的动应力很大,一般会达到或超过支护构件的屈服强度,如果支护系统没有让压或屈服性能,就不可避免发生破坏;要想保持支护系统和巷道的稳定,就要求支护系统在岩爆发生瞬间先屈服变形,同时仍然保持一定的抗力,在允许最大变形前耗尽岩爆释放的动能。因此,岩爆对支护系统的特殊要求是:支护构件具有让压或屈服特性,而且吸收动能的能力强。基于动力学的抗岩爆支护系统具有让压与吸能作用的支护单元主要有以下几种。

1) 金属网与喷射混凝土

通常认为,在抗岩爆支护中,金属网和混凝土等结构单元应能够经受冲击荷载的作用,且能够吸收岩爆发生时所释放的动能。

与锚杆相比,金属网是相对柔性的低强度的结构单元,在围岩小变形的情况下,金属网几乎对围岩不提供支撑作用,但金属网作为承托单元,不仅可以改善喷射混凝土的力学作用功能,而且可以作为承受动态荷载作用的金属网,它自身也有吸收动能的能力和防破坏(防撕扯松散)的功能。另外,受金属网限制的破碎岩石具有缓冲、耗散(或吸收)能量的作用。

喷射混凝土可以对表层裂隙岩体起加固、锁合作用,它与金属网一起具有较好的抗弯刚度,可使冲击荷载较均匀地分摊到加固单元(锚杆)中去,还可以使锚杆处于单拉状态而不是剪切状态,从而使锚杆结构的作用功能得到优化。同时,为改变喷射混凝土的韧性,可在其中加入钢纤维,从而增加喷射混凝土的抗冲击性能。

2) 可伸长锚杆

可伸长锚杆可按工作原理将它们归纳为杆体可伸长和结构元件滑动可伸长两大类。第一类是依靠锚杆材料的屈服强度和延伸率分别提供锚杆的支护阻力和延伸量;第二类是设计某些机械结构,当围岩变形传递给杆体,杆体内拉应力达到一定数值后,杆体可借助于机械结构而滑动,杆体滑动的阻力和滑动量即为锚杆的工作阻力和延伸。概括起来,国内外研发的可伸长锚杆主要有如下几种类型[47]。

(1) 蛇形可伸长锚杆,如图 13-21 所示。杆体直径为 14～16mm,用 Q235 圆钢制作,分成两段,即直杆段和蛇形段,蛇形段为 6 弯 3 波,长 300mm,极限伸长 105mm,最大伸长时的最大承载能力为 73kN。这种可伸长锚杆结构简单,制作容易,成本较低。

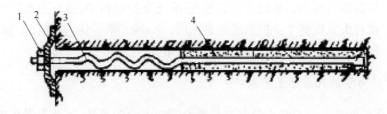

图 13-21　蛇形可伸长锚杆
1-螺母;2-托板;3-蛇形锚杆体;4-水泥锚固剂

(2) 孔口弹簧压缩式可伸长锚杆,如图 13-22 所示。岩体内的锚杆和普通锚杆基本相同,只是杆长比普通锚杆长 200mm,孔口增加了一个弹簧和一个挡板,弹簧的弹性压缩系数为 4.5N/mm,压缩量为 100mm,因此这种锚杆的伸长量为 100mm,只要杆体受到 450N 的力就压缩到底,即杆长伸长最大。由此可见,支护工作阻力较小时就伸长,但全长锚固,锚固力较大。

图 13-22　孔口弹簧压缩式可伸长锚杆
1-螺母;2-垫板和托板;3-弹簧;4-杆体;5-水泥锚固剂

(3) 杆体伸长和孔口压缩式可伸长锚杆,如图 13-23 所示。这种锚杆的杆体为 ϕ16mm 圆钢麻花杆体,树脂锚固剂锚固,锚固力超过 50kN,杆体长 1.9m,杆尾镦粗成 ϕ18mm 后加工螺纹。这样,螺纹处的抗拉强度不低于 ϕ16mm 的强度。锚杆伸长有两方面:一是孔口增加一节横向压缩钢管,当锚杆体受到支护阻力达到 30kN 时,压缩管受压变形,压缩量就是锚杆相对伸长量;二是当支护阻力达到或超过 40kN 时,杆体受拉要伸长,拉长率达 24%,可伸长 432mm。

图 13-23　杆体伸长和孔口压缩式可伸长锚杆
1-镦粗杆体;2-螺母;3-垫板和托板;4-压缩钢管;5-杆体;6-锚孔;7-树脂锚固剂

(4) 塑料压缩筒可伸长锚杆,如图 13-24 所示。这是普通树脂锚杆在孔口加一个塑料压缩套筒,杆体长 1.6~1.7m,直径 ϕ16mm,锚头做成麻花形。这种锚杆的伸长原理是,杆体受到支护阻力后,塑料套筒受压,其压缩量就是锚杆的相对伸长量。

图 13-24　塑料压缩筒可伸长锚杆

1-螺母；2-垫板和托板；3-塑料压缩套；4-锚孔；5-杆体；6-树脂锚固剂

（5）杆体拉长式可伸长锚杆，如图 13-25 所示。这种锚杆的杆体选用 Q235 钢制作的，直径有 $\phi16mm$ 和 $\phi14mm$ 两种，杆尾焊上一段比杆体直径大 4mm 的 Q235 钢，即 $\phi20mm$ 和 $\phi18mm$。试验表明，当锚杆支护工作阻力达到 44kN 时，$\phi14mm$ 杆体就伸长 200～240mm，$\phi16mm$ 杆体在支护工作阻力 60kN 时，杆体伸长达 260～300mm。锚杆的锚固力可达到 50～84.9kN。

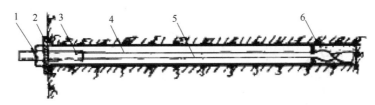

图 13-25　杆体拉长式可伸长锚杆

1-螺母；2-托板；3-加粗杆体；4-锚杆；5-杆体；6-树脂锚固剂

（6）套管摩擦式可伸长锚杆，如图 13-26 所示。随着围岩变形的增大，挤压托板，托板通过套管沿杆体摩擦滑动，造成恒阻式让压条件，直到两卡环靠拢为止。支护后期，在杆体内注入水泥浆或水泥砂浆，使杆体和孔壁之间用水泥黏结在一起，形成全长锚固。

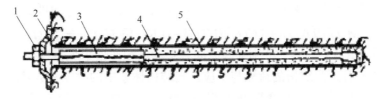

图 13-26　套管摩擦式可伸长锚杆

1-螺母；2-托板；3-套管；4-杆体；5-水泥锚固剂

13.3.2　基于自稳时变结构的岩爆动力源分析

岩爆是人工开挖诱发的一种人为事件，尽管岩爆受到围岩岩性及地应力等背景条件的控制，但如果岩石不被挖走，岩体还会安然无恙地处在地下深处。地下硐室形成后破坏了岩体原始的应力平衡状态，受力状态由三轴转变为单轴或双轴状态，切向应力 σ_θ 加载，而径向应力 σ_r 卸载。岩爆分析表明，围岩岩体破坏的重要的特征之一是其切向应力的峰值会从围岩临空面向岩体内部跃迁。工程实例表明，这种应力的跃迁与岩爆的发生有密切联系，可能成为岩爆发生的动力源。

如图 13-27 所示,现有岩爆发生机制的研究基本是针对开挖后的稳定状态Ⅳ展开,也就是开挖后应力场调整的最终结果,而较少关注应力由初始状态Ⅱ跃迁到中间状态Ⅲ,再由中间状态Ⅲ跃迁到稳定状态Ⅳ时围岩的动态响应。由图 13-27 可以看出,应力跃迁过程中,围岩系统的内部参数,如几何形状(围岩变形导致)、岩石物理力学特性(高应力状态岩石脆性向延性的过渡)、边界状态(围岩破裂区和弹性区的边界)等,都在随时间发生变化。而现有岩爆机制研究是基于不变边界系统的传统静(动)力学观点,因此还不能阐明岩爆的全部机制。这里我们将从围岩自稳结构分析着手,将时变结构力学理论应用于岩爆发生机制的研究,从一个新的角度对岩爆动力源进行讨论[48]。

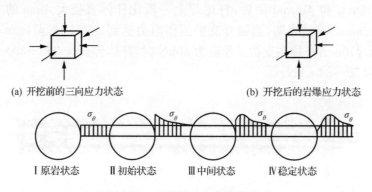

(a) 开挖前的三向应力状态 　　　　　　(b) 开挖后的岩爆应力状态

Ⅰ 原岩状态　　Ⅱ 初始状态　　Ⅲ 中间状态　　Ⅳ 稳定状态

图 13-27　岩爆切向应力演化模型

1. 时变结构的动力响应分析

凡力学研究对象随时间发生变化,且其变化在研究时段内足以影响力学状态,可归纳为时变力学的基础问题[49]。时变力学是现代力学的一个重要分支,它的控制方程是变系数数理方程。考虑结构体系的时变性,时变结构体系的振动方程一般可表示为

$$[M(t)]\{\ddot{U}(t)\} + [C(t)]\{\dot{U}(t)\} + [K(t)]\{U(t)\} = \{F(t)\} \tag{13-14}$$

式中,$[M(t)]$、$[C(t)]$、$[K(t)]$分别为与时间有关的结构质量矩阵、阻尼矩阵、刚度矩阵;$\{F(t)\}$和$\{U(t)\}$分别为结构的荷载与响应。当结构体系中的时变参数随时间改变较为明显时,式(13-14)称为强时变振动方程,而当其时变性不显著时,称为弱时变振动方程[50]。

令$\{X(t)\}=\{U(t),\dot{U}(t)\}^{\mathrm{T}}$,则式(13-14)可写成

$$\{\dot{X}(t)\} = [A(t)]\{X(t)\} + [B(t)]\{F(t)\} \tag{13-15}$$

式中

$$[A(t)] = \begin{bmatrix} 0 & I_n \\ -[M(t)]^{-1}[K(t)] & -[M(t)]^{-1}[C(t)] \end{bmatrix}$$

$$[B(t)] = \begin{bmatrix} 0 & 0 \\ 0 & [M(t)]^{-1} \end{bmatrix}$$

I_n 为 n 阶方阵。

式(13-15)为 n 个自由度时变体系振动问题的状态方程,$\{X(t)\}$为体系的状态向量,

可描述结构体系的动力响应。

当考虑结构参数$[A(t)]$仅为时间的函数时,首先可求出与式(13-15)相应的齐次时变方程的解,即方程$\{\dot{X}(t)\} = [A(t)]\{X(t)\}$的解为

$$\{X(t)\} = \Phi(t, t_0)\{X(t_0)\} \tag{13-16}$$

式中,$\Phi(t, t_0)$是n阶非奇异方阵,称为时变转移矩阵,它满足$\dot{\Phi}(t, t_0) = [A(t)]\Phi(t, t_0)$且$\Phi(t_0, t_0) = I_n$。

为了求非齐次时变方程(13-15)的解,令方程的解为

$$\{X(t)\} = \Phi(t, t_0)\{\xi(t)\} \tag{13-17}$$

则

$$\{\dot{X}(t)\} = \dot{\Phi}(t, t_0)\{\xi(t)\} + \Phi(t, t_0)\{\dot{\xi}(t)\} = [A(t)]\Phi(t, t_0)\{\xi(t)\} + \Phi(t, t_0)\{\dot{\xi}(t)\}$$

将式(13-17)代入上式,得

$$\{\dot{X}(t)\} = [A(t)]\{X(t)\} + \Phi(t, t_0)\{\dot{\xi}(t)\} \tag{13-18}$$

比较式(13-15)和式(13-17),对$\{\dot{\xi}(t)\}$积分,可得

$$\{\xi(t)\} = \{\xi(t_0)\} + \int_0^t \Phi^{-1}(\tau, t_0)[B(\tau)]\{F(\tau)\}d\tau \tag{13-19}$$

对于初始条件$t = t_0$,由式(13-17)可得$\{\xi(t_0)\} = \{X(t_0)\}$,同时$\Phi^{-1}(t_1, t_0) = \Phi(t_0, t_1)$,将式(13-19)中$\{\xi(t_0)\}$替换为$\{X(t_0)\}$,再代入式(13-17),可得式(13-15)的通解为

$$\{X(t)\} = \Phi(t, t_0)\{X(t_0)\} + \int_{t_0}^t \Phi(t, \tau)[B(\tau)]\{F(\tau)\}d\tau \tag{13-20}$$

式(13-20)右边第一项为初始状态的时变位移,即为初始条件引起的自由振动,而第二项则为外荷载$\{F(t)\}$产生的结构振动响应。

2. 围岩自稳时变结构的分析

1) 围岩自稳时变结构的提出

巷道围岩自稳结构是客观存在的。钱鸣高院士等认为,硐室开掘后,硐室空间上方岩层的重量将由硐室支架与硐室周围岩体共同承担,从总的规律看,硐室上覆岩体的重量由硐室支架承担的仅占 $1\% \sim 2\%$,其余的完全由硐室周围岩体承受[51]。这说明硐室围岩存在着某种形式的自稳结构。众多的工程实例也表明,软弱节理岩石不具有岩爆倾向性,岩爆多数发生在石英岩、花岗岩、正长岩、闪长岩、花岗闪长岩、大理岩、片麻岩等坚硬岩体中。这些岩体的共同力学特性是岩石单轴抗压强度大,多数超过 100MPa,因而具备了形成硐室围岩自稳结构的条件。岩爆岩体另一个特性是表现为脆性,即达到峰值强度后,岩石急剧断裂。根据图 13-27 所示,切向应力的初始状态 Ⅱ 也是围岩自稳结构的最初状态,这种状态如果能存在,表明围岩没有发生断裂破坏。然而,在高应力条件下,围岩体断裂是必然的,如果围岩体断裂急剧,围岩切向应力的跃迁也是急剧的。围岩自稳结构边界会发生改变,围岩每发生一次断裂,将导致自稳结构边界的调整或变迁。从岩爆岩体物理性质的角度,其脆性岩体在深部高应力条件下会转变为延性,但在开挖卸荷条件下又由延性

向脆性转化,对于远离开挖硐室的岩体又会由脆性转化为延性。由此可见,围岩自稳结构的边界、力学特性是随时都在变化的,按文献[52]的观点,将这种内部参数(包括几何形状、边界状态、物理特性等)随时间发生变化的结构称为"时变结构"。这里,我们把开挖硐室周边的围岩系统视为"围岩自稳时变结构",认为岩爆是满足某种条件下围岩自稳时变结构调整的过程。

2) 围岩自稳时变结构的分布

深埋巷道开挖产生应力重分布,当次生应力场满足岩体破坏条件时,应力释放,深部岩体产生第一次破裂区;对于深部岩体,其主要特点是地应力高,因此,应力释放后产生的第一次破裂区的外边界相当于新的开挖边界,这样应力再一次重分布,并且当重分布应力场满足岩体破坏条件时,应力再一次释放,产生第二次破裂区;依次类推,直到应力释放后不能再产生破裂区为止,这就是在深部岩体的分区破裂化现象[53]。这里将借鉴浅部岩体破裂区和弹性区岩体构成控制围岩整体承载能力的"关键圈"承载结构理论进行扩展[54],可认为以各不破裂区为边界,弹性未破裂区和破裂区岩石构成一个深部围岩自稳子结构,结合时变理论,即可称为"围岩自稳时变结构"。图13-28是深部岩体分区破裂化的示意图。为说明围岩自稳时变结构的分布,图中粗实线为每个自稳时变结构的时变边界。

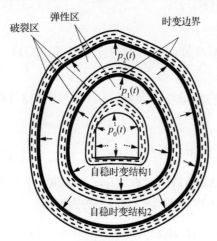

图 13-28 围岩自稳时变结构分布

围岩结构的形成与岩性、施工方法等多种因素有关,图13-28是一种典型的情况。此种情况下,岩爆发生前,围岩主断裂路径平行于最大主应力,形成平行于硐壁自由面的板状劈裂,图13-28平行于硐壁自由面的虚线为裂纹扩展贯穿后形成的岩板。文献[55]在仅考虑静水压力的情况下,分析了圆形巷道分区破裂的半径。对于第二个破裂区,第一个破裂区的外边界即是求解弹性区的边界,存在一与时间有关的边界应力 $p_i(t)$,依此类推。$p_0(t)$ 在 $t=0$ 未开挖时等于地应力,$t=t_0$ 开挖完成时 $p_0(t)=0$。设开挖扰动后的二次应力场为弹性的,则可分为 $p_i(t)$ 和原岩应力场 q 两部分求解巷道围岩二次应力场 σ_θ 和 σ_r,同时假设岩石破坏满足莫尔-库仑准则,可得三个方程

$$\left.\begin{array}{l}\sigma_\theta = \sigma_{\theta p(t)}(r,t) + q\left(1+\dfrac{r_0^2}{r^2}\right)\\[3mm]\sigma_r = \sigma_{r p(t)}(t,t) + q\left(1-\dfrac{r_0^2}{r^2}\right)\\[3mm]\sigma_\theta - \sigma_r = 2(c\cot\phi + \sigma_r) + \dfrac{\sin\phi}{1-\sin\phi}\end{array}\right\} \qquad (13\text{-}21)$$

式中,r_0 为圆形硐室的半径;r 为围岩与圆形硐室圆心的距离;ϕ 为岩石的内摩擦角;c 为岩石的内聚力;$\sigma_{\theta p(t)}(r,t)$ 和 $\sigma_{r p(t)}(r,t)$ 是由边界应力 $p_i(t)$ 引起的与 r 和时间有关的应力。

硐室围岩岩性、地应力、开挖工艺决定了围岩自稳时变结构数量。对于某种岩石,当硐室所处地应力低时,其周边的围岩自稳时变结构数量仅为一个;当硐室所处地应力高时,围岩自稳时变结构数量会超过一个,各自稳时变子结构的岩体厚度也是不一样的。

3) 围岩自稳时变结构的动力学特征

考虑时变结构的复杂性,为了方便分析围岩自稳时变结构调整时可能诱发岩爆的机制,同时地下围岩空间结构可以简化为平面应变问题,可将围岩自稳时变结构视为单自由度非周期时变体系,选取体系中的典型质点(如体系外形的几何中心、体系在初始时刻的质心)进行分析。

设在时刻 t,质点的质量为 $m(t)$,速度为 $v(t)$,则 t 时刻体系的动量为 $m(t)v(t)$。若体系的质量随时间递减,则在时刻 $t+dt$ 质量为 $m(t)-|dm|$,速度为 $v+dv$,而放出的单元质量 dm 的绝对速度设为 u,则在 $t+dt$ 时刻体系的动量为 $[m(t)-|dm|](v+dv)+u|dm|$,故由质点系动量定理可得

$$\left\{[m(t)-|dm|](v+dv)+u|dm|\right\}-mv=[P(t)-D(t)v(t)-K(t)X(t)]dt$$

(13-22)

式中,$X(t)$、$K(t)$、$D(t)$ 分别为体系在 t 时刻的位移、刚度、阻尼;$P(t)$ 为体系在 t 时刻所受的外荷载。

略去高阶微量,并注意到 dm/dt 为负,则可得到单自由度时变体系强迫振动的一般方程,即

$$m(t)\frac{d^2X(t)}{dt^2}+\frac{dm(t)}{dt}\left[\frac{dX(t)}{dt}-u(t)\right]+D(t)\frac{dX(t)}{dt}+K(t)X(t)=P(t)$$

(13-23)

当体系的质量随时间增加时,也可推得运动方程为式(13-23)。

对于自由振动的情形,令 $P(t)=0$;同时在弹脆性场中不计阻尼影响,则令 $D(t)=0$;很多情况下,$u(t)$ 相对于 $v(t)$,即 $\frac{dm(t)}{dt}$ 是很小的,可令 $u(t)=0$,从而得到

$$m(t)\frac{d^2X(t)}{dt^2}+\frac{dm(t)}{dt}\frac{dX(t)}{dt}+K(t)X(t)=0$$

(13-24)

与式(13-14)进行比较,式(13-22)中的 $dm(t)/dt$ 相当于黏滞阻尼系数。$dm(t)/dt$ 有两种情形:① 当质量随时间增加时,$dm(t)/dt>0$,则此体系相当于具有正阻尼;当 $dm(t)/dt$ 很大时,体系不可能发生自由振动。② 当质量随时间递减时,$dm(t)/dt<0$,则此体系相当于具有负阻尼,此时体系可能发生振幅不断增长的自由振动。

在地下硐室中,岩爆的产生与开挖后围岩的动力失稳有关。通过以上分析,时变体系的质量随时间发生变化时,会使体系的动力学响应产生很大影响,当质量随时间递减,会形成动力不稳定系统(系统有负阻尼),也就是 $dm(t)/dt<0$ 可能诱发岩爆。因此,通过确定结构体系质量的增减为研究岩爆的发生提供了一种新的思路。如果从地下硐室形成至地表这个大范围的岩体来说,岩体不存在质量的增减。但靠近开挖硐室会形成若干个自稳时变结构,就围岩自稳形成的这些小结构来说,单个自稳结构体系可能会出现质量的增减。因此,可以认为,$dm(t)/dt<0$ 可成为诱发岩爆的条件。岩石的扩容效应使得围岩膨

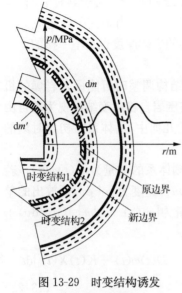

图 13-29 时变结构诱发
岩爆的力学模型

胀,这要求围岩有膨胀空间,或称为体积补偿空间,故可建立如图 13-29 所示的力学模型来分析岩爆发生。

该力学模型说明,如果忽略微裂隙和节理的影响,补偿空间的位置应该在两个地方,即各时变结构的接触边界处和硐室的自由面。这两处的岩体(图 13-29 中的斜线阴影部分)为单轴或双轴状态或所受围压较小,较其他位置的岩体更容易发生破坏,也就是存在使结构体系质量增减的 dm 和 dm'。临近硐室的自由面岩体 dm' 和时变结构边界的岩体 dm 的破坏程度是不一样的。dm' 岩体在高应力作用下,易局部完全失去承载能力,脱离时变结构 1,使时变结构 1 成为动力不稳定系统,同时围岩应力峰值由自由面向岩体内部跃迁,即图 13-27 中初始状态 Ⅱ 和中间状态 Ⅲ 的应力跃迁;dm 岩体虽破坏,但仍有部分承载能力,会脱离时变结构 1 而成为时变结构 2 的一部分,时变结构 2 的承载能力加强,而时变结构 1 成为动力不稳定系统,一旦其质量参数变化迅速或有外部扰动,则会伴随剧烈振动,从而导致岩爆。

根据前面的分析,由力学模型可得出岩爆发生的条件:

(1) 考虑到开挖硐室形成的二次应力场分布中切向应力 σ_θ 加载,故认为围岩承受的切向应力 σ_θ 应使岩石产生扩容,即满足 $\sigma_\theta > \sigma_e$ 的条件,σ_e 为岩石开始出现扩容时的应力,需通过岩样试验确定。

(2) 围岩自稳时变结构质量减少,即 $\dfrac{dm(t)}{dt} < 0$。

条件(1)是岩爆发生的充分条件,条件(2)是岩爆发生的必要条件。条件(2)还可以判别岩爆发生的强度,这取决于岩体的脆性和施工工艺,如脆性强的岩体或爆破掘进时,其质量参数变化迅速,产生的负阻尼大,岩爆更强烈。这两个条件说明岩爆的动力源可来自于围岩自身的受力状况变化和岩体结构的变化,也可来自外部强力扰动。

围岩时变结构诱发岩爆力学条件可以很好地解释许多岩爆现象。岩爆发生并不仅是深部条件才会遇到的问题,通过对国内外二十几个岩爆实例调查发现,岩爆在 700m 以下埋深的情况发生居多,200m 左右也有发生岩爆的实例。这说明因围岩自稳时变结构的影响,更重要的是取决于其岩体所处的应力状态,故应重视地应力测试。一般而言,只有硬质岩石才可能发生岩爆,排除开挖段所处的地应力水平及地质等外部原因,$dm(t)/dt$(取决于岩石的脆性)也同样对岩爆有着重要的影响。例如,煤的强度并不高,却经常可以发生煤爆,究其原因,主要是由其脆性较大决定的,即其自稳时变结构质量参数变化迅速。雪峰山隧道岩石硬度虽然很大,但由于其年代较老,经历了多次构造运动,韧性剪切特征明显,故其脆性相对稍弱,致使其发生岩爆的可能性降低[56]。另外,岩爆的发生具有滞后性,即硐室开挖后经过一段时间发生岩爆,这不仅是围岩时变结构承载能力的体现,同时也是围岩时变结构调整诱发岩爆的例证。

3. 时变控制原则

围岩自稳结构的时变动力学特性主要表现在围岩深部岩体,即破裂区和弹性区的边界、力学特性是随时都在变化的,岩爆是满足某种条件下围岩内部自稳时变结构调整的过程。因此,进行岩爆控制时,可从以下两方面入手。

(1) 岩爆支护结构应控制围岩深部岩体。岩爆是人工开挖诱发的一种人为事件,尽管岩爆受到围岩岩性及地应力等背景条件的控制,但如果岩石不被挖走,岩体还会安然无恙地处在地下深处;反过来,如果被挖走的岩石能原样地回填入开挖的硐室,则围岩稳定,不会发生岩爆。时变判据表明 $dm/dt < 0$ 时可诱发岩爆,因此,要达到防治岩爆的目的,应增加自稳时变结构的质量,增加破裂区和弹性区的范围都是有效的方法[57]。

要实现对围岩深部岩体的控制,锚杆支护是理想的手段。锚杆能有效调控围岩的自承载能力,而不仅是传统支护中被动的控制岩爆巷道自由面围岩动力破坏。岩爆是高应力条件下发生的,支承应力曲线表明围岩深部岩体所处的应力状态更高,因此控制岩爆用的锚杆应具有较高的强度。

(2) 岩爆支护结构应适应围岩深部岩体的时变性。硐室围岩各时变结构接触边界处和自由面这两处的岩体为单轴或双轴状态或所受围压较小,较其他位置的岩体更容易发生时变破坏,导致围岩时变自承载结构体系质量减少;另外,研究表明,围岩自承载结构内部破裂区和弹性区边界易产生应力波边界效应[58]。因此,锚杆支护具有较高强度的同时,应具有时变性,很有必要采用某种形式的可伸缩锚杆,以适应围岩内部时变破坏所需要的补偿空间。

13.3.3　动静组合支护关键技术

岩爆动静组合支护方式与传统的刚柔支护方式,既存在很多相似的地方但又有所不同,这里将在对比二者异同的基础上,考虑岩爆动力学的具有动静组合效果的锚杆及其锚固方式等关键性问题[59-62]。

1. 动静组合支护的特点

为了保持支护系统在遭受岩爆冲击后的完整性,应采用强化喷射混凝土进行表面支护,对于较高强度岩爆还应采取如挂金属网(一般用焊接网),或者是喷射钢纤维混凝土等措施,喷射混凝土厚度不宜小于 100mm。对可能遭受强烈岩爆破坏的巷道,还应辅以钢缆,钢缆的作用主要是防止岩爆产生的岩块的掉落。在岩体内部的支护方面,根据时变控制原则和应力极值原则,岩爆动静组合支护方式在锚杆参数的确定和选择时还要特别注意巷道应力分布极值点处的防护(以三心拱为例,即顶板中部、拱脚和底角部位)。

岩爆动静组合支护方式与传统的刚柔支护方式的不同点主要体现在延展性的设计理念上。对于易爆岩层的支护来说,支护结构必须具有很好的延展性,支护系统在产生一定的变形(位移)之后,必须能重新建立一个静态平衡。

就材料的力学性质而言,延展性的增大意味着极限强度的减少,传统的刚柔支护方式认为,对于一个支护系统来说,它是多支护单元的组合,就整体而言可以相互弥补强度降低的不足。该支护方式主要是靠改进巷道表面的支护来提供延展性，如使用金属支架或喷射混凝土加入钢纤维等；在岩体内部的支护构件方面，中等强度以上岩爆可以采用砂浆锚索（特别是废旧提升钢绳，可以利用除油不彻底导致钢绳在砂浆内滑动且仍有一定抗力这一让压特性）、优质胀管式锚杆和南非发明的锥形砂浆锚杆支护。Kaiser 等[46]给出了常用锚杆的实测受力-变形曲线，如图 13-30 所示。由该曲线图可以看出：现在技术较成熟的延性锚杆主要有管缝式锚杆和水力膨胀式锚杆（swellex）两种，这两种锚杆的延展性比螺纹锚杆要大得多，但是它们的承载强度却比螺纹锚杆低多了，在只是大变形围岩条件下可以较好应用，但是如果存在有较高地应力，则不太适用；而砂浆锚索不能承受弯剪力，在硬岩岩爆条件下也不太适用。

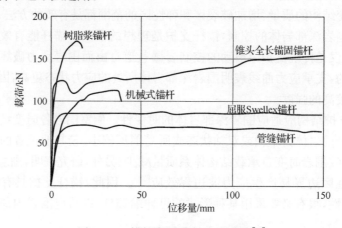

图 13-30 锚杆实测受力-变形曲线[46]

在高地应力有岩爆倾向条件下，一种理想的锚杆应当是既能在其破坏失效前提供像管缝式锚杆一样的大变形能力，以提供岩石破坏扩容碎胀的空间，又能提供较高的承载能力，具有和普通螺纹锚杆一样高的强度，同时采用适应围岩内部时变性的锚固方式，符合这种条件的锚杆可以称为动静组合锚杆，能够满足岩爆倾向条件下的岩石支护。

2. 动静组合锚杆的研制[59,60]

在深部资源开采中，由于高地应力导致的围岩大变形和岩爆现象，使得普通的螺纹锚杆、管缝式锚杆和水力膨胀式锚杆在支护效果上面临着严重的挑战。因为螺纹锚杆是一种刚度很大的锚杆，能提供的变形量很小，在深部岩体大变形的情况下，螺纹钢锚杆往往会因为其本身的变形量不足而导致锚杆缩进岩体内部，从而发生失效破坏。同样，管缝式锚杆等延性锚杆虽然能提供大变形，但却无法满足高应力下的支护强度，常因岩体内部应力过大导致断裂破坏。因此，在针对深部有岩爆倾向性的高应力巷道的支护问题上，我们提出设计既具有高强度，同时又具有吸能能力的新型锚杆的思路[59-62]，要求这种锚杆应该具有和刚性螺纹锚杆一样较高的承载能力，同时还能够在其破坏失效前提供像管缝式锚杆一样的较大变形能力，吸收岩体存储的能量。

1) 动静组合锚杆材料

根据岩爆发生的高应力的条件，动静组合锚杆能提供较高的承载能力，具有和普通螺纹锚杆一样高的强度。文献[47]对比了 Q235 低碳圆钢和 20MnSi 螺纹钢两种材质、不同直径的杆体可伸长锚杆的力学特性，螺纹钢锚杆的力学性能优于低碳圆钢，如图 13-31 所示；另外，该文献对 φ18mm 螺纹钢锚杆也进行了试验，其极限载荷达 137kN，延伸率为 20%，故动静组合锚杆材料选用螺纹钢锚杆。

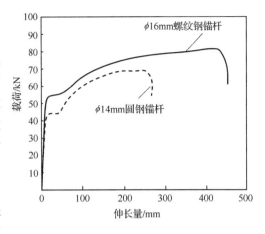

图 13-31　螺纹钢锚杆和圆钢锚杆的受力特性

2）动静组合锚杆的形状与结构

可伸长锚杆具有一定的让压性，但均未能在国内外得到很好的推广应用，主要原因是：①预应力太小，锚杆支护系统难以阻止顶板离层和围岩松动圈的发展，导致围岩有害变形加大；②锚杆强度不够大，难以适应岩爆巷道的高应力状态；③让压不合理，不能保证锚杆支护系统在整个使用期间不失效，尤其是端锚方式，一旦锚杆托板处的围岩破坏，则丧失锚固能力。

为此，我们提出了适用有岩爆倾向性硬岩巷道支护的波浪式协调变形吸能锚杆，它由树脂锚固段直杆体(1)、波浪式吸能段弯曲杆体(2)、托盘(3)、紧固螺栓(4)、螺纹段(5)和钢筋搅拌翼(6)组成，如图 13-32 所示。图 13-33 是通过自制模具采用热处理方式加工出来的协调变形吸能锚杆上的弯曲吸能段实物照片。图 13-34 是图 13-32 中杆体中间部位截取的局部结构放大图，包含部分直杆和部分弯曲杆。

图 13-32　波浪式协调变形吸能锚杆结构示意图
1-加长锚固段杆体；2-弯曲吸能段杆体；3-托盘；4-紧固螺母；5-螺纹段；6-搅拌翼

图 13-33　热处理加工后的弯曲吸能段实物照片

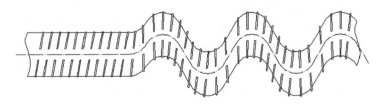

图 13-34　弯曲吸能段的局部放大图

新型协调变形吸能锚杆主体材料为一根长直的线形螺纹钢棒材(直径 22mm),在其一端(左侧)预留一段 500~800mm 直杆体作为加长树脂锚固段,并在此端头部两侧各焊长 50mm、直径为 6mm 的短钢筋(6),用于加强树脂锚固时的搅拌效果。在长直的线形螺纹钢棒材的另一端(右侧)加工 100mm 长的螺纹(5),配树脂锚杆通用的紧固螺母(4)和托盘(3),然后在靠近右侧的直杆体上通过热处理方式加工出一段波浪式的弯曲段(2),自然冷却至室温。这个弯曲段由数个近正弦形小波单元组成,每个小波单元在岩体内部应力的作用下均可伸长,同时吸收岩体变形能量,直至完全被拉直,其伸长量可以通过波形参数来控制(对于同一种波形参数其变形量一定)。因此,协调变形吸能锚杆的总体变形量是可以控制的,设计的依据为不同应力条件下不同岩体的最大允许变形量,设计时通过改变杆体上小波单元的个数来控制。

3) 动静组合锚杆的作用机理

这种协调变形吸能锚杆安装好之后,通过加长的锚固段将锚杆一端牢固的粘贴在巷道围岩体深部,另一端通过托盘和紧固螺母固定在巷道围岩体的表面,并在杆体上施加一定的预应力。此时,由于预应力较小,所以产生支护力也比较小。深部巷道在高应力的作用下,围岩向临空面压挤变形,此时围岩对锚杆的作用力逐渐增大,到一定程度时,锚杆的弯曲吸能段开始拉伸变长,吸收部分岩体变形能量,同时锚杆也对所支护的围岩体施加一个反作用力来限制围岩变形。随着围岩变形的进一步增加,对杆体的作用力也逐渐增大,弯曲吸能段释放出更大的变形和吸收更多的能量,同时对支护范围内的围岩产生更大的反作用力,限制其进一步变形。弯曲吸能段被逐渐拉长的过程中,锚杆也提供越来越大的支护阻力。吸能锚杆在围岩变形初期对其变形既允许又限制,在空间和时间上与围岩体产生协调变形,即使其内部压力得以适度释放(存储于吸能段内),同时过度变形又被合理限制。在围岩变形稳定后,该锚杆又能起到高强度刚性锚杆的作用,提供足够的支护力。

3. 动静组合锚杆的预留锚固方式研究

根据时变控制原则和岩体内部的时变性,动静组合锚杆的可伸长构件应设置围岩体内部,为避免端头锚固时表面易失效的问题,提出预留锚固方式,即预留锚杆中部的可伸长构件不锚固,其余部分的锚杆体采用全部锚固。

1) 全长锚固和端头锚固、预留锚固

目前锚固工程中使用的锚杆大部分采用预应力锚杆,常规锚杆支护设计一般分为全长锚固和端头锚固两种。全长锚固是锚杆与围岩沿锚杆的全长锚固;端头锚固是锚杆与围岩局限于锚杆里端端头较短长度的锚固。端锚锚杆仅锚头与孔底岩体固结在一起,中部杆体与孔壁岩体不相接触,主要依靠托板阻止围岩径向位移,对围岩施加径向支护力,即托锚力。端锚锚杆托锚力在围岩变形损伤过程中很易丧失。全锚锚杆将围岩与锚杆黏结成整体,除托锚力外,锚杆通过黏结剂使锚杆与围岩产生剪切作用,抑制围岩变形,这种黏锚力对稳定围岩起着重要作用。

　　预留锚固是针对动静组合锚杆安装时，提出的一种新的锚固形式。这种锚固方式既能使锚杆提供大变形能力，又能提供较高的承载能力，较好地适应围岩内部的时变性。

　　前两种锚固形式的黏结剂既可采用树脂锚固剂，也可采用砂浆，而预留锚固理想的黏结剂为树脂锚固剂。树脂锚固剂由树脂胶泥和固化剂两种组分组成，它具有"双快一高"的特性，即固化时间快（速度可调）、强度增长快、强度高，安装后不仅能及时承受载荷，且锚固力大。

　　2）预留锚固的安装施工

　　预留锚固首先要根据孔径和杆径选择合适口径和长度的树脂锚固剂用于锚杆两端的锚固，预留段内可装入无固化剂的树脂胶泥，以起到隔离两个锚固段的作用。锚固段的树脂锚固剂的截面积必须大于钻孔与锚杆的截面积之差，并且能够将锚杆与钻孔间隙填满。两锚固段的树脂锚固剂在凝固速率上也有所不同：杆头锚固段选用快速树脂锚固剂，杆尾锚固段选用慢速树脂锚固剂。由于树脂锚固剂凝固速率是可调的，所以要根据锚杆安装时间选择不同速率的树脂锚固剂，如图 13-35 所示。

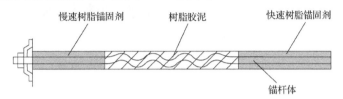

图 13-35　预留锚固锚杆安装示意图

　　安装时将树脂锚固剂放入钻孔内，快速树脂锚固剂放置在钻孔里端，树脂胶泥在钻孔中部，慢速树脂锚固剂放置在钻孔外端，然后将锚杆尾部通过连接套与安装机具相连，锚杆在安装机具的带动下自钻孔口向里开始边旋转边推进，将锚杆推进到钻孔底部以后，钻孔内的树脂锚固剂在锚杆的搅拌下两种组分被充分混合后发生化学反应开始凝固。如果是帮锚杆，此时就可以将锚杆与连接套拆开，装上托盘、球垫及螺母；而如果是顶锚杆，则要在快速树脂锚固剂开始固化后再进行上述工作。由于两种树脂锚固剂的凝固速率不同，在里端的快速树脂锚固剂先凝固，快速树脂锚固剂到达凝固时间后，开始上螺母对锚杆进行预紧，预紧力达到设计要求后停止上螺母，至此完成一根动静组合锚杆的安装。

13.3.4　巷道动静组合支护实例

　　我国某矿山深部巷道，地应力大，由于原有支护方案不合理导致巷道常年返修。图 13-36 给出了原有支护后的巷道破坏情况。针对这一情况，经分析发现，现有的三心拱巷道受地应力作用表现出的切向应力集中的位置主要在顶、肩、底角，根据时变控制原则和应力极值原则，在这些重要同时又是应力相对较大的位置采用动静组合锚杆。同时，根据对锚杆长度的分析，改进后的巷道支护方案采用 2.5m 长的锚杆[61,62]。

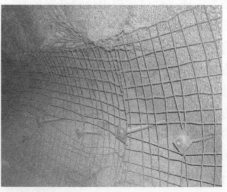

图 13-36　巷道锚杆表面岩体脱离

　　砂岩岩爆巷道动静组合支护方案与原来采用的传统巷道支护方案相比较,新方案的特点主要有两个方面:第一,增加两根 45°的底角动静组合锚杆;第二,在顶、肩位置采用动静组合锚杆,整个断面锚杆的锚长为 2.5m,其他的支护参数与现有支护方案相同。改进后的砂岩三心拱巷道支护动静组合支护形式如图 13-37 所示。

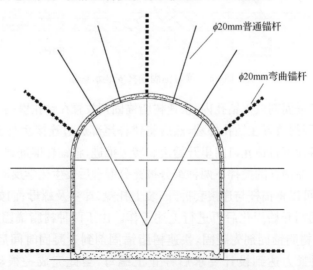

图 13-37　砂岩岩爆巷道动静组合支护方案

　　红页岩岩爆巷道在倾斜层理影响下,切向应力为不对称分布,峰值区在右帮底角。红页岩岩爆巷道动静组合支护方案的改进主要有三个方面:第一,增加两根底角动静组合锚杆;第二,在顶、肩、底角和底板这些重要位置采用动静组合锚杆;第三,与岩层层理平行方向的部分锚杆进行角度调整,锚杆轴向与层理面成 30°~50°的夹角。整个断面锚杆的锚长为 3.0m,其他的支护参数与原有支护方案相同。改进后的红页岩岩爆巷道支护动静组合支护形式如图 13-38 所示。当红页岩巷道岩爆烈度较高时,可以在右帮底角切向应力最大处加设一根动静组合锚杆,如图 13-39 所示。

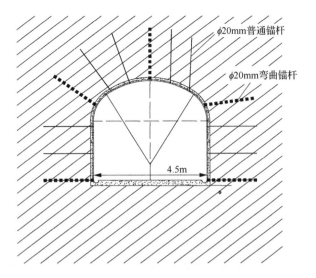

图 13-38　红页岩岩爆巷道动静组合支护方案

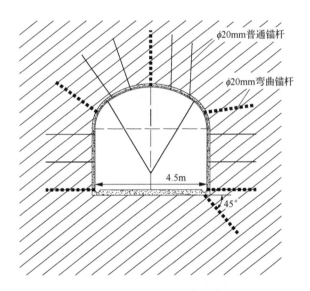

图 13-39　红页岩岩爆巷道动静组合增强支护方案

参 考 文 献

[1] 李夕兵,古德生.深井坚硬矿岩开采中高应力的灾害控制与破碎诱变//香山第175次科学会议.北京:中国环境科学出版社,2002:101-108

[2] 李夕兵,姚金蕊,宫凤强.硬岩金属矿山深部开采中的动力学问题.中国有色金属学报,2011,21(10):2551-2563

[3] Li X B,Zhou Z L,Lok T S,et al. Innovative testing technique of rock subjected to coupled static and dynamic loads. International Journal of Rock Mechanics and Mining Sciences,2008,45(5):739-748

[4] 李夕兵,周子龙,叶洲元,等.岩石动静组合加载力学特性研究.岩石力学与工程学报,2008,27(7):1387-1395

[5] 李夕兵,宫凤强,Zhao J,等.一维动静组合加载下岩石冲击破坏试验研究.岩石力学与工程学报,2010,29(2):251-260

[6] 古德生,李夕兵. 现代金属矿床开采科学技术. 北京:冶金工业出版社,2006

[7] Ortlepp W D, Stacey T R. Rockburst mechanisms in tunnels and shafts. Tunnelling and Underground Space Technolog,1994,9(1):59-65

[8] Hildyard M W,Milev A M. Simulated rockburst experiment: Development of a numerical model for seismic wave propagation from the blast, and forward analysis. Journal of the South African Institute of Mining and Metallurgy,2001,101(5):235-245

[9] Wang J A,Park H D. Comprehensive prediction of rockburst based on analysis of strain energy in rocks. Tunnelling and Underground Space Technology,2001,16(1):49-57

[10] 石长岩. 红透山铜矿深部地压及岩爆问题探讨. 有色矿冶,2000,16(1):4-8

[11] Kidybinski A. Bursting liability indices of coal. Journal of Rock Mechanics and Mining Sciences, 1981, 18(4): 295-304

[12] Singh S P. Technical note: Burst energy release index. Rock Mechanics and Rock Engineering,1988,21(1): 149-155

[13] 李庶林,唐海燕. 岩爆倾向性评价的弹性应变能指标法. 矿业研究与开发,2005,25(5):16-18

[14] 王文星,潘长良,冯涛. 确定岩石岩爆倾向性的新方法及其应用. 有色金属设计,2001,28(4):42-46

[15] Russenes B F. Analysis of rock spalling for tunnels in steep valley sides. Oslo:Norwegian Institute of Technology, 1974

[16] Turchaninov I A, Markov G A,Lovchikv A V. Conditions of changing of extra-hard rock into weak rock under the influence of tectonic stresses of massifs//Proceedings of ISRM International Symposium, Tokyo, 1981: 555-559

[17] Hoek E, Brown E T. Underground exavation in rock. London: Institute of Mining and Metallurgy, 1980

[18] Barton N R, Lien R, Lunde J. Engineering classification of rock masses for the design of tunnel support. Rock Mechanics and Rock Engineering,1974, 6(4): 189-236

[19] 陶振宇. 高地应力区的岩爆及其判别. 人民长江, 1987,(5): 25-32

[20] Cook N G W. An industry guide to the amelioration of hazards of rockbursts and rockfalls. Chamber of Mines of South Africa,1978

[21] Ryder J A. Excess shear stress in the assessment of geologically hazards situations. Journal of the South African Institute of Mining and Metallurgy, 1988, 88(1): 27-39

[22] Brown E T,Brady B H G. Trends in relationships between measured rock in situ stress and depth. International Journal of Rock Mechanics and Mining Sciences,1978,15:211-215

[23] 李冬青,王李管. 深井硬岩大规模开采理论与技术. 北京:冶金工业出版社,2009

[24] Brauner G. Rockbursts in Coal Mines and Their Prevention. Rotterdam:A. A. Balkema,1994:7-15

[25] 腾吉文,姚敬金,江昌洲,等. 地壳深部岩浆岩岩基体与大型-超大型金属矿床的形成及找矿效应. 岩石学报, 2009,25(5):1009-1038

[26] 唐礼忠,王文星. 一种新的岩爆倾向性指标. 岩石力学与工程学报,2002,21(6):874-878

[27] 王贤能,黄润秋. 动力扰动对岩爆的影响分析. 山地研究,1998,16(3):188-192

[28] 徐则民,黄润秋. 岩爆与爆破的关系. 岩石力学与工程学报,2003,22(3):414-419

[29] 谢勇谋,李天斌. 爆破对岩爆产生作用的初步探讨. 中国地质灾害与防治学报,2004,15(1):61-64

[30] 徐则民,黄润秋,罗杏春,等. 静荷载理论在岩爆研究中的局限性及岩爆岩石动力学机理的初步分析. 岩石力学与工程学报,2003,22(8):1255-1262

[31] 唐礼忠,潘长良,谢学斌. 深埋硬岩矿床岩爆控制研究. 岩石力学与工程学报,2003,22(7):1067-1071

[32] Mueller W. Numerical simulation of rock bursts. Mining Science & Technology,1991,12: 27-42

[33] 左宇军,李夕兵,赵国彦. 硐室层裂屈曲岩爆的突变模型. 中南大学学报(自然科学版), 2005, 36(2): 311-316

[34] He M C,Miao J L,Feng J L. Rock burst process of limestone and its acoustic emission characteristics under true-triaxial unloading conditions. International Journal of Rock Mechanics and Mining Sciences,2010,47(2):286-298

[35] Ohta Y, Aydan Ö. The dynamic responses of geo-materials during fracturing and slippage. Rock Mechanics and Rock Engineering, 2010, 43(6): 727-740

[36] 许迎年, 徐文胜, 王元汉, 等. 岩爆模拟试验及岩爆机理研究. 岩石力学与工程学报, 2002, 21(10): 1462-1466

[37] 陈陆望, 白世伟. 坚硬脆性岩体中圆形硐室岩爆破坏的平面应变模型试验研究. 岩石力学与工程学报, 2007, 26(12): 2504-2509

[38] 宫凤强, 李夕兵, 刘希灵, 等. 一维动静组合加载下砂岩动力学特性的试验研究. 岩石力学与工程学报, 2010, 29(10): 2076-2085

[39] 宫凤强, 李夕兵, 刘希灵. 三维动静组合加载下岩石力学特性试验初探. 岩石力学与工程学报, 2011, 30(6): 1179-1190

[40] 李夕兵. 深部硬岩开采的几点思考//第十二次全国岩石力学与工程学术大会, 南京, 2012

[41] 杜坤. 真三轴卸载下深部岩体破裂特征及诱发型岩爆机理研究. 长沙: 中南大学博士学位论文, 2013

[42] McCreath D R, Kaiser P K. Evaluation of current support practices in burst-prone ground and preliminary guidelines for Canadian hardrock mines//Kaiser, McCreath. Rock Support in Mining and Underground Construction, Rotterdam: A. A. Balkema, 1992: 611-619

[43] Wojno L Z, Jager A J. Support of tunnels in South African gold mines//Proceedings of 6th International Conference on Ground Control in Mining. Morgantown: West Virginia University, 1987: 271-284

[44] Davidge G R, Martin T A, Steed C M. Lacing support trial at Strathcona Mine//Fairhurst. Rockbursts and Seismicity in Mines. Rotterdam: A. A. Balkema, 1990: 363-367

[45] 张镜剑, 傅冰骏. 岩爆及其判据和防治. 岩石力学与工程学报, 2008, 27(10): 2034-2042

[46] Kaiser P K, McCreath D R, Tannant D D. Canadian rockburst support handbook. Toronto: Geomechanics Research Centre, 1996

[47] 赖应得, 索金生. 几种可伸长锚杆. 煤矿开采, 1998, 3(4): 215-219

[48] 王斌, 李夕兵, 马海鹏, 等. 基于自稳时变结构的岩爆动力源分析. 岩土工程学报, 2010, 32(1): 12-17

[49] 曹志远, 邹贵平, 唐寿高. 时变动力学的 Legendre 级数解. 固体力学学报, 2000, 21(2): 102-108

[50] 管昌生. 随机时变结构动力可靠度分析的 Markov 模型. 武汉工业大学学报, 2000, 22(2): 48-50

[51] 钱鸣高, 石平五. 矿山压力与岩层控制. 徐州: 中国矿业大学出版社, 2003

[52] 王光远. 论时变结构力学. 岩土工程学报, 2000, 3(6): 105-108

[53] 中国科协学会学术部. 深部岩石工程围岩分区破裂化效应. 北京: 中国科学技术出版社, 2008: 32-34

[54] 康红普. 巷道围岩的关键圈理论. 力学与实践, 1997, 19(1): 34-36

[55] 周小平, 钱七虎. 深埋巷道分区破裂化机制. 岩石力学与工程学报, 2007, 26(5): 877-885

[56] 马亢, 徐进, 王兰生, 等. 雪峰山公路隧道岩爆问题的分析预测研究. 公路, 2008, 1(1): 204-208

[57] 王斌, 赵伏军, 尹土兵. 基于饱水岩石静动力学试验的水防治屈曲型岩爆分析. 岩土工程学报, 2011, 33(12): 1863-1869

[58] 许强, 黄润秋, 王来贵. 外界扰动诱发地质灾害的机理分析. 岩石力学与工程学报, 2002, 21(2): 280-284

[59] 王斌, 赵伏军, 李夕兵, 等. 动静组合智能预警锚杆: 中国, 201220533546.X. 2012-10-18

[60] 王斌, 李夕兵, 赵伏军, 等. 一种弯曲式动静组合锚杆: 中国, 201120417453.6. 2011-10-28

[61] 李夕兵, 何涛, 姚金蕊, 等. 加固底板控制软岩巷道底鼓数值模拟和现场试验. 科技导报, 2011, 29(34): 31-36

[62] 万串串, 李夕兵, 马春德. 基于围岩松动圈现场测试的深部软岩巷道支护技术优化. 矿冶工程, 2012, 32(1): 12-16

第14章 矿山岩体工程微震监测

随着深部矿产资源的采掘和地下空间的开发利用,地下工程不断走向深部,特别是金属矿山,采深极大,岩爆事故剧增。一方面,巨大的地应力成为深部岩体灾害的直接诱因;另一方面,高应力岩体开挖产生的强卸载和工程爆破等动力扰动可直接诱发岩爆等岩体灾害事故[1-8]。有效预测岩爆灾害等可能发生的位置是保证深部岩石工程安全的最为重要的途径。虽然在目前岩爆时空预测中的时间预测很难精确实现,但基于地球物理学发展起来的微震技术可以有效地监测岩石微破裂发生的位置,给出地震活动性的强弱和频率,判断潜在的矿山动力灾害活动规律,在国内外已经广泛地应用于矿山安全、隧道、地下油气料储存硐室和水电地下工程监测等领域。国内几个金属矿山也早在21世纪初就建立了相应的微震监测系统[9-16]。本章将结合具体矿山微震监测实例,在总结微震监测原理的基础上,就微震震源定位方法,特别是我们最近提出的无需预先测量速度的微震震源定位理论,传感器监测网络的布网原则及优化方法,大规模开采矿山地震视应力与区域性危险地震预测等进行介绍。

14.1 微震监测原理

在多数情况下,岩体中节理的滑移或岩石的断裂都将导致以地震波的形式释放部分能量。微震监测系统主要用于岩爆等灾害管理的微震活动性监测。当前的微震监测系统能够记录由微震事件释放声能的全波形,通过波形的分析、解释和应用可以确定微震事件的主要参数。要定量描述微震事件,涉及的参数有微震事件位置、发生时间、微震矩、震级、微震能量、微震源机制等,以下将介绍这些参数。

14.1.1 震源定位

地震事件定位是现代矿山地震监测系统最重要的功能之一。在天然地震中,已经进行了大量震源定位计算理论的研究,其中一些定位方法已直接引入矿山地震事件震源定位。但矿山地震事件震源定位的准确性有所不同,在某些矿山预期的定位准确性是几十米,而在有些矿山要求达到几米。定位误差可以认为是由两个因素组成,即随机性定位误差和系统性定位误差。第一个因素是由首波到时测量的误差引起的,第二个因素则是由震源和接收器之间不同的岩体结构以及定位过程中使用的速度模型所产生的。首波到时测量误差与波形复杂性及采用的首波到时拾取方法有关。虽然现代矿山地震监测系统都设置有自动进行首波到时的功能,但手动拾取首波到时仍是目前最常采用的方法,因为它可以人工反复修正以达到满意的结果。第二个因素的误差大小,在矿山随时间依应力迁移而变化。由于矿山开采活动使岩体结构和应力迁移变化非常复杂,难以建立随时间变化的准确速度模型,虽然有一些利用层析成像技术建立速度模型用于矿山地震监测的尝试,但是目前世界上主要的矿山地震监测系统仍然采用均匀速度模型。目前解决速度模型不准确产生定位误差的办法是适时地利用监测系统进行速度校正,本章对此问题进行了详细讨论,具体见 14.3 节。

　　虽然已有更多的尖端和精确的方法被应用于工程实践,但为了演示震源定位的一个线性解法,这里以其中 Gibowicz 和 Kijko 提出的方法来进行讨论[17]。工作参数是地震波由未知震源达到多个已知位置传感器的传播时间。微震事件从未知震源中心 h 的坐标 (x_0, y_0, z_0) 到已知位置 (x_i, y_i, z_i) 传感器 i 之间的长度 D_i,可由下式给出:

$$D_i = [(x_i - x_0)^2 + (y_i - y_0)^2 + (z_i - z_0)^2]^{1/2} \tag{14-1}$$

地震波从震源中心到传感器 i 之间的到达时间 $T_i(h)$ 为

$$T_i(h) = \mathrm{Ta}_i - T_0 = D_i/C$$

或

$$D_i = C(\mathrm{Ta}_i - T_0) \tag{14-2}$$

式中,$i = 1, 2, \cdots, n$,n 为传感器阵列中传感器的数目;Ta_i 为波在传感器 i 的到达时间;T_0 为微震事件发生的未知时间;C 是 P 波或 S 波的速率,并假设在整个区域内为常数。

　　将式(14-1)和式(14-2)组合,可以得到

$$C(\mathrm{Ta}_i - T_0) = [(x_i - x_0)^2 + (y_i - y_0)^2 + (z_i - z_0)^2]^{1/2} \tag{14-3}$$

这里有四个未知量,即事件发生的时间 T_0 和未知震源中心的坐标 (x_0, y_0, z_0),所以为了得到式(14-3)的解,至少需要四个这种类型的方程。因此,至少需要四个处于良好工作状态并且不在一个平面阵列的传感器。可用最小二乘法来推算地震波传播的时间,从而获得三个坐标分量和微震发生的时间。如果要通过冗余的数据来获得更高的精度,则传感器的数目必须在四个以上。

14.1.2　主要微震参数

1. 地震力矩 M_0

　　地震力矩 M_0 是用来度量微震事件强度的指标,根据震源的双力偶剪切位错模型所描述的参数,按照 Aki 和 Richards 的文献[18],地震力矩表示为

$$M_0 = Gu_s A \tag{14-4}$$

式中,G 是震源位置的剪切模量;u_s 是穿越结构面的平均位移;A 是结构面的滑移面积。

　　在矿山条件下,按照式(14-4)是无法计算地震力矩的,因为 u_s 和 A 都难以确定。在实践中,正如 McGarr 所描述的[19],地震力矩可以通过由微震记录导出的各种谱参数来估算,这可以通过一个波形的位移谱来计算,而位移谱可以通过傅里叶变换把微震波形从时域转移到频域而得到。最感兴趣的谱参数是低频的远场位移水平 Ω_0 和拐角频率 f_0,它们都可以通过谱密度图得到识别。

　　按照 Hanks 和 Kanamori 的表达式[20],地震力矩可以估算为

$$M_0 = 4\pi \rho_0 C^3 R\Omega_0 / F_c R_c S_c \tag{14-5}$$

式中,ρ_0 是源介质的质量密度;C 是介质中 P 波或 S 波的波速;R 是震源和传感器之间的距离;Ω_0 是 P 波或 S 波远场位移谱的低频稳定水平,如图 14-1 所示;F_c 是考虑辐射模式

的一个因子,对于矿山地震,P波可取 $F_c=0.52$,S波可取 $F_c=0.63$;R_c 是考虑了P波或S波的自由面放大系数;S_c 是场地修正系数。

Gibowicz 和 Kijko 给出的计算公式为[17]

$$M_0 = 4\pi\rho_0 C^3 R\Omega_0/F_c \tag{14-6}$$

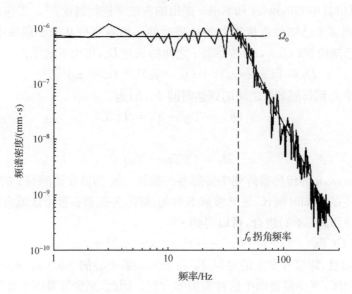

图 14-1　低频稳定水平与拐角频率的典型关系图[20]

2. 微震能量

释放的微震能量代表一个微震事件所释放的总弹性能,它只是总释放能量的一小部分。Boatwright 和 Fletcher 给出了计算传输的微震能量的一种方法[21],即

$$E_c = 4\pi\rho_0 CF_c^2(R/R_cF_c)J_c \tag{14-7}$$

式中,F_c^2 为平均平方释放模式系数,对于P波,$F_c^2=4/15$,对于S波,$F_c^2=2/15$;J_c 为P波或S波的能流通量;其他符号意义同前。

估算微震能量的难点在于正确评价能量的释放模式和方向性效应。这些系数的很小误差将导致估算微震能量数值的很大误差。

一个微震事件释放的总微震能 E 为P波和S波释放的能量 E_p 和 E_s 之和,即

$$E = E_p + E_s \tag{14-8}$$

微震功率是以微震形式释放的总能量与矿山开挖有关的总释放能量之间的比值。对于深度在3km的矿山微震事件,McGarr 发现累计的微震能量释放小于总开挖释放能量的1%[22]。

P波能量和S波能量的比值是微震活动震源机制的一个重要标志。对于自然地震,Boatwright 和 Fletcher 的研究表明[21],对于一个双力偶事件(double couple event),S波能量通常为P波能量的 10~30 倍。矿山规模的微震表现出不同的 E_s/E_p 比,Gibowicz 等发现[23],在德国鲁尔盆地的一个矿山,S波能量与P波能量的比值在 1.5~30,2/3 事

件的 E_s/E_p 比小于 1。Urbancic 和 Young 在加拿大安大略省的 Strathcona 矿也得到了类似的结论[24]。由此可见,P 波能量的增强和 S 波能量的减弱可以解释为是由于非双力偶微震震源机制造成的。

3. 震级

震级是以较为理想的实时方式,对于一些规模的微震事件,以其包含的部分体积波的振幅来表示微震事件的尺度。在多数情况下,基于记录的一个特殊谱段的振幅,人们已经提出了多种震级表述方法。

最常被引用的震级描述方法是里氏震级(Richter,1935 年)[25]。它是基于时域参数而获得的,因而不需要波谱分析来估计震级,其定义为

$$M_L = \lg[A(D)K_w/K] - \lg A_0(D) \tag{14-9}$$

式中,M_L 是里氏震级;K_w 是在周期 T 内一个 Wood-Anderson 地震计的放大倍率;K 是仪器的放大因子;$A(D)$ 为在距离 D 内的最大迹振幅;$\lg A_0(D)$ 为校准因子,以使标准地震计对震级 $M_L=0$ 的事件在 100km 距离处具有 0.001mm 迹振幅。

在世界上除了北美东部的其他地区,里氏震级被广泛用于表述矿山微震事件的震级。在加拿大的一些矿山,Nuttli 震级被普遍使用(Nuttli,1978 年),其定义为[26]

$$M_n = -0.1 + 1.66\lg D + \lg[A(D)/KT] \tag{14-10}$$

式中,D 为到震源中心的距离,km;$A(D)$ 为 S 波最大峰值的一半;K 为仪器的放大因子;T 为地面运动的时间周期(以秒计)。

为了研究两种震级的联系,Hasegawa 等观察到[27],在矿山一定的震级范围内($M_L = 1.5 \sim 4.0$),同一微震事件的 M_n 震级比 M_L 震级大 0.3~0.6 个单位。

力矩震级(moment magnitude)是基于谱密度图中参数导出的地震力矩的数值,可定义为[20]

$$M = \frac{2}{3}\lg M_0 - 6.0 \tag{14-11}$$

人们发现,不同的体波震级度量方法是不足以描述与一个微震事件相关的地质力学扰动的。Mendecki 给出了这样一个例子:对于里氏震级 $M_L=5.9$ 的两个微震事件,它们的力矩震级却相差 400 倍[28]。

4. 地震视应力

根据定量地震学理论,震源的应力是衡量地震强度的重要震源参数,即震源的应力释放水平可以衡量震源的应力水平。人们将通过震源处应力释放水平表示的应力称为视应力。由于能量与力的增量和变形乘积成比例,因此视应力可用能量和地震力矩表示为[29]

$$\sigma_A = \frac{GE}{M_0} = \eta\bar{\sigma} \tag{14-12}$$

式中,σ_A 为视应力;E 为地震能量;η 称为地震效率,$\eta<1$;$\bar{\sigma}$ 表示破坏期间作用于震源破坏面上的平均应力。

式(14-12)表明,视应力表示同震非弹性变形体单位体积内发射的地震能量。视应力是一个与模型无关的描述震源区域动态应力释放的测度。当能量计算中包括 P 波和 S 波的能量时,视应力是一个应力释放的独立参数[30]。Snoke 等认为视应力与应力降之间存在着 $\sigma_A/\Delta\sigma \leqslant 1/2$ 的关系[31]。虽然地震波形不直接具有关于绝对应力的信息,但是仅就震源处的动态应力降而言,有许多地震学研究和地下观测认为,视应力估计可以作为评价应力局部水平的参数[32-34]。

利用震源变形参数也可定量描述岩体的变形活动。如取 $A = \pi r_0^2$,r_0 即为震源半径,由式(14-4)可得

$$u_s = \frac{M_0}{G\pi r_0^2} \tag{14-13}$$

震源半径可以按 Brune 模型计算为[35]

$$r_0 = \frac{kV}{2\pi f_0} \tag{14-14}$$

式中,V 为震源体积;k 为与地震波有关的系数,对于瞬时应力释放的 S 波,$k = 2.34$;对于准动态圆形震源,P 波的 $k = 2.01$,S 波的 $k = 1.32$[36];f_0 为 Brune 模型中的拐角频率。

震源体积 V 可按下式给出[17]

$$V = M_0/\Delta\sigma \tag{14-15}$$

在实际监测中,在频谱分析的基础上,利用拐角频率计算应力降[35],其计算式为

$$\Delta\sigma = cM_0 f_0^2 \tag{14-16}$$

式中,c 是由模型决定的常数,对于坚硬岩石中的 S 波,$c \approx 1.8 \times 10^{-10}$。

由于视应力 σ_A 可用应力降衡量,同时由于 $\Delta\sigma \geqslant 2\sigma_A$,因此,可以得到与视应力有关的描述震源体积大小的概念,即震源的视体积 V_A,其计算式为[28]

$$V_A = \frac{M_0}{2\sigma_A} = \frac{M_0^2}{2GE} \tag{14-17}$$

对于一个给定的地震事件,视体积就像视应力一样,依赖于地震力矩和发射的能量,而且由于其标量性质,可以容易以累积或等值线图的形式处理,从而深入研究同震变形率的分布和岩体中应力的转移。

14.1.3 微震源机制

在矿山微震中,观察到的微震事件可分为两种不同的类型[17]。第一类事件具有较大的振幅,发生在距采矿活动一定距离的范围内,并且与主要的地质结构面活动相关联。正如在地震学中所普遍认可的,这种震源主要与剪切滑移类机制相关。第二类微震在采矿区域或其附近发生且具有较低至中等强度的振幅,其频率通常是采矿活动的函数。为了建立微震活动与硬岩断裂模式之间的关系,Urbancic 和 Young 使用断裂面解法和地质结构解释来定义开挖面前方断裂面的系统性发展,观察到的断裂模式包括靠近开挖面的拉伸破坏区、剪切和剪切拉伸破坏过渡区和距离开挖面较远处的剪切破坏区[24]。

Hasegawa 等总结了能够诱发矿山微震活动性的六种可能的岩石变形和破坏模

式[27]。在这六种破坏模式中，三种（逆冲断层、正断层和逆断层）具有剪切滑移型破坏的震源机制，其余三种震源机制可用非双力偶奇异性来表述。

Brune 提出了一个常用的微震源机制的模型。该模型假定在一个半径为 r_0 的圆形断层截面上发生均匀的应力降。按照如下表达式，震源半径可根据图 14-1 中识别的拐角频率 f_0 求出[35]，即

$$r_0 = 2.34C_s/2\pi f_0 \tag{14-18}$$

式中，C_s 为 S 波的波速。

Hudyma 用现场拍摄的照片描述了采矿工作面附近因微震引发的岩体失稳的表现形式，如图 14-2 所示[37]。

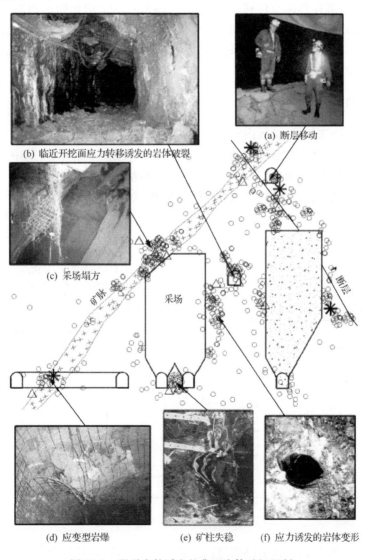

(a) 断层移动

(b) 临近开挖面应力转移诱发的岩体破裂

(c) 采场塌方

(d) 应变型岩爆　　　　(e) 矿柱失稳　　　　(f) 应力诱发的岩体变形

图 14-2　微震事件诱发的典型岩体破坏机制

14.2　监测网的确定及优化

这里,我们给出了一个硬岩矿山如何确定和优化微震监测网的实例。矿山生产能力为 200 多万吨/年。矿山地表标高 1300 多米,目前采深已至 840m 水平。由于前期的空场法开采,井下地压显现日益严重,岩层出现应力集中,局部区域岩层潜能大,有可能成为潜在的应力集中释放区,引发岩爆和大面积岩层失稳,威胁井下开采安全与矿山正常生产,很有必要建立矿山地压动态实时监测系统。分析国内外已有位移和应力的监测方法,虽能给出岩体结构的宏观破裂及其相关大位移,但难以获知岩体内部微破裂及微破裂演化过程;虽能监测岩体局部点位移或变形,但其结果难以反映相邻范围内的变形或位移。因此,最终选择建立适合该矿的微震监测系统。为准确把握其所要求监测范围内的岩层活动规律,首先必须在分析井下开采过程应力分布的基础上,确定合适的监测网布置方式和传感器安装位置。

14.2.1　重点监测区域确定

该矿原为空场法开采,矿区内空区较多,其中 1140 分层以上全部为空区,1130 分层部分充填,部分为空区。矿区较大的断层有 20 条,如图 14-3 所示,其中水平断距大于10m 的有 6 条,影响最大的是 F314 断层。F314 断层,其地表出露于 W11～W13 勘探线,走向 N 段呈近南北向展布,整个走向呈波状起伏,向西倾,倾角 21°～31°,走向 400m。

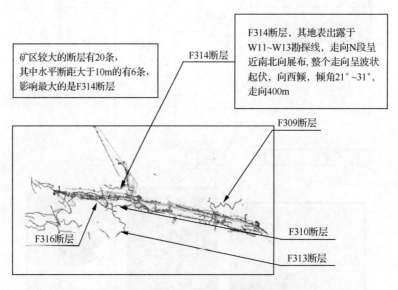

图 14-3　矿区主要断层及影响区域图

矿区内有一公路通过,该公路海拔高度为 1200～1350m,范围从 W11～W17 勘探线,走向长 1200m,如图 14-4 所示。公路压矿共计 2262 万 t。公路所在位置矿体的上覆岩层岩石类型有细晶白云岩、磷石岩、砂质页岩等,并有 F310、F314、F313、F316、F325、F333

等断层,其中 F310、F314 对白云岩的影响最大。W11 线矿体在 1170m 水平以下产状稳定,矿体以 30°的倾角一直往下延伸,真厚度为 6m,水平厚度为 12m,在此剖面上,矿体与公路的垂直距离为 370m;W13 线矿体产状稳定,矿体倾角为 30°,真厚度为 6m,在此剖面上,矿体与公路的垂直距离为 290m;W15 线矿体在 1000m 水平产状急剧变化,向上弯曲,呈"S"形产状,此处矿体与公路的垂直距离为 220m;W17 线矿体在 1130m 水平产状急剧变化,向上弯曲,此处矿体与公路的垂直距离仅为 80m。从 W11~W17 线剖面图可以看出,矿体在 W11 线距公路相对较远,W17 线矿体距公路很近,而且在 W17 线附近有一村庄。为了实现公路下 2262 万 t 矿体的开采,采矿方法已由空场法改为充填法,但仍需要严格监测该区域岩层活动情况,因此微震监测网络应重点考虑这些区域。

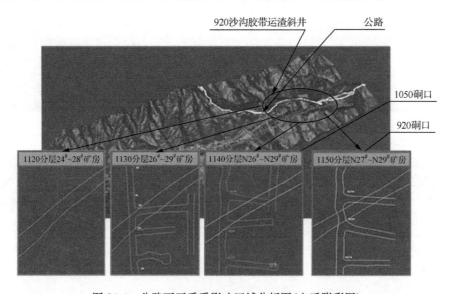

图 14-4　公路下开采受影响区域分析图(文后附彩图)

综合分析以上调查结果,由于开采作业主要集中在 920 中段至 1170 中段,所以微震监测的重点是范围为 920m 与 1170m 中间的开采工程,同时兼顾 920 中段以下作业面和 1170m 以上山体及公路。采矿活动的主要范围为:矿体铅直方向标高 920~1170m;矿体沿走向长度为 4000m;矿体厚度约为 6m,考虑矿体的倾角 30°因素。所以,确定微震监测核心范围是矿体走向方向×矿体倾向×矿体铅直方向=4000m×30°×250m。

14.2.2　矿区应力三维数值分析

与采空区、断层及矿区公路位置调查相同,矿区应力三维数值模拟旨在通过数值分析全面把握原岩应力下矿区应力集中与大变形的空间分布,了解矿山开采过程中围岩应力的变化规律,为微震监测点位置分布及优化提供理论依据。

1. 三维实体大型数值模型建立

三维实体大型数值模型建立分两步完成:一是建立矿区三维实体模型;二是简化矿区三维实体模型、建立三维实体大型数值模型。首先,根据矿山提供的井下实测平面图,建立了包括矿区地表、开拓系统及矿体分布的实体模型,如图 14-5 所示。针对矿区三维实体规模巨大及模型形状特别不规则等因素而导致的模型划分网格困难、计算中途停止等问题,对三维实体模型进行了适度简化,模型中部分细小尖角改用圆弧线代替。简化后的三维实体模型如图 14-6 所示。在 ANSYS 中进行有限元网格划分后建立的矿区三维实体数值模型如图 14-7 所示。

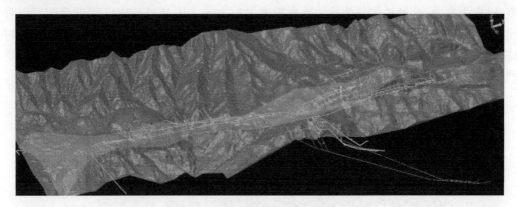

图 14-5　矿区三维实体模型(文后附彩图)

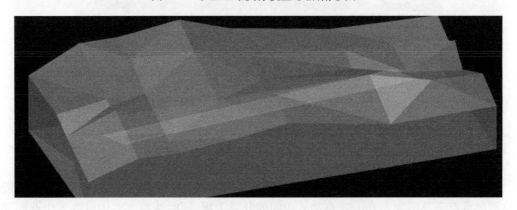

图 14-6　矿区简化实体模型(文后附彩图)

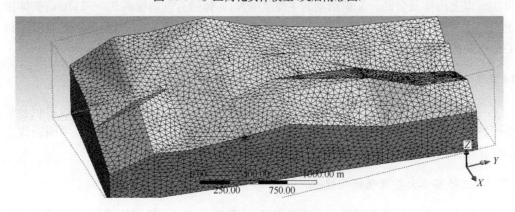

图 14-7　矿区三维实体大型数值模型(文后附彩图)

2. 矿区应力三维数值模拟分析

模型底部施加固定约束,周围四个面分别施加垂直于平面的约束(位移为 0),岩体施加自重荷载。计算所采用的岩石力学参数见表 14-1。

表 14-1　岩石主要物理力学性质表

类别		质量密度 /(kg/m³)	抗压强度 /MPa	弹性模量 /GPa	泊松比	抗拉强度 /MPa	黏聚力 /MPa	内摩擦角/(°)
顶板	白云岩	2810	158.83	29.82	0.27	5.61	37.49	32.27
	矿石	3220	147.89	29.21	0.25	4.46	36.67	41.94
底板	页岩	2680	30.71	9.47	0.39	2.67	14.09	42.82
	砂岩	2670	109.50	17.77	0.23	3.02	29.78	42.56

分两种情况进行计算,即岩体未开挖和岩体完全开挖后的应力与变形。矿体未开挖时,变形最大位置出现地表,高程最大区域变形相对其他位置也较大。矿体完全开挖后,矿体开挖区域顶板处变形比较大,最大位置出现在矿体最深部区域顶板处,如图 14-8 所示(红色标志 Max),变形值在 20cm 以上。矿体未开挖情况下,应力最大位置出现在 W6~W9 勘探线之间,其原因在于该区域山体最陡峭,应力集中严重,最大可达到 28.17MPa,相对其他区域,应力会大很多。矿体完全开挖后,矿体开挖区域顶板处应力比较大,尤其是在断层等地质构造带附近,由于构造应力与集中应力的共同作用,应力会急剧增加。初步分析,W7+2~W9+3 勘察线之间区域应力明显较大,应力值在 50MPa 以上。

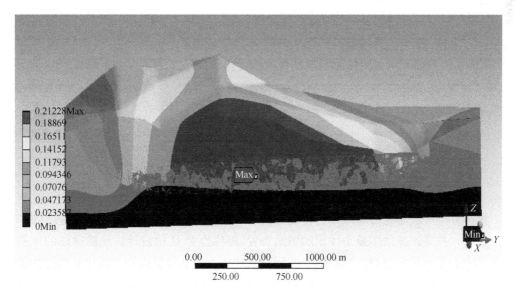

图 14-8　矿体完全开挖后变形示意图(文后附彩图)

14.2.3 监测点位置分布及优化方案

地震监测系统实际上是一个专用的数据采集与分析系统。地震传感器是地震监测系统的关键组成单元。一旦地层运动被传感器转成电信号,监测系统的其他部分则只是标定和数据处理的问题。地震传感器站网的空间布置是影响微震监测数据可靠性和有效性的关键因素。

地震事件定位误差除与监测系统仪器有关外,还主要取决于地震波到时读数的准确性、地震波传播的速度模型和监测网传感器空间布置。系统误差的影响能够通过对走时异常的详细分析或一组地震事件的同时定位以及速度模型的测定来消除,因此,震源参数的随机误差值可以作为地震站网空间分布的定量标准。在给定速度模型时,随机误差依赖于地震波到时读数的准确性和震源与传感器之间的几何形状。

1. 监测点位置分布优化理论

优化事件定位问题等价于对地震站网的空间分布的分析,以保证在震源定位过程中随机误差值降到最小。监测系统能够监测的地震大小范围即灵敏度,也是地震监测的重要指标,根据特定的地震传感器,监测系统的灵敏度依赖于传感器台网密度及传感器与震源的空间关系。另外,对于矿山地震监测,监测范围常集中于开采区域及其影响的围岩,其目的是为井下开采提供安全服务,同时出于监测系统建设资金投入方面的考虑,监测对象和范围更加明确。因此,衡量一个矿山地震监测系统的性能和有效性取决于其系统的灵敏度和定位精度,以及满足灵敏度和定位精度要求的监测范围与监测对象是否一致。

设地震事件震源未知数

$$x = [t_0, x_0, y_0, z_0]^T \tag{14-19}$$

式中,t_0、x_0、y_0、z_0 分别为地震事件发生的时间和三维坐标。

Kijko 和 Sciocatti 认为传感器测站位置的优化取决于 x 的协方差矩阵 C_x[38]:

$$C_x = k(A^T A)^{-1} \tag{14-20}$$

式中,k 是常数

$$A = \begin{bmatrix} 1 & \partial T_1/\partial x_0 & \partial T_1/\partial y_0 & \partial T_1/\partial z_0 \\ \vdots & \vdots & \vdots & \vdots \\ 1 & \partial T_n/\partial x_0 & \partial T_n/\partial y_0 & \partial T_n/\partial z_0 \end{bmatrix} \tag{14-21}$$

其中,T_i 是计算得到的地震到时;n 是传感器测站数。

该协方差可以用置信椭球体进行图形解释,即协方差矩阵的特征值构成置信椭球主轴的长度。找寻该椭球体最小体积的测站布置,即称为 D-优化设计。该椭球体的体积与协方差特征值的积成比例,也即与 C_x 的行列式成比例。如果用 1 和 $+\infty$ 之间的范数来估计 x,则 x 的协方差矩阵为 $C_x = k(A^T A)^{-1}$。其中,A 是计算得到的与 x 对应的地震到时偏微分矩阵，k 是常数。由于 $\det[\boldsymbol{C}_x] = \det[\boldsymbol{C}_x - 1] - 1$ 使 $\det[\boldsymbol{C}_x]$ 最小，也就是使 $\det[\boldsymbol{A}^{\mathrm{T}}\boldsymbol{A}]$ 最大，从而满足 D-优化准则。D-优化准则的表达式为

$$\sum_{i=1}^{n_{\mathrm{e}}} p_{\mathrm{h}}(\boldsymbol{h}_i)\lambda_{x_0}(\boldsymbol{h}_i)\lambda_{y_0}(\boldsymbol{h}_i)\lambda_{z_0}(\boldsymbol{h}_i)\lambda_{t_0}(\boldsymbol{h}_i) \tag{14-22}$$

式中，n_{e} 为事件数，位于将被监测的地震活动区域；$p_{\mathrm{h}}(\boldsymbol{h}_i)$ 表示描述震源为 $\boldsymbol{h}_i$（$\boldsymbol{h}_i = (x_i, y_i, z_i)^{\mathrm{T}}$）的事件的空间分布函数，它可以是一个事件出现于 $\boldsymbol{h}_i$ 邻域内的概率函数，也可以是取决于诸如具体采矿区域的寿命等的参数；$\lambda_x(\boldsymbol{h}_i)$ 为 $\boldsymbol{C}_x$ 的特征值。

对监测网所记录到的所有事件，优化的测站位置应使式(14-22)最小化。由于对于所有的偏导数矩阵 $\boldsymbol{A}$ 具有相同的行数，它隐含假设监测网中的所有 n 个测站被每个事件触发。该问题可以陈述为将式(14-22)在所关心的地震能量范围内累积，则

$$\sum_{i=1}^{n_{\mathrm{e}}} \sum_{E=E_{\min}}^{E_{\max}} p_{\mathrm{h}}(\boldsymbol{h}_i)p_{\mathrm{E}}(E)\lambda_{x_0}(\boldsymbol{h}_i)\lambda_{y_0}(\boldsymbol{h}_i)\lambda_{z_0}(\boldsymbol{h}_i)\lambda_{t_0}(\boldsymbol{h}_i) \tag{14-23}$$

式中，$[E_{\min}, E_{\max}]$ 是所关心的地震能量范围；$p_{\mathrm{E}}(E)$ 是能量的概率密度。

将地震事件能量与某些探测距离联系起来，这种关系可大致表述为 $E = r^q$，其中 q 接近于 2。

现在，$\boldsymbol{C}_x$ 是探测距离 r 的函数，因而，由于 $\boldsymbol{A}$ 的行数仅与距地震事件距离为 r 内的测站数量相一致，$\boldsymbol{C}_x$ 也是地震事件能量的函数。而且，按照 Rikitake 对地震能量分布的推导[39]，探测距离 r 的概率密度可以写为

$$p_r(r) = \frac{\alpha r^{-(1+\alpha)}}{r_{\min}^{-\alpha} - r_{\max}^{-\alpha}} \tag{14-24}$$

式中，$\alpha = -4b/3$，b 是 Gutberg-Ritcher 公式中的常数，可通过绘制其地震矩震级大于某地震矩震级的事件累积数图形来确定。

因此，可将求解地震测站最优分布的准则式的最终形式写为

$$\sum_{i=1}^{n_{\mathrm{e}}} \sum_{r=r_{\min}}^{r_{\max}} p_h(\boldsymbol{h}_i)p_r(r)\lambda_{x_0}(r)\lambda_{y_0}(r)\lambda_{z_0}(r)\lambda_{t_0}(t) \tag{14-25}$$

如果只采用 P 波的到时，由于假设需要 5 个地震测站就可以进行适当的事件定位，$r_{\min}$ 必须至少为从一个事件到第五个最近的测站的距离；$r_{\max}$ 是与最大能量释放 $E_{\max}$ 对应的探测距离。

如根据矿山实际情况设计多个测站布置方案，可利用上述方法绘制每种测站布置方案对应的地震事件参数的测定标准误差图，从中确定最优测站布置方案。当除了考虑事件的到时误差外，还考虑地震波速度模型的不确定性时，图形是基于对协方差矩阵 $\boldsymbol{C}_x$ 的计算来绘制的。矩阵 $\boldsymbol{C}_x$ 的对角线元素是地震事件参数 t_0、x_0、y_0、z_0 的方差。定义震中位置的标准差为一个圆的半径，其面积等于坐标 x_0、y_0 的标准差椭圆的面积。这样定义的震中位置的标准差表示为

$$\sigma_{xy} = [\{\boldsymbol{C}_x\}_{22}\{\boldsymbol{C}_x\}_{33} - [\{\boldsymbol{C}_x\}_{33}]^2]^{1/4} \tag{14-26}$$

式中，$\{\boldsymbol{C}_x\}_{ij}$是矩阵$\boldsymbol{C}_x$的$(i,j)$元素。

这些图形可以表示出事件震中坐标的期望标准误差。另外，也需要事件震源深度坐标的期望标准误差，该误差直接由协方差矩阵求解，即

$$\sigma_z = [\{\boldsymbol{C}_x\}_{44}]^{1/2} \tag{14-27}$$

这些期望标准差图形是事件震级的函数。也就是说，如果观察所选体积的某个剖面，首先就可确定事件的震级M的大小。因此，期望的标准误差图就是对该问题的解答：如果震级为M的事件其震源是h，那么在所观察的剖面上标准误差是什么？给定某个开采区域时，震级M可以与可测距离r相联系(通常可凭经验)。采用在距离事件震源r范围内的所有测站来计算震中和震源深度的期望误差。如果在r范围内不足5个测站，则可认为该地震监测网不能检测到点h处震级为M的地震事件。

一个具有某个监测站网配置的微震监测系统能否检测到h处具有地震震级为M的地震事件？这就构成了监测系统灵敏度的概念。如前所述，虽然事件的定位需要至少4个测站，但是实际上，一般认为要获得可靠震源定位计算至少需要5个测站。现在可以先计算从点h到第5个最近测站之间的距离，然后将该距离转换成地震震级。这就意味着可以画出震级的等值线图。从物理上说，这意味着在某点h的一个事件，它具有的震级至少应等于或大于与它到第5个最近测站的距离相应的地震震级，该事件才能被检测出来。但是，需注意到5个测站记录一个事件并不能确保具有好的定位误差这一基本事实。由于5个测站的监测网可能具有非常差的几何分布，如呈扁平的分布形式，因此，应该同时将灵敏度等值线图和定位误差图结合起来研究。理想的情况是找到一个同时具有良好的灵敏度和定位误差的监测站网配置。

2. 矿山微震监测点位置分布及优化

矿山微震监测系统传感器站网布置优化应充分考虑矿区工程地质、现有工程条件、拟采用监测系统技术性能和投资大小，保证足够的三维定位精度和灵敏度，以获知矿区微破裂的时空演化行为，实现对开采过程中岩体动态响应的连续监测。重点监测范围主要包括采空区、断层及矿区公路影响区域以及深部应力集中区域，根据重点监测区域的不同，提出了五种布点方案。图14-9(a)～(e)为各方案传感器布点示意图。各方案具体布点方案、考虑因素、三维定位精度及各方案监测系统灵敏度汇总于表14-2。图14-10和图14-11分别为各布点监测方案定位误差水平投影与纵投影图，图14-12为各布点监测方案的三维距离综合定位误差分析比较，图14-13给出了各布点监测方案灵敏度综合分析比较。

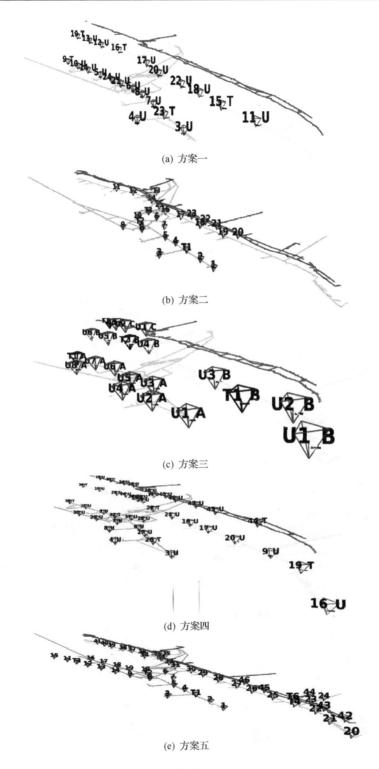

(a) 方案一

(b) 方案二

(c) 方案三

(d) 方案四

(e) 方案五

图 14-9　各方案传感器布点位置示意图

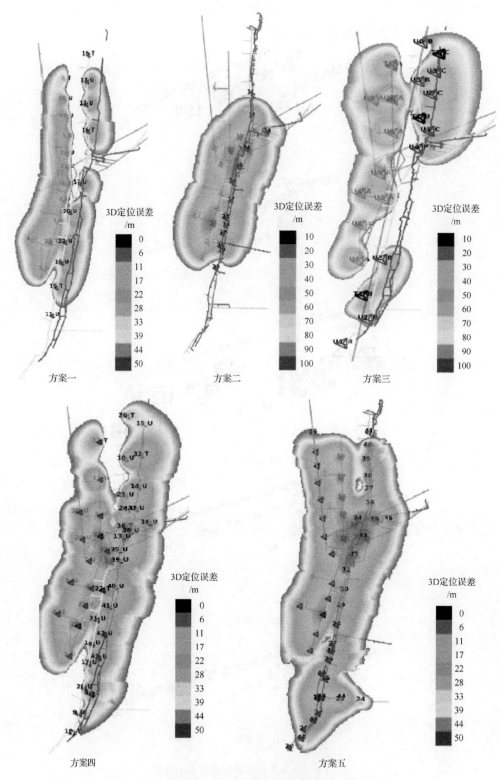

图 14-10　各监测方案定位误差水平投影图(文后附彩图)

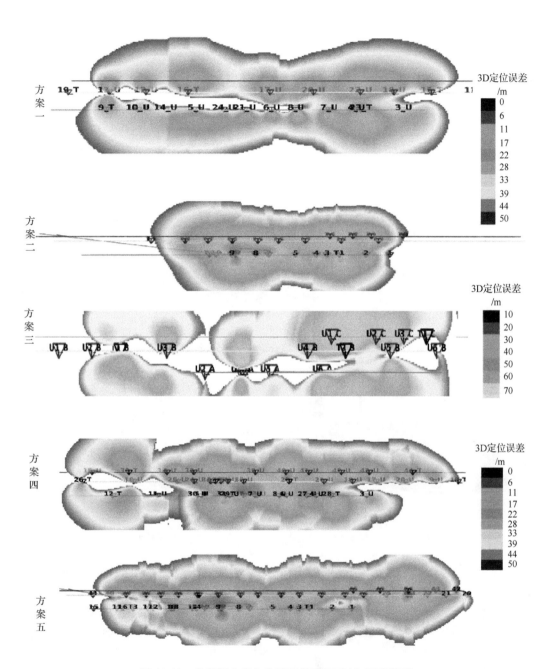

图 14-11 各监测方案定位误差纵投影图(文后附彩图)

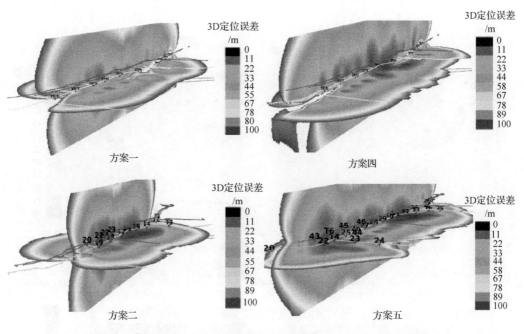

图 14-12　各监测方案三维距离综合定位误差分析比较（文后附彩图）

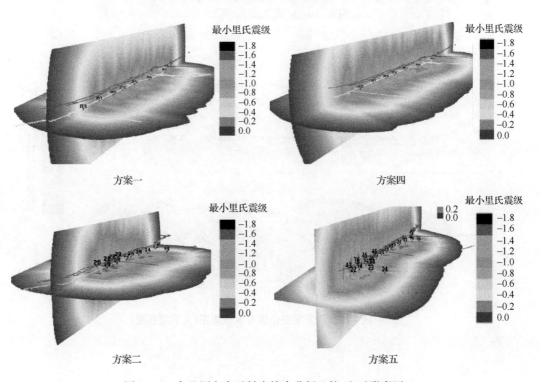

图 14-13　各监测方案灵敏度综合分析比较（文后附彩图）

表14-2 各布点方案监测性能对照表

监测区域		布点方案	三维定位精度	灵敏度
方案一 (32通道)	重点监测矿区深部岩体,兼顾主要断层和应力集中区域 未充分监测采空区和公路影响区域	920中段单向传感器10个,三向传感器2个 1070中段单向传感器7个,三向传感器3个	水平方向深部定位误差相对较小,但在公路和应力集中及断层影响区域定位误差较大 纵向误差较小	920和1070中段附近最小监测震级－1.8,随三维距离扩大,最小监测震级增至0级
方案二 (32通道)	重点监测矿区深部岩体,兼顾主要断层、采空区和应力集中区域及公路影响区域	920中段单向传感器10个,三向传感器3个 1070中段单向传感器9个 1120中段单向传感器4个	水平方向应力集中及断层影响区域定位误差相对较小,但在公路影响区定位误差较大 纵向误差较小	920、1070和1120中段附近最小监测震级－1.8,随三维距离扩大,最小监测震级增至0级
方案三 (32通道)	重点公路影响区域、矿区深部岩体 未充分监测采空区和断层及应力集中区域	920中段单向传感器8个,三向传感器1个 1070中段单向传感器6个;三向传感器2个 1170中段单向传感器3个,三向传感器1个	水平方向公路影响区定位误差相对较小,但应力集中、断层及采空区影响区域定位误差较大 纵向920和1070中段定位误差较大	—
方案四 (60通道)	重点监测公路影响区域、矿区深部岩体、矿区断层和采空区及应力集中区域	920中段单向传感器13个,三向传感器2个 1070中段单向传感器13个,三向传感器4个 1170中段单向传感器8个,三向传感器2个	水平方向深部、应力集中、断层及采空区影响区域定位误差相对较小,但公路影响区定位误差相对较大 纵向920和1070中段在矿体两端定位误差较大	920、1070和1170中段附近最小监测震级－1.8,随三维距离扩大,最小监测震级增至0级
方案五 (64通道)	重点监测矿区深部岩体,主要断层和应力集中区域及主要采空区,兼顾公路影响区域	920中段单向传感器19个,三向传感器3个 1070中段单向传感器21个,三向传感器2个 1120中段单向传感器4个	水平方向及纵向在深部、应力集中、断层及采空区、公路影响区域定位误差均相对较小	920、1070和1120中段附近最小监测震级－1.8,随三维距离扩大,最小监测震级增至0级

对比各方案三维定位精度和系统灵敏度,结合技术经济因素考虑,最终选取方案二为初步实施方案。

3. 传感器位置优化及最终布孔实施方案

1) 传感器位置优化需要考虑的因素

传感器位置初步确定之后,需要进一步优化和核实。通过现场实际勘察,逐一核实钻孔方位,图14-14为安装孔剖面图,主要考虑以下因素:传感器在安装孔中位置应在松动圈影响范围之外;钻孔底部与矿体保持一定距离,避免因开挖爆破、放矿等导致传感器松落、破坏,与主巷道、空区、斜坡道、石门的暴露面应保持一定距离;根据地质构造勘察资料,画出每个钻孔的剖面图,清晰掌握钻孔所在位置周边矿体、充填体、断层、破碎带等空间存在,合理确定钻孔方位。

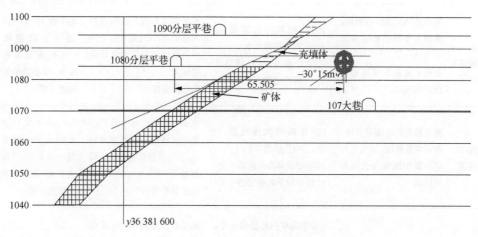

图 14-14　13#安装孔剖面图

2) 微震监测系统实施方案

微震监测系统使用南非的 ISS(integrated seismic system)集成化微震系统,包括 32 个通道,根据矿山生产和微震监测技术的特点,32 个通道分为 4 个子系统,每个子系统 8 个通道,每个子系统的传感器布置在每个中段的穿脉或岩脉中,并分别针对两个中段的地压活动的分区特点进行布置。根据现场的实际地压显现情况和施工条件,在 920 中段 930 分层,1070 中段、1120 中段安装传感器。这些传感器安装在孔径为 76~80mm 的岩壁钻孔中,孔深 9~15m,并用灌浆固定。

为使监测系统达到能较好地覆盖狭长形矿体的要求,采用由两个 4 通道模数转换器 netADC4 组成一个 8 通道的子系统,这样能利用两个 netADC4 可以分置的特点,将原来一个 8 通道系统的覆盖范围由 600m×600m 增至 1200m×600m。两个 netADC 之间用光纤连接,由一个增强型数据采集处理器 netSP+带动,使监测区域扩大 1 倍,以每个 netSP+处理器为标志为一个子系统,32 通道微震监测系统共分 4 个子系统,8 个采集分站(以 netADC 为标志),整个系统可以覆盖两个中段的监测范围。

子系统的数采单元可在井下靠近竖井的位置用配电箱进行保护并安置,井下数据交换中心可设置在某中段的竖井口信号硐室。通过光纤通信网络将数据传送到矿山的控制中心,对数据进行处理和分析,实时了解矿区的地压变化状况,以便在生产管理中采取适当及时的措施。

监测系统兼顾了 1170 中段到 920 中段以下,主要监测核心范围为 920~1070 中段,对采空区引起的灾害起到预测、预报和定位的功能。

本系统按 8 个分站共连接 28 只传感器(包括 2 只三分量传感器和 26 只单分量传感器)的形式安装,如图 14-15 和图 14-16 所示。

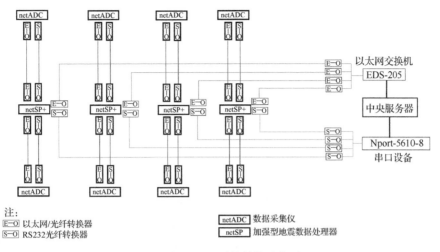

注：
E—O　以太网/光纤转换器
S—O　RS232光纤转换器

netADC　数据采集仪
netSP　加强型地震数据处理器

图 14-15　系统结构示意图

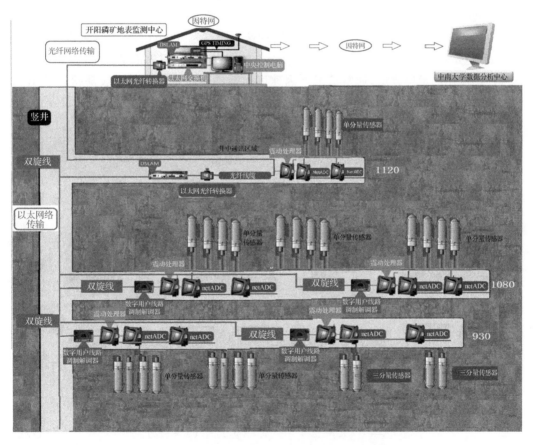

图 14-16　IMS 微震监测系统安装示意图（文后附彩图）

14.3　无需预先测速的微震震源定位理论

准确确定微震震源空间位置是微震监测技术能否应用成功的关键。长期以来,对微震震源定位方法,提高对微震震源定位的准确性和精度的研究,一直是微震监测技术研究的重要内容。震源定位方法很多,主要包括几何方法、物理方法与数学方法等。震源定位方法在国内外都有大量的研究[40-57],特别是随着计算机的迅速兴起,Geiger 的迭代定位思想被广泛应用于地震定位[58]。纵观国内外广泛使用的地震及微震定位方法,绝大多数都是基于因变量为到时或因变量为到时差的平均速度定位模型,以预先测定平均速率或给出平均速率模型为前提。由于岩体不同区域的平均速率不一样,实际工程中岩爆等岩体动力灾害的发生位置不一定就在预先测定波速的区域,因此在现场进行定位时,平均速度测量的准确性直接影响着定位精度。输入定位系统的平均速率与实际区域的平均速率的误差,将会导致很大的定位误差。另外,速度的测量值很大程度上受测量探头的影响,当探头间距较大时,波速为 2800~3100m/s;当探头间距较小时,波速为 3100~6000m/s,甚至更大[57]。有研究显示,当输入定位系统的速度误差为 100m 时,将会导致定位误差超过 25m,但是在实际工程中,就算要将波速误差控制在 100m 以内都是很难的[57]。所以,目前广泛使用的定位方法,通常情况下因速度引起的微震定位误差一般都超过了 10~50m,甚至更大,这将严重影响岩爆等灾害预测的准确度。为此,我们提出了无需测速的微震定位方法,并进行了科学的比较和验证[57-64],有望为矿山区域地震震源的准确定位提供一条科学合理的途径。

14.3.1　传统定位方法数学拟合形式

1. 因变量为到时的拟合形式

由于 P 波在地震波中传播速率最快,而且初至时间易于识别,所以一般情况下宜采用 P 波定位。采用此法定位时,假设岩层是均匀速率模型,P 波传播速率为已知,同时要在至少四个以上不同地点布设监测台站。假定震源到各台站间的岩层均匀(均匀速率模型),则 P 波的传播速率 C_p 为定值。震源坐标为 (x_0, y_0, z_0),$T_i(i=1,2,\cdots,n)$ 为第 i 个监测台站,各台站坐标是 $(x_i, y_i, z_i)(i=1,2,\cdots,n)$,$l_i(i=1,2,\cdots,n)$ 为各台站至震源的距离,$t_i(i=1,2,\cdots,n)$ 是 P 波到达各台站的时刻,t_0 为震源产生的时刻。则

$$t_i = \frac{l_i}{C_p} + t_0 \tag{14-28}$$

由空间两点间距离公式,可得

$$l_i = \sqrt{(x_i - x_0)^2 + (y_i - y_0)^2 + (z_i - z_0)^2} \tag{14-29}$$

将式(14-29)代入式(14-28)中,可得

$$t_i = \frac{l_i}{C_p} + t_0 = \frac{\sqrt{(x_i - x_0)^2 + (y_i - y_0)^2 + (z - z_0)^2}}{C_p} + t_0 \tag{14-30}$$

式中,$t_i(i=1,2,\cdots,n)$、C_p、$(x_i, y_i, z_i)(i=1,2,\cdots,n)$ 均为已知量,微地震事件震源位置

为(x_0, y_0, z_0)，震源产生的时刻 t_0 属未知量，需要求解。

设 $\bar{t}$ 为 P 波到达各台站的平均时刻，$\bar{l}$ 为各台站至震源的平均距离，则

$$\bar{t} = \frac{1}{n} \sum_{i=1}^{n} t_i = \frac{1}{n} \sum_{i=1}^{n} \left(\frac{l_i}{C_p} + t_0 \right) = \frac{1}{n} \sum_{i=1}^{n} \frac{l_i}{C_p} + t_0 = \frac{\bar{l}}{C_p} + t_0 \tag{14-31}$$

式中

$$\bar{l} = \frac{1}{n} \sum_{i=1}^{n} l_i = \frac{1}{n} \sum_{i=1}^{n} \sqrt{(x_i - x_0)^2 + (y_i - y_0)^2 + (z_i - z_0)^2} \tag{14-32}$$

由式(14-31)和式(14-32)可以构成最小二乘函数，即

$$\min f_k = \sum_{i=1}^{n} (t_i - \bar{t})^2 \tag{14-33}$$

式(14-33)则是一个非线性拟合问题，求其最小二乘解，即可得到震源位置(x_0, y_0, z_0)、震源产生时刻 t_0 的解。为便于下面的分析及比较，将此方法称为传统方法 STT(speed and trigger times)。

2. 因变量为到时差的拟合形式

设第 k 个传感器计算到时为

$$t_k = t_0 + \frac{\sqrt{(x_k - x_0)^2 + (y_k - y_0)^2 + (z_k - z_0)^2}}{C_p} \tag{14-34}$$

两个不同的传感器 i 和 j 的到时之差为

$$\Delta t_{ij} = t_i - t_j = \frac{L_i - L_j}{C_p} \tag{14-35}$$

式中

$$L_i = \sqrt{(x_i - x_0)^2 + (y_i - y_0)^2 + (z_i - z_0)^2}$$
$$L_j = \sqrt{(x_j - x_0)^2 + (y_j - y_0)^2 + (z_j - z_0)^2}$$

对于每一组观测值 $(x_{ik}, y_{ik}, z_{ik}; x_{jk}, y_{jk}, z_{jk})$，式(14-35)可确定一个回归值，即

$$\Delta \hat{t}_{ij} = t_i - t_j = \frac{L_i - L_j}{C_p} \tag{14-36}$$

这个回归值 $\Delta \hat{t}_{ij}$ 与实测值 Δt_{ij} 之差描述回归值与实测值的偏离程度。对于$(x_{ik}, y_{ik}, z_{ik}; x_{jk}, y_{jk}, z_{jk})$，若 Δt_{ij} 与 $\Delta \hat{t}_{ij}$ 的偏离越小，则认为直线和所有的试验点的拟合度越好。全部观察值 Δt_{ij} 与拟合值 $\Delta \hat{t}_{ij}$ 的偏离平方和可描述全部观察值与拟合值的偏离程度，即

$$Q(x_0, y_0, z_0) = \sum_{i,j=1}^{n} \left(\Delta \hat{t}_{ij} - \frac{L_i - L_j}{C_p} \right)^2 \tag{14-37}$$

则(x_0, y_0, z_0)应使得 $Q(x_0, y_0, z_0)$ 达到最小，即

$$Q(x_0, y_0, z_0) = \sum_{i,j=1}^{n} \left(\Delta \hat{t}_{ij} - \frac{L_i - L_j}{C_p} \right)^2 = \min \tag{14-38}$$

将该方法称为传统 STD(speed and time difference)方法，有 3 个未知数，但作为三维定位，仍至少需 4 个传感器。

14.3.2 无需预先测速率的微震定位的数学形式

1. 因变量为到时的新方法拟合形式

假设波速在介质中的传播速率未知，将其用 C 表示，第 i 个传感器计算到时为 t_i^c，式 (14-30) 和式 (14-31) 分别变为

$$t_i^c = \frac{l_i}{C} + t_0 = \frac{\sqrt{(x_i - x_0)^2 + (y_i - y_0)^2 + (z_i - z_0)^2}}{C} + t_0 \tag{14-39}$$

$$\bar{t}^c = \frac{1}{n} \sum_{i=1}^{n} t_i = \frac{1}{n} \sum_{i=1}^{n} \left(\frac{l_i}{C} + t_0 \right) = \frac{1}{n} \sum_{i=1}^{n} \frac{l_i}{C} + t_0 = \frac{\bar{l}}{C} + t_0 \tag{14-40}$$

由式 (14-39) 和式 (14-40) 可以构成最小二乘函数

$$\min f_k^c = \sum_{i=1}^{n} (t_i^c - \bar{t}^c)^2 \tag{14-41}$$

式 (14-41) 则是一个非线性拟合问题，求其最小二乘解，即可得到震源位置 (x_0, y_0, z_0)、震源产生时刻 t_0 及速率 C 的解，将其称为 TT(trigger times) 新方法。

2. 因变量为到时差新方法的拟合形式

假设波速在介质中的传播速度未知，将其用 C 表示，则第 k 个传感器计算到时为

$$t_k^c = t_0 + \frac{\sqrt{(x_k - x_0)^2 + (y_k - y_0)^2 - (z_k - z_0)^2}}{C} \tag{14-42}$$

两个不同的传感器 i 和 j 的到时之差为

$$\Delta t_{ij}^c = t_i^c - t_j^c = \frac{L_i - L_j}{C} \tag{14-43}$$

对于每一组观测值 $(x_{ik}, y_{ik}, z_{ik}; x_{jk}, y_{jk}, z_{jk})$，式 (14-44) 可确定一个回归值

$$\Delta \hat{t}_{ij}^c = t_i^c - t_j^c = \frac{L_i - L_j}{C} \tag{14-44}$$

这个回归值 $\Delta \hat{t}_{ij}^c$ 与实测值 Δt_{ij}^c 之差描述回归值与实测值的偏离程度。对于 $(x_{ik}, y_{ik}, z_{ik}; x_{jk}, y_{jk}, z_{jk})$，若回归值 $\Delta \hat{t}_{ij}^c$ 与实测值 Δt_{ij}^c 的偏离越小，则认为直线和所有的试验点的拟合度越好。全部回归值 $\Delta \hat{t}_{ij}^c$ 与观察值 Δt_{ij}^c 的偏离平方和

$$Q(x_0, y_0, z_0, C) = \sum_{i,j=1}^{n} \left(\Delta \hat{t}_{ij}^c - \frac{L_i^c - L_j^c}{C} \right)^2 \tag{14-45}$$

可描述全部观察值与拟合值的偏离程度，则 (x_0, y_0, z_0, C) 应使得 $Q(x_0, y_0, z_0, C)$ 达到最小，即

$$Q(x_0, y_0, z_0, C) = \sum_{i,j=1}^{n} \left(\Delta \hat{t}_{ij}^c - \frac{L_i^c - L_j^c}{C} \right)^2 = \min \tag{14-46}$$

因式 (14-45) 为 x_0, y_0, z_0, C 的二次非负函数，故其最小值总是存在的，将其定义为求差式非线性拟合形式，求解式 (14-46) 中 x_0、y_0、z_0、C，则可以得到震源的坐标与速率。对于单纯的震源定位问题，以上只需拟合 x_0、y_0、z_0 即可。该方法与传统方法的不同之处有两点：第一，不需要预先知道波速；第二，在求解过程中不需要预先拟合震源发震时间。这

里,我们将其称为新 TD(trigger difference)方法。

3. 因变量为到时差商新方法的拟合形式

设第 l,m,n 个传感器距震源的距离分别为

$$L_l = \sqrt{(x_l - x_0)^2 + (y_l - y_0)^2 + (z_l - z_0)^2} \tag{14-47}$$

$$L_m = \sqrt{(x_m - x_0)^2 + (y_m - y_0)^2 + (z_m - z_0)^2} \tag{14-48}$$

$$L_n = \sqrt{(x_n - x_0)^2 + (y_n - y_0)^2 + (z_n - z_0)^2} \tag{14-49}$$

第 l,m,n 个传感器计算到时分别为

$$t_l - t_0 = \frac{L_l}{C} \tag{14-50}$$

$$t_m - t_0 = \frac{L_m}{C} \tag{14-51}$$

$$t_n - t_0 = \frac{L_n}{C} \tag{14-52}$$

式(14-50)与式(14-51),式(14-50)与式(14-52)求差分别得

$$t_l - t_n = (L_l - L_n)/C \tag{14-53}$$

$$t_l - t_m = (L_l - L_m)/C \tag{14-54}$$

式(14-53)与式(14-54)相比可得

$$W = \frac{t_l - t_n}{t_l - t_m} = \frac{L_l - L_n}{L_l - L_m} \tag{14-55}$$

可以看到,式(14-55)的待求参数只有震源坐标(x_0, y_0, z_0),对于每一组观测值$(x_{lk}, y_{lk}, z_{lk}; x_{mk}, y_{mk}, z_{mk}; x_{nk}, y_{nk}, z_{nk})$,式(14-55)可确定一个回归值

$$\hat{W} = \frac{L_l - L_n}{L_l - L_m} \tag{14-56}$$

这个回归值 $\hat{W}$ 与实测值 W 之差描述回归值与实测值的偏离程度。对于$(x_{lk}, y_{lk}, z_{lk}; x_{mk}, y_{mk}, z_{mk}; x_{nk}, y_{nk}, z_{nk})$,若 $\hat{W}$ 与 W 的偏离越小,则认为拟合曲线和所有的实测点的拟合度越好。全部观察值 Δt_{ij} 与拟合值 $\Delta \hat{t}_{ij}$ 的偏离平方和可描述全部观察值与拟合值的偏离程度,即

$$Q(x_0, y_0, z_0) = \sum_{l,m,n=1}^{n} \left(\hat{W} - \frac{L_l - L_n}{L_l - L_m} \right)^2 \tag{14-57}$$

则 x_0、y_0、z_0 应使得 $Q(x_0, y_0, z_0)$ 达到最小,即

$$Q(x_0, y_0, z_0) = \sum_{l,m,n=1}^{n} \left(\hat{W} - \frac{L_l - L_n}{L_l - L_m} \right)^2 = \min \tag{14-58}$$

因式(14-58)为 x_0、y_0、z_0 的二次非负函数,故其最小值总是存在的,这是一个非线性拟合问题,求解式(14-58)中的 x_0、y_0、z_0 就可以得到震源的坐标。这里,我们将其定义为新 TDQ(time difference quotient)方法。

分析以上无需预先测量速率的 3 种微震定位数学拟合形式可知,其因变量为到时差

商的拟合形式(式(14-58)),在形式上较为优越,待拟合量只有震源坐标 x_0,y_0,z_0,但分母项有 $L_l - L_m$,若有传感器到震源的距离相等时,这些传感器将失效,定位精度将会受到影响,这种方法需要比其他两种无需测速的定位方法更多的传感器数目,在实际工程中成本昂贵,计算复杂。为此,本节对其具体的模拟及应用不进行分析,将其列出主要是为了较系统、较全面的体现无需测速的震源定位方法。分析新方法的数学拟合形式可知,TT 通过 4 个已知参量拟合 5 个未知参量,至少需要 5 个传感器;TD 通过 4 个已知参量拟合 4 个未知量,至少需要 4 个传感器。从数据拟合角度分析,TD 优于 TT。下面通过算例及爆破试验对其进行验证及分析。

14.3.3 误差分析及算例

1. 影响微震震源定位精度的因素

(1)首波触发时间拾取误差。

(2)在时间上,由于定位中采用的速率是在发生微震时刻之前确定和反演的速率,事实上因采矿活动的进行,岩体中的应力和速率是不断变化的,在不同时刻点岩体中的速率值可能不同。

(3)在空间上,预先通过爆破确定速率的方法会对定位造成一定的误差,因为爆破试验中波的传播路径和微震事件波的传播路径可能不同,因此所得到的平均速率也大为不同。

(4)反演迭代算法带来的误差。

下面通过简单示意图说明(2)和(3)因素对定位精度的影响。如图 14-17 所示,爆破震源 A 与各传感器之间的路径用 A_1、A_2、A_3 和 A_4 表示,将这四条路径的平均速率记为 C_A;微震震源点 B 与各传感器之间的距离用 B_1、B_2、B_3 和 B_4 表示,将这四条路径的平均速度记为 C_B。

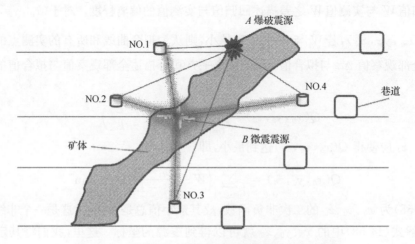

图 14-17　不同路径、不同时刻点微震震源定位示意图

从时间上来说，不同时刻点的 C_A 不等于 C_B；从空间上来说，因传播路径不同，C_A 也不等于 C_B。无需预先测波速的实时定位方法从根本上解决了（2）和（3）因素对定位精度的影响，不仅不需要预先测量波速，而且还可以实现实时定位。

2. 算例分析及讨论

一定位系统有 8 个传感器位于正方体的 8 个顶点，坐标单位均为 m，具体为 $A(0,0,0)$，$B(800,0,0)$，$C(800,800,0)$，$D(0,800,0)$，$E(0,0,800)$，$F(800,0,800)$，$G(800,800,800)$，$H(0,800,800)$，波在介质中传播的等效波速为 $C=5.6\text{m/ms}$，发震时间假设为某年某月某日 18 点 0 分 11ms。假定微震源 $O(258,336,580)$，$P(680,290,559)$，$Q(190,610,380)$，$R(789,459,280)$ 在传感器阵列内，震源 $S(308,689,1200)$，$T(860,910,1008)$ 在传感器阵列外，传感器与震源空间分布位置如图 14-18 所示（所有坐标长度单位均为：m），将各虚拟震源 P 波激发传感器的时刻也列入表 14-3。比较分析的主要思路是：①采用我们提出的两种新方法及 2 种传统方法，在使用真实速率时（误差浮动 0%）进行微震震源定位；②由于实际工程中很难测到真实波速，给传统方法定位中的速率一个较小误差 1%，2%，3%，4%，5% 的浮动，即在速率分别取 5.544m/ms，5.488m/ms，5.432m/ms，5.376m/ms，5.32m/ms 时，采用两种传统方法对微震震源进行定位；③分析思路①和②的定位结果，求

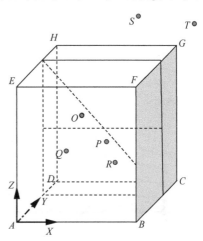

图 14-18　传感器与微震震源空间位置示意图

其每个坐标的误差及绝对距离误差，并将传统方法与新方法的绝对距离误差绘在图 14-19 中，图 14-19(a)和(b)分别为所有震源及传感器阵列内震源绝对距离误差的情况；④为具体比较误差大小情况，表 14-4 列出了用 TT 和 STT 的定位结果及绝对距离误差，表 14-5 列出了 TD 和 STD 的定位结果以及 3 个坐标的误差和绝对距离误差。

表 14-3　震源 P 波激发各传感器的时刻　　　　　　　　（单位：ms）

传感器	O	P	Q	R	S	T
A	139.256 10	176.502 20	143.744 80	181.496 20	264.1426	298.037 30
B	164.930 20	125.478 20	179.331 40	107.031 30	273.2499	253.736 60
C	175.194 50	147.811 90	143.744 80	89.814 96	243.4438	192.385 30
D	151.409 80	192.667 90	94.107 69	172.427 20	233.1177	248.423 70
E	96.240 51	149.847 90	147.534 20	198.593 70	163.5281	237.649 60
F	131.461 00	81.661 28	182.335 50	134.872 70	178.2086	178.034 80
G	144.327 20	113.981 90	147.534 20	122.059 70	125.9513	54.361 61
H	113.621 90	168.768 70	100.035 40	190.391 20	103.3035	170.215 60

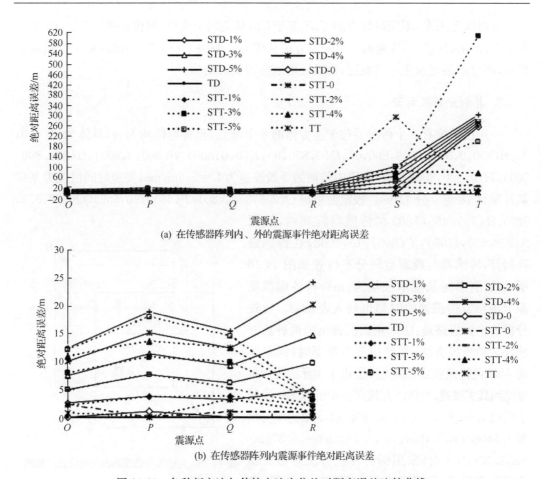

(a) 在传感器阵列内、外的震源事件绝对距离误差

(b) 在传感器阵列内震源事件绝对距离误差

图 14-19　各种新方法与传统方法定位绝对距离误差比较曲线

　　为进一步分析新方法及传统方法的定位精度,对其震源在传感器阵列内的震源 O、P、Q、R 进行详细分析,如图 14-19(b)所示。从图中可以看到,TT 和 TD 在不需速率的情况下,其定位精度与 STT 和 STD 带入真实速率的定位结果基本相同;在给传统方法定位中的速率一个较小的误差(1%~5%浮动)情况下,将会使定位系统产生较大的误差,较大的达 25m。分析其原因,TT 和 TD 通过算法能较准确地拟合各传感器坐标及时间差之间的关系,不受传统方法给定速率对其造成的影响,因每个区域的平均速率不一定相同,而且由于岩石介质的复杂性,再加上施工工艺的影响,确切地认为给定介质的速率是很困难的,这是经典法定位精度较低的主要原因。4 种方法的定位精度从高到低依次是 DT、TT、STT 和 STD。另外,从表 14-4 和表 14-5 中可以看到,TT 的定位精度较 TD 浮动大,其主要原因是:新方法 TT 要通过 4 个已知量拟合 5 个未知量,而新方法 TD 是通过 4 个已知量拟合 4 个未知量。

　　结果表明:在已知真值速率时,STT、STD 与 TT、TD 的定位误差均较小。在假定速率浮动情况下,传统方法中给波速一个较小的误差,也会导致震源坐标较大的定位误差。从图 14-19(a)和(b)中看到,随着速率浮动误差的增大,定位误差增大显著。对于在传感器

表 14-4　新方法 TT 与传统方法 STT 误差比较

震源	坐标与误差	TT	STT					
			(0,C=5.6)	(1%,C=5.544)	(2%,C=5.488)	(3%,C=5.432)	(4%,C=5.376)	(5%,C=5.544)
O	X	258.818 000	257.9998	259.754 400	260.867 300	263.048 300	264.683 500	265.166 000
	Y	336.017 100	336.6773	335.934 300	336.653 000	338.378 700	338.516 900	339.091 000
	Z	579.999 900	577.7994	578.780 900	576.286 700	574.271 500	571.621 000	570.729 600
	D_{erro}	0.010 000	2.3030	2.137 375	4.736 727	7.997 466	11.009 610	12.118 000
P	X	680.000 000	680.0003	676.930 100	674.578 200	670.050 800	668.587 300	664.747 400
	Y	290.000 000	289.9999	291.053 200	294.240 300	293.164 100	293.704 800	295.281 500
	Z	558.999 900	559.0000	557.399 800	555.800 700	556.273 600	552.604 800	551.007 900
	D_{erro}	0.014 100	0.0003	3.618 536	7.590 209	10.790 380	13.596 830	18.011 360
Q	X	189.085 800	189.9987	676.930 100	195.093 500	197.413 300	198.832 600	199.488 800
	Y	610.001 300	609.3930	291.053 200	610.831 300	603.419 900	601.167 400	598.969 700
	Z	383.059 600	380.7296	557.399 800	380.370 600	380.556 800	380.743 600	380.930 900
	D_{erro}	0.000 000	0.0141	0.949 000	3.793 666	5.174 158	9.928 004	12.513 280
R	X	789.899 200	805.3840	785.097 400	779.348 100	774.582 400	770.269 700	762.912 900
	Y	459.000 100	459.0001	458.713 000	457.759 600	457.144 200	456.531 700	458.804 900
	Z	279.532 700	280.3019	279.559 200	282.630 300	283.933 000	285.227 900	285.922 800
	D_{erro}	1.013 394 0	0.9740	1.947 734	2.274 678	3.150 874	3.537 411 0	3.818 356
S	X	339.114 500	308.0002	310.770 200	313.336 600	314.875 000	317.940 800	320.289 000
	Y	588.575 700	689.0000	680.669 600	672.908 500	665.881 800	658.861 900	651.985 400
	Z	924.451 200	1200.0000	1178.412 000	1158.105 000	1138.947 000	1120.822 000	1103.862 000
	D_{erro}	0.000 200	23.3000	45.195 210	65.644 390	85.301 120	294.924 200	103.747 800
T	X	862.418 000	859.4904	852.573 100	842.957 200	314.875 000	811.669 000	746.937 000
	Y	908.537 000	910.0782	903.017 100	894.438 600	665.881 800	863.513 700	794.281 200
	Z	1011.577 000	1009.5490	1002.290 000	995.668 500	1138.947 000	967.647 400	889.863 400
	D_{erro}	4.558 622	1.6320	11.684 330	26.166 470	611.475 400	78.263 610	200.325 600

注：D_{erro} 表示绝对距离误差，即定位点坐标与实际震源坐标之间的距离。

阵列内的震源，当速率浮动 1% 时，绝对距离较小的为 2.51m，绝对距离较大的达到 4.92m；当速率浮动 5% 时，绝对距离较小的为 12.51m，绝对距离较大的达到 24.27m，定位误差很大；从图 14-19(b) 可以看到，若使误差小于 10m 时，其速率误差必须在 2% 之内，这在实际工程监测中是很难的，有时要达到 5% 之内的速率精度都是较困难的，这是因为矿山开采环境是一个空区、巷道、采场交错的复杂系统。比如，在一个微震监测实施矿山爆破试验中，在同一个区域测量到的速率较小的为 5.4m/ms，较大的则为 5.9m/ms，平均浮动为 3%～7%，在不同区域的速率浮动则可能更大。因此，传统方法的定位精度受到了严重挑战。另外，从表 14-4、表 14-5 与图 14-19 中可以看到，对于震源在传感器阵列外的情况，此时两种方法的误差都很大，但传统方法较新方法定位误差更大，说明传感器的布置要尽量确保微震源在其阵列之内。

表 14-5　新方法 TD 与传统方法 STD 误差比较

震源	TD							STD(0,C=5.6)						
	X	Y	Z	X_{erro}	Y_{erro}	Z_{erro}	D_{erro}	X	Y	Z	X_{erro}	Y_{erro}	Z_{erro}	D_{erro}
O	258.00	336.00	579.99	0.00	0.000	0.01	0.010 000	257.99	336.00	579.99	0.01	0.00	0.01	0.0141
P	679.99	290.00	558.99	0.01	0.000	0.01	0.014 100	679.95	290.98	558.99	0.05	-0.98	0.01	0.981
Q	189.99	610.00	379.99	0.01	0.000	0.01	0.014 100	190.00	610.00	380	0.00	0.00	0.00	0.000
R	789.00	458.99	279.99	0.00	0.010	0.01	0.014 100	789.00	458.99	279.99	0.00	0.01	0.00	0.0141
S	308.00	688.99	1 199.99	0.00	0.010	0.00	0.014 100	308.13	689.00	1200	-0.13	0.00	0.00	0.130
T	684.95	964.32	825.82	175.05	-54.320	182.18	258.420 000	684.95	964.33	825.82	175.05	-54.33	182.18	258.420

震源	STD(1%,C=5.544)							STD(2%,C=5.488)						
	X	Y	Z	X_{erro}	Y_{erro}	Z_{erro}	D_{erro}	X	Y	Z	X_{erro}	Y_{erro}	Z_{erro}	D_{erro}
O	259.54	336.67	578.13	-1.54	-0.670	1.87	2.510 000	261.08	337.34	576.27	-3.08	-1.34	3.73	5.020
P	676.75	291.16	557.38	3.25	-1.160	1.62	3.810 000	673.50	292.31	555.77	6.50	-2.31	3.23	7.620
Q	192.19	607.80	380.18	-2.19	2.200	-0.18	3.110 000	194.38	605.61	380.37	-4.38	4.39	-0.37	6.210
R	784.29	458.41	281.33	4.71	0.590	-1.33	4.920 000	779.61	457.83	282.65	9.39	1.17	-2.65	9.820
S	310.60	681.05	1 178.51	-2.60	7.950	21.49	23.000 000	313.09	673.59	1 158.27	-5.09	15.41	41.73	44.770
T	677.58	951.23	814.69	182.42	-41.230	193.31	268.970 000	671.48	939.87	806.06	188.52	-29.87	201.94	277.870

震源	STD(3%,C=5.432)							STD(4%,C=5.376)						
	X	Y	Z	X_{erro}	Y_{erro}	Z_{erro}	D_{erro}	X	Y	Z	X_{erro}	Y_{erro}	Z_{erro}	D_{erro}
O	259.54	336.67	578.13	-4.61	-2.013	5.57	7.513 303	261.08	337.34	576.27	-6.15	-2.68	7.43	10.010
P	676.75	291.16	557.38	9.71	-3.470	4.84	11.397 010	673.50	292.31	555.77	12.93	-4.63	6.45	15.170
Q	192.19	607.80	380.18	-6.57	6.570	-0.55	9.308 605	194.38	605.61	380.37	-8.75	8.753	-0.70	12.400
R	784.29	458.41	281.33	14.01	1.740	-3.97	14.671 200	779.61	457.83	282.65	19.35	2.421	-5.50	20.260
S	310.60	681.05	1 178.51	-7.39	22.430	60.85	65.275 910	313.09	673.59	1 158.27	-9.56	29.07	79.00	84.680
T	677.58	951.23	814.69	194.53	-18.540	210.81	287.449 800	671.48	939.87	806.06	200.10	-7.78	219.00	296.800

震源	STD(5%,C=5.544)							真实值		
	X	Y	Z	X_{erro}	Y_{erro}	Z_{erro}	D_{erro}	X	Y	Z
O	265.68	339.36	570.71	-7.68	-3.36	9.29	12.510 000	258.00	336.00	580.00
P	663.88	295.79	550.94	16.12	-5.79	8.06	18.930 000	680.00	290.00	559.00
Q	200.93	599.07	380.93	-10.93	10.93	-0.93	15.490 000	190.00	610.00	380.00
R	765.82	456.10	286.58	23.18	2.90	-6.58	24.270 000	789.00	459.00	280.00
S	319.59	653.65	1 103.84	-11.59	35.35	96.16	103.100 000	308.00	689.00	1 200.00
T	655.93	909.19	780.32	204.07	0.81	227.68	305.750 000	860.00	910.00	1 008.00

注：X_{erro}，Y_{erro}，Z_{erro} 为震源实际坐标轴与定位坐标轴之间的距离。

14.3.4 现场微震震源定位的爆破试验及分析

图 14-20 为另一矿山建立的 ISS 微震监测系统,共 24 通道,16 个传感器。监测数据通过铜绞线和光缆传输,监测中心位于地表,与矿山安全生产部门通过局域网连接。目前,监测范围只涵盖首采区 52#~60# 勘探线间四个盘区及其围岩,并将随开采范围的扩大而扩展。

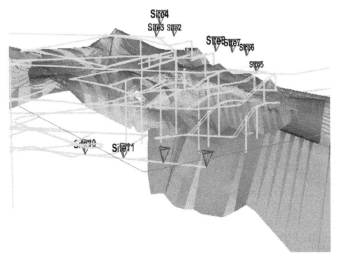

图 14-20 微震监测网测点布置

微震传感器探头铺设位置见表 14-6。为验证监测网络的定位精度及无需预先测速方法的合理性,进行爆破试验,用爆破来模拟微震,用 ISS 地震监测系统记录监测信号。爆破试验的位置、时间、地点、药量见表 14-7。试验过程中主要记录的参数(如爆破波触发传感器的时刻)也列入表 14-7,典型波形如图 14-21 所示。根据记录的时刻及传感器位置坐标,采用提出的新方法 TT、TD 及传统方法 STT、STD 进行定位计算,并与实测位置比较分析。表 14-8 对两种方法的误差进行了比较。通过表 14-8 发现,TD 法的定位精度最高,在不需要预先测量速度的情况下,无论是 3 个坐标各自的均值还是绝对距离误差,均小于传统方法 STT、STD。具体体现在:每个坐标轴的平均误差均比较小,在 5m 左右,最大为 11.137 58m;而 STD 三个轴的平均误差在 8m 左右,最大的达到 24.900 19m;TD 的平均绝对距离误差为 10.156 64m,而传统方法 STT、STD 的平均误差分别为 17.9886,17.554 53m。TT 的定位误差为 21.258 61m,误差较大,主要是因为 TT 要用 4 个已知量拟合 5 个未知量,定位精度是不稳定的,这与前面的结论是一致的。

以上充分说明 TD 法较 STT、STD 优越,预测精度较 STT、STD 高。究其原因,TD 通过算法能较准确地拟合各传感器坐标及时间差之间的关系,尽管基本思想也借助平均速度,但此时的平均速度是动态调整的,在不断地迭代中寻求实时监测中本次事件最好的速度值,以满足各传感器坐标与时间差之间的非线性关系,不受传统方法给定速度对其造成的影响,因为现场测量的速度可能与真实值存在误差,当误差较大时,则会影响到拟合的精确度。

表 14-6 传感器位置坐标及各微震事件触发传感器时刻

传感器编号	坐标/m			触发传感器时刻/ms		
	X	Y	Z	事件1	事件2	事件3
Site1	84 345.73	22 474.0	−678.01	31.214 136	0.563 835	45.267 93
Site2	84 157.08	22 717.2	−737.28	—	—	45.264 93
Site3	84 256.71	22 587.9	−682.8	31.225 969	0.574 668	45.258 26
Site4	84 493.74	22 395.4	−653.02	31.210 303	0.567 501	—
Site5	84 299.94	22 861.7	−764.74	—	—	45.261 18
Site6	84 377.81	22 755.5	−722.01	31.222 942	0.566 903	45.248 01
Site7	84 487.86	22 612.0	−704.33	31.195 608	0.547 570	45.258 68
Site8	84 580.14	22 489.6	−693.73	31.196 942	0.556 570	—
Site9	84 591.12	22 453.2	−862.58	31.206 442	0.556 775	—
Site10	84 349.47	22 271.4	−862.79	—	—	—
Site11	84 429.88	22 332.3	−863.16	31.226 608	0.573 108	—
Site12	84 509.80	22 391.8	−862.91	31.213 275	0.561 441	—
Site13	84 076.11	22 705.4	−862.89	—	—	45.280 31
Site14	84 182.39	22 775.1	−862.38	—	—	45.268 64
Site15	84 259.16	22 840.2	−862.04	—	—	45.267 14
Site16	84 307.19	22 943.1	−860.87	—	—	45.279 64

表 14-7 爆破试验位置及装药量

事件	时间	地点	实际坐标/m			药量/kg
			X	Y	Z	
1	8月30日10:57	−760m 水平 56-4# 采场巷道	84 528.4	22 556.2	−753.2	2.25
2	9月8日10:41	−820m 水平 56-6# 采场巷道	84 479.0	22 570.0	−814.4	2.40
3	9月9日13:03	−790m 水平 56-14# 采场巷道	84 359.0	22 673.0	−795.5	2.40

表 14-8 新方法 TT、TD 及传统方法 STT、STD 定位误差比较

事件序号	新方法 TT 定位误差				传统方法 STT 定位误差			
	X_{erro}	Y_{erro}	Z_{erro}	D_{erro}	X_{erro}	Y_{erro}	Z_{erro}	D_{erro}
1	3.5088	7.6500	7.072 75	10.9935	8.546 34	8.929 74	3.6753	12.8953
2	13.8138	3.3226	14.527 10	20.3198	9.956 40	2.019 80	12.5808	16.1706
3	6.8824	6.0000	31.151 90	32.4625	7.043 98	3.195 60	23.6681	24.8999
平均值	8.0683	5.6576	17.583 90	21.2586	8.515 59	4.715 00	13.3081	17.9886

事件序号	新方法 TD 定位误差				传统方法 STD 定位误差			
	X_{erro}	Y_{erro}	Z_{erro}	D_{erro}	X_{erro}	Y_{erro}	Z_{erro}	D_{erro}
1	3.5119	7.6538	6.971 50	10.9323	8.549 20	8.763 60	4.1523	12.9279
2	1.1387	3.0999	7.723 60	8.4000	9.324 40	0.715 90	11.5167	14.8355
3	8.0206	5.6265	5.297 00	11.1376	7.045 20	3.197 60	23.6677	24.9002
平均值	4.2237	5.4601	6.664 00	10.1566	8.306 20	4.225 70	13.1122	17.5545

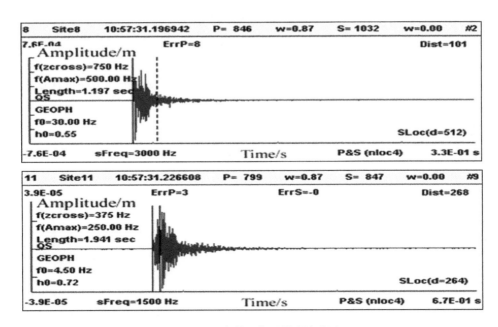

图 14-21　事件 1 典型爆破波形图

综上,算例分析及爆破试验均很好地证实了新方法 TD 的科学性、合理性及正确性,可以在实际工程中推广使用。

14.4　大规模开采矿山区域性危险地震预测

在大规模开采的矿山,位于不同的空间位置上,采矿工程活动常同时处于掘进、采准、爆破、出矿和回填等不同的阶段,而岩层处于空场、充填和支护等不同的工程状态。采矿工程活动促使采区岩层产生应力集中和迁移、位移累加、能量聚散和转移,同时,由于开采活动的不断进行,使岩层活动表现出不断变化的复杂状态。因此,大规模开采矿山岩层活动极为复杂,其时空分布和力学状态的实时把握,对有效防治矿山灾害具有重要作用。矿山地震和岩爆预测需要解决的一个关键问题是建立危险性地震的成核模型。由于矿山工程岩体结构不仅包括地质构造也包含采矿工程结构,因此,应将矿山地震与开采活动及矿山工程岩体结构相结合,采用地震活动的非均性理论来分析地震成核模型。但是,现有矿山地震活动成核模型研究主要关注诸如断层、局部性采场或巷道围岩[4,65,66],而较少将地震活动与整个采区的采矿工程结构特征相结合,没有客观地反映开采活动及工程结构改变与区域性地震活动之间的相互影响。因此,在矿山区域性地震成核机理和成核模型研究中同时考虑矿区地质和采矿工程结构特征因素是必要的[67-69]。

14.4.1　地震视应力和位移特性

1. 地震视应力和位移与开采响应

根据矿床赋存条件和采矿工程布置特点,用不同标高水平面上的视应力和位移分布可以简单直观地说明位移采区地震活动的总体空间分布。图 14-22 和图 14-23 分别为不同时间段视应力对数 $\lg\sigma_A$ 和位移 u 的分布图,仅取位于 52 线隔离矿柱下部的底部结构的 $-730m$ 水平和位于 54 线隔离矿柱下部的底部结构的 $-760m$ 水平的平面。图中,$\lg\sigma_A$ 用彩色等值线表示,u 为半透明的彩色云图,背景图为所在水平或剖面上的设计采场,左、右两侧的彩色标尺分别表示 $\lg\sigma_A$ 和 u 的大小。从图中可明显看出,视应力和位移在采区的不同标高平面上的分布,通过不同标高平面上的视应力和位移对比分析,可以清楚显示采区视应力和位移的空间分布及随时间变化的规律。

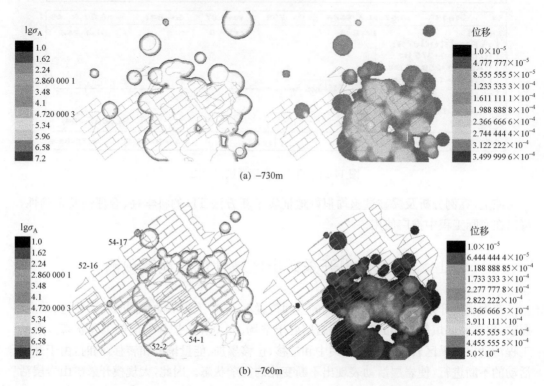

(a) $-730m$

(b) $-760m$

图 14-22　不同水平面上视应力与位移分布(6~7 月,文后附彩图)

在所分析的时间段内的开采活动主要位于 52-2、52-10、52-12、52-14、54-2、54-6、54-8、54-10、54-12 和 54-14 等采场,其中部分采场已回采结束而进入充填阶段。此外,在采区内还存在一些零星的巷道掘进作业。从图 14-22(b)表明,$-760m$ 水平上,应力集中区主要位于 52-4~5 采场部分围岩及对应 52 线隔离矿柱;52-10~12 采场围岩和 54-7~12 采场部分围岩与对应的 54 线隔离矿柱;54-5~9 采场在 56 线附近的围岩及 56 线隔离矿柱;54-1~2 采场围岩及对应的 54 线隔离矿柱。最大位移区域为 54-1~2 采场部分围岩;其次位移区域为 52-4~5 采场部分围岩。图 14-23(b)表明,在 $-760m$ 水平上,应力集中位于 52-3~8 采场部分围岩、52-10~12 采场围岩以及 54-8~12 采场部分围岩,除采场围岩外还包括相应的 52 线和 54 线隔离矿柱;第三个区域靠近 56 线一侧采场围岩及部分对应 56 线隔离矿柱。最大位移区域位于 52-4~6 采场中部围岩。上述应力相对集中的区

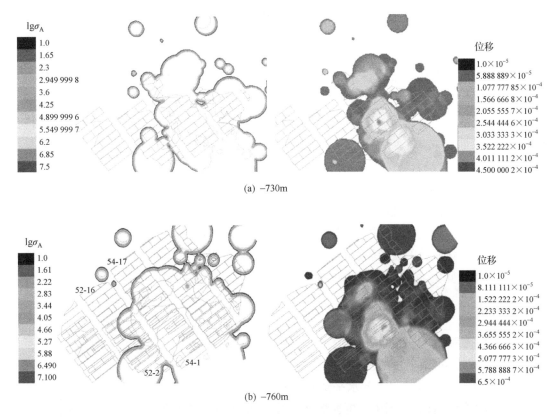

(a) −730m

(b) −760m

图 14-23　不同水平面上视应力与位移分布(8～9 月，文后附彩图)

域明显与临时矿柱和隔离矿柱相对应，而位移的位置情况却比较复杂，并不与矿柱位置和应力集中位置完全对应。

54 线隔离矿柱下部出矿联络巷道主要位于−760m 水平。在从−760m 平面的应力和位移分布图可见，在该巷道围岩出现破坏之前两个分析时间段里，应力产生积蓄，前后时间段的应力有所增大，其增大幅度不大，但位移增大幅度明显。在 6～7 月，该位置岩体在其内部应力作用下只产生很小的位移，而在 8～9 月，在同样长的时间段内，产生了相对较大的位移，说明在此期间岩体的弹性发生了明显改变，可以认为岩体 6～7 月的弹性状态，在 8～9 月进入弹塑性阶段，即处于峰值前的应力非均匀分布和应变局部化阶段，由此可以预示岩体存在发生破坏的危险性。

2. 地震视应力与地震位移的关系

正如前述，视应力的空间分布与位移的空间分布存在不一致的情况，即视应力高的区域并不一定产生大的位移。在对该矿进行的大量监测还发现，开挖规模或空间小、开挖工程或空间相互独立的采掘活动引起的地震视应力集中区域与地震位移集中区具有较好对应性；相反，开挖空间大、多空间相互影响的较大规模的采掘活动引起的地震应力集中区与地震位移集中区的空间位置对应性较差[64]。前者位移是由于同一区域的应力活动产生的,而后者位移可能是由本区域应力活动和其他区域应力活动引起的。这说明小规模独立采掘活动只对其本区域岩体产生影响,而多空区相互影响的大规模采掘活动可以跨区域影响地震活动。

在地震应力和地震位移计算中,采用式(14-12)计算视应力、采用式(14-13)计算位移。由于地震发射的能量与地震力矩是两个相互独立的地震参数,因此视应力与位移也是相互独立的地震参数。地震视应力表征地震事件产生时震源处的应力水平,而地震位移表征震源处的非弹性变形。当岩体是线弹性体时,服从胡克定律,应力增量与应变增量的变化是一致的;当岩体产生非弹性变形时,位移的增大并不一定对应应力的增大。岩体通常在低应力时表现出弹性性质,而高应力时表现出非弹性性质,在接近峰值强度时,应力与位移不呈线性关系,位移增大速率大于应力增大速率。在峰值后区,岩体产生破坏变形,应力下降,应力被释放。因此,对于同一个空间区域,地震视应力和地震位移的相对变化可以反映岩体所处的变形阶段和变形性质,通过监测某个特定区域的地震视应力和地震位移的相对变化,可以描述岩体状态和预测危险性地震发生的可能性。

14.4.2 区域性地震成核预测模型

图 14-24 和图 14-25 同时给出了沿 54 线隔离矿柱剖面和穿过 52-6 采场沿采场走向的垂直剖面在不同时间段的视应力和位移分布。在 54 线剖面上的背景为 53 线和 55 线设计采场及−730m 和−760m 水平透视图;沿采场的垂直剖面的背景方形框为设计采场,其间为隔离矿柱。从图中可更加清晰地看出,应力和位移在不同深度位置上的分布。从图 14-24(a)及图 14-25(a)可见,应力和位移集中区域的位置随采场的采空区的位置变化而变化,应力集中于开采区域的采场临时矿柱、位移则对应于采空区。从图 14-24(b)及图 14-25(b)可见,应力集中区位于隔离矿柱及其附近的采场围岩,在 6～7 月,其位置虽然位于次级位移集中区,但对应的位移很小,而 8～9 月则对应的位移较大。

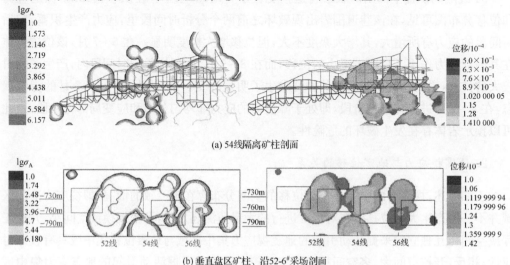

图 14-24 剖面上视应力与位移分布(6～7月,文后附彩图)

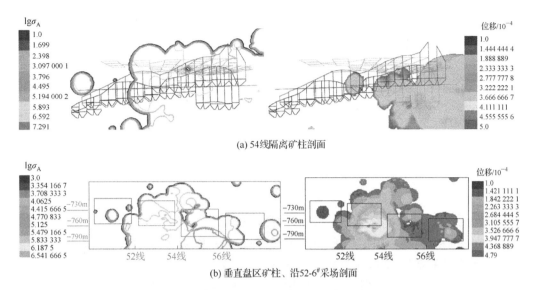

(a) 54线隔离矿柱剖面

(b) 垂直盘区矿柱、沿52-6#采场剖面

图 14-25　剖面上视应力与位移分布(8~9 月,文后附彩图)

　　大量天然地震资料也表明,发生地震的断层带的力学特性并不是均匀的,不均匀性是地震过程的一个基本特征,存于所有尺度上[17]。Kanamori 和 Aki 提出的凹凸体和障碍体的复杂震源模型指出,凹凸体是断层面上具有很强黏结力并阻止破裂的碎片,是应力积累的会聚点[70-72]。地震就是由这些凹凸体的破裂产生的,前震过程受凹凸体控制,而地震过程则受障碍体所支配。矿山岩体的非均匀性可能由多个因素影响(如地质构造如断层、地质分异面、界面和岩脉等)、工程结构(如巷道、硐室、采场、矿柱和充填体等)以及受到不同程度破坏的围岩的状态及其空间分布的影响。在该矿采区内不存在明显的岩脉和断层等大型构造,影响采区岩体非均性的主要因素是由于开采活动对岩体的改变。矿体呈缓倾斜或水平赋存,矿体上、下盘之间将形成隔离矿柱和大量的临时矿柱,这些矿柱将起到阻止上、下盘岩层相对变形的作用;同时,由于矿区原岩应力以水平构造应力为主,采场顶板和底板之间存在水平剪切错动的可能。所以,就整个采区来说,该矿区这种区域性变形机理与凹凸体和障碍体的复杂震源模型机理相似,矿区岩体受到压剪作用,产生相对压剪变形。因此,可以将隔离矿柱、临时矿柱视为潜在的凹凸体和障碍体。由凹凸体和障碍体概念,裂隙开始于回采区,矿柱成为障碍体且具有较高的强度,裂隙的传播将受到矿柱的阻止,在矿柱中形成集中,随着应力水平的增加矿柱发生破坏,因此矿柱成为危险性地震的潜在成核区。根据矿体赋存状态和采区工程结构布置特点,可以抽象和简化得到如图 14-26 所示的地震活动孕育成核的概念化模型。图 14-26(a)是沿盘区走向的剖面,图 14-26(b)是垂直盘区走向即垂直隔离矿柱的剖面,图中的临时矿柱和隔离矿柱成为潜在的危险性地震成核区。这种概念模型为该矿开采条件下的地震成核区形成与预测研究提供了基本理论依据,有利于从采区范围来分析地震危险成核区。

　　根据岩体破坏和地震孕育与成核规律,应力非均匀性和应变局部化是地震成核的前兆现象,主震或破坏性地震总是出现于成核区。这种成核区是地震持续聚集和应力持续积累的结果。在天然地震中,由于岩体所处的物理环境相对比较稳定,地震活动是由于岩

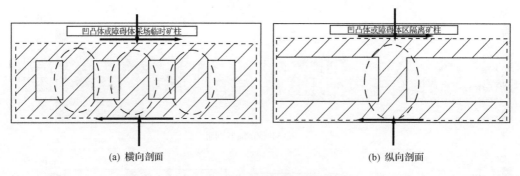

(a) 横向剖面　　　　　　　　　　　　　　　　(b) 纵向剖面

图 14-26　采区地震成核概念模型

体本身在比较稳定的外力作用下产生变形破坏过程中产生的,这个过程主要受到岩体本身性质和周围相对较稳定的力场所决定的,具有较好的连续性和规律性。在矿山地震活动中,地震事件的聚集、地震应力和变形空间分布除了受到岩体变形和应力重新分布过程的作用之外,还直接受到采掘活动的强烈影响,这种影响常扰乱或打断了岩体正常变形破坏过程,从而改变了原来环境下地震活动的正常发育过程。比如,采场回采人为改变了原来矿区的空间结构和岩体结构条件,使应力在采空区释放而在其围岩或形成的矿柱内产生应力集中,形成新的应力非均匀和应变局部化状态,使地震活动在人为干扰下发生了突然变化。因此,这使许多地震事件聚集、应力非均匀和变形局部化状态表现出临时性的特征,这些临时性的地震活动可能在一定程度上引起岩体破坏,但是,主要还是表现为采掘活动之后岩体在应力重分布和变形之后重新处于稳定,地震活动减弱或消失,它们并不能预示着一定会形成(孕育)破坏性地震活动。另外,开采活动又是矿山地震活动的主要诱导因素,开采活动的综合影响将在某些区域引起岩体持续的变形和破坏,最终形成破坏性岩体破坏即产生危险性地震活动。因此,重要的是揭开临时性的变化的表象,分析矿山地震活动的长期持续状态及其变化规律才是进行矿山地震成核区分析的关键。

14.4.3　应力状态和变形参数时间序列

von Aswegan 和 Butler 定义一个地震事件的能量指数 $EI = E/\overline{E(M)}$,即该事件发射的地震能量与具有相同地震矩的事件发射的平均能量之比,$\overline{E(M)}$ 由空间区域 ΔV 内的 $\lg E$ 与 $\lg M$ 关系曲线确定[73]。在南非金矿,EI 的最初应用是结合地震事件位置,在平面上绘制 EI 等值线图,用于分析在平面上相对于平均能量的不同能量分布,之后将它用于较大地震危险的时间预测[74]。由视应力 σ_A 和 EI 的定义可见,视应力 σ_A 与能量指数 EI 的变化特征是一致的。如果考虑一定的空间区域 ΔV 内的地震事件,将其所有地震事件的视体积随时间进行累积,则得到视体积累积 $\sum V_A$ 的时间序列。显然,$\sum V_A$ 时间序列的特征描述了岩体变形随时间的变化特征。因此,某个特定空间区域的 $\sum V_A$ 时间序列可以作为分析岩体变形的地震序列参数。

将时间序列 $\overline{EI}$ 与时间序列 $\sum V_A$ 相结合,就可以通过地震参数时间序列分析岩体应力和变形随时间的变化规律。2006 年 7 月底和 9～10 月,在 54 线隔离矿柱底的出矿联络道和出矿进路围岩以及部分支护结构发生了两次不同程度的破坏事件。图 14-27 是该区域地震能量指数对数与视体积累积的时间序列。图 14-27 显示，能量指数出现了两次大的增大与下降的波动，可能预示着两次较大的地震事件的发生，如图中竖向箭头所指。

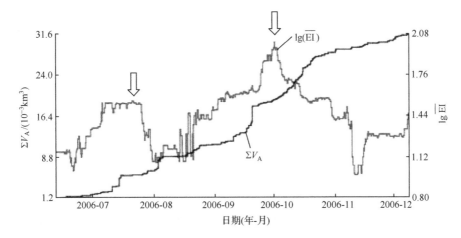

图 14-27　视体积与能量指数时间序列

　　图中显示，从 6 月 21 日至 7 月 7 日，能量指数虽然存在波动，但总体呈上升变化特征，其间，视体积保持相对均匀地增加；7 月 7 日至 25 日期间，能量指数保持不变，同时视体积经历了一个其增大速率快速增长到减小至零的过程；7 月 25 日至 8 月 1 日，能量指数迅速减小，同时视体积开始加速增加；之后，视体积仍加速增加，但能量指数却保持在最低水平，至 8 月 5 日。由此可以看出，能量指数和视体积的变化特征反映了岩体变形的全过程特征。能量指数大意味着产生同样大小同震变形的地震事件发射的地震能量大，反映了震源视应力水平。在岩石峰值强度前区，应力是增大的过程，此时，岩体的变形相对较小，随接近峰值，由于非弹性变形的增大，其变形呈现增大的趋势。视体积是震源同震变形的度量，在岩石峰值强度前区其值的变化与岩石峰值前的变形规律是一致的。因此，能量指数的增大与视体积慢速增加的状态表明震源区岩体是稳定的，处于能量积蓄的硬化阶段。在岩石峰值强度之后，由于岩石承载能量下降，应力下降而变形增大，对应的，能量指数下降而视体积增大，这就表明岩石出现应变软化，产生破坏。

　　在 7 月 1 日至 11 月 10 日期间，按能量指数变化特征，可将时间序列划分为应变硬化区和应变软化区两个不同变形区域。在 9 月 30 日之前的应变硬化区，能量指数和视体积呈增大的变化特征，期间，视体积出现了两次明显的快速增大，但能量指数一次出现较大波动，而另一次却出现其增长率下降。这说明能量指数和视体积在应变硬化区的变化趋势并不一致，较大的视体积增长可能促使能量得到更大的释放，从而减小应力的升高速度，表现为能量指数增长率下降。由此可以说明，9 月 10 日至 23 日期间，由于视体积的快速增大，使岩体中的应力增长减速，但并未使岩体中的应力释放而下降；此后，变形减小，应力重新快速升高，达到峰值。比较事件 1 和事件 2 对应图的峰值前区应力硬化区的能量指数和视体积变化特征可见，前者的岩体产生了明显的塑性变形，峰值应力水平相对较低，这预示着峰值后的岩体破坏猛烈程度相对较低，产生失稳破坏，即岩爆的可能性较小；后者的岩体虽然在整个应力增长过程中产生了几次较大的变形，但总的应力水平相对较高,而且岩体应力在临近峰值前增长很快,同时视体积保持低速增长,至能量指数峰值后,其增长速率开始增大,这预示着峰值后的岩体破坏猛烈程度较强,产生失稳破坏,即岩爆的可能性较大。

从能量指数时间序列来看,图 14-27 所示的两个破坏事件都显示,在其峰值后区即软化区首先出现了能量指数急剧快速下降的阶段,之后出现逐级下降的过程。视体积表现出一定的区别,在能量指数峰值后,事件 2 中视体积的增长速率比事件 1 中的视体积增长速率大,说明前者在峰值后的能量指数急剧下降阶段内释放的能量较大,产生失稳破坏,即岩爆的可能性更大。这也表明这种特性的出现是与峰值前区的应力变形特征是一致的。

参 考 文 献

[1] Mendecki A J. Seismic Monitoring in Mines. London: Chapman & Hall, 1996

[2] Lasocki S, Orlecka-Sikora B. Seismic hazard assessment under complex source size distribution of mining-induced seismicity. Tectonophysics, 2008, 456: 28-37

[3] Abdul-Wahed M, Al Heib M, Senfaute G. Mining-induced seismicity: Seismic measurement using multiple approach and numerical modeling. International Journal of Coal Geology, 2006, 66: 137-147

[4] Driad-Lebeau L, Lahaie F, Al Heib M, et al. Seismic and geotechnical investigations following a rockburst in a complex French mining district. International Journal of Coal Geology, 2005, 64: 66-78

[5] Mansurov V. Prediction of rockbursts by analysis of induced seismicity data. International Journal of Rock Mechanics and Mining Sciences, 2001, 38: 893-901

[6] Lesniak A, Isakow Z. Space-time clustering of seismic events and hazard assessment in the Zabrze-Bielszowice coal mine, Poland. International Journal of Rock Mechanics and Mining Sciences, 2009, 46: 918-928

[7] Cook N G W. Rock mechanics applied to the study of rockbursts. South African Institute of Mining and Metallurgy, 1966

[8] van Aswegen G, Potvin Y, Hudyma M. Routine seismic hazard assessment in some South African mines//Proceedings of the Sixth International Symposium on Rockburst and Seismicity in Mines Nerlands. Toronto: Centre for Geomechanics, 2005: 435-444

[9] Mccreary R, Mcgaughey J, Potvin Y, et al. Results from microseismic monitoring, conventional instrumentation, and tomography surveys in the creation and thinning of a burst-prone sill pillar. Pure and Applied Geophysics, 1992, 139: 349-373

[10] Milev A M, Spottiswoode S M, Rorke A J, et al. Seismic monitoring of a simulated rock burst on a wall of an underground tunnel. Journal of the South African Institute of Mining and Metallurgy, 2001, 101: 253-260

[11] Theodore I U, Trifu C I. Recent advances in seismic monitoring technology at Canadian mines. Journal of Applied Geophysics, 2000, 45: 225-237

[12] Wang H L, Ge M C. Acoustic emission/microseismic source location analysis for a limestone mine exhibiting high horizontal stresses. International Journal of Rock Mechanics and Mining Sciences, 2008, 45: 720-728

[13] Ge M C. Efficient mine microseismic monitoring. International Journal of Coal Geology, 2005, 64: 44-56

[14] Hirata A, Kameoka Y, Hirano T. Safety management based on detection of possible rock bursts by AE monitoring during tunnel excavation. Rock Mechanics and Rock Engineering, 2007, 40: 563-576

[15] 李庶林,尹贤刚,郑文达,等. 凡口铅锌矿多通道微震监测系统及其应用研究. 岩石力学与工程学报, 2005, 24: 2048-2053

[16] 唐礼忠,杨承祥,潘长良. 大规模深井开采微震监测系统站网布置优化. 岩石力学与工程学报, 2006, 25: 2036-2042

[17] Gibowicz S J,Kijko A. An Introduction to Mining Seismology. San Diego：Academic Press，1994

[18] Aki K,Richards P G. Quantitative Seismology：Theory and Methods,Volume I. San Francisco:Freeman，1980

[19] McGarr A. Some useful applications of seismic source mechanism studies to assessing underground hazard//Proceedings of the 1st International Congress on Rockbursts and Seismicity in Mines,1984:199-208

[20] Hanks T C, Kanamori H. A moment magnitude scale. Journal of Geophysical Research：Solid Earth,1979,84：2348-2350

[21] Boatwright J, Fletcher J B. The partition of radiated energy between P and S waves. Bulletin of the Seismological Society of America,1984,74:361-376

[22] McGarr A. Seismic moments and volume changes. Journal of Geophysical Research,1976,81:1487-1494

[23] Gibowicz S. Mechanism of seismic events induced by mining-a review//Proceedings of 2nd International Symposium on Rockbursts and Seismicity in Mines. Rotterdam：A. A. Balkema, 1990;International Journal of Rock Mechanics and Mining Sciences and Geomechanics Abstracts, 1991：A397

[24] Urbancic T, Young R, Bird S, et al. Microseismic source parameters and their use in characterizing rock mass behaviour：Considerations from Strathcona mine//Proceedings of 94th Annual General Meeting of the CIM：Rock Mechanics and Strata Control Sessions, Montreal,1992:26-30

[25] Richter C F. An instrumental earthquake magnitude scale. Bulletin of the Seismological Society of America,1935,25:1-32

[26] Nuttli O W. Nomenclature and terminology for seismology. Association of Earth Science, 1978

[27] Hasegawa H S, Wetmiller R J, Gendzwill D J. Induced seismicity in mines in Canada-An overview. Pure and Applied Geophysics,1989,129(3-4):423-453

[28] Mendecki A J. Real time quantitative seismology in mines//Proceedings of 3rd International Symposium on Rockbursts and Seismicity in Mines, Kingston,1993:287-295

[29] Wyss M. Seismic moment, stress and source dynamics for earthquakes in the California-Nevada region. Journal of Geophysical Research,1968:4681-4694

[30] Gibowicz S, Harjes H P, Schäfer M. Source parameters of seismic events at Heinrich Robert mine, Ruhr Basin, Federal Republic of Germany：Evidence for nondouble-couple events. Bulletin of the Seismological Society of America,1990,80:88-109

[31] Snoke J, Linde A, Sacks I. Apparent stress：An estimate of the stress drop. Bulletin of the Seismological Society of America,1983,73:339-348

[32] Senatorski P. Apparent stress scaling and statistical trends. Physics of the Earth and Planetary Interiors,2007,160:230-244

[33] 李芳，李宇彤，刘友富. 视应力方法在震群性质判定中的应用研究. 地震,2006, 26(4)：45-51

[34] 刘红桂，王培玲，杨彩霞，等. 地震视应力在地震预测中的应用. 地震学报,2007,29:437-445

[35] Brune J N. Tectonic stress and the spectra of seismic shear waves from earthquakes. Journal of Geophysical Research,1970,75:4997-5009

[36] Madariaga R. Dynamics of an expanding circular fault. Bulletin of the Seismological Society of America,1976,66:639-666

[37] Hudyma M R. Analysis and interpretation of clusters of seismic events in mines. Perth:University of Western Australia, 2008

[38] Kijko A, Lasocki S, Retief S. Identification of rock mass discontinuities in a cluster of seismic event hypocenters. Safety in Mines Research Advisory Committee,1999:1-20

[39] Rikitake T. Earthquake Prediction. Amsterdam：Elsevier, 1976

[40] 田玉月，陈晓非. 地震定位研究综述. 地球物理学进展,2002,17:147-155

[41] Lienert B R, Berg E, Frazer L N. Hypocenter：An earthquake location method using centered, scaled, and adaptively damped least squares. Bulletin of the Seismological Society of America,1986,76:771-783

[42] Nelson G D, Vidale J E. Earthquake locations by 3-D finite-difference travel times. Bulletin of the Seismological Society of America,1990,80:395-410

[43] Pujol J. Comments on the joint determination of hypocenters and station corrections. Bulletin of the Seismological Society of America,1988,78:1179-1189

[44] Pujol J. Joint event location-The JHD technique and applications to data from local seismic networks. Modern Approaches in Geophysics,2000,18:163-204

[45] Crosson R S. Crustal structure modeling of earthquake data: 1. Simultaneous least squares estimation of hypocenter and velocity parameters. Journal of Geophysical Research,1976,81:3036-3046

[46] Aki K, Lee W. Determination of three-dimensional velocity anomalies under a seismic array using first P arrival times from local earthquakes: 1. A homogeneous initial model. Journal of Geophysical Research, 1976, 81: 4381-4399

[47] Aki K, Christoffersson A, Husebye E S. Determination of the three-dimensional seismic structure of the lithosphere. Journal of Geophysical Research,1977,82:277-296

[48] Pavlis G L, Booker J R. The mixed discrete-continuous inverse problem: Application to the simultaneous determination of earthquake hypocenters and velocity structure. Journal of Geophysical Research: Solid Earth,1980,85: 4801-4810

[49] Spencer C, Gubbins D. Travel-time inversion for simultaneous earthquake location and velocity structure determination in laterally varying media. Geophysical Journal International,1980,63:95-116

[50] Spence W. Relative epicenter determination using P-wave arrival-time differences. Bulletin of the Seismological Society of America,1980,70:171-183

[51] Lomnitz C. A fast epicenter location program. Bulletin of the Seismological Society of America,1977,67,425-431

[52] Carza T, Lomnitz C. C Ruiz de velasco. An interactive epicenter location procedure for the RESMAC seismic array Ⅱ. Bulletin of the Seismological Society of America,1979,69:1215-1236

[53] Romney C. Seismic waves from the Dixie Valley-Fairview Peak earthquakes. Bulletin of the Seismological Society of America,1957,47:301-319

[54] Tarantola A, Valette B. Inverse problems= quest for information. Journal of Geophysical Research,1982,50: 150-170

[55] Matsu'ura M. Bayesian estimation of hypocenter with origin time eliminated. Journal of Physics of the Earth, 1984,32:469-483

[56] Geiger L. Probability method for the determination of earthquake epicenters from the arrival time only. Mathematisch-Physikalische Klasse,1910,4:331

[57] Li X, Dong L. Comparison of two methods in acoustic emission source location using four sensors without measuring sonic speed. Sensor Letters,2011,9:2025-2029

[58] 李夕兵,董陇军,宫凤强,等．一种声发射或微震源的定位方法:中国,201010600262.3.2010-10-15

[59] 李夕兵,董陇军,唐礼忠,等．一种基于非线性拟合的微震源或声发射源的定位方法:中国,201110109372.4. 2011-07-20

[60] 董陇军,李夕兵,唐礼忠,等．无需预先测速的微震震源定位的数学形式及震源参数确定．岩石力学与工程学报,2011,30:2058-2067

[61] Li X B,Dong L J,Tang L Z. Experimental verification of a microseismic source location method without pre-measuring wave velocity. Plos One, 2014(to be published)

[62] Li X B, Dong L J. An efficient closed-form solution for acoustic emission source location in three dimensional structures. AIP Advances, 2014, 4:027110

[63] Dong L J, Li X B, A microseismic/acoustic emission source location method using arrival times of PS waves for unknown velocity system. International Journal of Distributed Sensor Networks, 2013, Article ID 307489:1-8

[64] Li Q Y, Dong L J, Li X B, et al. Effects of sonic speed on location accuracy of acoustic emission source in

rocks. Transactions of Nonferrous Metals Society of China,2011,21(12):2719-2726

[65] Šilený J, Milev A. Source mechanism of mining induced seismic events—Resolution of double couple and non double couple models. Tectonophysics,2008,456:3-15

[66] Alber M, Fritschen R, Bischoff M, et al. Rock mechanical investigations of seismic events in a deep longwall coal mine. International Journal of Rock Mechanics and Mining Sciences. 2009,46:408-420

[67] 唐礼忠,汪令辉,张君,等. 大规模开采矿山地震视应力和变形与区域性危险地震预测. 岩石力学与工程学报, 2011,30:1168-1178

[68] 唐礼忠,张君,李夕兵,等. 基于定量地震学的矿山微震活动对开采速率的响应特性研究. 岩石力学与工程学报,2012,31:1349-1354

[69] 唐礼忠,Xia K W,李夕兵. 矿山地震活动多重分形特性与地震活动性预测. 岩石力学与工程学报,2010,29: 1818-1824

[70] Kanamori H, Stewart G S. Seismological aspects of the Guatemala earthquake of February 4, 1976. Journal of Geophysical Research: Solid Earth,1978, 83:3427-3434

[71] Aki K. Characterization of barriers on an earthquake fault. Journal of Geophysical Research,1979, 84:6140-6148

[72] Aki K. Asperities, barriers, characteristic earthquakes and strong motion prediction. Journal of Geophysical Research,1984, 89:5867-5872

[73] van Aswegen G, Butler A. Application of quantitative seismology in South African gold mines//Proceedings of the 3rd International Symposium on Rockbursts and Seismicity in Mines. Rotterdam: A. A. Balkema,1993: 261-266

[74] Funk C, van ASWEGAN G, Brown B. Visualisation of seismicity//Proceedings of the 4th International Symposium on Rockbursts and Seismicity in Mines. Rotterdam: A. A. Balkema,1997: 81-87

第15章 应力波理论在岩土工程中的应用

应力波理论在岩土工程中的应用很广,几乎渗透到了岩土工程中的各个方面,并已成为矿岩破碎、高速冲击、打桩、强夯、常规爆炸及核爆下的防护等众多工程领域的理论基础。同时,在解决这些工程实际问题中,应力波理论自身也得到了不断地完善和发展。在岩石爆破工程领域,应力波理论的应用由来已久[1]。早在1912年,霍普金森就发现了"痂片"现象。后来,不少学者相继研究了与冲击波有关的破坏问题,应用爆炸冲击波理论合理地解释了爆破漏斗的几何形状和毫秒延期雷管爆破的原理;运用应力波理论,详细研究了岩石在爆炸冲击波作用下的动态应力状态,提出了讨论岩石内部应力的解析方法,得出了球状药包和柱状装药包爆炸后在岩体中产生的应力波形[2]。在20世纪50年代初,当光面爆破在瑞典首次出现后,许多研究者运用应力波理论开展了多方面的探索,从理论上阐明了光面爆破生成裂缝的成因,弄清了不耦合系数与爆破孔内壁产生的切向应力的关系,提出了借助空孔实现有效光面爆破的方法。光面爆破方法与应用应力波理论发展起来的预裂爆破方法成为现代爆破技术进步的一个明显标志,并已在工程实践中显示出了巨大的优越性。岩石爆破效果是岩石本身的物理力学性质与炸药、爆破参数以及工艺的综合效应,岩石与炸药之间的合理匹配也一直为人们所关注,最早的传统匹配关系就是采用简单的应力波透反射理论求算出来的。本书的第9章所给出的有关在这方面的一些研究结果也正体现了应力波理论在爆破工程中的具体应用。岩石爆破块度是爆破过程中多种因素的综合反映,在生产实践中,合理准确地预测各种条件下的爆破块度至关重要。近几十年来,国内外提出了多种预测块度的计算模型,这些模型的提出和发展大都与应力波理论直接相关。由于爆破破岩破坏机理的多一性,应力波理论在爆破工程中的应用领域既具有广泛性,同时也内含一些不确定因素。考虑到本书的体系和主线,本章将只就应力波在冲击破岩、打桩、强夯、无损检测和地下结构的防护设计等领域的应用作一些简单的介绍。

15.1 冲击破岩

冲击式破岩的最好例子莫过于冲击式凿岩机和各种碎石器。尽管各类机械的结构构造各异,功率大小悬殊,但它们均存在一个共同点:破岩的能量是通过活塞的反复冲击获得的,如图15-1所示,活塞每冲击一次,便在活塞和被冲击件之间产生一应力脉冲,并通过被冲击件传入岩石中。正是这一特点使应力波理论成为了指导冲击式破岩机具改进和设计等的主要理论工具,完全可以说,现代凿岩机具的不断改进和发展很大程度上归功于应力波理论在该领域的不断渗透。目前,国内外针对冲击式破岩所进行的研究大体上包括两大方面的内容:其一是本书第7章所介绍的不同加载波条件下岩石能量吸收和耗散、岩石动态性质等方面的研究;其二是冲击凿入系统能量传递效率等方面的研究,以徐小荷[3]、Lundberg[4]、Hustrulid 和 Fairhurst[5] 等为主要代表的一大批国内外研究者就此问题,特别是系统的最优匹配等,运用应力波理论进行了深入细致的研究,明确了加载波形(活塞形状、大小等)、钎杆钎头形状大小、与岩石的接触条件等对能量传递效率的影响。徐小荷[6] 所给出的电算法,能够求算不同的活塞、钎杆、岩石条件下系统的能量传递效率,赵统武、宋守志等通过对冲击凿入系统的载荷谱进行分析,找到了一种估测钎具理论寿命的简便方法[1]。所有这些工作,无疑将对新型冲击式凿岩机具的研制产生重大的指导作用。本节将主要就冲击凿入系统能量传递效率等问题进行讨论。

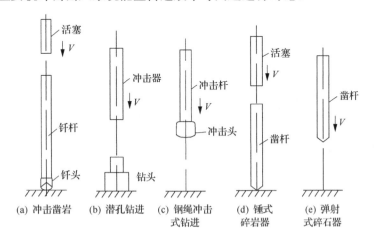

图 15-1 冲击式凿岩机和碎石器工作原理示意图

15.1.1 冲击破岩机械的受力和效率分析

冲击破岩机械按其工作机构的动作原理可分为以下几种。①直接冲击式。在这类机械中,冲锤直接冲击岩石,如图 15-1(c) 和 (e) 所示,这里,弹射式碎石器可以视为钢绳冲击钻的一个特例,即冲击头质量为零的情形。②冲锤-钻头式。这类机械的典型代表为潜孔钻机,如图 15-1(b) 所示,破岩的能量是通过冲锤(冲击器)直接冲击钻头获得的。③冲锤-长杆式。这类机械中,冲锤(活塞)冲击长杆(钎杆或凿杆)后产生的应力脉冲通过钎杆(或凿杆)和钎头传入岩石中,这类机械的典型例子为矿山和岩土工程中用得最为广泛的冲击式凿岩机和锤式碎石器,如图 15-1(a) 和 (b) 所示。一般的锤式碎石器凿杆不带钻头,可视为钎头质量为零的情况。这里,我们采用 Lundberg 所给出的分析方法来讨论这些冲击破岩机械的受力和效率情况及系统的合理匹配等问题[4]。在下列分析讨论中,均假定钎(钻)头是质量为 M_B 的刚体。

1. 直接冲击式破岩

1) 运动微分方程

如图 15-2 所示,为分析方便,将冲击头与冲锤分离,并视冲击头为刚体,且设定 $t=0$ 的时刻冲头以速率 V 冲击岩石,此时,在锤和冲头交界面将产生一压力波 $P(t)$,并朝锤的自由端传播,然后反射成拉力波 $-P(t)$,此拉力波经 t_p 到达冲头处,显然 $t_p=2L_H/C_0$。这里，L_H 为冲锤长度，C_0 为一维波速。当 $t \geqslant t_p$ 时，冲头和冲锤的交界面应力将为 $\sigma(t) - \sigma(t - t_p)$。根据牛顿定律，冲头的运动方程为

$$M_B \frac{\mathrm{d}^2 u(t)}{\mathrm{d} t^2} = P(t) - F(t) \qquad (15\text{-}1)$$

式中，$u(t)$ 为冲头凿入岩石的深度（位移）；$P(t)$ 为冲锤与冲头间的相互作用力；$F(t)$ 为作用在岩石和冲头间的力，即凿入力。当 $\dfrac{\mathrm{d} u(t)}{\mathrm{d} t} \geqslant 0$ 时，设凿入力 $F(t)$ 与凿入深度 $u(t)$ 成正比，即

$$F(t) = K u(t) \qquad (15\text{-}2)$$

式中，K 为凿入系数。并注意到，当 $0 \leqslant t < t_p$ 时，$P(t) = A\sigma(t)$，$\dfrac{\mathrm{d} u(t)}{\mathrm{d} t} = V - \dfrac{C_0}{E}\sigma(t)$，即可得到直接冲击式破岩时在区间 $0 \leqslant t < t_p$ 内的运动微分方程为

$$\frac{M_B}{K} \frac{\mathrm{d}^2 u(t)}{\mathrm{d} t^2} + \frac{AE}{KC_0} \frac{\mathrm{d} u(t)}{\mathrm{d} t} + u(t) = \frac{AE}{KC_0} V \qquad (15\text{-}3)$$

对应的初始条件为 $u(0) = 0$，$\dfrac{\mathrm{d} u(0)}{\mathrm{d} t} = V$。

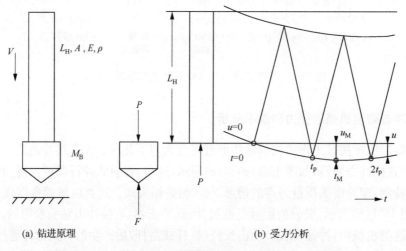

(a) 钻进原理　　　　　　　　　　　(b) 受力分析

图 15-2　直接冲击式破岩机械的动作原理与受力分析

为计算方便，引入无量纲时间、凿入深度和冲头质量

$$\left.\begin{aligned}
\tau &= \frac{t}{t_0}, & t_0 &= \frac{AE}{KC_0} \\
\xi &= \frac{u}{u_0}, & u_0 &= t_0 V \\
\alpha &= \frac{M_B}{M_0}, & M_0 &= \frac{A^2 E^2}{4KC_0}
\end{aligned}\right\} \qquad (15\text{-}4)$$

并注意到 $\dfrac{\mathrm{d} u}{\mathrm{d} t} = \dfrac{\mathrm{d} u}{\mathrm{d} \xi} \dfrac{\mathrm{d} \xi}{\mathrm{d} t} = \dfrac{u_0}{t_0} \dfrac{\mathrm{d} \xi}{\mathrm{d} \tau}$，$\dfrac{\mathrm{d}^2 u}{\mathrm{d} t^2} = \dfrac{u_0}{t_0^2} \dfrac{\mathrm{d}^2 \xi}{\mathrm{d} \tau^2}$，方程 (15-3) 可简化为

$$\frac{\alpha}{4} \frac{\mathrm{d}^2 \xi(\tau)}{\mathrm{d} \tau^2} + \frac{\mathrm{d} \xi(\tau)}{\mathrm{d} \tau} + \xi(t) = 1 \qquad (15\text{-}5)$$

对应的初始条件为 $\xi(0)=0, d\xi(0)/d\tau=1$。上述方程有效的条件为 $0\leqslant\tau\leqslant\beta$，且 $\dfrac{d\xi(\tau)}{d\tau}$

$\geqslant 0$，这里 $\beta=t_p/t_0=L_H/L_0, L_0=AE/(2K)$。

当 $t_p\leqslant t<2t_p$ 时，同理有

$$P(t)=A[\sigma(t)-\sigma(t-t_p)]$$

$$\frac{du(t)}{dt}=V-\frac{C_0}{E}\sigma(t)-\frac{C_0}{E}(t-t_p)$$

注意到 $t_p\leqslant t<2t_p$，即 $t-t_p<t_p$，因此有

$$\frac{du(t)}{dt}=\frac{du(t-t_p)}{d(t-t_p)}-\frac{C_0}{E}\sigma(t)$$

$$P(t)=A\sigma(t)-P(t-t_p)$$

同时，根据式(15-1)，有

$$M\frac{d^2u(t-t_p)}{d(t-t_p)^2}=P(t-t_p)-F(t-t_p)$$

又因 $F(t-t_p)=Ku(t-t_p)$，由此可以求得

$$\frac{M_B}{A}\frac{d^2u(t)}{dt^2}+\frac{E}{C_0}\frac{du(t)}{dt}+\frac{K}{A}u(t)=-M_B\frac{d^2u(t-t_p)}{d(t-t_p)^2}+\frac{E}{C_0}\frac{du(t-t_p)}{d(t-t_p)}-\frac{K}{A}u(t-t_p)$$

用无量纲参量表示，则为

$$\frac{\alpha}{4}\frac{d^2\xi(\tau)}{d\tau^2}+\frac{d\xi(\tau)}{d\tau}+\xi(\tau)=-\frac{\alpha}{4}\frac{d^2\xi(\tau-\beta)}{d\tau^2}+\frac{d\xi(\tau-\beta)}{d\tau}-\xi(\tau-\beta)\quad(15\text{-}6)$$

初始条件为

$$\xi(\beta)=\lim_{\tau\to\beta^-}\xi(\tau)$$

$$\frac{d\xi(\beta)}{d\tau}=\lim_{\tau\to\beta^-}\frac{d\xi(\tau)}{d\tau}$$

有效区间为 $\beta\leqslant\tau\leqslant 2\beta, \dfrac{d\xi(\tau)}{d\tau}\geqslant 0$。

显然，只要 $\dfrac{d\xi(\tau)}{d\tau}\geqslant 0$，就可推出在区间 $n\beta\leqslant\tau\leqslant(n+1)\beta$ 内与式(15-6)相类似的运动微分方程，对应的初始条件也相应地变为

$$\xi(n\beta)=\lim_{\tau\to\beta^-}\xi(\tau),\qquad n=1,2,\cdots$$

$$\frac{d\xi(n\beta)}{d\tau}=\lim_{\tau\to n\beta^-}\frac{d\xi(\tau)}{d\tau},\qquad n=1,2,\cdots$$

根据上述微分方程及各自所对应的初始条件，即可求得在其有效区间 $0\leqslant\tau\leqslant\tau_M$ 内的 $\xi(\tau)$ 的解，进而得到最大的无量纲凿入深度 $\xi_M(\alpha,\beta)$。这里，τ_M 为 $d\xi(\tau)/d\tau=0$（或 $\to 0$）时所对应的 τ 值，即在 $\tau_M=t_M/t_0$ 下，累计的无量纲凿深达到 ξ_M 的最大值。

2) 冲头质量为零的情形

当不考虑或不存在钻头时，冲头质量 M_B 为 0，对应的 $\alpha=0$，由方程(15-5)可得

$$\frac{d\xi(\tau)}{d\tau}+\xi(\tau)=1\qquad(15\text{-}7)$$

初始条件变为 $\xi(0)=0$，有效区间为 $0\leqslant\tau<\beta$ 和 $0\leqslant\tau<\tau_M$。若 $\tau_M>\beta$，则 $\xi(\tau)$ 由下列方程

控制,即

$$\left.\begin{array}{l}\dfrac{\mathrm{d}\xi(\tau)}{\mathrm{d}\tau}+\xi(\tau)=\dfrac{\mathrm{d}\xi(\tau-\beta)}{\mathrm{d}\tau}-\xi(\tau-\beta)\\[3mm]\xi(\eta\beta)=\lim_{\tau\to\eta\beta^{-}}\xi(\tau),\qquad n=1,2,\cdots\end{array}\right\} \tag{15-8}$$

解方程(15-7)可得

$$\xi=1-\mathrm{e}^{-\tau},\qquad 0\leqslant\tau<\beta \tag{15-9}$$

显然,在此区间,$\dfrac{\mathrm{d}\xi(\tau)}{\mathrm{d}\tau}>0$,故 $\tau_{\mathrm{M}}>\beta$。注意到 $\beta\leqslant\tau<2\beta$ 时,$\tau-\beta<\beta$,故有

$$\dfrac{\mathrm{d}\xi(\tau-\beta)}{\mathrm{d}\tau}+\xi(\tau-\beta)=1$$

$$\xi(\tau-\beta)=1-\mathrm{e}^{-(\tau-\beta)}$$

代入式(15-8)可得

$$\dfrac{\mathrm{d}\xi(\tau)}{\mathrm{d}\tau}+\xi(\tau)=2\mathrm{e}^{-(\tau-\beta)}-1 \tag{15-10}$$

根据 $\tau=\beta$ 时的初始条件 $\xi(\beta)=1-\mathrm{e}^{-\beta}$,可得 $\xi(\tau)$ 在 $\beta\leqslant\tau<2\beta$ 区间内的解为

$$\xi(\tau)=2(\tau-\beta)\mathrm{e}^{-(\tau-\beta)}+(2-\mathrm{e}^{-\beta})\mathrm{e}^{-(\tau-\beta)}-1 \tag{15-11}$$

对应的

$$\dfrac{\mathrm{d}\xi(\tau)}{\mathrm{d}\tau}=\mathrm{e}^{-(\tau-\beta)}\left[\mathrm{e}^{-\beta}-2(\tau-\beta)\right]$$

显然,当 $\beta\leqslant\tau\leqslant\beta+\dfrac{1}{2}\mathrm{e}^{-\beta}$ 时,$\mathrm{d}\xi(\tau)/\mathrm{d}\tau\geqslant 0$,故有

$$\tau_{\mathrm{M}}=\beta+\dfrac{1}{2}\mathrm{e}^{-\beta} \tag{15-12}$$

当 $\dfrac{1}{2}\mathrm{e}^{-\beta}<\beta$,即 $\beta>0.3517$ 时,$\beta<\tau_{\mathrm{M}}<2\beta$ 对应的最大无量纲凿入深度为

$$\xi(M)=\xi(\tau_{\mathrm{M}})=2\mathrm{e}^{-\frac{1}{2}\mathrm{e}^{-\beta}}-1 \tag{15-13}$$

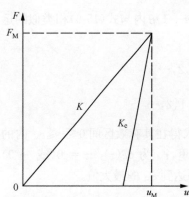

图 15-3　凿入力与凿深的线弹性模型

3) 凿入力和凿入效率的计算

如图 15-3 所示,最大凿入力 F_{M} 为

$$F_{\mathrm{M}}=Ku_{\mathrm{M}} \tag{15-14}$$

引入无量纲最大凿入力 f_{M},即

$$f_{\mathrm{M}}=\dfrac{F_{\mathrm{M}}}{F_{0}},\quad F_{0}=\dfrac{1}{2}\rho C_{0}VA=\dfrac{AE}{2C_{0}}V \tag{15-15}$$

由式(15-4)可得

$$f_{\mathrm{M}}=2\xi_{\mathrm{M}}(\alpha,\beta) \tag{15-16}$$

这里,我们定义冲击凿入系统的能量传递效率(凿入效率)为凿入力达到最大时传入岩石的能量 E_{T} 与入射能量 E_{I} 的比值[7],即

$$\eta=E_{\mathrm{T}}/E_{\mathrm{I}} \tag{15-17}$$

E_T 可按静功观点求得,即

$$E_T = \frac{1}{2} K\mu_M^2 = \frac{A^2 E^2}{2KC_0^2} V^2 \xi_M^2$$

又因

$$E_I = \frac{1}{2}(M_H + M_B)V^2 = \frac{1}{2}\left(\rho A L_H + \frac{\alpha A^2 E^2}{4KC_0^2}\right)V^2$$

故有

$$\eta = \frac{4\xi_M^2(\alpha, \beta)}{\alpha + 2\beta} \tag{15-18}$$

当不考虑冲头质量时,$\alpha = 0$,若 $\beta > 0.3517$,则有

$$\eta = 2(2e^{-\frac{1}{2}e^{-\beta}} - 1)^2/\beta \tag{15-19}$$

不同 α 值下,f_M 与 β 的关系及不同 α 下 η 与 β 的关系如图 15-4、图 15-5 所示。

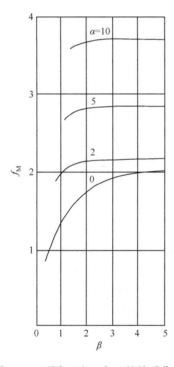

图 15-4 不同 α 下 f_M 与 β 的关系曲线

$$f_M = \frac{F_M}{F_0}, \ \alpha = \frac{4KC_0^2 M_B}{A^2 E^2}, \ \beta = \frac{KL_H}{AE}$$

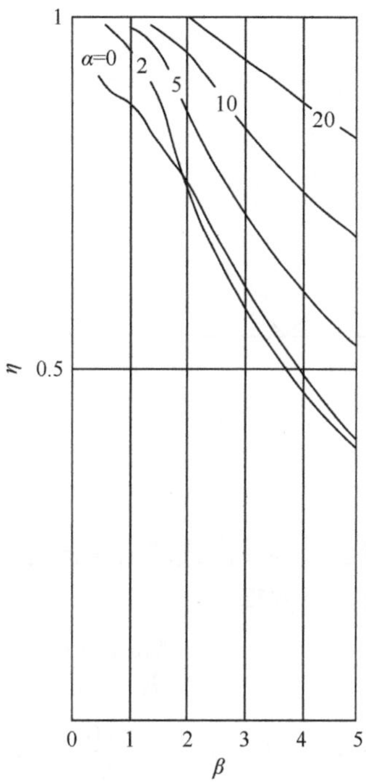

图 15-5 不同 α 下 η 与 β 的关系曲线

$$\eta = \frac{E_T}{E_I}, \ \alpha = \frac{KC_0^2 M_B}{A^2 E^2}, \ \beta = \frac{2KL_H}{AE}$$

从上述分析和图 15-4、图 15-5 可以看出:

(1) 对较高的 β 值,f_M 近似为常数,当 $\alpha = 0$ 时,该值趋近为 2;当 $\alpha \geqslant 0$ 时,f_M 随 α 的增大而增加。其物理意义为,对足够长的冲锤,作用于岩石的最大力 F_M 至少等于 $\rho C_0 A V_0$。这个力等于一个没有带钻头的冲锤($\alpha = 0$)以速率 V 纵向冲击极坚硬物体(K 很大)时的力。

（2）对一定的 α 值，η 随 β 的增大而减小，当 β 值很低时，η 逼近 1。因此，冲锤长度越短，刚度越大，而岩石越软，系统的能量传递效率越高。

2. 潜孔钻进

1）运动微分方程

如图 15-6 所示，设定 $t=0$ 的时刻冲锤以速率 V 冲击钻头，此时在锤和钻头的交界面产生一压应力波 $\sigma(t)$，并朝锤的自由端传播，经自由端反射后变为拉应力波，经 t_p 时间后到达钻头与锤的交界面，然后使得锤和钻头分离一段时间，而钻头继续向岩石运动。因此，锤和钻头有可能出现重复冲击，因而有可能进一步对岩石做功，这里先不考虑重复冲击的影响。

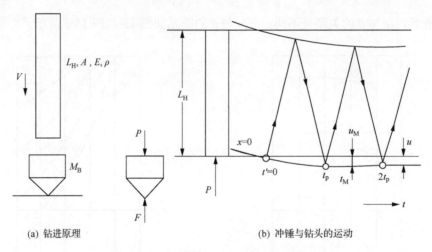

(a) 钻进原理　　　　　　　　(b) 冲锤与钻头的运动

图 15-6　潜孔钻进设备的动作原理与受力分析

类似于直接冲击式破岩中的分析方法根据钻头的运动方程，可得到与式（15-3）相类似的运动微分方程

$$\frac{M_B}{K}\frac{d^2u(t)}{dt^2}+\frac{AE}{KC_0}\frac{du(t)}{dt}+u(t)=\frac{AE}{KC_0}V \tag{15-20}$$

但初始条件为 $u(0)=0,\dfrac{du(0)}{dt}=0$。

为了计算方便，再引进无量纲凿入速率 $v=d\xi/d\tau$，显然，$v=\dfrac{1}{V}\dfrac{du}{d\tau}$，式（15-20）即可变为

$$\frac{\alpha}{4}\frac{d^2v}{d\tau^2}+\frac{dv}{d\tau}+v=0 \tag{15-21}$$

初始条件相应地就为：$v(0)=0,\dfrac{dv(0)}{d\tau}=\dfrac{4}{\alpha}$。解方程（15-21）即可得到潜孔钻进时钻头无量纲凿入速率随时间变化的关系，即

$$v(\tau) = \begin{cases} \dfrac{1}{\Delta}\mathrm{e}^{-\frac{2\tau}{\alpha}}(\mathrm{e}^{\frac{2\Delta\tau}{\alpha}} - \mathrm{e}^{\frac{2\Delta\tau}{\alpha}}) = \dfrac{2}{\Delta}\mathrm{e}^{-\frac{2\tau}{\alpha}}\mathrm{sh}\Big(\dfrac{2\Delta\tau}{\alpha}\Big), & 0 < \alpha < 1 \\[2mm] 4\tau\mathrm{e}^{-2\tau}, & \alpha = 1 \\[2mm] \dfrac{2}{\Gamma}\mathrm{e}^{-\frac{2\tau}{\alpha}}\sin\Big(2\Gamma\dfrac{\tau}{\alpha}\Big), & \alpha > 1 \end{cases} \quad (15\text{-}22)$$

式中，$\Delta = (1-\alpha)^{1/2}$；$\Gamma = (\alpha-1)^{1/2}$。

式(15-22)的有效区间为 $0 \leqslant \tau < \beta$，$0 \leqslant \tau < \tau_M$。由于 $0 < \alpha \leqslant 1$ 时，在 $0 < \tau < \beta$ 的区间内，总有 $v(\tau) > 0$；而 $\alpha > 1$ 时，只要 $2\Gamma\dfrac{\tau}{\alpha} < \dfrac{\pi}{2}$，即 $\tau < \dfrac{\pi\alpha}{2\Gamma}$，就有 $v(\tau) > 0$。因此，当 $0 < \alpha \leqslant 1$ 或 $\alpha > 1$，$\beta < \dfrac{\pi\alpha}{2\Gamma}$ 时，$v(\tau)$ 在 $0 \leqslant \tau < \beta$ 的区间内有效；当 $\alpha > 1$，$\beta > \dfrac{\pi\alpha}{2\Gamma}$ 时，$v(\tau)$ 则在 $0 \leqslant \tau \leqslant \tau_M = \dfrac{\pi\alpha}{2\Gamma}$ 内有效。

2) 钻头凿入力与凿入效率计算

当 $0 < \alpha \leqslant 1$ 或 $\alpha > 1$，$\beta \leqslant \dfrac{\pi\alpha}{2\Gamma}$ 且不考虑后继的重复冲击和钻头反弹的情形下，在 $0 \leqslant \tau < \beta$ 即 $0 \leqslant t \leqslant t_p$ 的时间内，该系统对岩石所做的功 E_T 为

$$E_T = \int_0^{t_p} P\Big(\dfrac{\mathrm{d}u}{\mathrm{d}t}\Big)\mathrm{d}t = \dfrac{F_M^2}{2K}$$

由此可得，在 $0 \leqslant t \leqslant t_p$ 时间内作用在钻头与岩石间的最大力 F_M 为

$$F_M^2 = 2K\int_0^{t_p} P\Big(\dfrac{\mathrm{d}u}{\mathrm{d}t}\Big)\mathrm{d}t \quad (15\text{-}23)$$

又 $P = \dfrac{AE}{C_0}\Big(V - \dfrac{\mathrm{d}u}{\mathrm{d}t}\Big)$，引入无量纲最大力 $f_M = F_M/F_0$，$F_0 = AEV/(2C_0)$，由上述关系式可求得

$$f_M = \Big\{2\int_0^{\beta}[1 - v(\tau)]v(\tau)\mathrm{d}\tau\Big\}^{\frac{1}{2}} \quad (15\text{-}24)$$

当 $\alpha > 1$，$\beta > \dfrac{\pi\alpha}{2\Gamma}$ 时，只需将式(15-24)积分上限 β 改为 $\dfrac{\pi\alpha}{2\Gamma}$ 即可。此时，f_M 可简化为

$$f_M = 2(1 + \mathrm{e}^{-\pi/\Gamma}) \quad (15\text{-}25)$$

潜孔钻进的能量传递效率 η 为

$$\eta = 2f_M^2(\alpha,\beta)/\beta \quad (15\text{-}26)$$

不同 α、β 条件下的 f_M 和 η 分别如图 15-7 和图 15-8 所示。

从上述分析及图 15-7 和图 15-8 可以看出：

(1) 对于较高的 β 值，f_M 逼近常数，且当 $0 < \alpha \leqslant 1$ 时等于 2；当 $\alpha > 1$，$\beta > \dfrac{\pi\alpha}{2\Gamma}$ 时，$2 < f_M < 4$。这表明：当钻头较轻时，钻头对岩石的作用力不会超过 $\rho C_0 V$，这个力相当于一个冲锤以速率 V 纵向冲击刚性体时的力。但如果钻头较重($\alpha > 1$)，且冲锤足够长时，最大力将介于 $\rho C_0 V$ 到 $2\rho C_0 V$ 之间。

(2) 从图 15-8 可以得出，对于合适的 α、β 值(均近乎为 2)可以得到大于 90% 的能量传递效率。这也表明：对于潜孔钻进，存在一合理的匹配关系，即 α、β 均近似为 2。在此

条件下,几乎所有的冲击能均在 $0 \leqslant t < t_p$ 时间内传入岩石,因此后继有可能发生的重复冲击对效率的影响很小。

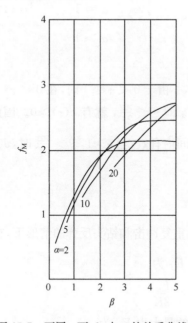

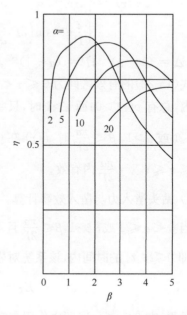

图 15-7　不同 α 下 f_M 与 β 的关系曲线图

$$f_M = \frac{F_M}{F_0}, \quad \alpha = \frac{4KC_0^2 M_B}{A^2 E^2}, \quad \beta = \frac{2KL_H}{AE}$$

图 15-8　不同 α 下 η 与 β 的关系曲线

$$\eta = \frac{E_T}{E_I}, \quad \alpha = \frac{4KC_0^2 M_B}{A^2 E^2}, \quad \beta = \frac{2KL_H}{AE}$$

3. 冲锤-长杆式

1) 运动微分方程

如图 15-9 所示,冲锤以速率 V 冲击钎杆(凿杆)产生的压应力波 σ_i 将以 C_0 的速率通过钎杆,传入钎头与岩石的界面,并产生反射波 σ_r。当反射波 σ_r 传到冲锤与钎杆及冲锤自由面时又会产生反射而成为第 2,3 次入射波,由于极大部分能量传递是在第一次入射时完成,因此这里不考虑第二次及后继的应力波入射作用。

与直接冲击式破岩和潜孔钻进分析类似,通过列钻头运动方程并注意到这里有

$$P(t) = A(\sigma_i + \sigma_r)$$

$$\frac{\mathrm{d}u(t)}{\mathrm{d}t} = \frac{C_0}{E}(\sigma_i - \sigma_r)$$

可以得到

$$\frac{M_B}{K} \frac{\mathrm{d}^2 \sigma_r}{\mathrm{d}t^2} + \frac{AE}{KC_0} \frac{\mathrm{d}\sigma_r}{\mathrm{d}t} + \sigma_r = \frac{M_B}{K} \frac{\mathrm{d}^2 \sigma_i}{\mathrm{d}t^2} - \frac{AE}{KC_0} \frac{\mathrm{d}\sigma_i}{\mathrm{d}t} + \sigma_i \qquad (15\text{-}27)$$

对应的初始条件为

$$u(0) = 0, \quad \frac{\mathrm{d}u(0)}{\mathrm{d}t} = 0$$

由式(15-1)和式(15-2)及上面的 $P(t)$ 与 $\dfrac{\mathrm{d}u(t)}{\mathrm{d}t}$ 关系式,可将上述初始条件转变为

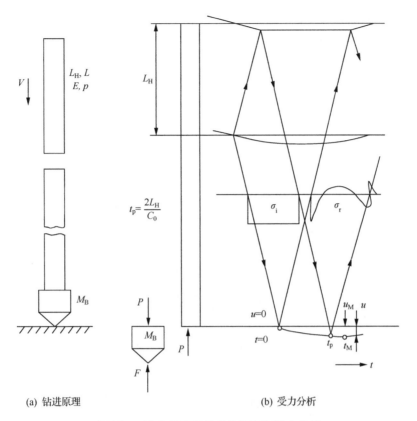

(a) 钻进原理　　　　　　　　　(b) 受力分析

图 15-9　冲击凿岩机的动作原理与受力分析

$$\left.\begin{array}{c}\dfrac{M_{B}C_{0}}{AE}\dfrac{\mathrm{d}\sigma_{r}(0)}{\mathrm{d}t}+\sigma_{r}(0)=\dfrac{M_{B}C_{0}}{AE}\dfrac{\mathrm{d}\sigma_{i}(0)}{\mathrm{d}t}-\sigma_{i}(0)\\[2mm]\sigma_{r}(0)=\sigma_{i}(0)\end{array}\right\}\tag{15-28}$$

为方便起见,引入无量纲入、反射应力

$$S_{i}=\sigma_{i}/\sigma_{0},\quad S_{r}=\sigma_{r}/\sigma_{0}\tag{15-29}$$

这里 σ_{0} 的值可取为 $|\sigma_{i}(t)_{\max}|$。方程(15-27)可变为

$$\frac{\alpha}{4}\frac{\mathrm{d}^{2}S_{r}}{\mathrm{d}\tau^{2}}+\frac{\mathrm{d}S_{r}}{\mathrm{d}\tau}+S_{r}=\frac{\alpha}{4}\frac{\mathrm{d}^{2}S_{i}}{\mathrm{d}\tau^{2}}-\frac{\mathrm{d}S_{i}}{\mathrm{d}\tau}+S_{i}\tag{15-30}$$

初始条件为

$$\frac{\alpha}{4}\frac{\mathrm{d}S_{r}(0)}{\mathrm{d}\tau}+S_{r}(0)=\frac{\alpha}{4}\frac{\mathrm{d}S_{i}(0)}{\mathrm{d}\tau}-S_{i}(0)$$

$$S_{r}(0)=S_{i}(0)$$

上述方程的有效区间为 $\dfrac{\mathrm{d}u(t)}{\mathrm{d}t}\geqslant0$,即 $S_{i}(\tau)-S_{r}(\tau)\geqslant0$ 和 $0\leqslant\tau\leqslant\tau_{M}$。当 $\alpha>0$ 或 $S_{i}(\tau)$ 为连续函数时,τ_{M} 可通过 $S_{i}(\tau_{M})-S_{r}(\tau_{M})=0$ 确定;当 $\alpha=0$ 且 $S_{i}(\tau)$ 不为连续函数时,τ_{M} 可通过 $S_{i}-S_{r}$ 的符号改变时的 τ 确定。

　　由方程(15-30)可知,只要入射应力 $\sigma_{i}(t)$ 或 $S_{i}(t)$ 的形状确定,则可求出相应的 $\sigma_{r}(t)$ 或 $S_{r}(t)$,继而求出系统的受力和效率。

2）矩形波入射的情形

当冲锤与长杆等质等径时，入射应力波为矩形波，此时

$$\sigma_i(t) = \begin{cases} \dfrac{EV}{2C_0}, & 0 \leqslant t < t_p, \ t_p = \dfrac{2L_H}{C_0} \\ 0, & t \geqslant t_p \end{cases} \qquad (15\text{-}31)$$

取 $\sigma_i(t) = \dfrac{EV}{2C_0}$，则

$$S_i(\tau) = \begin{cases} 1, & 0 \leqslant \tau < \beta \\ 0, & \tau \geqslant \beta \end{cases} \qquad (15\text{-}32)$$

将 $S_i(\tau)$ 代入式(15-30)后求解，并注意到当 τ 从小于 β 变到大于 β 时，凿入速率 $\dfrac{du(t)}{dt}$ 和凿入力 F 连续，即当 $\tau \geqslant \beta$ 时，初始条件变为

$$\left. \begin{aligned} \dfrac{du(\beta)}{dt} &= \lim_{\tau \to \beta^-} \dfrac{du(t)}{dt} \\ u(\beta) &= \lim_{\tau \to \beta^-} u(t) \end{aligned} \right\} \qquad (15\text{-}33)$$

即可求出反射应力波 $S_r(\tau)$ 为

$$S_r(\tau) = \begin{cases} g(\tau), & 0 \leqslant \tau < \beta \\ g(\tau) - g(\tau - \beta), & \tau \geqslant \beta \end{cases} \qquad (15\text{-}34)$$

$$g(\tau) = \begin{cases} 1 - \dfrac{4}{\Delta} e^{-\frac{2\tau}{\Delta}} sh\left(\dfrac{2\Delta\tau}{\alpha}\right), & 0 < \alpha < 1 \\ 1 - 8\tau e^{-2\tau}, & \alpha = 1 \\ 1 - \dfrac{4}{\Gamma} e^{-\frac{2\tau}{\alpha}} \sin\left(\dfrac{2\Gamma\tau}{\alpha}\right), & \alpha > 1 \end{cases} \qquad (15\text{-}35)$$

式中，$\Delta = (1-\alpha)^{1/2}$，$\Gamma = (\alpha-1)^{1/2}$。

显然，当 $0 < \alpha \leqslant 1$ 或 $\alpha > 1$，$\beta \leqslant \dfrac{\pi\alpha}{2\Gamma}$ 时，$\tau_M \geqslant \beta$；而当 $\alpha > 1$，$\beta > \dfrac{\pi\alpha}{2\Gamma}$ 时，$\tau_M = \dfrac{\pi\alpha}{2\Gamma} < \beta$。

当不考虑钻头质量（如锤式碎石器等）时，$M_B = 0$，即 $\alpha = 0$，方程(15-30)变为

$$\dfrac{dS_r}{d\tau} + S_r = -\dfrac{dS_i}{d\tau} + S_i \qquad (15\text{-}36)$$

初始条件为：$S_r(0) = -S_i(0)$，另一初始条件 $\dfrac{du(0)}{dt} = 0$ 应删去，因为当无钎头时，凿入速率 $\dfrac{du}{dt}$ 不再为连续函数，此时 $\dfrac{du(0)}{dt} \neq 0$。解方程(15-36)并注意到当 τ 从小于 β 变到大于 β 时，凿入力连续，因此当 $\tau \geqslant \beta$ 时的初始条件为

$$S_i(\beta) + S_r(\beta) = S_r(\beta) = \lim_{\tau \to \beta^-} [S_r(\tau) + S_i(\tau)] \qquad (15\text{-}37)$$

由此可得

$$S_r(\tau) = \begin{cases} 1 - 2e^{-\tau}, & 0 \leqslant \tau < \beta \\ 2e^{-\tau}(e^{\beta} - 1), & \tau \geqslant \beta \end{cases} \qquad (15\text{-}38)$$

注意到，当 $0 \leqslant \tau < \beta$ 时，$S_i - S_r > 0$；而当 $\tau \geqslant \beta$ 时，因 $S_i - S_r < 0$，故 $\tau_M = \beta$。因此，式(15-38)

只在 $0 \leqslant \tau \leqslant \beta$ 内有效。当用冲击式凿岩机钻凿小孔径炮眼时,钎头相对较小,可视钎头钎杆为一体,即这里所讨论的 $\alpha = 0$ 的情形。

3) 矩形波入射条件下的凿入力和凿入效率计算

由式(15-1)、式(15-2)及这里的 $P(t)$ 关系式,可求得无量纲的最大凿入力 f_M 为

$$f_M = [S_i(\tau_M) + S_r(\tau_M)] - \frac{\alpha}{4}\left[\frac{dS_i(\tau_M)}{d\tau} - \frac{dS_r(\tau_M)}{d\tau}\right] \tag{15-39}$$

当 $0 < \alpha \leqslant 1$ 或 $\alpha > 1, \beta \leqslant \frac{\pi\alpha}{2\Gamma}$ 时, $\tau_M \geqslant \beta$,此时, $S_i(\tau_M) = S_r(\tau_M) = \frac{dS_i(\tau_M)}{d\tau} = 0$,相应的 f_M 为

$$f_M = \frac{\alpha}{4}\frac{dS_r(\tau_M)}{d\tau} \tag{15-40}$$

当 $\alpha > 1, \beta > \frac{\pi\alpha}{2\Gamma}$ 时, $\tau_M = \frac{\pi\alpha}{2\Gamma}, S_i(\tau_M) = S_r(\tau_M) = 1, \frac{dS_i(\tau_M)}{d\tau} = 0$(矩形波),式(15-39)可简化为

$$f_M = 2 - \frac{\alpha}{4}\frac{dS_r(\tau_M)}{d\tau} \tag{15-41}$$

由式(15-34)和式(15-35)可得,在此条件下的 f_M 与潜孔钻进相对应的条件下的结果一致,即

$$f_M = 2(1 + e^{-\pi/\Gamma}) \tag{15-42}$$

当 $\alpha = 0$ 时, $\tau_M = \beta, S_i(\tau_M) = 0$,相应的 f_M 为

$$f_M = 2(1 - e^{-\beta}) \tag{15-43}$$

同理,冲击式凿岩机钻进条件下的能量传递效率为

$$\eta = f_M^2(\alpha, \beta)/(2\beta) \tag{15-44}$$

当 $\alpha = 0$ 时,有

$$\eta = 2(1 - e^{-\beta})^2/\beta \tag{15-45}$$

不同 α、β 值下的 f_M 与 η 关系如图 15-10 和图 15-11 所示。

从上面的分析及图 15-10 和图 15-11 可以得出:

(1) 在矩形波入射的条件下,对于较高的 β 值, f_M 趋近于常数:当 $0 \leqslant \alpha \leqslant 1$ 时, f_M 为 2;当 $\beta > \frac{\pi\alpha}{2\Gamma}$ 和 $\alpha > 1$ 时,由式(15-42)可知 $2 < f_M < 4$。事实上,这一点很容易理解,因为当钻头较轻($0 < \alpha \leqslant 1$)时,其最大力绝不会超过一个冲锤以速度 V 冲击刚体时的力 $2F_0 = AEV/C_0$。

(2) 在每一个 α 值下都存在一效率 η 最大时的 β 值。当 $\alpha = 0$(不考虑钻头质量)时,相应的最大效率为 $\eta = 0.815$,所对应的 β 值为 1.26,即 $2KL_H/(AE) = 1.26$。且当 $0.35 < \beta < 3.85$ 时, $\eta > 0.5$,这意味着 β 值变化 11 倍时,效率仍大于 50%。由此可见,对一定的冲锤,当岩石类型变化很大时,也能获得较大的能量传递效率。

(3) 在矩形波入射的条件下,最大的能量传递效率为 $\eta = 0.902$,所对应的 $\alpha = 2.329$, $\beta = 1.970$。对常见的钢质冲锤和钎杆,取 $E = 2.0 \times 10^{11} N/m^2, C_0 = 5.1 \times 10^3 m/s$,由 α、β 关系式可得最优匹配条件为

$$\left.\begin{array}{l} M_B = 8.9 \times 10^{14} A^2/K \\ M_B = 2.305 \times 10^{-8} L_H^2/K \end{array}\right\} \tag{15-46}$$

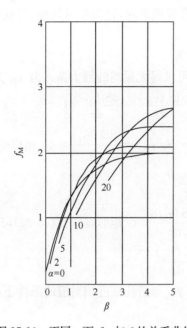

图 15-10　不同 α 下 f_M 与 β 的关系曲线　　　　图 15-11　不同 α 下 η 与 β 的关系曲线

$$f_M = \frac{F_M}{F_0},\ \alpha = \frac{4KC_0^2 M_B}{A^2 E^2},\ \beta = \frac{2KL_H}{AE}$$ 　　 $$\eta = \frac{E_T}{E_I},\ \alpha = \frac{4KC_0^2 M_B}{A^2 E^2},\ \beta = \frac{2KL_H}{AE}$$

　　因此,在最优匹配条件下,钻头(M_B)、钎杆(A)、岩石(K)、活塞(L_H)必须同时满足式(15-46)。按式(15-46)得到的 M_B、A、K、L_H 关系如图 15-12 所示。例如,当 $A = 1.0 \times 10^{-3} m^2$($\phi 38mm$ 钎杆),$L_H = 0.5m$ 时,最优匹配条件对应的 K 应为 390MN/m,M_B 应为 2.3kg,而 $M_B = 2.3kg$ 相当于一直径长度分别为 76mm 和 67mm 的圆柱形钎头,这在实际钻进过程中是可以接受的。

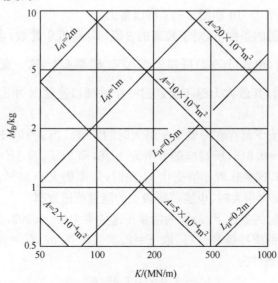

图 15-12　矩形波入射时最优匹配所对应的 M_B、A、K、L_H 四者的关系

（4）实际钻进过程中,钻进条件是多变的,因此,如果 M_B、A、K、L_H 中任意一个参量的变化引起效率产生较大变化,那么最优匹配条件将无多少实际应用价值。但由以上分析及图 15-11 可以看出:在最优匹配条件附近,这些参量的变化对效率的影响较小。若其他因素不变,只将 M_B 增加一倍或减小一半（对应于在最大效率附近的 α 增大一倍或减小一半而 β 不变）时,相应的效率的减小不会大于 9%。类似地,若其他因素不变,而分别将 K、A、L_H 增大一倍或减小一半时,相应的效率减小分别为 19%、10% 和 36%。由此可见,在这些因素中,冲锤长度的变化对效率的影响最为显著,而其他因素的影响较小。

15.1.2　入射应力波形对能量传递效率的影响

在上述冲击凿岩机的能量传递效率和凿入力的分析计算中,入射应力波恒定为矩形波。但事实上,冲击凿岩机中不同几何结构的活塞将会产生不同的入射应力波形,而入射波形的改变无疑会导致最优能量传递效果的差异。为明确能量传递效率 η 和入射波形间的一些基本特征,这里将给出任意三角形波和阶梯形波入射等的分析结果。分析中设定钻头质量 $M_B=0$,即 $\alpha=0$,同时不考虑第二次及后继反射波的影响。根据能量传递效率 η 的定义,可得

$$\eta = \frac{f_M^2}{2\int_0^\tau S_i^2(\tau)\mathrm{d}\tau} \qquad (15\text{-}47)$$

对图 15-13 所示的三角形波,用式子表示为

$$S_i(\tau) = \begin{cases} \dfrac{1}{2\theta\beta}\tau, & 0 \leqslant \tau < 2\theta\beta \\[2mm] \dfrac{1}{2(1-\theta)\beta}(2\beta-\tau), & 2\theta\beta \leqslant \tau < 2\beta \end{cases} \qquad (15\text{-}48)$$

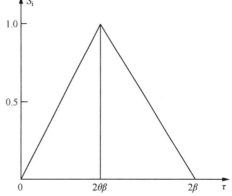

图 15-13　三角形入射应力波 $S_i(\tau)$

式中,$\theta(0\leqslant\theta\leqslant1)$ 表示应力波峰值沿 τ 轴的位置变化情况,2β 表示无量纲的波延续时间。将式（15-48）代入 $\alpha=0$ 时的运动微分方程（15-36）,求解后可得

$$S_r(\tau) = \begin{cases} (\mathrm{e}^{-\tau}+\dfrac{\tau}{2}-1)/(\theta\beta), & 0\leqslant\tau<2\theta\beta \\[3mm] \dfrac{\mathrm{e}^{-\tau}}{\theta\beta} - \dfrac{\mathrm{e}^{-(\tau-2\theta\beta)}}{\theta\beta(1-\theta)} + \dfrac{1+\beta}{\beta(1-\theta)} - \dfrac{\tau}{2\beta(1-\theta)}, & 2\theta\beta\leqslant\tau<2\beta \end{cases} \qquad (15\text{-}49)$$

其 f_M 所对应的 τ_M 可按下式确定

$$S_i(\tau_M) - S_r(\tau_M) = 0$$

由式（15-48）和式（15-49）可得

$$2\theta\beta \leqslant \tau_M < 2\beta, \text{且 } \tau_M = \ln((\mathrm{e}^{2\theta\beta}-1+\theta)/\theta) \qquad (15\text{-}50)$$

显然,当 $\theta\to0$ 和 $\theta\to1$ 时,对应的 τ_M 分别为

$$\lim_{\theta\to0}\tau_M = \ln(1+2\beta)$$

$$\lim_{\theta\to1}\tau_M = 2\beta$$

由式(15-49)、式(15-50)和式(15-40)可求得

$$f_M = \frac{\tau_M - 2\beta}{(1-\theta)\beta} \tag{15-51}$$

由此可得

$$\eta = \frac{3(\tau_M - 2\beta)^2}{4\beta^3(1-\theta)^2} \tag{15-52}$$

相应的

$$\lim_{\theta \to 0} \eta = 3[\ln(1+2\beta) - 2\beta]^2/(4\beta^3) \tag{15-53}$$

$$\lim_{\theta \to 1} \eta = 3[1 - 2\beta - e^{-2\beta}]^2/(4\beta^3) \tag{15-54}$$

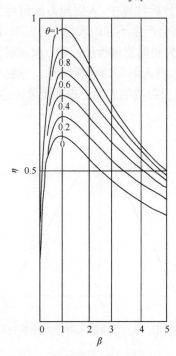

图 15-14　三角形波入射条件下 η 与 θ
及 β 的关系曲线

$2\beta = 2t_p/t_0$，$2t_p$ 为应力波延续
时间，$t_0 = (AE)/(KC_0)$

按上述关系求算出的不同 θ 条件下 η 与 β 的关系曲线，如图 15-14 所示。

对圆柱形活塞的波阻 m_a 大于或等于钎杆波阻 m_b 时所产生的阶梯形入射波（图 15-15），可用下式表示

$$S_i(\tau) = 1 - \sum_{i=1}^{n} (1 - \lambda_{b>a})\lambda_{b>a}^{i-1},$$
$$n\beta \leqslant \tau < (n+1)\beta, \quad n = 1, 2, 3, \cdots \tag{15-55}$$

式中，$\lambda_{b>a} = \dfrac{R-1}{R+1}$，$R = \dfrac{m_a}{m_b}$，$\beta = \dfrac{t_p}{t_0}$，$t_p = \dfrac{2L_H}{C_0}$。类似三角形入射波的推导，可以求得不同 R、β 条件下的能量传递效率，如图 15-16 所示。当活塞的波阻远大于钎杆的波阻时，可把活塞近似视为刚体，此时，入射应力波为指数衰减波，在此条件下，可以求得冲击凿入系统的能量传递效率 η 与凿入指数 $\gamma = \dfrac{m_b^2}{MK}$（这里 M 为活塞质量）的关系为

$$\eta = 4\gamma^{\frac{1+\gamma}{1-\gamma}} \tag{15-56}$$

且当 $\gamma = 1$ 时，$\eta = \eta_{max} = 0.5414$。

通过分析可以看出：对于三角形入射应力脉冲（图 15-17），在每一个 θ 值下（$0 \leqslant \theta \leqslant 1$）均有一个最大的能量传递效率 η_{max}，且该效率对应的 β 值近似等于 1。当 θ 从 0 变到 1 时，η_{max} 从 $\theta = 0$ 时的 0.61 变到 $\theta = 1$ 时的 0.97。因此，从能量传递的观点来说，θ 值越高的波形越好。应力随时间线性上升的波形最大能量传递效率可达 97%。对于由圆柱形活塞（$R \geqslant 1$）冲击钎杆产生的波形，每一个 R 值下都有一个合适的 β 值，此时 η 最大，且此 β 值随着 R 的不同而异。当 $R = 1$ 时（对应的入射波为矩形波），η_{max} 达到最大值 0.815，对应的 β 为 1.26；随着 R 的增大，η_{max} 变小，当增大到可以把活塞视为刚体时，η_{max} 只有

0.5414。由此可见，就圆柱形活塞而言，与钎杆等径等质活塞产生的入射波形最有利于冲击凿入系统的能量传递。这也正是现代液压凿岩机和碎石器的活塞和钎（凿）杆断面几乎相等的原因之一。

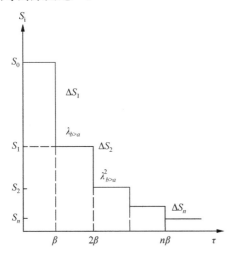

图 15-15 阶梯形入射应力波 $S_i(\tau)$

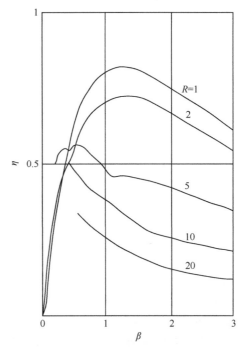

图 15-16 阶梯形波入射条件下
η 与 R 及 β 的关系曲线

$$\beta = \frac{t_p}{t_0}, t_p = \frac{2L_H}{C_0}, t_0 = \frac{AE}{KC_0}, R = \frac{m_a}{m_b}$$

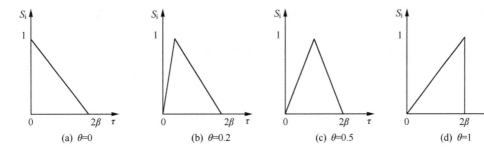

图 15-17 不同 θ 下所对应的应力波形

15.1.3 冲击凿入系统的电算模拟

随着电算技术的普及和应用，近几十年来，国内外许多学者曾先后编制出了适用于各种不同冲击凿入系统电算模拟的计算程序。其中，最为典型的是徐小荷教授在表算法基础上给出的求算一般冲击凿入系统受力历程和凿入效率的电算程序[6]。如图 15-18 所示，将冲击凿入系统沿纵向分成若干小段，并使各界面和分段线相重合；再按顺序给分段

线编程 $0,1,2,\cdots,J,\cdots,N$ 诸段号，N 为凿入端的段号。另外，对各界面也顺序标记 $0,1$，$2,\cdots,I,\cdots H$，称为界面号。各界面所处的段号则用 $B(0),B(1),B(2),\cdots,B(I),\cdots$，$B(H)$ 相应地表示，作为撞击面的界面号记为 φ，其段号为 $B(\varphi)$。以 $M(I)$ 和 $R(I)$ 表示相应界面顺波的透射系数和总受力的大小；$A(I)$ 表示相应界面左侧的截面积；S 为钎刃的凿入力。

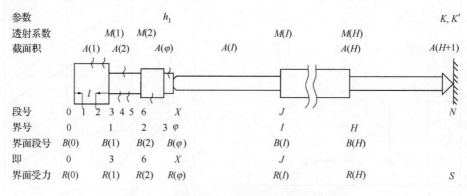

图 15-18　冲击凿入系统电算模拟中的符号系统

计算开始时，按撞击等效关系赋给活塞各段以顺逆两波的初值。撞击前自钎尾到钎头是静止的，故全部顺波和逆波都是零。

正常传播时，设每小段长为 l，每步经历时间为 l/C_0，以 T 表示步数，按传播关系，每增一步，顺波 (P) 必右串一个段号，逆波 (Q) 则左串一个段号，故每步都有以下关系：

$$Q(J)\Leftarrow Q(J+1)$$
$$P(N-J)\Leftarrow P(N-J-1)$$

当遇界面时，到达界面的顺逆两波为 $P[B(I)]$ 和 $Q[B(I)]$，其界面总力为

$$R(I)\Leftarrow M(I)*P[B(I)]+[2-M(I)]*Q[B(I)] \tag{15-57}$$

求得 $R(I)$ 后，再利用叠加关系，便可得到越过界面之后新的顺逆二波，后者代替原来的 $P[B(I)]$，$Q[B(I)]$。

在撞击面，当忽略撞击面的局部变形时，利用撞击等效关系赋初值后，即可把它当成普通界面处理。但在计算"短"杆的撞击问题时，宜考虑撞击面的局部变形。考虑局部变形后，由活塞的顺波和钎尾的逆波可求得撞击面的力为

$$R(\varphi)\Leftarrow\{2*P[B(\varphi)]+2*A(\varphi)*Q[B(\varphi)]/A(\varphi+1)$$
$$+Z*C*C\}/[1+A(\varphi)]/A(\varphi+1)+Z/C \tag{15-58}$$

在式 (15-58) 中：$C\Leftarrow R(\varphi)\uparrow\frac{1}{3}$，$Z=2EA(\varphi)/(3h_1l)h_1$ 为反映局部变形的系数（当 h_1 为 ∞ 时，即为不考虑局部变形的情形）。据此关系就可计算出波通过有局部变形撞击面后的结果。

在凿入端，顺波是已知的，利用凿入端边界条件——载荷和凿深成正比，比例系数为 K（凿入系数），其反射的逆波可由以下关系给出

$$Q(N)\Leftarrow\{P(N)+W*[S-P(N)]\}/(1+W) \tag{15-59}$$

在上述关系式 (15-59) 中，$W=X=EA_{H+1}/(l*K)$。

根据上述原则,即可编写出冲击凿入系统凿入效率的电算程序,如下所示。

```
C       PROGRAM OF EFFICIENCY OF IMPACTING PENETRATION SYSTEM-1
        DIMENSION P(300),Q(300),R(100),B(100),M(100),A(100)

        INTEGER N, H, O, B, I, J, D, T
        REAL DL,H1,KX,V,Z,M,A,R,Q,P,F,S

        READ( * , * )N,H,O,DL,H1,KX,V
        T = 0
        R(0) = 0,1
        F = 0
        B (0) = 0
        S = 0
        READ( * , * ) (A(I),I = 1,H + 1)
        READ( * , * ) (B(I),I = 1,H)
        READ ( * , * ) D
C       D = "STEPS OF CALCULATION"
        W = 2100000 * A (H + 1)/KX/DL
        Z = 4200000   A(0) / 3/ H1 / DL
     DO 55 I = 1,H
        M(I) = 2 * A(I + 1) / (A(I + 1) + A(I))
55         CONTINUE
        DO 66 I = 1,O
            DO 77 J = B(I-1) + 1,B(I)
            P (J-1) = 202. 5 * V * A (I)
            Q (J) = -P (J-1)
77         CONTINUE
66         CONTINUE
        Q (0) = - P (0)
        P (B (0)) = 0
        DO 75 J = B(0) + 1,N
        P (J) = 0
        Q (J) = 0
75         CONTINUE
31         T = T + 1
        DO 88 J = 0, N-1
        Q (J) = Q (J + 1)
        P (N-J) = P (N-J-1)
88     CONTINUE
        P (0) = - Q (0)
        DO 99 I = 1, H
```

```
        IF (I. EQ. O) THEN
              IF(R (O). NE. 0) THEN
              C = R (O) * * 0. 333333333333333333
              R(O) = (2 * P(B(O)) + 2 * A(O) * Q(B(O))/A(O + 1) + Z * C * C/
     *          (1 + A (O)/A (O + 1) + Z/C)
              ELSE
              GOTO 38
              END IF
              IF (R (O). LE. 0. 1) THEN
                    R (O) = 0
              ELSE
              GOTO 38
           END IF
         ELSE
           R(I) = M(I) * P(B(I)) + (2-M(I) * Q(B(I))
         END IF
38         G = Q (B (I))
             Q (B (I)) = R (I)-P (B (I))
             P (B (I)) = R (I)-G
99         CONTINUE
           Q (N) = (P (N) + W * (S-P (N))) / (1 + W)
           S = P (N) + Q (N)
           IF (F. LT. S) THEN
           F = S
           END IF
           WRITE ( * , * ) T, R (O), S
           IF (T. GT. D) THEN
           G = 0
           DO 111 I = 1, 0
           G = G + A (I) * (B (I)-B (I-1))
111        CONTINUE
           E = 12. 5641 * F * F / V / V / G / DL / KX
           WRITE ( * , * ) E
           ELSE
           GOTO 31
           END IF
           STOP
           END
```

15.1.4　冲击凿岩机具设计中的几个问题

纵观冲击凿岩机具的发展,不难得出:凿岩机具的一些关键部件的改进大都得益于应力波理论在该领域的渗透和对岩石进行的大量相关研究[8]，而且预计在冲击凿岩机具往后的发展中，与之相应的应力波理论及其岩石破碎性质方面的反馈权重将会有更大幅度的提高。

1. 活塞的形状与入射应力波形

冲击凿岩机具设计中至关重要的因素之一为活塞的形状参数。早在 20 世纪 60 年代，就有人提出了最有利于能量传递效率（传入岩石能量与活塞冲击能量之比）的最优应力波形，即幅值随指数规律而增加，最优入射波 σ_i 可用式子表示为

$$\sigma_i = \begin{cases} Ae^\tau, & \tau < \tau_M \\ 0, & \tau \geqslant \tau_M \end{cases} \tag{15-60}$$

但在实际的冲击凿入系统中，这种能量传递效率为 1 的理想应力波形是很难获得的，在易于实现的实际冲击凿入系统中，等径冲击产生的矩形波是较有利于冲击凿入系统能量传递和岩石破碎的。因此，在冲击凿岩机具的设计中，不管是液压还是风动，活塞尽可能向与钻具等径的细长活塞发展，应成为凿岩机具设计者们的一个共识。并且，应进行撞击问题的反问题的研究，探讨最优波形条件下的活塞形状等的求解方法及实现往复冲击的相应机构[9]。

我国生产的风动凿岩机，由于风压配气机构等的限制，至今仍主要采用阶梯形大断面活塞。为了使这类凿岩机的能量传递效率和破岩效果有较大幅度的提高，在不改变凿岩机活塞及配气机构的条件下，建议改均一钎杆为端部带应力波调节器式钎杆。这一改进，不仅可使系统的最优能量传递效率提高 8%，而且由于改进了加载波形，破岩效果也会有所提高[10]。

2. 冲击功和冲击频率

设计一定功率的凿岩机，必须确定对应的冲击功或冲击频率。目前，国内外存在有两种观点：一种是要求发展低频大冲击功凿岩机；另一种为高频小冲击功凿岩机。到底哪一种合理，如何确定冲击功？显然，不考虑工作对象——岩石的类别，去笼统地评价和确定是欠妥的。过大的冲击功将可能导致岩石的过粉碎而造成能量的无用耗损，同时会造成凿岩机过重过大，对材料的要求过高；但过小的冲击功，将会使破碎效率下降，甚至不能有效地破碎岩石。因此，必须根据岩石的不同类型，选择或设计不同冲击功（或冲击频率）的凿岩机。对于高强度坚硬脆性岩石，无疑应选取大冲击功凿岩机，而对低强度类软岩，可采用高频小冲击功。现在，国外一些凿岩机制造厂商生产的凿岩机的控制系统能保证根据岩石类别的不同来调节凿岩工作制度。例如，Atlas-Copco 公司的 Cop1238 液压凿岩机，就至少有三种凿岩工作制度，可根据岩石可钻性的不同提供三种不同的冲击功（或冲击频率），这样通过一机多冲击功就实现了软、中、硬岩石所需不同冲击功的要求，达到了岩石与冲击功（频率）的最优匹配。因此，在选取单一工作制度的凿岩机时，必须根据岩石的可钻性选取冲击功大小合适的凿岩机。

3. 活塞的长短与入射波延续时间

对于确定的冲击功，可以选取不同的应力波幅值和延续时间。对矩形波，在等冲击功

条件下,当一个波的延续时间 τ_1 为另一个波的 2 倍($\tau_1 = 2\tau_2$)时,对应的应力幅值则为 $\sigma_2 = 1.414\sigma_1$。而在凿岩机中,应力幅值主要取决于冲击速率,而波的延续时间则主要取决于活塞的长短等。

　　本书前面部分已就入射波幅值和延续时间长短对破岩效果的影响的有关研究结果作过介绍。研究结果表明:岩石破碎效果取决于入射应力大小和应力波延续时间的长短,单位体积岩石吸能随入射应力的增大及应力波延续时间的增长而增大。显然,在能保证冲击速率一定时,加大冲锤长度(延续时间)是有利的,也正是由于这一点,加之现代凿岩机活塞正在由大断面向活塞直径变小而长度增大的方向发展(这实际上是改变了应力波形和延时),人们习惯性地存在有应力波延续时间长有利于破岩的观念。但在确定的冲击功,即等入射能的条件下,大量的理论与试验研究均已表明:对脆性矿岩介质,短延时的应力脉冲破坏性反而较大,用于扩展裂纹最终导致岩石破裂的能量消耗较快,岩石吸能较多,且最终的破碎尺寸也相对较小。因此,从有效破岩角度来看,等能量下,短延时高应力幅值的应力脉冲比长延时低幅值的应力脉冲更为有利。以往人们总习惯于应力波延时长有利于破岩的观念,而事实上,这只是在增加入射能量的前提下才会成立。

15.2　桩基工程

　　随着土木建筑工程与基于海洋资源开发钻井平台的日益增多,大尺度桩基工程被广泛采用。由于工程复杂性的增加以及对经济效益重视程度的提高,人们对桩基础的质量、承载能力、沉桩能力和打桩应力计算等的预估提出了更高的要求。

　　传统的确定桩基础承载能力的方法一直沿用静载试验法。该方法通过测定对桩顶施加的静荷载值与桩顶沉降量的关系曲线来确定单桩的承载能力。静载法虽然直观可靠,但是费时费钱,且效率不高。近年来,随着以应力波理论为基础的分析方法及其相关检测仪器的发展和推广,动力法求算桩承载力因成本低、效率高而得到广泛的使用。

15.2.1　应力波在桩基中的发展过程

　　应用应力波传播理论进行打桩分析与承载力的研究已有很长的历史。1931 年,Isaacs[11] 指出打桩过程是一个包括打桩系统和桩在内的应力波传播过程,并将反映桩周土阻力的参数 R 引入到了经典的一维波动方程中,即

$$\frac{\partial^2 u}{\partial t^2} = \frac{E}{\rho} \frac{\partial^2 u}{\partial x^2} \pm R \tag{15-61}$$

　　1932 年,Fox[12] 用波动方程研究了混凝土桩内的应力问题,但由于当时没有电子计算机,他被迫作了许多简化。由于实际的锤-桩-土系统的复杂性,致使应力波在一维杆内传播的波动方程无法得到完整的闭合解答。随着大型电子计算机的出现和发展,用数值方法求解波动方程已成为可能,Smith[13] 在 1960 年首先提出了波动方程法,给出了基于一维波动理论的打桩问题计算公式。这种方法将实际的锤-桩-土系统离散化为一系列的弹簧质块单元,如图 15-19 所示[14]。土与桩的相互作用模型中考虑加载速率的影响,并将锤对桩的冲击化成一系列弹簧-质块的撞击作用。Smith 法最初仅用于打桩应力分析,

随着工程实际的需要,现在也用于沉桩能力及承载力预测等。在美国常用的波动方程分析软件有 TTI 程序(texas transportation institute)及 WEAP 程序[15](wave equation analysis of pile driving)。

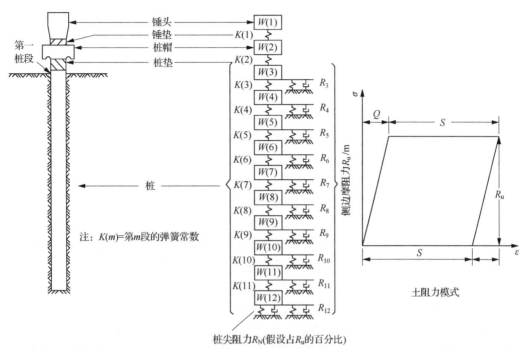

图 15-19　Smith 计算模型

由于 Smith 法计算过程涉及参数较多,实践中发现,桩顶上部系统参数的不确定性会使计算结果与实际量测值产生较大的出入。随着量测技术的提高,为消除这一影响,美国凯斯技术学院(Case Institute of Technology)的 Goble 教授等于 20 世纪 70 年代在 Smith模型的基础上发展了以桩顶实测力(或速度)为边界条件的波动方程法及以桩顶实测力和速度为输入条件的计算方法,即凯斯法 (CASE method) 和凯普威普法 (CASE pile wave analysis program,CAPWAP)。CASE 法可用于计算承载力,计算公式简单,已形成一套使用方便,采样精度高的现场监测和实时分析的仪器设备和计算方法。但 CASE 法仍要事先选定土的阻尼系数值,它的计算公式是在均匀杆件的假设下导出的,所以给它的应用增加了局限性;同时,CASE 法还假设整个桩的动阻尼均集中在桩下端,忽略了沿桩长度方向各种土壤阻尼的变化。对于以侧向摩擦阻力为主的长桩,CASE 法的计算数值可能产生较大的误差。当需要进一步了解桩侧摩阻力的分布规律、桩侧摩阻力与端承力的分配时,则可采用实测曲线拟合法,即 CAPWAP 法[16]。这种方法是 CASE 法的一种改进方法,它利用 CASE 法在现场实测的波形曲线输入到精密的波动理论计算程序中,通过计算值与实测值的反复比较迭代,不断修改原先人为的假定参数值,最后得到更精确的分析结果,并使分析过程中的人为因素降到最小。目前,这些方法的软件已配置到打桩分析仪系统内,我国也已有一些单位引进了这类设备(如美国的 PDA 桩基分析仪),并自行研制了一些类似的桩基分析仪及软件。

1989 年,加拿大 Berminghammer 公司开发了一种新的桩荷载试验方法,称为 STATNAMIC[17]。其基本原理是,在桩顶施加一个相当长持续时间的压力脉冲,同时测量桩顶位移,从而获得一条准静态的荷载-位移曲线,然后将这条曲线划分为 5 个区域,在一定的假设下可以近似计算出区域的阻尼系数,最后将施加的力扣除掉惯性力和阻尼力即可得到静荷载-位移曲线。随后,Middendorp 和 Daniels[18] 对这个方法作了深入的研究,模拟考察了 STATNAMIC 荷载试验中应力波过程的影响。这个方法虽然计算简单,但它不像 CAPWAP 法那样是对应力波在桩中传播的整个过程作严格的分析,所以不能给出侧摩阻力沿桩身的分布和端阻力[19]。

在我国,1972 年周光龙提出了一个确定桩基承载力的"桩基参数动测法"。唐念慈[20] 于 1978 年在渤海 12 号平台动力试桩研究中首次使用了波动方程分析,并设计了 BF81 计算程序,可预估沉桩能力、单桩极限静承载力,研究桩锤和垫层性能,但由于需要输入的参数多达 20 多个,计算模式的合理与否、参数的取值是否恰当等均对计算结果有较大影响,因而影响到波动方程法的可靠性。随后,我国学者发展了一些桩基动测的低应变方法并编制了一些信号拟合计算程序,有的对土模型作了改进。1990 年江礼茂等[21] 在 CAPWAP 法的基础上,完成了应用特征线法求解波动方程、根据打桩过程实测桩顶力和速度、求单桩承载力及沿桩土阻力分布的理论研究。基于波传播反问题理论,1997 年王靖涛[22] 提出了一个确定单桩承载力的方法和桩完整性定量分析方法,通过对桩顶回波响应与土阻力之间内在关系分析,提出了一个半解析半数值的反演方法。该方法开拓了特征线法逐步积分与局部迭代相结合的反演途径,给出了一套土性参数新的调整方法,可提供与 CAPWAP 法相同的结果,包括桩的极限承载力、桩侧摩阻力沿桩身的分布和端阻力、各土层的土性参数等。该方法的逐步积分和局部迭代的计算过程中每一步积分仅需调整三个土性参数,从而大大地简化了土性参数的调整过程,减少了计算时间,并为实行土性参数调整的自动化创造了条件。后来,王靖涛又将人工神经网络方法引入到土性参数调整的过程中,实现了土性参数调整的自动化。2003 年,闫澍旺等[23] 开发出以一维应力波为基本理论,以 Smith 法为基础的打桩分析程序 ADP(analysis of driving pile),可以用于动力沉桩的可打入性分析和承载力预估分析,并分别采用多项打桩工程实例对其进行了验证。

15.2.2 波动理论在桩基工程中的应用

应力波理论在桩基工程中的应用已几乎深入到桩基工程的各个方面,以应力波理论为基础的打桩分析主要可解决如下几个方面的问题。

1. 桩基承载力计算

通过打桩过程预估桩的承载能力是波动方程应用较为普遍的领域之一,求解波动方程的计算机程序是其应用的关键。从 20 世纪 60 年代至今,国内外已见报道的程序有数十种之多,它们从不同的着重面模拟了打桩问题。

在锤-桩弹簧-质块单元系统给定以后,要考虑的土阻力参数是极限静阻力 R_u,土的弹性变形值 Q 和黏性系数 J,如图 15-19 所示,Q 和 J 值一般由经验或实际地质资料预先给定。对给定的一个阻力值 R_u，用波动方程可算出一个贯入度 S。对不同的 R_u 可得到不同的贯入度 S，多个计算值可得到一条反映曲线的极限静阻力与打入阻力 $1/S$ 的关系曲线，如图 15-20 所示；再由实际打桩过程中测得的贯入度 s_f(或 N_f)，即可得到极限静阻力值，即打桩末了时的桩承载力；此时，引进恢复系数，换算后即可求得桩在该条件下的承载力。

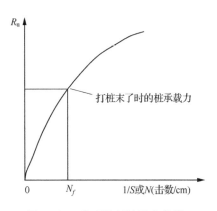

图 15-20　典型的打桩反应曲线

从实践的角度看，用波动方程预估单桩的承载力是必要且可行的。然而，从现有认识水平来看并不简单，因为锤击过程中桩身所产生的桩侧土阻力与静载条件下的土阻力有着本质的不同，而从理论及实践上解决这一问题仍为很多研究者所关注。

在桩的承载能力分析中，试验和实际工作中还发现了一个重要现象——"临界深度"的存在，超过这一深度后，桩端土阻力和单位面积桩侧土阻力基本保持为常数。另一个重要问题是残留应力，即在桩顶早已无荷载，但桩-土界面仍有剪力作用的影响。Holloway 等[24]详细讨论了残留应力对承载能力的影响，一个有意义的结果是，在砂土中"临界深度"现象是残留应力存在的表象。

用波动方程法预估单桩承载能力的关键是锤—桩—土相互作用模型及相应参数的选取，只有模型和参数的选取与实际情况吻合，才能得到令人满意的结果。目前，波动方程法计算桩基承载力最具代表性和应用最普遍的是 CASE 法和 CAPWAP 法，也即实测曲线拟合法。

1）凯斯(CASE)法

CASE 法以桩顶实测力和速率来求承载力，避免了桩顶以上部分系统参数的不确定性带来的误差。其土总阻力 R 按下式计算

$$R = F(t) - Ma(t) \tag{15-62}$$

式中，$F(t)$、$a(t)$ 和 M 分别为桩顶端力、加速度和桩的质量。

式(15-62)又可改写为

$$R = F(t) - M\frac{V(t_2) - V(t_1)}{\Delta t}$$

式中，Δt 为应力波从桩顶至桩底并反射回桩顶端所用的时间，即

$$2L = C\Delta t \quad 或 \quad \Delta t\frac{2L}{C}$$

对于如图 15-21 所示的桩顶端力和速率的时间过程曲线，式(15-62)可写成如下形式：

$$R = \frac{1}{2}\left[F(t_{\max}) + F\left(t_{\max} + \frac{2L}{C}\right)\right] + \frac{MC}{2L}\left[V(t_{\max}) - V\left(t_{\max} + \frac{2L}{C}\right)\right] \tag{15-63}$$

式中，L 为传感器位置至桩底端的长度；C 为桩的纵波波速。

由行波理论，入射波 $F_i(t)$ 行进至桩底端，然后产生反射波 $F_r(t)$，因此得出叠加波幅 $F_s(t)$ 为

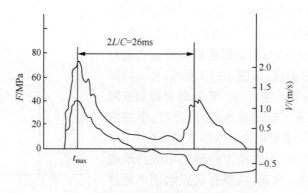

图 15-21　桩顶端力和速率的时间过程曲线

$$F_s(t) = F_i(t) + F_r(t) \tag{15-64}$$

对于自由支承桩,桩底端可自由变位时,则

$$F_s = 0$$

此时,由式(15-64)可得

$$F_r = -F_i \tag{15-65}$$

式(15-65)表明,一个行进的压缩波被反射产生一个拉伸波。如果桩底端的介质为无限刚性体,则 $F_r = F_i$,故 $F_r = 2F_i$,这种情况表明入射的压缩波被反射为另一压缩波。土或岩石均为非刚性介质,在实际情况下,桩底端的 $F_s(t)$ 值一般介于零与 $2F_i$ 之间。因此,$F_s(t)$ 大小随入射波 $F_i(t)$ 和桩底端的土与岩石的荷载-变形曲线的性质而变化。

式(15-64)又可写成下列形式:

$$F_s(t) = mV_i + m(V_i - V_s) \tag{15-66}$$

式中,V_i 为入射波引起的桩身质点速率;V_s 为桩底端的质点速率;$m = \rho CA$ 为桩的广义波阻。由式(15-66)可得

$$V_s = 2V_i(t) - \frac{F_s(t)}{m}$$

将 $F_i(t) = mV_i(t)$ 或 $V_i = \dfrac{F_i(t)}{m}$ 代入上式得

$$V_s = 2\frac{F_i(t)}{m} - \frac{F_s(t)}{m} \tag{15-67}$$

总阻力 R 实际上包括静阻 R_s 和动阻 R_d 两部分,即

$$R = R_s + R_d \tag{15-68}$$

动阻 R_d 假定可用下式表示

$$R_d = J_c m V_s \tag{15-69}$$

式中,J_c 一般称为凯斯(CASE)阻尼系数。我国长期沿用的 J_c 参考值如表 15-1 所示。

表 15-1　建议的 J_c 参考值[25]

桩底土类	纯沙土	粉质砂土	砂质粉土	粉土	粉质黏土和黏质粉土	黏土
J_c	0.10~0.15	0.15~0.25	0.15~0.25	0.25~0.40	0.40~0.70	0.70~1.00

将式(15-67)代入式(15-69)可得

$$R_d - J_c m \left[2\frac{F_i(t)}{m} - \frac{F_s(t)}{m} \right] - J_c [2F_i(t) - F_s(t)] \tag{15-70}$$

将式(15-70)代入式(15-68)可得

$$R = R_s + J_c [2F_i(t) - F_s(t)] \tag{15-71}$$

将 $F_i(t) = F(t_0)$，$F_s(t) = R$ 代入式(15-71)，则有

$$R = R_s + J_c [2F(t_0) - R] \quad \text{或} \quad R_s = R - J_c [2F(t_0) - R] \tag{15-72}$$

对应于图 15-21，式(15-72)又可改写成

$$R_s = R_{max} - J_c [2F(t_{max}) - R_{max}] \tag{15-73}$$

对于等断面桩

$$\frac{MC}{L} = \frac{\rho ALC}{L} = m \tag{15-74}$$

式(15-73)可改写为

$$R_s = R_{max} - J_c \left[\frac{MC}{L}V(t_{max}) + F(t_{max}) - R_{max} \right] \tag{15-75}$$

由式(15-63)和式(15-75)可得 R_s，即桩的承载力为

$$R_s = \frac{1}{2}(1 - J_c)[F(t_{max}) + mV(t_{max})] + \frac{1}{2}(1 + J_c)\left[F\left(t_{max} + \frac{2L}{C}\right) - mV\left(t_{max} + \frac{2L}{C}\right) \right] \tag{15-76}$$

CASE 法计算单桩承载力具有计算简单、可实时分析的优点，也便于考虑土的固结或松弛对承载力的影响。实践证明此法一般是成功的。但有人在最近的应用中发现，其计算结果与静载试验有时差别较大，可能的原因是计算模型过于简单及土性参数选择不当。

2) 凯斯波动分析程序(CAPWAP)法

CAPWAP 法是 CASE 法的一种改进[26]，它以桩顶实测力和速度曲线为已知条件，计算模型仍用弹簧-质块模型(但不考虑桩顶上部系统)，在假定一组参数：最大静阻力 R_u，最大弹性变形 Q 和阻尼系数 J 的情况下，用波动方程根据实测桩顶力(或速度)可算出桩的运动、内力及沿桩土阻力分布，同时得到桩顶速度(或力)，但通常所得桩顶速度(或力)与实测值有差异，其根源在于土阻力模型参数选择不当；给出一组新的参数值，重复上述步骤，直到计算结果与实测值吻合为止，从而求得桩的极限承载力，同时也给出了一组描述土性参数的最佳值、打桩应力等。

CAPWAP 法避免了所有土性参数的预先给定，而由实测桩顶力和速度直接求承载力。工程应用表明：这种方法是非常成功的。20 世纪 80 年代，Goble[27] 和 Rausche 根据行波理论开发出连续杆件模型的 CAPWAP 计算程序，称为 CAPWAP/C 法，其原理与 CAPWAP 法相同，区别在于 CAPWAP/C 法是用特征线法求解波动方程，并在土阻力模型上作了些修正。修正后的土阻力模型中除了原有的 R_u、Q 和 J 三个参数外，增加了土的最大负阻力 R_m，土的重新加荷水平 R_L 和土卸载时的最大弹性变形 Q_u，如图 15-22 所示。

CAPWAP/C 程序计算的收敛标准通常用计算和实测的曲线拟合程度来决定。将计算值与实际值之差的绝对值的和称为拟合质量数，并作为拟合质量的评价标准。

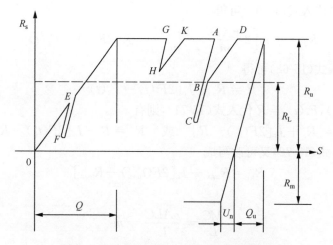

图 15-22　修改的桩侧土的静反力计算模型

在 CAPWAP/C 程序中,分别根据下列四个时间区段内的实测值与计算值之差来调整有关土参数,并计算拟合质量数 E_{rk} 值($k=1,2,3,4$),如图 15-23 所示。

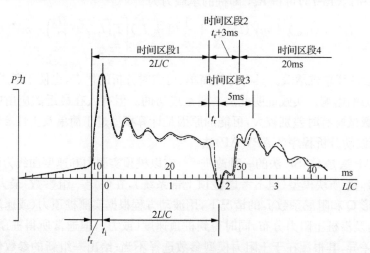

图 15-23　CAPWAP/C 程序中评估计算曲线匹配程序的四个时间区段

(1) 第一个时间区段是从冲击开始时起,长为 $2L/C$ 的时间。这一段时间的波主要用于修正侧摩阻力的分布情况。

(2) 第二个时间区段是以第一时间区段的终点为起点,区段长为 $t_r+3\text{ms}$。t_r 是从冲击波开始到速度峰值的时间。第二个时间区段的波主要用于修正桩尖的承载力和总承载力的值。

(3) 第三个时间区段的起点同第二个时间区段,但区段长度为 $t_r+5\text{ms}$。这一段时间的波主要用于修正阻尼系数值。

(4) 第四个时间区段以第二时间区段的终点为起始点,区段长度为 20ms。这一段时间内的波形主要用于修正土的卸载性质 Q_u、R_m 等。

E_{rk}的计算式如下：

$$E_{rk} = \sum \left| \left[F_c(j) - F_m(j) \right] / F_j \right|, \qquad k = 1,2,3,4 \qquad (15\text{-}77)$$

式中，$F_c(j)$、$F_m(j)$分别为计算和实测的 t 时刻的桩顶力波值；F_j 是在桩顶的速率取最大值时的桩顶力波值。

利用 CAPWAP/C 程序获取比较理想的拟合结果后，可以得到桩侧阻力随深度变化图、桩端阻力占极限承载力的比例、单桩的拟合 $Q\text{-}S$ 曲线以及单桩极限承载力。

利用 CASE 法和 CAPWAP 法计算桩基承载力，由于具有测算时间短、费用低、受工作环境约束小等优点，近几十年来，这种利用应力波理论求解桩基承载力得到了很大的推广应用，且取得了很大的成功。

值得注意的是，CASE 法和 CAPWAP 法计算桩基承载力时，都是通过对应力波和速度曲线进行间接分析，且目前应力波理论求解桩基承载力还不够完善，因此计算精度还无法与静载试验法相比。故对于设计试桩和重要的单桩极限承载力确定时，建议采用波动法和静载试验法联合计算。

3）工程实例

(1) 工程概况和地质条件[28]。

某工程为地下铁道高架站 DK24＋840，占地面积为 1200m²，基桩数量共 68 根，全部为钻孔灌注桩，桩径 ϕ800mm，设计桩长 26.00m，单桩极限承载力设计值为 2300kN。委托采用高应变动力测试（波动法）桩基数量 5 根，桩号分别为 12#、25#、50#、63# 和 64#。根据工程地质勘察报告，得出该区域土层地质特征，如表 15-2 所示。

表 15-2　土层地质特征表　　　　　　　　　　　　　（单位：m）

成因年代	底层深度	分层厚度	土质特征
Qml	0.80	0.80	杂填土，黄褐色，硬塑
Q₄³al	4.80	4.00	粉质黏土，黄褐色，可塑
	28.60	3.80	粉质黏土，灰色，流塑
Q₄²m	12.60	4.00	淤泥质粉质黏土，灰色，流塑；夹淤泥质黏土，含少量贝壳
	14.80	2.20	粉质黏土，灰色，软塑；局部夹黏土薄层，含少量贝壳
Q₄¹al	19.50	4.70	粉质黏土，灰黄色，软塑，15.8m 以下可塑；14.8～16.0m 局部夹黏土薄层；17.7m 以下黄褐色，含少量姜石、螺壳
	22.00	2.50	粉质黏土，灰黄色，软塑
Q₃ᵉal	25.60	3.60	粉土，黄褐色，稍湿，密实
	27.47	1.87	细砂，褐黄色，密实，饱和

(2) 测试准备。

① 桩头处理：高应变动力测试时，锤击能量大，对桩头的处理要求较高。对于混凝土钻孔灌注桩，应凿除桩顶部污染、不密实、强度较低的砼，然后外接一段等截面平整桩头，其长度不小于一倍桩径，且不小于 0.8m。外接桩头时桩头主筋应全部直通至桩顶混凝土保护层之下，各主筋应在同一高度，在此范围内应设置加强箍筋，箍筋间距不宜大于

100mm,桩顶应设置 3～5 层钢筋网片,网片间距 60～100mm;距桩顶 1 倍桩径范围内,宜用钢箍保护(一般用钢护筒代之);混凝土强度等级提高 1～2 级,且不低于 C30,以防止桩头开裂并保护传感器不被损伤。

② 锤击设备选择:高应变检测选用重锤,应材质均匀、形状对称、锤底平整,高径(宽)比不得小于 1,并采用铸铁或铸钢制作。落距应能够自由调节,锤击时能保持对中,并且有易操作性和安全性特点,锤重应大于预估单桩极限承载力的 1‰～1.5‰。选择稍重的锤头、合适的落距和锤垫有利于得到理想的锤击曲线。

③ 传感器安装:在桩身两侧沿桩轴线对称安装两只加速度传感器和两只力传感器,传感器的中心处于同一截面上,传感器与桩顶间的垂直距离不小于 2 倍桩径。

(3)测试数据采集。

用电缆将加速度传感器和力传感器连接到打桩分析仪(pile driving analyzer,PDA)上,打开电源,输入工程内容和桩参数,选择传感器并输入标定系数,将采集屏设置为"ACCEPT"即可进行数据采集。将重锤设置从一定高度(本次试验落距为 1.0m)自由落下,锤击信号自动存储在 PDA 上。利用数据浏览功能可以检查采集数据的质量。当出现下列情况时,其信号不得作为分析计算依据:力的时程曲线最终未归零;锤击严重偏心,一侧力信号呈现受拉状态;传感器出现故障;测点处桩身混凝土开裂或有明显变形;其他信号异常情况。

(4)测试数据分析与结论。

将 5 根工程桩高应变动力测试数据传输至计算机,采用 CAPWAP 法进行分析,测试结果如表 15-3 所示。CAPWAP 同时输出高应变检测曲线图,包括测试曲线、拟合效果曲线、桩土阻力分布图和模拟静载荷试验所得到的荷载-沉降曲线。

表 15-3　桩基高应变动力测试结果

桩号	现场参数			拟合参数						与静载荷对比	
	锤重/kN	落距/m	传感器距桩顶距离/m	桩总阻力/kN	桩侧阻力/kN	桩端阻力/kN	桩身沉降量/mm	拟合 J_c 值	拟合质量	静载荷值/kN	相对误差/%
12#	30	1.0	1.20	2651	1718	933	4.1	0.34	2.33	2700	−1.81
25#	30	1.0	1.20	2699	1945	754	4.2	0.34	4.43	2700	−0.04
50#	30	1.0	1.20	2642	1966	676	3.8	0.43	3.69	2700	−2.15
63#	30	1.0	1.20	2700	2063	637	4.2	0.44	4.25	2700	0.00
64#	30	1.0	1.20	2712	1760	952	4.1	0.39	3.82	2700	0.44

根据高应变动力测试,5 根工程桩单桩垂直极限承载力实测结果是:12# 桩为 2651kN,25# 桩为 2699kN,50# 桩为 2642kN,63# 桩为 2700kN,64# 桩为 2712kN。现场同类型的桩经静载荷试验,单桩垂直极限承载力为 2700kN,采用高应变动力测试的 5 根工程桩单桩垂直极限承载力与静载荷试验检测结果相对比,相对误差绝对值均在 10% 以内。因此,此次高应变动力测试单桩垂直极限承载力测试结果可用于工程实践中。由此得出,采用高应变动力测试的 5 根工程桩单桩垂直极限承载力满足设计极限承载力 2300kN 的要求。

2. 沉桩能力分析

海洋石油钻井平台中大直径的长桩使用越来越多,由于海上适宜施工的时间有限而且短暂,必须保证桩与打桩设备的组合要适宜,使用锤型能量适中,以便将桩顺利地贯入设计深度,并满足承载力的要求,因此预先进行动力沉桩分析对于桩基施工以及整个平台能否顺利完成具有十分重要的意义。

沉桩能力分析是在给定的锤-桩-土系统的情况下用波动方程计算打入阻力,旨在合理地选择锤型和工况参数,研究打桩系统对沉桩能力的影响,是检验锤-垫-桩-土系统是否匹配完好的重要手段。

沉桩能力分析是一个复杂的问题,其结果受到锤-桩-土系统模型及参数、土塞效应、桩周及桩底土的塑性挤出、孔隙水及土中有效应力变化、土的固结与松弛、残留应力等因素的影响,如何更精确地描述这一过程,一直是人们所关注的内容。

在沉桩能力分析中,土性参数的合理与否对预测结果产生极大的影响。Zandwijk 等在实验室和实际工程资料的基础上修正了以前的阻力模型,建立了动阻力与土的性质参数及桩侧有效应力相联系的关系。Goble 等以 CAPWAP 法给出最佳的土性参数,而后将这些参数用于沉桩能力分析,得到了很好的预测结果。这一方法对准确预估沉桩能力是有意义的。

土塞对于管桩的打入性分析及承载力预估的影响一直是复杂而重要的问题,但是到目前为止还没有关于能精确描述土塞作用的模型和分析程序的报道,特别是土塞的性状与桩径大小有着最直接的关系,相关研究并没有区分桩径的大小,缺乏针对性。Heerema 等[29]引入内、外土阻力模型的办法来描述钢管桩打入过程中土塞对沉桩能力的影响。Vijayvergiya[30]分析了桩周土孔隙水压力和有效应力在打桩过程中及静载试验两种情况下的变化,发现在这两种情况下差别较大,因此,认为用动态分析的方法确定单桩承载力并不可靠,但可用于沉桩能力分析。文中给出了考虑土塞运动和闭塞情况下的土阻力计算公式,而后用波动方程分析沉桩能力,其结果是令人相信的。

Aurora[31]研究了桩周土的固结对沉桩能力的影响,通过引入 F 因子

$$F_d = \frac{Q_s}{Q_d}, \quad F_r = \frac{Q_s}{Q_r}, \quad F_s = \frac{Q_r}{Q_d} \tag{15-78}$$

来建立静阻力 Q_s、连续锤击下的土阻力 Q_d 和经过一段时间休息后复打时阻力 Q_r 之间的关系。对具体的工程问题,一经确定了 F 值,则由式(15-78)可预估 Q_d 和 Q_r。文中提出了根据工程地质条件和施工技术要求可能的停打时间间隔,及经济地选择打桩系统的具体步骤。

残留应力对沉桩能力的影响在桩难打时是很重要的,Goble 的动(锤击作用历时)、静(两次锤击时间间隔)结合的多锤分析方法对研究这一问题具有较大的实际意义,他建议了需要考虑残留应力进行多锤分析的桩的每击贯入度范围。

此外,也有人研究锤击系统对沉桩能力的影响等问题。

3. 打桩应力分析

为确保桩身和机具在打桩过程中不致破坏,有必要根据材料特性对打桩应力进行分

析与限制。对于混凝土桩,打桩过程中的拉应力对桩身安全具有更大的危害性。波动理论是目前分析打桩应力最有效的工具。

用波动方程法分析打桩过程时可直接得到桩单元的内力,由某一截面各时刻所求得的内力可得到该截面应力随时间的变化曲线,由某一时刻求得的各截面应力可得到该时刻桩身应力分布。

应力分布对打桩系统参数及桩周土阻力参数是敏感的,不同的计算程序对给定问题的分析结果也会不一致。Goble 等[32]认为 GRLWEAP 程序能得到可靠的打桩应力预测结果,同时给出了根据桩顶实测力和速率计算拉应力的公式,即

$$\sigma_t = \frac{1}{2A}\max\left\{\begin{array}{l} mV\left(t_{\max}+\dfrac{2L}{C}\right)-F\left(t_{\max}+\dfrac{2L}{C}\right) \\ -mV\left(t_{\max}+\dfrac{2L-2x}{C}\right)-F\left(t_{\max}+\dfrac{2L-2x}{C}\right) \end{array}\right\} \tag{15-79}$$

式中,σ_t 为桩身最大锤击拉应力(MPa);x 为测点至计算点之间的距离(m);A 为桩身横截面积(m^2);m 为桩身截面广义力学阻抗(KN·s/m);C 为桩身波速(m/s);L 为完整桩身长(m)。

根据打桩过程实测数据,利用一维应力波理论可实时得出打桩过程中桩身应力分布与变化,从而为高效、高质完成打桩任务提供强有力保障。

4. 桩身质量的检测

灌注桩造价低廉,特别是就地钻孔灌注桩对周围环境噪声污染小,因而在国内外得到广泛应用。但混凝土灌注桩易于发生诸如离析、断裂、夹泥等质量事故,因此对桩身的质量检验就显得十分重要。

桩身灌注质量的评价、缺陷存在的位置及对桩身损伤程度的确定是工程中最为关心的问题。有人根据实验室试验和野外试验,证明了以桩顶实测应力波信号检验桩身缺陷及确定桩身截面突变位置的可行性。桩身缺陷及桩身截面突变对应力波的反射信号将在桩顶实测曲线中反映出来,同时使应力波传播速度降低。其具体过程是先以实测瑞利波速得到纵波波速,即

$$C_L = kC_R \tag{15-80}$$

而后,由缺陷处反射波到达桩顶的时间来确定缺陷存在位置

$$d = C_L\Delta t \tag{15-81}$$

式中,C_R、C_L 分别为瑞利波和纵波波速;k 为与桩身材料有关的常数,其值在 1.8~2.0;Δt 为应力波传播时间;d 为描述缺陷位置。

上述方法只能确定桩身质量缺陷存在的位置,不能鉴别其损伤程度。当要确定其损伤程度时,可以通过锤击过程中实测的桩顶力和速度曲线求出。

众所周知,当一自由支承杆的一端受撞击,在无反射应力波到达时,有

$$F = \left(\frac{EA}{C}\right)V = mV \tag{15-82}$$

在波阻分别为 m_1 和 m_2 的界面上,根据一维应力波理论,其入射波与反射波有如下关系:

$$F_r = F_i \frac{m_2 - m_1}{m_2 + m_1}, \quad V_r = \frac{F_r}{m_1} \tag{15-83}$$

则在桩顶自由时可得到桩顶速度变化为

$$\Delta V = 2V_i \frac{m_1 - m_2}{m_1 + m_2} \tag{15-84}$$

而力为零;对固定桩顶端力的变化为

$$\Delta F = -2F_i \frac{m_1 - m_2}{m_1 + m_2} \tag{15-85}$$

而速率为零。两种情况下,在桩顶实测力与速率(乘以波阻 m)之间由于阻抗变化引起的差值

$$\Delta u = 2F_i \frac{m_1 - m_2}{m_1 + m_2} \tag{15-86}$$

对桩顶力不为零及桩底端反射应力波未到达桩顶时成立。

考虑上部土阻力的影响,则在界面处的入射波 F_i 应以 $F_i - \Delta R$ 代替,ΔR 为界面上部土阻力之和,则有

$$\Delta R = F(t_x) - mV(t_x) \tag{15-87}$$

$$\Delta u = 2(F_i - \Delta R) \frac{m_1 - m_2}{m_1 + m_2} \tag{15-88}$$

式中,t_x 表示应力波经过缺陷处再反射到传感器的时刻。

如果定义

$$\beta = \frac{m_2}{m_1} \qquad \left(= \frac{A_2}{A_1}, \text{对相同材料而言} \right) \tag{15-89}$$

来表示损伤程度,则有

$$\beta = \frac{1 - \alpha}{1 + \alpha} \tag{15-90}$$

式中,$\alpha = \Delta u / [2(F_i - \Delta R)]$;$\Delta R$、$u$ 可直接由实测曲线信号得出。Rausche 根据试验资料给出了以 β 值定义的损伤程度,如表 15-4 所示。

表 15-4　以 β 值定义的损伤程度

β	1.0	0.8~1.0	0.6~0.8	<0.6
截面损伤	良好	略有损伤	有损伤	折断

用应力波传播方法检测桩身质量是一种简单易行、经济可靠的方法。近几十年来,各种"低应变"法检测桩身质量得到了极大的发展,国内在这方面也积累了丰富的经验。此外,应力波理论还可用于分析打桩系统效率、推算垫层参数等,由于具有应用灵活、操作简便的优点,使用非常普遍。

15.2.3　动测法存在的问题

应力波理论在桩基工程中的应用自 Smith 的开创性工作以来已经取得了丰硕的成

果,无论在理论上还是在量测技术、计算方法上都达到了较高水平,工程实际也积累了丰富的经验,但仍存在一些问题,有待进一步研究。

(1) 动测法预估承载力的可靠性问题。打桩过程中桩-土相互作用与静载情况下土对桩的阻力有着本质的不同,桩对土的性质参数(如强度、孔隙水压力及有效应力)也会产生影响,因而一直有人对用波动理论预估桩的承载能力的可靠性表示怀疑,尤其是欧美国家对"低应变法"采集数据而推断基桩承载力一直持明确的否定态度,因此在理论上和实际技术上解决这一问题是有必要的。

(2) 砂土中的沉桩能力预估。在砂土中预估沉桩能力的效果较差,尤其是在桩难打的情况下更是如此。有人认为在砂土和粉土中沉桩能力是不可预估的,这一论点虽然过于片面,但文中所列影响因素对人们的工作有一定参考意义。一个值得重视的因素可能是打桩过程桩底土孔隙水压力及有效应力变化导致孔隙水流动,引起砂的性质变化形成"闭塞";再者是 Smith 土阻力模型在此时已不能很好地反映打桩过程实质。

(3) 土模型及垫层参数的选择问题。Smith 土阻力模型自出现以来,一直得到广泛应用,然而 Smith 在给出这一模型时就认识到其局限性。其他的研究者虽然提出过新的模型,但改进效果不大,最大缺陷在于不能与试验室资料及现有土的本构关系建立直接联系。近年来人们已经开始着手解决这一方面的问题。

垫层材料对锤与桩的作用历时、打桩应力和沉桩效率具有很大影响,研制新的垫层材料并确定精确的垫层动态参数是一项必要的工作。

(4) CAPWAP 及其类似程序在选择不同土性参数拟合桩顶曲线时,在 $t > 2L/C$ 时,结果较差,这和桩的分离单元模型及土的计算模型有关。要得到更符合实际的结果,考虑循环载荷对土的性质的影响是必要的。另外,在曲线拟合中,土性参数调整过程具有一定的随机性和盲目性,有待进一步改进。

(5) 应用范围问题。我国《建筑基桩检测技术规范》(JGJ106—2003)[33]对高应变法动力试桩适用范围做出了如下具体规定:①高应变法动力试桩只能作为检验性试桩(校核单桩承载力是否满足设计要求),不能作为设计性试桩(为设计提供单桩承载力依据);②当有本地区相近条件的对比验证资料时,可以作为单桩竖向抗压承载力验收检测的补充;③用于灌注桩时,应具有现场实测和本地相近条件下的可靠对比验证资料;④大直径扩底桩和 Q-S 曲线缓变形的大直径灌注桩不宜采用。

15.3 强　　夯

强夯法即强力夯实法,又称动力固结法,是利用大型履带式起重机将 8～40t 的重锤从 6～40m 高度自由落下,对土进行强力夯实。该方法适用于人工填土、湿陷土、黄土等的加固。目前,强夯法加固地基有三种不同的加固机理:动力密实、动力固结和动力置换。但是,不管哪种机理,都是夯锤夯击地面时产生的强大应力波作用的结果,因此应力波在土中的传播效应是这种地基处理方法的基础。

15.3.1　强夯引起的波动与加固原理

1. 强夯引起的波动

强夯的特点是将机械能转化为势能,再变为动能作用于土体,在重锤作用于地面的一瞬间,使土体产生强烈震动,在地基土中产生震动波,从震源向四周传播。因地基为弹塑性材料,在巨大的冲击能作用下,质点在连续介质内振动,其振动的能量可以传递给周围介质,而引起周围介质的振动。振动在介质内的传播形成波,根据其作用、性质和特点的不同,可分为体波和面波两种。强夯主要靠体波起加固作用。体波又分为纵波 C_P 和横波 C_S。纵波是由震源向外传递的压缩波,质点的振动方向与波的前进方向是一致的,同时伴随着产生体积的变化,一般表现为周期短,振幅小。横波是由震源向外传递的剪切波,质点的振动方向与波的前进方向相垂直,不产生体积的变化,一般表现为周期较长,振幅较大。面波只限于地基表面传播,它包含瑞利波和乐普波(Love wave)两种。瑞利波传播时,介质质点在波的传播方向与地面的法线组成的平面内作椭圆形运动,而在与该平面垂直的水平方向没有振动,地面的质点运动呈滚动形式。乐普波只是在与传播方向相垂直的水平方向运动。强夯时产生的面波不但起不到加密的作用,反而对地基表面产生松动,故为无用波或有害波。

在施行强夯时,重锤由很高处自由落下,产生强大的动能作用于地基土中,由动能转化为波能,从震源向深层扩散,能量释放于一定范围内的地基土中,使土体得到不同程度的压密加固。由于强大的夯击能使土体表层产生剪切压缩和侧向挤压等,而横波的存在使土体表层松动,当达到一定深度范围时,只有压缩波(纵波)的存在才对土体起压密加固作用。随着加固深度的增加,纵波强度在衰减,而压密作用也在逐渐减少。

地基土压密状态的模式可以用从上到下四层结构来表示。第一层是地基土因冲击力而受扰动的区域,主要是横波和面波的干扰。因横波传播方向和质点振动方向垂直,瑞利波、乐普波分别按椭圆形运动和按地面水平方向运动,所以都是在地表层传播使土体产生上下运动、土体松动,从而形成松弛区域。第二层是压缩波的反复作用使地下应力超过了地基的破坏强度的区域,因土中吸收纵波放出的能量最多,所以这一层的固结效果最好。第三层是压缩波渐减,也就是说,地下应力在破坏强度与屈服强度之间,是固结效果迅速下降的区域。第四层是地下应力处于地基的弹性界限内,能量消耗已经无法克服土体的塑性变形,此层基本上没有固结作用。

在施行强夯时,随地基的压密加固过程,能量会发生变化。初夯时,土体产生压缩塑变,当达到一定能量时,塑变完成,渐变为弹性压缩变形;随着土体密度的增加,压缩模量和剪切模量增大,波的传播速度相应加快,这时横波增加,纵波在削弱,并且波的折射和反射都要消耗能量,不利于对土体的加固。如果再增加夯击能(夯次),其效果也不会明显。

对非饱和地基,其加固机理可以归结为压缩波的反复作用消耗能量做功,对土体产生压密固结。一部分能量使土体产生塑变转化为土的位能,使土体产生弹性变形,并将另一部分能量向深层传播而加固深层地基,最终使能量转换为土的塑变位能。

对含水量较高的饱和土地基,其加固机理也是压缩波的反复作用和波的折射、反射重复做功而获得加固效果的。具体说,由于压缩波的反复做功和孔隙水压力的共同作用,在土中形成了网状排水通道,使土体的渗透条件得到了明显的改善。夯击之后,土体将在良好的渗透条件和较高的孔隙水压力作用下完成其动力固结过程,使土中孔隙水迅速排出,孔隙水压力迅速消散,土体进一步增密。对饱和黏性土,因其渗透性较小,大量的黏性土粒夯后固结,因此,夯击后的土体应该有足够的间隔时间,否则即使较小能量的过早夯击也是有害无益的,使土体无法恢复。这一动力固结过程成为强夯法处理淤泥质土的显著特点。随着这一固结过程的完成,土的性质将得到明显改善,获得强夯加固的预期效果。

在水位下的介质中主要是传播纵波(压缩波),相对而言,在液相介质中能量损失较小,所以强夯法可用于水下工程的地基加固。由于在不同的介质中振动引起的频率、速度、能量不同,因而在同一振动作用下,水和土两种介质将引起不同的振动效应。当二者的动力差大于土粒对水的吸附能力时,自由水、毛细水将从颗粒间隙析出,从而土粒间空隙减小,密度提高。同时,由于水、土两相混合的介质振动效应不同,存在动力差而产生间隙水的聚结,形成动力水的聚结面,造成网状排水通道,在动力冲击作用下,自由水向低压区排泄,经过一段时间的触变恢复,土的抗剪强度与变形模量得以大幅度的增长,从而形成了对这类介质的加固。

2. 强夯法加固原理

1) 加固非饱和土的原理

采用强夯法加固多孔隙、粗颗粒、非饱和土是基于动力压密的概念,即用冲击型动力荷载使土体中的孔隙体积减小,土体变得密实,从而提高强度。非饱和土的固相是由大小不等的颗粒组成,按其粒径大小可分为砂粒、粉粒和黏粒。砂粒粒径为 $0.074\sim2$mm,形状可能是圆的(河砂),也可能是棱角状的(山砂);粉粒粒径为 $0.005\sim0.074$mm,大部分是由石英和结晶硅酸盐细屑组成,它们的形状也接近球形;非饱和土中的黏粒粒径小于0.005mm,其含量在非饱和土中不大于 20%。

在土体形成的漫长历史年代中,由于各种非常复杂的风化过程,各种土颗粒的表面通常包裹着一层由矿物和有机物形成的多种新化合物或胶体物质的凝胶,使土颗粒形成一定大小的团粒,这种团粒具有一定的水稳定性和一定的强度。而土颗粒周围的孔隙被空气和液体(如水)所充满,即土体是由固相、液相和气相三部分组成的,在压缩波能的作用下,土颗粒互相靠拢。由于气相的压缩性比固相和液相的压缩性大得多,所以气体部分首先被排出,颗粒进行重新排列,由天然的紊乱状态进入稳定状态,孔隙大大减小,这种体积变化和塑性变化使土体在外载荷作用下达到新的稳定状态。在波动能量作用下,土颗粒和其间的液体也因受力而可能变形,但这些变形相对土颗粒的移动、孔隙减小来说是较小的。可以认为,对非饱和土的夯实变形主要是由土颗粒的相对位移引起的。因此,非饱和土的夯实过程就是土中的气相(空气)被挤出的过程。单位体积土中的气体体积 V_a 可按下式确定

$$V_a = \left(\frac{e}{G} - \frac{W}{\gamma_w} \right) \gamma_d \tag{15-91}$$

式中,e 为孔隙比;G 为土粒比重;W 为土粒含水量;γ_w 为水的容重;γ_d 为土的干容重。

当土体达到最密实时,据测定孔隙体积可减少 60%,土体接近二相状态,即饱和状态。而这些变化又直接和强夯参数(如单击能量、夯击次数、夯点间距等)密切相关。

从实际强夯工程中可以观测到:

(1) 在夯击动能的作用下,地面会立即产生沉陷。非饱和土一般夯击一遍后,视填土深度的不同,其夯坑深度可以达到 0.6~1.0m,对新填不久的 6.0m 厚填土地基,第一遍的夯坑深度可以达到 2.0m 以上。夯坑底部形成一层超压密硬壳层,厚度可达夯坑直径的 1.0~1.5 倍,承载力可比夯前提高 2~3 倍。

(2) 非饱和土在中等夯击能量(1000~2000kJ)的作用下,主要是产生冲切变形,在加固深度范围内气相体积大大减少,最大可减少 60%,加固土体的范围呈长梨状[34]。

2) 加固饱和土的原理

对强夯法加固饱和软黏土原理的研究目前还不很深入,用强夯法处理细颗粒饱和土时,目前主要是借助于动力固结的理论,即巨大的冲击能量在土中产生很大的应力波,破坏了土体原有的结构,使土体局部发生液化并产生许多裂隙,增加了排水通道,使孔隙水顺利逸出,待孔隙水压力消散后,土体固结。由于软土的触变性,强度得到提高[35]。Menard根据强夯法的实践,首次对传统的固结理论提出了不同的看法——认为饱和土是可压缩的这一新机理[36]。

(1) 土中裂隙的形成。

强夯时,重锤反复作用于地面,在地基中产生很大的应力。通过实际测量可知,在夯击能作用下,土中产生了一个逐渐增大的水平拉应力,一般夯击 15~20 次之后,这种水平拉应力达到最大。在强夯过程中,有效应力变化十分显著,而且主要是垂直应力的变化,由于垂直向的总应力保持不变,而超孔隙水压力逐渐增大,使垂直应力减小,因此这种应力变化的结果在地基中产生很大的水平拉应力。这种应力梯度就使土体在垂直方向上产生大量微裂缝,大大增加了孔隙水排出的通道,使饱和细粒土体的渗透系数增大,于是使具有很高压力的孔隙水能沿这些通道顺利逸出,加速饱和土的固结。工程现场实践表明:饱和细粒土体经强夯后,在夯坑周围会出现径向或环向裂缝,地下水会从这些裂缝中冒出来。所以,应该规划好强夯的施工顺序,避免不规则的紊乱夯击破坏这些天然排水通道的连续性[37]。

当孔隙水压力消散到小于颗粒间的侧向压力时,裂隙即自行闭合,土中水的运动重新又恢复常态[38]。夯击时出现的冲击波,将土颗粒间吸附水转化为自由水,因而促进了毛细管通道横截面的增大。

(2) 饱和土的压缩性。

在工程实践中,不论土的性质如何,夯击时都能引起地基土的很大沉降,这个结果对粒状土是可以理解的,但是对渗透性很小的饱和细颗粒土,孔隙水的排出被认为是考虑沉降的充分和必要条件,这是传统的固结理论的基本假定。由于饱和细颗粒土的渗透性低,因而在瞬间荷载作用下,孔隙水不能迅速排出,这样就无法理解在强夯时会立即引起很大沉降的机理。

但是 Menard 认为,由于土中有机物的分解,第四纪土中大多数都含有以微气泡形式出现的气体,其含气量在 1%~4% 范围内,进行强夯时,气体体积压缩,孔隙水压力增大,随后气体有所膨胀,孔隙水排出的同时,孔隙水压力就减小。这样每夯一遍,液相体积和气相体积都有所减少。根据试验,每夯一遍,气体体积可减少 40％[39]。

(3) 饱和土的局部液化。

在夯锤的反复作用下,饱和土将引起很大的超孔隙水压力,随着夯击次数的增加,超孔隙水压力也不断提高,致使土中有效应力减小。当土中某点的超孔隙水压力等于上覆的土压力(对于饱和粉细砂土)或等于上覆土压力加上土的内聚力(对于轻亚黏土和亚黏土)时,土中的有效应力完全消失,土的抗剪强度降为零,土颗粒将处于悬浮状态,从而达到局部液化。此时,由于土体骨架联结完全被破坏,土体强度降到最低,使饱和土体中的水流阻力也大大降低,即土体的渗透系数大大增加,而处于很大水力梯度作用下的孔隙水就能沿着土中已经由夯击而产生的裂缝面或者击穿土体中的薄弱面迅速排出,超孔隙水压力比较快地消散,加速了饱和土体的固结,遂使土体的抗剪强度和变形模量均有明显的增加。天然地基土的液化常常是逐渐发生的,绝大多数沉积物是层状和结构性的,粉质土层和砂质土层比黏性土层先进入液化状态,强夯时所出现的液化不同于地震时的液化,因为它只是土体的局部液化。

(4) 饱和土的触变恢复。

饱和细粒土在强夯冲击波的作用下,土中原来处于静平衡状态的颗粒、阳离子、定向水分子受到破坏,水分子的定向排列被打乱,颗粒结构从原先的絮凝结构变成某种程度的分散结构,粒间联系削弱,因此强度降低。但在夯后经过一定时间的休置后,由于组成土骨架中最小的颗粒——胶体颗粒(粒径约为 0.0001mm)的分子水膜重新逐渐联结,恢复其原有的稠度和结构,和自由水又粘接在一起形成一种新的空间结构,于是土体又恢复并达到更高的强度,这就是饱和软土的触变恢复特性。饱和土体的触变恢复期可能会延续几个月。据实测,饱和细粒土夯后六个月的平均抗剪强度能增加 20％～30％,变形模量可提高 30％～80％。因此,强夯后质量检验的勘探工作或测试工作,至少宜在强夯施工后一个月再进行,否则得出的指标会偏小。

灵敏度高的黏土中,存在触变现象这一土的特性是众所周知的。其实这一现象对所有细颗粒土都是明显的,仅在程度上有所不同而已。值得注意的是,细粒饱和土处于触变恢复期中对振动极为敏感,稍加振动则易使刚逐步恢复联结的土颗粒重新分散,导致强度又大幅度降低。因此,进行强夯施工后,立即进行加固效果检验时,必须采用振动力很小的检验手段,切忌采用具有很大冲击振动的检验方法,以免得出不符合实际加固效果的数据[34]。

15.3.2　锤重、落距与加固深度的关系

在强夯设计时,当选好的夯击能不变时,需要确定锤重和落距,夯击能等于锤重乘以落距。在选定一种夯击能后,对锤重和落距有多种选择方案。对于选择重锤低落距或者轻锤高落距有待商榷。

在某一强夯法地基处理工程中[40],第二层强夯过程的点夯能量采用 3000kN·m,由于机器设备的不同,所以在相同地基上对同一夯击能采用了不同的锤重和落距方案,包括 20t×15m、19t×16m、18t×17m 三种方案,几种强夯设备分片进行强夯。三个锤的材料

由重到轻分别是钢锤、铸铁锤和外包铸铁的混凝土锤,它们的锤底面积相同。强夯结果表明,虽然是相同的能量,但是夯坑的深度却有规律性的差异存在。表 15-5 中列出了不同的锤重与落距情况下所对应的典型夯坑深度值及夯后地基的平均加固深度值,并分别作出了平均加固深度与锤重的关系图以及平均夯坑深度与锤重的关系图,如图 15-24 所示。

表 15-5　不同锤重与落距时的夯坑深度与加固深度对比

锤重与落距	典型夯坑深度/m						平均加固深度/m
	1	2	3	4	5	6	
20t×15m	1.46	1.43	1.38	1.41	1.45	1.36	8.3
19t×16m	1.29	1.32	1.26	1.30	1.25	1.24	7.5
18t×17m	1.19	1.15	1.16	1.23	1.20	1.18	6.8

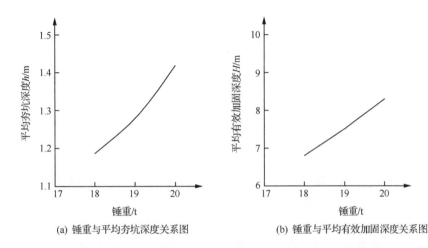

(a) 锤重与平均夯坑深度关系图　　　　　　(b) 锤重与平均有效加固深度关系图

图 15-24　等能量下锤重与平均夯坑深度及平均有效加固深度的关系

由表 15-5 中数据可以看出,锤越重的强夯机夯的那片区域,夯坑深度越大。一般而言,在相同的非饱和土地基上,夯坑深度越大代表着加固效果越好,加固深度也越大。在强夯完成并且经过一段恢复期后进行强夯加固深度的现场勘测,发现相同能量下锤重越大的区域强夯加固深度也越大。

加固效果除了和强夯采用的能量有很大关系之外,还和强夯时锤的接地动量有一定的关系。强夯时夯锤接地时的动量计算式为

$$MV = M\sqrt{2gH} \tag{15-92}$$

式中,M 为锤重(此处用 kg);V 为锤的接地速率(m/s);g 为重力加速度(m/s²);H 为落距(m)。而且,在夯击几次之后,夯坑下面将会形成一个柱状密实土体,假设它的质量为 M_1,受到夯锤冲击后产生瞬时速率为 V_1,那么夯锤与它之间的动量传递关系式为

$$MV = M_1V_1 \tag{15-93}$$

式(15-93)显示,在强夯能量相等的情况下,夯锤的动量越大,给予夯坑下土体的动量越大,而夯坑下的柱状密实土体质量一定。所以,动量越大,密实柱体的速度越大,从而对柱体以下的松散土体产生的加固效果也越大,也就是让密实柱体以下的土体更好更快地

密实,从而使得密实柱状土体在深度方向迅速增长,增加了土体有效加固深度。当锤重增加一倍时,动量增加一倍;但是当落距增加一倍时,动量只增加了 0.414 倍。因此,要增加动量时,增加锤重要比增加落距效果更明显。

另外,有文献指出[35],夯坑下密实柱状土体的能量吸收系数与 M_1 成正比,与 $(M+M_1)$ 成反比,所以锤重 M 越大,柱状密实土体吸收的能量越少,从而有更多的能量传递到下部土体,更好地增加了有效加固深度。在桩基工程中打桩时,也会发现能量相等的情况下锤轻但落距大时容易造成桩身损坏,而且桩难以打进,但是当选用锤重但落距小时,桩身损坏很小,而且易于打进去。其中一个原因就是,当锤轻时,桩身传递到底下土中的冲击能较小,而自身吸收的能量较多,所以容易造成桩本身的破坏;而在锤重时,大多数能量被传递到桩底下的地基土中,而桩本身吸收能量少,因而桩身不容易破坏。因此,进行强夯设计时,应该适当地采用重锤低落距的方案。这样有利于在相同能量下增加加固深度,提高加固效果,节约工程投入资金。

强夯时的收锤标准,理论上讲,当强夯处土中的孔隙水压力上升到与覆盖压力相等时就会产生液化现象[39],此时已经不能再夯,再夯就会破坏土的结构,这时的强夯能量被认为是饱和夯击能,从而认为产生液化现象就是收锤的标准。通过在地基土里面埋设孔隙水压力传感器,在强夯施工时进行监测,当发现孔隙水压力上升到与土体自重应力相等的最大值时,就停止强夯。这种饱和夯击能的提法在理论上是正确的,但是在实际工程中却不能用来作收锤的标准,因为必须考虑到用最经济的方案来施工。当一个夯点被夯击到最后时,有个实际夯沉量的问题,即用夯坑体积减去隆起体积,才是有效夯实体积。一般而言,夯到最后都会发现实际的有效夯实体积越来越小,在地基达到液化之前就发生了夯坑体积接近于隆起体积,从而使得有效夯实体积接近于零的情况。有效夯实体积是用来评价强夯效果的一个重要指标,当有效夯入体积太小时,即使地基没有达到液化也不能再夯。而且,还必须要保证有效夯入体积不能过小,也就是说夯坑体积比隆起体积应当大一定的量,表明这一锤下去还是产生了实际夯实效果,提高了地基土的密实度,达到了加固地基的目的,这样夯实能量才能得到很好的应用,否则就全都浪费在对地基土的侧向挤出上面了,很不经济。

15.3.3　散体岩料的动压固效果

在岩土工程中,各种散料处理方法已不断得到推广与应用,但对散料的动态力学特征,特别是强动载荷下的密实机制及其能量耗损研究尚少。为探讨冲击加固散料的可行性及其冲击载荷下散料的密实特征,我们曾对不同粒度的散体岩料分别进行了不同加载强度下的动态压固试验[41]。

试验采用自制的 SHPB 装置进行,散体岩料的布置如图 15-25 所示。每次称取一定质量(m)和粒度的散体岩料,施微压后置于两杆之间,并记下相应的长度(L),即可得到初始密度;然后通过入射杆向散体岩料施以一定能级(W_1)的冲击,每次冲击后记录下岩料的相对位移以及入射、反射和透射应力波,这样就可求得冲后密度和各种能量值。图 15-26 给出了对磁铁矿散料每次施以约 35.4J 冲击能时所测得的第 6 次冲击的应力波形。对每一质量和粒度的岩料在最终冲完后,再将岩料过筛,以求得冲后粒度的变化。

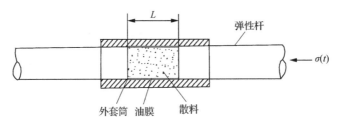

图 15-25　散体岩料的安置

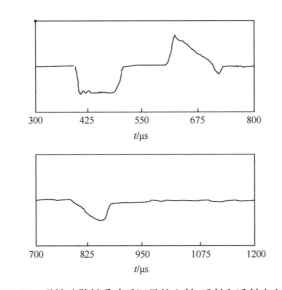

图 15-26　磁铁矿散料受冲后记录的入射、反射和透射应力波形

　　试验用散体岩料来自破碎后处于自然干燥状态下的红砂岩、花岗岩、大理岩和磁铁矿,其散料较为干燥,湿度很小,除特别注明散料湿度以外,其余散料干燥程度均相差不大。

1. 波能在散料中的衰减

　　图 15-27 和图 15-28 为粒级相同的红砂岩散料在不同入射能级和等能级不同散料松散长度下的冲击试验结果。从图 15-27 和图 15-28 可以看出,当入射能较小而散料较厚时,反复冲击后散料所能达到的密度相对较低,且密度不随冲击次数的增加而明显增大。由于能量较小,散料未能达到其密实程度,同时厚度较大,波能在散料中迅速衰减,因此在散料的另一端记录不到透射波(图 15-28 曲线 1)。当加大能级时,散料的击实密度明显地增大。从试验结果还可看出,如果厚度太小,则所能达到的击实密度反而减小。因此,每一能级下,都有一较优的散料厚度,在此厚度下,散料的击实密度相对较大。对照图 15-27 和图 15-28 还可得知,当散料密度随冲击次数变化不大时,其透射能也随冲击次数变化不大,而相对平稳。

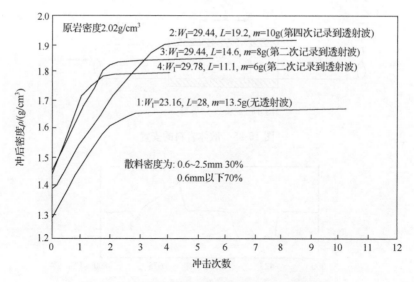

图 15-27　红砂岩散料冲击次数与冲后密度的关系

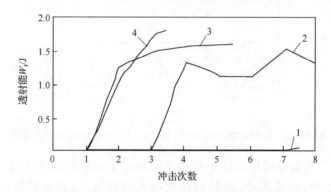

图 15-28　图 15-27 曲线所对应的透射能随冲击次数的变化

2. 散料粒级的影响

图 15-29 和图 15-30 为等量下不同粒级水平的红砂岩散料冲后密度随冲击次数变化及透射能随冲击次数变化的关系。试验结果表明，等能级下粒级水平过小或过大所对应的击实密度相对较小，波的衰减也较快，即每一能量水平下均有一击实密度较大、波衰减较慢的合理粒级水平。同时，从冲击粒度分布还可看出，应力波通过散料过程中，除一部分能量用于颗粒间的重新排列（导致密实或松散）外，还有一部分能量将用于散料颗粒间的再破碎，受冲以后，颗粒的粒级水平相对减小。

3. 散料类别的影响

图 15-31 和图 15-32 为粒级相同（0.6～2.5mm）、质量相等（$m=10$g）的不同类型散料在等能级水平下冲后密度、透射能和透射力随冲击次数变化的关系。

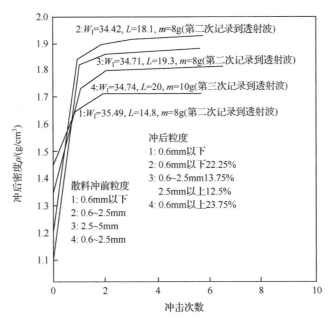

图 15-29　不同粒级红砂岩散料冲后密度与冲击次数的关系

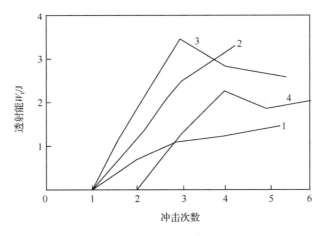

图 15-30　图 15-29 曲线所对应的透射能随冲击次数的变化

从图 15-31 和图 15-32 可以看出,不同类型的散料,其击实密度和承载力是不同的,虽然在试验范围内受冲击后的击实密度未能达到原岩密度,但散料所对应的原岩密度越大,最终的击实密度也相应地大。同时,随着原岩强度(或波阻)的增大,其波的衰减减慢,承载力增大。从冲后密度的分布结果也可看出,冲后粒度也随散料类型的不同而有所差异,等能级下,原岩强度越大,越致密、越硬的散料所对应的再破碎颗粒的比例相对地减小。

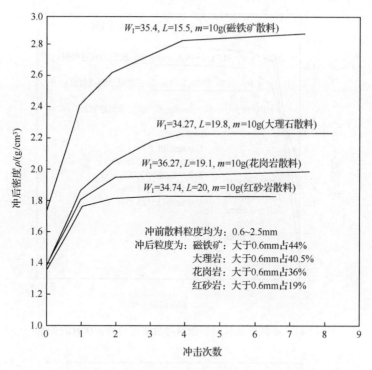

图 15-31　不同散料的冲后密度随冲击次数的变化

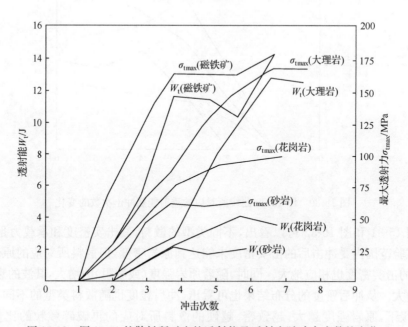

图 15-32　图 15-31 的散料所对应的透射能及透射力随冲击次数的变化

4. 散料厚度的影响

图 15-33 为不同初始厚度的磁铁矿散料受冲后透射力随冲击次数变化的关系。从图 15-33可以看,出当厚度较大,冲击能级较小时,波能够传递到另一端(出现透射力)所对应的冲击次数较大。由于在此条件下的密度较小,波的衰减较快,且传播距离长,因此对应的透射力较小。在等能级下,随着厚度的增加,等冲击次数所对应的透射力明显减小。

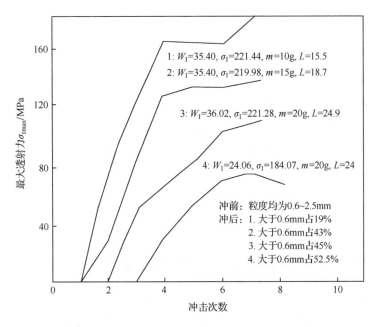

图 15-33　不同散料厚度的磁铁矿受冲后的最大透射力

5. 温度的影响

为考察湿度对击实密度和承载力的影响,对干燥的和含水约为 30%(质量分数)的红砂岩散料及湿度较大的黄土进行了加载能级等条件相当下的冲击试验,湿度很大的红砂岩散料受冲时处于可排水状态。图 15-34 为这组冲击试验的试验结果。从试验结果可以看出,散料适当润湿后,只要加载处于可排水状态,就可明显提高其承载力和冲后密度,湿度较大的黄土和润湿后的红砂岩散料受冲后,散料固结较好。将这两块固结了的散料置于自然状态干燥近 3 个月后进行抗压试验,得到其单轴抗压强度分别为 16.99MPa 和 4.18MPa。从实测到的应力波形的对比也可得出,润湿后的红砂岩散料受冲后的透射波明显比干燥条件下的大。

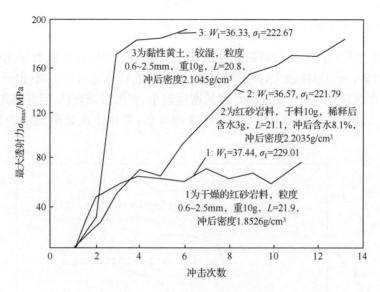

图 15-34　干湿度不同的散料受冲后的密度和最大透射力

15.4　岩土工程中的无损检测

应力波是应力在介质中以一定的速度从一部分传到另一部分的一种传递形式,由应力波传播理论可知,应力波传播速度与介质的弹性模量、密度以及泊松比等物理性质有关。应力波在传播过程中,遇到裂纹、孔洞等不连续的界面时会发生散射、折射以及反射等现象,因而在传播过程中可以携带大量的缺陷信息,据此可以检测物体的物理特性以及各种缺陷。应力波无损检测技术相对于其他检测方式,具有成本低、检测方便等特点,因而受到广泛的重视与应用。

15.4.1　混凝土无损检测

混凝土结构无损检测主要是指对混凝土强度和完整性两个方面进行的检测,其主要检测方法包括回弹法和超声法。混凝土结构的完整性检测的主要内容包括内部缺陷(如裂缝、空洞、离析)、厚度以及锈蚀程度等。近年来,以应力波理论为基础发展起来的冲击回波法混凝土结构无损检测新技术得到了广泛的应用[42,43]。

冲击回波法(impact echo method)是 20 世纪 80 年代由美国国家标准学会(NIST)和美国康奈尔大学共同研究提出的一种新型无损检测技术。该方法是在结构表面施以微小冲击,产生应力波,当应力波在结构中传播遇到缺陷与底面时,将产生来回反射,并引起结构表面微小的位移响应,接收这种响应并进行频谱分析可获得频谱图。频谱图上突出的峰就是应力波在结构面与底面及缺陷间来回反射所形成。根据最高峰的频率值可计算出结构厚度;根据其他频率峰可判断有无缺陷及其深度。表 15-6 和图 15-35 给出了由美国 Olson 公司研制的 IES 扫描式冲击回波系统的基本参数和三维成像直观显示结果[43]。

表 15-6　IES 扫描式冲击回波系统基本性能参数

型号	测试厚度 /cm	精度 /%	耦合剂	测试面数 /个	测试速率 /(个/h)	结果显 示形式	主要组成仪器
IES	9～50	2	不需要	1	2000～3000	三维成像	Freedom Data PC 数据采集单元 IE Scanner 扫描式冲击接收单元

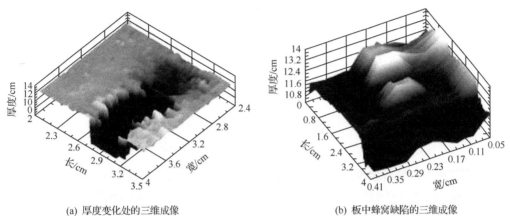

(a) 厚度变化处的三维成像　　　　　　　　(b) 板中蜂窝缺陷的三维成像

图 15-35　IES 三维成像图

冲击回波法是单面反射测试,其测试方便、快捷、直观,并且测试一点即可判断一点。该技术适合于各类土木工程的混凝土和沥青混凝土结构的内部缺陷检测及厚度测量。

1) 测试原理

利用钢珠冲击混凝土表面,形成一瞬间应力脉冲(图 15-36)。该应力脉冲由压缩波(纵波,P 波)、剪切波(横波,S 波)和瑞利波(R 波)组成。P 波和 S 波沿圆形波阵面传入被检测试件,R 波沿表面传播。当 P、S 波在传播过程中遇到缺陷或边界(底面)时,由于两种介质的波阻抗率不一致,应力波在这些界面处将发生反射。这样,在表面与界面(缺陷与边界)之间产生多重反射,从而形成瞬时的类谐振条件。当把一个传感器置于冲击点附近时,即可测出该处由于多次反射引起的表面位移响应。

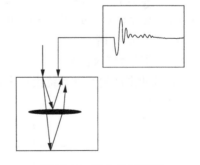

图 15-36　冲击发射原理

冲击回波测量中,因为冲击点以下 P 波的幅度最大,而 S 波的幅度较小,所以回波主要为 P 波。因此,在传感器所获得的时间-位移曲线(图 15-36)上看到的是 P 波多次反射引起的表面位移变化情况。

将所得的冲击响应进行快速傅里叶变换(FFT),即可获得该冲击响应中各种频率成分的振幅分布图,称为频谱图(振幅谱)。图 15-37 是应用 IES 冲击回波测试系统在一块混凝土板上冲击,接收到响应后进行 FFT 变换,最后在计算机屏幕上获得的响应(波形)及频谱图。频谱图中最高的峰值正是由于应力波在顶面与界面(此处为底面)间来回反射

形成的振幅加强所致。最高峰值所对应的频率就是板厚频率。图 15-37 中板厚频率为
10.25kHz,计算板厚为 205mm。

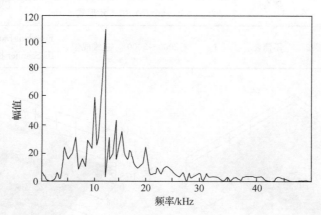

图 15-37　计算机屏幕上显示的测试分析结果

在靠近冲击点处所接收到的反射 P 波,其传播路路径大致是板厚 h 的 2 倍。来回反
射一次的周期应等于传播路径 $2h$ 除以 P 波的速率 C_p,频率是周期的倒数,故与某厚(深)
度相应的频率 f 应为

$$f = \frac{C_p}{2h} \tag{15-94}$$

从式(15-94)可得到,在频谱图上的某个峰值所对应的厚(深)度可由下式计算

$$h = \frac{C_p}{2f} \tag{15-95}$$

式中,f 为频谱图上该峰值所对应的频率值;C 为被测试样应力波速率,可通过已知厚
度,用上述公式来确定,也可用超声法测得。应力波速度约为以超声法测得的超声脉冲速
度的 0.9~0.95 倍。

2) 测试装置及流程

IES 冲击回波测试系统由冲击器、接收器、采样系统(主机)、电脑等组成,其测试流程
如图 15-38 所示。

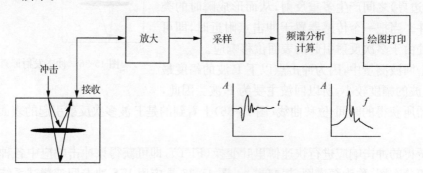

图 15-38　冲击回波测试流程

冲击回波法测试时,冲击必须瞬间完成,以便产生一个大致为正弦波形的应力脉冲。

冲击持续时间 t_c（钢珠与混凝土表面的接触时间）决定了所产生的应力脉冲的频率成分，进而影响振幅谱中振幅峰值的大小，从而影响主频率的确定，要想获得高质量数据就应选择合适的冲击持续时间。对于直径为 D（单位为 m）的钢珠冲击混凝土表面产生的冲击持续时间为[44,45]

$$t_c = 0.0043D \tag{15-96}$$

产生的最大频率为

$$f_{\max} = 1.25/t_c = 291/D \tag{15-97}$$

脉冲的大部分能量包含在低于大约 $1.5/t_c$ 的频率段内[46]。但要注意的是：冲击持续时间决定了试验所能检测的缺陷和厚度的尺寸。当持续时间减少时，脉冲包含较高的频率成分（波长短），可以探测出较小的缺陷或界面，探测的厚度也较薄。冲击持续时间应选择得使发生的脉冲所包含的波长大致等于或小于被探测缺陷或界面的横向尺寸及被测厚度的 2 倍（$2h$）。

IES 冲击回波测试系统配置有 6 种不同的冲击头，不同的冲击头各含一粒不同直径（5mm、6mm、8mm、9.5mm、12.8mm、20mm）的钢珠，通过更换冲击头可以产生宽度在 15~100μs 的不同脉冲。根据所测试试样的厚度及缺陷深度（可参考表 15-7）选择不同的冲击头。如果测量厚度较大，用 20mm 的钢珠仍不能获得明显的厚度频率峰值，则可改用尖头的小铁锤快速地敲击。

表 15-7　钢珠直径选择表

试样厚度/cm	10~20	20~30	30~50	50~100	>100
钢珠直径/mm	5	6~8	8~9.5	9.5~20	20 以上

3) 混凝土板厚度与缺陷的测量

图 15-39 是在一厚度为 80cm 的墙体上检测的结果。其中，图(a)是获得的时域波形，图(b)是频谱图。因采样频率为 500kHz，采样点数为 1024，故频率分辨率（频谱图上相邻点的频率间隔）为 0.49kHz。从图中看出，频率最高峰值为 2.44kHz，相应的计算厚度为 86cm。对于这种较厚的墙体的测量，0.49kHz 的分辨率是不够的，必须采用频率细化处理。图 15-39(c)是局部细化后的频谱图。从细化处理后的频谱图看到，精确的峰值频率应是 2.56kHz，精确的厚度测量结果为 82cm，这是准确的测量结果，与实际厚度仅相差 2cm，误差为 2.5%。

图 15-40 是在一蜂窝状缺陷上方检测到的结果，板厚为 30cm，缺陷顶面距板表面约 20cm 深。从图 15-40 可以看到，6.34kHz 处仍有一最高峰，这显然是板底反射的结果。此外，11.23kHz 处有一明显的次高峰，这就是缺陷对应力波多次反射的结果。该频率峰值相应的计算深度约为 20cm，与缺陷实际深度相符。在缺陷上方检测的另一情况是厚度频率峰值向低频方向偏移，板厚度频率峰值为 6.34kHz。厚度频率峰值向低频漂移是由于应力波绕过缺陷传播使传播路径加大，来回反射一次的周期增长，频率峰值的频率就变小，这也是板内存在缺陷的另一特征。

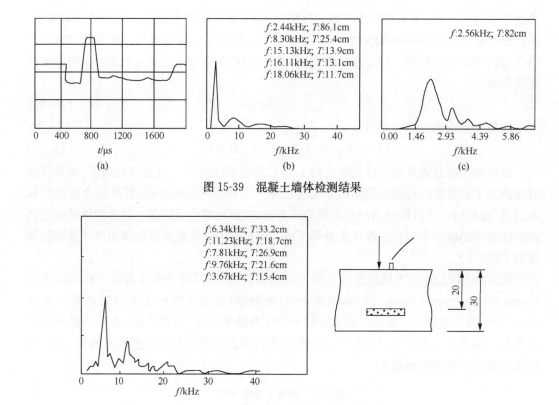

图 15-39　混凝土墙体检测结果

图 15-40　混凝土板内缺陷监测结果

15.4.2　锚杆无损检测

锚杆是矿山、交通等地下工程及边坡支护加固的重要手段。锚杆嵌入岩石中的长度及锚杆与岩石间的注浆饱和度是影响锚杆发挥其最大支护作用的关键因素,因此对锚杆进行加固质量检测则显得极为重要。针对锚杆锚固质量检测问题,目前国内外尚无成熟的锚杆检测方法。目前最常用的锚杆锚固质量检测方法是静载拉拔试验,一般仅能以拉拔力为指标对锚杆锚固质量进行评价,导致验收单位难以对施工过程中实际锚固长度及注浆饱和度是否满足设计要求作出很好的定量评价。另外,静载拉拔试验是一种破坏性试验,不宜对工程中的锚杆进行大面积检测。因此,把应力波理论应用到锚杆锚固质量检测中,以期能够对锚固长度和注浆饱和度作出测定,达到对锚杆锚固质量作出评价的目的,则显得非常的重要。

应力波锚杆无损检测法是一种快速有效的低应变动测法,其基本原理是:在锚杆顶端施加一瞬态冲击荷载,当锚杆头受瞬态力激振后,引起锚杆头质点振动,并以应力波的形式向锚杆底传播。当波在均匀介质中传播时,波的传播速度、幅度和类型均保持不变;但当波在不均匀介质(波阻抗发生变化)中传播时,它将产生反射、透射或散射现象,波的强度将发生突变,导致扰动能量重新分配,一部分能量以透射波形式穿过界面继续向前传播,另一部分能量以反射波的形式反射回原介质。在实际工程中透射波不易测得,但反射波可在其传至锚杆顶端时由安装在锚杆顶端的传感器(加速度计或速度计)测得,通过对反射信号进行时频域分析,获得锚杆锚固长端及锚固质量等参数,从而对锚杆锚固质量进行评价。

1. 锚固段长度检测

如图 15-41 所示,在锚杆顶端施加一瞬态冲击载荷,杆体内将有一稳定的应力波向前传播,应力波在遇到变阻抗界面时将发生反射与透射。应力波到达锚固段的上、下界面发生的反射,分别称为固端反射与底端反射。

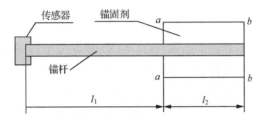

图 15-41 锚杆动测示意图

如果已知锚杆长度为 L,并在波动曲线上能识别出首波信号、固端反射信号和底端反射信号,则可读出固端反射时间 t_1 和底端反射时间 t,若预先测出自由锚杆内的弹性应力波速度 C_0,则可以计算锚杆的自由段长度 l_1 和锚固段长度 l_2 为

$$l_1 = \frac{1}{2}C_0 t_1, \quad l_2 = L - l_1 \tag{15-98}$$

2. 锚固质量检测

锚固质量检测主要是检测锚杆的注浆饱和度与锚杆注浆存在缺陷的位置。在实际工程中,大多综合利用波形判别法和频谱分析法来提供定性或半定量的测试结果。

根据波动理论,波的衰减形式主要有 3 种[47],即扩散衰减、散射衰减和吸收衰减,其波动方程可表示为

$$A = A_0 e^{-\alpha x} e^{i(wt - kx)} \tag{15-99}$$

式中,A_0 为初始波振幅;A 为传播距离为 x 的振幅;$A_0 e^{-\alpha x}$ 是式(15-99)波幅波动方程的包络线函数。

由此可将波的衰减系数表示为

$$\alpha = \frac{1}{x} \ln \frac{A_0}{A} \tag{15-100}$$

对于自由锚杆或能看到底端反射的锚固锚杆,通过测量底端的多次反射波振幅 A_i,就可以计算出相应的衰减系数为

$$\alpha = \frac{1}{2L} \ln \frac{A_i}{A_{i+1}}, \qquad i = 0, 1, 2, \cdots \tag{15-101}$$

当注浆饱和度较好时,锚杆体内传播的应力波大部分能量会透射到围岩体中去,只有小部分能量反射回来,这样应力波激发给锚杆的能量因周围介质透射而引起明显的衰减,

此时传感器所接收到的回波信号的特征应是波形较简单、能量相对较弱，α 较大。当注浆饱和度不密实时，应力波会集中在杆中传播而很难辐射到杆外的介质中去，此时波在杆中的传播现象较灌浆密实的情况要复杂得多，在记录上表现为反射波能量很强且波形很复杂，α 较小。锚杆注浆饱和度越高，能量散射到围岩以及锚固体中就越多，反射波的幅值越小。因此，用被测锚杆反射波的幅值和标准锚杆的反射波幅值进行比较，就可以得到锚杆的注浆密实度情况[48]。

同时，通过分析应力波相位的变化特征，即可定出锚杆注浆存在缺陷的位置。缺陷位置按下列公式计算[49]

$$x = \frac{1}{2}\Delta t_x C_m \quad 或 \quad x = \frac{1}{2}\frac{C_m}{\Delta f_x} \tag{15-102}$$

式中，x 为锚杆杆端至缺陷界面的距离（m）；Δt_x 为缺陷反射波传播时间（s）；C_m 为同类锚杆的波速平均值，若无锚杆模拟试验资料，应按下列原则取值：当锚杆注浆饱和度小于 30％时，取锚杆自由状态下的波速平均值；当锚杆注浆饱和度大于或等于 30％时，取固结波速（锚杆、锚固剂和围岩共同组成的体系）的平均速度（m/s）；Δf_x 为频率曲线上缺陷相邻谐振峰间的频差（Hz）。

3. 锚杆无损检测工程实例

在某高速公路的隧道工程中[48]，锚杆的设计长度为 $3\sim5m$ 的全长砂浆锚杆。采用 JL-MG 锚杆质量检测仪，该仪器由采集仪、发射震源、检波器和分析处理软件组成。发射震源在锚杆外露端头激发的弹性波，沿着锚杆传播并向锚杆周围辐射能量，检波器检测到反射回波，并由检测仪对信号进行分析与存储。反射信号的能量强度和到达时间取决于锚杆周围或端部的注浆饱和度状况。通过用分析处理软件对信号进行分析处理，可以确定锚固段长度以及注浆饱和度的整体质量。

图 15-42～图 15-45 为实测数据和处理结果图。每张图中，上面的图形为原始记录波形经数字滤波后的波形，中间的图形为对应波形的瞬时相位分析曲线，下面的图形为建立的锚杆模型。实践表明，原始记录波形与瞬时相位曲线相配合，能够更好地揭示锚固体系的缺陷。图中圆圈标记处为缺陷位置或底端反射位置。

图 15-42 所示波形在底端反射处有相位突变，中间没有异常缺陷反射，说明该锚杆锚固质量很好，由幅值比可以定出锚固注浆饱和度为 95％，且长度达到设计要求，故总体评价定为优。

图 15-43 所示波形在底端反射处有相位突变，中间从 2.4～2.6m 处出现一处相位突变，定为局部不密实，由幅值比定出锚固注浆饱和度为 86％，长度达到设计要求，总体评价定为良。

图 15-44 所示波形在底端反射处有相位突变，中间存在两处相位突变，由幅值比定出锚固注浆饱和度为 75％，长度达到设计要求，总体评价定为合格。

图 15-45 所示波形对应锚杆长度达到设计要求，但由幅值比定出锚固注浆饱和度仅为 50％，存在严重空浆，出现很强的二次反射，故定为不合格。

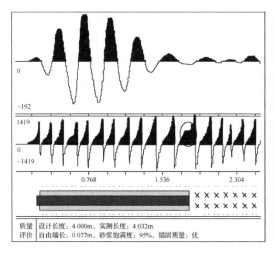

图 15-42　锚固质量为优的锚杆检测分析数据图　　图 15-43　锚固质量为良的锚杆检测分析数据图

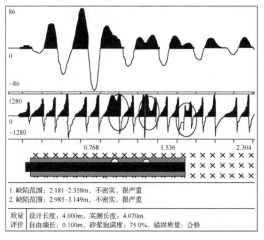

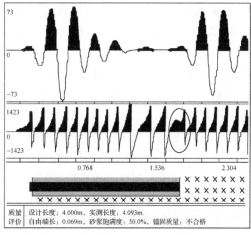

图 15-44　锚固质量为一般的锚杆检测分析数据图　　图 15-45　锚固质量为差的锚杆检测分析数据图

15.5　防护工程

　　应力波理论在防护工程中的应用研究,主要涉及爆炸产生的冲击波和应力波在岩土介质中的传播。而防护工程的目的在于,通过设计不同的防护结构来阻挡这种强动载荷产生的破坏。因此,需要了解强动荷载作用的破坏机理、地下结构的安全防护层厚度计算方法,利用土体及天然断层的消波隔震机理和地下硐室抗爆设计方法。

15.5.1　爆炸波对地下坑道的破坏机理

　　随着科学技术的飞速发展,大规模、高强度的连续空中打击已成为现代化高技术局部战争的突出特点之一。以往对于防护结构的研究重点多集中于增强抗常规武器的侵彻能力方面,而相对忽视了对强爆炸波引起的破坏效应的研究。即便是现代高科技战争,各类常规制导武器或小型战术核武器对地下人防工程的严重破坏,主要还是由弹药爆炸引发的爆炸波所引起的。爆炸产生的冲击波传播到结构顶板背爆面时将产生强反射拉伸波,在强拉伸波的作用下顶板将产生层裂,造成结构背爆面混凝土崩塌,形成大小不同的混凝土碎块,伤及工程内人员和设备。震塌破坏还将使结构承载能力大大下降,甚至失效。高强度爆炸波对地下结构的破坏作用甚至可以是整体破坏,这是因为爆炸波的作用范围广,传播距离远,当爆炸波的强度足够高时,就可以引起浅埋地下结构的整体坍塌。

总结我国过去几十年曾进行的十几次坑道抗爆性能试验,将钻地武器爆炸作用下对地下坑道的破坏机理分为如下七种形式[50]。

(1)震塌破坏。震塌破坏主要发生在坑道结构的迎爆面。当爆炸冲击波传播到坑道结构的迎爆面时会产生反射拉伸波,当反射波的拉伸应力大于坑道壁材料的抗拉强度时,就会产生震塌破坏现象,被震塌剥离的碎片会以某一速率向坑道内飞出。若入射的地冲击很强且持续时间较短,则坑道结构迎爆面不仅会发生第一次剥离,还可以继续产生剥离,不过剥离碎片的飞离速度越来越低,最后只能拉裂,不能分离。拉伸剥离破坏通常发生在应力波的波头,应力波峰值越高,升压段越陡峭,作用时间越短,则剥离破坏越明显。所以,人们又把震塌破坏称为动力层裂破坏。

(2)挤压剪切破坏。爆炸地冲击作用下,压剪破坏通常首先发生在坑道结构断面的动应力集中处。对于顶部爆炸压剪破坏,通常首先发生在拱腰,其次发生在拱脚及侧墙;对于侧向爆炸压剪破坏通常发生在顶部及墙脚。当爆炸地冲击作用到坑道结构时,会在坑道围岩中引起应力重分布,局部造成应力(应变)值增大,称为动应力(应变)集中。当应力(应变)强度大于坑道壁的抗压强度或抗剪强度时,坑道壁将产生不同程度的挤压剪切破坏,在应力(应变)集中的部位,破坏会更严重。喷锚支护钢筋网的箍筋及钢筋混凝土被覆的箍筋局部压屈向坑道内突出,混凝土"保护层"局部发生崩裂掉落,沿坑道轴向形成挤压剪切破裂带。挤压剪切破坏带两侧支护结构或岩体,还可能出现错叠现象。顶爆情况下坑道侧墙也会出现同样的挤压剪切劈裂破坏。

(3)局部剪切破坏。局部剪切破坏通常发生在受力不均匀的部位,如临近自由面的坑道口部及大的结构面存在的坑道部位。由于受力不均匀,围岩变形不均匀,甚至产生大的相对运动、错动。实践证明,倘若围岩发生较大变形、错动,则任何加固的坑道结构都难以阻挡。

(4)劈裂拉伸破坏。主要表现在迎爆面边墙和地板上。地下坑道受到来自顶部的爆炸地冲击时,在边墙和地板上,沿主应力方向常常产生拉伸破坏,类似于岩石试样的抗压试验,当夹具和受力端面摩擦力很小时,岩样侧壁出现劈裂破坏形态。由于挤压剪切破坏和劈裂拉伸破坏通常发生在应力波峰值过后的卸载阶段,相对于动力破坏的拉伸剥离而言,又称为准静力破坏。

(5)结构力学破坏。主要表现在迎爆面及高边墙的墙中部。在早期的无论是静载或动载条件下坑道被覆的设计计算中,我们把被覆独立出来,岩体对被覆的作用用给定的作用在被覆上的荷载束代替,也就是说,把地下坑道被覆当成地面结构按结构力学的原理计算。从围岩与坑道被覆的共同作用束看,这种观点是很陈旧的。但这种观点也多少反映了一些实际情况,能解释被覆的局部破坏现象,我们把这类破坏称为"结构力学型"破坏。

大量的试验表明,在爆炸荷载作用下,迎爆面中央及高边墙的中央变位较大,于是沿轴向出现受拉开裂,局部产生剪切破坏。

(6) 横向断裂破坏。爆炸地冲击入射到坑道壁面时,部分集中在硐壁,主要以压力波的形式沿坑道壁纵向传播而形成管波。管波是种表面波,压力沿硐半径径向向外按指数衰减,表面波中能量随距离的衰减比体波慢。管波遇到坑道被覆的伸缩缝、坑道断面突变处及坑口时,会产生拉伸波。当拉伸波应力超过坑道材料的抗拉强度时,坑道就产生横向断裂。

(7) 震动破坏。远离爆心的坑道,地冲击强度较弱,虽已不能引起坑道的剥离破坏、挤压剪切破坏和劈裂拉伸破坏,但在地冲击作用下围岩发生振动时,块状围岩中受地质结构面切割,与围岩无联系或仅有局部联系的岩石结构体滑落;层状围岩体中较弱夹层沿层面拉开、倒塌、或松动岩块震落。

炸药在硐室上方爆炸,产生的爆炸应力波在围岩中传播,当遇到硐室时,应力波除了被硐室表面反射外,还有沿硐室周边的绕射和散射。因硐室周边几何形状不连续,如存在转角和缺口,造成了应力波与硐室围岩发生作用时,形成围岩中应力分布的不均匀,使其中某个区域的应力局部增大,这种局部应力突然增大的现象,即所谓的动应力集中现象。在岩土等脆性材料构件中,若局部应力产生了动应力集中,当集中的应力超过岩土类材料所能承受的抗压、抗拉极限时,便会在动应力集中的部位产生屈服或断裂。当地下防护工程受到钻地炸弹袭击时,爆炸应力波在围岩中传播,根据炸弹装药量的大小,极有可能在硐室围岩中形成动应力集中,因此对爆炸荷载下的动应力集中现象应引起足够的重视。

15.5.2 坑道安全防护层厚度计算方法

总体来看,常规钻地武器爆炸作用下坑道安全防护层厚度的研究,主要考虑不同钻地深度爆炸在不同围岩中自由场地冲击强度和地冲击作用下坑道结构毁伤效应这两个因素,它涉及爆炸力学、岩石力学、地质力学、结构动力学、应力波与地下坑道、工程结构相互作用等许多学科。由于工程实际中的各种具体条件十分复杂,影响工程破坏的因素很多,对于各种不同的岩土介质和工程结构形式,哪种地冲击参数是引起工程破坏的主要因素,围岩的地冲击参数安全值如何确定等,有待深入研究[50]。

根据常规钻地武器爆炸作用下坑道破坏特征和破坏机理,人们常将坑道安全防护层厚度定义为:常规武器直接命中在坑道顶部地面上或侵入岩体中一定深度处爆炸时,坑道被覆结构或毛洞无可见性破坏,支护结构不产生震塌破坏现象的最小厚度。当坑道的防护层厚度超过这一深度时,结构一般可按静载设计,确切地说,在这种情况下,结构虽然还受到一定的动载作用,但从已有的实测资料来看,被覆不会产生震塌破坏,即结构是安全的,将此时的坑道防护层厚度作为安全防护层厚度 H_0。

在计算抗常规钻地武器坑道安全防护层厚度 H_0 时,考虑的应该为爆心投影点下临界不震塌厚度 R_0,从弹体对斜坡下坑道工程侵彻后爆炸震塌最深处入手,常规钻地武器作用下斜坡岩石中坑道工程安全防护层厚度的计算如图 15-46 所示。C 点上覆盖层的厚度 $|CD|$ 为坑道最小安全防护层厚度;A 点为钻地武器钻入斜坡的初始点,在 B 点爆炸;e 为装药中心高度,主要与武器型号有关。

综合以上分析,可以得出常规钻地武器侵入地下不同深度 h_q 爆炸时,抗常规钻地武

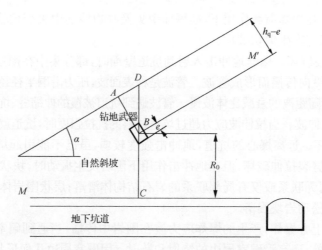

图 15-46　侵彻爆炸条件下最小安全防护层厚度示意图

器坑道安全防护层厚度可由下式确定,即

$$H_0 \geqslant \frac{h_q - e}{\cos\alpha} + R_0 \tag{15-103}$$

目前,对于常规钻地武器爆炸条件下,坑道的安全防护层厚度"定义"的说法不一,而定义的不同导致了计算方法的不同,表 15-8 列举了现有的几种典型的安全防护层厚度计算方法[50]。

表 15-8　现有几种典型计算方法的概述[50]

名称	计算方法	应用评价
破坏半径法	被覆坑道:$H_0 \geqslant h_q + 2.5r_p - e$ 不被覆坑道:$H_0 \geqslant h_q + 5r_p - e$;$r_p = mK_p\sqrt[3]{C}$ 式中:H_0 为坑道的最小安全防护层厚度(m);e 为装药中心高度,主要与武器型号有关;h_q 为炮、航弹弹丸侵彻深度(m);r_p 为破坏半径(m);K_p 为破坏系数;C 为 TNT 装药量(kg);m 为填塞系数	这种方法在较早的规范中采用,缺少理论基础,是经验的总结归纳,由于该方法不区分支护结构形式,因而不同试验得出的数据离散性相对较大
临界震塌厚度法	$H_0 = h_q + R_0 - e$;$R_0 = K_0 K[R/D]\overline{K}[h/L]K_\phi mC^{1/3}$ 式中:R_0 为抗炮、航弹作用计算的临界震塌厚度(m);K_0 为围岩级别及坑道支护类型影响系数;$K[R/D]$ 为爆距与洞跨(径)比影响系数;R 为装药(底部)距洞顶的距离(m);$\overline{K}[h/L]$ 为爆心倾斜影响系数;h 为装药(底部)距洞顶的铅垂距离(m);L 为装药(底部)距洞顶的水平距离(m);ϕ 为洞顶至装药底部连线与坑道轴线夹角(°);K_ϕ 为 ϕ 角影响系数	这种方法是目前比较通用的计算方法,在国防规范中采用。但由于是隐式公式,计算过程相对来说比较烦琐,而且仍然用填塞系数 m 来表示侵彻深度对地下结构破坏影响
动应力集中系数法	$H_0 = h_q + XH_L - e$;$H_L = 0.338\left\{\dfrac{\rho C_p^2(1-2\nu)\xi C}{(1-\nu)^2[\sigma]}\right\}^{1/3}$ 式中:X 为防护结构安全防护层厚度修正系数;H_L 为无被覆坑道内壁与爆心之间最小安全距离(m);ρ 为岩体密度(kg/m³);ξ 为有效耦合系数;C_p 为岩体中的弹性纵波速度(m/s);ν 为岩体泊松比;$[\sigma]$ 为岩体极限抗压强度(MPa)	该方法考虑因素全面,计算也不烦琐,但在常规武器爆炸作用下坑道不发生受压剪切破坏并不代表坑道不发生破坏,坑道可能发生震塌破坏,因此利用该公式计算出的结果不安全

续表

名称	计算方法	应用评价
比例距离法	$H_0 = h_q + R_m - e; R_m = \overline{K} K_m (\eta_t C)^{1/3}$ 式中：$\overline{K}$ 为总影响系数；K_m 为最大比例系数 $(\mathrm{m/kg}^{1/3})$；η_t 为等效当量埋深系数	该方法考虑因素相对比较全面，因而数据的离散性相对较小，且应用简便，但缺少理论基础，在理论上有待完善
改进的破坏半径方法	$H_0 = (h_q - 0.5 l K_b \cos\alpha)/\cos\theta + \lambda r_p$ 式中：l 为常规武器弹体长(m)；K_b 为常规武器在土(岩)体介质中的偏转系数；α 为常规武器的命中角(°)；θ 为地形坡角(°)；λ 为支护类型系数	这种方法人防规范中采用，在原有破坏半径方法的基础上，利用修正系数来区分不同级别的岩体和不同的支护结构形式。该方法比原方法更加科学合理一些，但理论基础欠缺
震动破坏判据法	$H_0 = h_q + R_{01} - e$ $R_{01} = (v_\perp/A)^{-1/n} C^{1/3}$ 式中：$v_\perp$ 为垂直向分量的峰值震速(cm/s)；R_{01} 为安全爆距(m)；A 为质点速率传播公式的衰减系数；n 为质点速率传播公式的衰减指数	此法是柯吉恩[46]根据试验结果，提出花岗岩岩体和岩硐围岩在爆炸动荷载作用下以质点速度作为震动破坏判据，并按照破坏程度进行分级，给出了相应的破坏判据

注：被覆，军事上指用竹、木、砖、石等建筑材料对建筑物的内壁和外表进行的加固。

15.5.3　地下硐室抗爆设计

早在 1914 年，霍普金森所进行的研究就已发现：高强度的瞬态应力脉冲从自由面反射时会产生剥落现象。爆炸载荷产生的强应力脉冲在岩体自由表面反射时无疑会导致落石和飞石现象的出现。因此，地下结构除了要满足静力稳定条件外，有时还必须具有抵抗爆炸作用而造成动力破坏的能力，即应具有抗爆能力。这里就地下硐室的抗爆设计与计算原则作简单介绍[51]。

1. 硐壁损坏等级的划分

爆炸会使岩石介质受到压应力脉冲的作用。这种脉冲可以使硐室自由表面(如未加保护的硐壁)的岩石断裂、落石和飞石，发生大范围的损坏。损坏的范围取决于应力脉冲的幅值、应力脉冲的形状(与爆炸的规模、炸药的种类和距爆炸点的距离有关)以及硐室表面岩石的物理力学性质。在这方面，美国陆军工程兵早已完成了大量试验。根据他们的试验，可以把硐壁的损坏烈度划分为四种等级，并用所谓"损坏区域"来表示损坏烈度相似的范围。这四个区域是：区域 4，区域 3，区域 2，区域 1。

(1) 损坏区域 4 表示有轻微的斑点状的损坏，这种损坏或许是由于原先已破碎的岩块掉落所致。岩石碎块的大小与地质构造有很大的关系。

(2) 损坏区域 3 表示在最接近爆炸点的硐室周围的整个范围内有中等程度的连续损坏。在这个范围内的应力脉冲的振幅足以引起坚硬岩石断裂。在这个区域内可发生一次或多次岩石剥离(脱痂)。这些剥离的石块不很大，因为在此区域内的脉冲所具有的振幅仅能引起一次或二次剥离。被剥离的碎石大小不仅取决于岩石的情况,而且还取决于膨胀压力脉冲的形状。地下爆炸试验证明,一般脉冲的形状接近于锯齿形波的形状。在区域3中,脉冲引起的岩石碎块的大小和飞石的速度取决于地质条件、岩石抗拉强度以及脉冲形状。岩体中的软弱结构面对岩石块的大小有很大影响。在区域3中的初期,飞石的速率为 $0.7\sim1m/s$。

(3)区域2表示在最接近爆炸点的硐室周围的整个范围内有严重的连续损坏。在此范围内,应力脉冲大得足以引起坚硬岩石产生多重断裂。岩石碎块的大小并不比区域3中的最大碎块大多少,但是其最大的初速或许要大两倍,于是岩石碎块的能量约大四倍。

(4)区域1表示由硐室表面产生完全的贯穿破坏,防止区域1的损坏是不可能的,所以下面不对这一情况作进一步讨论。

2. 防止硐壁损坏的原则

区域4所呈现出的那种损坏类型与一般所知的"岩爆"情况的破坏类型相似。防止这种损坏可用简单的方法。由于飞石的碎片小,而且其速度也低,大多数碎片只有几厘米到十几厘米,因此利用顶部锚杆可能效果不大。通常利用一种悬在顶部的隔板可能有效,因为这样的隔板可以岔开或挡住破碎或松动的岩石以制止它们下落;利用某种砌合表面的轻型衬砌也可能是适当的。

在区域3中防止损坏不像区域4中那种防止损坏简单。这时在设计中必须满足下列要求:

(1)保证硐壁岩石被隔离,以使荷载脉冲不直接传到硐壁内部结构上去;

(2)能够吸收飞石冲击流所产生的能量;

(3)能够支承由硐室塌落下来的岩石的自重。

地下结构和硐壁之间的距离应当保持尽可能的小。这将使断裂岩石的自由落下速度减到最小,并且还可减小结构上的合成冲击荷载。

对区域2防止损坏所要求的硐室内部结构应当比区域3中那种防止损坏要求的结构更坚固一些。同区域3中一样,地下结构的设计应当满足上面的三个要求。此外,这种结构还应当有用以分散和减弱高速断裂岩石的冲击以及支承较大静力荷载的设施。在地下结构与硐壁之间应当设置一种材料,使脉冲不致直接传到结构上去,而能分散和减弱冲击。这时可以在结构与硐壁之间填满粒状材料,如砂和碎石,所填厚度可为 $12\sim15cm$,这是因为散体粒状岩料可以起到缓冲和吸收强应力脉冲能流的作用[52],我们进行的散体岩料动压固与能量耗散试验也清楚地表明了这一点[41]。

3. 设计荷载的确定

硐室抗爆设计中应当确定应力脉冲所引起的动荷载以及最后的静力荷载。由于各区域的损坏烈度不同,所以硐室结构的设计荷载最好用现场试验来测定。荷载的大小显然与硐室的大小有关。

设计荷载的大小取决于飞石或断裂岩石的数量以及它们飞离的速率。因此,为了确定设计荷载,首先应当决定这两个因素。通常假设破碎岩石的总量与硐室最大损坏区域

所处的角位置无关,但结构所支承的岩石垂直荷载
与碎裂截面的角位置有关。图 15-47 表示结构荷
载与碎裂岩石的角位置有关的情形。图中 L 表示
支承岩石垂直荷载的宽度,φ 表示碎裂岩石的接触
范围,θ 表示碎裂岩石的角位置。

在设计中,碎裂岩石的数量可根据损坏面积来
计算,损坏面积就是爆炸后硐室的横截面面积减去
爆炸前在同一处的硐室横截面面积。在各种试验
情况下所观察到的损坏面积的分布范围很大,而且
每个硐室位置的变化和可能用来破坏硐室的武器
的范围也很大,所以要想很精确地预估破坏面积,
目前还是不现实的。

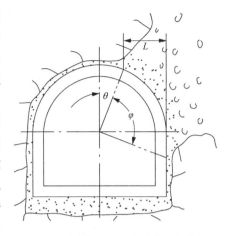

图 15-47　爆炸后硐室破裂岩石的状况

根据试验研究,每个区域的损坏面积如表15-9
所示,表中所列的换算距离是指爆炸点距硐室的距离 r(m)与炸药量 W(kg)的立方根的
比值。因此,根据换算距离即可求得损坏面积百分数。

表 15-9　各个区域损坏面积的大致百分数表

区域	换算距离 $\dfrac{r}{W^{1/3}}$	损坏面积百分数/% $\left(\dfrac{\text{损坏面积}}{\text{原硐室横截面面积}}\right)$
4	15	0～5
3	10	5～30
2	6	30～80
1	—	整体破坏

碎裂岩石飞出的最大速度对于不同区域是不同的。在同一区域内,在损坏的最初期
间的飞石速率比最后一些飞石的速率要大得多,或许最后一些断裂岩石即使有初速也是
不大的。表 15-10 中列有各不同区域岩石的可能最大速率。

表 15-10　碎裂岩石的大致最大速率

区域	换算距离 $\dfrac{r}{W^{1/3}}$	速率范围/(m/s)
4	15	0～0.61
3	10	0.61～9.2
2	6	9.2～18.4

在设计时,把地下结构受到的冲击应当看成是连续的冲击。其最初的一些冲击是由
高速的小碎块所造成的,而最后的一些冲击是由速率较小的一些相当大的碎块所产生,所
以每个冲击的能量是总能量的一部分。用每米长度硐室所碎裂的总岩石量以及该区域最

大速度的一半可以算出总的能量。为设计目的,每个冲击的能量占总能量的比例大致是:对区域 2 为 1/10,对区域 3 为 1/5,对区域 4 为 1/2。

　　硐室内部结构所承受的最后静力荷载取决于飞离硐壁的岩石的数量以及碎裂岩石在衬砌周围的分布状况。对一个既定的爆炸来说,破坏情况是不同的,这主要取决于硐室各点至爆炸点的距离。在防护设计中,应当选择整个硐室所要求的最大防护。利用表 15-9 的数据,可以确定出每英尺硐室断裂岩石的数量。

　　爆炸的角定位以及硐室衬砌与岩壁间的距离决定着断裂岩石的那一部分需要由硐室来支承。当爆炸的位置恰好在硐室的上方时,碎裂岩石将大致均匀地分布在衬砌的部位上面。如果爆炸的位置不是在岩硐的正上方,则大部分碎裂岩石将自己支承。如果硐室内部结构与硐壁表面间的最初距离不大,或者在防护结构与硐壁之间设置有碎石垫层,则不管爆炸位于什么角度上,大部分碎裂岩石都留在适当位置上。如果在防护结构与硐壁之间留有大的空隙,碎裂岩石将落于衬砌附近并堆积在衬砌附近的底部。从静力设计观点看来,每个损坏状况需要分别调查。另外,使硐室内部结构与硐壁之间保持小的距离,则可以利用碎裂岩石的楔固作用和拱作用,使最后静力荷载减小。

4. 设计步骤与说明实例

　　上面就是确定设计荷载的基本原则。在设计时可参照下列步骤进行:

　　(1) 确定岩硐尺寸。

　　(2) 确定岩硐防止损坏的等级,即属于哪种区域。

　　(3) 确定硐室的换算直径(宽度)。所谓换算直径就是硐室的直径 D(宽度)(m)与炸药量 W(kg)的立方根之比,即 $D/W^{1/3}$。如果 $D/W^{1/3} < 1.1$,则损坏面积可以直接从表 15-9 查出;如果 $D/W^{1/3} > 1.1$,则损坏面积不能直接从该表查出。

　　(4) 根据损坏面积求出断裂岩石的重量。

　　(5) 根据损坏区域的等级确定每次冲击的能量。

　　(6) 根据衬砌材料的能量吸收系数确定抗爆衬砌的厚度。

　　下面举例子来说明这些设计原则的应用。

　　例如:假设要在岩石中设计一个如图 15-47 所示的那种结构的硐室,以防轰炸。这一地下结构物的专门用途要求能够防止 10 000kg 的炸弹所引起的预计为区域 3 的损坏,假设这硐室的深度能够遭受这种损坏,同时还假设炸弹就在硐室的上方爆炸,从而碎落岩石的重量加于硐室衬砌的整个宽度上。

　　硐室的尺寸:宽度为(直径)4m,硐底至起拱线的高度为 2m,圆形拱顶的半径为 2m。

　　解　换算直径为

$$\frac{D}{W^{1/3}} = \frac{4}{10\,000^{1/3}} = 0.19 < 1.1 \tag{15-104}$$

　　由于换算直径小于 1.1,损坏面积百分数可以直接从表 15-9 中查得,其范围从 5%～30%。为了最大防护起见,利用 30% 这个上限值。损坏面积预计为 0.3 乘横截面积,即

$$0.3 \times \left(\frac{1}{2} \times \frac{\pi \times 4^2}{4} + 4 \times 2\right) = 4.3\text{m}^2 \tag{15-105}$$

　　假设断裂岩石的容重 $\gamma=2.0\text{t/m}^3$，其总质量为：$4.3\times2=8.6\text{t/m}$（单位长度），根据前面所述，对损坏区域 3 来说，每次冲击的能量是每米硐室上整个破坏面积岩石量的总能量的 1/5。所以，对冲击设计来说，每次冲击的岩石质量为

$$1/5\times8.6=1.72\text{t/m}（硐室长度）\tag{15-106}$$

　　根据表 15-10，断裂岩石的速率范围是 $0.61\sim9.2\text{m/s}$，利用最大速率的一半，所以

$$v=9.2/2=4.6\text{m/s}\tag{15-107}$$

因此，每米硐室上每次冲击的能量为

$$\frac{1}{2}\times质量\times v^2=\frac{1}{2}(1.72/9.8)\times4.6^2=1.86\text{m}\cdot\text{t/m}\tag{15-108}$$

　　假设钢筋混凝土的能量吸收因数是 0.2t/m^3，则混凝土衬砌的厚度可以计算出来。施加在衬砌上的能量必须等于结构的容许吸收能量。以每米长度的衬砌计，所容许的吸收能量是

$$\left[\frac{1}{2}\times\pi\times4+(2\times2)+4\right]\times d\times0.2=2.85d\text{m}\cdot\text{t/m}\tag{15-109}$$

式中，d 是衬砌厚度。这一数值应当等于每一冲击时的能量 1.86t/m，由此得到衬砌厚度为

$$t=\frac{1.86}{2.85}=0.65\text{m}\tag{15-110}$$

5. 衬砌与基础

　　如前所述，防爆地下结构或衬砌的重要要求之一就是尽可能使特征阻抗匹配接近于零。如果在硐室衬砌和硐壁间填上任何一种密度小于岩石介质的材料，就可以使这种特征阻抗高度失配。特别有效的是孔隙率高的粒状材料。如果现在任何类型的衬砌与硐壁之间有这种材料，而且这种衬砌的强度足以承受爆炸冲击所引起的最后静力荷载，那么这种衬砌完全可以称为一种好的防护衬砌。因此，最主要一点是，衬砌的基础与密实岩石之间应垫上粒状材料，如砂和碎石层。这主要是为了将脉冲通过基础向衬砌的传递减至最小，并吸收那些可能存在的冲击振动。

　　防护衬砌的选择取决于岩石的种类、硐室的深度以及可以用来攻击硐室的武器种类。在某些情况下，硐室不用衬砌就可以防止因轰炸而引起的损坏；而在另一些情况下，同一硐室却需要衬砌防护。很明显，如果任何一个地下建筑受到原子弹的攻击，而且原子弹可以使这建筑遭受到的损坏程度相当于带有被击穿后果的区域 1 的损坏情况，那么硐室内将受到污染。所以，适合防护的最小深度必须大于可能引起区域 1 损坏程度的距离。使深度加深或使防护区域 2 那种损坏能切合实际，这要取决于各种现实状况。

　　一般而言，对小的坑道，内部结构多半是环状的或刚架式的简单建筑，因为这种结构能够承受相当重的荷载。在某些情况下，从经济观点来看，在大的岩硐中最好用联结系结构。

　　图 15-48 表示一个防护衬砌与基础的简单设计图形。这个图形与这里所述的原则一致，是比较典型的，设计人员可根据具体情况改变其形状，以便能经济、安全地挖掘和利用硐室。

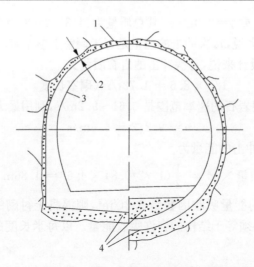

图 15-48　适合区域 2 和 3 的典型内部结构(马蹄形或圆形)
1-所填碎石的粒径不超过 2.5cm；2-平均厚度约为 15cm；
3-厚度决定于动力荷载和最后静力荷载；4-用粒径为 2.5cm 的碎石和砂做垫层

参 考 文 献

[1] 宋守志. 固体介质中的应力波. 北京：煤炭工业出版社，1989

[2] Starfield A M, Pugliese J M. Compression waves generated in rock by cylindrical explosive charges: A comparison between a computer model and field measurements. International Journal of Rock Mechanics and Mining Sciences, 1968, 5: 65-77

[3] 徐小荷等. 冲击凿岩的理论基础与电算方法. 沈阳：东北工学院出版社，1986

[4] Lundberg B. Some basic problems in percussive rock destruction[Ph. D. Thesis]. Gothenburg: Chalmers University of Technology, 1971

[5] Hustrulid W A, Fairhurst C. A theoretical and experimental study of the percussive drilling of rock. Part I, II, III, IV. International Journal of Rock Mechanics and Mining Sciences, 1971, 8: 311-326, 335-356; 1972, 9: 417-429, 431-449

[6] 徐小荷. 撞击凿入系统的数值计算方法. 岩石力学与工程学报，1984，3(1)：75-83

[7] 李夕兵. 冲击凿岩的凿入模型和凿入效率的波动力学解. 湖南有色金属，1989，5(2)：9-13，1989

[8] 李夕兵. 岩石动力破碎特性与冲击凿岩机具的设计. 湘潭矿业学院学报，1994，(3)，1994

[9] 刘德顺，李夕兵，朱萍玉. 冲击机械动力学与反演设计. 北京：科学出版社，2007

[10] 李夕兵. 一种新型节能冲击加载传力机构. 中南矿冶学院学报，1993，24(3)：302-305

[11] Issacs D V. Reinfored concrete pile formulas. Transaction of the Institution of Engineers, Australia, 1931, XII: 312-323

[12] Fox E N. Stress phenomena occurring in pile driving, Engineering, 1932, 134, 263-265

[13] Smith E A L. Pile driving analysis by the wave equation. Journal of the Soil Mechanics & Foundations Division. Proceedings of the American Society of Civil Engineers, 1960, 86(SM4): 35-61

[14] 普拉卡什. 土动力学. 徐攸在等译. 北京：水利电力出版社，1984

[15] 袁建新. 关于动力试桩问题. 岩土力学. 1988，9(2)：3-22

[16] 王子诚，王武林. 新编凯斯波动分析程序的编制与应用. 岩土力学，1992，13(1)：57-65

[17] Bermingham P, Janes M. An innovative approach to load testing of high capacity piles//Proceedings of the International Conference on Piling and Deep Foundations, London, 1989

[18] Middendorp P, Daniels B. The influence of stress wave phenomena during statnamic load testing//5th International Conference on the Application of Stress-Wave Theory to Piles, Orlando, 1996

[19] 徐国希. 应力波理论在确定桩基承载力中的应用发展. 科技资讯, 2007, (23): 25

[20] 唐念慈. 渤海近海平台的打桩分析. 南京工学院学报, 1980, (1): 48-55

[21] 江礼茂, 寇绍全, 陆岳屏. 应力波理论在桩基工程中的应用. 力学进展, 1990, 20(1): 47-55

[22] 王靖涛. 确定单桩承载力的新方法. 施工技术, 1997, (9): 28, 29

[23] 闫澍旺, 陈波, 禚瑞花. 桩周土体静阻力模型研究及在打桩中的应用. 水力学报, 2003, (4): 101-107

[24] Holloway D M, Clough G W, Vesic A S. The effects of residual driving stress on pile performance under axial loads. OTC 3306, 1978: 2225-2236

[25] 刘利民, 舒翔, 熊巨华. 桩基工程的理论进展与工程实践. 北京: 中国建筑工业出版社, 2002: 340

[26] 徐攸在. 桩的动测新技术. 北京: 中国建筑工业出版社. 2002: 214-217

[27] Goble G G, Rausche Frank. Stockholm: Capwap/C Description and Development, 1984

[28] 孙百顺, 徐满意, 林高杰. PDA 在基桩动力测试中的应用. 水道港口. 2005, 26(1): 59, 60

[29] Heerema E P, Jong A. An advanced wave equation computer program which simulates dynamic plugging through a coupled mass-spring system. International Conference on Numerical Methods in Offshore Piling, London, ICE, 1980: 37-42

[30] Vijayvergiya V N. Soil response during pile driving. International Conference on Numerical Methods in Offshore Piling, London, ICE, 1980

[31] Aurora R P. Case studies of pile set-up in the Gulf of Mexico. OTC 3824, 1980

[32] Goble G G, Rausche F, Likins G E J. The analysis of pile driving-A state-of-the-art. Int. //Seminar on the Application of Stress-Wave Theory on Piles, Stockholm, 1980: 131-161

[33] 中华人民共和国行业标准. 建筑桩基检测技术规范(JGJ106—2003), 2003

[34] 冶金工业部建筑研究总院. 地基处理技术①: 强力夯实法与振动水冲法. 北京: 冶金工业出版社, 1989

[35] 白冰, 刘祖德. 冲击荷载作用下饱和软粘土孔压增长与消散规律. 岩土力学, 1998, 19(2): 33-38

[36] 叶书麒, 韩杰, 叶观宝. 地基处理与托换技术(第二版). 北京: 中国建筑工业出版社, 1994

[37] 邓颖人, 李学志, 冯遗兴, 等. 软粘土地基的强夯机理及其工艺研究. 岩石力学与工程学报, 1998, 17(5): 571-580

[38] Zhou X L, Wang J H, Lu J F. Transient foundation solution of saturated soil to impulsive concentrated loading. Soil Dynamics and Earthquake Engineering, 2002, 22(4): 273-281

[39] 邱珏, 刘松玉, 黄卫, 等. 高等级公路液化地基强夯法收锤标准. 公路交通科技, 2001, 18(4): 12-15

[40] 王建华. 强夯地基的变形及沉降计算方法研究. 长沙: 中南大学硕士学位论文, 2002

[41] 李夕兵, 古德生, 陈寿如. 应力波作用下散体岩料的密实与能量损耗. 中南矿冶学院学报, 1994, 25(5):

[42] 吴新璇. 混凝土无损检测技术手册. 北京: 人民交通出版社, 2003: 263-270

[43] IES 扫描式冲击回波测试系统. 深圳: 深圳市莫尼特仪器设备有限公司, 2012

[44] Colla C, Lausch R. Influence of source frequency on impact-echo data quality for testing concrete structures. NDT&E international, 2003, 36(4): 203-213

[45] Goldsmith W. Impact: The Theory and Physical Behavior of Colliding Solids. London: E Arnold, 1960: 24-50

[46] 柯吉恩. 花岗岩体和岩硐爆破震动破坏判据. 爆炸与冲击, 1987, 7(2): 117-122

[47] 杨湖, 王成. 弹性波在锚杆锚固体系中传播规律的研究. 测试技术学报, 2003, 17(2): 145-149

[48] 李志辉, 李亮, 李建生. 应力波法锚杆无损检测技术研究. 测绘科学, 2009, 34(1): 204-206

[49] 中华人民共和国行业标准. 锚杆锚固质量无损检测技术规程(JGJ/T 182—2009), 2010

[50] 庞伟宾. 抗常规钻地武器坑道毁伤效应及安全防护层厚度研究. 合肥: 中国科学技术大学硕士学位论文, 2007

[51] 华东水利学院. 岩石力学. 北京: 水利出版社, 1981

[52] Rinehart J S. Effects of transient stress waves in rocks. Mining Research, 1962, 2: 713-725

索　引